生态文明建设文库
陈宗兴　总主编

生态修复工程零缺陷建设技术

上

康世勇　主编

中国林业出版社

图书在版编目（CIP）数据

生态修复工程零缺陷建设技术／康世勇主编．－北京：中国林业出版社，2020.7
（生态文明建设文库／陈宗兴总主编）
ISBN 978-7-5219-0633-2

Ⅰ．①生… Ⅱ．①康… Ⅲ．①生态恢复－环境工程－建设－研究 Ⅳ．① X171.4

中国版本图书馆 CIP 数据核字（2020）第 104666 号

出 版 人 刘东黎
总 策 划 徐小英
策划编辑 沈登峰　于界芬　何　鹏　李　伟
责任编辑 杨长峰　梁翔云
美术编辑 赵　芳
责任校对 梁翔云

出版发行 中国林业出版社（100009　北京西城区刘海胡同 7 号）
http://www.forestry.gov.cn/lycb.html
E-mail:pubbooks@126.com　电话：(010)83143523
设计制作 北京涅斯托尔信息技术有限公司
印刷装订 北京中科印刷有限公司
版　　次 2020 年 7 月第 1 版
印　　次 2020 年 7 月第 1 次
开　　本 787mm × 1092mm　1/16
字　　数 1558 千字
印　　张 61
定　　价 190.00 元（上、下册）

“生态文明建设文库”

总编辑委员会

《生态修复工程零缺陷建设技术》

编审委员会

主　任：王玉杰

副主任：康世勇　张　卫　戴晟懋　杨文斌　宋飞云　丁国栋　徐小英

编　委（按姓氏笔画为序）：

王占雄　白　莹　冯学武　杜全仁　刘德云　李　东　李　伟
李　强　李　斌　李晓刚　张慧琳　张汝民　沈登峰　杨长峰
杨志明　高俊臣　徐　惠　韩　平　康静宜

编写组

主　　编：康世勇

执行主编：张　卫

副 主 编：武志博　戴晟懋　杨文斌　丁国栋　田永祯　赵廷宁

作　　者（按姓氏笔画为序）：

于明含　王　军　王占雄　王雨田　王建华　边丽娜　田永祯　白　莹
关　宵　关红杰　李　东　李　锐　李　强　李　斌　李永明　李学文
李爱林　李沁峰　李晓刚　刘　玉　刘　凯　刘　荣　刘秀芳　刘彩霞
刘润清　刘德云　闫　锋　杜全仁　苗引弟　邬海英　邱俊花　张　卫
张汝民　张　帅　张　帆　张国华　张美霞　张慧琳　张慧敏　闫晋华
武志博　陈鹏年　杨彦生　杨永清　杨志明　杨新选　越利龙　赵晓波
赵媛媛　贺丽娜　高天强　高俊臣　徐　惠　康世勇　康静宜　韩文卿
韩　平　程　艳　訾云岗

总序

生态文明建设是关系中华民族永续发展的根本大计。党的十八大以来，以习近平同志为核心的党中央大力推进生态文明建设，谋划开展了一系列根本性、开创性、长远性工作，推动我国生态文明建设和生态环境保护发生了历史性、转折性、全局性变化。在“五位一体”总体布局中生态文明建设是其中一位，在新时代坚持和发展中国特色社会主义基本方略中坚持人与自然和谐共生是其中一条基本方略，在新发展理念中绿色是其中一大理念，在三大攻坚战中污染防治是其中一大攻坚战。这“四个一”充分体现了生态文明建设在新时代党和国家事业发展中的重要地位。2018 年召开的全国生态环境保护大会正式确立了习近平生态文明思想。习近平生态文明思想传承中华民族优秀传统文化、顺应时代潮流和人民意愿，站在坚持和发展中国特色社会主义、实现中华民族伟大复兴中国梦的战略高度，深刻回答了为什么建设生态文明、建设什么样的生态文明、怎样建设生态文明等重大理论和实践问题，是推进新时代生态文明建设的根本遵循。

近年来，生态文明建设实践不断取得新的成效，各有关部门、科研院所、高等院校、社会组织和社会各界深入学习、广泛传播习近平生态文明思想，积极开展生态文明理论与实践研究，在生态文明理论与政策创新、生态文明建设实践经验总结、生态文明国际交流等方面取得了一大批有重要影响力的研究成果，为新时代生态文明建设提供了重要智力支持。“生态文明建设文库”融思想性、科学性、知识性、实践性、可读性于一体，汇集了近年来学术理论界生态文明研究的系列成果以及科学阐释推进绿色发展、实现全面小康的研究著作，既有宣传普及党和国家大力推进生态文明建设的战略举措的知识读本以及关于绿色生活、美丽中国的科普读物，也有关于生态经济、生态哲学、生态文化和生态保护修复等方面的专业图书，从一个侧面反映了生态文明建设的时代背景、思想脉络和发展路径，形成了一个较为系统的生态文明理论和实践专题图书体系。

中国林业出版社秉承“传播绿色文化、弘扬生态文明”的出版理念，把出版生态文明专业图书作为自己的战略发展方向。在国家林业和草原局的支持和中国生态文明研究与促进会的指导下，“生态文明建设文库”聚集不同学科背景、具有良好理论素养的专家学者，共同围绕推进生态文明建设与绿色发展贡献力量。文库的编写出版，是我们认真学习贯彻习近平生态文明思想，把生态文明建设不断推向前进，以优异成绩庆祝新中国成立 70 周年的实际行动。文库付梓之际，谨此为序。

十一届全国政协副主席
中国生态文明研究与促进会会长
陈宗兴

2019 年 9 月

生态修复零缺陷
是加快推进绿色发展的重要理念
（代序）

林业防护林工程、水土保持工程、沙质荒漠化防治工程、盐碱地改造工程、土地复垦工程、退耕还林工程、水源涵养林保护工程和天然林保护工程等生态保护和修复工程建设，是我国当前及今后生态工程建设的重要内容。党的十八大以来，在习近平生态文明思想指引下，全国林草部门认真贯彻落实党中央、国务院决策部署，积极探索统筹山水林田湖草一体化保护和修复，持续推进各项重点生态工程建设，极大地推动了生态修复建设管理向着专业化、规范化、标准化和时尚化的高质量方向快速迈进。随着全国各地深入贯彻习近平生态文明思想，坚持人与自然和谐共生理念，努力推进生态系统治理体系和治理能力现代化，大力倡导管理科技创新，全面提升管理质量水平的新形势下，对新时期生态工程建设管理提出了更加科学、更高水准、更加严格、更加标准、更加规范的零缺陷新要求、新使命和新作为。

为了更加有效地提升我国生态修复工程建设设计、技术和管理的标准化进程，从 2003 年 7 月开始，康世勇正高级工程师率领他的课题组，总结、汇总、浓缩了我国半个多世纪以来生态修复工程建设技术与管理实践中的经验教训，经过十多年艰辛调查、测试、论证和理论创新升华的研究探索，终于完成了“生态修复工程零缺陷建设‘三全五作’模式”项目研究的全部内容。反映其创新研发成果的核心内容以“中国生态修复工程零缺陷建设技术与管理模式”“神东 2 亿吨煤都荒漠化生态环境修复零缺陷建设绿色矿区技术”为论文标题，分别发表在 2017 年 9 月召开的《联合国防治荒漠化公约》第 13 次缔约方大会上和 2019 年 6 月召开的世界防治荒漠化与干旱日纪念大会暨荒漠化防治国际研讨会上；主持完成的“神东 2 亿吨煤炭基地生态修复零缺陷建设绿色矿区实践”“生态修复工程零缺陷建设”两项科研课题，分别于 2018 年、2019 年荣获中国煤炭工业协会和中国能源研究会颁发的“煤炭企业管理现代化创新成果（行业级）二等奖”“中国能源研究会能源创新奖——学术创新三等奖”。

如今，生态修复工程零缺陷建设系列著作的正式出版，是我国生态修复建设史上的一大幸事，标志着我国生态修复建设在取得巨大实践成效基础上与理论紧密相结合的一次“质”的创新飞跃。

该系列著作在创作伊始，康世勇就向我详细介绍了他 1983 年至今的生态修复建设实践与理论创新研发的轨迹，商请我从生态修复建设学术的角度，对生态修复工程零缺陷建设“三全五作”理论及其模式提出科学的指导意见，并希望为之作序，我欣然应允。

该系列著作共分《生态修复工程零缺陷建设设计》《生态修复工程零缺陷建设技术》《生态修复工程零缺陷建设管理》三册出版，将能为我国当前乃至今后在实施林业防护林工程、水土保持工程、沙质荒漠化防治工程、盐碱地改造工程、土地复垦工程、退耕还林工程、水源涵养林与天然林资源保护等生态修复工程建设过程中，在履行开展具体的立项、策划、勘察、调查、规划、设计、招标、投标、施工、监理、抚育保质、竣工验收和后评价全过程中，倡导和培训全部参与生态修复工程建设技术与管理的全部员工，科学树立和践行“第一次就要把做的事情做正确”的零缺陷理念，以工作标准、工序流程规范、合法遵规、创新改进的姿态和风格，有效规避和纠正生态修复工程项目建设技术与管理中诸多不标准、不规范、不尽职等失误和缺陷，为促进生态修复工程建设迈向高质量发展的路径、为我国生态文明建设可持续发展，创建创立了可践行、适宜推广应用的新颖理论及其模式。

生态修复工程零缺陷建设，是加快推进我国绿色发展的重要手段，更是坚持走中国特色的生态兴国、生态富国、生态强国的可持续发展之路的重要工程措施。一项优秀的生态修复工程项目建设策划设计方案，应该既富含科技创新，又符合项目所在地区自然环境、社会经济等条件，而如何使其从设计方案高质量地转化为无缺陷、无瑕疵的生态修复精品工程，就成为我国现在及未来生态修复建设者为之努力奋斗的终极工作目标。为此，在国家方针政策引导下和自觉规范遵守各项建设法律法规的同时，强化生态修复工程建设实施过程中的质量标准化、行为规范化、守法执法常态化的意识，树立“第一次就要把做的事情做正确”的零缺陷理念，持续改进，正确把握、协调和处理生态修复工程建设中的质量、工期进度、造价投资、安全文明与零缺陷建设技术与管理的关系，就成为生态修复建设实践中一项亟待攻克完成的新课题新任务。

在新时期生态修复工程建设实践中总结编著的该系列著作，有取之于实践且加以提炼后的精华、精粹和精辟的理论创新特点，又具有指导生态修复建设实践行为和有力、有利提升实践质量成效的指南作用，对大力推进生态文明建设，科学开展国土绿化行动，提升生态建设管理水平，高质量推进对各种诱致荒漠化、石漠化、水土流失、盐碱化等毁损土地现象实施生态修复治理，全面构筑生态安全屏障，促进我国生态工程建设管理迈上一个新台阶，具有重大而深远的积极意义。就生态修复工程建设设计、技术与管理的科学性、系统性、严谨性、适用性和实用性而言，该系列著作的出版，不仅对从事生态修复和生态保护工作者有所启迪帮助，也将对生态文明建设具有重要的推动作用。

北京林业大学副校长、教授
中国水土保持学会副理事长
中国治沙暨沙业学会副理事长

2020 年 2 月

生态魂

（代前言）

一

我国不论大江南北、东部西区，在对各种人为诱致生态环境恶化的毁损土地现象如沙质荒漠化、水蚀荒漠化、盐渍荒漠化、石质荒漠化和矿产资源开发、建设工程开建等实施生态修复过程中，经常会发生或出现的设计、技术与管理中的各种各类欠缺、失误、漏洞、瑕疵、错误甚至失败等行为，究其根源及其诱因，有来自项目建设单位在功能、程序策划设计上的，有来自勘察、规划、设计技术上的，有来自现场监理、植物检疫管理上的，更多的则来自施工单位材质准备和施工作业技术与管理过程中；从生态修复工程建设专业上实事求是地来分析和论证，其工程质量、工期进度、造价投资、安全文明、工序衔接、标准规范、操作工艺、现场调度、防灾防盗等方面，均存在着发生上述诸多事故和问题的可能性，加之项目建设周期长、位置偏僻、交通不便、信息闭塞、食宿条件差，建设参与单位多，建设施工工种杂、参与队伍人员多且素质良莠不齐等客观不利条件，这些因素都极易给生态修复工程项目建设设计、技术与管理带来隐患和缺陷。此类案例不可胜数。

在我国南北东西各地区的生态修复工程项目建设设计、技术与管理整个过程中，发生一些缺陷或失误是客观存在的，严重时就会建成有缺陷的生态修复工程项目。尤为突出的不利因素是，参与项目建设的众多单位和人员来自五湖四海，来参与建设的目的各异，因此，要在短时期内形成一支临时性“训练有素的整体团队”绝非易事。也就是说，参与生态修复工程项目建设设计、技术与管理的全部单位，不仅要做到“机制体制健全、组织建设合理、制度纪律严明、重合同守信誉”，而且其全部参建人员也要始终认真做到“履行岗位职责、遵守制度、服从指挥、相互配合、标准规范、精益求精、持续改进”。

剖析有缺陷的生态修复工程项目，其缘故各有原因。一般而言，生态修复工程项目建设单位（即甲方）如若在项目建设策划布局、功能结构、严谨规范等方面出现缺陷或失误，将会对项目建设产生致命危害。例如，项目建设单位和项目所在地的公共资源交易中心（招标单位）发布有缺陷的项目招投标公告文件，就会造成项目建设受阻，无法在规定建设期限内正常运行。又由于生态修复工程项目建设过程中存在参与单位多、参与人员繁且素质良莠不齐等难以预估、不可计数的诸多设计、技术和管理失误、缺陷和漏洞，加之建设周期长等诸多原因，就对生态修复工程零缺陷建设理论持质疑甚至反对，认为要达到零缺陷建设效果是绝对不可能的，并且就推断出生态修复工程零缺陷建设是“天方夜谭”，是错误理念。

对此，我们在全面阐述生态修复工程零缺陷建设理论内涵时充分作了说明：生态修复工程零缺陷建设，是从全部参与生态修复工程项目建设单位的组织体制机制上，倡导全部参与建设的工作者在建设设计、施工全过程中，树立“第一次就要把做的事情做正确”的理念，在履行“因害规设、因地制宜、适地适技、适项适管”原则的工作基础上，始终保持“持续改进”的创新态势，建立和形成一种“无失误、无漏洞、无懈怠”的标准规范的建设风格，继而逐步推动我国乃至世界生态修复工程建设向着零缺陷的高境界和高水准目标挺进。

二

追求和实现我国生态修复工程项目建设质量、投资、工期和防护功能这四大目标之间的协调和统一，不仅是工程项目建设单位要考虑和期盼实现的目标及工作任务，更是参与项目建设的所有单位组织各司其职、各尽所能必须要完成的工作职责任务，并且在完成各自任务中务必要做到全面系统勘测、纵横立体式论证、精细化规划设计、技术工艺标准化、管理规范化，从而避免和防止在工程项目建设中出现各种有缺陷的行为，即参与生态修复工程项目建设的全部单位、全部工作人员在全部工作实施过程中，都应树立“第一次就要把做的事情做正确”的理念，达到无失误、无差错、无事故的境界，这就是生态修复工程零缺陷建设理论命脉——生态魂，其核心精髓就是“三全五作”模式。

生态修复工程零缺陷建设“三全五作”模式，是推进生态文明建设的一种创新行为，也是生态修复工程建设理念的与时俱进；它是生态修复建设科学奋进的一种精神，也是对生态修复建设实践探索的一种领悟。它可作为生态修复建设系统、全面、整体的标准，也可作为推动和促进人与自然和谐相处的行为规范。它是利国利民的智慧，更是生态修复建设科技进步和绿色强国的境界。从众多生态修复工程建设实践中创新的“三全五作”模式，不仅是科学、系统、合理、可信、可行、适宜、实用、适用的科技推广应用的示范，也是我国大力推进生态文明建设、科学实施生态修复工程建设实践与理论探索的结晶。将其再应用于指导生态修复工程建设生产实践，就会凸显出超强的生命力，必将在我国生态修复工程建设中发芽、生长、开花和结果，必定会推动我国生态修复工程建设取得地更绿、山更青、水更净的效果。

生态修复工程零缺陷建设“三全五作”模式示意图

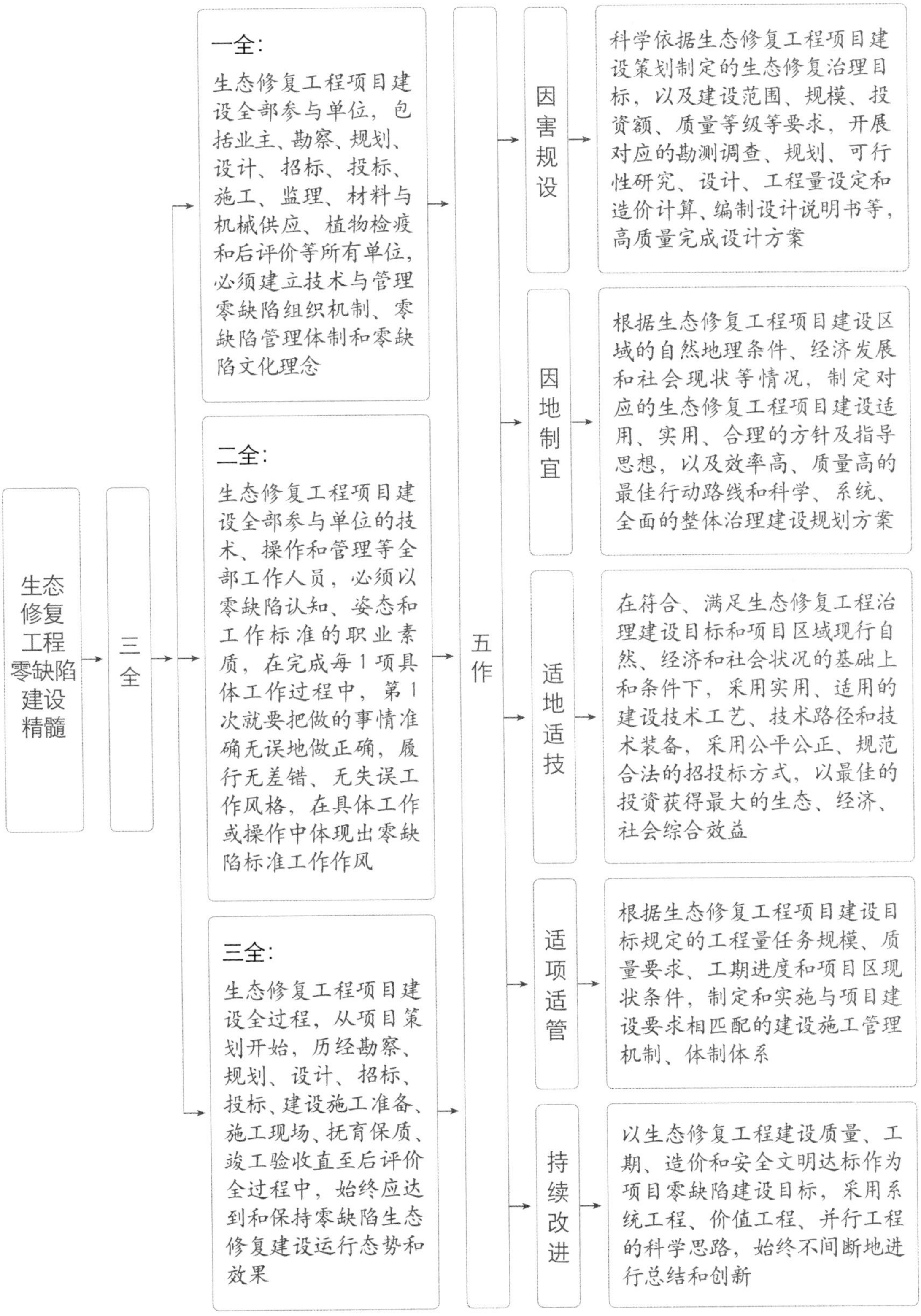

生态修复工程零缺陷建设精髓 → 三全 → 五作

三全

一全：
生态修复工程项目建设全部参与单位，包括业主、勘察、规划、设计、招标、投标、施工、监理、材料与机械供应、植物检疫和后评价等所有单位，必须建立技术与管理零缺陷组织机制、零缺陷管理体制和零缺陷文化理念

二全：
生态修复工程项目建设全部参与单位的技术、操作和管理等全部工作人员，必须以零缺陷认知、姿态和工作标准的职业素质，在完成每1项具体工作过程中，第1次就要把做的事情准确无误地做正确，履行无差错、无失误工作风格，在具体工作或操作中体现出零缺陷标准工作作风

三全：
生态修复工程项目建设全过程，从项目策划开始，历经勘察、规划、设计、招标、投标、建设施工准备、施工现场、抚育保质、竣工验收直至后评价全过程中，始终应达到和保持零缺陷生态修复建设运行态势和效果

五作

因害规设 → 科学依据生态修复工程项目建设策划制定的生态修复治理目标，以及建设范围、规模、投资额、质量等级等要求，开展对应的勘测调查、规划、可行性研究、设计、工程量设定和造价计算、编制设计说明书等，高质量完成设计方案

因地制宜 → 根据生态修复工程项目建设区域的自然地理条件、经济发展和社会现状等情况，制定对应的生态修复工程项目建设适用、实用、合理的方针及指导思想，以及效率高、质量高的最佳行动路线和科学、系统、全面的整体治理建设规划方案

适地适技 → 在符合、满足生态修复工程治理建设目标和项目区域现行自然、经济和社会状况的基础上和条件下，采用实用、适用的建设技术工艺、技术路径和技术装备，采用公平公正、规范合法的招投标方式，以最佳的投资获得最大的生态、经济、社会综合效益

适项适管 → 根据生态修复工程项目建设目标规定的工程量任务规模、质量要求、工期进度和项目区现状条件，制定和实施与项目建设要求相匹配的建设施工管理机制、体制体系

持续改进 → 以生态修复工程建设质量、工期、造价和安全文明达标作为项目零缺陷建设目标，采用系统工程、价值工程、并行工程的科学思路，始终不间断地进行总结和创新

三

生态修复工程零缺陷建设的设计、技术和管理这三个方面，是科学、合力、有机构筑生态修复工程零缺陷建设这座生态修复建设大厦的三个有力支撑。设计是零缺陷建设的重中之首，技术是零缺陷建设的重中之实，管理是零缺陷建设的重中之核，缺一则大厦危殆。

对亟待修复治理的生态工程建设项目，在深刻领会设计方案的技术意向、功能意图和效益意境的基础上，采用科学、独特、精心、精确、精湛、系统、全方位的零缺陷建设技术，对成功建设生态修复精品实体工程具有重要作用和意义。为此，采用项目零缺陷建设技术，就应该把“三全五作”模式因地制宜地贯彻到建设现场技术工作中的每项工作、每道工序、每项工程中，制定系统、全面、整体的零缺陷计划和周密筹备项目建设实施所需人力、物力和财力，在建设现场始终标准规范地履行好施工、监理、检疫、抚育、验收、结算、质量等级评定和后评价等各项技术工作职责，适地适技、零缺陷营造出林业防护、水土保持（流域、植物防护土坡、植被混凝土生态护坡）、沙质荒漠化防治、盐碱地生态改造、土地复垦、退耕还林、水源涵养林保护和天然林保护等生态修复质量达标和优质的实体工程项目，这就是践行生态修复工程零缺陷建设技术的真正、真实目标和目的。

四

生态修复工程零缺陷建设技术的科学含义，是指依据生态修复工程项目建设规划设计方案，对项目区域荒漠化土地开展的以植物（乔、灌、草、地被）措施为主，因地制宜结合工程措施、围封管护抚育措施所采用的综合技术路径和方法。

生态修复工程零缺陷建设技术，是指在实施生态修复工程零缺陷建设技术过程的每项工作、每次操作、每道工序、每项技艺、每个子项中，始终要求把要做的应做的技术工作第一次就做好，使建设全过程技术实施均一丝不苟地做到了无差错、无漏洞、无失当、无失宜、无失实、无失真、无失信、无失效、无失调、无失措、无失职的行为，规避了缺陷，真实做到和达到了科学、标准、规范、系统、全面、到位、精确的技术路径、技术风格、技术境界和技术效果，这就是生态修复工程零缺陷建设技术的真释、真诠、真谛。

生态修复工程零缺陷建设技术，是新时期科学指导、指引在应用项目建设技术时如何做到精益求精、高质量建造生态修复精品实体工程的关键和达到优质工程的有效保证，在零缺陷建设整个系统工程中起着无可替代的重要作用，决定着生态修复工程项目零缺陷建设的成功与否。

《生态修复工程零缺陷建设技术》的编著出版，正是为在新时期有效促进我国生态修复工程建设技术向高质量创新发展，进一步有效规范和提高我国生态修复工程建设技术工作者对“因地制宜”“适地适技”的认知水准，进一步减少或有效规避各种建设技术失误的缺陷行为，促进生态修复建设技术工作更加质量化、效益化、时尚化，建立并形成持续改进的项目建设风格和风范，继而推动我国生态修复工程建设技术向着标准化、规范化、精益化的方向迈进。

本专著共分为生态修复工程零缺陷建设技术原理、零缺陷建设准备、零缺陷建设现场、施工零缺陷监理、零缺陷抚育保质等 5 篇 28 章内容。

撰写和出版本专著，是我国生态修复工程建设者深刻领会和践行“道法自然”“辩类重时”“天人合一”的生态文明与儒道哲学法则，在生态修复建设实践中专心、用心和务实的创新研发和理论升华，更是秉承“传播绿色文化、弘扬生态文明”理念，站在“适地适技”营造人与自然和谐环境的高视界和高境界，把我国生态文明建设向纵深推进的工作职责和努力，为大力推进生态文明建设，努力追求、科学探索和践行生态修复工程建设更加优质、更加卓越、更加时尚的新举措，为实现科学推进生态修复工程建设零缺陷技术的全部工作更加技艺标准化、计算精准化、工序衔接规范化，努力提高生态修复工程建设的使命力、责任力和担当力。

生态修复工程零缺陷建设技术的持续改进，永远没有终点，只有永不言弃的新起点。对于所有技术工作者而言，在生态修复工程零缺陷建设征程上，应本着精益求精、知错必究、钻研创新的责任和使命，实事求是查找、分析、测试和一丝不苟纠正、改正、矫正有违零缺陷技术中的未达标、不规范的一切技术错误和缺陷；应当以更高标准的零缺陷建设技术理论水平来服务和指导工程建设生产实践，以使我国生态修复工程建设技术更加精湛。这也是我们所有生态修复工程建设技术人员一项比肩接踵、实践与理论紧密相结合，始终不渝继续攀登奋进的新目标和新课题。

本书编写组

2017 年 11 月

目　　录

上　　册

第一篇　生态修复工程零缺陷建设技术原理

第二篇 生态修复工程零缺陷建设准备

下 册

第三篇 生态修复工程零缺陷建设现场

第四篇　生态修复工程施工零缺陷监理

第五篇　生态修复工程零缺陷抚育保质

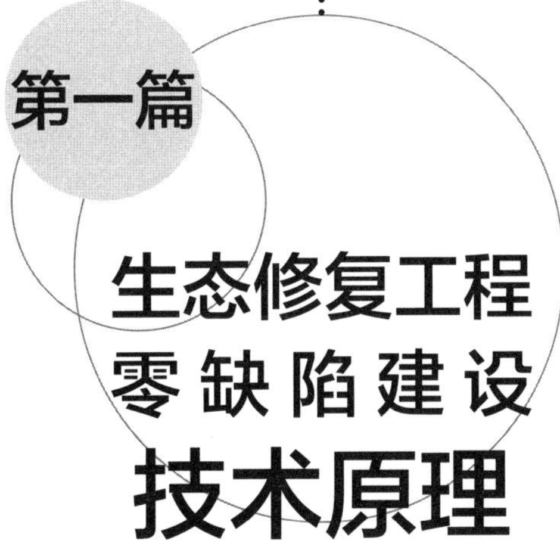
第一篇
生态修复工程
零缺陷建设
技术原理

第一章

生态修复工程零缺陷建设技术标准化概论

第一节 标准化的基本理论

标准化的概念是人们对标准化有关范畴本质特征的概括，在标准化概念体系中，“标准”和“标准化”是最基本的概念，在这里仅对这2个概念加以介绍。

1 标准的定义及其概述

我国国家标准GB/T20000.1—2002《标准化工作指南 第1部分：标准化和相关活动的通用词汇》，对“标准”所下的定义是：“为了在一定范围内获得最佳秩序，经协商一致制定并由公认机构批准，共同使用和重复使用的一种规范性文件。”

“注：标准宜以科学、技术的综合成果为基础，以促进最佳的共同效益为目的。”

WTO/TBT（技术性贸易壁垒协议）规定：“标准是被公认机构批准的、非强制性的、为了通用或反复使用的目的，为产品或其加工或生产提供规则、指南或特性的文件。”这可视为WTO给“标准”下的确切定义，其含义归纳起来主要有以下5点：

（1）制定标准的出发点。“获得最佳秩序”“促进最佳的共同效益”，这是制定标准的出发点。这里所说的“最佳秩序”，指的是通过制定和实施标准，使标准化对象的有序化程度达到最佳状态；这里所说的“最佳的共同效益”，指的是相关方的共同效益，而不是仅仅追求某一方的效益，这是作为“公共资源”的国际标准、国家标准所必须做到的。“建立最佳秩序”“取得最佳公共效益”集中地概括了标准的作用和制定标准的目的，同时又是衡量标准化活动、评价标准的重要依据。

（2）标准产生的基础。每制定一项标准，必须踏实完善以下2方面的基础性工作。

①标准是科研和技术进步的结晶：把科学研究、技术进步带来的新成果同实践中积累的先进经验相互结合，纳入标准，奠定标准科学性的基础。这些成果和经验不是不加分析地纳入标准，

而是要经过充分分析、比较、论证以后再加以综合。它是对科学、技术和经验的消化、融会贯通、提炼和概括的过程。标准的社会功能，总的来说就是到截至某一时间点为止，社会所积累的科学技术和实践经验成果予以规范化，以促进对资源更有效的利用和为技术的进一步发展搭建一个平台，并创造稳固的基础。

②标准是社会民主和公正的体现：标准反映的不仅是局部片面经验，也不能仅仅反映局部的利益。这就不能凭少数人的主观意志，而应该同有关人员、有关方面（如用户、生产方、政府、科研及其他利益相关方）进行认真的讨论，充分地协商一致，最后要从共同利益出发做出规定。这样制定的标准才能既体现出它的科学性，又体现出它的民主性和公正性。标准的民主性和公正性这两个特性越突出，在执行标准过程中便越被人们认可，就越有权威性。

（3）标准的对象特征。制定标准的对象，已经从技术领域延伸到经济领域和人类生活的其他领域，其外延已经扩展到不胜枚举的程度。因此，标准对象的内涵便缩小为有限度的特征，即“重复性事物”。什么是重复性事物？这里说的“重复”是指同一事物反复多次出现的性质。如成批大量生产的产品在生产过程中的重复投入、重复加工、重复检验、重复生产；同一类技术活动（如某种规格苗木）在不同地点、由不同的人，同时或前后时间相继实施；某一种概念、方法、符号被许多人反复使用等。

①标准是实践经验的总结。具有重复性特征的事物，才能把以往的经验加以积累，标准就是这种积累的一种方式。一个新标准的诞生是这种积累的开始，标准的修订是积累的深化和继续，是新、旧经验的更换。标准化过程就是人类实践经验不断深化的过程。

②事物具有重复出现的特性，标准才能重复使用，才有制定标准的必要。对重复事物制定标准的目的是总结经验，选择最佳方案，作为今后实践的目标和依据。这样既可以最大限度地减少不必要的重复劳动，又能扩大“最佳方案”的重复利用次数和范围。标准化的技术经济效果有相当一部分就是从这种重复中得到的。

（4）由公认权威机构批准。国际标准、区域性标准及各国的国家标准，是社会生活和经济技术活动的重要依据，是人民群众、广大消费者以及标准各相关方利益的体现，并且是一种公共资源，它必须由能够代表各方面利益，且为社会公认的权威机构批准，方能被各方所接受。

（5）明确了标准属性。ISO/IEC 将标准定义为“规范性文件”；WTO 将其定义为“非强制性的”“提供规则、指南和特性的文件”。这其中虽有微妙差异，但本质上标准是为公众提供一种可共同使用和反复使用的最佳选择，或为各种活动或其结果提供规则、导则、规定特性的文件（即公共物品）。企业标准则不同，它不仅是企业私有资源，而且仅在企业内部具有强制力。

2 标准化的定义及其概述

国家标准 GB/T20000. 1—2002《标准化工作指南　第 1 部分：标准化和相关活动的通用词汇》，对“标准化”下的定义是：“为了在一定范围内获得最佳秩序，对现实问题或潜在问题制定共同使用和重复使用的条款的活动。”

“注 1. 上述活动主要包括编制、发布和实施标准的过程。”

“注 2. 标准化的主要作用在于为了其预期目的改进产品、过程或服务的适用性，防止贸易壁垒，并促进技术合作。”

上述定义揭示了“标准化”这一概念的如下含义：

（1）标准化是制定、实施、修订标准的复合活动过程。标准化不是一个孤立的事物，而是一个活动过程，是制定标准、实施标准进而修订标准的过程。这个过程是一个不断循环、螺旋式上升的运动过程。每完成一次循环，标准的水平就提高一步。标准化作为一门学科就是研究标准化过程中的规律和方法；标准化作为一项工作，就是根据事物客观情况的变化，不断地促进这种循环过程的深化和发展。

①标准是标准化活动的产物：标准化的目的和作用，是通过制定和实施具体标准来体现的。因此，标准化活动不能脱离制定、修订和实施标准，这是标准化的基本工作任务和内容。

②实施标准是标准化的最高境界：标准化的效果只有当标准在社会实践中实施以后才能表现出来，绝不是制定出一个标准就可以了事的。有了更多、水平更高的标准，如果没有被运用，那就什么效果也收不到。因此，在标准化的全部活动中，实施标准是不容忽视的环节，这一环节断了，标准化循环发展过程也就中断了，就谈不上标准“化”了。

（2）标准化是一项有目的的活动。标准化可以有一个或更多特定的目的，以使产品、过程或服务具有适用性。这样的目的可能包括品种控制、可用性、兼容性、互换性、健康、安全、环境保护、产品防护、相互理解、经济效益、贸易等。一般来说，标准化的主要作用，除了为达到预期目的改进产品、过程或服务的适用性之外，还包括防止贸易壁垒、促进技术合作等。

（3）标准化活动是建立规范的活动。标准化定义中所说的“条款”，是规范性文件内容的表述方式。标准化活动所建立的规范具有共同使用和重复使用的特征。条款或规范不仅针对当前存在的问题，而且针对潜在的问题，这是信息时代标准化的一个重大变化和显著特点。

3　标准种类

3.1　按制定标准的宗旨划分种类

标准各有其宗旨。总体来说可将其分为公标准、私标准两大类。

（1）公标准。公标准也就是公共标准。它是指动用公共资源制定的标准，其宗旨是维护公共秩序，保护公共利益，为全社会大众服务。生态工程项目建设中对照执行的相关涉及林业、水保和环保行业、专业方面等的国家标准、行业标准和地方标准均属公标准。公标准的特点如下。

①动用纳税人交的钱制定的标准；

②为谋取最佳公共利益；

③属于国家、地方政府的法定性质；

④标准形成程序公开；

⑤社会公众广泛参与；

⑥在充分协调的基础上增进标准的科学性和可行性；

⑦涉及安全、环保、健康等相关标准应是公标准中的重要标准。

（2）私标准。私标准是动用非公共资源制定的标准，具有独占性质。其宗旨是为本组织的利益服务，如企业制定加快产品生产的合理流程、修改作业操作工艺等。我国国有企业、合资企业、民营企业、独资企业和企业联盟体的标准均属私标准范畴。私标准的5个特点如下。

①动用企业组织资金制定的标准；

②为参与市场竞争服务；

③充分吸收技术知识产权以提高企业生产力；

④具有独占性和不公开性；

⑤企业组织在遵守国家法律、法规的前提下，享有制定、修改、使用标准的独立支配权。

3.2 按制定标准的主体划分种类

按制定标准的主体，分为国际、区域、国家、行业、地方和企业标准6类。

（1）国际标准。国际标准是指由国际标准化组织（ISO）、国际电工委员会（IEC）和国际电信联盟（ITU）制定的标准。国际标准的分类如下。

①按制定标准的组织划分的种类：分为ISO标准、IEC标准、ITU标准、CAC标准等。

②按标准涉及的专业划分的种类：IEC标准分为8大类、ISO分为9大类等。

（2）区域标准。区域标准是指由区域标准化组织或区域标准组织通过并公开发布的标准。种类主要有欧洲标准化委员会（CEN）标准、欧洲电工标准化委员会（CENELEC）标准、欧洲电信标准学会（EISI）标准、欧洲广播联盟（EBU）标准等。

（3）国家标准。国家标准是指由国家标准机构通过并公开发布的标准。中国国家标准是指在全国需要统一的技术要求，由国务院标准化行政主管部门制定，并在全国范围内实施的标准。

（4）行业标准。行业标准是由行业组织通过并公开发布的标准。国外工业发达国家的行业协会属于民间组织，其制定的标准种类繁多、数量庞大，通常称为行业协会标准。

中国的行业标准是指由国家有关行业行政主管部门公开发布的标准。根据我国现行《中华人民共和国标准化法》（以下简称《标准化法》）的规定，对没有国家标准而又需要在全国某个行业范围内统一的技术要求，可以制定行业标准；行业标准由国务院有关行政主管部门制定。

生态修复工程建设执行的行业标准主要如下。

①林业行业标准（LY—24）；

②水土保持技术规范（SD 238—1987）；

③环境保护行业标准（HJ—36）；

④水利行业标准（SL—44）等。

（5）地方标准。地方标准是在国家某个地区通过并公开发布的标准。我国的地方标准是指由省、自治区、直辖市标准化行政主管部门公开发布的标准。

（6）企业标准。企业标准是由企业制定并由企业法人代表或其授权人批准、发布的私标准。企业标准与国家的公标准有着本质上的区别。企业标准是企业独占的无形资产，标准采取什么形式、规定什么内容，以及如何制定、何时发布等，完全依据企业自身的需要，由企业自己决定。

3.3 按标准化对象的基本属性划分种类

3.3.1 技术标准

技术标准是指标准化领域中对需要协调统一的技术事项制定的标准。技术标准的形式是：标准、技术规范、规程等文件，以及标准样品实物。技术标准是标准体系中的主体，量大、面广、种类繁多，主要的 11 类如下。

（1）基础标准：是指具有广泛适用范围或包含一个特定领域通用条款的标准。基础标准可直接应用，也可作为其他标准的基础。基础标准用在以下 8 个方面。

①标准化工作导则，含标准的结构文件格式要求、编写的基本规定和印刷的规定等。

②通用技术语言标准，包括术语标准、符号、代号、代码、标志标准、技术制图标准等。

③量和单位标准。

④数值与数据标准。

⑤公差、配合、精度、互换性、基本系列标准。

⑥健康、安全、卫生、环境保护方面的通用技术要求标准。

⑦信息技术、人类工效学、价值工程和工业工程等通用技术方法标准。

⑧通用技术导则。

（2）产品标准：指规定产品应满足要求以确保其适用性的标准。它包含以下 6 个方面。

①产品标准可直接使用或引用间接的包括诸如术语、抽样、测试、包装、标签和工艺等的要求。

②产品标准根据其规定的是全部的还是部分的必要要求，可区分为完整的标准和非完整的标准。

③产品标准的主要作用是规定产品的质量要求，包括性能要求、适应性要求、使用技术条件、检验方法、包装及运输要求等。

④产品标准可以是 1 个标准，也可以由若干个标准组成。

⑤为了使产品满足不同的使用目的或适应不同经济水平的需要，产品标准中可以规定产品的分等分级。

⑥产品标准制定，一般应以面向市场、面向顾客、面向最终使用者或消费者为主，主要规定产品性能要求和使用要求，而不是主要规定产品的设计或工艺要求。

（3）设计标准：是指为保证与提高产品设计质量而制定的技术标准。设计标准在企业里通常列为基础标准。设计的质量从根本上决定产品的质量。为此，设计标准通过规定设计的过程、程序、方法、技术手段等来保证设计质量。设计标准包括以下 4 项内容。

①设计图形、符号、代号、术语标准。

②设计准则和专业设计规范，如设计任务书的格式与要求；设计评审、设计验证、设计确认的程序和要求；设计参数与数据标准；设计计算方法标准；设计工程施工及验收规范；设计用于评价产品和工序的试验方法和验收规则。

③设计文件标准，如设计图样与文件格式；设计文件完整性；设计文件编号。

④计算机辅助设计及设计软件标准。

（4）工艺标准：是指依据产品标准要求，对产品实现过程中原材料、零部件、元器件进行加工、制造、装配的方法，以及有关技术要求的标准。工艺标准包括：

①工艺基础标准，如工艺符号、代号、术语标准；工艺分类编码标准；工艺文件标准；工艺余量标准等。

②工艺流程、工艺流程图。

③工艺规程，如专用工艺规程、通用工艺规程、标准工艺规程；工艺配方、工艺参数、工艺质量指标；工艺卡、工序操作规范；特殊工序工艺标准等。

④工序能力标准。

⑤工序控制标准。

（5）检验和试验标准：检验是指通过观察和判断、适当结合测量、试验进行的符合性评价。检验目的是判断产品或过程等是否合格。针对检验对象的不同，检验标准分为进货检验标准、工序检验标准、产品检验标准、设备安装交付检验标准、工程竣工验收检验标准等。

检验标准分为以下 2 类。

①检验和试验方法标准：含抽样方法、试样采制、试剂和标准样品、检验和试验使用仪器以及试验条件、检验和试验程序、检验和试验结果、统计和数值计算方法、合格判定准则、质量水平评价方法等。

②检验、试验、监视和测量设备标准：指这些设备、仪器、装置的性能、量程、偏移、精密度、稳定性、使用环境条件等质量要求，设备操作规程和安装及使用程序，计量仪器的检定、校准、校准状态、标识、调整、修理，以及搬运和储存等技术要求。

（6）信息标识、包装、搬运、储存、安装、交付、维修、服务标准。

（7）设备和工艺装备标准：是指对产品制造过程使用的通用设备、专用工艺设备、工具及其他生产器具的要求所制定的技术标准。其主要类别内容如下。

①设备及主要备件标准；

②设备操作规程和设备维护、保养规程；

③工艺装备标准，包括专用工具、工位器具、夹具、模具的技术标准。

（8）基础设施和能源标准：是指对生产经营活动和产品质量特性起重要作用的基础设施，包括生产厂房、供电、供热、供水、供压缩空气、产品运输及储存设施等制定的技术标准。

（9）医药卫生标准和职业健康标准：

①医药卫生标准：指与人的健康直接相关的标准，是标准化重要内容。包括药品、医疗器械、环境卫生、劳动卫生、食品卫生营养卫生、卫生检疫、药品生产以及各种疾病诊断标准等。

②职业健康标准：包括作业场所粉尘、污染物等有毒有害物质的浓度限量标准，噪声与振动控制标准，辐射防护标准，气温异常防护标准，生物危险防护标准等。

（10）安全标准：是指为消除、限制或预防产品生产、运输、储存、使用或服务提供中潜在的危险因素，为避免人身伤害和财产损失而制定的标准，主要有以下 5 类。

①通用安全标准：指安全管理通用标准、安全标志和报警信号标准、危险和有害因素分类分级标准。

②安全工作标准：包括机械安全标准、电气安全标准、燃气安全标准、消防安全标准、防爆安全标准、爆破安全标准、储运安全标准、建筑安全标准、信息安全标准等。

③生产过程安全标准：包括安全操作规程、设备安全标准、特殊工作环境安全标准。

④产品安全标准：指产品对人身和环境无害的安全标准。

⑤安全防护用品标准：指安全防护产品的质材、规格、颜色等能够满足安全的标准。

（11）环境标准：按不同的环境范围分为社会环境标准和企业环境标准。

社会环境标准分为基础标准、环境质量标准、污染物排放标准和分析测试方法标准等。

企业环境标准分为：

①工作场所环境标准：包括与产品质量密切相关的环境要求，如温度、湿度、空气清洁度等；与现场工作人员健康和安全密切相关的环境要求，如粉尘、噪声、有毒有害气体等。

②企业周围环境标准：指大气、水等环境质量标准，污染物排放标准，环境监测标准。

3.3.2 管理标准

管理标准是指对标准化领域中需要协调统一管理事项制定的标准。管理标准与技术标准是相对的，两者可以相互关联和转化。管理标准大体上分为管理基础标准、技术管理标准、经济管理标准、行政管理标准等。通常，企业经营中涉及的管理标准种类和数量很多。

（1）管理体系标准：是指 ISO 9000 质量管理体系标准、ISO 14000 环境管理体系标准、OHSAS 18000 职业健康安全管理体系标准，以及其他管理体系标准。

（2）管理程序标准：通常是指在管理体系标准框架结构下，对具体管理事物的过程、流程、活动、顺序、环节、路径、方法的规定，是对管理体系标准的具体展开。

（3）定额标准：是指在一定时间、一定条件下，对生产某种产品或进行某项工作消耗的活劳动、物化劳动、成本或费用规定的数量限额标准。定额标准是生产管理和经济核算的基础。

①劳动定额标准：是对能计算和考核工作量的工种和岗位，在一定生产技术组织条件下，对劳动消耗的数量规定的限额标准。

②消耗定额标准：是指在一定生产技术组织条件下，对生产单位产品或完成某项工作需要消耗掉的材料、能源等物质的数量规定的限额标准。

（4）期量标准：是指生产管理中关于期限和数量方面的标准。在生产期限方面，主要有流水线节拍、节奏，生产周期、生产间隔期、生产提前期等标准；在生产数量方面，主要有批量、在制品定额等标准。

（5）工作标准：是指为实现整个工作过程的协调，提高工作质量和工作效率，对工作岗位制定的标准。通常，企业内的工作岗位分为生产岗位、管理岗位 2 大类。

①管理工作标准：主要规定工作岗位的工作内容、职责和权限，本岗位与组织内部其他岗位纵向和横向的联系，本岗位与外部的联系，岗位工作人员的能力和资格要求等。

②作业操作标准：其核心内容是规定作业程序和方法。在有些企业，这类标准常以作业指导书、操作规程的形式进行规定。

作业指导书：其主要内容是规定各具体岗位的工作内容与作业方法，包括岗位环境、位置、设施、设备、工具、生产、加工或装配的对象、工作顺序、操作方法、作业动作，对加工产品、工作结果的检查验收，以及合格判定准则等。岗位作业指导书的目的和作用是告诉人们怎样正确地做好某个岗位上的工作。

操作规程：其主要内容是规定各专业工种的通用操作程序与方法，如电工操作规程、电焊工操作规程等。操作规程的目的和作用是告诉人们如何正确无误地做好某项专业技术操作工作。

3.4 按标准的约束力划分种类

按实施标准的约束力，我国将标准划分为强制性标准和推荐性标准。

（1）强制性标准。根据我国《标准化法》规定，强制性标准是指国家标准和行业标准中保障人身健康、财产安全的标准，以及法律、行政法规规定强制执行的标准。强制性是指标准应用方式的强制性，即国家法律规定必须强制执行的要求。我国强制性国家标准的代号是GB。此外，我国各省、自治区、直辖市标准化行政主管部门制定的工业产品安全和卫生要求的地方标准，在本行政区域内也属于强制性标准。

（2）推荐性标准。强制性标准以外的标准是推荐性标准。我国推荐性标准的代号是GB/T。推荐性标准属于倡导性、指导性、自愿性的标准。通常，国家和行业主管部门积极向企业推荐采用这类标准，企业则完全按自愿原则自主决定是否采用。在有些情况下，国家和行业主管部门会出台某些优惠政策鼓励企业采用。企业一旦采用了某些推荐性标准作为产品生产标准，或与顾客商定把某推荐性标准作为合同条款，那么该推荐性标准就具有相应的约束力。

3.5 按标准信息载体划分种类

按标准信息载体，将标准划分为标准文件和标准样品。

（1）标准文件。标准文件的主要作用是提出要求或作出规定，作为某一领域的共同准则。标准文件有不同的形式，如标准、技术规范、规程、指南、技术报告等。

①标准：它是最基本的规范性文件形式，其主要内容是对产品、过程、方法、概念等做出统一规定，作为共同使用和重复使用的准则。

②技术规范：指规定产品、过程或服务应满足技术要求的文件。适宜时，技术规范宜可以判定其要求是否得到满足的程序。技术规范可是标准或标准的部分或与标准无关的文件。

③规程：指为设备、构件或产品的设计、制造、安装、维护或使用而推荐惯例或程序的文件。规程可以是标准或是标准的一部分或与标准无关的文件。

④指南：其内容不作为某一领域共同遵守的准则，而是作为专业或行业的指导、倡导或参考，或者作为企业内部的技术、管理工具。

⑤技术报告：是对产品、过程等对象采用数据量化的形式作出详尽的描述。

（2）标准样品。标准样品是具有足够均匀的一种或多种化学、物理、生物学、工程技术或感官等性能特征，经过技术鉴定，并附有说明有关性能数据证书的一批样品。标准样品是实物形式的标准。

①内部标准样品：是在企业、事业单位内部使用的标准样品，其性质是一种以实物形式的企业内控标准。内部标准样品可以由企业自行研制，或从外部购买。

②有证标准样品：指具有一种或多种性能特征，经过技术鉴定附有说明上述性能特征的证书，并经过国家标准化管理机构批准的标准样品。有证标准样品既广泛用于企业内部质量控制和产品出厂检验，又大量用于社会或国际贸易中的质量检验、鉴定，测量设备鉴定、校准，以及作为判断测试数据准确性和精密度的依据。

4 标准化过程控制

4.1 标准化是有目的有组织的活动过程

（1）过程的概念。国际标准化组织颁布的ISO 9000系列标准体系2000年版对过程的定义是

“一组将输入转化为输出的相互关联或相互作用的活动”，它包括以下 3 个方面的意义。

①一个过程的输入通常是其他过程的输出。

②组织为了增值通常对过程进行策划，并使其在受控条件下完成。

③对完成的产品是否合格，不易或不能经济地进行验证的过程，称之为“特殊过程”。“所有的工作都是通过过程来完成的”。这已经成为现代质量管理的一个基本观念。每一过程都有输入和输出。输入是过程的依据，输出是过程的结果。输出可以是有形的产品，如经设计、施工和竣工验收，其工程质量达到合格的生态工程建设项目就是一种有形的产品；无形的产品，如某一项服务等。过程作为一种增值转换，要消耗各种资源，资源包括人力、劳力、资金、设施、设备、材料、技术及工艺等。过程又表现为一系列活动和活动之间的相互联系。在过程的输入端、过程的各个阶段、过程的输出端都存在监测和控制的切入点。

（2）过程的类型。过程分为既相互联系又相互作用的 3 种类型。

①形成成品和服务的过程：指包括了产品质量中的各个生产环节、服务及其质量形成的基本过程，它们对产品和服务的质量有着直接的影响。

②支持产品和服务的过程：指那些对产品和服务的形成起着支持或辅助作用的过程。如各种检验和对试验设备的控制、不合格品控制、采取纠正措施、人员培训、资格认定、统计方法选择和应用等。虽然这些过程不直接影响产品和服务，但它们对产品和服务的质量有着重要的支持性、辅助性和基础性的作用。

③管理性的过程：指对产品和服务的形成及其支持过程进行有效管理的过程。

（3）标准化是一系列活动过程。标准化是人类社会的一个创造，也是人类社会实践活动的一部分。标准化活动从来就不是孤立地进行的，它总是与生产实践、管理实践等各种活动相结合。到 21 世纪的今天，标准化活动已经渗透到人类社会实践活动的一切领域。

标准化活动在同其他社会实践活动相结合的过程中，其基本功能是总结实践经验，并把经验规范化、普及化。由此决定了标准化活动有着与产品生产活动所不同的特点。其实，从总结实践经验，到把实践经验的规范化和普及化就是标准的制定和实施，即“将输入转化为输出”的活动过程，其基本工作任务是总结实践经验并将其规范化（制定成标准）。这就是把输入转化为输出的活动。标准化活动的三个子过程如下所述。

①标准制定是标准化过程的第一个子过程。输入所需的资源除人力、物质、财力和必要的研究、试验条件外，首先应该是通过各种途径获取多种信息资源；输出的产品是标准，这个标准便是通过信息转换而被增值的信息载体，并且可以依据是否增值及增值多少来评价标准的优劣和标准化活动的成败。

②标准的实施与普及是标准化过程的另一个子过程。它的工作任务是把标准所承载的信息传递（转换）到生产、管理等各方面的实践活动过程，成为这些过程的输入，指导这些过程的有关活动按照标准所提供的信息正确、规范地运行。这也是把输入转化为输出的过程。

③标准实施信息的反馈也是标准化过程的子过程。它的工作任务是收集、分析标准在实施过程中的表现，并把这些信息及时传递给相关组织部门，以便采取管理措施，这同样是一个把输入转换为输出的过程。输入所需资源包括为收集、分析和实施过程这些信息的投入，输出的结果是

向相关组织传递信息。这个信息传递至关重要，它能使相关组织及时掌握标准在实施过程产生的效果、出现的问题，以及及时采取的纠正措施、改进措施，同时为下一个过程循环准备必要的信息资源。

（4）标准化是有目的的活动过程。标准化实践是有目的的活动。国际标准化、国家标准化和企业标准化都各有其目的，并且每制定发布一项标准、每一项标准化活动，都有其特定的目的和目标。标准化的目的既是标准化活动的出发点又是标准化过程的归宿。对标准化过程的评价和考察，归根结底就是要看它是否达到了预定的目的，因为这个目的是通过标准的实施达到的。

（5）标准化是有组织的活动过程。标准化活动始终是组织的行为。这个组织最初是企业，后来，随着经济发展和市场扩大，为标准的应用创造了广阔的空间，提出了新的要求，于是多种标准化组织相继产生。行业（团体）标准化组织、国家标准化组织和国际标准化组织的空前发展，使得标准化扩展为国家规模和国际规模。这些组织制定的标准，为保证公平贸易、安全生产准备了一套技术规则。

企业是标准化的发祥地和最基层组织。最初的企业标准仅限于与企业技术活动相关的内容，作为企业技术机构的工作任务。后来，随着标准化在企业管理中的广泛应用，使它成为企业经营管理中的基础工作。有些企业甚至设立了标准化专门机构，进行有组织、有计划的标准化活动。随着市场经济的深入发展，企业标准化一定会向着更高的标准方向迈进。

4.2 标准化过程的模式

标准化活动是由一系列相互关联的活动组成，其中每一项活动又是由更具体的一系列活动组成。为把握这个过程，借助形象化的模式对其做进一步的展示说明。

4.2.1 标准化基本过程模式——标准化三角形

标准化基本过程模式是指标准从制定、实施到信息反馈这三个环节循环一次的过程。也可以把它们看作是一次活动的三个子过程，它们之间的关系以及各自的地位、作用可以借助一个等边三角形来表示，如图 1-1。

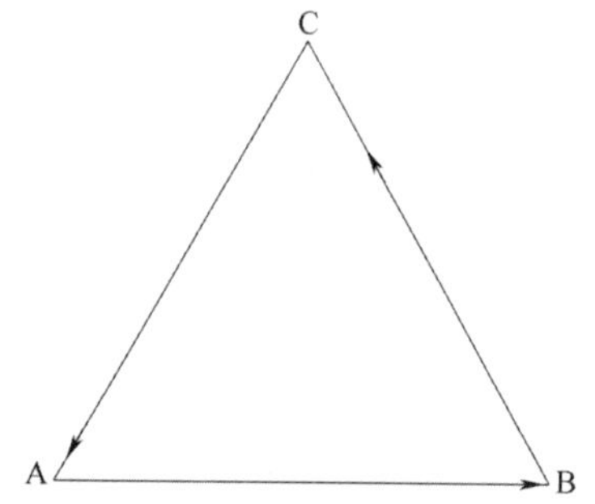

图 **1-1** 标准化三角形基本过程模式（标准化三角形）

AB：标准产生子过程（标准信息的生成过程）；
BC：标准实施子过程（标准信息的传递）；
CA：信息反馈子过程

标准化制定、实施、信息反馈其含义和三者间的关系如下所述。

（1）其含义是这 3 个过程是同等重要的，不存在哪个重要哪个不重要的疑问。

（2）三角形 3 条边连接在一起形成一个信息传递（转换）的闭环通道。AB 是标准信息的生成过程，BC 是标准信息传递（转换）过程，CA 是标准信息反馈过程。标准化过程实际上是由标准信息的生成、传递、转化、反馈等环节组成的连续过程。其中任何一个环节发生缺失或功能不足都会对整个过程的效果产生直接影响；如果个别环节发生中断（如缺少信息反馈），则会导致整个过程中断，闭环变成开环，反馈过程变成无反馈的失控过程。标准化过程发生的许多不良反应，都可以通过对这个三角形的解析找到原因。

（3）三角形的三个子过程，是标准化过程最基本的结构要素，它们中的每一个又都是由一系列更具体的活动组成的子过程。

4.2.2　标准化发展过程模式——标准化金字塔

标准化三角形反映的是标准化的基本过程，即“标准的产生—标准的实施—信息反馈”。但标准化活动并不是到此终止，当基本过程结束时，第二次 ABCA 循环就开始了。第二次循环的终点又是第三次循环的起点。依次循环，永不止息，这才是标准化的全过程。

标准化过程 ABCA 循环，不是一次次地原地旋转，而是每循环一轮，都在原基础上有所创新、改进，即通过对标准的修订使标准又向前迈进一步。标准化就是在这种不断循环中一步步向前发展的。它的这种发展模式就构筑成“标准化金字塔”，如图 1-2。

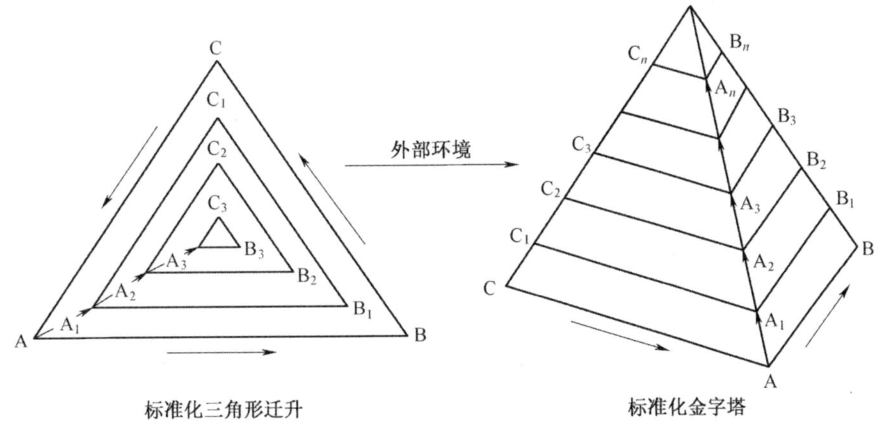

图 1-2　标准化三角形迁升与标准化金字塔

（1）标准化三角形迁升：指标准化三角形迁升的定义和动力。

①迁升的定义：是指标准化三角形从初始的 ABCA 循环，向下一个以及以后一系列循环的过渡方式。“迁升”的含义是这种过渡具有上升或跳跃式发展的特征。也就是说，当标准重新修改、制定后，这个新标准就增加了新功能或新作用，其水平又得到了提高，即有了新的增值。迁升，有时是量的积累（如提高水平），有时是质的飞跃，质的飞跃是标准化阶段性发展的最高境界。

②迁升的动力：不论是标准还是标准系统，都必须处于稳态才能发挥其功能。因此，每一次 ABCA 循环都是处于稳态（静态）的。保持这种稳态是标准系统控制的重要任务。不仅要及时排除影响系统稳定和系统功能发挥的各种干扰，而且从着手建立系统时就应力求稳定。标准系统持续稳定时间越长，标准化成本越低，对相关系统干扰越小，社会效益就较好。

但是标准系统不是永远稳定的，这是因为它自身的稳定性受诸多因素的影响。如果由于经济发展、技术进步、市场变化以及标准需求方的要求，会使原标准系统不能适应时，如果标准系统不依据环境的要求及时应变，这个系统要么失效，要么产生负效应。故此标准系统控制的又一项重要任务，就是当出现这种要求时，或者已经预测到这种趋势时，即应组织对标准进行修订或调整，这就是标准迁升发生的主要动力原因。

标准化三角形迁升虽然是人为实现的，但其动力却源于标准所处的外部环境。迁升的尺度、迁升的内容均需依据环境的要求，但参与迁升过程人的能动作用，如对客观要求识别、迁升内容尺度的确定以及迁升时机的把握等，对迁升是否成功具有决定性影响作用。

（2）标准化金字塔与标准水平。

①标准化金字塔：它是 ABCA 标准化循环的结果，即标准化三角形迁升的结果，是标准化发展过程和发展方向的形象化模型。它形象地表达出迁升的目标或结果——持续改进标准和不断提高标准水平。金字塔表明，标准化主要是标准的制定、实施和信息反馈的过程，也就是标准和标准化水平提高的过程，因此，它被称之为标准化的发展模型。

②标准水平：标准水平是对标准、标准系统的适用性、科学性、先进性、可行性的综合评价，因此，提高标准水平就成为标准化长期追求的目标。标准水平的提高过程，是诸多方面整合的过程，犹如一座金字塔的建造过程。金字塔是从最底层开始向上垒高的，标准化水平也是通过持续化改进才得以提高的，如若没有标准的持续改进，则不会有标准化三角形的迁升，长期不迁升的标准（特别是产品标准）便会失去活力，不能形成金字塔。没有金字塔的标准系统，其标准的个体水平低下，其整体系统水平也低下。因此，探索提高标准整体水平的途径，都需要历经标准化三角形金字塔的层层垒建，才能向着金字塔尖的方向前进。

4.2.3 标准系统是标准的存在方式

（1）在标准化初始阶段，制定的标准常常是为解决某一具体技术性问题，其内容不仅单一，而且存在方式也是个别的、零散的，即不呈系统性的运行。如今的标准，不仅以系统方式存在，而且以系统方式发生作用，这也是同标准化对象的系统属性相吻合的。实践证明，企业在生产经营过程只制定一个孤立的产品质量标准是远远不行的，还必须制定对实现最终质量要求起保证作用的原材料、零部件、工艺装备以及操作和管理等标准，共同发挥作用。这就是一个以产品质量为核心的标准系统。产品质量的保证作用说到底是这个系统的效应作用。

（2）当我们对标准和标准化活动中的任何过程进行分析时，不能孤立地对某一项标准进行分析研究，必须把它放在它所在的系统中，视其为系统的一个要素进行论证。这是现代标准化的一个显著特征。因此，对标准化过程考察是不能脱离它赖以存在的系统而进行的。

4.3 标准化过程控制

4.3.1 标准化过程控制目的和任务

（1）标准化过程控制是标准化管理的重要任务。标准以系统形式存在并发挥作用，这个系统又必须随着环境的变化而改变并能适应环境的要求。但是，由于标准系统是一种有组织的人工系统，离开人为的干扰和控制，标准系统既无法形成和发展，又难以有效地发挥其功能和作用。因此，对标准而言，尤其是对标准系统的控制，便成为对标准化过程进行管理的重要任务。当标准系统发展到一定规模时，标准化管理机构对系统实施的控制能力和力度，对该领域标准化作用的发挥以及标准化本身的发展，都有至关重要的影响。强调和重视标准的制定和标准系统的建立是对的，但制定之后如何去实施以及标准系统建立之后如何维护和发展，是更值得重视的问题。否则，即使制定出了标准、建立了系统，但也会由于管理不到位、过程失控，体现不出标准的作用。所以说，客观形势和标准化自身的发展，都把对标准化过程的控制问题提到了组织最高管理者的工作日程之上。

（2）降低标准化过程阻力是提高资源、信息的转换（传递）效率。标准化过程是由标准的制定、实施和信息反馈等要素组成的闭环过程。如果标准化过程中任何一个子过程或者子过程中任何一个环节出现缺损，都会对 ABCA 循环产生影响，或降低循环效率和造成循环中断。标准化过程中出现的这类问题统称为标准的“过程阻力”。标准化过程中一旦出现“过程阻力”，即使对过程投入大量资源，也会由于资源和信息的转换效率降低，从而降低标准化效果，甚至产生与标准化背道而驰的负效果作用。在标准化过程发生的三种过程阻力如下。

①标准制定过程中：如果对市场需求调研不充分或未做调研，使规定标准脱离实际，倘若按照该标准组织生产，极有可能给企业生产造成经济损失，产生标准化的负面效果。

②标准实施过程中：如果实施的准备工作不充分，该更改的文件未更改，该更换的工装未更换，有些岗位按新制定标准操作，有的则按老规定执行等，势必会打乱正常的生产秩序，给企业生产经营管理造成极大的负面影响。

③信息反馈过程中：如果不能及时反映标准实施过程中暴露出的问题，或虽然做出反映，但因信息渠道不畅，致使该及时更改的标准未做更改，该采取的措施未能及时采取等，都会降低标准化效果乃至产生负效果。

（3）保持标准的适应性和适用性。标准是标准化活动的直接产物，但标准化活动的目的绝不是制定出多少标准，而是要通过标准的实施产生技术、经济和社会效益，这是标准化过程的终端，资源转换的最终结果。但是，这个资源转换过程链不像一条固定生产流水线那样稳定和目标一贯。标准化过程对应的是一个多变的客观环境，它包括诸如法律、法规的变化，市场形势的变化，客户要求的变化，以及技术、经济、管理等方面的新要求，尤其是科技创新对产品的巨大推动作用等，都要求及时地调整标准系统的结构和功能，调整标准化过程的目标，以适应已经变化了的客观环境。

4.3.2　标准化过程控制的关键——信息反馈

标准化过程不是只有一个简单的过程链，而是由许多过程链交织在一起构筑成的过程网络。对这个过程网络实施控制的组织，实际上也是一个管理网络。它们之间既有资源和信息的输入、输出，也有资源的转换和信息的反馈；既相互作用，又相互要求。每一个标准化组织、每一位标准化工作者乃至与标准化相关的人，都能在这个网络中找到自己的位置。过程控制就是要使过程网络中的每项过程以及过程中每项活动都处于受控状态。控制的内容会因过程和活动性质的不同而有所各异，对其中关键过程的控制，还应包括必不可少的评审、验证和确认等工作内容。标准化过程，大多是信息处理过程，对过程的控制，就是对信息的控制。标准信息控制包括以下 3 项关键环节和内容。

（1）标准化过程的“状态信息”。过程控制是标准化管理组织的基本职能和重要任务。任何一级管理组织其控制职能的行使都是建立在掌握足够信息，并在对信息分析研究的基础上方能做出正确的决策。没有信息支持的控制是盲目的控制，没有信息支持的决策是主观决策，都会给标准化发展过程带来风险。为实施有效的过程控制，首要的条件就是标准化管理组织要获得足够数量的信息，特别是获得标准化过程的“状态信息”，如下述 5 种问题。

①颁布的标准是否已被相关方获得？是何原因尚未获得？

②标准是否被相关方实施？哪些已实施，哪些未实施？

③实施过程存在什么问题？标准本身有什么问题？客观上有什么问题？影响和后果是什么？

影响面多大，该如何处置？

④标准系统中哪些标准已经不适用，该修订或该废止了？

⑤经济和技术的发展与进步、市场竞争、法律法规等客观环境的变化，对标准提出了哪些新要求？亟须制定哪些新标准？

（2）信息反馈渠道和反馈功能。标准信息反馈是标准化过程的一个重要子过程，是标准化三角形中不可缺少的构成要素。它的基本功能就是反馈标准化过程的状态信息，这个状态信息是标准化过程控制的依据，也是标准化三角形迁升和标准化金字塔形成的推动力。然而，在某些标准化过程中并不具备完善的信息反馈子过程，在许多情况下，标准的实施状况并无信息反馈，许多标准颁布实施后状况如何，存在什么问题，标准化管理机构是不清楚的。对缺乏标准系统状态信息支持的管理来讲，难免会带有不同程度的主观性和盲目性。

标准信息反馈是标准化三角形中的瓶颈。没有信息反馈就不会形成闭环过程，而是形成一个无反馈开环过程，它实际上是放任自流失控的过程。处于这种过程的标准和标准系统其适应性和适用性都会衰退。产生这一问题的原因有很多，但最关键的问题是反馈渠道和反馈功能。在标准化过程网络中，几乎每时每刻都有资源的投入和产出，以及信息输入和输出的转换。这其中的大量信息，有些形成新资源，应及时存储和积累；有些在网络中流动，起着沟通、协调各要素间关系的作用；有些则要向相关部门反馈，作为过程控制的输入。没有反馈渠道或渠道不畅通、不健全，会使这些极有价值的信息白白流失。此外，标准信息的反馈是不会自动实现的，除渠道之外，还需要有相关组织必须承担信息反馈的功能。

（3）双向信息沟通。标准化过程是信息的传递和转换过程。在标准化过程网络中流动的信息不只是单一方向的反馈信息，而应该是双向信息沟通。如前所述，向标准化管理机构反馈标准化过程的状态信息十分重要，与此同时标准化过程中一些环节也需要标准化管理机构对反馈的某些信息做出反应，尤其是企业在推行标准化活动中，有时需要政策指导，有时需要技术援助，有时则需要与国际市场竞争以及市场准入有关的广泛信息支援。这类信息的需求，会随着全球化经济发展而不断增强。这种双向信息沟通是标准化过程生命力的源泉。建立沟通渠道、明确沟通职能、保证信息质量、加快信息传递速度、着力解决信息资源不足和信息不对称等问题，是实施双向信息沟通的要求。

实现上述要求的关键是建立完善的标准信息系统，其目的是承担起双向信息沟通任务。标准信息服务机构和标准信息系统，是否具有收集、处理、传递标准化过程状态信息的功能，是否能向企业提供信息支援，是衡量标准化组织机构和其系统的目的性及功能性的准则。

4.3.3　标准化过程改进

（1）标准化过程改进的必要性。包含以下 2 项内容。

①标准化过程改进是提高资源（信息）转换效率的需要。标准化过程是信息转换过程，同时也是将输入的资源转化为输出的过程。过程改进就是要消除影响转换效率的因素，克服信息传递的阻力，最大限度地提高标准化投资效果，实现增值转换。

②标准过程改进是适应相关方要求变化的需要。标准相关方的要求是标准设计过程的输入，这种输入经过多次信息转换形成输出，其输出是否达到了相关方要求，可以通过实施后的效果和相关方的满意程度来评价和确定，因此，标准化过程也必须具备持续改进的能力来适应这种变化。

（2）标准化过程的持续改进。包含以下2项持续改进内容。

①标准化过程有人力、资金、物质和信息资源的输入，资源和信息的转换以及信息的输出。每一次过程又包含若干子过程，每个子过程同样有输入到输出的转换。可以说在这个复杂的过程网络中，随时都会有影响资源转换效率和转换质量的因素，这就是标准化过程阻力。所以，过程改进主要是消除阻力。如资源投入不足或浪费、职责不清、接口不相容或不协调、目标不明确或不能实现等，都会成为过程阻力和改进的重点。

②标准化过程中某些内容，如标准水平、标准化系统结构和功能、标准化工作程序等，也应该适应客观形势的要求加以改进。标准化三角形描述的标准化基本过程就是以信息反馈为推动力的循环往复的改进过程；由标准化三角形向标准化金字塔的过渡，记载着标准化过程改进的轨迹。标准化就是在这个持续改进过程中向前运行。

第二节 标准化在生态修复工程建设中的作用

我国生态修复工程建设实践证明，标准化在生态修复工程建设中起着不可替代的重要作用，是促进生态修复建设技术和建设管理向着更加专业化、规范化、信息化、现代化、时尚化方向迈进的保证，也是建造生态精品工程的基础。其作用主要表现在以下几方面。

1 标准是生态修复工程建设市场建立最佳秩序的工具

现代化大生产是以先进的科学技术和生产高度的社会化为特征的。前者表现为生产过程的速度加快、质量提高、生产的连续性和节奏性等要求增强；后者表现为社会分工越来越细，企业间横、纵方向上的经济联系日益密切。这种社会化的大生产，必定要以某种秩序的建立为前提，而标准恰好是建立这种秩序的有效而又有利的最佳工具。

标准之所以在生态修复工程建设中行之有效，除其具有的科学性以外，还由于它是对人们社会活动的一种规范和约束。这种规范和约束的特点如下所述。

（1）标准为从事生态修复工程建设的勘察设计、施工、监理、材料供应商等各类型企业，在其经营过程建立了最佳秩序，并提供了共同语言和相互了解的依据，使各类型企业意识到标准对任何企业组织的市场经营管理都是必要的和不可或缺的。

（2）标准为从事生态修复工程建设的企业经营活动确立了必须达到的目标，它比行政规定更具有科学根据，既能促进企业的经营活动更加合法化和合理化，又得到业主的认可和肯定。

（3）标准是一种无偏见的约束。它既从全局出发，又考虑了各方利益，因此，标准具有规范效用和自我约束的作用。它的约束力跨越地区和国家的界限。这种约束力就是一种权威，一种能够对现代化生态修复工程项目建设从技术上和管理上进行协调和统一的权威，这就是标准化很重要的社会功能。这种功能的发挥，与技术进步、管理现代化以及社会生产力的增进密不可分。生态修复工程项目建设过程中的提高质量、降低成本、减少消耗、缩短工期等都是这种功能的具体体现，因而，这种功能所产生的生态修复工程建设投资的巨大效益不可估量。

2 标准化是我国生态修复工程建设市场的组织力量

生态修复工程建设市场的良性运行，不能完全靠进入市场的经济主体来维护，国家政府行业主管部门的干预是必须的。维护公平竞争、保证生态修复工程建设的投资效果是政府义不容辞的工作任务。因为生态修复工程建设标准与工程项目建设市场直接有关，同时标准又是作为市场调节的一种工具，为参与生态修复工程建设的各方所认同，既直接推动生态修复工程建设步伐，又成为政府对生态修复工程建设市场实施干预、维护公平竞争的有效手段。

当生态修复工程建设的标准内容足以说明工程项目建设的基本特性时，有时参与建设施工的业主单位与设计、施工、监理企业只要就标准达成一致即可成交，签订生态修复工程建设合同也变得非常简单，一旦发生纠纷，也易于分清是非。这样的标准便是生态修复工程建设市场良性运行的必要因素。这种建立在标准化基础上的生态修复工程项目建设合格评定制度，为业主单位与设计、施工、监理企业的合作提供了可信的保证，既减少了不必要的重复检验，又能简化工程建设合作过程，从而降低生态修复工程建设参与各方的交易风险和成本，提高生态修复工程建设市场的运行质量和效率。

3 标准化是建设创新型绿色生态环境的重要途径

（1）创新是生态修复工程建设的动力之源。在我国和世界科技创新及产品创新的新形势推动下，生态修复工程项目建设企业的创新能力就是企业竞争能力的核心要素。同时，创新能力也是企业组织综合管理素质的体现，更是企业经济效益和经济实力的表现。科技的发展、知识的创新，决定着生态修复工程建设和建设企业的发展进程。

（2）创新是生态修复工程建设的突破和质变。在通常情况下，质变是以量变为基础的，在许多生态修复工程建设的技术创新中常常凝聚着几代人的艰辛付出和成就，它实际上是生态修复工程建设技术和经验的积累过程。生态修复工程建设的标准化过程便是这样一个不断积累的过程，它把前人经验积淀到标准里，为后人向更高的标准攀登搭建了一个平台；以利于我们当代生态修复工程项目建设者再把新兴的技术与管理经验充实到标准里，筑建起更高的生态修复工程建设标准的平台，直到有重大创新突破的发生，标准也随之更高。

（3）创新既有成本更有风险。在生态修复工程建设市场竞争中，生态修复工程建设所需的材料开发面临的一个普遍问题，就是生产第一件材料产品所需要的成本比以后再生产的单位产品成本要高出许多，即“第一产品成本”的挑战。一般来说，按照系列化、模块化原理开发的新产品，可以增加渐进收入使材料产品开发生产企业获利，这是应对“第一产品成本”挑战，规避风险的标准化对策，也是促进生态修复工程项目建设创新的稳妥方式。

（4）应对生态修复工程建设的标准创新成果积极推广和转化。取得生态修复工程建设的标准创新成果不是最终目的，而是生态修复工程建设市场中对其进行推广和转化的开始。由于生态修复工程项目建设标准的科学性、规范性、权威性，使它成为扩散标准创新成果并将其推广和转化的重要途径，同时，这也是促进生态修复工程建设标准创新的动力。标准与创新的交互作用，既是揭示生态修复工程建设的标准化与创新之间关系的一把钥匙，又是探索市场经济条件下生态修复工程建设标准化内在规律的切入点。

4　标准化是生态修复工程建设市场中的一把双刃剑

标准化是人类社会的一个伟大创造，不论是过去还是将来都对社会进步起着特别的重要作用。毋庸置疑，在当今现代化的人类社会，每时每刻都享受着标准化带来的福祉。但是，我们也必须清楚地认识到标准化也是有风险的，任何一项标准其正确性、科学性和适用性都是相对的。由于各种主观和客观的原因，制定的标准有的正面作用明显，也有一些有不同程度的负面效果作用，不能盲目地认为只要是标准就能用、就能起积极的作用。故此，我们在生态工程项目建设中，应当适时、适地、适事、适人地推广和应用标准，即把使用标准与生态修复工程项目建设的具体情况相结合，在实践中认真斟酌和筛选出更适用的标准进行推广应用，尽可能少用或不用起负面作用的标准。以下是使用标准应注意和规范的事项。

（1）标准的功能是统一和固定。如果在生态修复工程建设过程该统一的标准未统一，该固定的标准未固定，或者把不该统一的统一了，不该固定的反倒固定了，这是标准对象选择不当；不应在全国范围统一的却制定成国家标准，应该在全国范围统一的反倒制定成许多不一致的标准，这是标准层次关系不清、分工不当；该及早制定的标准却推迟制定，不该颁布发行的标准却抢先出台了，这是制定标准的时机不当。上述三项属于决策不当造成标准的不恰当统一和不合理固定带来的副作用现象，其负面作用持久和巨大，并且具有隐蔽性和不易证实的特征。因此，应当引起生态修复工程建设者的足够重视和避免。

（2）标准要为生态修复工程建设提供一种最佳选择。是指生态修复工程建设中的一些参数和参数值确定面临选择的风险，诸如尺寸公差、极限值、容许量等。因为生态修复工程项目建设的实际情况千差万别，很难使标准所做出的规定对一切方面都适用，倘若在制定和实施标准时有所疏忽和大意，就有可能产生标准的各种负面作用，也会对项目建设产生副作用。

（3）国家制定的标准是一种公正、公平的公共资源。标准协调就是要在相关各方之间找到一个平衡点。那些在生态修复工程建设中未经协调或协调很不充分的标准，常常会带有倾向性，这样的标准不仅产生副作用，还会损害标准的公信力，更会降低生态修复工程项目建设中的标准化意识，是对生态修复工程建设质量的间接危害。

（4）标准化是一项有风险的技术政策。这里所说的风险是指它有时会给企业和个人造成损失，有时会束缚人的创造性，有时会产生不良的社会影响甚至给国家或生态修复工程项目建设业主造成重大经济损失。这就要求生态修复工程建设者对每一项标准的决策都要采取慎重态度，实行细致深入的调研、充分的协调和必要的技术经济论证。特别是执行强制性标准时更要慎之又慎，时刻提防这把“双刃剑”伤了项目建设者自己，把风险的概率降至最低限度。

第三节
生态修复工程建设技术标准

1　技术标准概述

技术标准是指对标准化领域中需要协调统一的技术事项做出的统一规定。技术标准是标准家族中类型繁多、数量庞大的一类标准。因为技术标准与技术进步关系密切，对国家经济发展和企业竞争力都有着最直接的影响。加强技术标准的研究和制定，提高技术标准的适用水平，永远是标准化的核心任务。

1.1 技术标准的产生和发展

（1）标准的产生。技术标准是工业社会最先创立的标准。如与实现零件互换有关的公差标准、作为工程语言的制图标准，以及最早实现规范化的螺钉标准等。我国国家标准目录中第1000号以前的标准基本上是这类标准，因此早期的标准均称为“技术标准”。

最初的技术标准是从资本主义企业里被创造出来的。据记载，1798年美国人惠特尼采用样板等专用工具解决了枪械零件的互换问题，从而为标准化的大量生产指明了方向，因此惠特尼被尊称为“标准化之父”。世界上第一个国家级的技术标准是1901年成立的英国工程标准化委员会于1903年制定的“钢轨断面标准”。

（2）技术标准的产生促进了生产效率的提高。最初的技术标准都是基于技术活动本身的需要，即适应了技术活动内在规律的要求，着重解决的是技术统一性问题或生产过程各工序之间的衔接配合问题。这时的技术标准为企业内部生产分工细化创造了条件，从而加速了生产的专业化和专用设备的高效使用，结果是有力地促进了企业生产效率的大幅度提高。

（3）技术标准的发展作用。企业生产效率的提高和生产规模的扩大，促进了商品市场的迅速发展。于是与市场交易相关的标准化问题，诸如产品标准、产品检验方法标准以及产品认证也被提上日程。就这样，技术标准一直伴随着人类社会最为壮观的工业化过程，创造了现代物质文明，并为信息时代的到来奠定了雄厚物质、技术的基础条件。

1.2 技术标准的领域

总体来讲技术标准的领域是很难界定的，凡是需要而又适合用标准加以规范的技术事项均可以制定成为技术标准，现实社会生产实践中这类事项不仅多得无数，而且与日俱增。

（1）基础类标准。基础类标准是技术标准里始终重视的重点领域。它们种类繁多，主要有名词、术语、图形、符号、编码、代号（码）、量和单位、优先数、公差与配合、螺纹、齿轮、标准长度、标准直径、标准电流、标准电压、字符集和信息码、程序设计语言、系统接口等。这类技术标准的特点是随着科技的进步，进而推动其新旧标准的更新步伐加快。

（2）产品类标准。这里的产品是指各种工业生产、农业生产及信息产业和服务业提供的终端产品。此外，为生产这些终端产品使用的原料、材料、辅助材料、工具、器具、配件、元器件、标准零部件、模块等，也属于技术标准的一个重大领域。

（3）方法类标准。方法类标准是指以给出方法为特征的一类标准的总称。通常是以试验、检查、分析、抽样、统计、计算、测定、作业等活动的方法为对象制定的标准。它是为提高工作效率、保证工作质量必要的准确一致性，对上述活动中的最佳方法作出的统一规定。

（4）安全、卫生、环保、能源类标准。安全、卫生、环保、能源类标准，就标准的内容和属性来讲它们本不是同一类标准，它们当中的每一类都已经自成体系而且规模庞大，只是由于它们的特殊重要性以及被列为工作重点一并提出，形成一个标准特殊重点领域。

①从保护人和物安全为目的制定的安全标准，涉及职业安全、特种设备安全、电气安全和消费品安全等4个方面。内容包括安全色、安全标志、安全性能要求及试验方法等。

②为保护人们的健康，对食品、药品以及其他卫生要求制定的卫生标准，涉及环境卫生、食品卫生、放射性卫生防护和学校卫生等。

③为保护环境和有利于生态，对大气、水、土壤、噪声等环境质量指标、污染源、检测方法及其他事项制定的环境保护标准，涉及环境基础、环境质量、环境监测方法、污染物排放、环境检测仪器设备、环境标准样品等标准。

④为合理、有效利用能源，以能源为对象制定的能源标准，涉及能源开发、生产、转换、输送、分配、储存、使用和消耗，以及其中涉及的材料、设备、工艺、环境、安全等标准。

1.3 制定技术标准的基本原则

（1）贯彻国家有关政策和法律法规。制定技术标准是一项技术复杂、政策性很强的工作，直接关系到国家、企业和广大民众的利益。国家政策和法律法规是维护全体人民利益的根本保证。因此，凡属国家颁布的有关政策和法律法规都应严格遵守，技术标准中所有规定均不得与国家政策和法律法规相违背。

（2）积极采用国际标准。积极采用国际标准，这是我国的一项重大技术经济政策，是促进对外开放、提升国际竞争力的重要措施。国际标准通常是反映全球工业界、科研界、消费者和法规制定部门先进经验的结晶，包括了各国的共同要求。采用国际标准实质上是一种廉价的技术引进，可以把成熟的技术成果拿来为我所用。但在选用国际标准时，应根据国家安全、保护人身健康安全、保护环境等因素，充分考虑我国国情和企业自身的实际情况，深入研究，谨防专利陷阱。

（3）合理利用国家资源。资源是发展经济的最基本物质基础。因为矿产资源属于不可再生的资源，未来经济发展将要依靠提高资源的利用效率。因此，制定技术标准时，必须密切结合自然资源情况，注意节约资源和有效利用资源，以及稀有资源的替代。

（4）充分考虑使用要求。社会生产的根本目的，是为满足广大消费者和用户的需求，改善人们的生活质量和提高全社会的经济效益。为此，在制定技术标准时，要把提高产品使用价值和使用户满意作为主要目标，充分考虑使用要求。

（5）技术先进，经济合理。制定技术标准应力求反映科学、技术和生产的先进成果。因此，在制定技术标准时，既要适应科技发展的要求，也要充分考虑经济上的合理性；既能适应参与国际市场竞争的需要，也能适应当前生产实践的需要，把提高技术标准水平、提高产品质量与获取良好经济效益结合起来，以取得全社会综合经济效益为制定技术标准的目标。

（6）有关技术标准协调配套。技术标准的许多对象经常构成一个标准，彼此间有密切联系，如产品性能参数与尺寸参数、连接尺寸与安装尺寸、整机与零部件，其相互之间都需要协调配合。因此，一定范围内的技术标准都是互相联系、互相衔接、互相补充、互相制约。

（7）充分调动各方面积极性。为使技术标准制定科学合理，要尽可能避免片面性，必须充分调动各方面的积极性，发挥行业协会、科研机构、学术团体和生产企业的作用，广泛吸收有关专家参加技术标准的起草和审查工作；要利用通讯、网络等现代化信息技术，广泛听取生产、使用、质量监督、科研设计、高等院校等各方面专家的意见，充分发扬民主，力求经过协商达成一致。

（8）适时制定，适时复审。制定技术标准必须适时。过早制定技术标准可能因为缺乏科学依据而脱离实际，甚至妨碍技术发展；反之，若错过恰当的时机，在既成事实以后，对技术标准的制定和实施会带来许多困难。因此，一定要加强项目论证，通过缜密的调查研究，全面掌握生产技术发展动向和社会需求，不失时机地开展制定标准的工作。技术标准一旦制定，就应该保持相对稳定，并根据科技发展和经济建设的需要适时复审，以确认技术标准继续有效或者对其修订或者废止。

1.4 制定技术标准的组织形式

（1）规范有效地开展制定技术标准的组织管理。制定技术标准需要做大量的组织协调工作，必须采取有效形式，把各方面专家组织起来，按照统一规定的程序和要求开展工作，才能保证和提高制定技术标准的质量水平，以便加快制定技术标准的速度。

（2）设立专门的技术委员会并及时开展日常性技术问题的处理。技术委员会是制定技术标准的专业技术组织机构，其任务是组织本专业领域技术标准的起草、技术审查、宣贯、咨询等技术服务工作。技术委员会是一个以科技人员为主体组成的权威专家机构，通常由生产、使用、经销、科研、教学和监督检验等方面，具有较高理论水平和专业技术实践经验、熟悉标准化技术工作的专业技术人员组成。技术委员会下设秘书处，负责日常工作。

（3）企业实行专业技术负责人制的方式实施技术标准的制定。企业里，在企业专业技术负责人统一领导下，由标准化机构及其人员制定技术标准；基础性、综合性技术标准，一般由标准化机构组织起草；专业性技术标准，一般由专业机构组织起草，最后都由企业技术负责人组织相关部门共同审查、修改直至颁布执行等。

2 生态修复工程建设技术标准的制定程序

生态修复工程建设技术标准是为人们从事生态修复工程建设活动制定的共同遵守的准则，它必须是科学、规范和可行的。此外，生态修复工程建设技术标准是一项有组织的活动，其中任何一项技术标准都是许多人共同工作的结果。因此，为保证制定技术标准能够按科学规律办事，所有技术标准都处于受控的流程中形成，即必须严格遵守技术标准的制定程序。

2.1 准备阶段

制定每项生态修复工程建设技术标准，都按标准化工作计划进行。每年由起草单位根据需要，对将要立项的项目进行研究和论证，然后提出项目建议，其内容包括技术标准大纲、名称、范围，标准制定依据、目的、意义等，以及国内外对应技术标准及有关科技成就的简要说明，工作步骤和计划进度、分工，制定过程可能出现的问题和解决途径，经费预算等。

2.2 立项阶段

主管部门对起草单位提出的新技术标准项目建议进行审查、汇总、协调、确定，直至列入技术标准制订计划并下达。应评定技术标准的必要性，明确立项顺序。制定生态修复工程建设技术标准应有利于促进生态修复工程的建设，并促使人们进一步关注受损生态系统的环境保护、生态恢复、生态治理等创建生态文明社会的活动。

2.3　起草阶段

起草单位接到下达的生态修复工程建设技术标准计划项目后，及时成立起草工作组，确定项目负责人，制定具体实施计划，开始起草技术标准草案。其主要工作步骤如下。

（1）收集资料。收集各类技术资料是起草技术标准的依据。收集到的信息占有量大，可使起草工作少走弯路，提高工作效率，缩短起草周期。应围绕技术标准对象，收集国内外有关技术标准资料，包括同类标准对象的各种技术标准和有关科技文献、出版物等。

（2）调查研究。进行广泛调查研究是制定技术标准的关键环节，应采取点面结合、重点与一般结合的方式来进行调查研究。要对收集来的技术标准资料数据进行分析、对比，以了解国内外技术发展趋势和最新成就，作为制定技术标准时的参考和借鉴。

（3）试验验证。纳入生态修复工程建设技术标准的指标，必须以试验数据为依据，同时还要收集有关企业相同对象的同类型原始技术资料和试验、检测数据作为参考。

（4）起草征求意见稿。经资料收集、调查研究和试验验证后，就为技术标准的起草工作打下了基础。应认真对起草方案进行构思、内容选择、技术参数确定和可行性分析等工作。

（5）起草编制说明。编制说明是起草过程的真实记录，有承前启后的作用。在生态工程项目建设技术标准的审定、实施和修订时，可通过编制说明了解起草过程中有关内容的取舍及其合理性等。编制说明的内容是：工作简讯，包括任务来源、协作单位、主要过程等；技术标准编制原则和确定技术内容的论据，包括试验、统计数据等，修订技术标准时，还要增加新旧技术标准水平的对比；主要试验的分析、综述报告，技术经济认证，预期经济效果；采用国际先进标准的程序，与国际同类技术标准水平对比；与现行法律、法规和相关技术标准的关系；重大分歧意见处理过程和依据；实施技术标准的要求和措施建议，包括组织措施、技术措施、过渡办法等；其他应予以说明的事项，如参考资料目录、主要内容解释等。

2.4　征求意见阶段

征求意见稿起草后，应印发给与生态修复工程建设技术标准对象有关的勘察、设计、施工、监理单位及高等院校广泛征求意见。还应对一些关键问题组织专题讨论，对分歧意见要加强沟通与协商，若一时难以取得一致意见，应及时进行调查、分析和研究，提出解决方案。起草工作组要对反馈意见进行收集整理、分析、研究、归并取舍，完成汇总处理表，并根据汇总处理意见，对征求意见稿及编制说明进行修改，完成技术标准草案送审稿后报主管部门。若批复意见分歧巨大，需对征求意见稿进行重大修改时则应再次进行征求意见。

2.5　审查阶段

生态修复工程建设技术标准送审稿的审查，由主管部门组织，分为会审和函审两种形式，邀请具有代表性的勘察、设计、施工、监理单位及高等院校专家代表参加。对生态修复工程建设技术、经济意义重大，涉及面广，分歧意见较多的技术标准，应组织会审，其余则函审。审查重点是：送审稿是否符合或达到预定目的和要求，与有关法律法规或强制性标准的要求是否一致或协调，贯彻技术标准的措施和建议以及技术标准实施办法等。对送审稿审查的实质，是对技术标准内容的协调和选优过程。要在审查协商一致的基础上，由起草单位形成技术标准草案报批稿和审查会议纪要或函审结论。

2.6　批准阶段

报批稿由起草单位审核后报有关主管部门。主管部门对技术标准报批稿进行技术程序审核，并完成必要的协调和完善工作。对不符合报批要求的报批稿，一般退回起草单位，限时完善后再报。报送报批稿时应附交编制说明、审查会议纪要、或函审结论、意见汇总处理表、试验研究报告、贯彻技术标准的措施和建议。报批稿经主管部门复核批准后，即统一编号后发布。起草单位在技术标准发布后，应将制定过程中形成的有关资料按照标准档案管理规定要求，报主管部门归档，并将批准发布的技术标准出版稿交指定的出版社。

2.7　出版阶段

（1）生态修复工程建设技术标准统一由指定的机构负责印刷、出版和发行。该技术标准出版后，如发现个别技术内容有问题，需作修改或补充时，须由起草单位提出修改通知单，报主管部门审批后方可发布实施。

（2）生态修复工程项目建设施工企业技术标准制定程序。在确保技术标准质量的前提下，其制定程序由勘察、设计、施工、监理行业的各企业自行规定，但力求简化，以缩短企业技术标准的研制周期，充分发挥生态工程项目建设施工技术标准在市场竞争中的作用。

3　生态修复工程建设技术标准研制

3.1　公标准的研制

（1）标准的公正性。标准的公正性是公标准的灵魂和威信之源。所谓公正是指标准体现的是“最佳公共效益”，即相关方的共同效益，而不是追求某一方的效益，这是作为“公共资源”标准必须恪守的基本出发点。

（2）标准的科学性。技术标准的科学性也是标准权威性的根源。因为标准是技术成果的积累，它为技术创新提供了一个平台，并以此来提高创新的效率。但同时，标准又表现为对事物的固定和对活动的约束。如果固定不适当，约束过分，势必会走向它的反面，即对创新和技术进步起阻碍作用。这就要求在制标过程中对标准中的每一项规定都要做利弊分析。必须要通过深入细致的调查研究，把最佳方案内容写入标准里。

（3）标准的前导性。由于当今科技进步和市场竞争的缘故，极大地加快了生态修复工程建设技术的创新速度，这时的标准必须具备前导作用，才能有效防止因为统一过迟而造成的标准混乱。这就要求制标组织单位对技术发展趋势要有清醒的判断，能够不失时机地做出具有前瞻性的决策，使所定标准真正起到前导作用，这是信息时代对标准化的新要求。

（4）标准的适用性与可行性。生态修复工程建设标准的核心内容是技术要求，这种要求是生态修复工程建设业主对生态修复工程建设质量和达到预期效果的要求体现。体现越是符合实际，标准便越适用，生态修复工程建设便越能创造出精品工程项目。因此，制定出适用型的标准才是有效标准。技术要求的指标高低也要根据实际情况来确定，并不是指标越高就越好。简单地用指标高低来判定标准水平的做法，会把制标工作引入单纯追求高指标而脱离实际的不良轨道。更不能简单地用统一的一个文本模式来评价标准，这样会把标准带入形式主义范畴。因此，在标准研制过程中，应该做到该简则简、该繁则繁，既能满足制标的各项规定和要求，又能做到宽严适度、繁简相宜，使标准具有适用和可行的生命力。

3.2　私标准的研制

企业制定的私标准也是标准，在形式上与公标准没有区别，其目的是为企业参与市场竞争服务，其本质就是企业的市场竞争工具，这就是企业标准化的宗旨。技术标准在企业标准族中占主导地位，对其的研制是同企业命运攸关的一项基础性重要工作，所以必须从企业的实际情况和实际需要出发，扎实制标。为此，要遵守以下 4 项基本原则。

（1）有利于提高企业的市场竞争力。对生态修复工程建设企业的市场竞争力有最直接影响的技术标准是作业工序操作标准，这类标准制定的适用、实用，必然会给企业带来工程项目建设的经济效益，更会受到业主单位的欢迎。反之，如果企业虽然制定了标准，但标准的内容和相关规定不能确切反映生态修复工程建设市场（业主单位）的真正需求，即使企业认真按这类标准组织建设施工，其工程项目建设质量、进度等也难以达到业主单位的要求。因此，私标准的内在质量是确切保证业主单位建设需求的关键。为此，企业制定私标准的真功夫应花在制定标准之前，即踏实调查研究生态修复工程建设市场现状、走势、业主需求，以及竞争对手的优势，知己知彼。一些企业之所以缺乏竞争力，不在于技术标准编制的不恰当，而是在于对生态修复工程建设市场的研究力度不够、不细致、不深入。

（2）有利于建立创新平台。生态修复工程建设企业要保持持久的竞争力，就必须有持久的创新能力。这就要求企业具备随着市场变化而及时应变的能力，这种能力就是技术标准的特有功能和作用，它能使标准成为企业占有市场的有利竞争武器。

（3）有利于整合资源发展网络经济。每一家生态修复工程建设企业都有属于自己的内部、外部资源，凭借和充分利用这些资源是企业生存、发展的基本保证。在生态修复工程建设企业里开展综合标准化，既是整合内外资源的适用方法，又是把企业内部、外部资源科学地组织起来，集中力量、时间，同心协力解决企业经营问题的标准化方法。

（4）灵活应用专利性标准战略。生态修复工程建设企业的创新成果纳入企业标准后，若这些成果享有专利权，企业则可通过出售标准的使用权收取专利费，在市场形成前期回收大部分成本。另一种是后期盈利战略，即开放其产权标准的使用，放弃专利使用费，以便尽快地、最大份额地占有市场。

3.3　技术标准的编写

（1）技术标准作为从事生态修复工程建设所有参与者共同遵守的依据，必须是措辞准确、简明、逻辑严密的规范性文稿。不仅内容应符合法律、政策、经济合理、技术先进和可行的要求，而且必须遵守国家对标准文本体例格式、章条编号、文字结构等规定和要求。

（2）在编写生态修复工程建设技术标准相关内容时，要理论密切结合实际，不生搬硬套，其文体尽量简单明了，通俗易懂，不产生歧义，要采用灵活适当的表达方式进行陈述。

（3）生态修复工程建设各类企业技术标准的编写体例格式自行规定。但其内容关键是要精简、效能、实用又适用、方便使用。企业标准是企业文化的组成部分，要有自己的风格。

（4）生态修复工程建设技术标准中的"技术要求"内容是较为关键的部分。应遵守目的性原则、最大自由度原则、可验证性原则、数据选择原则等。

（5）生态修复工程建设技术标准中常涉及安全建设施工的内容，编写时应包括消除危险和降低危险的重要要求。这些要求应作为建设施工防护措施来表述，而且能验证以及规定采用的验证方法。

（6）生态修复工程建设技术标准的许多对象都会涉及建设环境对项目建设施工的影响。制定这类技术标准时，必须对建设环境的场地条件产生的作用进行充分调研和预测，并作出有针对性的规定和限制性要求，促使在建设施工时采取必要而又可行的措施，确保安全建设。

4 生态修复工程建设技术标准实施

4.1 生态修复工程建设技术标准实施的意义

生态修复工程建设技术标准的实施是指在生态修复工程建设实践中，为实现技术标准规定的各项内容采取的专门措施活动。这是标准化实施进程中最重要的一环。在生态修复工程建设技术标准制定结束后，实施成为标准化的中心任务。实施其技术标准的意义是：

（1）只有通过实施才能实现制定技术标准的目的。任何一项生态修复工程建设技术标准发布后，不去实施是不会产生任何效果和作用的。因此，在与生态修复工程建设技术标准有关的企业中组织实施技术标准，就是把技术标准的综合作用运用到生态建设的实践中去，直接转化为推动生态工程项目建设的生产力。所以，必须通过有组织、有计划、有措施地开展宣传贯彻技术标准的活动，使其在生态修复工程项目建设的勘察、设计、施工、监理等各类企业中得到全面有效地执行，使技术标准的各项规定或要求真正得到落实，才能使制定生态修复工程建设技术标准的目的得以实现。

（2）只有通过实施才能检验技术标准的适用性。实践是检验真理的唯一标准。生态修复工程建设技术标准制定是否科学合理、是否高质量地实现其预定目的，只能在实践中得到验证。同时在实施技术标准时，还会发生许多在制标过程未能考虑周全的技术问题，这些问题在实践中反映出来，会有助于对技术标准的进一步修改和完善，使其能更好地实现预定目的。

（3）只有通过实施才能促进技术标准的发展。生态修复工程建设技术标准的制定和实施，其本质是依据人们对生态修复工程建设技术事项的现有认识和经验，去指导今后的项目建设实践活动。然而，在技术标准实施中也必然会发现现有技术标准中存在的问题，同时收集到解决这些问题的办法和建议。累积到一定时候，就会对现有技术标准提出许多更高更新的要求，最后就会在技术标准的实践中废止旧标准，制定、发布新标准，以此来促进生态修复工程项目建设技术标准不断向前发展。

4.2 生态修复工程建设技术标准实施的主要任务

（1）生态修复工程建设技术标准的宣贯。宣贯是生态修复工程建设技术标准实施过程中的一项重要工作。任何技术标准制定后，负责制定该项技术标准的起草单位，都要根据技术标准的内容、范围及复杂程度，组织动员多方力量，及时开展制订计划、统筹安排的广泛宣贯活动。内容包括：提供技术标准文本和宣贯材料，使有关各方了解、认识和理解技术标准的规定和要求，同时做好技术咨询工作，解答提出的问题；通过对技术标准的重要内容及其实施意义的说明，宣传技术标准的重要性，使有关各方提高对实施技术标准意义的认识、理解和支持；通过编写新旧技术标准内容的对照表、更替注意事项和参考资料，说明实施中应注意的问题，以及一些实施的合理化建议等，使有关各方做好实施准备，保证技术标准的顺利实施；也可举办技术标准宣贯培训班，组织召开技术标准宣贯会议等。

（2）生态修复工程项目建设技术标准的贯彻执行。根据生态修复工程建设技术标准的性质，其技术标准的贯彻执行分为以下 2 种形式。

①强制性技术标准的执行。我国《标准化法》规定，强制性技术标准必须执行，不得擅自更改或降低强制性标准的各项指标要求。对于违反强制性规定应承担相应的法律、行政处罚责任。为了贯彻生态修复工程建设强制性技术标准，企业研制建设新产品、改进工艺、简化作业操作工序、使用先进机械设备时，必须充分考虑技术标准化的要求，符合或满足有关强制性技术标准的规定和要求。生态修复工程建设中的设计和施工，都必须按照强制性技术标准进行，不符合强制性标准的生态修复工程设计的方案，不得进行施工，不符合强制性标准规定的生态修复工程建设项目，不得给予初验收、竣工验收、结算。

②推荐性技术标准的执行。生态修复工程建设中的推荐性技术标准是企业自愿履行的标准，国家行业行政部门一般不强制要求执行，但采取多种措施鼓励企业贯彻执行。但在下列情况下应当严格执行：推荐性标准被法律、法规引用成为法律、法规的内容时，必须贯彻执行的技术标准；推荐性标准被合同、协议应用，成为生态修复工程建设设合同条款内容时。

（3）生态修复工程建设技术标准实施的监督检查。生态修复工程项目建设技术标准实施后，有关部门必须经常性地进行各种形式的监督检查，以便保证技术标准得到认真贯彻执行。我国《标准化法》规定，由县级以上人民政府标准化行政主管部门负责，对技术标准贯彻执行情况进行监督、检查和处理。对生态工程项目建设质量是否符合技术标准，还可设置专门检验机构负责对生态工程项目建设质量的监督检验。监督检查方式有国家监督检查、地方监督检查、市场抽查和专项检查等。为促进推荐行业标准更广泛地采用，我国实行自愿性的建设工程质量认证制度，对获得认证的生态工程项目建设施工产品和企业实行法定的监督检验。

4.3 生态修复工程建设技术标准实施结果的反馈

为保证生态修复工程技术标准的适用性，在其实施一段时间后，必须根据生态修复建设科技发展的需求，对技术标准的内容及其规定要求是否仍能适应当前项目建设的要求进行审查。这种技术标准实施后的定期审查称为复审；公标准复审周期为五年，私标准复审周期可更短。

（1）有效。当不需要对生态修复工程建设技术标准内容修改，仍能适应当前项目建设使用的需要，符合当前建设水平，应给予确认。确认有效的生态修复工程建设技术标准重版时，应在其封面上标明“××××年确认有效”的字样。

（2）修改。生态修复工程建设技术标准的内容大体不变，仅需对局部、个别内容修改，可通过技术勘误表或修改单完成修改。重版时把勘误表或修改单纳入技术标准中即可。

（3）修订。当生态修复工程建设技术标准大部分内容需要修改时，应作为技术标准修订项目，提交新工作项目建议列入技术标准工作计划、按制定技术标准程序要求进行。

（4）废止。技术标准的内容已经不适应当前生态修复工程建设使用的需要，或为新技术标准取代，已无存在必要时，应予以废止。

第二章 防护林工程零缺陷建设技术原理

第一节 乔灌草造林种类

生态修复防护林造林也称为人工造林（afforestation），是指在无乔灌草植物或原本不属于林业用地的土地上造林。生态修复工程项目建设中采用人工栽种方法营造的乔灌草植被也属于人工林（plantation forest），据统计，目前我国人工林的面积达到5300万 hm^2，居世界首位。

（1）防护林（protecting forest）。营造防护林的目的是利用乔灌草植被的立体防风固沙、保持水土、涵养水源、防护农田牧场等防护性能。根据防护林所处立地条件的不同以及防护对象的不同，防护林分为农田防护林、牧场防护林、防风固沙林、水土保持林、水源涵养林、护岸林、护路林、国防林等。

（2）环境保护林（environmental protection forest）。又称环保林，是指用于净化空气、美化人居环境，或者城乡及大型工矿区为防治环境污染等目的而营造的乔灌草植被。其性质不同于一般防护林，它具有防烟、消声、滞尘、杀菌和吸收有毒气体，促进气体交换等作用。环保林的乔灌草树种选择及林分结构、密度、林带宽度、设置方向等设计，需依据防治污染目的综合考虑。

（3）风景林（scenery forest）。风景林是指营造以美化环境、丰富景色、发展保健作用为主的乔灌草绿色植被。建设风景林应根据自然环境条件和乔灌草植物种的生物学特性、生态学特性，注重植物种的组成及其色彩与形态的配合，对周围景物、地形变化，包括山、水、建筑物、植物的近景、远景等，都应综合考虑加以借景调整和利用，以充分发挥乔灌草绿色植物的风景效果。结合游览休闲活动的风景林，应适当布置园林小品、林间小路等。

（4）经济林（non-timber product forest）。营造经济林的主要目的是生产木材以外其他的林产品。我国南北东西区域的自然条件差异极大，使得经济林产品的种类很多，如油料、果品、橡胶、栲胶、树脂、药材和香料等。目前我国正在实施的退耕还林政策，对推动因地制宜地发展经济林，促进农村产业结构的调整和生态环境建设都有着重大的作用。

（5）用材林（timber forest）。营造用材林的主要目的是生产各种类型木材，以供应社会经济发展的需求。用材林主要以生产大径级材种为主，同时也生产中小径材和薪炭林。

（6）四旁植树（four-side tree planting）。四旁植树是指在路旁、水旁、村旁、宅旁栽植成行或零星植树，它是相对于成片成规模造林而言的，具有一定的绿化美化、防护、生产等作用。

第二节 林业乔灌草造林立地条件

从林业乔灌草造林专业上来讲，在造林地上凡是与植物生长发育有关的自然环境因子统称为立地条件，简称为立地（site）。造林立地条件对造林植物树种的选择、所造人工林的生长发育、产量和质量等都起着决定性的作用。此外，不同的立地条件其造林技术也不尽相同。因此，正确地调查、分析造林地的立地条件，是林业造林技术的基本前提。

1 乔灌草适宜种植地

（1）乔灌草适宜种植地。在自然环境中的某一地段，可能既是乔灌造林适宜地又是种草适宜地，这只是一个人为划定相对的概念。乔灌草种植地是林草植物生长的外部环境，其本身就是一个由土壤、生物、大气等环境因子组成的复合生态系统。构成乔灌草种植地环境内的各种生物与环境因子之间，是相互影响、相互作用、相互关联、相互制约的依赖关系。只有深入了解乔灌草种植地的特性及其变化规律，对于选择、确定适宜的乔灌草栽种植物种、设计合理的结构、确定最佳的技术措施具有重要意义。

（2）乔灌草适宜种植地是绿色植物赖以生存的环境条件。从生态学的角度分析，乔灌草植物与其环境条件处于系统的统一体中，而环境条件是比较稳定并起决定作用的，任何绿色植物的生存、发育、生长、繁衍，是在自身具有的遗传特性基础上，与其赖以生存的环境条件有着密切的依存关系。当其所处的环境条件能够满足植物的生活需要时，植物便可以正常地进行着同化作用、光合作用、代谢作用等物质（养分、水分、空气）能量的循环。环境条件如何，直接决定着植物的种类分布及其存活、发育、生长及其生物产量的多少。

（3）乔灌草适宜种植地类。是指植被盖度≤40%灌草坡地、农耕地及撂荒地、弃耕地、农村四旁闲置地、河滩地、沼泽地、盐碱地、沙地、城市与工矿区闲置地、采伐或火烧迹地等。

2 造林立地条件分析

2.1 造林立地条件分析的关键环节

林业造林立地条件是许多自然环境因子的集合，为全面掌握造林立地条件的性能，就必须对构成造林立地条件的各项组成因子及其相互间的关系进行系统调查分析。造林立地条件分析一般应掌握4个关键环节：一是对造林立地环境范围进行全面勘测、调查、分析，主要是地形、地貌、地质、土壤、水文、动植物及其他生物等环境因子；二是应系统分析各环境因子之间的相互关系；三是要从复杂的环境因子中找出影响造林植物成活保存与生长的主导因子；四是尽可能地对立地因子的作用进行定量分析，以便科学、准确地判断出造林立地条件的类型，提高造林成活保存率。

2.2 立地因子诸要素

在营造乔灌草林地的生产实践中，尽管造林种草地的立地因子是多样而复杂的，影响乔灌草植物生活的环境因素也是多种多样的，但概括起来影响植物的基本生活因素不外乎是光、热、水、气、土壤、养分因子。水热状况基本决定着乔灌草种的区域性分布及适应范围。同时，通过区域性范围内某一造林地的其他因子，如地形的变化等，对水热因子再分配作用的影响，形成乔灌草林地的局部小气候条件，从而构成具有一定特征的乔灌草造林地环境条件。立地因子中土壤的水分、养分和空气条件，是乔灌草造林地立地条件的主要方面，加之该造林种草地具有的独特水热小气候条件，即可综合反映出该乔灌草林地具有的宜林宜草性质和其林草植物单位面积潜在生产能力。乔灌草立地条件是众多环境因子的综合表现，为全面掌握乔灌草造林地的立地性能，以及通过分析和判断找出影响立地条件的主导因素，就必须对影响乔灌草生长发育的诸多立地因子进行翔实调查、测定、分析和判断。对一项乔灌草造林项目的地带范围内分析和判断其立地条件就必须掌握以下诸要素。

（1）海拔高度：地球陆地海拔高度每升高 100m，气温即下降 0.5~0.6℃；随着海拔的升高，气温随之降低，空气湿度则逐渐增加，气候由低海拔的干燥温暖，转变为高海拔的湿润寒冷。如刺槐垂直高度分布范围的上限可达 2000m，适生海拔高度范围≤1500m；油松垂直高度分布范围 800~2200m，适生高度范围 1100~1800m。

（2）纬度与气候：地球陆地的纬度是影响大区域气候的决定性因子，不同纬度地带分布着其最适生的乔灌草植物种。纬度不仅影响着乔灌草造林种草的立地条件，而且还影响着林草植物的组成密度和地域分布。如我国南方属于低纬度地区，分布着大量的热带和亚热带植物；北方纬度高，则分布温带和寒温带植物。在某一地形较为狭窄的山地区域，即使纬度只有较小的变化，也会由于小气候的差异变化而引起植物种较大的分布和生长性变化。

（3）地形：乔灌草植物的分布除受到纬度和海拔的影响外，其环境中的局部地形条件变化也会引起中小区域的气候变化。局部地形对光、热、水等环境因子起着再分配的作用，引起局部温度和湿度的差异，从而导致适生其生态环境的乔灌草植物种及其生长发育和产量发生变化。如我国的黄土丘陵区，由于海拔高度变化较小，川道、沟谷、塬面、梁峁的小气候差异是很明显的，在海拔 1200~1500m 川道及沟谷内栽种的刺槐、核桃、花椒等极易遭受冻害而造成生长不良或死亡，但栽种在塬面、梁峁背风向阳坡面处却生长正常。

（4）坡向与部位：在沟壑丘陵区，坡向和坡位决定小气候的性质。由于不同坡向、坡位受光照时间及强度、风力大小、水分状况等都有明显的变化，从而形成阳坡光照充足、干燥温暖，阴坡光照较差、阴湿寒冷，一般阴坡土壤含水量比阳坡高 2%~4%，按坡向所处方位从北坡—东北坡—西北坡—东坡—西坡—东南坡—西南坡—南坡，其干燥程度逐渐增加。从山体坡位上来看坡上部—中部、中部—下部，其土壤厚度逐渐增加，含水量逐渐增加。

（5）土壤条件：指土壤养分、水分、土层厚度及其理化性质。按含水分状况分为湿润土壤、半干旱土壤和干旱土壤；按土壤pH值分为酸性土壤、碱性土壤、盐碱土和中性土壤；按土壤有机质含量分为肥沃土壤、贫瘠土壤。乔灌草不同植物种对土壤条件有不同的要求。

（6）水文：指乔灌草造林立地环境的地下水位深度及其季节变化，地下水的矿化度及其成分组成，有无季节性积水及其持续性，地下水侧方浸润状况等。

（7）生物：指乔灌草造林立地环境中植物群落组成、结构、覆盖度，以及地上与地下生长状况；有益动物、微生物与有害虫、兽等状况。

（8）人为活动：指人类利用土地的历史及现状，各项人为活动对环境立地条件的作用及影响程度，都会在不同程度上直接或间接地影响乔灌草植物的分布与生长。

上述列举的8项环境因素，远未能把影响乔灌草造林植物成活与生长相关因素尽数涉及，因此，在具体调查、分析和判断乔灌草造林立地条件时，有些即使是局部状况也应纳入调勘、分析和区划范围之内，并给予关注和综合考虑。

2.3 造林立地条件定量分析方法

对造林立地条件进行定量分析的方法，是指研究分析立地条件采取的立地指数分析方法，即以一定基准年龄时的林分上层高度作为与立地因子相关研究的生长的指标。因为上层高度对立地条件的反应最为敏感，而且受其他因素（如林分密度）的干扰少。现以多元回归分析为例，把立地指数与立地因子作逐步回归分析，选择适宜的多元回归方程，即可对立地与生长之间的数量关系给出明确的解答。同时，根据立地条件与生长之间的相关程度的差异，可以确定客观存在的主导因子。此外，根据多元回归方程还可以对无乔灌草林地的立地植物生产能力做出预测。

3 乔灌草造林立地分类

3.1 乔灌草造林立地分类

在建设实施乔灌草造林工程项目中，立地分类的目的是对不同立地条件和植物生产潜力的适宜地进行科学分析、分类和评价，同时按一定的方法把具有相同立地条件的地段归并成同类。同一立地条件采取的林草培育措施及植物生长效果基本接近，我们把这种归并成同类的类型，称为同一立地条件类型，简称立地类型（site type）。非生物立地环境条件气候、土壤、地形等是划分立地条件类型的依据。目前，气候条件已作为栽种乔灌草造林区划的主要依据，而乔灌草造林区划本身就是立地分类的一个组成部分。在一定地区内地形和土壤是划分立地条件类型时的主要依据。根据各立地条件类型的特性和栽种主要乔灌草的生物学特性，即可确定适宜的种植植物种及其培育绿色植被的技术措施。

3.2 乔灌草造林立地条件类型的划分方法

云集乔灌草造林立地条件类型的划分方法，一是按立地环境因子的分级组合直接划分，如阳坡土层薄、阴坡土层厚等。这种方法易于掌握、简单明了、应用普遍，缺点是较粗放、难以精细反映立地的某些差异。二是按生活因子的分级组合划分，优点是类型反映的因子较全面，缺点是许多生活因子不宜直接测定，划分标准难以掌握。三是采用立地指数代替立地类型，优点是能对所属立地环境的植物生产潜力给出数量化表示，缺点是它本身只能表明效果，不能说明原因，此外，立地指数还必须与乔灌草植物种相联系。

4　乔灌草造林立地分类系统

我国乔灌草造林立地分类系统目前有 2 个分类系统：一是由原林业部林业区划办公室提出的分类系统，二是由中国林业科学研究院提出的分类系统。

4.1　原林业部林业区划办公室提出的造林立地分类系统

该造林系统提出了立地分类系统分为 6 级：①立地区域（site area）；②立地区（site region）；③立地亚区（site sub-region）；④立地类型区（site type district）；⑤立地类型组（group of site type）；⑥立地类型（site type）。前 3 级立地区域、立地区、立地亚区是区划单位，后 3 级为分类单位。立地类型组和立地类型在地域上是不相连的，立地亚区及其以上的区、区域在地域上是相连的。

4.2　中国林业科学研究院提出的造林立地分类系统

该立地分类系统包括下列 5 级。

0 级　森林立地区域（forest site region）三大自然区域；

1 级　森林立地带（forest site zone）气候亚带；

2 级　森林立地区（forest site area）大地貌单元；

　　　森林立地亚区（forest site subarea）土壤类型和植被的适应性；

3 级　森林立地类型区（forest site type district）地方性气候、土壤、地形单元；

　　　森林立地类型亚区（forest site type subarea）岩性、母岩、母质；

　　　森林立地类型组（forest site type group）相似立地类型的组合；

4 级　森林立地类型（forest site type）按土壤、植被和气候来划分；

　　　森林立地变形（forest site type variety）。

以上森林立地带、森林立地区为森林立地分类系统的区域分类单位（regional classification），它们是与大气候相关的大范围景观分类，它与大的森林类型和树种的气候分布有密切关系，不能重复出现。森林立地类型区、森林立地类型是森林立地分类系统的基层分类，它们是根据调查研究资料分析结果及以往森林立地分类实践经验基础上建立的，可以重复出现。该分类系统把我国森林立地划分为 3 个立地区域 16 个立地带 65 个森林立地区 162 个森林立地亚区。

第三节
生态修复防护林造林基本原则——适地适树

适地适树是指使乔灌草造林植物种的生态学特性与造林地的立地条件相适应，以便有效提高所栽种乔灌草的成活率和保存率，充分发挥植物的生产能力和生态防护效益。现代林业造林工程不但要求造林地和造林植物种相适应，而且要求造林地和一定植物种的一定类型（地理种源、生态类型）或品种相适应，即适地适种源、适地适品种、适地适类型。

1 适地适树的途径

（1）选树适地和选地适树的途径：选树适地是指根据乔灌草造林地立地条件的特点，深入分析乔灌草造林植物种的生态学特性，使所选择植物种适应造林地立地条件。选择乔灌草造林植物种的2个原则是：植物种必须满足设计要求具备的生产、防护功能及作用，同时所选择的植物种又必须适应造林地立地条件。

（2）改树适地：指通过选种、引种和杂交育种的技术方法，改变植物种的某些生态生理特性，促使其逐渐能在原不适应的立地条件环境下生长。

（3）改地适树：是指通过整地、改土、施肥、抚育、灌溉等技术措施，改变乔灌草造林地的立地条件，使得原来不适应的植物种能够成活生长。

2 衡量适地适树的标准

（1）衡量防护林适地适树的标准：对于营造的乔灌草防护林来讲，造林成活率及保存率高，林分（绿地）生长稳定、生物产量较高，并能及早达到防护目的或满足设计功要求就是衡量适地适树的标准。

（2）适地适树分析的依据：可以采用地位指数、植株高度、胸（地）径、生物量、株高、生长势等指标，评价乔灌草植物种植地立地性能与植物种生长之间的关系，并作为适地适树比较、分析和确定的依据。

3 适地适树的方法

（1）立地类型的划分：指按照地形、地貌、土壤、自然植被等各种自然条件人为划分造林立地类型的方法，这是确定适地适树最基本的方法。

（2）采取多种造林植物种对比试验：指选用多种乔灌草造林植物进行的各立地类型区对比试验，为不同造林立地条件筛选适应的植物种。

（3）进行区域化试验：指采取不同种源、不同无性系、引进植物种或品种而进行的区域适应性试验，以此为乔灌草造林适应性区划和栽植推广提供依据。

第四节 生态修复防护林造林技术

乔灌草造林工程建设技术的主要内容有苗木准备、造林整地技术、造林种植技术及抚育管理4项工序。

1 造林整地技术

整地（site preparation）是乔灌草造林的一项必需的工序，是保证造林成活、种草成苗的一项重要的技术措施。由于乔灌草造林种植面临的土地类型多、条件恶劣，大多处于未经耕作过的自然原始状态，这就决定了整地技术措施的多样性和艰巨性。

1.1 乔灌造林整地技术

造林整地又称造林地的整理，是指在乔灌草造林前人为改善造林立地环境条件，使它更适合乔灌草植物生长的一种手段。特别是在干旱、半干旱水土流失严重的丘陵沟壑地区，更是一项保持水土的有效技术措施。正确、细致、适时地整地有助于提高乔灌草造林成活率、保存率和促进植物苗木的生长量、产量。

（1）通过人工整地能够改善造林立地环境的局部气候条件：整地改善小气候的作用如下。

①改善造林立地环境的光热条件：通过人工整地可以有效地改变下垫面的受光状况和土壤耕作层温度状况，为乔灌造林成活及其林木植物生长发育创造了有利的光热条件。

②改善造林立地土壤水分条件：通过整地还可以起到有效改善土壤水分的作用。一是在北方干旱、半干旱地区能够减少土壤水分损失，增加水分渗入量，提高土壤层含水量；二是针对南方多降水的低湿地区，通过整地能够抬高低洼、过湿地地面，排除多余的土壤水分。

③改善造林立地土壤养分条件：乔灌造林立地土壤的养分多少，主要取决于土壤中各种有机质的贮存总量、贮存状态及有效性，通过整地可以把地表的植株枝叶翻压在土壤下层沤制有机肥料，并改变土壤水分、温度及通气性，直接、间接地起到增加土壤养分的作用。

④改善造林立地土壤通气状况：通过整地使得造林立地土壤容重变小、孔隙度增大，即土壤变得疏松和具有可溶性，有利于土壤与大气之间的气体流通和交换，从而能够促使植株根系及时排出因呼吸作用产生的CO_2等有害气体，有利于乔灌植物的生长和发育。

⑤如若整地技术应用不当就难以改善土壤养分状况：如在整地过程把地表耕作层以下的心土、石砾、未风化物等物质翻到土壤耕作层内，就不会有效起到改善或增加养分的作用。

（2）整地有利于保持造林地水土：在水土流失严重地区，通过整地可以有效地保证植株不受到水的冲刷侵蚀危害，能够生存下去，起到保持水土、为植物创造稳定生存环境的作用。

①整地能够有效提高土壤贮水能力：通过人为的整地作业，可以疏松土壤、增加地表粗糙度、改善土壤结构、增加总孔隙度，促进地表水分下渗。

②整地能够改变小地形状况：通过整地可以把坡面变为平面、反坡、下洼地或阶梯地，从而有效地改变了地表径流的形成条件。

③整地能够使积水蓄聚在积水区内：通过整地可在坡面上形成均匀分布的有效微积水区，使得未来得及下渗降水、径流蓄聚在坡面有效积水区内，起到防水侵蚀保持水土作用。

④整地改变微地形减少土壤水分蒸发：通过整地可以改变微地形形态，能够形成小阴坡，降低土温，减少土壤水分蒸发量。

⑤整地能够降低土壤水分的蒸腾消耗：通过整地能够清除造林立地环境中的野生乔灌木及杂草，能减少自然植被盖度，相对而言就意味着有效降低土壤水分的蒸腾消耗量。

⑥整地必须结合当地具体情况实施：应当指出，整地毕竟要破坏地表土壤结构和植被、降低土壤的抗蚀性，如果整地技术方法不当，不但起不到整地的正面作用，反而会加剧水土流失。因此，整地必须根据当地气候、地形地势、土壤、植被等环境因素，确定合理适用的整地技术方

法，严把整地质量关，才能取得整地的效果。

（3）整地便于乔灌造林施工作业，能够有效提高造林质量：通过整地清除了乔灌造林立地环境中各种如石块、有害垃圾、野生乔灌杂草等，从而有利于机械化造林作业、加快造林施工作业速度，也便于对种植点的均匀布置，最终达到提高造林质量的目的。

（4）乔灌造林整地方式：可分为全面整地（又称全垦）和局部整地 2 种类型。

①全面整地：是指对乔灌造林地的全部土壤进行翻垦作业。该种整地方式适用于平原开阔地区、平缓坡地的造林作业。其优点是对改善耕作层土壤的理化性质作用大，有利于机械化作业和实行林粮间种。但其缺点是用工量大、投资费用高。

②局部整地：对乔灌造林地部分土壤进行翻垦的整地作业方式。又分为以下 2 种方式。

带状整地：指对乔灌造林地实行长条状翻垦土壤的整地作业方式，并在条状翻垦土壤地之间保留一定宽度的原条状地带。带状整地改善造林立地条件作用明显，既可增强造林地抗地面径流的水力侵蚀危害，又有利于机械化作业，是沟壑丘陵地区、北方干旱半干地区比较适用、实用的整地方式。在≥2°的坡地地区实施带状整地时，带的方向应沿等高线布设，带宽、带长应根据当地降水量及其降水强度而确定，一般带宽为 0.6~1.0m、带长为 4~10m。

块状整地：适用于沟壑山地中地形较为破碎和较陡地区的乔灌造林整地方式，是对造林地呈块状翻垦作业的整地方式。块状整地灵活性大，能适应地形复杂的造林立地条件，省工省费，但改善立地条件的作用有限。丘陵沟壑地区可应用的块状整地方式有穴状、块状、鱼鳞坑、回字形漏斗坑等。块状整地的边长一般是 1.5~4m，穴径为 1.0~2m。

（5）乔灌造林整地适宜的季节：分为 2 种情况。一是在造林前 1~2 个季节进行预整地，有利于蓄水保墒，提高乔灌造林成活率，这是北方干旱半干旱地区常用的造林整地适宜期；二是随整随栽，适用于造林立地土壤深厚肥沃的退耕地、熟耕地、草原荒地等整地作业。

1.2 种草整地技术

（1）种草整地的作用：通过农机具对土壤耕作层进行翻耕作业来调节和改善土壤的水、肥、气、热状况，为一二年生或多年生草本植物出苗、幼苗生长发育提供适宜的土壤环境条件。其整地的具体作用是：

①整地改善土壤耕作层结构：通过耕作将把因降水、灌溉、人畜及农机具践踏、碾压造成的板结土层变得疏松、通气，能够促进土壤微生物活动，从而提高土壤有效养分含量。

②整地能够提高土壤肥力：通过耕作将地表枯枝落叶、基肥或绿肥翻耕至土壤耕作底层，并把下层肥沃土壤翻至上层，同时将上、下层土壤混拌，加速土壤的熟化作用，有利于土壤耕作层形成团粒结构，达到增加土壤有机质、加厚耕作层、提高土壤肥力的目的。

③整地可起到清除地表野草、消灭土壤病菌虫卵的作用：通过整地将已发芽或未发芽的野草种子根系切断，以及滋生在土壤内的病菌虫卵暴露在地表，使其因失去寄主和传染媒介的生活环境而被消灭。

④整地有利于田间管理作业：通过耕、耙、压的整地措施，能够使种草地表干净、平整、土壤松紧适度，从而有利于蓄水保墒、田间管理和播种、出苗、幼苗生长发育。

（2）种草整地的技术措施：种草整地的土壤耕作措施分为基本耕作和辅助耕作 2 种。

①基本耕作：其做法叫犁地，也叫耕地。犁地的作用是进一步熟化耕作层土壤，做法是用带犁壁的犁深翻18~25cm，使土壤翻转疏松，深浅一致。深耕每年秋季1次，浅耕在春季播种前或夏播时作业。东北、华北地区多采用秋犁，春犁宜在土壤解冻后结合施肥进行浅耕。

②辅助耕作：指对耕作表层实施犁地的辅助作业。主要做法有耙地、浅耕灭茬、耱地、镇压、中耕5种做法。

2　造林抚育管理

2.1　幼林抚育管理

（1）幼林抚育的概念及其目的。对幼林植物进行抚育的概念及其目的如下所述。

①幼林抚育的概念：生态修复工程项目建设过程中的幼林抚育，通常是指苗木栽植后至郁闭前这段时间实施的幼林地管理、幼林抚育、林下植被管理和幼林保护4项措施。

②幼林抚育的目的：为有效改善苗木的生活环境，提高造林成活保存率和造林质量，新植苗木要经历缓苗、地下根系扎根生长、地上部分枝叶生长和陆续进入速生的长过程，因此，这个关键转折阶段，对后期林分的及早发挥生态防护效益和提高生物产量至关重要。为巩固生态工程项目建设的造林作业成果，必须认真贯彻造管并举、三分造七分管的原则，并深入研究和探讨幼林生长发育规律及其对环境的各项要求，进一步提高幼林抚育水平。

（2）幼林抚育措施。可实行松土除草、中耕、灌溉、施肥和林农间种5项措施。

①松土除草：对林地进行松土和除草是幼林抚育措施中重要的工作内容，两者通常是结合在一起进行的，但也有一定的区别。松土的作用在于疏松地表土，切断土壤表层与底层的毛细管联系，以控制、减少土壤水分蒸发，改善土壤的通透性，为根系吸收水分和各种营养元素创造有利的条件；同时，又可以加速土壤中有机质的分解和转化，提高土壤的营养水平，从而有利于幼林的成活和生长。特别是在干旱半干旱地区，当不具备灌溉条件时，松土的保墒作用效果十分显著。在水分充足或过多的地区，松土的作用仅限于短期缺水和改善土壤通气状况，但频繁松土反而对幼林不利，因为土壤内积水过多会影响植物根系的呼吸作用，此时可采取培土措施来代替松土。除草的目的是清除林地中生长的杂草，消除杂草与幼林植物争夺水分、养分和光照的危害，促进幼林植物的成活与生长。生态修复工程项目建设中对造林地采取松土、除草措施，应自栽植作业开始直至幼林郁闭结束；松土除草的年限要根据林木生长状况、造林地立地条件、造林密度及经营强度等确定，一般1~3年每年松土除草2~3次，第4~5年每年1~2次。松土除草的方式因不同整地方式而不同，全面整地时可进行全面松土除草；机械作业整地时可在行间结合中耕，株间采用锄头人工松土除草。此外，松土除草深度应根据土壤条件而定，以不伤苗木根系为原则，松土深度一般为5~20cm，掌握里浅外深、苗小浅松、苗大深松、夏季浅松、秋冬深松、沙土浅松、黏土深松。化学除草较人工除草省工、成效大且成本低，具有极大的推广应用价值。

②中耕：指对林地进行翻垦作业的措施。该项措施多用于农作物种植，林业上主要对速生丰产林和经济林进行中耕。中耕的目的是为了增加土壤通透性，并通过对地表土壤的翻垦，埋压枯枝落叶，增加土壤有机质，促进林木生长发育和提早郁闭。

③灌溉：人工对生态修复工程项目造林地进行浇水灌溉，是有效补充造林地土壤水分的积极

措施，对于提高干旱半干旱地区乔灌草的造林成活率和保存率，促进幼林生长和提早使其发挥生态防护效益具有极其重要的意义。在对生态幼林实施浇水灌溉过程，应本着量多次少的原则进行，每公顷灌水量为500~600m^3/次，林地土壤湿润深度达45~50cm，使苗木根系分布层的土壤水分含量保持在田间持水量的60%~70%，具体灌溉的时间、次数和间隔期应根据当地降水量、蒸发量、土壤湿度和苗木植物需水量而确定。灌溉的方式分为漫灌、畦灌、沟灌、喷灌、滴灌和渗灌。

④施肥：指通过向土壤施放、植株枝叶喷雾苗木所需营养物质的措施。施肥种类和施肥量应依据土壤贫瘠程度、植物种特性等确定。有机肥料的施肥量是：杨树7500~15000kg/hm^2、杉木6000~7500kg/hm^2、桉树3000~4500kg/hm^2。无机肥料施肥量为：杨树施硫酸铵100~200g/株，杉木施尿素、过磷酸钙、硫酸钾均为50~150g/株，落叶松施氮肥、磷肥、钾肥分别为150g/株、100g/株、24g/株。对苗木施肥的方式有人工施肥、机械施肥和飞机施肥，施肥作业期分为栽植前施基肥、生长期追肥和叶面喷液肥。人工施肥深度为20~30cm，可在树冠投影外缘或行间开沟施肥。

⑤幼林地林农间种：指在幼林地间种农作物或绿肥植物，使其形成既有利于幼林生长发育又能在短期内增加经济收成的做法。林间适合间种蔬菜、绿肥、药用、牧草等植物品种。林农间种应关注的事项是：一是必须以林为主；二是在干旱贫瘠林地应以间种豆科或绿肥植物为主，不宜间种谷类农作物；三是应考虑苗木的生理生态学特性与年龄，选择与幼林生长吸收养分、水分和光照矛盾较小的农作物；四是不宜间种夏作物；五是间种过程中整地、中耕、收割时，必须保证幼树不受到损伤；六是当幼林郁闭度达到0.5以上时应停止间种。

（3）幼林植物抚育：指对幼林苗木采取的间苗、平茬、修枝、接干技术措施。

①幼林植物抚育概念及目的：幼林抚育是指对幼林植物营养器官采取调节和抑制的多种技术措施，主要有间苗、平茬、修枝、接干等。其目的是提高幼树形质，促进幼树的生长发育、增强林分的稳定性、提早郁闭。

②间苗：指播种、丛植造林穴中只保留1株健壮苗而去掉弱小苗木的措施。间苗的具体时间、强度和次数，应根据幼苗生长状况及密度而定。在造林立地条件优越的地区栽植的速生阳性苗木，可在造林后2~3年强度间苗；反之则可推迟至造林后6~7年进行，间苗强度也应小些。间苗可在初冬或早春实施，应掌握去劣留优并适当兼顾株距的原则。间苗次数要视具体情况而定，在立地条件差、苗木生长缓慢时，一年2次间苗为宜，反之则1次为宜。

③平茬：指利用针阔乔灌木植物的萌蘖能力，自其主干（枝）地径2~3cm以上进行截干促使萌发出新枝条的抚育措施。当已栽植造林后苗木枝干出现或发生机械损伤、风折、霜冻和病虫害时，均可以对其实施平茬措施。对灌木植物进行平茬还可以促进萌发灌丛枝、使其加快保持水土、绿化环境和形成绿色造型模纹景观。春季植物萌发前为平茬适宜期。

④修枝：对速生阔叶苗木泡桐、苦楝、白榆、刺槐、青冈栎、黄波罗、相思树等，适时修枝、去杈、保留单顶芽十分重要。通过修枝可适当控制树冠的生长，改善林分通风透光条件，并可以减轻病虫害危害，加快植株的主干生长、提高苗木生长质量。修枝时间是在幼林郁闭后林木即将发生自然整枝前或出现枯枝时。修枝一般在秋季植物落叶后至春季发芽前实施，对于一些林木分枝部位过低、枝杈干横生的树木，可在郁闭前进行修枝，对于生长特别旺盛的竞争枝，可在

6~7 月施以短截加以控制，对于感染病虫害枝和枯死枝，则不受季节限制随时可进行清除式的修枝作业。

⑤接干：指对主干低矮的苗木人工进行“接高”的技术措施。接干分为目伤接干和截头抹芽接干等方式。目伤接干：在造林栽植 3~4 年进行，于春季发芽前在苗干上部选择与其同侧的“芽眼”上方用刀划伤，伤口宽 1cm、长约为枝围的 1/3 且深达木质部，并揭下树皮层，同时上堵目伤过的延长枝，下截枝冠内膛新萌发的直立枝，接干芽萌发后，抹去其他多余芽，以达到苗木的主干延长。截头抹芽接干：于春季苗木发芽前在树干上部选取饱满芽，在其上方2~3cm 处截断，让下面的芽萌发成新干，若萌发芽过多，应及时分次抹芽，保留健壮枝作为接干枝。接干主要适用于泡桐苗木。

2.2　成林养护管理

成林养护管理是指对生态修复工程项目建设过程栽植的人工林生长发育采取的措施，内容有抚育采伐、采伐更新及林分改造。其目的是最大限度地发挥生态修复工程林的生态防护效益。

（1）抚育采伐：指依据采伐目的，按照采伐种类、强度和时期进行的采伐作业。

①抚育采伐的概念：从生态修复工程建设栽植的幼林开始郁闭至主伐前，对幼林中的弱小苗木、病虫害苗木和机械损伤苗木进行的采伐简称为抚育采伐。

②抚育采伐的目的：其目的是为留存苗木创造更大的营养空间，促进生态修复工程幼林加速成林速度、增强生态修复工程建设的防护性能。

③抚育采伐的种类：分为除伐、疏伐和卫生伐 3 种。除伐：指在混交林幼林中除去非目的树种苗木；疏伐：指为调整纯林林分密度而伐除部分苗木的做法；卫生伐：指为改善林分卫生状况而伐去病虫害林木。

④抚育采伐强度：指采伐林木的株数占伐前总株数的百分比或采伐树木的蓄积量占伐前树木总蓄积量的百分比。抚育采伐强度应综合考虑分析树种生长特性、林种类型和立地条件而确定。对于防护林、水保林和立地条件恶劣的林分，应采取小于 25%的小量采伐强度。

⑤抚育采伐时期：分为开始采伐时期、采伐间隔期和采伐结束期。应根据生态修复工程建设规定的防护功能年限、林种和树种植物生理生态学特性确定。

（2）采伐更新：

①采伐更新的概念：指生态修复工程建设营造的人工防护林，到其林分成熟时所要进行的采伐，称之为主伐，主伐后应及时清理采伐迹地和更新造林。

②主伐方式：指按照空间配置和时间顺序对生态防护成熟的林分或树木生理成熟的林分进行采伐。主伐分为皆伐、渐伐、择伐 3 种方式。

皆伐：指将伐区内林木全部伐除的做法，又分为大面积皆伐、带状皆伐和块状皆伐。伐区宽度在 500m 以上的为大面积皆伐，按隔离带排列方式进行的采伐为带状皆伐，块状皆伐是指对生长在地形不规整呈小块面积的林木采伐。

渐伐：指在林分一个龄级内分数次对成熟林分逐渐伐除的主伐方式。其目的是使林分逐渐稀疏、分阶段伐除，避免全伐而使林地裸露形成水土流失的环境恶化。渐伐分预备伐、下种伐、受光伐和后伐 4 次实施。预备伐是指为林分更新准备而采取的首伐，以伐除生长不良和感染病虫害的树木为主，目的在于创造主伐更新的环境，采伐强度为10%~15%；下种伐是在预备伐3~5年后进行，目的是促进树木结实和下种，采伐强度10%~15%，伐后林分郁闭度保持在0.4~0.6以下；受光伐是在下种伐后3~5年后进行，以便增大幼树苗的受光照面积、促进生长，采伐强度10%~25%，伐后林分郁闭度保持在0.2~0.4；后伐也叫清理伐，一般在受光伐后3~5年进行，此时幼树已经接近或达到郁闭，不需母树保护，故需将上层林木全部伐除。渐伐根据伐区形状和排列方式分为均匀渐伐、带状渐伐和群状渐伐。采取渐伐方式的特点是：林分的景观环境变化幅度微小，便于更新，适用于对生态防护林和环境风景林，但采伐作业技术、工序和组织管理较复杂且不利于机械作业，成本高。

择伐：是指在特定地段每隔一定时间，对单株、群状地达到一定径级或具有某一特征的成熟树木的主伐方式。择伐分为径级择伐和集约择伐2种。径级择伐是伐除达到某一径级培育要求的林木，如择伐强度在30%~40%的目的是为了得到檩材；集约择伐是以提高林分生产力、保持生态系统稳定为目的择伐方式，采伐强度约为10%，不得大于25%，应严格遵守“采小留大、去劣留优”的原则进行，择伐对生态景观环境造成的破坏小，易于保持生态系统的稳定，适用于对生态防护林、水保林、水源涵养林的采伐，但采伐技术难度大、成本高。

（3）林分更新：

①林分更新概念：指生态工程建设中的人工林或天然林被采伐后通过人工造林栽植或天然落种形成新一代林分植被的方法。

②林分更新原理：生态建设营造的乔灌草林分都有一定的生长周期和生命年限，这是不以人的意志能左右的客观规律。生态林作为生态系统的生物群体，必然要呈现出从营造到成活至保存、幼龄林、壮龄林、老龄林、衰退、死亡、更替的规律，因此，林分的更新就是自然规律和林分生态功能作用发挥这两者所决定的，也是生态工程建设的重要任务。

③林分生长周期：乔灌草林分的更新周期决定于林木的生长周期，在相同立地条件下，长寿树种林分的更新周期长于速生树种林分，乔木林分的更新周期长于灌木林分，针叶林分的更新周期长于阔叶林分。即便如此，长寿树种之间、速生树种之间、灌木之间、针叶树种之间的生长周期和寿命也是千差万别，但仍可以概括归纳为针叶树、阔叶长寿树、阔叶速生树、灌木、多年生宿根、2年生地被、1年生地被7个类别的生长周期（表2-1）。由此可以确定：幼龄期为生态林分的郁闭时期，中龄期为林分结构形成时期，壮龄期为林分结构稳定时期，近熟龄期为林分维持结构时期，成熟龄期为林分结构衰败时期，过熟龄期为林分更新时期。生态林分进入更新时期，标志着乔灌草植物衰老并失去生理生态功能作用而走向衰败，因此，必须实施更新以延续、提高生态林分的防护功能和作用。

表2-1　乔灌草植物生长周期对比

乔灌草植物类别	生长周期（年限）					
	幼龄期	中龄期	壮龄期	近熟龄期	成熟龄期	过熟龄期
针叶树	10	10~20	20~40	40~60	60~80	80~100
阔叶长寿树	5	5~15	15~30	30~50	50~60	60~80
阔叶速生树	3	3~8	8~15	15~20	20~25	25~30

（续）

乔灌草植物类别	生长周期（年限）					
	幼龄期	中龄期	壮龄期	近熟龄期	成熟龄期	过熟龄期
灌木	2	2~5	5~10	10~15	15~20	20~25
多年生宿根	0.2~0.5	0.5~1	1~2	2~4	4~6	6~10
2年生地被	0.15~0.2	0.2~0.4	0.4~0.8	0.8~1	1~1.8	1.8~2
1年生地被	0.1	0.1~0.2	0.2~0.4	0.4~0.6	0.6~0.8	0.8~1

④林分更新方法：在对生态工程项目乔灌草林分进行规划设计时，就应把林分的更新期、更新方式及方法纳入设计方案中，至更新期到达则按设计要求更新。3种更新方式如下。

间伐更新：指在对林分实施抚育间伐过程，分期分批伐去受害、病虫害、枯立苗木，并对空缺位置补植同树种、同规格的苗木，以弥补间伐造成林分的密度及结构稀疏。

皆伐更新：指林分已到更新时期而采取的伐去全部原有林分，在原地重新造林作业的方式。其工序要求是挖除伐根、深翻、消毒、施肥、平整、筑垄等。

替换更新：指在欲更新林分（林带）一侧平行营造新林分（林带），待新林分（林带）生长郁闭、能够发挥生态防护功能后伐去旧林分（林带）。

（4）林分改造：

①林分改造对象：指在培育生态人工林过程中由于树种选用不当，未做到适地适树，或者对幼林抚育措施不到位，造林密度过大，或虽成活但生长极度缓慢甚至停止生长的“小老树”林，或密度稀疏不成林且经济价值和产量都很低的疏林，统称为林分改造对象。这类林分以杨树、榆树、刺槐、山杏居多，尤以杨树最为突出。

②林分改造方法：分为以下2种改造方法。

对于因选用树种不当而形成低密度、低产量的疏林，应更换树种重新造林。但可根据具体情况保留部分原有树种形成混交林，保存比例以不超过50%为宜。

对于因幼林抚育不及时或根本未抚育的人工林分，只需采取恰当而全面的抚育技术措施，就可以使其得到复壮。一是雨季前在距离苗木30~50cm处的行间深松土30~40cm，深松土间隔期以3~4年为宜，且在间隔期内每年应进行1~2次浅松土、除草等土壤管理措施；此外，对于稀疏林分还应在空地补植大苗，以使其尽快郁闭。二是对于具备强萌蘖力的树种组成的林分，可采取平茬措施促使其加快复壮。

第三章 水土保持工程零缺陷建设技术原理

有效防治水土流失，保护、改善、改良和合理利用水土资源，是科学、合理、持续改变丘陵山区和风沙区生态环境面貌，减少水、旱、风沙等自然灾害的危害程度，保持农业、交通等各行业的健康和持续发展，建立和完善有序生态系统环境的一项根本技术措施，也是国土整治的一项重要建设任务。针对水土流失危害，在开展水土保持工程建设实施过程中，应本着因地制宜、因害设防、除害兴利、适地适技、全面规划、防治并重、治管结合、治坡与治沟相结合、生物措施与工程措施相结合的基本原则。

第一节 水土流失概论

1 水土流失定义

水土流失定义有以下 2 种诠释。

(1)《中国大百科全书・水利卷》《中国水利百科全书・水土保持分册》中，将水土流失定义为：在水力、风力和重力等外营力作用下，水土资源和土地生产的破坏和损失。它包括土地表层侵蚀及水的损失。土地表层侵蚀指在水力、风力、冻融、重力以及其他外营力作用下，土壤、土壤母质及其他地面组成物质如岩屑、松软岩层被损坏、剥蚀、转运和沉积的全过程。水的损失在中国主要指坡地径流损失。在我国"水土流失"也称"土壤侵蚀"。

(2)《水利水电工程技术术语（SL 26—2012）》把水土流失定义为：土壤及其他地表组成物质在水力、风力、冻融和重力等作用下被破坏、剥蚀、转运和沉积的过程。

在自然状态下，纯粹由自然因素引起的地表侵蚀过程非常缓慢，常与土壤形成过程处于相对平衡状态，因此坡地还能保持完整，这种侵蚀称为自然侵蚀，也称为地质侵蚀。在人类活动影响下，特别是当人类严重地破坏了坡地植被后，由自然因素引起的地表土壤破坏和土地物质的移动，加快了流失速度和加大了流失量的过程，即发生水土流失。

2 水土流失类型

土壤侵蚀发生在陆地表面，陆地组成物质和地表形态永远处在动态变化发展中，地表形态、成因和土壤侵蚀发生过程及其规律非常复杂，改造地表起伏状态，促进土壤侵蚀发生发展的基本力量是内营力（或称内力）和外营力（或称外力）。内营力与外营力相互作用、相互影响以及相互制约形成地表轮廓并直接决定着土壤侵蚀形式的发生及其发展过程。内营力作用是指由地球内部能量所引起，它的主要表现是地壳运动、岩浆活动和地震等。地壳运动使地表发生变形和变位，改变地壳构造形态，因此又称为构造运动。根据地壳运动的方向，可分为垂直运动和水平运动2类。这2类运动并不是截然分开的，它们在时间上和空间上可以交替出现，有时也可能同时出现。外营力作用的主要能源来自于太阳能。地壳表面直接与大气圈、水圈和生物圈接触，它们之间相互影响和相互作用，从而使地表形态不断发生变化。外营力作用的总趋势是通过剥蚀、堆积（搬运作用则是把两者联系成统一过程）使地面逐渐被夷平。外营力作用形式很多，如流水、地下水、波浪、冰川和风沙等。各种作用对地貌形态的改造方式虽不同，但是从过程实质来看，均经历了风化、剥蚀、搬运和堆积（沉积）等多个环节。水土流失通常分为以下几类。

2.1 水力侵蚀

水力侵蚀是指在降水、地表径流和地下径流的单独或混同作用下，土壤、土体或其他地面组成物质被破坏、搬运和沉积的过程。根据水力作用于地表物质形成不同的侵蚀形态，又进一步分为溅蚀、面蚀、细沟侵蚀、浅沟侵蚀和切沟侵蚀等种类。水力侵蚀除雨滴溅蚀、细沟侵蚀、浅沟侵蚀和切沟侵蚀等典型的土壤侵蚀形式外，还包括与重力侵蚀混同的河岸侵蚀、山洪侵蚀、泥石流侵蚀以及滑坡等侵蚀形式。水力侵蚀包括在降水过程中，由于水滴击溅地表作功而对土壤结构造成的破坏，地表径流冲刷表层土壤、母质及破碎基岩等固相物质所产生的一系列破坏地表的现象。水力对地表破坏力的大小主要取决于降水强度、降水量和降水历时等因素。因为土壤、地质、地形、植被和水流作用力方式及作用力大小等差异，导致水力侵蚀产生以下4类不同形式。

（1）溅蚀：指裸露坡地受到水滴击溅引起的土壤侵蚀现象。它是在降水中最先导致的土壤侵蚀。裸露坡地受到较大水滴打击时，表层土壤结构遭到破坏，把土粒溅起。溅起的土粒落回坡面时，坡下部会比坡上部多，因而土粒向坡下移动。随着降水量增加和溅蚀加剧，地表往往形成一个薄泥浆层，再加之汇合成小股地表径流的影响，很多土粒随径流而流失，这种现象称溅蚀。

（2）面蚀：指由于分散的地表径流冲走坡面表层土粒的一种侵蚀现象，它是土壤侵蚀中最常见的形式。凡是裸露坡面地表，都有不同程度的面蚀现象存在。由于面蚀面积大，侵蚀部位都是肥沃的表土层，所以对农业生产危害很大。根据面蚀发生的地质条件、土地利用现状及其形态表现的差异，又细分为层状面蚀、沙砾化面蚀、鳞片状面蚀和细沟状面蚀4种。

①层状面蚀：指降水在坡面上形成薄层分散的地表径流时，土壤可溶性物质及比较细小的土粒被以悬移为主的方式带走，使整个坡地土层减薄，是直接导致肥力下降的一种侵蚀形式。

②沙砾化面蚀：指降水在坡面上形成薄层分散的地表径流，将土壤中可溶性物质及比较细小的土粒，以悬移方式为主冲走的一种侵蚀形式。但沙砾化面蚀往往特指土石山区农耕地上发生的

面蚀，其表层土壤中细小颗粒被冲蚀后，土壤质地明显变粗，土层减薄，土地生产力不断下降，最后终因表层土体中砂砾含量过高不能作为农耕地使用而弃耕。

③鳞片状面蚀：当面蚀发生在非农耕地坡面时，如果由于不合理过度樵采或过度放牧，使植被遭到破坏、生长不良或分布不均，有植被和无植被地块受到冲蚀的程度不同，局部面蚀成鱼鳞状斑点分布现象。

④细沟状面蚀：在较陡坡耕地上，下过暴雨后，坡面被分散的小股径流冲刷成许多细密小沟，这些细沟基本上沿着径流线的方向分布，就像屋顶上的椽子，西北黄土高原地区将其形象地叫作“挂椽”，这就是细沟状面蚀。一般细沟状面蚀的沟深和沟宽均不超过 20cm，通过耕作措施即可以将其平复，并不需要特殊的土壤保持措施。

（3）沟蚀：指汇集在一起的地表径流冲刷、破坏土壤及母质，形成切入地表以下沟壑的土壤侵蚀形式。面蚀产生的细沟，在集中的地表径流侵蚀下继续加深、加宽、加长，当沟壑发展到不能为耕作平复时，即演变成沟蚀。由沟蚀形成的沟壑称为侵蚀沟。沟蚀虽不如面蚀涉及面广，但其侵蚀量大、速度快，能够把完整的坡面切割成沟壑密布、面积零散的小块坡地，减少耕地面积，对农业生产危害亦十分严重。根据沟蚀强度及其表现形态，沟蚀分为浅沟、切沟和冲沟侵蚀等 3 种不同侵蚀类型。

①浅沟侵蚀：在细沟面蚀基础上，地表径流进一步集中，由小股径流汇集成较大径流，既冲刷表土又下切底土，形成横断面为宽浅槽形的浅沟，这种侵蚀形式称为浅沟侵蚀。浅沟侵蚀在初期与细沟侵蚀相同，下切深度在 0.5m 以下，逐渐加深至 1m。沟宽一般超过沟深，之后继续加深、加宽。浅沟侵蚀是侵蚀沟发育的初期阶段，其特点是没有形成明显的沟头跌水，依靠正常耕翻已不能复平，虽不妨碍耕犁通过，但已感到不便。由于耕犁作用，沟壑斜坡与坡面无明显界限。

②切沟侵蚀：浅沟侵蚀继续发展，冲刷力量和下切力增大，淘刷切入母质中，出现明显沟头，并形成一定高度的沟头跌水，这种沟蚀现象称为切沟侵蚀。切沟侵蚀的特点是横断面呈 V 形，沟头有一定高度的跌水，长、宽、深 3 方面的侵蚀同时不同程度地进行，即因径流不断冲刷，使沟头前进和沟底下切。加之重力作用，沟岸亦不断坍塌。由于切沟沟床比降比地面沟床比降小，使得沟头溯源前进，跌水高度变大。这种跌水是切沟最活跃的侵蚀部分，跌水既冲刷它所跌入的沟底面，又击溅或淘刷水面。跌水面底部被冲蚀淘空之后，使留下来的上部土体悬空。悬空的土体很快崩塌，随之出现一个新的垂直跌水面，落差加大，开始新循环。切沟侵蚀在质地疏松、透水性强和具有垂直节理的黄土丘陵区发展十分迅速，造成极大的侵蚀量。切沟侵蚀蚕食耕地，使耕地支离破碎，极大地大降低了土地利用率。切沟侵蚀是侵蚀沟发育盛期阶段，是沟头前进、沟底下切和沟岸扩张均甚激烈阶段。因此，此时是防治沟蚀最困难时期。

③冲沟侵蚀：切沟侵蚀进一步发展，使水流更加集中，下切深度越来越大，沟壑向两侧扩展，其横断面呈 U 形并逐渐定型。沟底纵断面与平原坡面有明显差异，上部较陡，下部已日渐接近平衡断面，这种侵蚀便演变成冲沟侵蚀。冲沟侵蚀形成的侵蚀沟是侵蚀发育末期，但还没有达到稳定态势，这时沟底下切虽已缓和，但沟头溯源侵蚀和沟坡沟岸的崩塌还在继续发生。

（4）山洪侵蚀：指山区河流洪水对沟道堤岸冲淘、对河床冲刷或淤积过程。山洪侵蚀是水力侵蚀程度最为严重的形式之一。由于山洪具有流速高、冲刷力大和暴涨暴落特点，因而破坏力大，并能搬运和沉积泥沙石块。河床受山洪冲刷称为正侵蚀，被淤积称为负侵蚀。山洪侵蚀改变河道形态，冲毁建筑物和交通设施、掩埋农田和居民点，可对区域社会、经济造成严重危害。

2.2　重力侵蚀

重力侵蚀是指地面岩体或土体物质在重力作用下失去平衡而产生位移的侵蚀过程。重力侵蚀是一种以重力作用为主引起的土壤侵蚀方式。严格地讲，纯粹由重力作用引起的侵蚀现象不多，但重力侵蚀的发生是与其他外营力，特别是在水力侵蚀及其下渗水分的共同作用下，以重力为其直接原因所导致的地表物质移动。根据重力侵蚀形态又分为陷穴、泻溜、崩塌、滑坡 4 种类型。

（1）陷穴：是黄土地区存在的一种侵蚀方式。地表径流沿黄土垂直缝隙渗流到地下，由于可溶性矿物质和细粒土体被淋溶至深层，使土体内形成空洞；当上部土体失去顶托便发生陷落，出现垂直洞穴，这种侵蚀现象就成为陷穴。陷穴沿着流水线连串出现时叫串珠状陷穴，成群出现时叫蜂窝状陷穴。

（2）泻溜：指崖壁和陡坡土石经风化后形成的碎屑，在重力作用下，沿着坡面下泻的现象。泻溜是坡地发育的一种方式。陡坡上的土石岩体，受冷热、干湿和冻融的交替作用，造成土石的表面松散和内聚力降低，形成与母岩体接触不稳定的碎屑物质。这些碎屑物质断断续续地顺着坡面向下泻落，在坡麓逐渐形成称为岩屑锥的锥形堆积体。岩屑锥坡面角度与泻溜物质的休止角一致，通常是 35°～36°（休止角指粉体堆积层的自由斜面在静止平衡状态下，与水平面形成最大角）。由黏土、页岩、粉砂和风化砂页岩、片岩、千枚岩、花岗岩等构成 35°以上的裸露陡坡极易发生泻溜。泻溜形成的堆积物，常被洪水冲刷和搬运，若不被流水冲走，坡地将逐渐变平缓。发生强烈泻溜的地段，将严重影响交通，堵塞渠道和沟谷，并为洪水产生大量泥沙，淤填水库和河道。

（3）崩塌：指边坡上部岩土体被裂隙分开或拉裂后，突然向外倾倒、翻滚和坠落的破坏作用。发生在岩体中的崩塌现象称为岩崩；发生在土体中称为土崩；发生规模巨大、涉及大片山体的崩塌现象称为山崩。崩塌主要出现在地势高差较大、斜坡陡峭的高山地区，特别是河流强烈侵蚀地带。崩塌能够造成堵塞河流或阻碍航运、破坏建筑物和村镇，以及引发波浪冲击沿岸等灾害。

（4）滑坡：指当雨水渗透至土层底部，在不透水层或基岩上形成地下潜流，使土体不断吸水增重，当土体下滑力大于抗滑力时，土体沿着一定滑动面发生的位移现象。发生滑坡坡度一般在 12°～32°，在此范围坡度越大，重力超过运动阻力的可能性也就越大。在凹形山坡上部最易产生滑动，而下部平缓部位则有阻止滑动的作用；在凸形坡上则相反，山坡下部较不稳定，常因下部产生滑塌而导致山坡上部也发生滑动。土壤物理性质、矿物成分及胶体化学性质，均对滑塌产生影响。土壤质地均匀，渗透性因粒径增大而加强；土粒呈棱角状，则抗剪强度较大；当沙土和黏土相间成层时，在黏土面上常形成潜流，在潜流的动水压力作用下，产生化学潜蚀，促使滑塌形成。土体中含滑石、云母、绿泥石和蛇纹石等鳞片状及片状矿物，较易产生滑动。滑塌体积小到几立方米、大到上百立方米、上千甚至千万立方米，在山区还伴有泥石流，产生的危害作用极大。

2.3　混合侵蚀

混合侵蚀指在水流冲力和重力共同作用下的特殊侵蚀方式。在生产上常称混合侵蚀为泥石流。泥石流是含有大量的泥沙石块等同体物质的特殊洪流，它既不同于一般暴雨径流，又是在一定暴雨条件下，受重力和流水冲力的综合作用而形成。泥石流在流动过程，由于崩塌、滑坡等侵蚀方式的发生，得到大量松散固体物质补给，或因泥石流体的黏性阵流和暂时性阻塞而溃决，形成巨人沙石补给量，使泥石流饱含大量泥沙、块石，具有很大的动能。泥石流含有比一般洪流多5~50倍的泥沙石块，霎时间将数以千百万立方米的沙石冲进江河。一场泥石流过后即可使河道面目全非，或堵塞河道、聚水成湖，或推移河道、易槽改道、水流横溢和漫流成灾。由于它暴发突然、来势凶猛且历时短暂，所以具有强大的破坏力。

泥石流是丘陵山区的特殊侵蚀现象，也是山区的一种自然灾害。泥石流中砂石等固体物质的含量一般超过25%，有时高达80%，密度1.3~2.3t/m^3。目前关于泥石流分类的方法很多，其中以泥石流物质组成进行分类应用较为广泛。按其物质组成可将泥石流分为泥石流、石洪和泥流3种。泥石流中固体物质以黏土和粉砂等细颗粒为主，并含有一定量的砾石，仅含有少量石块、且黏度较大的称为泥流；泥石流中固体物质主要是质地坚硬的大块石，泥浆浓度很稀时称为石洪。

（1）泥石流：混合侵蚀中最为典型的一类侵蚀方式。其流体主要是由黏土、亚黏土、粉砂、石块和巨大漂砾混合组成；多发育在花岗岩、花岗片麻岩、页岩、千枚岩及板岩等岩石分布地区。泥石流又分成黏性泥石流和稀性泥石流。

①黏性泥石流：其以整体输移和停积为主要特征，沉积物分选极差，其粒度组成与补给区物质相似。

②稀性泥石流：与黏性泥石流相比，稀性泥石流固体物质含量减小、浓度变小，密度在1.8t/m^{3}以下，流态为紊流型。沉积物粒径分配也与黏性泥石流不同。稀性泥石流粒径组成以砂为主，砾石次之，粉砂、黏土含量依次降低。

（2）石洪：是指固液态两相流体。固体物质中以质地坚硬的大石块为主。堆积区巨石累累，石块间孔隙明显，细粒物质很少。沉积物粒度组成以粉砂为主，黏土含量很少。此种类型沉积物粒径组成状况由多到少的排序是砾石、砂、粉砂和黏土，而且砾石的含量大于其后所有沉积物粒径含量的总和。

（3）泥流：泥流与上述2种流体类型中固相物质种类不同，它主要由粉砂和黏土组成，其含砂量很少，砾石更为少见。泥沙堆积物与物源区物质的粒度组成没有什么变化，基本保持着物源区物质的粒度成分。

2.4　风力侵蚀

在气流冲击作用下，土粒、沙粒或岩石碎屑脱离地表，被搬运和堆积的过程，叫作风力侵蚀。由于风速和地表物质组成及质量不同，风力对土、沙、石粒的吹移、搬运出现扬失、跃移和滚动3种运动方式。

（1）风力侵蚀过程：风对地表产生剪切力和冲击力引起细小土粒与较大团粒或土块分离，甚至从岩石表面剥离碎屑，使岩石表面出现擦痕和蜂窝，继之土粒或沙粒被风挟带形成风沙流。

气流的含沙量随风力大小而改变，风力越大，气流含沙量越高。当气流中含沙量过于饱和或风速降低时，土粒或沙粒与气流分离而沉降，堆积成沙丘或沙垅。土沙粒脱离地表、被气流搬运和沉积 3 个过程相互影响穿插进行。

（2）起沙风速：风蚀强度受风力强弱、地表状况、粒径和密度大小等影响。当气流剪切力和冲击力大于土粒或沙粒重力以及颗粒之间的相互联结力，并能克服地表摩擦阻力，土、沙粒就会被卷入气流形成风沙流，之后风对地表冲击力增大，因土或沙粒径大小和地表粗糙度状况而异，通常把细沙开始起动的临界风速（5m/s）称起沙风速。

2.5　冻融侵蚀和冻土

（1）冻融侵蚀：由于土壤及其母质孔隙中或岩石裂缝中的水分在冻结时体积膨胀，使裂隙随之加大、增多导致整块土体或岩石发生碎裂，并顺坡向下方产生位移的现象称为冻融侵蚀。由于温度周期性地发生正负变化，冻土层中的地下冰和地下水不断发生相变和位移，使土层产生冻胀、融沉和流变等一系列应力变形，这一复杂过程称为冻融作用。冻融作用是寒冷气候条件下特有的外营力作用。其主要表现形式为冰冻风化、冻融扰动和融冻泥流。它使岩石遭受破坏，松散沉积物受到分选和干扰，冻土层发生变形，从而塑造出各种冻土地表类型。冰冻风化是冻土区最普遍的一种特殊物理风化作用，也称为冰劈作用。渗透到基岩裂隙中的水冻结时不仅可以把岩石胀裂，而且由于膨胀所产生的压力还可以向外传递，把裂隙附近的坚硬岩层压碎形成石块和更细物质，为其他外力作用创造了有利条件。冻融扰动是指在多年冻土活动层内发生，因受冻胀挤压而引症的土层结构塑性变形现象。融冻泥流是在冻土区平缓至中等坡度（17°~27°）斜坡地形下，夏季融化的上部土层沿着下伏冰冻层表面或基岩面向坡下缓慢滑动的现象。

（2）冻土：温度在 0℃以下，含有冰的土（岩）层称为冻土。我国冻土主要分布在东北北部山区、西北高山区及青藏高原地区，面积约 215 万 km^2，占国土面积 22.4%冻融是高寒冻土区塑造地形的主要营力。

2.6　冰川侵蚀

（1）冰川形成过程：在高纬度、高山气候严寒地区，其年平均气温在 0℃以下，常年积雪。当降雪积累大于消融时，使地表积雪逐年增厚，经过一系列物理过程，积雪就逐渐变成微蓝色透明冰川体。冰川体呈现出多晶固体状，具有塑性，受自身重力作用沿斜坡缓慢运动或在冰层压力下缓慢流动，就形成冰川。

（2）冰川侵蚀：我国现代冰川主要发生于青藏高原和高山雪线以上地区。高山高原积雪经过强外力不断作用，转化为有层次、厚达数十米至数百米的冰川体，而后沿着冰床作缓慢的塑性流动和块体滑动，以此对土壤造成侵蚀。冰川体重量大，$1m^3$冰重约 900kg，厚达 100m 冰川产生的压力达到 $92t/m^2$，因此，冰川不但具有巨大的积雪功能，而且运动时，在对其底部土体产生刨蚀时，还对其两侧与冰川接触的土体产生刮蚀作用。

3　影响水土流失的因素

影响水土流失的两大因素是自然因素、人类活动因素。

3.1 自然因素

影响水土流失的自然因素主要是以下5类。

气候：降水量、降水年内分布、降水强度、风速、气温、日照及湿度等。

地形：坡度、坡长、坡面形状、海拔、相对高度与沟壑密度等。

地质：主要指岩性和新构造运动，岩石的风化性、坚硬性、透水性对沟蚀发生与发展以及崩塌、滑坡、山洪、泥石流等侵蚀作用有密切关系。

土壤：土壤是侵蚀作用的主要对象，其透水性、抗蚀性、抗冲性对水土流失影响起着很大作用。

植被：植被防止水土流失的主要功能有截留降水、涵养水源、固持土体、改善小气候条件，并且在一定程度上可以防止浅层滑坡等重力侵蚀的发生；植被被破坏后，水土流失就会加剧。

3.1.1 气候因素

所有气候因子均对水土流失有直接影响作用，其中降水最为密切，其次是风、温度、湿度和光照等。

（1）降水：指降雨和降雪。降水是地表水和下渗水的来源，是水力侵蚀的物质基础。降雨有总雨量、强度、历时、形式和季节分配等，它们对水土流失影响有所区别。

①降雨量：降雨量大小决定着地面接受水量的多少，通常在有植被覆盖的土地表面，水土流失量随降雨量增大而被消减。能够引起土壤侵蚀的降雨，系位于某一临界点以上雨量所引起，临界点雨量称为侵蚀性降雨的标准。对其的划分，各国由于自然条件状况不同，其标准各异，如美国是127mm，日本是13mm，我国西北黄土高原是10mm。然而，土地表面有无植被或植被覆盖度多少，对侵蚀临界雨量的数值影响很大，广东省电白县小良水保站测定表明，恢复天然植被后的混交林地是30mm，桉树林地是8mm，裸露土地是6mm。

我国降雨量在各地区分布极不平衡，全国可划分为5个地带，即多雨带（>1600mm）、湿润带（800～1600mm）、半湿润带（400～800mm）、半干旱带（200～400mm）和干旱带（<200mm）。全国约有45%的国土处于降水量少于400mm的干旱半干旱地带，台湾省降雨量最多，平均为2535mm。在自然地貌条件下，一般南方雨量虽然很大，但植被丰茂，水土流失并不严重；降雨量少的西北地区则以风蚀为主；半干旱半湿润区由于植被稀少，加之暴雨集中，水土流失最为严重。

②降雨强度：降雨强烈程度与水土流失有着极为密切的关系，研究表明，无论南、北方地区，其水土流失量均随降雨强度增大而增大。

Donokuu研究得出如公式（3-2）：

$$W = Ai^{0.8}m^{1.3} \tag{3-1}$$

式中：W——土壤侵蚀量（t/km^2）；

i——地表坡度（m/m）；

m——降雨强度（mm/min）；

A——土壤性质、坡长和植物等因素决定的系数。

③降雨量和降雨强度综合影响：水土流失是在降雨量和降雨强度综合作用下产生。各地观测

表明，水土流失量与降雨量和降雨强度的乘积呈明显正相关。如公式（3-2）：

$$\omega_c = A(Xi)^m$$

$$\omega_t = B(Xi)^n \tag{3-2}$$

式中：ω_c——悬移质土壤侵蚀量（kg）；

ω_t——推移质土壤侵蚀量（kg）；

X——降雨量（mm）；

i——最大平均降雨强度（mm/h）；

m、n、A、B 均为待定系数。

④雨滴直径：当降雨量和降雨强度相同时，雨滴直径越大，则雨滴质量和降落速度越大，其动能和土壤侵蚀量越大。雨滴直径直接影响溅蚀和雨蚀的强度。

⑤前期降水量：过多的前期降雨量是导致形成径流、产生严重水力侵蚀和重力侵蚀的重要因素。充足的前期降水量，使土壤含水量增大，直至达到饱和状态，若再遇暴雨将会形成强大径流。特别是当土体含水量达到塑限甚至流限时，就会产生滑坡、泥石流等灾害。除降雨外，在北方和高山积雪地区，降雪也不容忽视，青藏公路沿线发生滑坡、泥石流往往与降雪直接相关。

（2）风：风是发生土壤风蚀和形成风沙的动力。风蚀强度决定于风速、风脉动性和阵性，及其持续时间、起沙风次数、季节、湿度、温度等。湿度越小，气温越高，将促进土体的物理蒸发和植物生理蒸腾，加剧表层土体干燥程度，并加强土壤风蚀和风沙流运动。

（3）冰冻和解冻：反复进行的冰冻和解冻，不仅影响融雪水的侵蚀活动，而且对重力侵蚀作用也有直接影响，尤其是土体和基岩中含有一定水分，温度在0℃左右变化，就会出现冻融交替，形成泻溜、滑塌等重力侵蚀活动危害。

3.1.2　地质因素

地质因素是指地面组成物质的岩性，诸如表层岩石裂隙、地面组成物质岩性等。岩性是岩石的基本特性，对风化过程、风化产物、土壤类型及抗蚀力都有重要影响；与沟蚀发育、崩塌、滑坡、泻溜和泥石流也有着密切的关系。岩性主要指以下 3 个方面。

（1）岩石抗侵蚀能力：当外营力一定时，水土流失状况很大程度上决定于岩石、土体的抵抗性能，即岩石坚硬性。中国科学院西北水土保持研究所对长江流域地面物质抵抗侵蚀能力的大小和物质类型进行排序（表 3-1），表明土状物抗蚀能力最差，裸岩抗蚀能力最强。

表 3-1　长江流域地面物质抵抗侵蚀能力分级

抗蚀能力等级	地面物质类型	
1	土状物	沙质（河流冲积物等）
2		壤质（黄土、湖相沉积、坡级物等）
3		疏松泥质（红壤型风化壳）
4		紧实泥质（第四纪黄色黏土、砾石黄土、黄壤型风化壳）

（续）

抗蚀能力等级	地面物质类型	
5	薄层残积物	沙质土被（花岗岩、砂岩、片麻岩上发育土壤）
6		壤质土被（板岩、泥质灰岩、镁质灰岩、硅质灰岩及玄武岩上土壤）
7		泥质及富含有机质土被（石灰岩、千枚岩及具有厚层有机质上土壤）
4	半风化岩石态	红壤型紫色岩半风化物
6		页岩（偶夹薄层砂岩或石灰岩）半风化物
7		砂页岩半风化物
8		砂岩（偶夹薄层页岩）半风化物
9	裸岩	不均质岩（花岗岩、砂岩、层状灰岩、硅质灰岩等）
10		均质岩（块状灰岩、玄武岩、白云岩等）

注：抵抗侵蚀力等级依数字顺序由弱而强。

（2）岩石透水性和蓄水能力：因岩石具有一定孔隙率、渗透系数与吸水率，因而表现出透水和蓄水能力的不同（表3-2）。岩石（如卵石、砂等）透水性强，则在暴雨来临时能极大地降低径流量，弱透水性岩石（如黏土、泥岩和页岩），则会导致径流系数高，当有暴雨时易出现洪灾。若过水面上部覆强透水性岩层，下部覆弱透水性岩层，在一定条件下，就会产生滑坡地质灾害。

表3-2 主要岩石的孔隙率与吸水率（%）

岩石名称	孔隙率	吸水率	岩石名称	孔隙率	吸水率
花岗岩	0.04~2.30	0.10~0.70	页岩	0.70~1.87	—
闪长岩	约0.25	—	板岩	0.45	0.10~0.30
玄武岩	约1.23	约0.30	大理岩	0.10~0.60	0.10~0.60
砂岩	1.60~23.30	0.20~7.00	片岩	0.02~1.85	0.10~0.20
石灰岩	0.53~27.0	0.10~4.45	石英岩	0.10~8.70	0.10~1.45

（3）岩石风化性：因为岩石中矿物成分、结构、构造、埋藏条件、构造破坏与所处的气候、自然环境的差异，使各种岩石具有不同的抗风化能力和风化过程，表现出不同风化速度，形成不同风化产物和风化壳。我国东南部花岗岩红色风化壳厚度，由河南南阳20m向东南增加，至赣南为60~70m，广东陆丰达80m。有些抗风化能力差，风化速度快，风化壳厚度大的岩石分布区，易于遭受冲刷，并出现崩岗和泥石流，水土流失较产重，反之，则较轻微。

我国水土流失以西北黄土高原和南方红土丘陵区最为严重。从岩性看，西北黄土高原为单一黄土或黄土状物质，表层大部分属于第四纪全新统时代的沉积物（深层有时分布第三纪红黏土），以黏土、亚黏土、砂土和粉砂土为主，土体疏松，垂直节理发育、孔隙度高、透水性强，具有湿陷性、易遭受侵蚀，面蚀、沟蚀、洞穴侵蚀、风蚀和重力侵蚀均十分发育，能够形成庞大的侵蚀沟系；南方红土丘陵区主要岩石是红色岩系、碳酸类岩石、花岗岩和变质岩系等，岩性和复杂的地质构造，塑造着中小地貌，共同制约着水土流失的发生发展；以花岗岩为主构造的丘陵山地，因花岗岩结晶颗粒粗大，节理发育，物理风化严重；易崩解破碎形成较厚的风化壳，水土流失最严重；以碳酸岩、页岩、泥岩、红色黏土、千枚岩和片岩构造的地区次之。

地质因素对工矿区水土流失的影响具有特殊重要作用。这是因为工程项目建设能够毁坏植被、剥离表土和暴露基岩，而采矿活动甚至扰动深层岩土。因此，影响工矿区水土流失的地质因素不仅包括上述表层地质因素，而且包括深层地质因素（如矿床地质因素）和水文地质因素等。

3.1.3　地形地貌因素

地球表面高低起伏的状态称作地形。从发生学角度出发，探讨地形成因、发展和分布规律所研究的地形叫地貌。影响水土流失的地形地貌因素主要有地貌类型、坡度、坡长、坡型和坡向等，它们之间相互制约和影响，综合影响着水土流失的发生和发展。

（1）地貌类型：它是地形形态、地面组成物质、现代侵蚀作用及成因年代的综合反映，对水土流失产生一系列影响，从大地貌尺度划分，分为山地、高原、盆地、丘陵和平原；从小地貌尺度划分，分为沟底（谷底）、沟（谷）坡和沟间地（梁峁顶、梁峁坡、塬边、塬面和分水岭地带）等。不同地貌类型，水土流失分布规律、侵蚀方式和强度不同。

（2）坡度、坡长与坡形：坡度、坡长与坡型对斜坡面水土流失起着十分重要的作用。在一定范围内，地面坡度越大，径流速度越大，水流冲刷能力越强，水土流失就越严重。据国外许多学者实际观测和室内模拟结果表明，冲刷大致与坡度的0.8~3.4次方成正比。但当坡度增加到某一临界值时，坡底继续增加，由于受雨面积的水平投影面变小而使径流量变小，冲刷趋于递减趋势，这个临界坡度称为侵蚀转折坡度。当然，一般不能理解为水土流失量减少，因为坡度增加到一定程度后，重力侵蚀开始加剧，更何况侵蚀转折坡度是多少尚未定论，在相同坡度条件下，水土流失强度取决于坡长，坡面越长，径流量汇聚越大，侵蚀力就越强。

影响水土流失的重要地形因素还有坡形，它影响着坡面径流的状态和径流沿坡面的分布，继而影响土体的搬运、迁移和沉积。坡形大体归纳为直形、凸形、凹形、凹凸形和台阶形。通常，直形坡上下坡度一致，下部径流集中，流速大，冲刷强烈；凸形坡上部缓，下部陡而长，产生的土壤侵蚀严重，常以浅沟和切沟等为其主要侵蚀形式；凹形坡上部陡、下部缓、中部土壤侵蚀强烈，下部侵蚀减弱，常有淤积现象；凸凹形坡，上冲下淤都很严重；台阶形坡是凸形坡和凹形坡通过一段平地结合起来的复合形式，台阶部分侵蚀轻微，上下部具有凸形坡和凹形坡侵蚀特点，台阶边缘处容易发生沟蚀。

（3）海拔与坡向：坡向是通过地面受光热引起温度、水分和植被状况的差异来影响水土流失；海拔和地貌侵蚀的垂直分带等会对水土流失产生一定影响。

3.1.4　土壤与植被

土壤是地球陆地表面能够生长植物的疏松物质，是土壤侵蚀的对象；植被是生长在土壤里，并对防止土壤侵蚀起着最积极作用的物质因素。土壤与植被相辅相成，共同对水土流失产生影响，没有土壤就没有植被，没有植被土壤就失去了庇护。

（1）土壤：土壤对水土流失的影响，主要体现在土壤本身具备的4个特性上，即透水性、抗蚀性、抗冲性和抗剪强度。

①透水性：土壤透水性决定于土壤孔隙性、土壤质地、土壤结构、土壤含水量和土壤剖面构造。质量疏松并具有良好结构的土壤，其透水性强，产生的径流量小，而构造坚实的土壤则透水性低，容易产生较大径流和冲刷。如黄土高原区各类黄土状土壤受水滴击溅打击后产生的表面结

皮，大大地降低土壤的透水性，极易形成地表径流；南方红壤也有“天晴一块铜，下雨一包脓”的说法，此外，山地丘陵区沙土、石渣土虽透水性好，但因土层薄，储水能力差，难以容纳大量降水，降水量大时，也会产生地表径流。

②土壤抗蚀性：指土壤抵抗雨滴打击和径流对其分散、悬浮的能力，其大小取决于土粒、水亲和力及水稳性团粒结构数量。土壤抗蚀性差，遇水易分散、悬浮，并通过地表径流被冲刷和搬运。

③土壤抗冲性：指土壤对径流与风力侵蚀的抵抗能力。常用土体在静水中崩解的情况作为指标之一。近来有人采用单位水量的冲刷值（g/L）作为抗冲性指标。土壤抗冲性指标越小，土壤越易被水流冲刷崩解成小块，并在地表径流作用下产生水土流失危害。

④土壤抗剪强度：其与重力侵蚀产生和发展有着密切关系，当土壤抗剪强度小时，一定形态的土质边坡，会因自重应力而产生剪切破坏形成块体移动。

（2）植被：当具备水、土、坡 3 个要素时，能否形成水蚀、风蚀水土流失，关键是地表面具有的植被条件。因为植被特别是森林能够截留降水，削弱降水能量；下地被枯枝落叶层能够防止水滴击溅，分散和滞缓地表径流，拦截和过滤泥沙；同时，植被能够改善土壤结构，增强土壤透水和蓄水性能；根系具有固持网络土体，增强土壤抗冲性和抗剪强度的作用。因此，在任何条件下植被都有阻滞水蚀的能力，并且对浅层滑坡也有较强防滑作用。江西省农业科学研究所开展的小区试验资料表明（表 3-3），提高植被覆盖度，径流系数减低，有效减少径流量和土壤侵蚀量。至于植被降低风速、削弱地表风力，保护土壤，降低风力侵蚀危害的功能，固定流动沙丘和控制土地沙质荒漠化发展能力已被实验和实践所证实。

表 3-3　地表面不同植被覆盖度的径流量与冲刷量

植被类型	覆盖率（%）	径流系数	径流量		冲刷量	
			m^3/km^2	比值	t/km^2	比值
画眉草+白茅	30	0.49	360100	430	979	426
鸭嘴草+蜈蚣草+小乔木马尾松	90	0.13	83720	100	230	100

3.2　人为因素

除去特殊自然地理和气候条件外，人为因素也是加剧水土流失的重要原因。人为因素主要是指人类社会不合理的生产建设活动，使地面植被和自然地貌遭受破坏，从而产生严重水力、风力侵蚀等危害。不合理的人为因素包括：过伐、过垦和过牧；开发建设忽视对土地保护；对水资源不合理开发利用。人为破坏生态环境，导致生态系统恶化的行为分述如下。

（1）陡坡开荒，破坏植被。对土地实行掠夺性开垦，忽视因地制宜的农林牧综合发展，把只适合林、牧业利用的土地开辟为农田，造成耕地向陡坡发展，再加上其他生产活动，使林草植被遭到大量破坏，产生严重的水土流失；水土流失使得坡耕地粮食产量低而不稳。这就又进一步扩大坡耕地面积，形成了“越广种，越薄收，水土流失越严重；水土流失越严重，越薄收，越广种”的恶性循环。

（2）乱砍滥伐森林，过度放牧。在一些地区采伐林木时，只顾眼前利益，忽视对资源的有续利用和保护，特别是“剃光头”的采伐作业后，没有及时抚育更新，也没有采取任何水土保持措施，造成了严重的水土流失。长江上中游地区和珠江流域的水土流失，相当一部分是上述原因产生的。在干旱、半干旱及山坡上超载放牧，加剧了草原生态环境的“沙化、退化、盐碱化”发展。

（3）资源不合理开发利用。在我国西北地区，生态用水量的减少，导致天然绿洲萎缩，使本来就十分脆弱的生态环境进一步恶化，塔里木河是我国最长的内陆河，也是新疆南部干旱地区居民的“母亲河”。从20世纪50年代开始，塔里木河上游地区开展大规模开荒造田，造成用水量猛增，致使中下游河道水量逐年减少。1972年，全长1321km的塔里木河出现断流，下游320km河道完全干涸。塔里木河尾闾台特玛湖也变成沙漠，被称为“第二个罗布泊”。

（4）注重建设、忽视保护。开矿、修路、采石和水电开发等生产建设工程项目，忽视水土保持，随意倾倒废土、废石、矿渣，破坏植被，使边坡稳定性降低，引起滑坡、塌方和泥石流等更为严重的地质灾害，产生人为严重的、新的水土流失。

①地质矿产及煤炭工业：地质矿产引发水土流失和生态环境问题包括矿产疏干排水、废渣占地环境问题。其中矿产疏干排水是因长期排水，疏干了矿区及其附近地表水和浅层地下水，使生态环境恶化，影响植物生长，造成土地塌陷，有些形成土地石化、沙化，使供水发生困难。例如，山西省因采矿造成18个县26万人吃水困难，30多万亩水浇地变成旱地。

我国是煤炭工业大国，截至2006年全国探明储煤量1145亿t，90%储量分布在秦岭—淮河以北地区，尤其是山西、陕西、内蒙古3个省（自治区），占全国总量的63.5%。截至2006年全国矿业开发共占用和损坏土地面积是154.5万hm^2，其中采矿引起地质塌陷土地面积已达33万hm^2，每采万吨煤塌陷土地0.2hm^2，仅从我国平原地区每年采出煤量2亿t，就增加塌陷面积0.4万hm^2。据国家环境保护部统计，2010年全国工业固体废物产生量是24亿t，其中煤矸石约1亿t，煤矸石是我国工业固体废物中产出量和累计积存最大的固体废物。全国历年积存的工业固体废弃物已经超过67亿t，其中煤矸石约12亿t。排放煤矸石不但占用土地，而且造成水土流失，诱发滑坡等灾害。

②交通建设：在公路和港口等交通设施兴建过程中，就地向河流、沟道倾倒弃土弃石，严重影响排洪，造成新的水土流失，恶化生态环境中。铁道建设对生态环境的影响，一是扰动沿线地形地貌，使原有水土保持功能受到损害，新建铁路（包括站场等相关工程项目）每公里正线约占地5.3hm^2，新建复线约占地6.7hm^2；二是路堑开挖、路堤填筑、取土场和采石场等动用土石量较大，特别是开挖隧道后的弃土石、高填深挖地段的取弃土极易造成水土流失；三是对周边地区生态环境会造成影响较大，施工线路长，临时房屋、作业场地、便道等对土地占用、碾压，使土地裸露，极易引起或加剧土地的水蚀、沙质荒漠化进展。

③石油天然气工业：我国大规模开发、开采及输送石油天然气管道建设中，也会造成新的水土流失。开挖、乱倒排现象严重，造成的生态危害也很大。

④电力工业：火电厂对生态环境会造成严重影响，一是建设过程中引发的水土流失，二是电厂投产运行后造成的废弃灰渣流失和粉尘污染。

水电工程项目建设引发的水土流失主要来自护岸工程施工、清基、削坡产生的弃土、弃渣，以及施工场地平整，施工道路修建及施工临时占地等。同时，工程项目建设扰动或破坏原地貌会新增水土流失，主要指护岸工程区、施工附属生产企业及管理区、施工道路、弃土弃渣场和占地拆迁安置区等区域。

⑤冶金工业：对生态环境的主要影响在矿山开采区、运输及生产区、尾矿尾沙区等，开采过程和废弃物堆放过程易产生水土流失。

⑥有色金属工业：包括铜、铝、铅、锌、镍、锡、锑、汞、镁和钛等10种常用金属，此类项目对生态环境的影响主要在矿区和弃渣场。从开采和排弃量来看，铜、生铁每吨金属消耗矿石量分别是200t、3~5t，排弃废石量是400t（地下生产）、6~10t（地下生产），固体废物占压大量土地和耕地，易产生水土流失。

⑦建材工业：含建筑材料、非金属矿和无机非金属新材料三大部分产品，有水泥、玻璃、陶瓷和砖瓦等1400多种。由于大多数乡镇建材企业管理不严格、生产不规范，在生产过程中乱挖、乱排、乱倒现象十分严重，极易产生新的水土流失，对生态环境造成的危害也很大。

⑧其他建设：在化工工业方面，由于石油化工规模的不断扩大，加之炼磺、烧碱、盐、炼油、化工、化纤和化肥等的兴起，在开采、加工和生产中对生态环境造成了一定的负面影响。纺织业也在排放电石渣、污泥等固体废弃物，也造成了一定的水土流失危害。

第二节 土壤侵蚀机理

1 土壤侵蚀概念

“土壤侵蚀”和“水土流失”是水土保持学中两个重要专业术语。目前在我国土壤侵蚀研究领域几乎都习惯使用水土流失一词，而不太习惯使用土壤侵蚀。而在国外则恰恰相反，均在使用土壤侵蚀，而几乎很少用“水土流失”这一术语。水土流失与土壤侵蚀是何种关系，多数学者都认为将土壤侵蚀与水土流失合二为一是不妥的，必须充分地认识到水土流失这一术语是在我国黄土高原这样一个特定环境条件下产生的。客观地讲，水土流失与土壤侵蚀之间既有相同之处，又有所区别；在水力侵蚀地区，土壤侵蚀与水土流失没有多少本质差异和相互抵触之处；而在其他外营力作用侵蚀地区，如风蚀地区的风蚀，把风蚀称之为土壤侵蚀，这是很好理解的，而把风蚀称之为水土流失就不太合适，因为在这一自然现象中根本就不存在水的流失问题；同样重力侵蚀也是如此，将重力侵蚀称之为广义的土壤侵蚀也是可以理解的，但把重力侵蚀称之为水土流失也不太好理解。由此可见，在我国广泛地用水土流失替代土壤侵蚀一词不太合适，混淆与模糊了自然界相关现象的差异性。总之，我国土壤侵蚀与水土流失使用是比较混乱的，如2次土壤侵蚀普查，就不能说是2次水土流失普查；但在发布土壤侵蚀普查结果时，宣布我国水土流失面积是多少，而不是土壤侵蚀面积是多少。

我国土壤侵蚀学者陈永宗在分析国内外不同学者对土壤侵蚀内涵认识的基础上，认为土壤侵蚀的确切含义是：地表物质（岩石和土壤）在外营力作用下分离、破坏和移动。这里所说的外营力包括各种自然营力（如水、风和重力等）和人为作用。相对比较完整的土壤侵蚀内涵是：地表物质在内外营力（包括人为力）作用下产生脱离母质的分离。这里强调了内力和脱离，特别是“脱离”，目的在于既很好地区别风化过程，又明确了侵蚀营力的完整性。如果只是简单地提出物质的分离是不全面的，如岩层的节理、裂隙都存在局部分离，但都没有与母质完全脱离，因而这些现象仅仅是风化过程，都不能称之为侵蚀。所谓产生侵蚀，地表物质不但要脱离母质，还要产生位移；至于位移的距离可长可短，如雨滴溅蚀搬运距离以厘米计，而径流冲蚀产生的泥沙可以搬运到很远的下游，如黄土高原被水力侵蚀后的泥沙可被黄河水流输送到渤海，长江上游的侵蚀泥沙可被输送到黄海与东海。

容许侵蚀是在人为加速侵蚀发生后出现的又一新的土壤侵蚀概念。什么是容许侵蚀，各家学者理解不完全相同，概括起来有两种认识：

①从成土速率和流失速率比较确定容许侵蚀量。

②从土壤有机质和养分的流失对作物生长是否产生影响的角度来确定容许侵蚀量。

前者实际上是从土壤发生学角度出发，通过侵蚀速率与岩石或其他母质的风化物在生物作用下土壤生成速率的对比关系确定容许侵蚀量。这种关系可以用图3-1表示，假设母岩风化速率达到土壤的生成速率为 W（μm/a），土壤逐渐被风化到地表面时，风化物成壤只是原来的一部分 P_s（体积分析）保存下来。土壤侵蚀使地表以 T 速率降低，可溶物质以速度 D 移动。如果把土壤作为一种可更新的资源，必须达到下列公式的平衡关系：

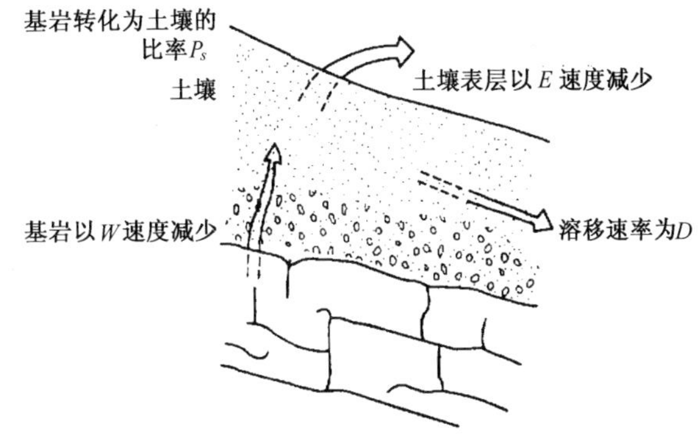

图 **3-1**　侵蚀与风化成土作用平衡图

$$W = T + D \tag{3-3}$$

$$T = W \cdot P_s \tag{3-4}$$

公式（3-3）表示每年基岩母质总风化量，公式（3-4）表示侵蚀量应与母质转化成熟土壤数量相平衡；公式（3-3）、公式（3-4）联解，获得允许流失量 T 值计算公式：

$$T = D\left(\frac{P_s}{1 - P_s}\right) \tag{3-5}$$

公式（3-5）中 T 是容许侵蚀量理论值（m/a），T 值取决于母质风化土壤的转化率与土壤中可溶物质的淋失量。以上仅是容许侵蚀量的理论推导值，在实际中是很难求得到真正容许流失量，因为如何求得式中 P_s，至今也没有什么更为科学的办法。不同的母质转化率 P_s 则不相同，阮伏水等人研究认为取 0.5～0.9，大区域一般取 0.8。实际上土壤容许侵蚀量 T 是“模糊的”，无任何研究依据。因为公式（3-5）中 D 与 P_s 都是很难获得的变量参数。这种容许侵蚀量推导模型只有理论上的意义，没有应用价值意义。

2　我国土壤侵蚀类型区划

中华人民共和国行业标准《土壤侵蚀分类分级标准（SL 190—2007）》对我国土壤侵蚀类型区划、土壤侵蚀强度分级和侵蚀土壤程度分级等作出规定。按土壤侵蚀外营力将我国土壤侵蚀区划分为 3 个一级区（水力侵蚀为主区、风力侵蚀为主区以及冻融侵蚀为主区），根据地质、地貌和土壤等形态又将 3 个区分别划分为 5 个、2 个、2 个二级区。区划的类型区是：

2.1 水力侵蚀为主类型区

将我国划分为西北黄土高原区、东北黑土区、北方土石山区、南方红壤丘陵区和西南土石山区。

（1）西北黄土高原区：主要分布在黄河上中游。

（2）东北黑土区（低山丘陵和漫岗丘陵区）：主要分布在松花江流域。

（3）北方土石山区：主要分布在淮河流域以北黄河中下游、海河流域。

（4）南方红壤丘陵区：主要分布在长江中游及汉水流域、洞庭湖水系、鄱阳湖水系、珠江中下游，包括江苏、浙江等沿海侵蚀区。

（5）西南土石山区：主要分布在长江上中游及珠江上游。

2.2 风力侵蚀为主类型区

将我国划分为三北戈壁沙漠及沙地风沙区、沿河环湖滨海平原风沙区。

（1）三北戈壁沙漠及沙地风沙区：包括青海、新疆、甘肃、宁夏、内蒙古、陕西和黑龙江等地的沙漠戈壁和沙地。

（2）沿河环湖滨海平原风沙区：主要分布在山东黄泛平原、鄱阳湖滨湖沙地及福建、海南滨海区。

2.3 冻融侵蚀为主类型区

将我国划分为北方冻融土侵蚀区和青藏高原冰川侵蚀区。

（1）北方冻融土侵蚀区：主要分布在东北大兴安岭山地及新疆天山山地。

（2）青藏高原冰川侵蚀区：分布在青藏高原和高山雪线以上地区。

3 土壤侵蚀强度分级

土壤侵蚀强度是指地壳表层土壤在自然营力和人类活动综合作用下，单位面积和单位时段内被剥蚀并发生位移的土壤侵蚀量，用土壤侵蚀模数表示，单位为 $t/(km^2 \cdot a)$。

3.1 土壤容许流失量

土壤容许流失量是指在长时期内能保持土壤肥力和维持土地生产力基本稳定的最大土壤流失量。根据我国地域辽阔，自然条件千差万别，各地区成土速度也不尽相同的实际情况，《土壤侵蚀分类分级标准》规定了我国主要侵蚀类型区的土壤容许流失量（表 3-4）。

表 3-4 我国主要侵蚀类型区土壤容许流失量

侵蚀类型区	土壤容许流失量 [$t/(km^2 \cdot a)$]
西北黄土高原区	1000
东北黑土区	200
北方土石山区	200
南方红壤丘陵区	500
西南土石山区（石灰岩区）	500

3.2　水力侵蚀、重力侵蚀强度分级

水力侵蚀、重力侵蚀的强度分级见表 3-5。

表 3-5　水力侵蚀与重力侵蚀的强度分级

侵蚀强度分级名称	侵蚀强度分级指标
微度侵蚀	<土壤容许流失量
轻度侵蚀	约等于土壤容许流失量
中度侵蚀	2500~5000 t/(km^2·a)
强度侵蚀	5000~8000 t/(km^2·a)
极强度侵蚀	8000~15000 t/(km^2·a)
剧烈侵蚀	>15000 t/(km^2·a)

3.3　风力侵蚀强度分级

风力侵蚀强度分级按植被覆盖度、年风蚀厚度和侵蚀模数 3 项指标划分，见表 3-6。

表 3-6　风力侵蚀强度分级

强度分级	植被覆盖度（%）	年风蚀厚度（mm）	侵蚀模数［t/(km^2·a)］
微度	>70	<2	<200
轻度	70~50	2~10	200~2500
中度	50~30	10~25	2500~5000
强度	30~10	25~50	5000~8000
极强度	<10	50~100	8000~15000
剧烈	<10	>100	>15000

4　土壤侵蚀预测预报

以水力侵蚀为例，《土壤侵蚀分类分级标准（SL 190—2007）》中推荐以下 5 种土壤侵蚀预测预报方法。

（1）已有资料调查法：指根据各地水土保持试验、研究站所得实测径流、泥沙资料，经统计分析和计算后，作为该类型区土壤侵蚀基础数据。

（2）物理模型法：指在野外和室内采用人工模拟降雨方法，对不同类别的土壤、植被、坡度和土地利用等情况下的侵蚀量进行试验。

（3）现场调查法：通过对坡面侵蚀沟和沟道侵蚀量监测，建立定点定位观测，对沟道水库、塘坝淤积量进行实测，对已产生水土流失量进行测算，计算侵蚀量。利用小水库、塘坝和淤地坝的淤积量进行测算，经来沙淤沙折算，计算出土壤侵蚀量。

（4）《水文手册》查算法：根据各地《水文手册》中土壤侵蚀模数、河流输沙模数等资料，推算侵蚀量。

（5）土壤侵蚀及产沙数学模型法：分为通用水土流失方程式（USLE）、坡面及沟谷水力侵

蚀公式和 WEPP（water erosion prediction project）模型 3 种方法。

①通用水土流失方程式（USLE）：过去较常用美国通用水土流失方程式，国内各地水土保持试验站对其中参数做了很多试验，对影响水土流失的主要因子 R、K、L、S、C、P 的取值做了大量测定研究，可参照应用。

通用土壤流失方程（USLE）的结构形式如下：

$$A = RKLSCP \tag{3-6}$$

式中：A——年平均土壤流失量（t/hm^2）；

R——降水径流侵蚀因子；

K——土壤可蚀性因子；

L——坡长因子；

S——坡度因子；

C——植物覆盖度和管理因子；

P——水土保持措施因子。

USLE 提出通用方程式的设计思路、因子确定原则和模型结构简单明了。该模型为 W. H. Wischmeier 和 D. Smith 对美国 30 个州近 30 年的观测资料及近万个径流小区的试验资料，于 1965 年提出，并于 1978 年进行修正。

②坡面及沟谷水力侵蚀公式：由北京大学马蔼乃教授采用动力分析中量纲分析和统计分析相结合方法建立的模型，详细公式见《土壤侵蚀分类分级标准》。

③WEPP（Water Erosion Prediction Project）模型：该模型正在研究发展中，将代替 USLE 模型。

WEPP 模型是一个基于侵蚀过程的模型，可以估算出土壤侵蚀的时空分布，即全坡面或坡面任一点的净侵蚀量及其随时间的变化量。WEPP 模型中，土壤侵蚀过程包括侵蚀、搬运和沉积 3 大过程。暴雨产生径流及其挟带的侵蚀泥沙在从坡面向沟道汇集并最后从流域出口输入到较大一级流域过程中，侵蚀、沉积和搬运连续发生。坡面侵蚀包括细沟侵蚀（Rill）和细沟间侵蚀（Interrill）。WEPP 模型 2 个基本观点是：细沟间侵蚀以降水侵蚀为主，而细沟侵蚀以径流侵蚀为主。侵蚀量 E 是搬运能力 T_c 和输沙量 q_s 的函数，其公式为：

$$E = \sigma(T_c - q_s) \quad 或 \quad E/D + q_s/T_c = 1 \tag{3-7}$$

也就是说，当输沙量小于泥沙搬运能力时，侵蚀状态以侵蚀—搬运过程为主。相反，则以侵蚀—沉积过程为主。WEPP 模型参数包括气候（降水与温度、太阳辐射与风）、冬季因素（冻融、降雪量和融雪量）、灌溉、水文（入渗、填洼与径流）、水量平衡、土壤、作物生长、残渣管理及分解、耕作对入渗和土壤可蚀性影响、侵蚀（片蚀、细沟侵蚀）、沉积、泥沙搬运、颗粒分选与富集等。

产沙量是在给定时间内，从某一流域或集水区所流失的总泥沙量。因为泥沙出流过程在集水区各个位置沉积，因此，并不是全部土壤侵蚀量汇集到河道系统，而是有部分被携带到某一观测河段的泥沙物质就是产沙量。

取得产沙量最佳方法是对集水区观测位置的悬移质和推移质作直接测定。在实测资料欠缺区域，可采用预报方法估算产沙量，且资料对预报区来讲可信程度高。

估算产沙量 3 种常用方案是预报方程、总侵蚀量与输沙率测定、悬移质泥沙或水库泥沙沉积量测定。

第三节
水土流失侵蚀机制

各种岩石、土体、土壤和风化壳等物质都具有抗侵蚀能力。当侵蚀外营力一定时，水土流失状况和强度取决于地面岩土物质抵抗侵蚀的能力。当岩土体受外营力作用时，若外营力大于岩土抵抗力，岩土结构即发生破碎，若外营力继续增加，超过岩土的重量和摩擦阻力时，岩土即可能发生移动。

1　水力侵蚀机制

水力侵蚀主要包括雨滴击溅、坡面径流侵蚀、线状侵蚀和槽流侵蚀 4 种外营力。雨滴击溅引起溅蚀，后三者引起面蚀和沟蚀。水力侵蚀的产生除了与降水特性有一定关系外，主要与下垫面性质、坡度和坡长有更密切的关系。

1.1　雨滴溅蚀机制

雨滴溅蚀破坏土壤表层结构、压实地表裸露面，继而产生地表结皮，从而影响道坡面入渗率和产流强度，同时还使部分土粒向上下和左右方向的击溅和搬运。随着降水历时延长，土壤入渗达到饱和，地表开始产流，首先是填满洼坑后溢出产生薄层流。当坡面流产生后，雨滴的击溅作用发生改变，雨滴动力由直接全部作用于土体转化为部分作用于薄层流，对地面的溅蚀作用不断减小，径流对地面的侵蚀作用逐渐增大，当坡面薄流层水深超过雨滴 3 倍直径时，此时雨滴动能完全作用于薄层水流，产生紊流作用，从而促使径流的冲蚀作用，此时从理论上讲，雨滴对地表直接击溅侵蚀作用也就停止。由于被击溅坡面不是一个光滑均质坡面，雨滴击溅地面和击溅薄层始终同时存在，但总趋势是雨滴击溅地表的作用逐渐递减。在破坏地表结皮前，雨滴的溅蚀作用要明显大于薄层面状水流的冲刷作用，表土结皮在形成与被破坏的反复过程中，水流冲刷作用逐渐增大，当结皮被破坏、形成细沟之后，束状股流随着水汇集量增加，水流冲刷作用会越来越大。溅蚀破坏土壤表层结构，堵塞土壤空隙，阻止雨水下渗，为产生坡面径流和层状侵蚀创造了条件。

（1）雨滴特性：指雨滴形态、大小、降落速度、触地冲击力、降水量、降水强度和降水历时等。小雨滴呈圆形，稍大则受空气阻力作用呈扁平形。在其降落时，因重力作用而加速，但受周围空气摩阻力产生向上拉力，当两力平衡时，雨滴即以固定速度下降，此时即为终极速度（terminal velocity）。雨滴直径越大，终极速度越大，对地表冲击力越大，即对地表土壤的溅蚀能力也随之增大。在静止空气中直径 0.2mm 小雨滴终极速度是 1.5m/s；直径 5.0mm 雨滴，则可达 8.9m/s。雨滴直径可大至约 7.0mm。实测即能得到雨滴直径，然后计算出终极速度。计算时首先按用虑纸色斑法测定雨滴直径，分别采用下列公式计算雨滴降落速度：

当雨滴直径 $d<1.9$mm 时，采用修正的沙玉清公式（3-8）计算：

$$v = 0.496 \text{antilg}[\sqrt{28.32 + 6.524 \lg 0.1d - (\lg 0.1d)^2} - 3.665] \tag{3-8}$$

当雨滴直径 $d \geq 1.9$mm 时，采用修正的牛顿公式计算：

$$v = (17.20 - 0.844d)\sqrt{0.1d} \tag{3-9}$$

式中：v——雨滴降落速度（m/s）；

d——雨滴直径（mm）。

（2）溅蚀形成机制：雨滴在高空形成后，以一定质量和高度获得势能（potential energy），即采用公式（3-10）计算：

$$E_p = mgh \tag{3-10}$$

式中：E_p——雨滴势能；

m——雨滴质量；

g——雨滴重力加速度；

h——雨滴高度。

当雨滴落下时，其势能转化为动能（kinetic energy），即公式（3-11）：

$$E_k = mv^2/2 \tag{3-11}$$

势能与动能的消长关系，可由公式（3-12）表示：

$$mg(h_1 - h_2) = m(V_2^2 - V_1^2)/2 \tag{3-12}$$

当雨滴降落接地瞬间，雨滴原有势能全部转化为动能对地表面做功，使土壤颗粒破碎并飞离飞溅，至此一个雨滴对地表面溅蚀过程完成。图 3-2 和图 3-3 显示了雨滴降落地表时的溅蚀过程。

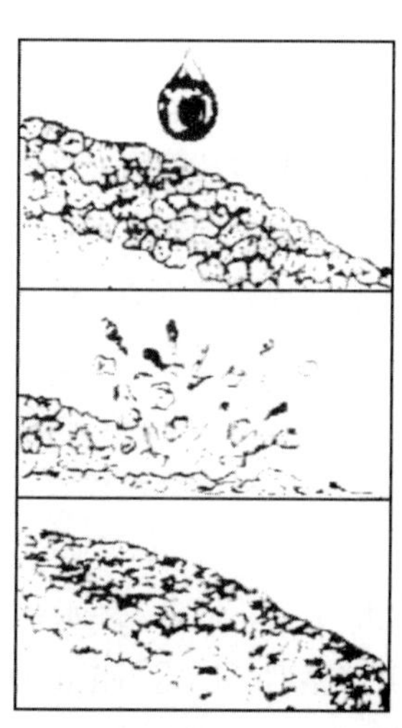

图 **3-2** 雨滴溅蚀引起的土粒运动

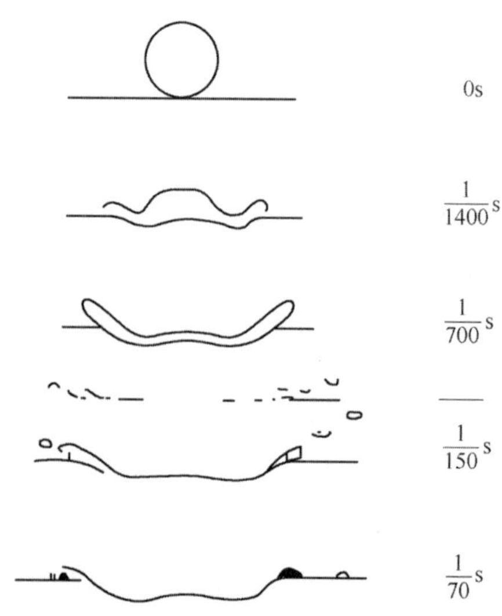

图 **3-3** 雨滴打击潮湿土壤时溅蚀坑的变化过程

降水对土壤的冲击能量称为降雨动能。根据雨滴大小及降落速度，可计算出单粒雨滴动能，然后根据每次降雨雨滴的组成，计算出该次降雨总动能。因为在自然界降雨过程中，雨滴大小及组成十分复杂，对雨滴直径组成的确定和描述是相当困难的，为此，美国学者 Wischemier 和 Smith 建立了一个简化方程（3-13），用来计算雨滴动能：

$$E=210.2+8g\log I \tag{3-13}$$

式中：E——降雨动能［$J/(m^2 \cdot cm)$］；

I——降雨强度（cm/h）。

中国科学院西北水保所周佩华等人提出类似公式（3-14）：

$$E=23.49I^{0.27} \tag{3-14}$$

雨滴产生的动能还会受到风速影响，有人研究直径为3.0mm雨滴在停滞大气中的终极速度是8.1m/s，而在20km/h风速影响下可达9.8m/s，这就是暴雨造成击溅较为严重的原因之一。当雨滴落在薄层水地表上时，分离的土粒要比落在干土层上更多，一般来说，其溅风蚀量随表层积水深度的增加而增强，但当积水深度大于雨滴直径时，溅蚀强度降低。当地面物质为无胶结松散粗砂和砾石等时，M·阿尔—杜兰等人（1981年）提出了击溅分离量与雨滴动能之间的简单关系公式（3-15）：

$$D = a' + b'(E/\tau_f) \tag{3-15}$$

式中：D——击溅侵蚀分离量；

E——雨滴动能；

a'、b'——与土体类型有关参数。

τ_f——由实验测定（瑞典落锥法）的土体抗剪强度，即公式（3-16）：

$$\tau_f = K(Q/h^2) \tag{3-16}$$

式中：Q——落锥的重量；

h——锥尖入土深度；

K——对任何土体都相同的常数。

（3）溅蚀过程：雨滴冲击地表能够引起土体结构变化，继而发生击溅，其变化过程可分为干土溅散→湿土溅散→泥浆溅散→地表土板结4个阶段。

①干土溅散：降雨初期，地表土体含水量低，雨滴首先溅起干燥土粒。

②湿土溅散：当降雨延长，表层土粒逐渐被水分饱和，溅起湿土颗粒。

③泥浆溅散：土壤团粒因击溅而碎，降雨继续，则地表土体呈泥浆状态，阻塞孔隙，影响下渗，促使地表径流产生。

④地表土板结：击溅破坏表土结构，降雨后地表土层产生表面结皮板结。

若地面有植被覆盖，可削弱雨滴动能，击溅作用明显被减弱，溅蚀量减少。

1.2　坡面径流侵蚀机制

包括泥沙颗粒起动物理机理、坡面径流侵蚀作用的基本原理和坡面径流侵蚀过程3项内容。

1.2.1　泥沙颗粒起动物理机理

特指作用在泥沙颗粒上的力、泥沙起动的随机性、泥沙起动的判断标准3项内容。

（1）作用在泥沙颗粒上的力：位于群体中的床沙，在水流作用下，将受到两类作用力：一类是促使泥沙起动的力，即水流推力 F_D 及举力 F_L；另一类是抗拒泥沙起动的力，如泥沙重力 W 及存在与细颗粒间的黏结力 N（图3-4）。其中水流推力 F_D 是水流绕过所考察的颗粒 A 时出现的肤面摩擦及迎流面和背流面的压力差所构成的，其方向和水流方向相同；水流举力 F_L 则是水流绕流所带来的颗粒顶部流速大，压力小，底部流速小，压力大所造成的，它们分别采用公式（3-17）、公式（3-18）表达。

$$F_D = C_D a_1 d^2 \gamma \frac{u_b^2}{2g} \tag{3-17}$$

$$F_L = C_L a_2 d^2 \gamma \frac{u_b^2}{2g} \tag{3-18}$$

式中：d——颗粒 A 的粒径；

γ——水的容重；

g——重力加速度；

C_D、C_L——推力与举力系数；

a_1、a_2——垂直于水流方向及垂直方向的沙粒面积系数；

u_b——作用于沙粒流层的有效瞬时流速。

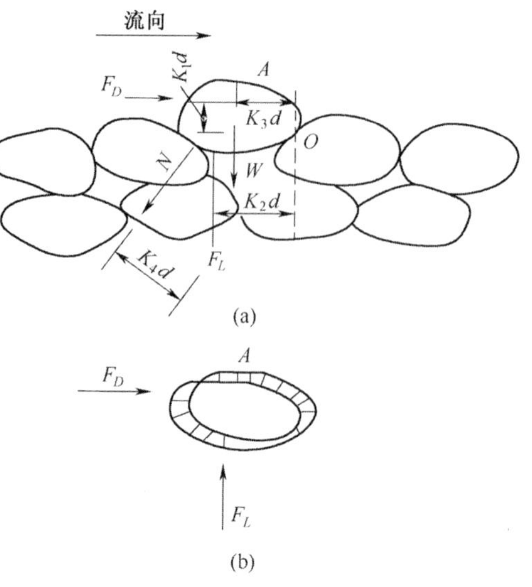

图 3-4 床面沙粒的受力

对于孤立于光滑床面的一颗圆球，上述系数比较容易确定。其中面积系数 a_1、a_2 可取为 $\pi/4$，作用流速的特征高度可取为 $d/2$，C_D、C_L 可通过试验确定。如李贞儒、陈媛儿等用自制且能同时测定推力与举力瞬时值的电阻式传感器测定的结果表明：当沙粒雷诺数>2000 时，$C_D=0.7$，$C_L=0.18$。李贞儒等还用仪器对排列不同密集度的多颗圆球受力情况进行了试验，如图 3-5。试验结果表明，当 $l/d>18$ 时（l 为两颗圆球心距离），C_D、C_L 与单颗圆球相同；而当 l/d 进一步减小时，C_D、C_L 将缓慢增大；当 $l/d<5$ 以后，C_D、C_L 显著增大。这是因为当圆球排列较密集时，特征高度处的作用流速急剧减小，甚至完全消失，而推力与举力虽也同时减小，但仍然存在的缘故。

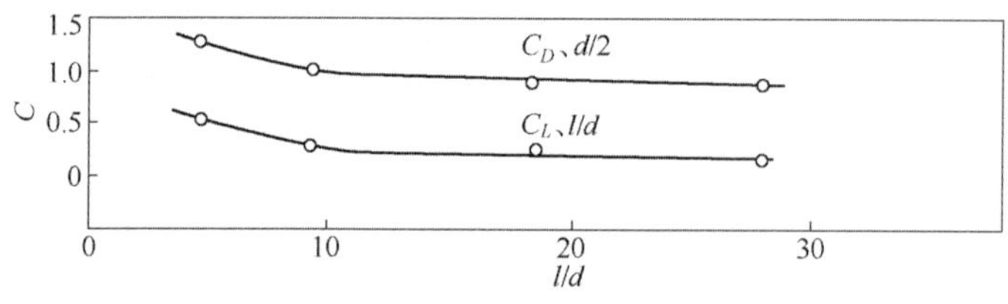

图 3-5 C_D、C_L 与 l/d 的关系

非均匀沙最大颗粒的受力情况与单颗圆球的受力情况类似。均匀沙受力情况则相当于多颗圆球密集排列时的情况。在这种情况下，水流作用于沙粒的特征高度很难选择，相应的 C_D、C_L 值及公式的面积系数都难以确定。

泥沙水下重力公式（3-19）如下：

$$W = a_3(\gamma_s - \gamma) d^2 \tag{3-19}$$

式中：a_3——泥沙体积系数，对于圆球 $a_3=\pi/6$。重力通过沙粒重心，垂直向下。

黏结力可分为原状黏土黏结力和新淤黏性细颗粒黏结力。影响原状黏土力的物理化学因素很多，如土质结构、矿物组成、机械组成、干密度、亲水性能、塑性指数和有机物种类含量等，很难用简单的数学式来表达。已有研究成果远没达到可以运用阶段，目前主要依靠现场取样测定。

这里仅限于讨论水中自由沉实状态下新淤黏性细颗粒之间的黏性力问题。

水中紧密接触的两颗土粒，其吸附水膜在接触点融为一体。在这种情况下，可以肯定颗粒间将产生黏结力，但对形成黏结力的原因则并无一致看法。

一种观点认为这种黏结力主要源于薄膜水仅能单项传压特性，属于一种附加压力。关于这一点，张瑞瑾曾举一个简单类比现象加以说明。如图 3-6，设想在两块玻璃板之间填充一层极薄的水。在这种情况下，如果沿着垂直玻璃板面的方向把它们分开，必须用远大于玻璃板自重的力 F。这是因为玻璃板间的水属于吸着水及薄膜水，只能传递分布于两块玻璃板面的压强 P，却不能传递作用于水层 4 周的压强 P 的缘故，并认为拉开玻璃板的力 F（不考虑玻璃板重量）应与下列 4 个因素有关：①与两块玻璃板之间距离，即水层厚度 E 有关，水层越薄，所需力越大；②与玻璃板面积 Ω 成比例；③与玻璃板外面压强 P 的数值大小有关；④与水纯洁度和化学成分有关，水纯洁度和化学成分对黏结水厚度与性质有极大影响。

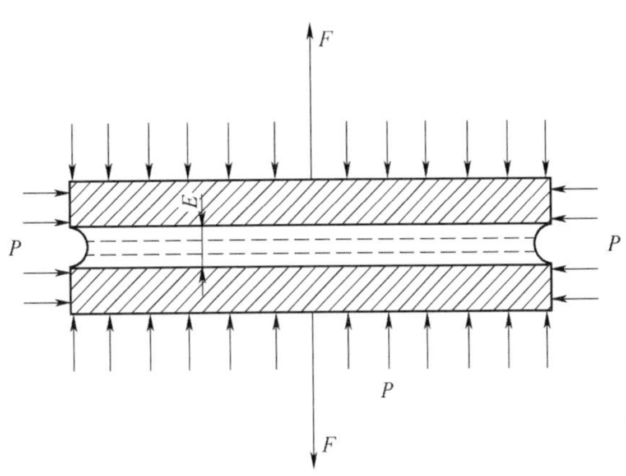

图 **3-6**　两块玻璃板间的黏结力

据此推断，在考虑黏结水能等值向各方向（除沿原压力方向以外）不传递静水压力特性条件下，水下黏性颗粒受到的黏结力 N 应与下列所列 3 个因素有关：

①与沙粒间空隙厚度有很大关联。若其他条件相同，沙粒之间空隙厚度应与粒径 d 成正比。当粒径大于一定数值时，空隙厚度变得较大，其中有自由水填充，黏结力的作用即可忽略不计。当粒径越小时，空隙越薄，黏结力的作用将越显著。因此，就可以有如下设想：$N \propto (d_1/d)^S$，式中 S 为正指数，d_1称作相对粒径，它是任意选定与泥沙粒径 d（变量）作对比的参考粒径。

②与沙粒在水平面上投影有关，可取 $N \propto d^2$。

③与沙粒受到的铅直下压力有关。若令 h 代表水深，h_a代表与大气压力对应的水柱高度（约为 10m），则 $N \propto \gamma (h_a+h)$。

综合以上因素，黏结力 N 可近似表达如公式（3-20）：

$$N = a_4 \gamma d^2 \left(\frac{d_1}{d}\right)^2 (h_a + h) \tag{3-20}$$

另一种观点认为这种黏结力主要来自范德沃尔斯（Van Der Walls）引力，与薄膜水单向传压特性没什么关系。根据范德沃尔斯理论，颗粒之间存在以分子引力为主的引力，其大小与粒间距离成反比，如图 3-7 中虚线所示。

与此同时，由于颗粒周围双电层中扩散层的互相接触和重叠，颗粒间还存在斥力，其大小也随粒间距离成反比。图 3-7 中虚线 I_a，为土粒表现吸附浓度较大、阳离子价数较高的斥力分布曲线，而虚线 I_b则为土粒表面吸附浓度较小、阳离子价数较低的斥力分布曲线。前者低于后者是因为颗粒表面电动电位相对较低的缘故。引力与斥力的综合结果将形成曲线Ⅲ。由图 3-7 可见，当粒间距离很短时，引力将起主导作用，表现为黏结力。持与这一观点接近者唐存本认为，存在于黏性细颗粒之间的黏结力，主要是由沙粒表面与黏结水之间的分子引力造成，他根据杰列金用交叉石英丝所作的黏结力实验论证了这一问题。该实验采用竖向丝直径是25~40μm，横向丝直径为80~120μm。两丝相接触，当移动横向丝时，竖向丝也产生相对移动，利用光学仪器测出竖向丝相对位移，就可以计算两丝之间的黏结力 N，杰列金给出的黏结力关系公式（3-21）如下：

$$N = \sqrt{d_1 d_2 \xi} \tag{3-21}$$

式中：d_1、d_2——两根石英丝直径；

ξ——黏结力参数，与颗粒表面性质、液体性质及沙粒之间紧密接触程度有关，其量纲为（M/T^2）。

对泥沙而言，当认为两丝直径相同。公式（3-21）改写为：

$$N = d\xi \tag{3-22}$$

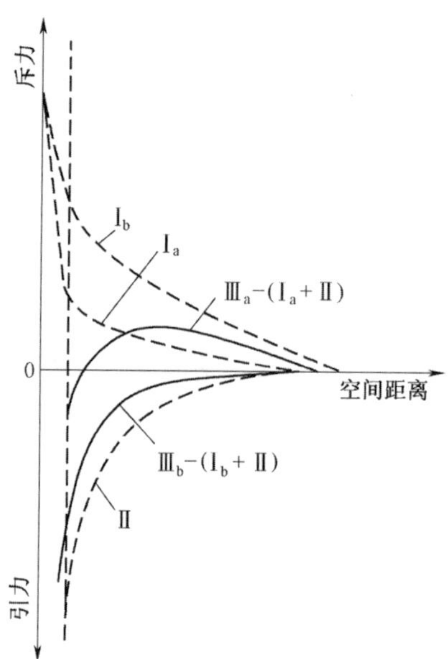

图 3-7 范德沃尔斯引力与粒间距离的关系

在水中当两颗泥沙密切接触时，ξ 应当是一个常数 ξ_e，对应水泥干密度应为稳定干密度 ρ'_c（余明辉，2013），其数值约为 1.6g/cm³。对于达不到稳定干密度状态的淤泥，黏结力表达式可改写为公式（3-23）：

$$N = d\left(\frac{\rho'}{\rho'_c}\right)^n \xi_e \tag{3-23}$$

式中：n——待定指数。

公式（3-23）表明黏结力 N 是随着干密度 ρ 增加而增大。当 $\rho'=\rho'_c$ 时，N 达到最大值。

窦国仁早期采用交叉石英丝试验，通过变更石英丝所受静水压力，证实了压力水头对黏结力的影响，并据此推导出起动流速公式。后考虑到沙粒表面与黏结水之间存在着分子引力对黏结力的影响，又对原公式作了修改，认为黏结力应由水对床面颗粒的下压力 N_1 及颗粒间的分子黏结力 N_2 两部分组成，即公式（3-24）、公式（3-25）：

$$N = N_1 + N_2 \tag{3-24}$$

$$N_1 = \psi\gamma h\Omega_\kappa \tag{3-25}$$

式中：ψ——考虑起动条件下，与静力滑动相比，黏结力应减小的修正系数；

Ω_κ——颗粒间接触面积，其表达公式为（3-26）：

$$\Omega_\kappa = (\pi \div 2)d\delta \tag{3-26}$$

式中：d——泥沙粒径；

δ——与沙粒缝隙大小有关的特征厚度。

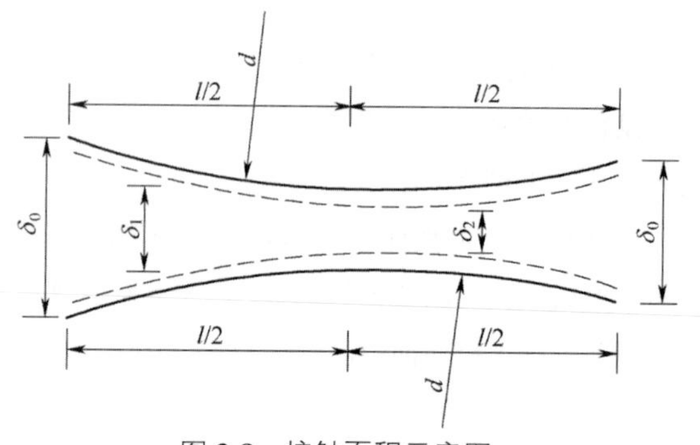

图 3-8 接触面积示意图

公式（3-26）由图 3-8 所示简单几何关

系导出公式（3-27）：

$$\frac{1}{2}(\delta_0 - \delta_1) = \frac{d}{2} - \sqrt{\left(\frac{d}{2}\right)^2 - \left(\frac{l}{2}\right)^2} \approx \frac{d}{2} - \left[\left(\frac{d}{2}\right)^{2\times\frac{1}{2}} - \frac{1}{2}\left(\frac{d}{2}\right)^{2\times(\frac{1}{2})}\left(\frac{1}{2}\right)^2\right] = \frac{l^2}{4d} \quad (3\text{-}27)$$

故接触面积直径 l 的平方值是：

$$l^2 = 2d(\delta_0 - \delta_1) \quad (3\text{-}28)$$

两颗粒间接触面积为：

$$\omega_k = \frac{\pi}{4}l^2 = \frac{\pi}{4}d(\delta_0 - \delta_1) = \frac{\pi}{2}d\delta \quad (3\text{-}29)$$

由此可得出公式（3-30）：

$$N_1 = \varphi\gamma h\frac{\pi}{2}d\delta \quad (3\text{-}30)$$

在 N_1 表达式中没有引进大气压力，是由于大气压力变化不大，影响在黏结力 N_2 中会得到考虑。N_2 表达式仍沿用杰列金的黏结力关系式，但形式有所变化如式（3-31）：

$$N_2 = \varphi\frac{\pi}{2}d\varepsilon \quad (3\text{-}31)$$

式中：ε——另一种形式黏结力参数，其量纲为（ML/T^2L），即（M/T^2）。

除上述作用力外，当地表径流与地下水相互补给，在坡面内部出现渗流时，坡面泥沙还承受渗透压力。地下水内渗时会减小坡面泥沙的稳定性，地表径流外渗时会增加坡面泥沙稳定性，因一般情况下渗透压力较小，故通常不予考虑。

（2）泥沙起动的随机性：当水流强度达到一定程度，坡面或河床上泥沙颗粒便开始运动。由于沙粒形状及沙粒在群体中的位置都是随机变量，即使是粒径相同的均匀沙，床面不同部位泥沙瞬时起动底速或起动拖曳力将为随机变量。如果是不同粒径的非均匀沙，出现在床面不同部位的泥沙粒径也是随机变量，与之对应瞬时起动底速或起动拖曳力本身更为随机变量。因此，当一颗特定泥沙起动时，由于流速或拖曳力脉动，起动将具有随机性；当特定坡面多颗泥沙起动时，则除流速或拖曳力脉动之外，还受沙粒大小、形状及位置变异的影响，起动更具有随机性。

基于以上认识，可将泥沙起动看作是一种随机现象。对于特定坡面特定泥沙（包括均匀沙）而言，不存在确定的水流条件可以使坡面泥沙在同一时刻全部由静态转入动态。在通常水力、泥沙条件下，坡面泥沙处于以下 3 种状态：

①流速或拖曳力甚小，粒径较粗，坡面泥沙全部处于静止状态。

②流速拖曳力甚大，粒径较细，坡面表层泥沙全部处于运动状态。

③坡面泥沙介于上述 2 种情况之间的状态。

这就是坡面上总是这里或那里有一些沙粒由静止转入运动，或继续处于静止状态，即总有一些沙粒由运动转为静止，或继续处于运动状态。其差别是运动或静止状态的沙粒在数量对比上不同，流速或拖曳力大而粒径细小时，运动状态泥沙较多，流速或拖曳力小而粒径粗时，静态泥沙较多。

（3）泥沙起动判别标准：上述泥沙起动的随机性质提出了一个起动条件判别标准问题，这就是在单位面积坡面上有多少颗泥沙在运动，或起动泥沙占坡面泥沙多少百分数，才称泥沙处于起动临界状态？如何定量测定？这是迄今并未完全解决的问题。目前在实验室广泛采用定性标准，即将部分床面或坡面上有很少量泥沙在运动即规定为起动标准。这种标准大体上相当于克雷默（H. Kramer）所谓的弱动。克雷默把接近临界条件的3种运动强度定义为：

①弱动：指在床面上有屈指可数的细颗粒泥沙处于运动状态。

②中动：指床面各处有中等大小的颗粒在运动，运动强度已无法计数，但尚未引起床面形态发生变化，也不产生可以感知的输沙量。

③普动：指各种沙粒均已投入运动，并持续地普及到床面各处。

上述标准难以明确判定，即便是同一标准也因人而异，因此观测标准本身就有随机性。窦国仁观测了水流脉动，但没有研究泥沙粒径粗细及其位置对起动流速的影响，据此得到克雷默提出3种运动强度的起动概率是：

个别起动：$P_1=P\ (u_b>u_c=u_c+3\sigma ub=2.11\bar{u}_c)\ =0.0014$

少量起动：$P_2=P\ (u_b>u_c=u_c+2\sigma ub=1.74\bar{u}_c)\ =0.0228$

大量起动：$P_3=P\ (u_b>u_c=u_c+\sigma ub=1.37\bar{u}_c)\ =0.1585$

式中：u_c与$\bar{u}_c$——分别为作用于沙粒流层的瞬时及时均起动流速；

σub——脉动底流速均方差，可取1个起动概率作为判别泥沙起动标准。

为使泥沙起动标准定量化，亚林（M. S. Yalin）建议将：

$$\varepsilon=\frac{m}{At}\sqrt{\frac{\rho d^5}{\gamma_s-\gamma}} \tag{3-32}$$

作为判别泥沙起动标准，其中m为在时间l内从床面面积A范围内冲刷外移泥沙颗粒数。对于不同粒径泥沙而言，应取一个定常的ε值，即相当于某种泥沙运动强度作为统一的起动判别标准。这样，对两种重度相同、粒径相差10倍的泥沙进行起动试验时，为使两组试验ε值相等，粒径较粗那一组试验的m/At值必须较粒径细的一组小$10^{5/2}$倍。

泥沙还有起动标准是，约定一定的推移质输沙率作为起动临界状态。美国水道实验站曾规定以推移质输沙率达到$14cm^3/$（m·min）作为起动标准；韩其为对于均匀沙，根据水槽试验资料以相对推移质输沙率$g_b/p_s d\omega_1=0.000217$作为起动标准，这里$\omega_1$为泥沙粒径$d$的函数，对于散粒体泥沙，其公式（3-33）为：

$$\omega_1=\sqrt{\frac{4}{3C'_D}\frac{\rho_s-\rho}{\rho}gd} \tag{3-33}$$

式中：C'_D——把沙粒看成球体时的推移力系数。

整理野外及室内观测资料时，常用确定泥沙起动条件的办法还有2种：

第1种：绘制单宽推移质输沙率g_b与相应垂线平均流速U或床面拖曳力τ_0的关系，g_b趋近于零处U与τ_0为对应起动流速与起动拖曳力，即取推移质输沙率为零作为起动判别标准。

第2种：量测推移质的粒径取其最大粒径，或推移质最大粒径与床沙中更大一级粒径的平均值作为相应水流条件下起动粒径。

由于起动标准存在不确定性，再加上天然河流非均匀床沙起动的复杂性，作为河流泥沙动力学中一个最基本的概念——起动条件，还远未达到圆满解决程度。

1.2.2　坡面径流侵蚀作用的基本原理

在降水过程，当降水强度大于土壤入渗率时，超过入渗率的雨水就地聚积形成地表径流。坡面薄层水流的冲刷能力可用 $E=mv^2/2$ 来理解，即流速越大，动能亦越大，冲刷能力越强。由于坡面薄层水流的运动情况十分复杂，其沿程有下渗、蒸发和雨水补给，加之坡度不均一、地面凹凸不平，流动总是处于非均匀状态。为简化研究过程，采用人工降水方法使之成为稳定流，然后计算其流速 v，采用公式（3-34）如下：

$$v = kq^n J^m \tag{3-34}$$

式中：q——单宽流量；

J——坡面坡度；

m、n——指数；

k——系数。

不同学者对 m、n 和 k 值研究结果有所不同，此式用 q 代替 h，就解决了无法测定 h 的困难。当坡面径流为层流流态时，平均流速公式（3-35）如下：

$$v = \gamma_\omega h^2 J/3\mu \tag{3-35}$$

式中：γ_ω——水体容重；

h——水深；

J——水力梯度；

μ——水体黏性系数。

然而坡面水流并非总是层流，当雷诺数大于 500，即单宽流量大于 $5cm^2/s$ 时，即转变为紊流。在稳定、均匀、二元条件下的紊流运动，其流速与水层厚度、坡度关系可用曼宁公式（3-36）表达。

$$v = h^{2/3} J^{1/2}/n \tag{3-36}$$

据观测，水流侵蚀过程就是地表泥沙被水流携带走（携带取决于两方面：一是流速；二是泥沙颗粒直径）。泥沙颗粒滑动或滚动的起动流速，取决于泥沙颗粒直径，即用公式（3-37）表达：

$$v_d = k_1\sqrt{d} \quad 或 \quad v_0 = k_2\sqrt{d} \tag{3-37}$$

式中：v_d、v_0——泥沙颗粒滑动和滚动的起动流速；

d——泥沙颗粒直径；

k_1、k_2——分别是系数。

无论是滑动或滚动，其起动流速与泥沙粒径平方成正比，粒径越小越易搬运；反之，流速越大，搬运泥沙的颗粒径也就越大。坡面径流侵蚀力，也可用水流沿斜坡流动时所做功的大小来表达，如图 3-9。

1.2.3　坡面径流侵蚀过程

坡面径流起始于降水强度大于土壤入渗强度而产生的坡面薄层水流，呈漫流态，随着降水历时延长，地表水体增厚，冲刷能力加强，薄层水流开始分离形成无数小股水流即细沟流。形成后的细沟可以吸纳更多的片流汇入，使地表水流相对集中于细沟，从而加大了细沟的侵蚀力度。薄层水流和细沟流水体相连，水流向低凹处、下坡部位集中。结果表现为：最初是沿程侵蚀，到一定距离后，由于地表凸凹不均匀，在凹陷处，径流集中，侵蚀加剧，从而出现侵蚀斑痕或不连续侵蚀点，进一步发展到细沟贯通，当出现细沟后就加剧了侵蚀进程。因此，坡面径流侵蚀的发展，表现为由沿程侵蚀—侵蚀斑痕—细沟侵蚀 3 个阶段。坡面径流侵蚀过程可划分为 3 个作用带，如图 3-10。

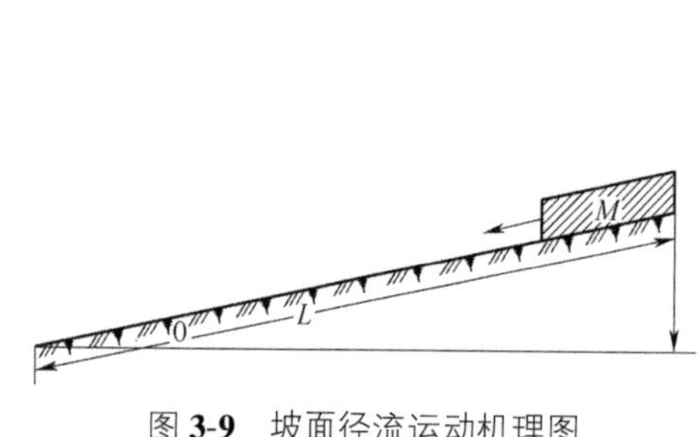

图 3-9 坡面径流运动机理图

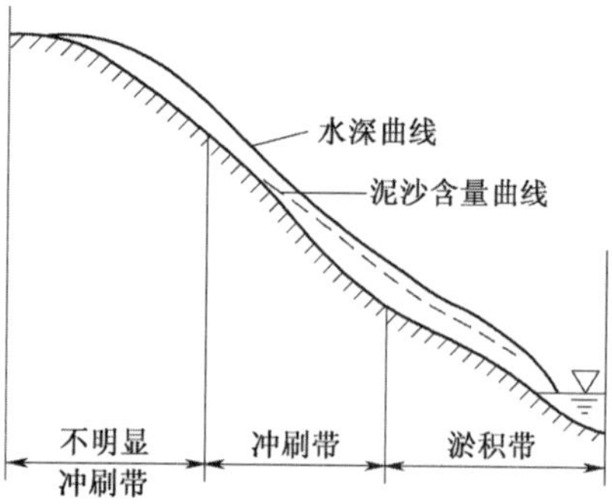

水深曲线
泥沙含量曲线
不明显冲刷带
冲刷带
淤积带

图 3-10 坡面径流侵蚀作用分带示意图

（1）层状面蚀冲刷带：位于坡地上部，其部位汇水量较小，坡度稍缓，水流冲刷能力较弱，主要冲走细粒松散物，地面呈现侵蚀斑痕为主。

（2）细沟冲刷带：当股流侵蚀力大于地表土体抗蚀力，就会发生差异侵蚀，逐渐形成长度不等细沟，与此同时在两条细沟间形成沟间地。细沟以下切与侧蚀为主，沟间地则仍以溅蚀和片蚀为主。最初形成雏形细沟，特点是其深度和宽度都很小，随着降水径流继续发生，雏形细沟发展成为具有一定规模的细沟，于是便开始细沟的分叉和交汇。一条细沟向下坡分叉为两条或更多条细沟，或者两条细沟在下坡过程交汇成一条更大细沟，交汇之后的细沟又可以再分叉为两条细沟，分叉后的细沟也还可以再次交汇。细沟分叉与交汇的机遇取决于坡形，凹型坡上的细沟呈辐合状，凸型坡上的细沟则呈辐射状。细沟交叉汇合的转机也取决于坡形。此外，沟分叉和汇合均与坡度密切相关。细沟冲刷带位于斜坡中部，工矿建设开发区的斜坡大多是松散物，自然休止角较陡，面状水流进一步分异积聚，径流量和流速增加，坡面冲刷强度加大；松散坡面更是给侵蚀创造了条件，故形成众多与坡向一致的侵蚀纹沟、细沟，它们平行排列，横剖面多呈 V 形，深达 10～20cm，使得许多细粒土、中粗粒砂及少量小砾石均被冲走。

（3）淤积带：由于坡脚坡度变缓，使坡面径流流速减小，水流携带的碎屑物质发生堆积，即堆积物围绕着坡地下部呈片状覆盖，称为坡积裙。

1.3 线状侵蚀机制

线状侵蚀机制，可划分为线状侵蚀、线状流水侵蚀方式 2 种。

（1）线状侵蚀：指流水被约束在某一局限范围内的水流侵蚀方式，其形态呈现不同规模沟谷。根据沟谷规模，由小到大可分为浅沟、切沟（悬沟）、冲沟和干沟（坳沟）。

（2）线状流水侵蚀方式：是陆地表面的主要侵蚀方式，是产生泥沙的主要来源，也是输送泥沙的主要渠道。为此，识别不同级别沟谷侵蚀产沙过程、侵蚀产沙特征以及由低一级沟谷发展到高一级沟谷的转化过程，有助于制定防治侵蚀决策。

1.4 槽流侵蚀机制

槽流侵蚀机制是指沟槽水流特征、槽流侵蚀（沟蚀）作用及其过程 2 项内容。

1.4.1　沟槽水流特征

沟槽水流侵蚀能力亦取决于流速，但它与坡面径流侵蚀有明显区别。

（1）沟槽水流速分布：沟槽水流均属紊流。在沟床（河床）周界附近，由于流速梯度较大，极易产生旋涡。沟槽水流的涡动使紊流中各水层的性质（动量、热量和含沙量等）可以不断进行交换，上层水掺入下层水加快了下层水的运动速度，而下层水掺入上层水则由拉慢了上层水的运动速度，结果使紊流内流速分布较之层流更加均匀。

（2）横向环流和螺旋流：因水流运动受到沟床周界限制，因此，水流的平均方向决定于槽线方向。槽线曲折及其断面形态的改变，会使水流内部形成一种规模较大的旋转运动。这种旋转运动与前述涡动不同，它不仅规模大，而且比较稳定。引起环流的原因很多，主要有：

①变道离心力引起的环流影响：指弯道水流在离心力作用下，水面形成横向比降，使得凹岸水面抬高，凸岸水面降低，在弯道单位长度内，水流离心力公式（3-38）如下：

$$F = Gv^2/g^{\gamma} \tag{3-38}$$

式中：F——离心力（t/m）；

G——水的重力（t/m）；

v——水流平均流速（m/s）；

γ——弯道平均半径（m）；

g——重力加速度（m/s^2）。

由离心力引起的水面横向比降 J_j 计算公式（3-39）如下：

$$J_j = v^2/g^{\gamma} \tag{3-39}$$

横向比降 J_j 主要取决于断面平均流速，流速 v 越大，J_j 越大，即横向流速作用越显著，横向流速又在纵向流速的作用下形成环流或螺旋流，结果使表层水流向凹岸，再产生冲水流向凸岸，产生沉积。

②地球自转作用影响：地面水体和其他物质都受地球自转作用的影响，并受到加速度的作用，使其运动发生偏离。其计算公式（3-40）如下：

$$J_c = 2\omega v\sin\psi/g \tag{3-40}$$

式中：J_c——横向比降；

ω——地球自转速度；

v——流速；

ψ——某点地理纬度；

g——重力加速度。

在中纬度地区，科氏力引起的螺旋流强度，与弯道水流离心力相比可以是同一个数量级。因此，在科氏力作用下，大江大河水流对河谷地貌的塑造和其两岸的冲刷侵蚀具有很深的影响。水流速、沟槽特征、沟槽搬运的泥沙颗粒大小等直接影响着泥沙起动、挟沙能力和堆积作用。

1.4.2　槽流侵蚀（沟蚀）作用及其过程

沟谷流水的侵蚀作用，按其侵蚀方向分为下切侵蚀、溯源侵蚀和侧向侵蚀 3 种类型。

（1）下切侵蚀：沟谷流水下切侵蚀作用强度，主要决定于流速和流量，其次是沟床底部岩石硬度、构造状况和沟谷流水含沙量。下切侵蚀主要发生在有松散废弃物的坡面上，常表现为股流冲刷表土并切割地面形成新侵蚀沟的过程。由于沟底岩土松散，地面坡度较大和水流的含沙量大，这种沟蚀发展速度很快，常在一场暴雨之后，坡面上就出现数条深0.5m至几米，长十几米至几十米的浅沟（切沟）。浅沟出现后若不加以制止，一场暴雨之后即发展成长、深、宽度都较大的切沟。

沟谷下切侵蚀同样受到侵蚀基准面的控制，原河道较坚硬的岩坎或主河道常作为暂时性侵蚀基准面。

（2）溯源侵蚀：指向沟头的后退侵蚀，对表层松散物的溯源侵蚀常与下切侵蚀同时发生，并且沟头侵蚀前进速度要远大于下切侵蚀速度，每逢暴雨，沟头前进数米乃至数十米的侵蚀沟比比皆是。H·N·马卡韦耶夫等认为，当水流速度超出允许最大流速时，坡面就会出现侵蚀沟。其长度计算公式（3-41）是：

$$L = 0.28\frac{HQ^{0.667}}{v_p^{2.67}n^2A^{0.67}} \tag{3-41}$$

式中：L——侵蚀沟长（m）；

H——该地侵蚀基准深度（m）；

Q——侵蚀沟断面流量（m^3/s）；

v_p——岩石、土壤可蚀性流速（m/s），$v_p = 1.4v_{Hp}$，v_{Hp}是临界流速；

n——糙率，依经验可取0.05；

A——系数，对于第一类岩土取10，第二类岩土取5。

通过公式（3-41），可初步分析沟蚀的发生及发展。其中，影响沟蚀的水文要素是流速和流量。流量兼有水流数量与径流强度双重概念。利用流量、地表比降和水流断面类型数据资料，可分析确定水流速特征。在分析水流侵蚀活动时，应选用相同频率流量，剧烈侵蚀常出现于小频率暴雨时（如p为1%~5%）。

（3）侧向侵蚀：指沟谷流水及其所携带泥沙对沟谷两侧侵蚀，导致沟谷扩宽的过程。侧蚀作用尤其在工矿区异常活跃，原因是大量采矿废弃物、筑路弃渣等大多松散土石沿河床、沟床两侧顺坡堆放，常阻塞沟道，使沟道变窄。由于其松散性和堆放于沟道中，时常是洪水急流冲蚀的主要对象。对于较大沟道、河道，一次较大洪水常冲走大量松散土石岩块。由于沟道根基部遭受到冲蚀，又常引起松散体土坡滑塌、坐塌，造成河道中阻塞物的增加，从而产生堰塞侵蚀。堆积在沟道一侧的岩土体，也常使水流方向改变，造成曲流冲蚀对岸，促使原沟道侧向侵蚀作用加强。由于松散废弃物对沟谷的阻塞，使原沟道行洪能力锐减，仅能通过一定洪峰流量。

2 重力侵蚀机制

重力侵蚀是指坡面上风化碎屑或不稳定岩体、土体等，在重力作用下导致出现崩塌、错落、滑坡及蠕动的状态。发生这些重力侵蚀形式，其主要外营力是因地心引力而产生的重力作用，但土体下渗水分、土体性质、岩石结构和地形条件等也有着不可忽视的影响作用。

2.1 块体运动的力学分析

坡地上风化碎屑或不稳定岩体、土体等，在以重力为主的作用下，以单个落石、碎屑、整块岩体、土体的向下运动即成为块体运动，它最基本的力学过程如图 3-11 所示，设坡面 AB 上块体在重力作用下，产生下滑力 T，有促使块体向下移动可能；在块体与坡面接触面间，因摩擦阻力 τ_p 存在，又使块体保持稳定。因此块体能否向下运动，要看下滑力与摩擦阻力的对比关系。

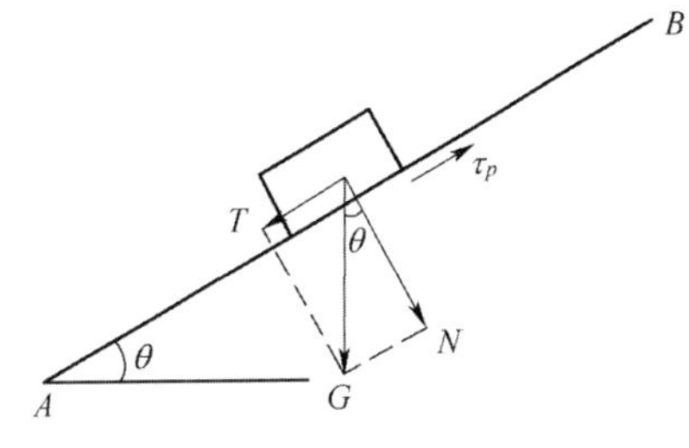

图 3-11 块体运动力学图

块体重力 G 分解为与坡面平行的下滑力 T 和垂直于坡面的分力 N，公式如下：

$$T = G\sin\theta \tag{3-42}$$

$$N = G\cos\theta \tag{3-43}$$

式中：θ——坡角度。

坡面上块体有重力，必然有下滑力存在，必然同时也会有摩擦阻力出现，在块体静止条件下，两者大小相等，方向相反，作用在同一滑动面上，可将摩擦阻力公式（3-44）写成：

$$\tau_P = N\tan\theta \tag{3-44}$$

由于岩坡度不断增大，下滑力和摩擦阻力同时相应增大。可是，τ_P增大有一定限度，当增大到与块体间最大摩擦阻力 τ_j 时，块体处于极限平衡状态。与此对应坡度 θ 即为临界坡角，它反映出块体与坡面间摩擦力大小的性质，因此可将临界坡角 θ 称为该块体与该坡面间的内摩擦角，以 ψ 表示。若 τ_j 是松散块体，于是就推出 τ_j 的计算公式（3-45）如下：

$$\tau_\text{j} = N\tan\theta = G\cos\theta\tan\theta \tag{3-45}$$

从公式（3-40）与公式（3-41）可以看出，坡面坡角越陡，则下滑力越大，抗滑力越小。若坡麓地带因河流侵蚀或人工切坡而加大边坡角度 θ，就会发生各种类型块体运动。在缓坡上因岩屑层积聚较厚，使得岩屑较稳定。由此可见，坡面上岩屑的稳定条件是：

$$T \leqslant \tau_P \tag{3-46}$$

$$G\sin\theta \leqslant G\cos\theta\tan\psi$$

$$\tan\theta \leqslant \text{tang}\psi$$

$$\theta \leqslant \psi \tag{3-47}$$

以上关系说明，欲使坡面上物质稳定，就需要下滑力小于抗滑强度，而要使下滑力小于抗滑强度，坡角必须小于坡面物质内摩擦角。若坡面上岩屑处于极限平衡状态，则下滑力等于抗滑强度，即坡角与块体内摩擦角相等。因此，内摩擦角 ψ 反映了块体沿坡面下滑刚起动时的坡角，它代表松散物质的休止角。对于松散砂和岩屑而言，内摩擦角和休止角一致。凡是坡度 θ 小于内摩擦角 ψ 时，不论坡度多大，坡面总是处于较稳定状态。

岩屑与砂、土的内摩擦角 ψ 值随着颗粒大小、形状和密度而异（表 3-7、表 3-8）。在重力场中，粉料堆积体自由表面处于平衡的极限状态时，自由表面与水平表面之间角度称为休止角。粗大并呈棱角状而密实的颗粒，休止角大。一般情况下，随风化碎屑离源地越远，其颗粒随着变小，棱角被磨蚀后圆度增大，摩擦力减小，休止角变缓，因此，越接近坡脚，坡度越趋缓和。另外土粒内摩擦角还随含水量而异。土粒间孔隙被水充填后会增加润滑性，减少摩擦力，因而休止角也相应变缓。在同一斜坡上，坡顶远离地下水面而较干燥，而坡脚接近地下水面较湿，因此坡度有向坡脚变缓的趋势。

表 3-7 岩石碎块休止角（°）

岩石碎块名称及成分	最小	最大	平均
砂岩、页岩（角砾、碎石、混有块石亚黏土）	25	42	35
砂岩（块石、碎石、角砾）	26	40	32
砂岩（块石、碎石）	27	39	33
页岩（角砾、碎石、亚黏土）	36	43	38
石灰岩（碎石、亚黏土）	27	45	34

表 3-8 8 种含水量不同泥沙的休止角（°）

泥沙种类	干	很湿	水分饱和	泥沙种类	干	很湿	水分饱和
泥	49	25	15	紧密中粒沙	45	33	27
松软沙质黏土	40	27	20	松散细沙	37	30	22
洁净细沙	40	27	22	松散中粒沙	37	33	25
紧密细沙	45	30	25	砾石土	37	33	27

一些岩质边坡，岩体被裂隙分隔成许多块体，岩块稳定性受裂隙面倾向与倾角控制（图 3-12）。若裂隙面倾向与边坡倾向一致，而且裂隙面的倾角 θ 达到并超过块体间内摩擦角 ψ 时，块体就会滑落。因此，在节理和断裂发育的岩体破碎地区，如果开挖路堑或渠道时，应注意裂隙倾向和倾角，以免坡面失去平衡发生地质灾害。

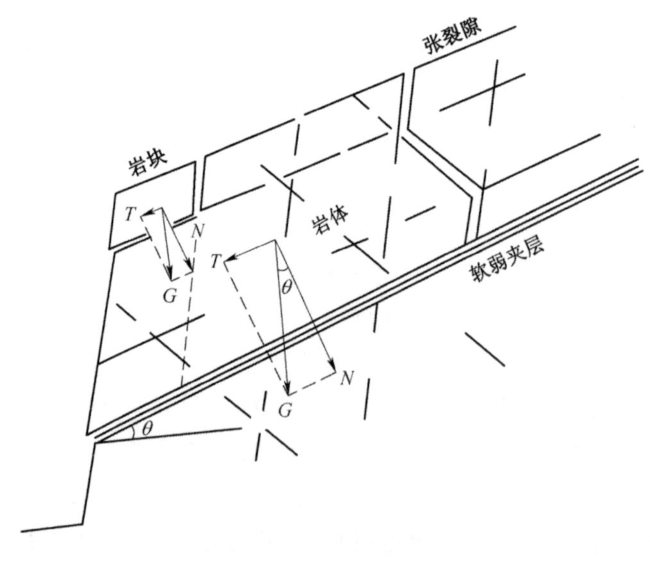

图 3-12 岩石裂隙及软弱夹层与岩体稳定图示

块体运动有时不在坡表面，而在岩体、土体内部沿一定软弱结构面发生位移。这时块体运动须先克服颗粒间黏结力 C，产生破裂面或滑动面，然后再克服摩擦阻力之后发生位移。于是运动块体的抗滑强度公式（3-48）可写为：

$$\tau_f = N\tan\varphi + CA \tag{3-48}$$

式中：C——黏结力（kg/m^2）；

A——运动块体与坡面接触面积（m^2）。

土体黏结力与组成物质的化学成分、结构及土壤含水量程度均有密切关系，黏土力学性质受水分影响很大。当黏土处于干燥状态时，具有极其坚固性质，如对其增加水分，黏土则变为可塑状态；当进一步增加水分时，则变为流动状态，其强度则大大降低。吸水性很强的石膏、硬石膏等都具有这种特性。黏土或黏土岩在水分浸透时，其黏结力就大为降低而成为滑动层，如图 3-13 所示，崖体就可能顺着软弱夹层向下滑动。

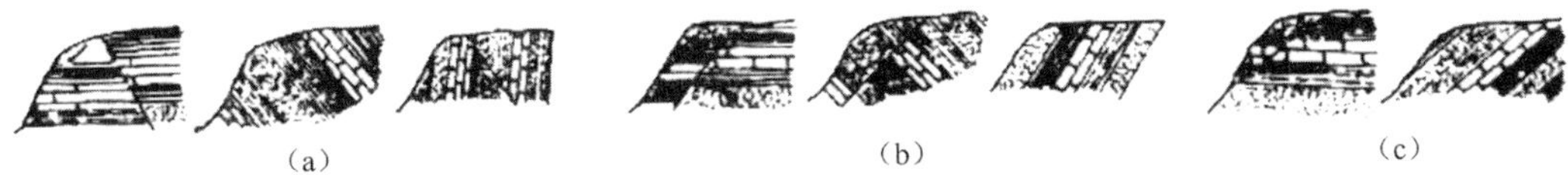

图 **3-13**　坡地稳定与软弱结构面关系图示

(a) 稳定；(b) 若不切坡稳定，切坡可能不稳定；(c) 不稳定

土体、岩体中存在着软弱“结构面”(“结构面”是指松散堆积物质、岩层层面、软弱夹层、断层、节理和裂隙等的统称)，该种类物质的内摩擦角 ψ 和黏结力 C 较小，易产生破裂面。但土体、岩体是否稳定，还要视结构面倾向与坡面倾向是否一致和两者倾角大小而定。若两者倾向一致，当边坡角度大于结构面倾角时，结构面倾角越接近物质的内摩擦角，则越不稳定。

坡面块体运动是由重力引起下滑力和岩土块体的内摩擦力及黏结力相互作用结果。岩土体能否沿结构面、破裂面发生位移，由下滑力和抗滑力对比关系公式 (3-49) 决定：

$$K = \frac{\text{抗滑阻力}}{\text{下滑力}} = \frac{N\tan\varphi + CA}{T} \tag{3-49}$$

式中：K——岩土体稳定系数。

理论上，当 $K=1$ 时，岩体、土体处在极限平衡状态；当 $K<1$ 时，岩体、土体处在不稳定状态；当 $K>1$ 时，岩体、土体呈稳定状态。建设工程上采用 $K=2\sim3$ 作为安全稳定系数。

2.2　滑坡力学机制

斜坡土体、岩体是否滑动，视其力学平衡是否遭到破坏。由于斜坡土体、岩体特征不同，其滑动面性质不同，力学分解和计算方法也不同。

经过大量实地观察、试验与理论计算，均质土体典型滑坡面大多是圆弧面。以其为例进行滑坡力学分析如下。

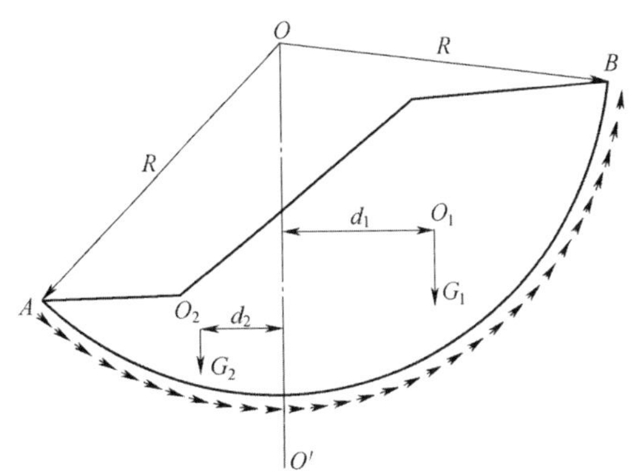

图 **3-14**　滑坡的力学分析图示

在图 3-14 中，设定滑动圆弧面 AB，对应滑动圆心为 O 点，则 $OA=OB=R$，R 是滑弧半径。过圆心 O 作垂线 OO'，其右侧土体，重心为 O_1，质量是 G_1，它使斜坡上体具有向下滑动趋势，其滑动力矩是 $G_1 \cdot d_1$；在 OO' 左侧之土体，其重心为 O_2，质量为 G_2，它具有阻碍滑动的趋势，其抗滑力矩为 $G_2 \cdot d_2$。此外，要破坏完整土体、形成滑动面，就必须克服滑动面上的抗滑阻力。若滑弧上各点平均抗滑阻力为 τ_f (以单位面积抗滑阻力表示)，则 AB 滑面抗滑阻力为 $\tau_f \cdot AB$；其抗滑力矩为 $\tau_f \cdot AB \cdot R$。于是，计算土坡稳定系数 K 的公式 (3-50) 就是：

$$K=\frac{总抗滑力矩}{滑动力矩}=\frac{G_2d_2+\tau_f\ AB\cdot R}{G_1d_1} \tag{3-50}$$

对于均质土坡而言，滑面上各点抗滑阻力 $\tau'_f=N\cdot\tan\psi+C$，式中 C 和 ψ 为常数，由于各点 N 值不同，使得各点 τ'_f 值迥异，这就给在计算土坡稳定性系数时带来困难。对于滑动圆弧上各点 τ'_f 不同的问题，生态修复工程项目建设上常采用条分法解决，或看根据野外滑坡资料直接求得平均抗滑阻力 τ_f，按公式（3-50）求得稳定性系数 K。当 $K>1$ 时，抗滑力大于滑动力，斜坡稳定；当 $K<1$ 时，滑动力大子抗滑力，则发生滑动；当 $K=1$ 时，滑动力与抗滑力相等，斜坡处于极限平衡状态。

3　风蚀机制

风蚀发生在干旱、半干旱气候地区，它是以风力为外营力发生的侵蚀作用。

3.1　风蚀作用方式及特点

风蚀即风力侵蚀，其强度取决于风力的大小。风力与风速的平方成正比，计算公式（3-51）如下：

$$P=\frac{1}{2}Cv^2 \tag{3-51}$$

式中：P——风力（kg/m^2）；

v——风速（m/s）；

C——经验常数，取 0.125。

风力属于机械动力，因而风蚀就是一种类似机械性的作用力。风与地面接触面积甚广，在气温、气压和地形影响下，风的流动路线会发生变化。这就是说，风力作用是面状性质，无固定剥蚀、搬运和堆积区。风以自身压力并以挟带碎屑物作工具在沿地表前进时，会吹毁磨损地面岩石、松散沉积物和土壤。当风速很小时，风蚀作用不明显；当达到 3~4 级（4.5~6.7m/s）风速时，风就能吹动粒径为 0.25mm 的干燥砂粒；如遇 6~7 级特大风速，风能吹起≥1mm 粒径以上的砂粒，形成飞沙走石现象。12 级大风可将 3~4cm 粒径的碎石吹起 2~3m 高。风蚀作用包括吹蚀和磨蚀 2 种方式。

（1）吹蚀作用：是指风在流动时，由于风迎面的冲击力和紊流、涡流产生的上举力使地面松散碎屑物、岩石风化产物吹起或剥离原地表的作用。当迎面冲击力和上举力的合力超过碎屑颗粒重量或它在地面上的惯性和地表摩擦力时，这些颗粒便离开了原位，即发生风蚀作用。吹蚀作用的主要对象是干燥粉砂和黏土级碎屑，把它们吹扬到高空大气层中，飘扬很远。吹蚀作用强度取决于风速和地面性质，也与人类扰动地面状况有关。风速愈大，地面越干旱，植被越稀少，组成地面物质颗粒越细小、松散，吹蚀作用则愈强烈。

风沙流是含沙的气—固二相流。风沙流是气流与沙质地表形成的结果。当风速达到使沙粒脱离地表，能够进入气流中的临界速度时，才能够形成风沙流。超过起动风速的风力称为起沙风，起沙风速与沙粒径、地表性质和沙土含水率等多种因素相关。由于粗糙地表的摩擦阻力较大，起沙风速也相应增大。湿润地表能够增加沙粒的凝聚性，因此其起沙风速也较大，见表 3-9。

表 3-9 沙粒含水率与起沙风速的关系

沙粒径（mm）	沙粒不同含水率起沙风速（m/s）				
	干燥状态	含 水 率			
		1%	2%	3%	4%
2.0~1.0	9.0	10.8	12.0	—	—
1.0~0.5	6.0	7.0	9.5	12.0	—
0.5~0.25	4.8	5.8	7.5	12.0	—
0.25~0.175	3.8	4.6	6.0	10.5	12.0

（2）磨蚀作用：是指被风吹扬起的碎屑物质，在沿地表运动时对地面岩石的碰撞和磨损。磨蚀作用强度取决于风力大小、地面性质。风速越大，吹扬起的碎屑物质起磨蚀作用越大，组成地面岩石越软弱，破碎磨蚀作用愈强。可见磨蚀作用与吹扬强度有关。通常距地面 10m 高度范围内，特别是 0.5~1.5m 高度范围内，风吹扬起的砂、砾石数量多，故此范围内发生磨蚀作用最强。

3.2 风力搬运作用特点

（1）风力搬运作用：通常，风携带沙颗粒前进形成风沙流。风力搬运活动决定于风速、风向和风延续时间。当风速<4m/s 时搬运力很小；当风速>4m/s 时，就能搬运 0.25mm 以下沙粒；随着风速增大，搬运沙粒径增大。风沙流是面状运动，因而它搬运沙物质量巨大。其次，风作用时间较长，冬春季节尤甚，我国北方风沙区每年被吹蚀的表土可达几厘米至十几厘米，会给地表土带来极大的损失危害。

（2）风沙流运动沉降：废弃岩土在风作用下，会发生悬移和推移 2 种方式。当风速小于或等于 4~5m/s 时，表土细小颗粒就被风吹起，脱离地表后，被上层涡流形成的浮力托升至高空，随风被搬运到远处，这种搬运形式称之为悬移。当风速超过 5m/s 时，地表较大颗粒开始被风吹移，运移方式或为滚动或为跳跃，统称之为推移。粗颗粒被风推移向下风方向运动，在背风坡、风力减弱处停积形成沙丘。就局部沉积地点而言，阻挡风沙流的迎风山坡、石块迎风面、树林、草丛、建筑物和地埂等地段，都是沙积聚地点。

（3）风沙流搬运的沙粒量：其沙粒量称为输沙率，它与风速超过起沙速度部分的 3 次方成正比。但由于输沙率受风力、沙粒径、形状、比重和湿润程度，以及地表状况和空气稳定度等影响。因此，目前对确定特定区域输沙率，仍然采用集沙仪直接观测，并运用相关分析方法，求得特定条件下输沙量与风速的关系。如新疆莎车县布古里沙漠，距地表 10cm 高度内输沙量与 2m 高度上风速的关系式（3-52）是：

$$Q = 1.47 \times 10^{-3} v^{3.7} \qquad r = 0.99 \tag{3-52}$$

式中：Q——输沙量［g/(cm · min)］；

v——风速（m/s）。

由此可见，当风速显著地超过起沙风速后，气流搬运沙量急剧增加，在风力侵蚀剧烈地区可达 1 万 t/(km^2·a) 以上。

4 冻融侵蚀机制

冻融侵蚀在我国北方寒温带较为广泛，如陡坡、沟壁、河川、岩石和渠坡等在春季时有发生。其侵蚀机制可归纳为：冻融使得边坡上土体含水量和容重增大，因而加重土体的不稳定性；冻融使土体、岩石发生机械变化，破坏其内部凝聚力，降低其抗剪强度；土壤冻融具有时间和空间上的不一致性，当土体上部融化而下部未融化时，底层未融化土层形成近似绝对的不透水层，水分沿交接面流动，使两层间的摩擦阻力减小，因此在土体坡角小于休止角情况下，会发生不同状态的坍塌破坏。因此，冻融侵蚀是一种不同于水力侵蚀、重力侵蚀的独特侵蚀类型。

地处零度气温以下，并含有冰地土、岩称为冻土；同温下但不含冰则称为寒土。冻土按其处于冻结状态时间长短，分为季节性冻土和多年冻土 2 类。因温度周期性发生正负变化，冻土层中地下冰和地下水不断发生相变和位移，使土层产生冻胀、融沉和流变等一系列应力变形，松散沉积物受到分选和干扰，冻土层发生变形，从而塑造出各种冻土地表类型。由于斜坡地下冰融化，土体在重力作用下沿冻融面移动形成滑塌；平坦地表因地下冰融化而发生沉陷，形成负地貌，如图 3-15。

(a) 冻状特性

(b) 融沉特性

图 3-15 冻融侵蚀地貌

第四节 水土流失现状与水土保持发展

1 世界水土流失现状与水土保持发展概况

水土资源是全世界人类赖以生存的宝贵物质资源。近年来，各国在加速发展工农业生产和进行基本建设项目过程中，同时也在不断地破坏天然植被，导致水土流失日趋严重，流失面积和强度逐年增加。据统计，全球遭受土壤侵蚀面积达 $1642 \times 10^4 km^2$，其中水蚀面积 $1094 \times 10^4 km^2$，风蚀面积 $548 \times 10^4 km^2$（表 3-10）。

表 3-10　全球土壤侵蚀面积分布状况（$\times10^4km^2$）

侵蚀类型	世界各洲							
	非洲	亚洲	南美洲	中美洲	北美洲	欧洲	大洋洲	总计
水蚀	227	441	123	46	60	114	83	1094
风蚀	186	222	42	35	35	42	16	548

注：数据摘自《中国水利百科全书·水土保持分册》第 9 页。

由于各国所处自然环境条件及社会经济状况不同，土壤侵蚀发生、发展的动力差异，土壤侵蚀表现形式也各具特点。加之世界各国科技文化发展水平的不均衡，以及水土流失危害程度的差异，从而形成土壤侵蚀研究的不同特点。下面就世界各大洲、各国水土流失状况和水土保持发展概况分述如下。

1.1　美洲

在美洲各国中，美国是研究水土流失最为先进的国家，同时美国也是世界水土流失较严重的国家之一，水土流失遍布 50 个州，尤其是西部 17 个州更为严重，年土壤侵蚀速率达 2500~3500t/km²，个别地区年侵蚀速率超过 10000t/km²。美国年均水土流失量约 50.0×10^8t（水蚀 40.0×10^8t,风蚀 10.0×10^8t），仅耕地就达 20.0×10^8t，占总流失量的 40%。流失掉的 50.0×10^8t 土壤，有 3/4 淤积在河道、洪水平原区和湖泊、水库，只有 1/4 输入海洋。每年因水土流失造成经济损失 30×10^8~60×10^8 美元。

美国土壤保持工作可以追溯到 19 世纪末，而大规模开展水土流失综合治理则是从 20 世纪 30 年代开始。1929~1942 年是美国土壤侵蚀研究的黄金时代。在第一任水土保持局长贝内特博士积极支持下，美国设立了 19 个水土保持试验站，研究降水强度、历时、季节分配和土壤可蚀性关系，坡度、作物覆盖及土地利用和侵蚀的相互关系等；同时米德尔顿通过测定土壤理化性质来测定土壤可蚀性；霍登从水文学观点出发建立了土壤入渗能力的概念和方程。1935 年后，尼尔、津格、史密斯等人开始进行雨滴击溅机制研究。1944 年，埃里森完成了雨滴击溅侵蚀的分析研究，揭示了溅蚀机理。近年来美国通过立法案、建机构、拨专款、搞示范、做宣传等举措，把水土保持作为发展农业生产、保护生态平衡的重要内容。主要采取的 3 项措施：①政府重视，强化组织管理；②重视立法，依法治理水土流失；③实施水土保持各种主要措施。

1.2　欧洲

欧洲以俄罗斯、奥地利为例，来反映欧洲水土流失与水土保持。

（1）俄罗斯。俄罗斯国土总面积为 $1707\times10^4km^2$。1892 年发生的“沙尘暴”刮走大量地表层土壤；1957~1961 年开垦了 $4150\times10^4hm^2$ 生、熟荒地，1969 年其欧洲部分国土——北高加索地区、伏尔加河流域 $8000\times10^4hm^2$ 秋播作物遭到沙尘暴毁灭性灾害。1993 年，有生态学家指出：对俄罗斯石油的过量开采，使西西伯利亚这块地球上最后的一片荒原沦为生态灾区。

俄罗斯水土保持始于 18 世纪中叶。1753 年 M·B·罗蒙洛索夫首次提到暴雨引起溅蚀对农业生产的不利影响。进入 19 世纪，开展了土壤侵蚀调查，编绘出部分区域面蚀、沟蚀分布图。

19世纪末，B·B·道库恰耶夫等一批学者，在对侵蚀研究的基础上，提出防止侵蚀和干旱的措施，其中在缓坡耕地修筑软埝以拦蓄融雪水又不妨碍耕作的措施，被推广到很多国家。1923年成立了世界第一个土壤保持试验站——诺沃西里试验站，从事侵蚀及其防治研究。20世纪50年代后，阿尔曼德、扎斯拉夫斯基深入研究侵蚀机理、面蚀与沟蚀发展规律、不同侵蚀强度对土壤肥力影响等，并完善径流小区测验装置，创立了面蚀、沟蚀新调查方法、成图方法，测定了改良土壤、植被覆盖及工程措施的综合效益。1967年以后，全国有200多个科研单位从事侵蚀及其综合治理研究。这期间在侵蚀研究方法上有很大改进，制定出评定土壤侵蚀危险性的方法、侵蚀土壤制图方法、水土保持措施效益评价方法，使研究逐步规范化，研究深度和广度均有长足的发展和成效。

（2）奥地利。其国土总面积为$8.4\times10^4km^2$，其中2/3属于山地。奥地利把小于$100km^2$、具有侵蚀地貌的小流域称为荒溪。全国共有荒溪4338条。1882~1883年连续发生的严重山洪及泥石流灾害，促使政府于1884年立法通过了《荒溪治理法》。1977~1979年政府对荒溪治理投资达到12.25×10^8先令。在百余年来对荒溪治理实践中，已经总结出一套行之有效的荒溪治理森林—工程措施体系，其内容是：规划经营措施；森林植物措施；工程措施；荒溪分类及其危险区制图法规性措施。

1.3　非洲

据统计，目前整个非洲已有20%以上耕地被沙漠覆盖，另有60%耕地面临沙漠化威胁。近年来，非洲地区提出了“转变观念，采取防治土地荒漠化的新战略”。新战略将过去依靠举办项目来防治土地荒漠化的战略，转变为通过实施一个由国际资金资助的土地荒漠化治理项目，引导更大范围土地使用者依靠自己的努力来实现土地荒漠化治理策略。其核心观念是：只有农民自己才能有效地执行项目。为实现该战略转变，非洲地区开始注重培训项目官员和农民，有效促进农民参与和技术人员与农民合作，同时引进先进、简单、有效的农业种植技术和土地荒漠化防治技术。

1.4　亚洲

亚洲以印度、日本为例，来介绍亚洲水土流失与水土保持。

（1）印度。在印度全国$328\times10^4km^2$土地面积中，约有$175\times10^4km^2$土地遭受程度不等的水蚀、风蚀，其中水蚀面积占2/3，风蚀面积占1/3。印度水库淤积泥沙十分严重，年土壤侵蚀量为53.3×10^8t，其中输移入海泥沙量20.5×10^8t，沉积在水库4.8×10^8t，如何解决水库淤积泥沙这一问题推动了印度的水土保持工作。流域治理项目在印度已经开展了40多年，通过改善自然生态环境的作法，有效地建立了从环境和社会经济角度可被接受的生产体系，使流域治理从单一依靠降水供水目标活动转为区域性集中蓄水、供水的可持续发展。全国共实施31条河流、总流域面积达$75\times10^4km^2$的水土保持工程项目建设规划。

（2）日本。其国土总面积为$37.7\times10^4km^2$，其中3/4是海拔2000~3000m陡峻山地。农田面积为$4.267\times10^4km^2$；森林面积$25\times10^4km^2$，森林覆盖率达到68%。因火山、地震、地质、降水丰沛（年降水量1800mm）等原因，滑坡、泥石流经常发生，年土壤流失量约为$2\times10^8m^3$。

日本重视水土保持立法，1897 年通过了《砂防法》《森林法》《河川法》。日本在自然灾害防治事业中，治山（土壤侵蚀防治）事业占据主要地位，1957～1986 年用于砂防事业总投资达 37660×10^{8} 日元，20 世纪 50 年代年平均投资 146×10^{8} 日元，80 年代年平均投资 3040×10^{8} 日元。日本砂防事业由建设省主管，其河川局与土木研究所均下设砂防部；都道府县的土木部下设砂防科；农林水产省、林野厅也在治理水土流失上各负其责，设有治山科；此外还有半政府和民间机构。主要实施 3 项治理措施：①砂防工程：含坡面工程、砂防调节坝、拦砂坝、河道砂防坝、顺河坝和堤防；②滑坡治理：包括地面排水渠道、暗渠、集水井等；③崩塌治理。

1.5 大洋洲

大洋洲以澳大利亚、新西兰为例，介绍大洋洲水土流失与水土保持。

（1）澳大利亚。其国土总面积为 $768.7\times10^{4}km^{2}$。中、西、北部为荒漠及半荒漠，约占国土面积 1/3；东北、东南及西南部为相对湿润农牧区。19 世纪 40 年代发现金矿后，移民剧增，毁林毁草严重，短短 100 多年，森林资源已毁掉近 1/2。20 世纪初，风蚀严重，形成红色尘暴。全国遭受严重水蚀、风蚀土地面积约为 $260\times10^{4}km^{2}$。1938 年通过《新南威尔士土壤保护法》后，各州相继以立法形式保护水土。1946 年联邦成立水土保持常务委员会。垂直管理机构设为 5 级，联邦政府、州、区、流域管理委员会、民间组织。科工组织（即科学院）下属水土资源保护研究所遍布全国，年度科研经费达 7×10^{8} 澳元。全国十分重视土地资源评价等基础工作和草场建设，科学选育牧草和对牧场规划管理是水土保持的主要内容。水土保持工程项目建设措施是：①坡面工程：等高田埂、草皮排水道；②沟道工程：滞洪拦砂坝、尼龙沙袋、钢桩谷坊、铅丝石笼、混凝土防护网垫等广泛用于岸堤、沟头、沟壁及泄水陡坡。

（2）新西兰。其国土面积为 $27\times10^{4}km^{2}$，其中农业用地 $18\times10^{4}km^{2}$。全国山多坡陡，地质条件复杂，雨量充沛且多暴雨，水土流失十分严重，有 52%土地遭受土壤侵蚀。新西兰在 1941 年就制定出了《水土保持及河川治理条例》。全国水土保持领导机构是“全国水土保持组织”（NWASCO），其下设土壤保持和河流管理委员会与水资源委员会，还设有“工程和发展部”下设的水利和土壤局。1952 年建立了土地生产潜力分类系统，1973 年后开展了全国性的土壤侵蚀及土地资源清查工作，1979 年该项工作完成并建立全国约 9×10^{4} 个地块的土地资源（包括土壤侵蚀类型）数据库。

2 我国水土流失现状、特点与危害

2.1 我国水土流失现状、特点

我国是世界上水土流失最严重国家之一，在黄河中游黄土高原地区、长江中上游地区、东北黑土地区、北方土石山区和南方红壤丘陵等地区，都有水土流失发生。而黄土高原是我国甚至世界上水土流失最严重地区，水土流失已成为主要的环境问题。我国国土面积 960 万 km^{2}，地势西高东低，山地、丘陵和高原约占全国土地面积的 2/3。其中耕地占 14%、林地占 16.5%、天然草地占 29%，沙漠、戈壁、冰川、石山和高寒荒漠等占 35%。

我国大部分地区属于东亚季风气候，南北温差大，冬季因西伯利亚寒流南下而寒冷干燥；夏季受东南太平洋暖湿季风影响炎热多雨，7～8 月为降雨季节。各地年平均降水量差异很大，降水量从东南沿海 1500mm 以上逐渐向西北内陆递减到 50mm 以下。

由于特殊的自然地理和社会经济条件，我国水土流失具有以下 3 大特点：

（1）分布范围广、面积大。据全国第 2 次遥感调查结果，我国水土流失面积为 356 万 km^2，占国土面积 37%，其中水力侵蚀面积 165 万 km^2，风力侵蚀面积 191 万 km^2，水蚀、风蚀交错区面积 26 万 km^2。全国不同侵蚀类型面积比例如图 3-16。各省（自治区、直辖市）水土流失面积柱状图如图 3-17。各省（自治区、直辖市）水蚀、风蚀面积见表 3-11。由上述图表可以得知，西部地区水土流失最为严重，分布面积最大，中部次之，东部水土流失程度相对较轻。水蚀面积包括东部 10 省份为 9 万 km^2，中部 10 省份 49 万 km^2，西部 12 省份 107 万 km^2。

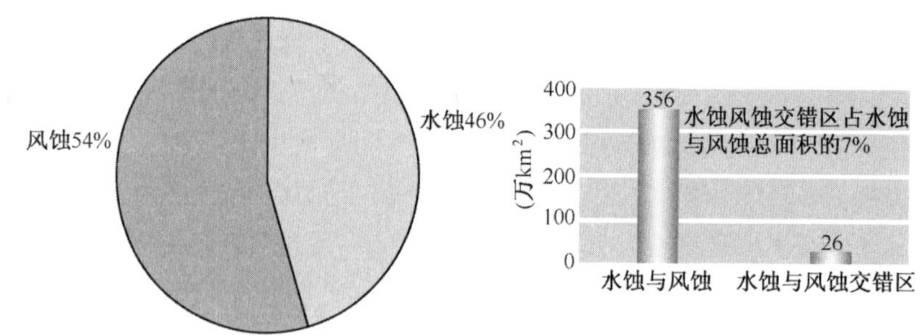

图 3-16 全国不同侵蚀类型面积比例

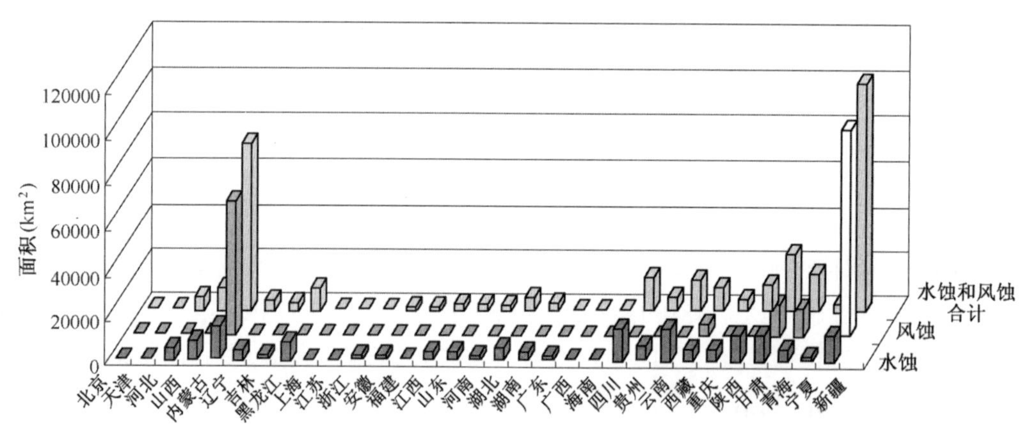

图 3-17 各省（自治区、直辖市）水土流失面积柱状图

表 3-11 各省（自治区、直辖市）水蚀与风蚀面积（km^2）

省（自治区、直辖市）	水蚀面积	风蚀面积	合计
北京	4383	0	4383
天津	463	0	463
河北	54662	8295	62957
山西	92863	0	92863

（续）

省（自治区、直辖市）	水蚀面积	风蚀面积	合计
内蒙古	150219	594607	744826
辽宁	48221	2333	50554
吉林	19296	14278	33574
黑龙江	86539	8907	95446
上海	0	0	0
江苏	4105	0	4105
浙江	18323	0	18323
安徽	18775	0	18775
福建	14832	87	14919
江西	35106	0	35106
山东	32432	3555	35987
河南	30073	0	30073
湖北	60843	0	60843
湖南	40393	0	40393
广东	11010	0	11010
广西	10369	4	10373
海南	205	342	547
四川	150400	6121	156521
贵州	73179	0	73179
云南	142562	0	142562
西藏	62744	49893	112637
重庆	52040	0	52040
陕西	118096	10708	128804
甘肃	119370	141969	261339
青海	53137	128972	182109
宁夏	20907	15943	36850
新疆	115425	920726	1036151
合计	1648816	1906740	3555556

①水蚀现状：全国水蚀总面积为 165 万 km^2，不同强度等级的面积为：轻度 83 万 km^2、中度 55 万 km^2、强度 18 万 km^2、极强度 6 万 km^2、剧烈 3 万 km^2。全国水蚀强度结构如图 3-18，各省（自治区、直辖市）水蚀面积柱状图如图 3-19。

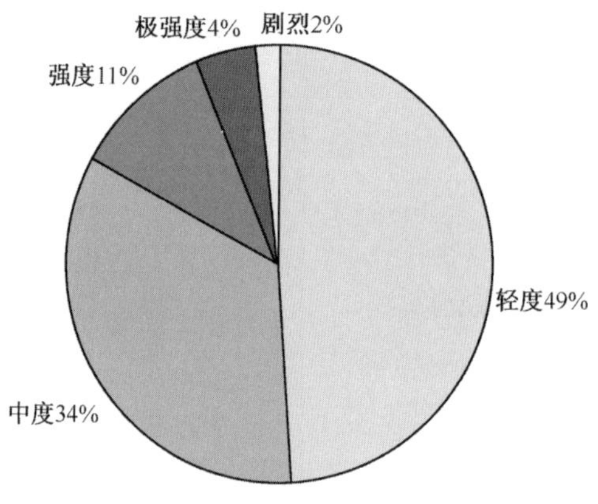

图 3-18 全国水蚀强度结构图

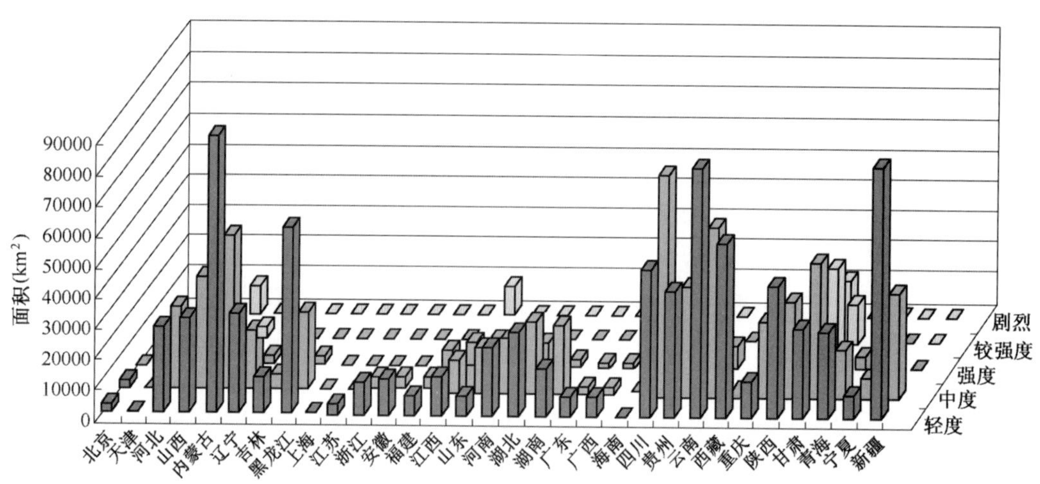

图 3-19 各省（自治区、直辖市）水蚀面积柱状图

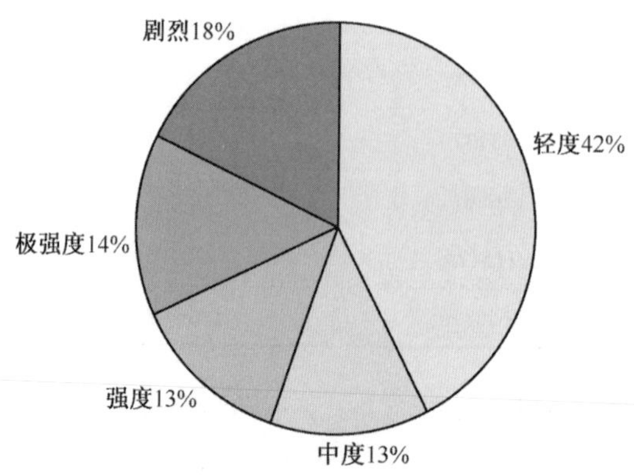

图 3-20 全国风蚀强度结构图

②风蚀现状：全国风蚀总土地面积为 191 万 km^2，不同强度等级面积为：轻度 79 万 km^2、中度 25 万 km^2、强度 25 万 km^2、极强度 27 万 km^2、剧烈 35 万 km^2。全国风蚀强度结构如图 3-20，各省（自治区、直辖市）风蚀面积柱状图如图 3-21。

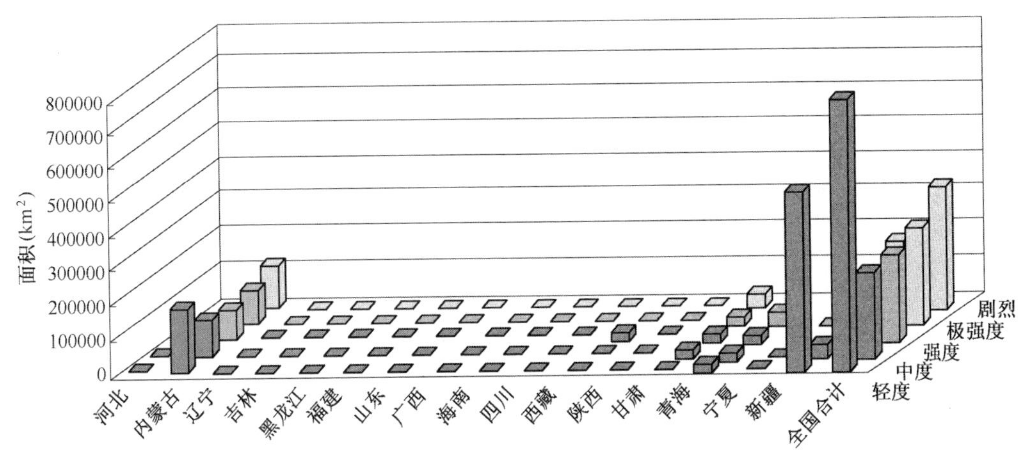

图 3-21 各省（自治区、直辖市）风蚀面积柱状图

（2）侵蚀形式多样，类型复杂。水力、风力、冻融侵蚀与滑坡、泥石流等重力侵蚀的特点各异，相互交错，成因复杂。全国水土流失分区：西北黄土高原区、东北黑土漫岗区、南方红壤丘陵区、北方土石山区、南方石质山区，以水力侵蚀为主，并伴有大量重力侵蚀发生；青藏高原以冻融侵蚀为主；西部干旱地区、风沙区和草原区，风蚀严重；西北半干旱农牧交错带，则是风蚀、水蚀复合侵蚀作用区。

（3）土壤流失严重。据统计资料，我国每年流失土壤总量达 50 亿 t。其中黄土高原每年流失表土面积已达 56 万 km^2，年侵蚀土壤 24 亿 t；黄土高原区每年进入黄河泥沙多达 16 亿 t。据《中国的减灾行动白皮书（2009）》记载，由于对水土流失开展的长期有效治理，截至 2008 年，黄河流域每年减少入黄河泥沙约 3 亿 t。又如珠江流域每年水土流失量达 2. 3 亿 t；特别是长江流域，由于生态遭到破坏，水土流失造成岩石裸露面积正以每年 5%～7%的速度在扩展，“春来江水绿如蓝”的景象已不复存在。有人警告，若照此流失下去，300 年后，长江中上游流域将会变成生态系统无法修复的荒漠裸岩区域。

2. 2 我国水土流失危害

水土流失广泛分布于我国各地，严重的水土流失导致耕地减少，土地退化，加剧洪涝灾害，恶化生态环境，给国民经济发展和人民生产、生活带来严重危害，成为我国头号生态环境问题。

（1）破坏土地资源，蚕食农田，威胁人类生存。土壤是人类赖以生存的物质基础，是环境基本要素，更是农业生产的最基本资源。年复一年的水土流失，使有限土地资源遭受到严重破坏，地形破碎，土层变薄，地表“沙化”“石化”，特别是土石山区，由于土层流失殆尽、基岩裸露，有些村民已无生存之地。近 50 年来，我国因水土流失毁掉耕地约 270 万 hm^2。因水土流失造成退化、沙化和碱化草地约 100 万 km^2，占我国草原总土地面积的 50%。

（2）泥沙淤积河床，加剧洪涝灾害。水土流失产生的大量泥沙淤积在河道、湖区和库区，造成水利设施调蓄功能和天然河道泄洪能力的极大降低，加剧了下游洪涝灾害。黄河流域黄土高原地区年均输入黄河泥沙16亿t中，约4亿t淤积在下游河床，致使河床每年抬高8~10cm，部分河段已高出两岸地面4~10m，形成“地上悬河”，对周围地区构成严重威胁，已经成为国家“心腹大患”。近几十年来，全国各地河流都有类似黄河情况，随着水土流失日益加剧，各地大、中、小河流的河床淤高和洪涝灾害也随之日益严重。长江河床20年来平均升高约0.45m，荆江河段洪水水面比堤内地面高出8~10m。1998年长江发生全流域性的特大洪水，其主要原因之一就是中上游地区水土流失严重，加速了暴雨径流的汇集程度，降低了水库调蓄和河道的行洪能力。

（3）影响水库资源综合开发和有效利用，加剧了干旱发展。我国多年平均受旱面积为1960万hm^2，多数位居在水土流失严重的山丘地区。西北地区水资源相对匮乏，总量仅占全国1/8。黄河流域3/5~3/4雨水资源消耗于水土流失和无效蒸发，为减轻泥沙淤积造成的库容损失，部分黄河干支流水库不得不采取蓄清排浑的运行方式，使大量宝贵水资源随着泥沙排入黄河。而在黄河流域下游，平均每年需舍弃200亿~300亿m^3水资源，用于冲沙入海，降低河床。

（4）泥沙淤积水库、湖泊，降低其综合利用功能。水土流失携带的泥沙使湖泊水位变浅。洞庭湖每年沉积泥沙1.45亿t，湖底平均升高超过3cm，在与围湖造田双重影响下，全国湖泊数量、面积和容积大量缩减，仅洞庭湖、鄱阳湖和江汉湖群20世纪50年代以来就丧失容量350亿m^3。水土流失还引起水库、湖泊等水体的富营养化，严重威胁到水利设施及其功能效益的正常发挥。而湖泊水量减少造成灌溉面积、发电量损失以及库区生态环境退化、恶化，损失更是难以估量。

（5）生态环境恶化，加剧贫困。水土流失是我国生态环境恶化的主要特征，是制约土地生产力发展的根源。特别在水土流失严重地区，地力衰退，农业产量下降，形成“越穷越垦，越垦越穷”的恶性循环。目前全国农村贫困人口90%以上都生活在生态环境比较恶劣的水土流失地区。

（6）削减地力，加剧干旱发展。水土流失加剧旱涝频繁。因为植被拦蓄和水利工程蓄泄能力受损，暴雨来临会瞬间汇积成流，洪水泛滥；降雨后则旱象连续，田地干裂。长期、频繁的水土流失灾害，使坡耕地成为跑水、跑土、跑肥的“三跑田”，致使农耕土地日益贫瘠，土壤理化性状恶化，土壤透水性、持水力下降，从而加剧旱情，使农业生产低而不稳。据观测，黄土高原年平均流失16亿t泥沙中含氮、磷和钾总量约为4000万t，水土流失造成东北地区损失氮、磷、钾总量约是317万t。据30年统计资料表明：全国多年平均受旱面积约为2000万hm^2，成灾面积约700万hm^2，成灾率达35%，而且大部发生在水土流失地区，这就更加剧了粮食和能源等基本生活物资的紧缺。我国每年因旱涝等各类自然灾害造成直接经济损失达2000亿元，超过2个三峡水库的静态投资。

（7）影响航运，威胁工矿交通设施安全。水土流失危害，会造成河道、港口泥沙大量淤积，致使航运里程和泊船吨位急剧降低。而在高山深谷，每年汛期由于水土流失造成的山体塌方、泥石流灾害，会危及工矿交通设施安全。

3　我国水土流失演变与水土保持发展历程

3.1　我国水土流失演变

我国是世界水土流失最为严重国家之一，这不仅与我国新构造强烈运动、多山地形特点和降水不稳定等诸多自然因素有关，更与我国农业开发历史悠久、人口众多等人文因素密切相关。以西汉、唐宋、清中叶和中华人民共和国成立后水土流失发生转折的时间点为界线，可将我国水土流失演变历史划分为 4 个阶段，其中第一阶段主要发生在原始农业时期，基本属于自然侵蚀；第二至第三阶段发生在传统农业时期，人为导致的水土流失首先于西汉凸显在北方地区，至唐宋扩展到南方地区，到清中叶随着山地开发而普遍加重；第四阶段发生在现代农业时期，水土保持措施初见成效。

（1）西汉前后期。公元前 2000 年，我国史前时期原始农业按起源和生产方式区分为 2 大系统：南方以长江中下游为重心的稻作农业系统和北方以黄河中下游为重心的粟作农业系统。这些农业种植活动不仅破坏了原始植被，也对土壤造成扰动，但在总体上，人类活动引起的土壤侵蚀仍十分有限，水土流失基本属于自然侵蚀范畴。以下分 3 大时期回顾水土流失、水土保持。

①西周以前，我国农业主要采用游耕方法，西周时期采用休耕方法，通过土地自然恢复来解决地理耗竭问题。但到战国时期，铁器使用普遍，加之推广牛耕技术，人们改造自然能力增强。战国时期还发展了自流灌溉和汲水灌溉农业。这时期水土流失问题虽已显现，但尚不严重。

②西汉 200 年间人口增加迅速，增加近 10 倍，达到 5900 万人，是我国历史上人口第一次快速增长时期。以扩大土地开垦面积解决人口增长问题，是我国历史上采取的主要手段。加大扩展北方地区农业区域，使一部分草地和林地受到人为干扰破坏，其中原始生态环境被破坏最为严重的是关中和河套地区。人们开垦无疑加剧了黄土高原的自然侵蚀进程。《汉书・沟洫志》曾记载有“泾水一石，其泥数斗”“河水重浊，号为一石水而六斗泥”，表明至少从西汉时期黄河泥沙含量高的特点已经出现，黄土高原等北方地区农业开垦引发水土流失已经较为明显。

③对于东汉时期的黄河流域土壤侵蚀状况，尚有不同看法。一种认为，从东汉时期开始，北方游牧民族南迁而逐渐由农业转为牧业，草原植被得以恢复，降低了土壤侵蚀量。但相反观点认为，晋陕峡谷区畜牧业发展不是减少水土流失，而是加剧了水土流失。公元 47~220 年的 173 年间，原始游牧对草坡压力越来越大，天然植被完全没有休养生息和自行恢复的条件，水土流失越来越严重，导致东汉时期黄河水患严重，大水泛滥成灾记载不绝于史。

（2）唐宋之际。东汉以后，北方地区人们活动对自然环境影响因人口锐减而减弱，但进入唐宋时期以后，破坏植被行为重新加剧。目前，关于自然因素和人文因素对黄土高原地区水土流失影响的估计存在分歧，按以自然侵蚀为主观点估计，公元前 1020 至公元 1194 年黄土高原年侵蚀量为 11.6×10^8t，较全新世中期侵蚀量增长 7.9%，但仍以自然侵蚀为主。黄河下游沉积速率 2300 年的变化显示，从战国到南北朝时期，黄河下游沉积速率较低，为 2~4mm/a；但从隋唐开始，沉积速率发生阶梯式跃升，达到 2.0cm/a，并持续到清代中期，表明 7 世纪以后水土流失明显增加。

在我国南方地区，水土流失加剧主要起因于人们对丘陵山地植被的破坏，自东汉后至宋元时期，大批中原农民为避灾荒战乱，加上铁制农具普遍使用，南方地区农田开辟扩大也出现了新形式，山泽地逐步被开发。移民开发耕地主要以麦、粟旱粮作物在丘陵山区的广泛种植，茶树种植和商业采伐树木 3 种方式，造成南方低山丘陵地区植被被破坏，加剧了水土流失侵蚀程度。

（3）清中叶以后。在经历明清之际人口减少后，清康熙至乾隆 100 多年间，全国人口由不足 1 亿骤然增至 3 亿，约 50 年后 1840 年突破 4 亿，是历史上人口第二个快速增长期。在巨大人口压力下，全国各地都加大了对山地开发力度，尤其是自 16 世纪开始，随着适宜山地种植的玉米、花生、甘薯、马铃薯等外国旱地农作物种传入我国，并在清中期广泛推广后，山地开发明显加速，逐步形成以旱地垦殖为主的经济格局。除毁林开荒外，伐木烧炭、采伐与经营木材、采矿冶炼等过量经济行为，也是造成破坏森林植被、加重土壤侵蚀的重要原因。进入 20 世纪上半叶，相继发生社会矛盾激化、政局动荡变革、水旱灾害频繁，致使土壤侵蚀进一步加剧，直至中华人民共和国成立前，我国水力侵蚀面积约为 $150\times10^4km^2$。

（4）中华人民共和国成立以后，防治土壤侵蚀工作受到重视，国家有计划地开展了土壤侵蚀治理，水土保持不断取得成效，土壤侵蚀恶化趋势得到初步遏制。但是，由于对人与自然关系认识不足，加之受自然、经济、社会等多方因素影响，我国防治水土流失工作经历了非常曲折的发展过程。

①20 世纪 50~70 年代，开垦荒地和砍伐森林导致水土流失加剧：中华人民共和国成立以后，进入中国历史第三个人口快速增长期，1980 年全国人口 9.8 亿人，较中华人民共和国成立初增加 5.4 亿人。50 年代后实现国家工业化、发展经济、解决人民基本生活问题等被放在特别优先地位，环境意识薄弱，为满足粮食需求的耕地开垦和为发展工业化的采伐森林行为，以前所未有的速度迅速地改变了自然环境，在“人定胜天”“大跃进”“以粮为纲”“向荒山要粮”等指导思想和政策的引导下，出现了严重的滥垦、滥牧、滥樵、滥伐现象，我国农区土壤侵蚀加剧，很多林区、牧区相继成为新水土流失区。20 世纪 80 年代中期开展的我国土壤侵蚀遥感调查结果显示，我国水力侵蚀面积为 $179\times10^4hm^2$，比 50 年代中期统计调查数据 $153\times10^4hm^2$ 增加了 $26\times10^4hm^2$，全国土壤侵蚀总面积（含风力侵蚀）为 $367.03\times10^4hm^2$，占国土面积的 38.2%。

②20 世纪 80 年代至 90 年代中期，土壤侵蚀恶化趋势得到遏制，但出现新型侵蚀：进入 20 世纪 80 年代后，六七十年代实施的农田基本建设工程项目相继发挥作用，同时国家开始重视生态环境保护，水土保持工作得到恢复和加强。在小流域综合治理试点基础上，从 1983 年开始，国家有计划、有组织地开展对土壤侵蚀严重区的防治，加大了水土保持工程项目建设投入。1983 年启动全国 8 片水土保持重点防治工程，1986 年开始在黄河中游地区进行治沟骨干工程项目试点建设，1989 年开始实施“长治”工程，1991 年《中华人民共和国水土保持法》正式颁布实施。80 年代中期和 90 年代中期 2 次遥感普查比较，水土流失恶化趋势得到初步遏制，10 年期间土壤侵蚀总面积减少超过 $11\times10^4km^2$。但从总体来看，这一时期我国水土资源和生态环境仍然表现为“一边治理，一边破坏”的特点，而大规模工程项目建设和矿产资源开发则又对生态环境造成了破坏、产生了新的更大的土壤侵蚀，城市不断扩展对土壤侵蚀的影响也不容忽视。

③20 世纪 90 年代末至今，水土保持措施初见成效：随着国家经济建设规模扩大，各种资源日益紧缺，水土保持观念越来越深入人心、受到重视，不仅水土保持范畴法律法规建立得到进一步发展，而且还全面加大了生态治理与保护投入，启动实施了退耕还林、退牧还草、能源替代、生

态移民等有利于生态改善的重特大工程项目。在长江、黄河上中游、东北黑土区、珠江上游等土壤侵蚀严重地区开展了重点治理，水土保持、生态治理与保护工程项目建设进入前所未有的快速发展时期。但值得注意的是，随着我国经济建设不断发展，城镇建设、矿产资源开发、公路铁路建设以及山丘区农林开发等工程项目建设，已经成为新增土壤侵蚀危害最重要、最大的源头和动力。

3.2　我国水土保持发展历程

我国是一个历史悠久的农业大国，也是世界水土流失最严重国家之一，在长期历史实践中，我国劳动人民就积累了丰富的治理水土经验。从西周到晚清，广大劳动人民创造、发展了保土耕作、造林种草、打坝淤地等一系列水土保持措施。当代水土保持理论方法，很多是我国历史上防治水土流失实践的延续与发展。从近现代开始，受传入西方科学影响，国内一批科学工作者相继投身于治理水土流失行动中，他们做了大量科学研究工作，并提出“水土保持”这门学科，水土保持也从自发阶段进入到自觉阶段。中华人民共和国成立以后，在党和政府重视下，水土保持事业进入到一个全新历史时期。

（1）古代水土保持。水土保持自古有之，据《书》所记，“帝（舜）曰，俞咨禹，汝平水土”，言平治水土，人得安居也。《尚书·吕刑》篇有“禹平水土，主名山川”记载。《诗经》中有“原隰既平，泉流既清”的描述。从“平治水土”传说开始，伴随着农业生产需要，我国劳动人民创造了一系列蓄水保土的水土保持措施，同时在长期生产实践以及对自然现象观察中，提出了诸如沟洫治水治田、任地待役等有利于水土保持的思想，这些重要思想及保持水土的发明创造，是留给子孙后代的宝贵财富。

（2）水土保持萌芽起步阶段。鸦片战争以后，国内政局动荡，战事频繁，民不聊生，毁林开荒使一些地区森林草原资源遭到很大破坏，黄河水患频发，水土流失加剧。在一些有识之士的奔走呼吁下，水土保持逐渐被提上议事日程，建立了相对专职的机构，并结合西方现代科学技术，开展科学实验工作，使水土保持这门学科最终得以建立。虽然一些有远见的主张因历史条件所限未能付诸实施，所开展工作成效也相当有限，但这些开创性工作对中华人民共和国成立之后的水土保持事业具有启蒙和奠基作用。

（3）水土保持示范推广阶段（20 世纪 50～70 年代）。中华人民共和国成立后，百废待兴，百业待举。围绕着发展山区生产和治理江河流域水土流失的需要，党和政府很快就把水土保持作为一项重要工作来抓，并大力号召开展水土保持工作。在经过试验、试办和推广后，伴随着农业合作化高潮，水土保持工作迎来全面发展的高潮时期。但随即而来的“大跃进”、3 年自然灾害，使水土保持转入调整、恢复阶段，以基本农田建设为主成为此后相当长一个时期内水土保持的主要工作内容。“文化大革命”中，水土保持工作在曲折中缓慢发展。总体而言，20 世纪 50～70 年代水土保持事业伴随着我国社会主义建设不断成长发展，虽有停顿反复，但总体上仍取得巨大成就，并为 80 年代以后更好地开展水土保持工作奠定了基础。

（4）小流域综合治理阶段（20 世纪 80 年代）。随着国家将经济建设作为工作重点并实行改革开放政策，水土保持工作得以恢复并加强，同时转入以小流域为单元进行综合治理的轨道。8 片国家水土流失重点治理工程、长江上游水土保持重点防治工程等重要工程项目的实施，推动了水土流失严重地区的水土保持工作；家庭联产承包责任制在农村普遍实行，促进了户包治理小流域的进展，调动起千家万户治理水土流失的积极性；80 年代后期在晋陕蒙接壤地区首先开展的水土保持监督执法工作，则为制定和颁布《中华人民共和国水土保持法》作了必要的前期探索和实践工作。

（5）依法防治阶段（20 世纪 90 年代）。1991 年，《中华人民共和国水土保持法》正式颁布实施，水土保持由此走上依法防治轨道。各级水土保持部门认真履行《中华人民共和国水土保持法》赋予的职责，依法开展水土保持各项工作：法律法规体系建设逐步完善，预防监督工作逐步开展；水土保持重点工程项目建设得到加强，治理范围覆盖到全国主要流域，治理水土流失速度大大加快；水土保持改革深入进行，促进了小流域经济发展，调动了社会各界力量治理水土流失的积极性。

（6）全面发展阶段（1997 年以后）。1997 年后，随着提出"再造秀美山川"，以及 1998 年特大洪水带给人们的警示，水土保持生态环境建设工作得到国家前所未有的重视以及全社会广泛关注。党中央、国务院审时度势，站在我国社会经济可持续发展的高度，从国家生态安全高度，从中华民族生存与发展高度，把水土保持生态建设摆在突出的位置，并做出一系列重要决定，大力加强生态环境建设与保护。各级水利水保部门抓住这难得发展机遇，加快治理步伐，强化监督管理，水土保持事业得到大力发展。在新的历史时期，水土保持既有大好发展机遇，也面临着新的挑战。要按照尊重自然、顺应自然、保护自然的理念，贯彻节约资源和保护环境的基本国策，把生态文明建设融入经济建设、政治建设、文化建设、社会建设各方面和全过程，"我们既要绿水青山，也要金山银山"的提出，为开展水土保持工程项目建设提供了崭新的发展动力，同时大面积水土流失亟待治理、人为水土流失尚未有效遏制以及人们对生态环境要求的普遍提高，对水土保持提出了更为紧迫和更高要求，水土保持需要在新的历史时期作出新的回应。

第五节 水土流失地带性规律

气候、纬度、海拔等自然地理要素在地球表面规律性的组合与分布，形成了不同水土流失区域类型，区域不同，水土流失成因、类型、类型组合及侵蚀强度等均不同，采取的防治技术与管理措施也各异。

1 自然地理环境地域分异规律

地球表面的太阳辐射量按一定顺序由北向南呈规律性排列，如北半球的热量带划分为寒带、寒温带、温带、暖温带、亚热带、热带，与之对应气候、植物、动物在地表也形成了带状分布规律。当然，由于地球表面是非连续、非均匀、非相同物质组成的行星，就使得各地理要素分布更加复杂化，如海陆面积数量比例关系、海拔高差悬殊使各自然地理要素在垂直高度上出现了分布差异。

各自然地理要素在地表有其特定空间位置，称作自然地理地带性，而且各自然地理要素相对固定的空间位置也不孤立存在，而是某一要素与其他要素不断地进行着能量转换、相互制约、相互依存、相互作用等关系，它们有密切的联系，从而构成了地表自然地理环境（自然综合体）。

两者沿地理坐标确定的方向，从高级单位分化成低级单位的现象，称为地理分异。地理分异是自然界各种自然现象的综合体现，也是人类认识自然、改造自然的基础。通常由高到低可将地域分异划分为以下 4 个等级。

1.1　全球地域分异规律

地球表面 4 大洋和 6 块大陆是自然地理环境的基本分异，除表现为海面与陆地的明显差异外，还构成 2 种明显不同的陆地生态环境和海洋生态环境，并通过相互影响，造成次一级地域分异。

1.2　大陆地域分异规律和大洋地域分异规律

（1）大陆地域分异规律贯穿整个大陆，分为纬度、经度地带 2 类。

（2）大洋地域分异分为大洋表层纬向地带性和大洋底层自然区。

1.3　区域性地域分异规律

区域性地域分异规律通常分为以下 3 类。

（1）地带段性。受海陆分布影响及大地构造地貌规律地作用在大陆东岸、西岸和大陆内部的区域性表现。

（2）地区性。在地带段性内部区域性的分异规律，如《中国自然区划草案》中划分为兴安副区、东北平原副区等 22 个副区。

（3）垂直带性。指山体达到一定高度后沿等高线方向延伸，并随山势高度发生带状更替的规律。

1.4　地方性地域分异规律

地方性地域分异规律分为以下 3 类。

（1）系列性。指由于地方性地域的影响，自然环境各组成成分及单元自然综合体，按确定方向从高到低或从低到高有规律地依次更替的现象。

（2）微域性。受小地形影响，最简单的自然地理单元既重复出现又相互更替，或呈斑点状相间分布的现象。

（3）坡向分异规律。指坡向对光照、水文的再分配，引发植被和土壤出现差异。

2　土壤侵蚀地理分异

土壤侵蚀是指各种侵蚀力与土体相互作用的结果，但由于地表水分布差异、热力状况的差异，形成不同自然地理环境的水土流失形式。风力侵蚀主要分布在干旱、半干旱地区；冰川、冻融侵蚀分布在 0℃以下低温区；水力侵蚀则分布在降水量强大和高度集中地区。我国按水土流失成因划分为 3 大水土流失类型区：水力侵蚀类型区、风力侵蚀类型区和冻融侵蚀类型区。全国各级土壤侵蚀类型区范围和特点见表 3-12。

我国各大流域、各省（自治区、直辖市）可在全国二级分区基础上再细分为三级类型区和亚区。

表 3-12 全国各级土壤侵蚀类型区范围和特点

一级类型区	二级类型区	范围和特点
Ⅰ水力侵蚀类型区	$Ⅰ_1$西北黄土高原区	大兴安岭—阴山—贺兰山—青藏高原东缘一线以东。西为祁连山余脉的青海日月山，西北为贺兰山；北为阴山，东为管涔山及太行山；南为秦岭。黄河是主要流域。土壤侵蚀分为黄土丘陵沟壑区（下设 5 个副区）、黄土高原沟壑区、土石山区、林区、高地草原区、干旱草原区、黄土阶地区冲积平原区等 8 个类型区，是黄河泥沙主要来源
	$Ⅰ_2$东北黑土区（低山丘陵与漫岗丘陵区）	南界与吉林南部接壤，东、西、北三面为大小兴安岭和长白山所环绕，漫川漫岗区为松嫩平原，是大小兴安岭延伸的山前冲积洪积台地。地势大致由东北向西南倾斜，具有明显的台坎，坳谷和岗地相间是本地区重要的地貌特征；主要流域是松辽流域；低山丘陵主要分布在大小兴安岭、长白山余脉；漫岗丘陵则分布在东、西、北侧等 3 个地区
	$Ⅰ_3$北方土石山区	东北漫岗丘陵以南，黄土高原以东，淮河以北，包括东北南部、河北、山西、内蒙古、河南、山东等部分。本区属暖温带半湿润、半干旱区；主要流域是淮河流域、海河流域。 按分布区域，分为6个地区：①太行山地区：包括五台山、小五台山、太行山和中条山地，是海河五大水系发源地，是华北地区水土流失最严重地区。②辽西—冀北山地区。③位于山东半岛的山东丘陵区。④阿尔泰山地区。⑤松辽平原：包括松花江、辽河冲积平原，不包括科尔沁沙地。⑥黄淮海平原区：北部以太行山、燕山为界；南部以淮河、洪泽湖为界，是黄、淮、海三条河流的冲积平原；水土流失主要发生在黄河中下游、淮河流域、海河流域的古河道岗地，流失危害强度主要是中、轻度侵蚀
	$Ⅰ_4$南方红壤丘陵区	以大别山为北屏，巴山、巫山为西障（含鄂西全部），西南以云贵高原为界（包括湘西、桂西），东南直抵海域并包括台湾、海南岛及南海诸岛。主要流域为长江流域
	$Ⅰ_5$西南土石山区	北接黄土高原，东接南方红壤区，西接青藏高原冻融区，包括云贵高原、四川盆地、湘西及桂西等地。气候为热带、亚热带；主要流域为珠江流域；岩溶地貌发育。山高坡陡、石多土少；高温多雨。山崩、滑坡、泥石流分布广，发生频率高。 按地域分为 5 个区：①四川山地丘陵区；②云贵高原山地区；③横断山地区；④秦岭大别山鄂西山地区；⑤川西山地草甸区

（续）

一级类型区	二级类型区	范围和特点
Ⅱ风力侵蚀类型区	$Ⅱ_1$三北戈壁沙漠与沙地风沙区	主要分布在西北、华北、东北西部，包括青海、新疆、甘肃、宁夏、内蒙古、陕西、黑龙江等地的沙漠戈壁和沙地。特点是：气候干燥，年降水量100~300mm，多大风及沙尘暴、流动和半流动沙丘，植被稀少，主要流域为内陆河流域 按地域分为6个区：①内蒙古、新疆、青海高原盆地荒漠强烈风蚀区，包括准噶尔盆地、塔里木盆地和柴达木盆地，主要由腾格里沙漠、塔克拉玛干沙漠和巴丹吉林沙漠组成；②内蒙古高原草原中度风蚀水蚀区，包括呼伦贝尔、内蒙古中部地区和鄂尔多斯高原，毛乌素沙地、浑善达克（小腾格里）和科尔沁沙地，库布齐和乌兰察布沙漠；③准噶尔绿洲荒漠草原轻度风蚀水蚀区；④塔里木绿洲轻度风蚀水蚀区；⑤宁夏中部风蚀区，包括毛乌素沙地部分，腾格里沙漠边缘盐池等区域；⑥东北西部风沙区，多为流动和半流动沙丘、沙化漫岗，沙漠化发育
	$Ⅱ_2$沿河环湖滨海平原风沙区	主要分布在山东黄泛平原、鄱阳湖滨湖沙山及福建、海南滨海区。地处湿润或半湿润区，植被覆盖度高 按地域分为3个区：①鲁西南黄泛平原风沙区；②鄱阳湖滨湖沙山区；③福建及海南滨海风沙区
Ⅲ冻融侵蚀类型区	$Ⅲ_1$北方冻融土侵蚀区	主要分布在东北大兴安岭山地及新疆天山山地。按地域分为2个区：①大兴安岭北部山地冻融水蚀区，高纬高寒，属于多年冻土地区，草甸土发育；②天山山地森林草原冻融水蚀区，包括哈尔克山、天山、博格达山等。为冰雪融水侵蚀，局部发育冰蚀流
	$Ⅲ_2$青藏高原冰川侵蚀区	主要分布在青藏高原和高山雪线以上。按地域分为2个区：①藏北高原高寒草原冰融风蚀区；②青藏高原高寒草原冰融侵蚀区，主要分布在青藏高原东部和南部，高山冰川与湖泊相间，局部有冰川泥石流

第六节 土壤侵蚀与水土流失

1 土壤侵蚀概念

1.1 土壤侵蚀营力

地壳组成物质和地表形态永远处在不断变化发展过程之中。地表形态及其成因、发展、运动规律非常复杂。改造地表起伏、促使地表形态变化发展的基本力量是内营力（内动力）和外营力（外动力）。地表形态发育的基本规律就是内营力与外营力之间相互影响、相互制约、相互作用和相互协调的对立统一。

（1）内营力作用：指由地球内部能量运动引发的各种作用力。地球本身具有内部能源，人类感觉到的地震、火山爆发等活动就已经证明。地球内部能量以热能为主，而重力能和地球自转产生的动能对地壳物质的重新分配、地表形态变化也具有很大推动作用力。内营力作用的主要表现是地壳运动、岩浆活动和地震等自然现象。

（2）外营力作用：指来自太阳能引发的各种自然作用力。地壳表面直接与大气圈、水圈、生物圈接触，它们之间发生复杂的相互影响和相互作用，从而使地表形态不断发生变化。外营力作用总的趋势是通过剥蚀、堆积使地面逐渐夷平。外营力作用形式有流水、地下水、重力、波浪、冰川、风沙等。各种作用对地貌形态的改造方式虽不相同，但是从过程实质来看，都要经历风化、剥蚀、搬运和堆积（沉积）这些环节。

①风化（weathering）作用：指矿物、岩石在地表新的物理、化学条件下产生的一切物理状态和化学成分变化，是在大气及生物影响下岩石在原地发生的破坏作用。岩石是地质作用的产物，经过风化作用后都是由坚硬转变为松散、由大块变成小块。由高温高压条件下形成的矿物，在地表常温常压条件下就会发生变化，失去它原有稳定性。通过物理、化学作用，又会形成在地表条件下稳定的新矿物。所以，风化作用是使原矿物结构、构造或者化学成分发生变化的一种作用。就对地面形成和其发育而言，风化作用是十分重要的环节，它为其他外营力作用提供了前提。

风化作用分为物理风化作用和化学风化作用。而生物风化就其本质而言，应归入物理风化、化学风化作用之中，它通过生物有机体去完成。

物理风化作用又称为机械风化作用或机械崩解作用。岩石受机械应力作用而发生破碎，其化学成分并不发生改变。物理风化作用的重要形式之一是冰冻（冰楔）作用，这是因在岩石裂缝中的水冻结时，体积膨胀而使岩石撑裂的一种作用。

在干燥气候地区，温度急剧变化和某些盐分物态变化，也常使岩石沿裂缝撑裂，这是干燥气候地区岩石风化作用的主要形式。

化学风化作用也称化学分解作用，它是岩石与其他自然因素（水、大气等）在地表发生的化学反应。岩石经过化学风化后，成分和结构都发生显著改变。在化学风化过程，水起着重要作用，如自然界中石灰岩被溶蚀就是通过空气中二氧化碳溶解于水形成碳酸，进而与石灰岩中碳酸钙起化学反应来实现。又如在水参与下，通过空气中的游离氧与矿物中金属离子结合，形成稳定态的氧化物。从上述分析得知，自然界中化学风化速度在很大程度上受气候条件影响。在湿润气候地区化学风化强烈，在高寒地区化学风化相对较弱。

化学风化作用是通过水化作用、水解作用、溶解作用和氧化作用等过程来完成。

生物风化是生物在其生命活动过程，对岩石产生的机械破坏或化学风化作用。

据估计，植物根系生长对周围岩石的压力可达到 $10\sim15kg/cm^2$。生物新陈代谢和遗体腐烂分解的酸类也能对岩石产生化学风化作用。

②剥蚀（denudation）作用：指各种外营力作用（包括风化、流水、冰川、风、波浪等）对地表进行破坏，并把破坏后的物质搬离原地，这一作用过程称为剥蚀作用。狭义剥蚀作用仅指重

力和片状水流对地表侵蚀并使其变低的作用。通俗侵蚀作用，是指各种外营力的侵蚀作用，如流水侵蚀、冰蚀、风蚀、海蚀等。鉴于作用营力性质差异，以及作用方式、过程、结果的不同，又分为水力剥蚀、风力剥蚀、冻融剥蚀等类型。

③搬运（transportation）作用：被风化、侵蚀后的碎屑物质，随着各种不同外营力作用转移到其他地方的过程称为搬运作用。根据搬运介质不同，分为流水搬运、冰川搬运、风力搬运等。在搬运方式上也有很多类型，如悬移、拖拽（滚动）、溶解等。我国黄河每年平均输沙 16×10^8t，全世界每年有 $23\times10^8\sim49\times10^8$t 溶解质流入海洋。

④堆积（deposition）作用：被搬运物质由于介质搬运能力减弱和搬运介质物理、化学条件的改变，以及在生物参与活动下发生堆积、沉积的现象，称为堆积作用。按其沉积方式分为机械沉积作用、化学沉积作用等。搬运物堆积于陆地上，在一定条件下会形成“悬河”，并极易引发洪水灾害；堆积在海洋中，会改变海洋环境，引起生物物种的变化。

内营力形成地表高差和起伏，外营力则对其不断地加工改造，降低高差，缓解起伏，两者处于对立统一中，这种对立过程，彼消此长，统一于地表三维空间，互相依存，就决定了土壤侵蚀发生、发展的全过程。

1.2　土壤侵蚀程度（degree of soil erosion）

土壤侵蚀程度是指任何一种土壤侵蚀形式在特定外营力种类作用和一定环境条件影响下，自其发生开始，截至目前的发展状况。在土壤侵蚀发生发展过程中，土壤侵蚀不仅受到外营力种类、作用方式等影响，还受到地质、土壤、地形、植被等条件和人为活动的影响，因此，土壤侵蚀表现形式可明显地产生较大差异。就一种土壤侵蚀形式而言，在不同条件下，其发展过程和以后所发生的阶段也不一样，即随时间、空间侵蚀形式存在着极大的差异。

1.3　土壤侵蚀强度（intensity of soil erosion）

土壤侵蚀强度指的是某种土壤侵蚀形式在特定外营力种类作用和其所处环境条件不变情况下，该种土壤侵蚀形式发生可能性的大小。常用单位面积上在一定时间内土壤及土壤母质被侵蚀的重量来表示。土壤侵蚀强度是根据土壤侵蚀实际情况，按轻微、中度、严重等分为不同级别。因各国土壤侵蚀严重程度不同，土壤侵蚀分级强度也不尽一致，一般是在允许土壤流失量与最大流失量值之间进行内插分级。土壤侵蚀强度也称为土壤侵蚀潜在危险性。

1.4　加速侵蚀与正常侵蚀

依据土壤侵蚀发生速率大小和是否对土壤资源造成破坏，将土壤侵蚀划分为加速侵蚀（accelerated erosion）和正常侵蚀（normal erosion）。

（1）加速侵蚀：指由于人们滥伐森林、陡坡开垦、过度放牧和过度樵采等不合理活动，加之自然因素影响，使土壤侵蚀速率超过正常（自然）侵蚀速率，导致土地资源的损失和破坏。一般情况下所称作的土壤侵蚀就是指现代加速侵蚀。

（2）正常侵蚀：指不受人类活动影响的自然环境中，所发生的土壤侵蚀速率小于、等于土壤形成速率的那部分土壤侵蚀。这种侵蚀不易被人们察觉，实际上也不对土地资源造成危害。

从形成陆地以后土壤侵蚀就不间断地进行着。这种在地史时期纯自然条件下发生、发展的侵蚀速率缓慢。但自从出现人类后，为了生存，人类不仅学会适应自然，更为重要的是开始改造自然。距今5000年有史以来，人类大规模生产、建设活动逐渐形成且规模越来越庞大，极大地改变和促进了自然侵蚀进程，这种加速侵蚀发展的作用促使侵蚀速度快、破坏性大，其影响更加深远。

1.5 古代侵蚀与现代侵蚀

人类在地球上出现时间从距今200万年之前的第四纪开始时算起，以人类在地球上出现的时间为分界点，将土壤侵蚀划分为以下2大类。

（1）古代侵蚀（ancient erosion）：指人类出现在地球以前发生的侵蚀。它是人类出现在地球以前的漫长时期内，由外营力作用，地球表面不断产生剥蚀、搬运和沉积等一系列侵蚀现象。这些侵蚀有时较为激烈，足以对地表土地资源形成破坏；有些则较为轻微，不足以对土地资源造成危害。但是其发生、发展及其所造成灾害与人类活动无任何关联和影响。

（2）现代侵蚀（modern erosion）：指人类出现在地球上之后发生的土壤侵蚀现象。它是由于地球内、外营力的作用与影响，并伴着人类不合理生产活动发生的土壤侵蚀现象。这种侵蚀有时十分剧烈，能够给生产建设和人民生活带来严重恶果。

有些现代侵蚀是人类不合理活动导致，另一些则与人类活动无关，是在以地球内、外营力为主作用下发生的一类侵蚀现象，将这些与人类活动无关的现代侵蚀称为地质侵蚀（geological erosion）。因此，地质侵蚀就是在地质营力作用下，地层表面物质产生位移与沉积等一系列破坏土地资源的侵蚀过程。地质侵蚀是在非人为活动影响下发生的一类侵蚀，包括人类出现在地球上以前和以后由地质营力作用发生的所有侵蚀。

正常侵蚀、加速侵蚀、古代侵蚀和现代侵蚀之间互有关联，如图3-22。

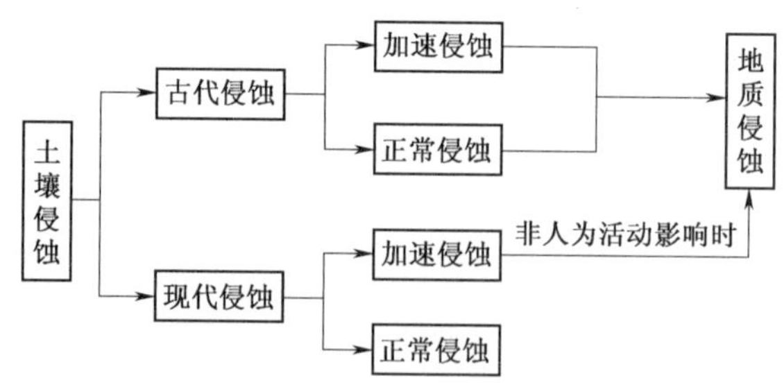

图3-22 按土壤侵蚀发生的时间和发生速率划分的土壤侵蚀类型

2 土壤侵蚀与水土流失的关系

水土流失一词在我国早已被广泛使用，最先应用于我国的山地丘陵地区，主要描述水力侵蚀作用，水冲土跑，即水土流失。自从土壤侵蚀一词传入我国后，从广义理解上常被用作水土流失的同义语。

从土壤侵蚀与水土流失的定义中可以看出，两者的共同点是，都包括了在外营力作用下土壤、母质及浅层基岩的剥蚀、搬运和沉积全过程；但其差别是，水土流失含义中包括了在外营力作用下水资源和土地生产力的破坏与损失，而土壤侵蚀一词中却没有。虽然水土流失与土壤侵蚀在定义上存在着明显差别，但因为水土流失一词源于我国，在科研、教学和生产上应用较为普遍。而土壤侵蚀一词为外来词，其含义显然狭于水土流失的内容。随着水土保持这一学科逐渐发展和成熟，在教学和科研方面人们对两者的差异给予了越来越多的重视，而在生产上人们常把水土流失和土壤侵蚀作为同义语来使用。

3　土壤侵蚀形式及其特点

3.1　水力侵蚀形式及其特点

水力侵蚀（waterer erosion）是指在雨滴击溅、地表径流冲刷和下渗水分作用下，土壤、土壤母质及其他地表组成物质被破坏、剥蚀、搬运和沉积的全部过程。水力侵蚀简称为水蚀。水力侵蚀是目前世界上分布最广、危害最为普遍的一种土壤侵蚀类型。在地球陆地上，除沙漠和永冻极地地区外，当地表失去覆盖物时，都有可能发生不同程度的水力侵蚀。水力侵蚀形式主要有雨滴击溅侵蚀、面蚀、沟蚀、山洪侵蚀、库岸波浪侵蚀和海岸波浪侵蚀等。

（1）雨滴击溅侵蚀及其特点：在雨滴击溅作用下土壤结构破坏和土壤颗粒产生位移的现象称为雨滴击溅侵蚀（rain drop splash erosion），简称溅蚀（splash erosion）。雨滴落到裸露地面，特别是农耕地上时，具有一定质量和速度，必然对地表产生冲击，使土体颗粒破碎、分散、飞溅，引起土体结构的破坏。

溅蚀分为干土溅散阶段、湿土溅散阶段、泥浆溅散阶段、地表板结阶段4个阶段（图3-23）。雨滴击溅发生在平地上时，由于土体结构破坏，降雨后土地会产生板结，使土壤保水保肥能力降低。雨滴击溅侵蚀发生在斜坡上时，因泥浆顺坡流动，带走表层土壤，使土壤颗粒不断向坡面下方产生位移。因为降雨是全球都存在的自然现象，因此雨滴击溅侵蚀可以发生在全球范围的任何裸露地表。

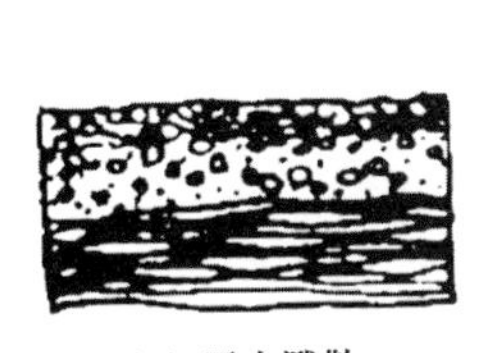
（a）干土溅散

（b）湿土溅散

（c）泥浆溅散

（d）地表板结

图3-23　土壤溅蚀过程

（2）面蚀及其特点：降在斜坡上的雨水不能完全被土壤吸收时，就会在地表上产生积水，并在重力作用下形成地表径流，开始形成的地表径流呈现出分散状态，分散态地表径流冲走地表土粒的现象称为面蚀（surface erosion）。面蚀带走大量土壤营养成分，直接导致土壤肥力下降。在没有植物生长和庇护的地表，风力直接与地表摩擦，并将土粒带走也会产生明显的面蚀危害。面蚀多发生在坡耕地和植被稀少的斜坡上，其危害程度取决于植被、地形、土壤、降水强度及风速等多重因素。

按发生的地质条件、土地利用现状和发生程度不同，面蚀分为层状面蚀、砂砾面蚀、鳞片状面蚀和细沟状面蚀。

（3）沟蚀及其特点：在发生面蚀基础上，尤其细沟状面蚀进一步发展，使处于分散态地表径流由于地形影响逐渐集中，形成有固定流路的水流，称作集中性的地表径流或股流。集中后的地表径流冲刷地表，切入地面带走土壤、母质及基岩，形成沟壑的过程称为沟蚀（gully erosion）。因沟蚀而形成的沟壑称作侵蚀沟，此类侵蚀沟深、宽均超过20cm，侵蚀沟呈直线形，有明显沟沿、沟坡和沟底，采用耕作方式无法平覆。

沟蚀是水力侵蚀常见侵蚀方式之一。虽然沟蚀涉及面积不如面蚀广，但它对土地破坏程度远比面蚀严重，沟蚀发生还会破坏道路、桥梁和其他建筑物。沟蚀主要分布于土地瘠薄、植被稀少的半干旱丘陵山区，一般发生在坡耕地、荒坡和植被较差的古代水文网。

因地质差异，不同侵蚀沟其外貌特点及土质状况不同，但典型侵沟组成基本相似，即由沟顶、沟沿、沟底及水道、沟坡、沟口和洪积扇组成。

①沟顶（沟头）：指位于侵蚀沟最顶端，具有一定深度，呈峭壁状的地段。绝大多数流水经沟头形成跌水进入沟道，它是侵蚀沟发展最为活跃的部分，其发展方向与径流方向相反，因此常称为溯源侵蚀。一般侵蚀沟不止一个沟头。沟头上方是水流集中的地块，要比周围地形低。

②沟沿：指侵蚀沟与斜坡交界线的地段。一般沟沿方向与径流方向近平行，只有极少量径流通过沟沿进入沟道，若水量较大，则会冲刷出新沟头。对于次生侵蚀沟，侵蚀沟沿不明显，从沟沿处进入沟道的水量也大。

③侵蚀沟底：指侵蚀沟横切面最低部分连接成面的地块。在侵蚀沟刚刚发生时，沟底不明显，而主要是由沟坡相交部分形成的一条线，当沟蚀进入第2阶段之后，才出现较宽的沟底。进入侵蚀沟的地表径流在上游地段，沟底全部过水，在下游地段，径流往往在沟底一侧流动，有了固定的水道，只在山洪暴发时，才可能出现径流挤满整个沟底的状况。

④侵蚀沟坡：以沟沿为上界，沟底为下界的侵蚀沟斜坡地块，简称沟坡。沟坡是侵蚀沟横切面最陡部分，沟坡常与地平面成一定角度，角度大小与侵蚀沟地质组成、侵蚀沟发育阶段、侵蚀沟过水量和水深等因素相关。黏质土沟坡较陡，砂壤土沟坡较缓；发展时期侵蚀沟坡较陡，衰老期侵蚀沟坡较缓；过水量大、水深地段沟坡较缓。只有沟坡形成稳定的自然倾角（安息角）后，沟岸才可能停止扩张而形成稳定沟坡。

⑤侵蚀沟口：指地表径流集中流出侵蚀沟的出口，是径流汇入水文网的连接处。理论上是侵蚀沟最早形成的地方。在沟口处的沟底与河流交汇处，通常是侵蚀基准面。侵蚀基准面就是侵蚀沟所能达到的最低水平面，即侵蚀沟底达到侵蚀基准面后，就不再向下侵蚀。

⑥洪积扇：指当携带泥沙的径流流出沟口，因坡度变缓，流路变宽，使得径流流速降低，导致水流所挟带泥沙在沟口周围呈扇状沉积的现象。每当洪水过后，总有一层泥沙沉积下来，因此，可根据洪积扇倾斜度、层次、冲积物质、植物状况等情况，推断出侵蚀沟历史及其发展状况。

（4）山洪侵蚀：丘陵山区富含泥沙的地表径流，经过侵蚀沟网集中，形成突发性洪水冲出沟道，山区河流洪水对沟道堤岸冲淘、对河床冲刷和淤积过程称作山洪侵蚀（torrential flood erosion）。山洪具有流速高、冲刷力大和暴涨暴落的特点，因而其破坏力较大，能搬运和沉积泥沙石块。受山洪冲刷的河床称为正侵蚀，被泥沙淤积的河床称为负侵蚀。山洪侵蚀改变河道形态，冲毁建筑物与交通设施，淹埋农田和居民点，能够造成严重山洪危害。山洪比重是1.1~1.2，通常不超过1.3。

降暴雨时，坡面上径流较为分散，但分布面积广、总量大，经斜坡侵蚀沟汇集后局部形成流速快、冲力强的暴发性洪水，洪水溢出沟道产生严重侧蚀。山洪进入平坦地段，水面变宽、水流速降低，在沟口及平地淤积大量泥沙形成洪积扇，洪积泥沙埋压大量农耕土地，给土地耕种造成困难。当流量很大的山洪进入河川后，河水猛涨就会引发决堤，它能够淹没、冲毁两岸川台地、村庄、工业基地、城市，甚至导致河流改道，给下游造成毁灭性的破坏。

（5）海岸与库岸浪蚀：在风力推动下，波浪对海岸与水库岸进行拍打、冲蚀作用。能对土体海岸与库岸产生涮洗、崩塌，并使其逐渐后退；对较硬岩石岸体，会使岸体形成凹槽，波浪继续作用就形成侵蚀崖。

3.2 风力侵蚀形式及其特点

风力侵蚀（wind erosion）简称风蚀，系指土壤颗粒、沙粒在气流冲击作用下脱离地表，被搬运和堆积的一系列过程，以及随风运动沙粒在打击岩石表面过程中，使岩石碎屑剥离出现擦痕和蜂窝的现象。气流含沙量随风力强度而改变，风力越大，气流含沙量越多，当气流中含沙量过饱和或风速降低，土粒、沙粒将会与气流分离而沉降，并堆积成沙丘、沙垄。在风力侵蚀过程中，土壤颗粒与沙粒脱离地表、被气流搬运、沉积这3个过程相互影响、相互作用，穿插进行。

（1）石窝（风蚀壁龛）：指陡峭岩壁经风蚀形成大小不等、形状各异的小洞穴和凹坑。其深10~25cm，口径达20cm。有些分散，有些群集，使岩壁呈蜂窝状外貌，称为石窝。这种现象在花岗岩和砂岩壁上最为发育。

（2）风蚀蘑菇与风蚀柱：指孤立凸起岩石、水平节理和裂隙发育的岩石，特别是下部岩性软于上部岩石，当受到长期风蚀和风磨，易形成顶部大、基部小形似蘑菇的岩石，称为风蚀蘑菇。垂直裂隙发育的岩石经过长期风蚀，易形成柱状，故称风蚀柱。风蚀蘑菇与风蚀柱既单独挺立，也呈群状分布，其大小高低不一。

（3）风蚀垄槽（雅丹）：干旱地区湖积平原上，因湖水干涸，黏性土干缩裂开，主要风向风力沿裂隙长期吹蚀并带走土粒，使裂隙逐渐扩大，将原平坦地面发育成许多不规则陡壁、垄岗（墩台）和宽浅的沟槽。吹蚀沟槽与不规则垄岗相间组成的崎岖起伏、支离破碎的地表称为风蚀垄槽。这种地貌以新疆罗布泊附近雅丹地区最为典型，故又叫雅丹地貌。沟槽深达十余米，长达数十米至数百米，沟槽内常被沙粒填充。

（4）风蚀洼地：指松散物质组成的地表面被风吹蚀后，形成宽广而轮廓及界面不大明显的洼地。这些洼地大多呈椭圆形成行分布并沿主要风向伸展，有时也形成巨大围椅形状的风蚀洼地，自地面向下凹进。洼地背风壁较陡，坡角常达30°以上。

（5）风蚀谷和风蚀残丘：

①风蚀谷：指在干旱地区遇上较大暴雨产生的地表径流冲刷地表后形成沟谷，这些沟谷再经长期风蚀就形成风蚀谷。风蚀谷无一定形状，有狭长壕沟，也有宽广的谷地，蜿蜒曲折，长达几千米，谷底崎岖不平、宽窄不均。在陡峭谷壁上分布着大小各异的石窝，在壁坡脚堆积着崩塌

岩屑。

②风蚀残丘：风蚀谷不断发展扩大，使原始地面不断被缩小，最后残留下不同形状的孤立小丘称作风蚀残丘。它们常呈带状分布，丘顶有不易被直接吹扬的砾石或黏土保护，平顶状较多，也有尖峰状，高度一般在10~20m，柴达木盆地的残丘多在数米至30m。

（6）风蚀城堡（风城）：在地形隆起、近似水平的裸露基岩地面，由于岩性软硬不一，垂直节理发育不均，在长期强劲风力吹蚀作用下，被分割成残留平顶山丘，远看宛如颓毁城堡竖立在平地上，称为风蚀城堡或风城。典型风城分布在我国新疆吐鲁番盆地哈密西南地区。

（7）石漠与砾漠（戈壁）：干旱地区某些地势较高基岩和山麓地带，因强劲风力将地表大量碎屑细粒物质吹蚀而去，使基岩裸露留下具有棱面麻坑状的各种风棱石和石块，使得地表植被稀少、景色荒凉，称为石漠、砾漠（也称戈壁）。石漠与砾漠在我国北方地区分布面积很大。

（8）沙波纹：指由颗粒大小不均组成的沙面，经风力吹动产生颗粒分异，某些地段被带走沙粒量多于带来的沙粒，就形成微小凹凸不平沙面或小洼坑地，如此反复就形成有规则的沙波纹。其排列方向与风向垂直，相邻两条沙波纹脊线间距20~30cm，风力越大沙粒越细，脊间距越大脊也越高，反之则越小越低。

（9）沙丘（堆）与沙丘链：风沙流遇到植物、障碍物时，就在背风面产生涡流消耗气流能量，引起风速降低，在背风面沙粒发生沉积就成为沙丘（堆）。沙堆大小不等、形状各异，从发育过程看有蝌蚪状、盾状等。在各方向风力作用下，沙堆逐步演化成各种沙丘及沙丘链。形成沙丘后，沙丘自身就变成风沙流的更大障碍，使沙粒堆积得更多。因沙丘顶部地面曲率较大，沙丘两侧曲率较小而产生压力差，引起气流从压力较大的背风坡脚流向压力较小的沙丘顶部，形成涡流，使背风坡形成浅小的马蹄形凹地，并逐渐发育成为平面形沙丘，如貌似新月的新月形沙丘。

沙源丰富时，密集新月形沙丘相互连接，它们与主风向垂直，故称为横向新月形沙丘链。在风向单一地区，沙丘链在形态上仍然保持原新月形状特征，而在两个相反方向风力交替作用的地区，整个沙丘链平面形态就比较平直，剖面形态呈复式状，顶部有摆动带，背风坡度较缓。

格状沙丘链由两个近乎相互垂直风向相互作用形成，主风方向形成沙丘链（主梁）与次风向形成的低矮沙埂（次梁）分隔丘间低地（沙窝），形似格状，故称为格状沙丘链，腾格里沙漠主要是由格状沙丘链组成。

（10）金字塔状沙丘：在无主风向而由多方向风力吹动下，塑造出的沙丘棱面明显、丘体高大，且具有三角形斜面、尖沙顶和狭窄棱脊线，外形酷像金字塔，固称为金字塔状沙丘。

3.3 重力侵蚀形式及其特点

重力侵蚀（gravitaonal erosion）是以重力作用为主引起的土壤侵蚀形式。它是坡面表层土石物质及中浅层基岩，因本身受重力作用（很多情况还受下渗水分、地下潜水、地下径流影响）失去平衡，发生位移和堆积的现象。重力侵蚀多发生在大于25°山地丘陵区，在河谷、沟坡较陡岸边也常发生重力侵蚀，由人工开挖坡脚形成临空面、修建渠道和道路形成陡坡也是重力侵蚀多发地段。严格地讲，纯粹由重力作用引发的侵蚀现象不多，重力侵蚀的发生是与其他外营力参与有密切关联的，特别是在水力侵蚀及下渗水共同作用下，以重力为其直接原因导致地表物质移动。

根据土石物质被破坏的特征和移动方式，将重力侵蚀分为陷穴、泻溜、滑坡、崩塌、地爬、崩岗、岩层蠕动、山剥皮等类型。

（1）陷穴（bole erosion）：在黄土地区、黄土状堆积物较深厚地区的堆积层中，地表层发生近于圆柱形土体垂直向下塌落的现象称为陷穴。因地表水分下渗引起土体内可溶性物质溶解及土体的冲淘，有些物质被淋溶到深层，在土体内形成空洞，引起地面塌陷形成陷穴，主要是因水分局部下渗和黄土大孔隙性及其垂直节理发育所致。陷穴有时单个出现，有时呈珠串状从坡上部向坡下部排列，且下部相连通，为侵蚀沟发展营造了条件。

（2）泻溜（debris slide）：指在陡峭山坡、沟坡上，因冷热干湿交替变化，表层物质严重被风化，造成土石体表面松散和内聚力降低，形成与母岩体接触不稳定的碎屑物质，这些岩土碎屑在重力作用下时断时续地沿斜坡面、沟坡面向下泻的现象称为泻溜。泻溜常发生在黄土地区及有黏重红土斜坡上，在易风化土石山区也有发生。

（3）滑坡（slope slide）：指坡面岩体、土体沿贯通剪切面向临空面下滑的现象。滑坡体与滑床之间有较明显的滑移面是滑坡的主要特征，滑落后的滑坡体层次虽受到严重扰动，但其上下间层次未改变。滑坡在天然斜坡、人工边坡、坚硬和松软岩土体都可能发生，是边坡变形常见的一种破坏形式。当滑坡体发生面积很小、滑落面坡度较陡时，称为滑塌或坐塌。滑坡滑下的整个土体不混杂，一般保持原来相对位置。在透水性强土体下层，遇有透水力差层次时，就容易形成滑落面发生滑坡，坡面的融化层与冻结层之间也容易形成滑落面。

（4）崩塌（collapse）与坠石（fall rock）：在陡峭斜坡上，整个山体、一部分岩体、块石、土体及岩石碎屑突然向坡下崩落、翻转和滚落的现象叫作崩塌。崩落向下运动的土岩体叫崩落体，崩塌发生后在原坡面上形成的新斜面称为崩落面。崩塌的特征是崩落面不整齐，崩落体停止运动后，岩土体上下间层次被彻底打乱，形成犹如半圆形锥体的堆积体，称为倒石锥。发生在山坡上大规模的崩塌称为山崩，在雪山上发生的崩塌称为雪崩，发生在海岸、库岸的崩塌称坍岸，发生在悬崖陡坡上单块岩石的崩落称为坠石。

（5）崩岗（rock slide）：指山坡上被剧烈风化后的岩体受水力、重力的混合作用，向下崩落的现象。崩岗主要发生在我国南方有花岗岩的地区，因为高温、多雨和昼夜温差影响，再加之花岗岩属显晶体结构，富含石英沙粒，其岩石的物理风化和化学风化现象都较为强烈，雨季时花岗岩风化壳大量吸水，致使内聚力降低，风化和半风化的花岗岩体在水力与重力综合作用下发展成为崩岗。

（6）地爬（土层蠕动）：在寒温带与高寒地带土壤湿度较高的地区，春季当土壤解冻时，上层解冻后的土层与冻结土层之间形成两张皮，解冻土层在重力作用下沿斜坡蠕动，在地表出现皱褶，称作地爬或土层蠕动。在有树木生长地段会发生树干倾斜，称作醉林。在大兴安岭、青藏高原、新疆天山等地，均发生这种现象。

（7）岩层蠕动：指斜坡上的岩体在自身重力作用下，发生十分缓慢的塑性变形或弹性变形现象。岩层蠕动主要发生在以页岩、片岩、千枚岩等柔性岩层为主组成的山坡上，少数也出现在坚硬岩石组成的山坡上。

（8）山剥皮：指土石山区陡峭坡面在雨后、土体解冻后，山坡上部分土壤层及母质层剥落，裸露出基岩的现象。若发生大量山剥皮，山体就会变成岩石裸露的不毛之地。山剥皮剥落下的物质，在坡脚堆积，形成倒土堆，土堆内掺有大量植物残体，并具有一定可分选性。

3.4 泥石流侵蚀形式及其特点

泥石流是一种含行大量土砂石块等固体物质的特殊洪流，它既不同于一般暴雨径流，又是在暴雨、大量融雪水、融冰水条件下，受重力和流水冲力的综合作用而形成。泥石流在其流动过程中，由于伴有崩塌、滑坡等重力侵蚀形式发生，得到大量松散固体物质补给，还经过冲击、磨蚀沟床而增加补充固体物质。泥石流侵蚀特点是暴发突然、来势凶猛、历时短暂，因而具有强大的破坏力。泥石流是丘陵山区的一种特殊侵蚀现象，也是山区一种自然灾害。泥石流中砂石等固体物质含量均超过25%，有时高达80%，容重为1.3~2.3t/m^3。泥石流搬运土砂石能力极强，比水流大数十倍至数百倍，其堆积作用也十分迅速，因此对山区工农业生产危害性很大。

根据泥石流发生时的不同特征，可将泥石流侵蚀划分为多种形式，按泥石流发生动因划分，分为暴雨型泥石流、融雪型泥石流和融冰型泥石流；按泥石流发生地貌部位划分，分为沟谷型泥石流、坡面型泥石流；按泥石流发生规模划分，分为小型泥石流、中型泥石流和大型泥石流；按泥石流发生程度划分，分为雏形泥石流、典型泥石流；按泥石流含细粒土壤颗粒数量划分，分为黏性泥石流、结构型泥石流。具体划分方法目前没有特别规定，主要视泥石流发生地区自然特点、防治泥石流需要等多方面要求而定。以下是按泥石流中含固体物质成分而划分的种类。

（1）石洪（rock flow）：指发生在土石山区暴雨后，形成含有大量土砂砾石松散物质超饱和状态的急流。其中含土壤黏粒和细沙较少，不足以影响到该径流流态。石洪内携带物质不是土砂石块，而是水和水砂石块构成的整体流动体。因此石洪在沉积时分选作用不明显，基本按原结构大小石砾间杂存在。

（2）泥流（mud flow）：是指发生在黄土地区、具有深厚均质细粒母质地区的一种特殊超饱和急流，其所含固相物质以黏粒、粉沙等细小颗粒为主。泥流具有的动能量远大于一般山洪，流体表面显著凹凸不平，没有一般流体特点，在其表面可浮托、顶运一些较大泥块。

（3）泥石流（debris flow）：指饱含大量泥沙石块和巨砾的固液二相流体。其过程复杂、暴发突然、来势凶猛、历时短暂，是我国山区经常发生的破坏力极强的自然灾害。泥石流不仅在短时间内汇集大量地表径流，而且还要在沟道、坡面上储备有大量松散固相物体，而面蚀、沟蚀及各种形式重力侵蚀的发生是产生大量松散固相物体的条件，因此，发生泥石流是山区严重土壤侵蚀的标志之一。

3.5 冻融侵蚀形式及其特点

（1）冻融侵蚀（freeze-thaw erosion）：指气温在0℃上下变化，岩石孔隙、裂缝中水在冻结成冰时，其体积膨胀增大约9%，因而它对岩石裂缝壁产生很大压力，使裂缝加宽加深；当冰融化时，水沿着扩大后的裂缝更深地渗入岩体内部，同时随着水量增加，这种冻结、融化反复进行，不断促使裂缝更为加深扩大，以致岩体崩裂成岩屑的现象。冻融侵蚀也称冰劈作用。在冻融侵蚀过程，水既可溶解岩石中矿物质，同时会促进化学侵蚀发生。

土壤孔隙、岩石裂缝中水分冻结时，其体积膨胀，裂隙随之加大增多，整块土体、岩石发生碎裂；在斜坡面、沟坡上的土体由于冻融而不断隆起和收缩，受重力的作用顺坡向下方产生位移。冻融侵蚀在我国北方寒温带分布较多，如陡坡、沟壁、河床、渠道等在春季时有发生。冻融使土体发生机械变化，破坏土壤结构的凝聚力，降低土壤抗剪强度。土壤冻融具有时间和空间的不一致性，当土体表面解冻，底层未解冻时会形成一个不透水层，水分沿交接面流动，使两层间摩擦阻力减小，在土体坡角小于休止角情况下，也会发生不同状态的机械破坏。

（2）雪蚀作用：指在冰冻气候条件下，积雪频繁消融和冻胀产生的一种侵蚀形式。雪蚀作用主要产生于大陆冰盖外围以及乔木分布线以上雪线以下的高山地带，年平均气温为0℃左右，多属永久冻土带地区。积雪边缘频繁交替冻融，通过冰劈作用使地表物质破碎，而雪融水又将粉碎后的细粒物质带走，故雪融作用既有剥蚀作用又具有搬运功能，它使雪场底部加深，周边扩大，逐渐形成宽盆状雪蚀洼地。

3.6　冰川侵蚀形式及其特点

由冰川运动对地表土石体造成机械性破坏作用的一系列现象称为冰川侵蚀（glacier erosion）。高山高原雪线以上积雪，经过外力作用，转化为有层次、厚达数十米至数百米的冰川冰。而后冰川冰沿着冰床作缓慢塑性流动和块体滑动，冰川及其底部含有岩石碎块不断锉磨冰床。同时在冰川下因节理发育而松动的岩块突出部分有可能和冰川冻结在一起，冰川移动时将岩块拔出并带走。冰川侵蚀活跃于现代冰川地区，我国主要发生在青藏高原和高山雪线以上地带。

冰川是自然界一种巨大的侵蚀体，据对冰岛河流含沙量计算，冰源河流泥沙是非冰源河流的5倍，相当于全流域每年因侵蚀而使地面降低2.8mm，对美国阿拉斯加谬尔冰川（Muir Glacier）的含沙量进行计量，全流域每年因侵蚀而使地面降低19mm。冰川之所以具有如此巨大的侵蚀力，首先，是冰川冰本身具有巨大的静压力（100m厚冰体对冰床基岩产生的静压力为90t/m^2），其次是冰体在运动过程以其挟带岩石碎块对冰床施加的磨蚀和掘蚀作用。其结果是造成冰川谷、羊背石等冰川侵蚀地貌出现，同时产生大量的碎屑物质。

（1）刨蚀与掘蚀：

①刨蚀：指冰川在运动过程中，以其巨大静压力及冰体中所含岩屑碎块对冰川产生的锉磨作用，也称磨蚀作用。当冰体中巨大岩块突出冰外时，其刨蚀力更大。在大陆性冰川区，磨蚀作用是冰川侵蚀的主要方式。

②掘蚀：指冰川底部地表如因节理已有松动岩块时，其突出部分能与冰川结合在一起，在冰川前进过程中把岩块掘起并带走的现象。在冰斗后背及冰川谷中岩坎上，掘蚀表现最为明显。

（2）刮蚀：指运动中的冰川对其两侧土体产生破坏的现象，也称侧蚀。冰川活动对地表造成机械性破坏作用。冰川属于固体流，当冰川在槽谷中运动时，遇到突出山嘴不能像水流那样绕过，因此冰川的侧蚀作用比流水侵蚀作用更加明显、更为强烈。由侧蚀作用形成的冰川谷呈现出平直畅通，在形态上呈悬链形，并以谷坎上常见的冰蚀三角面为其特征。

3.7　化学侵蚀形式及其特点

土壤里多种营养物质在下渗水分作用下发生化学变化和溶解损失，导致土壤肥力降低的过程称为化学侵蚀（chemical erosion）。进入土壤中的降水、灌溉水分，当土壤水分达到饱和以后受重力作用沿土壤孔隙向下层运动，使土壤中易溶性养分和盐类发生化学作用，有时还伴随着分散悬浮于土壤水分中的上壤黏粒、有机和无机胶体（包括它们吸附的磷酸盐和其他离子）沿土壤孔隙向下运动等，这些作用均能引起土壤养分损失和土壤理化性质恶化，导致土壤肥力下降。在酸性条件下碳酸岩类在地表径流作用下的溶蚀也属于化学侵蚀。化学侵蚀现象不太明显，且其作用过程相对缓慢，所以在开始阶段常不易被人察觉，但其危害却是不容忽视。化学侵蚀过程不仅降低土壤肥力，致使农作物产量下降，而且还会污染水源、恶化水质，直接影响人畜饮用水和工农业用水。同时由于被污染水体内藻类大量繁殖生长，导致水中有效氧含量降低，鱼类和其他水生生物也会受到影响。

化学侵蚀分为岩溶侵蚀、淋溶侵蚀和土壤盐渍化 3 种主要类型。

（1）岩溶侵蚀：指可溶性岩层在水作用下发生以化学溶蚀作用为主，并伴随有塌陷、沉积等物理过程，从而形成独特地貌景观的过程。依据发育位置又分为地表岩溶侵蚀和地下岩溶侵蚀 2 类。岩溶侵蚀是由水的溶蚀侵蚀作用造成，水的溶蚀作用主要通过大气和水对岩体产生破坏作用，致使岩石、土壤化学成分发生变化的现象。大气中 O_2、CO_2、SO_2 等，加之水本身又溶有各种气体和矿物质，它们同时作用于岩石就会使岩石性质发生改变。主要表现为氧化、水化、水解和溶解作用。特别在石灰岩地质条件和雨量充沛地区，水的各种侵蚀作用极为明显，最突出的现象是水与 CO_2 腐蚀石灰岩，形成熔岩地貌景观。

（2）淋溶侵蚀：指降水和灌溉水进入土壤后，使土壤水分受重力作用沿土壤孔隙向下层运动，并将所溶解物质和未溶解细小土壤颗粒带至深层土壤，产生有机质等土壤养分向土壤剖面深层迁移聚集，甚至流失进入地下水体中的过程。淋溶侵蚀源于在地表水入渗过程对土壤上层盐分和有机质的溶解和迁移，水分在这一过程中主要以重力水形式出现。因重力和毛细管作用，使得土壤中的水分在土壤体内移动过程中，引起土壤理化性质改变、结构破坏，使土壤肥力下降，造成淋溶侵蚀危害。当地下水位低、降水量较少时，淋溶侵蚀强度较小；当地下水位高、降水较多时，尤其在有灌溉条件地区，淋溶侵蚀土壤的深度大，它不仅造成土壤肥力下降，更会使土壤盐分和有机质进入地下水中，造成新的污染来源。

（3）土壤盐渍化（土壤盐碱化）：指在干燥炎热和过度蒸发条件下，土壤毛管水上升运动强烈，致使地下水及土壤盐分向地表迁移，并在地表附近发生积盐的过程。

盐渍化是盐化与碱化的总称。在发生盐渍化土壤中含有各种可溶盐离子，主要阳离子有钠（Na^+）、钾（K^+）、钙（Ca^{2+}）、镁（Mg^{2+}），阴离子有氯（Cl^-）、硫酸根（SO_4^{2-}）、碳酸根（CO_3^{2-}）和重碳酸根（HCO_3^-），阳离子与阴离子氯（Cl^-）、硫酸根（SO_4^{2-}）生成中性盐，而与碳酸根（CO_3^{2-}）和重碳酸根（HCO_3^-）则生成碱性盐。

人类长期过量漫灌、只灌不排、渠道不设防渗措施、沟坝地不设排水系统和地下水位较浅等不合理生产措施，因土壤毛细管作用使土壤深层液体向上移动至地表，水分被蒸发后使各种矿物质留在地表，就引起土壤盐碱化。盐渍化对农业生产构成严重危害，高浓度盐分还会引起植物生理干旱、干扰作物对养分的正常摄取和代谢，能够降低养分有效性和导致土壤表层板结，致使土壤肥力下降，甚至难以耕种。

3.8 植物侵蚀形式及其特点

植物侵蚀（plant erosion）也称生物侵蚀，是指植物在生命过程引起的土壤肥力和土壤颗粒迁移的一系列现象。一般植物在防蚀固土功能上有着特殊作用，但是在人为作用下，有些植物对土壤产生一定侵蚀作用，其主要表现在土壤理化性质恶化，肥力下降。如部分针叶纯林能够恶化林地土壤通透性及其结构等物理性状，过度开垦种植导致土壤肥力下降等。

4　影响土壤侵蚀的因素

对导致土壤侵蚀发生、发展及其侵蚀程度进行影响的因素有气候、地形、地质、土壤、植被和人为 6 种。

4.1　气候因素

影响土壤侵蚀的气候诸因素中，降水强度、前期降水最为密切。

（1）降水强度：水力侵蚀中面蚀与降水量关系不太显著，而与降水强度关系十分密切。这是因降水量大而强度小时，雨滴直径及末速度都较小，因此它只有较小动能，所以对土壤破坏作用就较轻。强度较小降水大部或全部被渗透、植物截留、蒸发所消耗，不能或只能形成少量径流；当降水强度小到与土壤的稳渗速率相等时，地面就不会产生径流，此时此地，径流冲刷破坏土壤的力就不存在。

当降水强度很大时，雨滴直径和末速度都很大，因而它的动能也很大，对土壤击溅作用表现得就十分剧烈。由于降水强度大，土壤渗透、蒸发和植物吸收、截持量远小于同一时间内降水量，因而形成大量地表径流，只要降水强度大到一定程度，即使降水量不大，也有可能出现短历时暴雨而产生大量径流，因此其冲刷能量也很大，所以侵蚀也就严重。大量测定证明，土壤侵蚀只发生在少数几场暴雨之中。黄河水利委员会天水水土保持试验站 1942~1954 年 12 年测定结果表明，1947 年最大 1 次降雨量达 155mm，造成水土流失量占 12 年总量的 35%以上；黄河水利委员会绥德水土保持试验站测定，1956 年曾经发生过 1 次 3.5mm/min 强度的暴雨，致使该年水土流失量占 1954~1956 年 3 年总量的 30%以上。

（2）前期降水：指本次降水之前的降水。前期降水使土壤水分已经饱和，再继续降水就很容易产生径流造成土壤流失。在各种因素相同情况下，前期降水对土壤侵蚀程度的影响主要是降水量的影响。

4.2　地形因素

地形对土壤侵蚀的重要影响，就在于不同坡度、坡长、坡形及坡面糙率是否有利于坡面径流汇集和其能量的转化，当坡度、坡形有利于径流汇集时，则能汇集较多量径流，而当坡面糙率大则在能量转化过程中，消耗一部分能量用于克服粗糙表面对径流的阻力，径流冲刷力就要相应地被减小，因此地形是影响降到海平面以上陆地的降水，在汇集流动过程中能量转化最主要的因素，地形影响能量转化的主要因子是坡度、坡长、坡形和坡向。

（1）坡度：发生坡面侵蚀的主要动力来自降水及由此而产生的径流，径流能量大小取决于水流速及径流量大小，流速主要取决于地表坡度及糙率。此外，由于坡度大，在相同坡长时水流用较短时间就能流出。当土壤入渗速度相同时，因入渗时间短，其入渗量较小，就增大了径流量，因此，坡度是地形因素中影响径流冲刷力及击溅输移的主要因素之一。在整个坡面上，侵蚀量随坡度增加存在着一定的极限。F. G. Renner 通过研究证明，坡度约在 40°以下时，侵蚀量与坡度呈正相关，超过此值反而有降低趋势（图 3-24）。研究表明，黄土丘陵沟壑区，丘陵坡地在

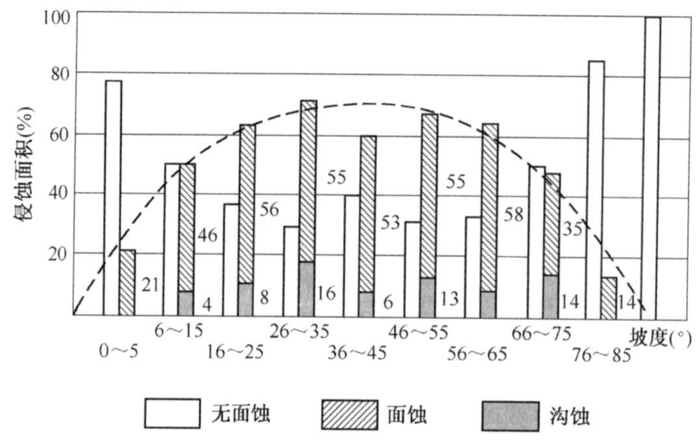

图 **3-24**　F. G. Renner 的坡度与土壤侵蚀关系

0°~90°，15°、26°和 45°是几个非常重要的坡度转折。15°以上坡面侵蚀逐渐加剧，26°以达到最大值，此后水蚀强度降低，26°是以水力侵蚀为主转变为重力侵蚀为主的侵蚀转折点。整个区间 45°坡面的侵蚀作用最为强烈，此后又趋减小。陈水宗通过对黄土丘陵区域研究，提出水蚀临界坡度是 28. 5°，当小于 28. 5°时，侵蚀程度与坡度呈正相关；大于 28. 5°时，侵蚀程度与坡度呈负相关。以下是我国最早水文站测量坡度与土壤侵蚀程度的数量关系（表 3-13）。

表 3-13　坡度与土壤侵蚀程度的数量关系

测站地点	坡度	径流量		侵蚀量	
		m^3/hm^2	%	t/hm^2	%
天水站	4°10′	162. 94	100	5. 7	100
	7°30′	138. 31	85	15. 18	240
	14°09′	135. 45	83	15. 67	275
	17°30′	153. 02	94	27. 32	488
绥德站	10°	172. 62	100	102. 14	100
	28°52′	374. 73	216	201. 46	197

（2）坡长：指从地表径流起点到坡度降低到足以发生沉积的位置，或者是径流进入一个规定沟（渠）入口处的距离。坡长影响土壤侵蚀，主要是当坡度一定时，坡长越长，其接受降水面积越大，因而径流量就越大，水有较大重力位能，因此当其转化为动能时能量也大，其冲刷力也就增大。

天水站和绥德站资料表明：①在出现降水强度>0. 5mm/min 时的大暴雨、特大暴雨时，坡长与径流量和冲刷量呈正相关；②当降水平均强度较小，或大强度降水持续时间很短暂时，坡长与径流量呈负相关，与冲刷量呈正相关；③当降水量很小（3~15mm），强度也很小时，坡长与径流量、冲刷量均呈负相关。美国 Zingg 在研究坡长与流失量关系过程中，发现土壤流失量按坡长的 1. 6 次方变化，而单位面积流失量按坡长的 0. 6 次方变化，但是，应指出地形因素是由不同

坡度、坡长及具有不同物理化学性质土壤组合而成，因此情况非常复杂，作为自变量坡长的变化与因变量——侵蚀量之间因不同观测试验地点有不同变化。当降水量不大，坡度较缓，同时土壤又具有较大渗透能力时，径流量反而会因坡长加长而减少，形成“径流退化现象”。

4.3　地质因素

岩石的节理、断层、地层产状和岩性等都对崩塌有直接影响。地处节理和断层发育的山坡，其岩石极易破碎，很易发生崩塌。当地层与山坡坡向一致，而地层倾角小于坡度角时，常沿地层层面发生崩塌。软、硬岩性地层互层时，较软岩层易受风化，形成凹坡，坚硬岩层形成陡壁、突出成悬崖，易发生重力侵蚀。

4.4　土壤因素

土壤既是侵蚀对象又是影响径流因素，因此，土壤的各种性质都会对面蚀产生影响。经常使用土壤抗蚀性和抗冲性衡量土壤抵抗径流侵蚀能力，用渗透速率表示对径流的影响程度。

（1）土壤抗蚀性：指土壤抵抗径流对其分散和悬浮的能力。土壤越黏重，胶结物越多，抗蚀性越强。腐殖质能把土粒胶结成稳定团聚体和团粒结构，因而土壤含腐殖质多时，其土体抗蚀性就强。

（2）土壤抗冲性：指土壤抵抗径流对其机械破坏力和推动下移的能力。土壤抗冲性可以用土块在水中崩解速度来判断，崩解速度越快，表示其抗冲能力越差；有长势健壮植被的土壤，在植物根系网络的土壤难于崩解，抗冲能力较强。

（3）影响土壤抗蚀性、抗冲性因素：主要有土壤质地、土壤结构及其水稳性、土壤孔隙、剖面构造、土层厚度、土壤湿度，以及土地利用方式等。

（4）土壤质地对土壤侵蚀的影响：土壤质地通过土壤渗透性和结持性来影响侵蚀。一般而言，质地较粗土壤，其内部大孔隙含景多，透水性强，地表径流量小。

（5）土壤结构对土壤侵蚀的影响：土壤结构性越强，总孔隙率越大，其透水性和持水量就越大，土壤侵蚀就越轻。土壤结构的强弱既反映出成土过程的差异，又显示出目前土壤的熟化程度。我国黄土高原的幼年黄土性土壤和黑垆土，土壤结构差异明显，前者土壤密度大，总孔隙和毛管孔隙少，渗透性差；后者结构性强，土壤密度小，根孔与动物穴多，非毛管孔隙多，渗透性强。不同渗透性导致地表径流量不同，发生的水流侵蚀量也不同。

（6）土壤水分与土粒团聚关系：土壤中保持一定水分有利于土粒的团聚作用。一般而言，土体越干燥，渗水越快，土体越易分散；土壤较湿润，渗透速度小，土粒分散相对慢。试验测定表明，只要黄土含水量达20%以上，土块就可以在水中保持较长时间不散离。

土壤抗蚀性指标多以土壤水稳性团粒和有机质含量的多少来判别，土壤抗冲性以单位径流深所产生的侵蚀数量或其倒数作指标来衡量。

4.5　植被因素

生长植物的枝叶、根系及其枯枝落叶物质，具有覆盖地面、防止雨滴击溅，改变地表径流的条件和性质，促进增加下渗水分，根系直接固持土体等作用，与风力、水力具有夷平作用相制约、抵抗平衡的结果，能够形成相对稳定坡地。植被防蚀功能主要表现是：

（1）森林与草组成的绿地具有很强涵蓄水分能力：乔灌草植被的枯枝落叶层，随植物凋落物量增加，绿地平均蓄水量和平均蓄水率都在增加，可达20~60kg/m^2。

（2）植被能够促进绿地土壤水分的渗透量：由于植物凋落物阻挡、蓄持水以及改变土壤渗透性的作用，有效地促进了林下土壤的水分渗透能力，见表3-14。

表3-14　土地不同利用方式的土壤水分渗透率

土地利用方式	前30min平均入渗率（mm/min）	稳定入渗率（mm/min）	表达式（mm/min）
刺槐林地	1.67	0.88	$K_{林}$=0.88+6.019/t0.85
农耕地	1.29	0.52	$K_{农}$=0.52+1.519/t0.767
天然草地	1.51	0.61	$K_{草}$=0.61+5.591/t0.896

注：表达式中：$K_{林}$、$K_{农}$、$K_{草}$分别表示刺槐林地、农耕地和天然草地的水分入渗率；t代表时间（min）。

（3）植被减缓地表水流速：植被枯枝落叶极大地增加了地表糙度，使得地表径流流速因此而大为减缓，据测定绿地径流流速仅为裸露土地的1/40~1/30。

上述植被的这3种作用，使得具有生长植被丰盛的分布区域的地表水径流量减小，且延长径流历时，起到减小径流量，延缓径流过程进而减小径流侵蚀能量的作用。植被对土壤形成的巨大促进作用，是因为植被的枯枝落叶残败体可以直接进入土壤，能够有效提高土壤有机质含量，而土壤抗蚀性提高正是有机质含量增加的结果。植被提高土壤抗蚀性，是通过植物众多支毛根固结网络、保护阻挡、吸附牵拉3种方式来实现，表现为冲刷模数相对降低。据测定20年生刺槐林地地表层冲刷量仅为农地的1/5、草地的1/3。

4.6　人为因素

在相当长历史时期，由于人类对自然规律缺乏科学、系统的认识，不能合理利用土地，反而是掠夺式地利用土地资源，这就引起了坡地水土流失，极大地降低和破坏了土壤肥力，耗竭和破坏了土地生产力，导致难以挽回的生态灾难。

当人类破坏力大于土体抵抗力时，必然会发生土壤侵蚀，这是不以人的意志为转移的客观规律。但是，影响破坏土壤侵蚀发生发展及控制土壤侵蚀的有关因素改变，都会影响破坏力与土体抵抗力的消长。因此，应了解影响土壤侵蚀的自然因素之间相互制约关系。在现阶段人类尚不能控制降水的条件下，可以通过改变有利于消除破坏力的因素，从而有利于增强土体抗蚀能力因素来保持水土，促使水土流失向相反方向转化，使自然面貌向人类意愿方向发展，这就是水土保持工程项目建设中人的作用。人类活动既可以引发水土流失，又可以通过人的活动控制土壤侵蚀。

5　土壤侵蚀预报

5.1　预报目的与原则

（1）实施土壤侵蚀预报目的：有效监测土壤侵蚀动态变化，并对土壤侵蚀发展状况进行预测预报，是防治土壤侵蚀重要依据，同时也是进行水土保持监督执法的科学依据，对我国生态环境建设具有重要意义。根据我国当前社会经济发展要求，主要对在自然和人为干预情况下，对影响土壤侵蚀的因素及其过程进行动态监测，其目的是为水土保持和流域综合治理提供基础资料，为水土保持评价和决策提供科学依据，为水土保持科研提供可靠的动态数据资料，为水土保持监督执法提供技术支持，为水土保持行业标准体系建设提供技术支持和保障。

（2）土壤侵蚀预报原则：土壤侵蚀预报应为工农业生产、土地经营服务，为科学研究服务，应遵从科学性、实用性、主导因子与次要因子相结合和可操作性原则。

①科学性原则：土壤侵蚀预报既要考虑侵蚀发生成因，又要重视侵蚀发育阶段与其形成特点的联系，宏观与微观相结合，抓住主要矛盾，把握土壤侵蚀发生发展规律，使监测预报尽可能准确、及时。

②实用性原则：预报的成果能够为土壤侵蚀防治、生产建设、科学研究等服务，为土地可持续利用提供科学依据。

③主导因子与次要因子相结合原则：在宏观上应抓住影响土壤侵蚀的主要因子，同时在微观上要注重影响土壤侵蚀的次要因子，既突出重点因子又顾全综合因素，从而使预报结果能够满足不同层次的生产与土壤侵蚀防治要求。

④可操作性原则：指标容易获得，模型运算灵活方便，分级分类指标清晰直观、符合逻辑，监测结果便于应用。

5.2 预报方法与程序

较大区域的土壤侵蚀预报，采用遥感影像获取植被覆盖因子和土地利用现状因子，通过利用地形图、数字高程模型（DEM）获得地面坡度、沟壑密度、沟壑面积、高程等因子，通过现有专题图获取土壤类型、地貌类型、行政边界、流域边界等因子，通过典型调查与航片分析，获得典型土壤侵蚀类型和土壤侵蚀形式等分类标准及其他辅助因子。利用获得的这些因子进行叠加，通过专家模型建立计算机土壤侵蚀分类系统，生成土壤侵蚀专题图和数据库。在此基础上进一步建立土壤侵蚀数学模型，并与专家模型进行对比，从而提高精度，最终利用土壤侵蚀模型对土壤侵蚀进行预报。预报技术流程如图 3-25。

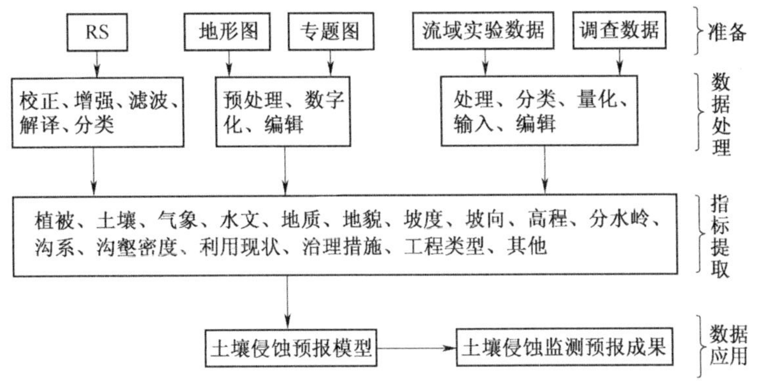

图 **3-25** 土壤侵蚀监测预报技术流程

（1）资料准备与野外作业：首先要准备遥感影像。图面资料选择最新版本 1∶5 万~1∶10 万比例尺地形图，条件许可情况下向国家测绘部门直接购买电子版地形图，供解译判读、行政及流域界线划分、DEM生成使用。为提高影像信息可解译性，广泛收集整理现有基础研究及地质图、地貌图、植被图、土壤图、土壤侵蚀图、土地利用图、流域界线图等专业性图件。还要收集整理有关站点的水文、气象观测资料，包括水文站点水文泥沙资料、实验站土壤侵蚀观测资料、淤地坝泥沙淤积资料等。通过不同流域不同土壤侵蚀区域进行的外业路线调查，建立土壤侵蚀类型、程度和强度分级遥感解译标志，如有条件，可拍摄野外实况照片，用于土壤侵蚀强度判读分析。

（2）数据处理：包括对土壤侵蚀各种数字的专题分类、图形矢量化处理、图幅编制、其他有关声音及图片索引关系建立等。

①图形分层处理：把不同属性图形分层处理时，应注意不同系列专题图，各图层图框和坐标系应该一致；各图层比例尺一致；每一层反映一个独立的专题信息；点、线、多边形等不同类矢量形式不能放在同一图层上。

②图形分幅处理：指对大幅面图形进行分幅后才能满足输入设备的要求。图形分幅有以下2种方法：第1种是规则图形分幅，指把一幅大图形以输入设备的幅面为基准，或以测绘部门提供的标准地图大小为标准，分成规则的几幅矩形图形。这种分幅方法要使图幅张数分得尽可能少，以减少拼接次数；分幅处图线尽可能少，以减轻拼接时线段连接的工作量；同一条线或多边形分到不同图幅后，它们的属性应相同。第2种是以流域为单位进行分幅，如为完成1个县的流域管理项目，可把1个乡、1个村作为1幅图进行单独管理。这样1幅图就被分成若干个不规则图形。这种分幅方式要以地理坐标为坐标系，同时要求不同图层分幅界线最好一致。

③图形清绘与专题图输入：指根据技术规范对各项专题图用事先约定的点、线、符号、颜色等做进一步清理，使图形整体清晰、不同属性之间区别明显。把图形和属性数据输入到计算机中，并把图形、属性库以及属性库的内容通过关键字联结起来，形成完整意义的空间数据库。对遥感影像进行精纠正、合成、增强、滤波，根据野外调查建立判读标准等。

（3）专题指标提取：指一系列有组织和特定意义指标要素的空间特征数据，也就是土壤侵蚀监测预报的指标系统，用于土壤侵蚀类型基础上，确定土壤侵蚀程度及其强度。以卫星影像为信息源，结合历史资料，采用全数字人机交互作业方式和计算机自动监督分类方式确定土壤侵蚀类型和土壤侵蚀形式。

①土地利用是资源社会属性和自然属性的全面体现，最能反映人类活动及其与自然环境要素之间的相互关系，它是土壤侵蚀强度划分的重要参考指标。获取土地利用的最快办法是利用遥感影像进行计算机监督分类，矢量化以后作为1个数据层面。对于小区域土壤侵蚀监测预报，可采用近期土地利用现状图，输入到计算机以后作为现状层面使用。土地利用现状类型划分参照自然资源部制定的土地分类标准。

②土壤质地可反映出土壤的可蚀性，质地尽可能依靠已有成果资料，通过土壤图、地质图综合分析获得。土壤类型也反映了土壤的可蚀性，可利用现有土壤图输入到计算机使用。

③沟谷密度是单位面积侵蚀沟总长度，用于反映确定范围地表区域内沟谷的数量特性，通常以每平方千米面积内沟谷总长度（千米）为度量单位。沟谷密度发育和演化过程是地表土壤侵蚀过程的产物，因此沟谷密度是水力侵蚀强度分级重要指标。在丘陵山区分析沟谷发育尤为重要，任何级别沟谷所引起的土壤侵蚀都具有相当强的环境意义，但这些细小沟谷在卫星影像上无

法完全识别，限制了土壤侵蚀研究中的沟谷密度分析。因而，沟谷密度分析一般可依靠航片，也可以利用地形图通过 GIS 生成。利用航片分析沟谷密度的方法是：在航片上分析水系类型，并根据不同密度等级以小流域为单元，选择样区作为确定沟谷密度样片，并在 GIS 软件支持下，生成以“千米/平方千米”为单位的沟谷密度结果。利用地形图生成沟谷密度的方法是：通过 DEM 计算出水系，然后计算沟系总长度。沟谷密度根据“行业标准”分为$<1km/km^2$、$1\sim2km/km^2$、$2\sim3km/km^2$、$3\sim5km/km^2$、$5\sim7km/km^2$和$>7km/km^2$共 6 个等级。

④DEM 综合反映出地形的坡度、海拔高度、地貌类型等基本特征，这些都是衡量土壤侵蚀程度和强度分析的关键要素。坡度主要用于水力侵蚀类型的面蚀分级，依据水土保持行业标准，坡度分为$<5°$、$5°\sim8°$、$8°\sim15°$、$15°\sim25°$、$25°\sim35°$和$>35°$共 6 个等级；海拔反映出地势的基本特征，不同高程带具有不同的环境条件和不同的人类活动，因而具有不同的土壤侵蚀状况，它是冻融侵蚀程度和强度分级的主要指标。地貌类型根据 DEM 分析划分为山地、丘陵、平原等。

⑤根据地形图行政划分获得行政界线，利用遥感影像直接获取流域界线。降水指标是根据区域内气象站观测数据建立的等值线图，然后插值计算详细数据得到。其他泥沙、土壤水分、暴雨强度等用于详细计算土壤侵蚀模数的指标，可以通过气象站、水文站和现场观测、实验得到。根据水土保持试验研究站代表的土壤侵蚀类型区取得的实测径流泥沙资料进行统计计算及分析，这类资料包括标准径流场资料，但它只反映坡面上溅蚀量与细沟侵蚀量，故其数值通常偏小。全坡面大型径流场资料能反映浅沟侵蚀，故比较接近实际。此外，还需要收集各类实验小流域的径流、输沙等资料。这些资料是建立坡面和流域产沙数学模型的基础数据。

（4）模型建立与结果生成：得到土壤侵蚀各项指标以后，就可以利用土壤侵蚀分类系统、专家经验模型与数理模型等，来分析计算土壤侵蚀程度和土壤侵蚀强度，生成土壤侵蚀数据库。在完成土壤侵蚀类型、土壤侵蚀形式、土壤侵蚀程度及强度分级判读后，利用 GIS 软件进行分幅编辑、坐标转换和图幅拼接等，然后在数据库中对其进行系统集成、面积汇总，生成坡度、高程、流域及省份区域的土壤侵蚀类型、土壤侵蚀形式、土壤侵蚀程度和强度图件及数据。

第七节 水土保持综述

1 水土保持的概念

（1）水土保持一词的法律法规阐述。水土保持（water and soil conservation），在《中华人民共和国水土保持法》中的明确规定是，“本法所称水土保持，是指对自然因素和人为活动造成水土流失所采取的预防和治理措施”。

（2）水土保持行业标准。在中华人民共和国行业标准《水利水电工程技术术语（SL 26—2012）》中，对水土保持解释是“防止水土流失，保护、改良与合理利用水土资源的综合性措施”。

（3）水土保持的学术概念。我国“水土保持”一词是 1934 年李仪祉、张含英先生主持黄河水利委员会时，针对治理黄河流域水土流失和改善农业生产条件的综合措施，具有中国特色的专用术语，并在有关文件中使用，还设置专门机构开展水土保持工作。《中国大百科全书・水利卷》《中国水利百科全书》，对水土保持概念界定为：“防治水土流失，保护、改良和合理利用水土资源，维护和提高土地生产力，以利于充分发挥水土资源的经济效益和社会效益，建立良好生态环境的综合性科学技术。”从这个定义可以看出：

①水土流失是指在水力、重力和风力等外营力以及人类活动作用下，水土资源和土地生产力遭受的破坏和损失。水土保持是专门针对山丘区和风沙区水、土两种自然资源的保护、改良与合理利用，而不仅限于土地资源，水土保持不等同于土壤保持。水土保持包括水与土的保持，其核心是保护改良和合理利用水土资源，改善生态环境，也是减少入河入湖入库泥沙的主要措施；是山区、丘陵区和风沙区生态环境工程建设的主体项目，也是平原区水土资源保护的重要措施。

②保持含义不仅限于保护，而是保护、改良与合理利用的综合含义。水土保持不能单纯地理解为水土保护、土壤保护，更不能等同于土壤侵蚀控制。

③水土保持目的在于充分发挥山丘区和风沙区水土资源的生态、经济、社会效益，改善当地农业生态环境，可持续地利用水土资源，为发展山丘区、风沙区的生产建设，整治国土、治理江河，减少水、旱、风沙灾害等服务。

（4）水土保持学。水土保持学是防治水土流失的一门科学，是一门交叉性边缘学科。水土保持学的主要研究内容有：

①水土流失的各种形式、分布和危害；小流域径流的形成与损失过程；不同土壤侵蚀类型区的自然特点和土壤侵蚀特征。

②水土流失规律和水土保持技术措施，研究在不同气候、地形、地质、土壤和植被等自然因素综合作用下，水土流失发生、发展的规律，以及人类活动因素在水土流失和水土保持中的作用，为制定水土保持规定和设计综合防治技术措施提供理论依据，研究各项措施的技术问题。

③研究和制定水土流失与水土资源调查与评价方法；研究合理利用土地资源的规划原则与方法。

④测试、研究水土保持的生态效益、经济效益和社会效益。

2 水土保持的重要性及其意义

水与土是人类赖以生存的最基本物质，是发展农业生产的重要因素。而水土保持是保育水土自然资源的主体，它对于改善地区农业生产的生态条件，建设良性循环生态环境，减少水、旱、风沙等灾害，发展国民经济具有重要意义。

（1）保护土地资源，维护土地生产力。据统计，我国因水土流失平均每年损失耕地约 100 万亩，对山丘区坡面与沟道采取水土保持措施，可以有效防止耕地、林地、草地土壤面蚀与沟蚀，保护土地资源免遭损失，维护土地生产力。对风沙区采用防治风力侵蚀措施，能够防止农耕地与草地的风蚀退化。

（2）充分利用降水资源，提高农业抗旱生产能力。在山地丘陵水土流失严重地区，通过修建水平梯田等坡面蓄水工程，可以有效拦蓄降水形成的坡面径流，减少水流失，提高降水资源利用率，增强旱作农业、经济林果的抗旱生产能力。

（3）改善区域生态环境，促进当地社会和经济发展。水土保持能够改善生产条件和生态环境，增加人口环境容量，极大地促进人口、资源、环境与社会经济的可持续发展。长江上游三峡库区第一期水土保持重点防治区，经过治理，人口环境容量增加 6~23 人/km^2。黄河上中游无定河、皇甫川、三川河以及甘肃西县等 4 大重点治理区，经过 5~10 年治理后，人口环境容量可增加约 20 人/km^2。

（4）减少江河湖库泥沙淤积，减轻下游洪涝灾害。水土保持不仅保护与改善治理区的生产与生活环境，而且减少了流域产泥沙量，从而减轻了下游遭受洪涝灾害的危险。据初步统计，中华人民共和国成立以来，全国兴建的水土保持工程项目每年可以减少和拦蓄泥沙 16 亿 t，增加蓄水能力约 250 亿 m^3。黄河上中游建设的水土保持工程项目，每年减少流入黄河泥沙 3 亿 t。对中小流域，水土保持技术措施对洪水具有显著的调节作用。一般暴雨条件下，可削减洪峰流量达 30%~70%。

（5）减少江河湖库非点源污染，保护与改善水质。水土保持技术措施在保水的同时，还能够保土、保肥，从而减少河川水体的非点源污染，发挥保护与改善水质的作用。

3　我国水土保持科学研究重点领域

我国水土保持科学研究的重点领域是水土保持的基础理论以及关键治理技术。

3.1　基础理论研究

（1）土壤侵蚀过程及其机制。指水力侵蚀过程与机制、风力侵蚀过程与机制、重力侵蚀与泥石流、人为侵蚀与特殊侵蚀过程机制。

①水力侵蚀过程与机制。重点包括：水力侵蚀发生演变过程的水文及水动力学特征与临界；土壤抗侵蚀力、土壤可蚀性物理描述；坡地降水径流侵蚀与输沙过程及其机制；坡沟系统水砂汇集与输移过程；小流域水蚀过程及其机制；水力侵蚀形态发生演变过程的数值模拟。

②风力侵蚀过程与机制。研究包括：风、风沙流动力学特征及风蚀作用；沙粒、沙丘运动过程及机制；沙尘暴发生机制及沙源区界定；沙尘暴预警系统。

③重力侵蚀与泥石流。研究包括：重力侵蚀、泥石流发生的力学机制；重力侵蚀与泥石流发生的条件；重力侵蚀、泥石流对河流泥沙与河道淤积的贡献。

④人为侵蚀与特殊侵蚀过程机制。主要研究重点包括：耕作侵蚀过程机制；开发建设造成水土流失过程机制；植被破坏与恢复重建对土壤侵蚀过程的影响和评价；农牧草交错地带风、水复合侵蚀交互作用过程与机制。

（2）土壤侵蚀模型。土壤侵蚀模型是采用数学方法定量描述各因子对土壤侵蚀的影响，以及侵蚀过程，最终预报土壤流失量。近期土壤侵蚀模型研究的重点是：土壤侵蚀因子定量评价；坡面水蚀预报模型；小流域分布式水蚀预报模型；风蚀预报模型和农业非点源污染模型。

（3）水土保持措施防蚀机理。其研究重点主要是：水土保持措施防蚀机理；水土保持工程项目建设技术措施适用性评价；水土保持工程项目建设技术与管理措施效益评价。

（4）流域生态过程和水土保持措施配置。主要研究重点是：小流域水土流失及其生态环境演化过程；侵蚀—治理双向驱动下的小流域生态系统结构及其功能；小流域水土保持技术措施配置和流域健康诊断；数字流域及其流域过程模拟。

（5）大尺度水土流失与水土保持的格局与规律。主要研究内容有：土壤侵蚀区域特征与格局；区域土壤侵蚀因子分析；土壤侵蚀尺度效应；区域水土流失宏观评价模型。

（6）水土流失与水土保持环境效应评价。主要研究内容是：水土流失与水土保持对环境诸要素和生态环境过程的影响；水土流失与全球气候变化关系；水土流失与水土保持的人文、社会经济学研究。

（7）泥石流、滑坡发生规律。需要重点研究的基础课题有：泥石流、滑坡形成机理；泥石流、滑坡动力学和成灾机制；山地灾害与生态环境耦合作用机制。

3.2 水土保持关键技术

水土保持关键技术研究主要包括以下 7 个方面。

（1）水土保持生态建设动态监测评价关键技术。全国水土保持监测网络与管理信息系统经国家发展与改革委员会批准立项。其中亟待研究解决的关键问题是监测网格结构、监测站点布设、监测指标体系、动态数据采集以及水土保持管理信息系统开发等。建立我国水土流失监测信息系统，定期公布水土流失监测情况，对水土流失面积、分布状况和流失程度，水土流失造成的危害及其发展趋势，水土保持情况及其效益等进行动态监测。

（2）降水、地表径流调控与高效利用技术。收集、利用和调控地表径流，是水土资源高效利用、缓解水资源短缺矛盾和控制坡面水蚀的有效手段。研究重点有降水地表径流资源利用潜力分析与计算方法；降水、地表径流网格化利用技术；降水、地表径流高效利用配套设备。

（3）坡地整治与沟壑坝系优化建设技术。坡地整治重点研究不同类型区高标准梯田、路网合理布局与快速建造技术；不同生态类型区坡地改造与耕作机具的研制与开发；梯田快速培肥与优化利用技术。沟壑整治重点研究坝系合理安全布局设计与建造技术；沟壑综合防治开发利用技术；泥石流预警与综合防治技术。

（4）林草植被快速恢复与建造技术。主要问题包括高效、抗逆性速生林草种选育与快速繁育技术；林草植被抗旱营造与适度开发利用技术；林草植被立体配置模式与丰产经营利用技术；特殊类型区植被营造及更新改造与综合利用技术。另外，还包括林草植被自我修复技术。

（5）流域生态经济系统的管理与调控技术。应用生态经济系统理论去分析、处理某一治理区域（流域）生态经济系统经营与调控问题，以区域（流域）为单元，研究其生态经济系统结构、功能与物质流、信息流，在综合分析、诊断基础上，采用多目标规划方法建立不同类型生态经济系统合理经营模式，使治理水土流失与当地水土资源以及其他再生自然资源的开发利用紧密结合。

（6）可持续发展理论指导下的水土流失综合治理与开发技术。研究制定适用于我国国情的水土保持区域可持续发展指标体系，它有利于提高水土保持综合治理与开发的技术与管理水平。水土保持可持续发展指标体系既包括社会经济方面的指标，也包括生态环境各项指标。

（7）泥石流、滑坡等山地灾害方面。主要内容有泥石流、滑坡预测预报技术体系和业务平台；泥石流、滑坡监测技术与警报器研制；山地灾害减灾决策机制与减灾决策支持系统。

4 我国的水土保持法律规定

4.1 水土保持法律法规

（1）法律：《中华人民共和国水土保持法》（全国人大常委会 1991 年 6 月 29 日通过，实施；2010 年 12 月 25 日再次修订通过，自 2011 年 3 月 1 日起施行）。相关法律还有《中华人民共和国水法》《中华人民共和国环境保护法》《中华人民共和国森林法》《中华人民共和国土地管理法》和《中华人民共和国草原法》等有关自然资源保护的法律。

（2）行政法规：《中华人民共和国水土保持法实施条例》（国务院 1993 年颁布）。

（3）相关领域法规：

《中华人民共和国河道管理条例》（1988 年 6 月 10 日）；

《中华人民共和国防洪法》（1997 年 8 月 29 日）；

《建设项目环境保护管理条例》（1998 年 11 月 18 日）；

《中华人民共和国基本农田保护条例》（1999 年）；

《中华人民共和国防沙治沙法》（2001 年 8 月）；

《中华人民共和国环境影响评价法》（2002 年 10 月 28 日）；

《中华人民共和国公路法》（2004 年 8 月 28 日）；

各省（自治区、直辖市）实施《中华人民共和国水土保持法》办法。

（4）部委规章：指由国务院、各部委、各省（自治区、直辖市）人民政府颁布的规定、办法等。

《开发建设项目水土保持方案管理办法》（国家发展和改革委员会、水利部、国家环保局［1994］513 号文）；

《开发建设项目水土保持方案编报审批管理规定》（水利部第 5 号令，1995 年 5 月 30 日）；

《水土保持方案编制资格证单位考核办法》（水利部水保［1997］410 号文）；

《关于西部大开发中加强建设项目环境保护管理的若干意见》（环发［2001］4 号文）；

《开发建设项目水土保持设施验收管理办法》（水利部第 16 号令，2002 年 10 月 22 日）；

《水土保持监测资格证书管理暂行办法》（水利部水保［2003］第 202 号文）；

《编制开发建设项目水土保持方案资格证书管理办法》（水利部水保［1995］155 号文）；

《开发建设项目水土保持设施验收管理办法》（水利部令第 16 号，2002 年 12 月 1 日，2005 年 7 月 8 日修订）；

地方人民政府制定的规章，如各省（自治区、直辖市）《水土保持设施补偿和水土流失防治费征收使用管理规定》。

（5）规范性文件：指由国务院、各部委、各省（自治区、直辖市）颁发的文件。

《全国生态环境保护纲要》（国务院［2000］38 号文）；

《关于加强土地开发利用管理搞好水土保持的通知》（国家土地管理局、水利部［1989］国土［规］字第 88 号文）；

《关于加强水土保持工作的通知》（国务院［1993］5 号文）；

《关于贯彻执行〈中华人民共和国水土保持法实施条例〉有关规定的通知》（地发）（地质矿产部、水利部［1993］227 号文）；

《公路建设项目水土保持工作规定的通知》（水利部、交通部、水保［2001］12号文）；

《关于印发〈规范水土保持方案编报程序、编写格式和内容的补充规定〉的通知》（水利部水保监［2001］15号文）；

《水土保持生态建设工程监理管理暂行办法的通知》（水利部水建管［2003］79号文）；

《关于水利建设单位做好水土保持工作的通知》（水利部办公厅水保监［1995］34号文）；

《关于加强水土保持方案审批后续工作的通知》（水利部办公厅办函［2002］154号文）；

《关于加强大中型开发建设项目水土保持监理工作的通知》（水利部水保［2003］423号文）；

《关于加强大型开发建设项目水土保持监督检查工作的通知》（水利部办公厅水保［2004］97号文）；

《关于进一步加强土地及矿产资源开发水土保持工作的通知》（水利部、国土资源部水保［2004］165号文）；

各省（自治区、直辖市）水行政主管部门制定的有关规定等规范性文件。

4.2 水土保持法律法规的基本规定

（1）水土保持工作方针。根据我国水土流失发展状况，确定了新的水土保持工作方针是“预防为主，全面规划，综合防治，因地制宜，加强管理，注重效益”，把水土流失预防与保护工作摆到了首位。

（2）水土保持权利与义务。一切单位和个人都有保护水土资源、防治水土流失的义务，从事可能引起水土流失的生产建设活动的单位和个人，有责任保护水土资源，并负责治理因生产建设活动造成的水土流失。防治开发建设造成水土流失的总原则是“谁开发、准保护，谁造成水土流失、谁负责治理”。

（3）水土保持纳入国民经济和社会发展计划。明确各级人民政府将水土保持规划纳入国民经济和社会发展计划，安排专项资金组织实施。开发建设项目造成水土流失，由建设和生产单位分别在基本建设投资、生产费用中列支防治水土流失费用。各级人民政府要实行水土流失防治目标责任制。

（4）水土流失防治实行分区防治原则。要求县级以上人民政府根据当地水土流失具体情况，划定水土流失重点防治区，应对重点预防保护区、重点监督区和重点治理区进行分类指导，分区防治。

（5）建立水土保持方案报告制度。凡从事可能引起水土流失的生产建设单位和个人，必须首先编报水土保持方案，经水行政主管部门批准后方可审批环境影响报告，才能申请计划部门立项，这是预防水土流失的首要环节。

（6）明确水土保持机构的监督职能。县级以上地方人民政府水行政主管部门及其水土保持监督管理机构，地方政府设立的水土保持机构，对水土流失的防治实施监督检查，这是贯彻实施水土保持法的重点保证。

4.3　开发建设项目水土保持有关规定

《中华人民共和国水土保持法》（以下简称“法律”）和《中华人民共和国水土保持法实施条例》（以下简称“条例”）对开发建设项目的水土流失防治主要有以下规定：

（1）法律第三条规定“水土保持工作实行预防为主、保护优先、全面规划、综合治理、因地制宜、突出重点、科学管理、注重效益的方针”。

（2）法律第八条规定“单位和个人都有保护水土资源、预防和治理水土流失的义务，并有权对破坏水土资源、造成水土流失的行为进行举报”。

（3）法律第十五条规定“有关基础设施建设、矿产资源开发、城镇建设、公共服务设施建设等方面的规划，在实施过程中可能造成水土流失的行为，规划的组织编制机关应当在规划中提出预防和治理水土流失的对策和措施，并在规划报请审批前征求本级人民政府水行政主管部门的意见”。

条例第十二条规定“依法申请开垦荒坡地，必须同时提出防止水土流失措施，报县级人民政府水行政主管部门或者其所属水土保持监督管理机构批准”。

（4）法律第二十二条规定“林木采伐应当采用合理方式，严格控制皆伐；对水源涵养林、水土保持林、防风固沙林等防护林只能进行抚育和更新采伐；对采伐区和集材道应当采取防止水土流失措施，并在采伐后及时更新造林。在林区采伐林木时，采伐方案中应当有水土保持措施。采伐方案经林业主管部门批准后，由林业主管部门和水行政主管部门监督实施”。

条例第十三条规定“采伐林木必须对采伐区和集材道采取防止水土流失措施，采伐方案中必须有采伐区水土保持措施”。

（5）法律第二十三条规定“在5°以上坡地植树造林、抚育幼林、种植中药材等，应当采取水土保持措施”。

“在禁止开垦坡度以下、5°以上荒坡地开垦种植农作物，应当采取水土保持措施。具体办法由省（自治区、直辖市）根据本行政区域的实际情况规定。”

（6）法律第二十八条规定“依法应当编制水土保持方案的生产建设项目，其生产建设活动中排弃的砂、石、土、矸石、尾矿、废渣等应当综合利用；不能综合利用、确需废弃的，应当堆放在水土保持方案确定的专门存放地，并采取措施保证不产生新的水土流失和环境污染危害”。

（7）法律第二十五条规定“在山区、丘陵区、风沙区以及水土保持规划确定的容易发生水土流失的其他区域开办可能造成水土流失的生产建设项目，生产建设单位应当编制水土保持方案，报县级以上人民政府水土保持行政主管部门审批，并按照经批准的水土保持方案，采取预防和治理水土流失措施。没有能力编制水土保持方案的，应当委托具备相应技术条件的机构编制”。

“水土保持方案应当包括水土流失预防和治理范围、目标、措施和投资等内容。”

“水土保持方案经批准后，生产建设项目的地点、规模发生重大改变的，应当补充、修改水土保持方案并报原审批机关批准。水土保持方案实施过程中，水土保持措施需要作出重大变更的，应当经原审批机关批准。”

“生产建设项目水土保持方案编制和审批办法，由国务院水行政主管部门制定。”

第四章 沙质荒漠化防治工程零缺陷建设技术原理

第一节 沙质荒漠化防治工程建设概论

沙质荒漠化是世界性的重大生态环境问题，荒漠化给人类社会带来的生态灾难已威胁世界各国的经济发展，是全球性亟待解决的可持续发展问题，自20世纪70年代以来，荒漠化已引起国际社会广泛关注。1992年联合国环境与发展大会通过的《21世纪议程》中，把防治荒漠化列为国际社会优先采取行动的领域，充分体现了当今人类社会保护生态环境与可持续发展的新思想。1994年签署的《联合国防治荒漠化公约》是国际社会履行《21世纪议程》的重要行动之一，充分说明了国际社会对防治荒漠化的高度重视。土地荒漠化所造成的生态系统环境退化和经济贫困化，已成为21世纪人类社会面临的最大威胁与挑战。因此，采取科学、规范、标准、适地适技的防治荒漠化工程项目建设技术与管理手段，是改善与逆转荒漠化地区生态系统环境面貌、逐步使其生态系统向良性循环方向发展、切实解决荒漠化地区经济社会可持续发展的有效手段。

1 荒漠化概念

1.1 联合国环境规划署对沙质荒漠化概念的诠释演变

（1）荒漠化概念的提出与初期理解：国际上提出“荒漠化”概念虽然不足60年，但曾经有过100多个“荒漠化”定义，这足以说明荒漠化现象及其演变过程的复杂性。1972年斯德哥尔摩环境会议确定成立联合国环境规划署（UNEP），荒漠化问题开始引起世界性重视；1975年UNEP在伊朗召开了“同荒漠化抗争”的会议，这期间研究者对荒漠化的理解和认识仅局限于沙漠区域的流动沙丘前移，固定流动沙丘、沙地与沙漠化的扩展等问题（朱震达，1992）。

（2）荒漠化概念初期定义：1977年8月29日至9月9日，联合国以确立非洲萨赫勒地域防治荒漠化措施为主要目的，在肯尼亚首都内罗毕召开了“联合国荒漠化会议（U. N. Secretariat of

Conferencese on Desertification，UNCOD）”，对 desertification（荒漠化）定义：“所谓荒漠化，是指土地滋生生物潜力下降或受到破坏，导致类似荒漠情况的出现。”

（3）世界各国研究者提出的多种荒漠化定义：主要有以下 8 种定义或解释。

①“干旱或半干旱地区转化为生物较少地区的过程，这一过程可能表现为荒漠条件在空间的扩张，也可能局限于出现在较小的地区则是由局地造成的。”（N. G. Kharia & M. P. Petrov，1977）

②“它是在人为活动影响下，干旱、半干旱及一些半湿润地带生态系统发生的一种贫瘠现象，是滥用土地的结果。”（嘎杜努，1977）

③“荒漠化是干旱区、半干旱区和某些半湿润地区生态系统的贫瘠化，是由于人的活动和干旱共同影响的结果。这些生态系统的变化过程，可以通过对优良的植物生产力的下降，生物量的变动，微小的和巨大的动植物区系的差异，加速的土壤退化和对人类占用所增加的危害等加以测定。”（H·E·得列格尼，1977）

④“荒漠化就是典型的荒漠景观和地貌向不久前还没有产生沙漠景观和地貌的那些地区的扩张，这种扩张过程发生在降水量 100～200mm，最大限度为 50～100mm 的干旱区。”（Le Houerou，1977）

⑤“在干旱、半干旱或年降水量在 600mm 以下的半湿润地区，由于人类影响或气候变化，荒漠条件的扩张过程。”（A. Rapp，1974）

⑥“荒漠化乃是干旱、半干旱及半湿润地区生态退化过程，包括土地生产力完全丧失或大幅度下降，牧场停止适合牧草生长，旱作农业歉收，由于盐渍化和其他原因，使水浇地弃耕。”（M. K. Tolba，1978）

⑦“荒漠化是干旱土地的土壤和植被向着干旱化和生物生产力衰退的方向发生不可逆变化的自然或人为过程，在极端情况下，这种过程可能导致生产潜力的完全破坏，并使土地转变为荒漠。”［罗札诺夫（B. Г. РозанноВ）和佐恩（С. зонnИ），1982］

⑧1984 年 UNEP 第十二届理事会在内罗毕召开了荒漠化特别会议，对国际荒漠化发展的形势、规模、紧迫性等进行了评估，据此认为，荒漠化过程的行径在各种自然的、生物的、社会经济的诸参数的变化中可以得到反映，它包括：沙丘及片状流沙的发展，牧场的退化，旱地农作物生产量及潜力的衰退，灌溉农地的盐碱化与水渍化，森林及植被的破坏，地下水和地表水质量的退化。这些特征实际上是对 1977 年荒漠化定义的具体补充（朱震达，1993）。

（4）联合国对荒漠化及荒漠化土地确定的新定义：1990 年 UNEP 在内罗毕召开了荒漠化评估特别顾问会议，总结了 1977 年以来荒漠化的现状与发展趋势，重新确定了荒漠化的范围（包括风蚀、沙化等所有土地的退化），提出了荒漠化的新定义：“由于人类的不良影响作用造成的干旱、半干旱及干燥半湿润地区的土地退化。”1992 年 6 月，联合国在巴西里约热内卢召开了环境与发展大会，大会将防治荒漠化这一全球性重要环境问题作为重要内容，纳入《21 世纪议程》等框架文件，根据这次大会后 47/188 号决议，自 1993 年 5 月至 1994 年 10 月，国际荒漠化公约政府间谈判委员会（INCD）历经 5 次讨论，终于签订了《联合国关于在发生严重干旱和/或荒漠化的国家特别是在非洲防治荒漠化的公约》，截至 1995 年 5 月，共有 105 个国家签字。公约对荒漠化作出了完善的解释：“荒漠化是指包括气候变化和人类活动在内的多种因素造成的干旱、半干旱及亚湿润干旱区的土地退化。”对荒漠化的这次定义明确了以下 3 个问题（慈龙骏，1995）：

①“荒漠化”是在包括气候变化和人类活动在内的多种因素的作用起因和发展的。

②“荒漠化”是发生在干旱、半干旱及干燥半湿润地区，这就给出了荒漠化产生的背景条件和分布范围。

③“荒漠化”是发生在干旱、半干旱及干燥半湿润地区的土地退化，将荒漠化置于宽广的全球土地退化框架内，从而界定了其区域范围。

《联合国防治荒漠化公约》还对与荒漠化相关的“土地”“土地退化”作了确切的定义：“土地是指具有陆地生物生产力的系统，由土壤、植被、其他生物区系和在该系统中发挥作用的生态及水文过程组成”“土地退化是指由于使用土地或由于一种营力乃至数种营力结合致使干旱、半干旱和干燥半湿润地区雨浇地、水浇地或草原、牧场、森林和林地的生物或经济生产力、多样性的丧失，其中包括以下3种退化现象：首先，是风蚀和水蚀致使土壤物质流失；其次，土壤的物理、化学和生物特性或经济特性退化；第三，使自然植被长期丧失。”

至此，世界上关于对荒漠化概念的诠释，已经统一到有利于对荒漠化危害、分布及蔓延的评估与防治等行动纲领上。

1.2 我国对沙质荒漠化概念的理解

1977年国际荒漠化大会后，我国将desertification译为“沙漠化”，并在学术界和社会上广泛使用，但对沙漠化概念和内涵的理解，也是争议颇大。

（1）初期界定的“沙漠化”概念及内涵理解。我国3位沙漠化研究专家提出的定义是：

①朱震达在1980年提出沙漠化的定义：干旱、半干旱（包括半湿润）地区，在人类历史时期内，由于人为因素作用并受自然条件影响，在原非沙漠的地区出现了沙漠的变化。它强调了空间的上界“原非沙漠的地区”和时间的上限“人类历史时期”。1984年，朱震达又根据沙漠化发生的性质将沙漠化划分为沙质草原沙漠化、固定沙丘活化（沙地）及沙丘前移入侵3种类型，将沙漠化定义为干旱、半干旱（包括部分半湿润）地区，在脆弱生态条件下，由于人为过度的经济活动，破坏了生态平衡，使原非沙漠地区出现了以风沙活动为主要特征的类似沙质荒漠环境的退化，沙漠化影响的土地称为“沙漠化土地”。

②陈隆亨（1980）指出，土地沙漠化是特定的生态系统在自然条件因素、人为因素作用下，在或长或短的时间内退化和最终变成不毛之地的破坏过程。

③吴正（1987）将desertification和sandy desertification区分为广义沙漠化（荒漠化）和狭义沙漠化（沙质荒漠化），并归纳、完善了沙质荒漠化的定义：沙质荒漠化是指干旱、半干旱和部分半湿润地区，由于自然因素或受人为活动影响，破坏了自然生态系统的脆弱平衡，使原非沙漠的地区出现了沙漠环境条件的强化与扩张过程（即沙漠的形成与扩张过程）。将原沙质荒漠化概念在空间上进行了扩展。

（2）我国当今对荒漠化的理解与认识。1992年联合国环境与发展大会召开后，特别是1994年《联合国防治荒漠化公约》签署后，我国对于荒漠化概念的认识，已与国际一致。

2 沙质荒漠化防治工程学及与其他学科的关系

2.1 沙质荒漠化防治工程项目概念及其意义

（1）沙质荒漠化防治工程概念。指在干旱、半干旱和亚湿润干旱区，为治理和预防土地荒漠化所采取的多种工程、生物、农业种植、水利等综合技术措施与手段。其中包括营造各种类型防护林体系、设立自然保护区、对草场进行人工播种及复壮更新措施、集约型生态农业建设，以及为防治风蚀设置的各类型沙障、化学与力学固沙措施、各种拦沙蓄水、排水、防洪护岸与修筑梯田、对土壤冲洗改良、灌溉淋盐、深耕细作等技术与管理措施。

（2）世界荒漠化危害特征。据联合国环境规划署1992年对全球荒漠化作出的评估，全球2/3国家及地区，约9亿人口，占全球1/4的陆地面积受到荒漠化危害，而且荒漠化正以每年5万~7万 km^2的速度扩大，荒漠化使一些地区贫困加剧、产生大量生态难民并导致社会动荡，诱发地区武装冲突，据估计全球由于荒漠化造成每年423亿美元的经济损失。

（3）我国沙质荒漠化危害特征。经测定，我国荒漠化土地面积为262.2万 km^2，占国土面积27.3%，主要分布在西北、华北北部、东北西部及西藏西北部地区。虽然经过近60年的不懈努力，我国防治荒漠化事业取得了显著成绩，但迄今尚未遏制住荒漠化扩展的势头。据调查，20世纪50~70年代全国风蚀荒漠化土地平均每年扩大1560km^2，进入80年代，平均每年扩大2100km^2，近年来已增至2460km^2，相当于每年损失掉一个中等县的土地面积。荒漠化给这些地区的工农业生产和人民生活带来了严重的影响，它造成可利用土地面积减少、土地生产力下降；生产和生活条件恶化；旱、涝灾害加剧；粮食产量下降；农田、牧场、城镇、村庄、交通道路和水利设施等都受到严重威胁。在北方万里风沙线上，有1400万 hm^2 以上农田经常受到荒漠化的风蚀、沙埋危害；荒漠化导致约1.4亿 hm^2 草场发生退化，占全国土地面积的35%以上。如1993年5月5日，发生了历史上罕见的大范围的强沙尘暴灾害，狂风携裹着沙尘席卷了新疆东部、甘肃河西走廊、内蒙古西南部、宁夏西北部的广阔城乡地区，受灾面积37万 km^2，造成85人死亡，直接导致经济损失5.4亿元。

（4）我国沙质荒漠化形成原因及现状分析。造成我国大面积土地荒漠化的主要原因是由于人口的急剧增加，加之一些地方长期不合理的耕作方式、过度垦殖、过牧、乱砍滥伐、过度樵采、滥挖中草药及不合理利用水资源等因素影响，在干旱气候条件影响下，导致土地荒漠化。在全球气候变化影响下，我国干旱、半干旱和亚湿润干旱区将变干变暖，主要表现在冬季变暖、变干燥。总之，在全球气候变化影响下，我国防治荒漠化的生态形势更加严峻。

（5）我国沙质荒漠化防治工程建设的意义。我国是一个幅员辽阔、人口众多的发展中国家，面临着发展经济与保护环境的双重任务。根据联合国有关资料，在干旱地区人口密度不应超过7人/km^2，半干旱地区人口密度不应超过20人/km^2，而我国现实人口密度普遍远远超过这一标准。如河北坝上和内蒙古乌兰察布市后山地区人口密度超过60人/km^2，是世界半干旱地区理论承载人口数的3倍。我国干旱地区人口主要集中生活在绿洲，人口密度超过500人/km^2。我国现阶段相对落后的农业生产力和经济发展水平，使一些地区造成土地严重超载，土地退化加剧。因此，完善荒漠化防治工程项目建设工作，对于实现环境、资源与社会、经济、人口的协调发展，改善城乡人民生活和生存条件具有特别重大的意义，是关系到21世纪中国人吃饭的重大问题，更是关系到中国社会经济可持续发展的重大问题。

（6）我国沙质荒漠化防治工程建设任重而道远。虽然我国在荒漠化防治工程项目建设中取得了很大成绩，但从现状和发展趋势进行客观分析，形势依然非常严峻。荒漠化地区局部生态系统好转、整体趋势扩展的势头尚未从源头根本上得到遏制。目前，仅荒漠化风蚀土地仍以每年

2460km^2 的速度扩展。资源、环境、人口三者之间的矛盾，随着人口增加而变得更加突出，耕地减少与人口增加呈反向发展。即将来临的21世纪中叶，要实现养活16亿人口、粮食总产达到5000亿kg的目标，唯一重要的有效途径就是防止荒漠化继续扩大、合理开发荒漠化宜农土地、建设更多的新绿洲。随着国家将经济开发的重心向中西部转移，对荒漠化区域蕴藏着丰富的矿产、能源等资源将会加大开发的力度，也会加大对荒漠化土地防治工程项目的建设力度，提出了与经济建设同步和可持续和谐发展的要求。我国荒漠化防治工程项目建设的实践反映出一个突出的问题是在取得防治荒漠化生态效益和社会效益的同时，如何提高防治工程项目建设的经济效益和科学技术含量，这是关系到调动防治荒漠化积极性、切实解决防治荒漠化资金来源、巩固防治成果、提高防治荒漠化工程项目建设质量和水平的关键。积极开展荒漠化防治也是我国履行《联合国防治荒漠化公约》的重大行动之一。另外，在气候变异及人类活动双重营力作用下，我国荒漠化土地成因及类型更加多样化，逆转机制趋于复杂化，因此，如何在保持生态与经济、社会可持续发展的前提下，防治荒漠化扩张、遏制和复垦已经荒漠化的土地、增加土地生产力已成为迫在眉睫的研究课题。

2.2 沙质荒漠化防治工程项目建设任务

有专家预测，在全球气候变化影响下，我国干旱、半干旱和亚湿润干旱区将趋于变干变暖，湿润区面积将不断缩小，沙质荒漠化发生、发展面积将进一步扩大，这不能不引起我国政府和社会各界有识之士的高度重视和警觉。为此，在我国未来经济社会的可持续发展历史进程中，沙质荒漠化防治工程项目建设的地位和担负的历史使命应该是：

（1）实施沙质荒漠化防治工程项目建设，是保护和拓展我国生存与发展空间的长远大计。土地荒漠化被称为“地球的癌症”，它直接动摇和摧毁人类赖以生存的土地及其生态系统环境。在人类发展史上，因被荒漠化驱赶而被迫流离失所、背井离乡的例子数不胜数。在我国广大沙质荒漠化地区，沙进人退的状况也屡见不鲜，近30年间，内蒙古鄂托克旗有近700户、乌兰察布市后山有170多户农牧民因风沙危害被迫迁移他乡。试想，倘若有一线生计，人们也绝不会抛弃家园、奔走他乡。我国人口众多，土地资源贫乏，要用仅占世界7%的耕地养活占世界22%的人口，压力之大、难度之高可想而知，现在已进入21世纪第2个十年时期，我国人口已经达到13亿人，但如果因荒漠化扩张加剧、失控等原因造成大面积耕地资源逆转、退化甚至消失，那么我们整个中华民族势将丧失生存与发展的根基。这绝不是危言耸听。相反，只要我们采取积极有效的防治荒漠化技术与管理措施，不断加强荒漠化防治工程项目建设力度，不但可以彻底遏制住荒漠化的继续扩展，变不毛之地为绿洲，将我们的生存空间拓展至荒漠。这也绝不是凭空想象。近些年来，内蒙古在沙区广泛推广“小生物圈”建设技术，即在已被乔、灌、草植被固定、半固定的沙质土壤林地内，打下1口井，住进1户人，养殖1群羊（牛），实质上就是农林牧综合治理，科学开发利用荒漠化土地，目前全区已有6万户农牧民通过应用这一套技术迁入沙地环境安家落户。

（2）实施沙质荒漠化防治工程项目建设，是从根本上改善我国生态环境面貌、实现大力推进生态文明建设的重中之重。我国自然生态环境相当脆弱，水土流失、旱涝灾害、荒漠化等危害都十分严重。这其中土地荒漠化又是我们面临的首要生态问题。从地域上来看，我国荒漠化土地集中分布在地域辽阔的西北、华北和东北地区，这些地区是我国江河流域的发源地，也是森林植被最为稀少、水土流失最为严重的地区。据测算，每年进入黄河的 16 亿 t 泥沙中，有 12 亿 t 泥沙来自荒漠化地区。因此，要想切实改变我国大江大河泥沙严重淤积的现状，就必须对流域内的荒漠化土地进行强化治理。从治理战略上讲，我国风蚀荒漠化、水蚀荒漠化、土壤盐渍化等类型的荒漠化无所不有，土地沙漠化与水土流失、风蚀沙埋、干旱、洪涝等各种灾害往往交织在一起，复合危害性强，国土整治难度大，必须采取重点突破、综合治理措施进行根治。党的十八大以来，习近平总书记在谈到环境保护问题时指出："我们既要绿水青山，也要金山银山。宁要绿水青山，不要金山银山，而且绿水青山就是金山银山"。这深刻表达了党和政府大力推进生态文明建设的鲜明态度和坚定决心。故此，把长江、黄河上中游地区、干旱与半干旱风沙区和草原区作为全国生态环境建设的重点，就是抓住了我国生态环境建设的关键和要害，是从根本上扭转我国生态环境面貌的有力措施。

（3）实施沙质荒漠化防治工程项目建设，是实施扶贫攻坚计划，实现全国农村奔小康目标的重要措施。在我国尚未脱贫的 5000 万农村贫困人口中，有 25%生活在中西部荒漠化危害严重地区。而这些地区经济发展的一个重要前提，就是要把扶贫与荒漠化生态环境治理结合起来，从根本上改变荒漠化危害严重、生产生活条件恶劣的面貌。荒漠化土地区域的自然生态环境改善了，中西部地区的粮棉油和畜产品等生产优势才能得到充分发挥。甘肃河西走廊地区通过实施三北防护林体系建设工程，现已全面实现农田林网化，从沙漠中夺回耕地 5. 2 万 hm^2，粮食产量从 17. 2 亿 kg 提高到现在的 22. 2 亿 kg，已不足全省 20%的耕地提供了全省 70%的商品粮，农牧民收入大幅度提高。从这一角度来讲，我国 60 多年来的荒漠化防治事业之所以取得举世瞩目的成绩，很重要的一个原因就是中西部的广大农牧民在防治荒漠化实践中，逐步认识到植树种草、改善生态系统环境对于振兴本地区经济、实现自身脱贫致富的重大作用，从而自觉自愿地参与到荒漠化防治事业中来。把荒漠化防治与农牧民脱贫致富结合起来，是今后荒漠化防治工程项目建设中必须始终坚持的一条基本原则和成功经验。

（4）实施沙质荒漠化防治工程项目建设，是充分开发和利用荒漠化地区自然资源优势，全面开创 21 世纪我国生态工程建设的必然选择。应当看到，我国荒漠化地区蕴藏着巨大的资源开发优势和潜力，土地、矿产、能源、动植物等各种资源极其丰富。以合理开发土地资源为例，在我国现有荒漠化地区，可开发利用的沙质土地达 666 万 hm^2，仅以每年开发 6. 6 万 hm^2，按每公顷产粮食 3750kg 计算，即可增产粮食 2. 5 亿 kg。这对有效缓解我国人多地少的矛盾来说，无疑具有极其重要的意义。此外，还可以开辟沙区林场、牧场、果园、鱼塘和游乐场，发展生态农业及旅游性产业。向荒漠要粮棉油、要收入，这是已经被许多实践证明了的结论。我国著名科学家钱学森提出的沙产业理论告诉我们，生态环境条件十分严酷的沙漠戈壁具有充沛的阳光，只要人们精巧地捕捉利用这一制造绿色物质之源，在荒芜的不毛之地上完全可能生产出人们维持生存的食品。我国荒漠化地区分布的大片沙漠、戈壁，这是我国未来经济发展和社会进步的潜力和优势，更是我国生态工程项目建设的主战场。

2. 3　沙质荒漠化防治工程项目建设与其他学科的关系

沙质荒漠化防治工程项目建设是我国在 21 世纪大力推进生态文明建设的一项实用型技术手

段，它在理论基础上融合了传统的“治沙造林学”“治沙原理与技术”“风沙物理学”“荒漠化监测与评价”“水土保持学”“农业生态学”以及3S（RS、GIS、GPS）技术、计算机技术等，以流体力学、风沙物理学、风沙地貌学、沙漠学、土壤侵蚀原理、造林学、生态学、草场经营学等为专业基础，与林业生态工程学、水土保持工程学、环境保护预评价、林业经济持续发展等学科密切相关，它系统地阐述了荒漠化的危害、分布等基本概况，防治基本原理、基础知识、技术体系、技术措施、技术技艺，防治工程项目建设管理程序、措施、方法，以及荒漠化防治工程项目建设的调查、规划设计等。

3 我国沙质荒漠化防治工程建设的科技对策

3.1 充分利用成熟的沙质荒漠化防治技术，因地制宜，组装配套

我国在60多年来的沙质荒漠化防治科学研究和生产实践中，总结出了一整套沙质荒漠化防治技术模式，为荒漠化防治工程项目建设提供了坚实的技术保障。例如，以治理风蚀荒漠化为主的半荒漠区铁路防固沙技术、干旱区绿洲防护林建设和灌溉排水技术、干旱半干旱地区沙地衬膜水稻栽培技术和小生物圈建设技术、化学固沙技术、机械沙障阻挡拦沙技术、草方格沙障固沙技术、生物林草固沙技术、飞播造林种草固沙技术、沙化草场改良技术等；以治理水蚀荒漠化为主的水土保持营造林技术、水源涵养林营造技术、侵蚀沟道防护林营造技术、斜坡固定工程技术、沟头防护工程技术、沟床固定工程技术、拦沙坝和淤地坝建造技术、各种防治土壤侵蚀的耕作和轮作技术、优质高产梯田建设技术、节水型旱作农牧业技术以及盐渍荒漠化土地的改良与防治技术等。这些技术目前都已十分成熟，各荒漠化地区可因地制宜，有选择地进行组装配套，在荒漠化防治工程项目建设中加以推广和应用。

3.2 建立健全科技推广网络，加强科技推广队伍建设

要使荒漠化防治科技成果真正转化为现实生产力，就必须建立和健全各级科技推广网络，强化科技推广队伍的组织建设，提高科技推广工作者的待遇，使他们全身心地投入到科技推广中去，从而让荒漠化防治工程建设工作真正走上科学化的轨道。

3.3 提高荒漠化防治工程建设的科技含量和成果转化率

（1）进一步加大荒漠化防治工程建设的科技考核奖惩力度。针对目前大部分荒漠化防治工程项目建设仍停留在一些传统防治技术上，现代化高新科技方法和手段并未得到有效应用。因此，在今后荒漠化防治工程建设总体规划设计中，应确定工程项目的技术依托单位，严格规定荒漠化防治工程项目建设中科技含量和科技成果应用的具体指标，并定期严格检查验收。对应用科技成果成绩突出者给予表彰与奖励，对达不到要求的工程项目，根据实际情况可降低其投资总额或罚款，限期未改正者，责令停止其工程项目的建设施工。

（2）沙质荒漠化防治科研成果来源于工程建设实践并服务于项目建设。荒漠化防治科研人员要深入到荒漠化防治第一线，及时发现和解决荒漠化防治工程项目建设中出现的问题，对荒漠化防治生产建设中出现的重大问题，应及时立项研究，并把研究成果尽快应用于生产实践。在国

家和地方政府有关荒漠化防治的科研课题立项时，应确保科研项目与荒漠化防治工程项目的紧密结合，真正做到科研依托于生产实践并服务于生产实践。

3.4　依靠科技，建立沙质荒漠化地区区域生态经济可持续发展体系

合理开发、适度利用荒漠化地区丰富的自然资源，将会推动和促进荒漠化地区可持续发展体系的建立和形成，是荒漠化地区人民走出生态困境、脱贫致富的物质基础。

(1) 合理开发荒漠化地区土地资源生产潜力。我国荒漠化地区的总土地面积为331.7万km^2，已经成为荒漠化的土地面积为262.2万km^2，占其总土地面积的79%，即大部分土地已经部分或全部丧失生产力。如果对这些土地采取的改良和利用措施得当，退化趋势将会得到抑制或逆转，土地生产力会持续稳定提高，如果改良利用措施不当，退化将不可逆转，土地生产力将永久丧失。因此，目前荒漠化地区土地利用的主要方向应立足于现有尚未退化或轻度退化的土地，从开发这些土地的生产潜力入手，充分合理利用荒漠化地区其他自然资源的优势，依靠科技进步，提高单位土地面积的生产力，而对那些荒漠化程度较恶劣的土地则采取适地适技的生物、工程综合措施，使其生态平衡得以逐步稳定的恢复。

(2) 提高沙质荒漠化地区水资源的合理利用效率。针对我国荒漠化地区东部降水相对集中，地下水资源相对丰富的自然特点，应通过工程造林、人工林更新复壮和封育等技术措施，恢复和重建该地区受到破坏的森林植被；在中西部的内陆河流域，应合理确定农业和生态用水的比例，推广应用抗旱节水造林技术，加大确保该地区植被的保护和恢复以及绿洲农业的持续稳定发展。就全国整个荒漠化地区农业用水而言，则应大力推行水资源高效利用技术，采取渠道防渗技术和低压管道输水技术，减少水资源在输送过程中的损失，在田间浇灌方式上，应采用喷灌、滴灌、渗灌、管道灌、膜孔灌等节水先进灌溉技术。对贫瘠、持水和保水能力差的土壤，可通过覆盖地膜、改良土壤、改良耕作方式等提高土壤的持水和保水能力。研究表明，目前我国北方旱作农业地区冬小麦和玉米的水分利用效率分别为7.50kg/($mm \cdot hm^2$)和14.25kg/($mm \cdot hm^2$)，仅为其水分利用潜力的38.5%和47.5%，因此，我国荒漠化地区水资源高效合理利用的潜力很大。

(3) 充分利用沙质荒漠化地区各种丰富的能源，改变能源结构、促进产业开发。

①太阳能是荒漠化干旱风沙区最丰富的再生能源，有着极其广阔的开发前景。目前，在许多荒漠化地区已把太阳能作为一种可替代能源加以广泛利用。利用方式主要有太阳灶、太阳能热水器、太阳能干燥器、太阳房、太阳能制冷、太阳能发电，以及建造太阳能温室种植蔬菜、瓜果等。

②风力是土地荒漠化发生与扩展的主要自然营力，同时风力所产生的能量和太阳能一样，也是一种取之不尽、用之不竭，又无任何污染的天然资源。我国三北（西北、华北、东北）地区风力资源丰富，这些丰富的风能既可用来发电、照明、加工等，又能建成电站输入电网。我国三北地区浩瀚的草原、戈壁、沙漠区，安装使用的家庭风力发电机得到广泛的推广应用。

(4) 合理开发沙质荒漠化地区矿产资源。我国荒漠化地区蕴藏着极其丰富的矿产资源，已经探明储量的矿种占全国的74.14%，主要有煤炭、石油、天然气、铁、镍、金、铝、盐、硝等，其中以煤炭、石油和天然气资源最为丰富，此外，该地区还是有色金属、贵重和稀有金属以及非金属矿产盐、硝等的主要产地。因此，在保护生态环境和资源的可持续利用前提下，进行开发和

生产，不仅可以改变该地区经济欠发达和落后的面貌，同时可与南方沿海发达地区优势互补，共同促进我国的国民经济持续、协调地向前发展。

（5）开发种类繁多的生物资源。充分利用沙质荒漠化地区品质优越、独特且经济价值高的优良农作物品种，建立高产稳产的农业生产基地。在建立荒漠自然保护区生物多样性的同时，积极开展药用、食用动植物的人工繁育和养殖，形成种、养、加一条龙产业化生产基地。

（6）发挥地利优势，促进双边经贸合作。我国北方沙质荒漠化地区共有各类国家级口岸 24 个，沿边开发城镇 5 个，边境经济合作区 4 个，应该充分利用荒漠化地区的资源优势，大力开展双边经贸合作，变资源优势为经济优势，促进荒漠化地区经济发展。

（7）大力发展沙质荒漠化地区旅游业。我国沙质荒漠化地区有着极其丰富的旅游资源。独特的地貌、丰富多彩的民族风情、古老而神秘的宗教圣地、绚丽多彩的古代文化和历史名城古迹等，对我国和世界人民都有极大的吸引力。因此，开展荒漠化地区旅游业既可增加经济收入，又可通过古今对比，提高人们防治荒漠化意识，推动荒漠化地区生态经济的健康发展。

3.5　深入开展科技攻关，加大科技投入

（1）组织多学科联合攻关，重点解决沙质荒漠化防治工程项目建设中的关键技术。防治荒漠化研究涉及专业面广、技术难度大，需要多部门多学科联合攻关，为此，应重点解决荒漠化防治工程项目建设中的关键技术问题，充分发挥科技的先导作用，为荒漠化防治工程项目建设提供科学的战略决策和可靠的技术保障，需要研究的主要内容如下。

①荒漠化防治与区域经济可持续发展战略研究：指我国荒漠化地区生态经济类型区划分、不同类型资源环境容量与可持续发展指标体系、不同类型区荒漠化防治工程项目建设生态经济影响评价和决策支持系统研究等内容。

②荒漠化地区流域水资源合理调配和高效利用技术：包括荒漠化地区河流水文预测模型、水资源合理调配技术、高效节水利用技术等内容。

③荒漠化不同类型区综合防治与可持续经营技术研究：指不同类型区综合治理与可持续经营模式、农林牧复合配置模式与可持续经营技术、林草植被防护体系建设技术等内容。

④荒漠化地区优良植物种引种选育及产业化开发技术研究：包括优良经济植物、抗逆性植物品种选育技术、野生动植物驯化与开发技术等内容。

⑤荒漠化地区生态系统和多样性的保护与重建技术研究：包括荒漠化地区生态系统类型、结构、功能及演替技术，不同类型区生物多样性保护技术，人工促进生态系统恢复和有害生物防治技术等内容。

⑥荒漠化地区退化草场保护、低质草场人工改良及建设技术研究：指对草场生态系统结构、功能及其变化规律，低质草场人工改良及建设技术，优良牧草选育、栽培与草场的可持续经营技术，护牧林、饲料林建设技术等内容。

⑦荒漠化监测与评价技术研究：指荒漠化监测网络技术和 3S 技术，荒漠化程度评价指标体系和专家系统，干旱、沙尘暴、洪涝等突发性灾害预测、预警技术等内容。

（2）加强基础理论研究，为工程项目建设提供理论基础。在以往沙质荒漠化防治科研课题的立项过程中，应用理论和技术的经费比重偏大，而一些直接经济效益较低或不明显的基础理论

研究还远远落后于国际发达国家，因此，国家今后应加大荒漠化防治基础理论和应用基础理论的研究力度，力争在这些研究领域取得突破性进展，扩大我国在国际防治荒漠化领域的影响力，并为我国的荒漠化防治工程项目建设的顺利实施提供坚实的理论基础。

（3）切实加大科技投入。沙质荒漠化防治工程项目建设是一项跨学科复杂的系统工程，在治理开发过程中需要深入研究的领域十分广泛，但目前科研上的投入与防治科研上的需求相差甚远，且科研经费的使用管理与防治工程项目建设完全脱节，从而造成了科研严重滞后于荒漠化防治的生产实践。因此，国家应加大对荒漠化防治科研和技术推广的投入。

①加大荒漠化基础理论和应用理论等一些国际前沿领域研究的无偿投入，虽然该类研究直接经济效益或短期经济效益不明显，但从社会发展的长远角度来看是十分必要的。

②将科技研究与荒漠化防治工程项目建设严格配套，建议在荒漠化防治工程项目建设经费中规定用于科研和技术推广的比例为3%~5%；对一些周期短、见效快的科研课题，可以采取国家无偿投入和贴息贷款相结合的建设管理办法，使科研成果尽快应用到荒漠化防治工程项目建设的实践中去。

第二节　我国沙质荒漠化土地状况

我国沙质荒漠化土地湿润指数为0.05~0.65的干旱、半干旱和亚湿润干旱区的总土地面积为331.7万km^2，占国土总面积的34.6%。从表4-1可知，其中干旱、半干旱和亚湿润干旱区的面积分别是142.7万km^2、113.9万km^2和75.1万km^2。

表4-1　中国干旱半干旱和亚湿润干旱区面积（万km^2）

类型	干旱区	半干旱区	亚湿润干旱区	合计
面积	142.7	113.9	75.1	331.7
占全区（%）	43.1	34.4	22.5	100
占国土（%）	14.9	11.9	7.8	34.6

这类区域主体的南界大致自大兴安岭西麓、锡林郭勒高原北部向南穿过阴山山脉和黄土高原北部，向西至兰州南部沿祁连山向西，然后向南绕过柴达木盆地东部，向西抵达青藏高原西南部。在此线以北的干旱区（湿润指数0.05~0.20）内呈岛状分布着：湿润指数<0.05的几片极端干旱区（面积计25.3万km^2）、湿润指数>0.65的半湿润区（面积是4.1万km^2）。根据荒漠化定义，这两类区域不属于发生荒漠化的地理范围。此外，在湿润指数>0.65的湿润区还分布着18个湿润指数<0.65的岛状区域，这些岛状区域主要分布于东经112°以东，北纬36°~45°。其中包括西辽河流域、黄河三角洲及其北部、太行山以东，北至大兴安岭，南至河北磁县的山前地区、宣化、怀来和大同盆地、忻定盆地、太原盆地等。另外，在天山山区、横断山区、藏南谷地和海南岛西部也有零星分布。根据荒漠化定义，这些岛状区域亦是可能发生荒漠化的地理范围。综上所述，我国发生荒漠化土地的干旱、半干旱和亚湿润干旱区分布于新疆、内蒙古、西藏、青海、

甘肃、河北、宁夏、陕西、山西、山东、辽宁、四川、云南、吉林、海南、河南、天津、北京等18个省（自治区、直辖市）的大部分或一部分，荒漠化土地面积共涉及471个县（市、旗）。

1 我国沙质荒漠化地区自然条件

1.1 我国沙质荒漠化地区气候

我国沙质荒漠化区域的高空与地面大气环流基本状况是：高空为西风带北支急流所控制，低空为东亚季风环流所控制。因而夏季风转换比较明显，形成两大风系——东北风系与西北风系(其分界处在甘肃玉门镇附近)。本区冬春季为蒙古高压所控制，气候十分寒冷，冷空气南下可横扫华南，常形成寒潮天气；夏秋季海洋性的东南、东北季风侵入本区，其势力到达本区虽不强盛，但为东、中部夏秋季水汽的主要来源，因而夏季雨水十分集中，可占全区降水量的60%~80%。

总之，由于大气环流对本区气候的作用，使我国沙质荒漠化地区气候呈现以下4个特征：

（1）日照充足，热量资源较为丰富。我国荒漠化地区全年日照数一般在2500~3000h以上，属于全国高日照区，从而有利于太阳能资源的开发。本区无霜期较长，适合1季或2季农作物生长，除东部地区无霜期约在100d外，大部分地区无霜期为120~300d。≥10℃年积温，除内蒙古东部呼伦贝尔、乌珠穆沁和河北坝上等几个地区为1700~2500℃外，大部分地区为2800~4500℃；新疆的东疆、南疆地区则高达4500~5000℃或以上。

（2）气候干燥。我国荒漠区气候干燥主要体现在以下2个方面。

①我国荒漠气候干燥的主要表现为雨量稀少，降水变率大，保证率低，蒸发量大而强烈。据经验理论计算，日温≥10℃的活动温度持续期间最大可能蒸发量，在本区为300~900mm或以上，远远超过同期降水量。东部区干燥度大部分为1.5~2.0，中部为2~4，西部可达4~30或以上，即蒸发量比降水量大30倍，这足以说明降水量的极端缺乏。加之，降水主要集中夏季多雨月及最大雨日降落，导致荒漠区连旱日数在多数地区长达30~160d以上；降水相对变率大多数地区在60%以上，其极端年变率常有数倍之差。

②我国荒漠地区年平均降水规律是自东向西递减。东部区在300~450mm，中部在300~150mm，西部在150~30mm，而新疆的东疆和南疆东部的若羌、民丰成为我国干旱区域的核心地带，托克逊年平均降水量3.9mm，1968年全年降水量仅为0.5mm。由于年降水量东西差异显著，使得东、中、西部地区分别发育有草甸草原、典型草原、荒漠化草原、草原化荒漠和荒漠的过渡带。

（3）冷热剧变。我国荒漠区气候的冷热剧变的特征主要反映在以下3个方面。

①我国沙质荒漠化区域除东部少数草原区年平均气温在-1~4.4℃外，东、中部沙区大部分地区年平均气温在4.51~8.7℃；河西走廊西部戈壁区年平均气温在9~10℃外，而新疆的东疆、南疆在10℃以上。荒漠区气温变化规律变现为年、日气温变化巨大，沙区气温年较差大多为30~50℃，且随纬度的增加而增大，最大在东北部沙区，其极端气温年较差为60~70℃，这种年较差的发生是由于冬季严寒起的主要作用。使得该荒漠区发育了不少半灌木、小灌木生活性的植物种类，冬春植株地上部分绝大部分死亡，仅留有少部分茎能在枯枝落叶覆盖下及地表逆温层作

用下越冬。

②荒漠化区温度日较差大的特点尤为突出，一日如四季尤为明显。荒漠化区日较差大多在14℃以上，中、西部为16℃以上，比华北地区大2~4℃；极端气温日较差则更大。夏季平均月温差常在30℃以上，中国科学院治沙队20世纪50年代末考察巴丹吉林沙漠时，在沙表面上曾测得80℃的高温，可以“蒸”熟鸡蛋，夜间可降至10℃以下，日较差达70℃以上。

③冬、夏气温变化较大也是荒漠化沙区温度特征之一，夏季炎热短促，冬季严寒漫长。最热月7月的平均气温，除东部少数几个草原区和柴达木荒漠区为14~18℃外，大部分沙区可达20~28℃；最冷月1月的平均气温，除少数地区为-8~-6℃外，大部分地区在-20~-10℃，极少数地区如甘肃、新疆交界处可达-25℃。在这种温度年较差、季较差、日较差大的状况下，植物除在夏季耐干旱、抗高温外，秋、冬之际还必须具有在高温、缺水状态下进行光合、呼吸、蒸腾等能力外，还必须具有适应夜晚降温急速的生理、生态适应能力。因而在长期进化历程中，一些具有适应变温能力强的物种被自然选择保存下来，我们称这类植物为广温性植物，以区别世界其他地区单一适应温度的植物。此外，冷热变化剧烈的气候特征，也促进了岩石的物理风化，为荒漠区沙漠的形成、发展准备了雄厚的物质基础。

（4）风大沙多，风能资源丰富。我国沙质荒漠区年平均风速一般为3~4m/s，风力趋势是向北增强，以中蒙、中俄、中哈等国界附近风速最强，风沙日多达75~150d/a以上。新疆有3个著名的大风口——阿拉山口、达坂城和七角井。就全国荒漠化地区而言，≥8级大风日数一般全年约为30d，多可达50d。风沙日一般在20~100d/a，在腾格里沙漠西南边缘的民勤县城1959年风沙日达148d，占全年日数的41%，其中3~6月风沙日高达全月的1/2以上，持续时间最长可达17~48h，一般在10h以上。若以一天4次测定，以2m高处风速达5m/s时为起沙风速计，荒漠化大部分沙区可达250~300次/a。在植被稀疏的流沙区乃至在新垦草原区，无流沙堆积的广域农田表层，风大时往往形成沙暴与沙尘，沙尘暴漫天飞扬。在长期风大沙多的自然生境中，沙区植物具有抗风湿耐沙埋、沙暴的生态生理适应能力。此外，在强风力进行的风蚀、风积作用下，为沙漠、戈壁、风蚀沙地地貌的形成提供了丰富的功能，也为沙区可再生能源和新能源的开发提供了丰富的风能资源。

1.2 我国沙质荒漠化地区地貌

我国沙质荒漠化土地位于纬度偏北区域，呈现出山地与高原为骨架的大地貌特征与北方沙质荒漠化沙地地貌有不同组成结构。

（1）我国沙质荒漠化土地位于纬度偏北区域。除东北平原西部的松嫩沙地、科尔沁沙地海拔较低，在100~300m外，其他大部分沙漠、沙地远离海洋，深居内陆，地势高，分布在海拔1000m以上的高原。沙漠与沙地分布虽广，但主要分布在14块高平原、台地、缓起伏准平原或山前冲积、洪积平原与湖盆镶嵌之地。地貌的总特征是以高原型地貌为基础，它以内蒙古高原、鄂尔多斯高原等为主体，南连黄土高原北部、东北部，西南与青藏高原的东北部相接，三大高原在甘肃中部、南部相接壤。地形条件虽很复杂，但主要是由山地—丘陵—高平原—山前洪积、冲积平原（戈壁主要分布在此种生境）与下陷湖盆洼地（沙漠、低山平地草甸、湖泊主要分布在此种生境）等地貌单元组合成的自然景观。荒漠化地区地形起伏大，沙漠分布在高原低洼处，但柴达木盆地的沙漠与风蚀地却分布在海拔 2800~3400m 的青藏高原东北缘，成为地势最高的荒漠。

（2）我国沙质荒漠化地区呈现出山地与高原为骨架的大地貌特征。由东部的大兴安岭，中部的阴山山脉、燕山山脉、晋西北吕梁山余脉管涔山等与贺兰山、桌子山、六盘山、祁连山、阿尔金山、昆仑山、喀喇昆仑山及新疆东北部的北塔山、阿尔泰山，横亘新疆中部的天山，北疆西北部和准噶尔西部山地等形成一条条弧形山脉，大致成东西方向或南北方向切割大地，并蜿蜒于高原的东、中、西南边缘，划分为内蒙古高原、鄂尔多斯高原、黄土高原、青藏高原、新疆台地及由山前断陷作用形成的嫩江两岸平原、西辽河平原、河套平原、河西走廊、中戈壁、塔里木盆地、准噶尔盆地、吐鲁番—哈密盆地等区域，由东向西呈现平原与下陷盆地或山地、高平原与下陷湖盆镶嵌排列的重复成带状分布。这种地貌构造形态迥异的单元，极大地影响了水热资源的再分配，导致各种自然条件和草地资源组合上的显著差异，使各个草地大类型上具有不同的开发利用方向。

（3）我国北方沙质荒漠化沙地地貌有不同组成结构。东部几个草原带沙地分布于较为平坦微起伏的准平原台地与下陷盆地中。中西部沙区地貌的基本特征是高山与盆地相间，形成既有明显分界又有联系的地貌单元，各个沙漠四周高山环抱、地形十分闭塞。沙区内部为山地、丘陵分隔成若干个盆地地形，而此类内陆盆地在地质结构和地貌特征上都具有同心圆式环带状图式。由盆地外围向盆地中央可有规律地划分为几个地貌基质带，即山地—残山或丘陵—山前洪积、冲积沙砾质或砾质戈壁—山前边缘壤质、沙壤质沉积平原—下陷高湖盐分布的沙质荒漠（形成形态各异的沙丘与沙丘链）—沙漠中心草甸、盐碱地或湖泊—同心圆的中心带，由于中、小地形分割及基质的分异，又导致土壤水分、养分、温度等一系列生态要素的再分配，加深了沙区内部的草地组、型的差异，从而形成多种类型的草地，为畜牧业提供了多种多样的生存空间与物质条件。

1.3 我国沙质荒漠化地区土壤

我国沙质荒漠化区有山地、残山、台地、山前洪积冲积平原、缓起伏高平原和下陷盆地上分布的沙地、湖泊、盐沼等，东西绵延约数千里，但不同地带因受不同气候、植物、地形、基岩、母质、地球化学、水文条件等生物气候条件的综合作用，形成了不同类型的土壤，它们分布在各种不同类型的草原与荒漠区，土壤的钙积化现象普遍。另外，这些地带性土壤也广泛地分布于各沙地，形成既具有附属于地带性发生又具有自身特征的沙地土壤系列。本区从东向西分布有大兴安岭东、西两麓余脉及冀北山地、大青山、阴山、贺兰山、北山、马鬃山、祁连山、阿尔泰山、天山、阿尔金山、昆仑山等山地，这些山地及浅山有若干森林土壤分布，土壤的垂直分布也较为明显。而由于中、小地貌的差异导致的局部生境条件变化，引起隐域性土壤的零散出现，如草甸土、沼泽土、盐土、碱土及人为千百年灌耕作用下形成的灌淤土等。

沙区地带性土壤由于南北具有 3 个不同热量带，形成了温带土壤系列、暖温带土壤系列及青海高寒地区柴达木区含盐土壤系列。在内蒙古高原及鄂尔多斯高原中北部相邻地区分布有黑钙土带（科尔沁沙区及呼伦贝尔、河北坝上东部等沙区）—栗钙土带—棕钙土带—灰棕荒漠土带。在沙区南部温度较高的内蒙古南部、晋北、陕北及新疆的南疆等暖温带区形成了暖温性的土壤带，即褐土带（包括灰褐土）—黑垆土带—灰钙土带；在新疆的南疆极端干旱少水气候条件下形成了棕色荒漠土、龟裂性土和残余盐土等。柴达木盆地虽然地带性土壤东部为棕钙土、中西部为灰棕荒漠土，但由于高盆地独特的干旱、寒冷、降水量稀少等自然条件，土壤剖面中缺乏淋溶过程，盐分、黏粒下移微弱，盐分的上升却很明显，各类土壤中盐分的含量很高，且有大面积盐土出现，是一类在干旱寒冷气候下形成含盐量很高的土壤系列。现就我国荒漠区域中的6类土壤分布范围作如下概述。

（1）黑钙土分布范围。黑钙土主要分布区域位于呼伦贝尔高原大兴安岭西麓山前丘陵区，向南延伸至多伦及冀北围场及其坝上沙区，在大兴安岭东麓及中段山麓和西辽河平原东部（即科尔沁沙地东部），与东北平原西部的黑钙土相连。

（2）栗钙土分布范围。栗钙土带分布面积广阔，位于内蒙古高原中部、鄂尔多斯高原东半部及大兴安岭南侧、西辽河流域中西部一带，并由其顺延至河北坝上中西部5县及晋西北沙区中西部、陕北西部、宁夏南部草原区、甘肃河西走廊东部祁连山山前平原和环县等地，是地带性土类中分布广泛的土类。

在黑钙土与栗钙土上，分别发育有草甸草原及典型草原植被组成的草地。

（3）棕钙土与荒漠土分布范围。在我国中西部地区，由于气候干旱导致了地带性土带为干旱的棕钙土和更加干旱的荒漠土所占据。棕钙土带位于栗钙土带西侧，北与蒙古的棕钙土带相接，南界与灰钙土相连，该类土壤上发育有荒漠草原植被。漠钙土带和灰棕钙土带占据沙区西部荒漠区，它与蒙古南部及新疆地区的荒漠土构成了亚洲中部荒漠带。棕色荒漠土与灰棕荒漠土是温带荒漠与暖温带荒漠分界的标志之一，其界线根据有关土壤剖面资料确定为以甘肃玉门的三十里井为界，其东为灰棕荒漠土，其西为棕色荒漠土为主。综上所述，我国沙区土壤自嫩江沙地至甘肃地区，同纬度地区因受季风影响力的不同，造成土壤呈东北—西南向分布，即土壤分布的经度地带性规律显著。而新疆地区由于进入水汽很稀少，土壤形成受太阳辐射所支配，土壤类型的纬度地带性大于经度地带性。北疆由北向南随着荒漠化的程度加强，分别形成且分布着棕钙土、灰钙土、荒漠灰钙土和灰棕荒漠土。东疆是干旱核心区，大部分戈壁分布的是石膏棕色荒漠土，它延伸并分布到南疆南部的昆仑山和阿尔金山山麓及山前地带。塔里木盆地的生物气候条件属于暖温带荒漠类型，四周高山阻隔，水汽稀少，气候极端干旱，形成棕色荒漠土、龟裂性土和残余盐土等土壤类型。而天山南麓分布的是普通棕色荒漠土和石膏棕色荒漠土。

（4）褐土分布范围。褐土带面积较小，仅分布在内蒙古赤峰市南部及晋西北的平鲁、神池、五寨等一带，是华北褐土向北的延伸，为我国褐土带北界。

（5）灰钙土分布范围。灰钙土壤的面积呈狭窄形状，仅分布于内蒙古鄂尔多斯高原西南隅与宁夏的盐池、同心一线以北的荒漠草原带。

（6）黑垆土分布范围。黑垆土是在纬度偏南、暖温带气候条件下以黄土为母质发育而成的温型草原带的土壤。黑垆土带界于褐土带与栗钙土之间，分布于内蒙古乌兰察布市南部、鄂尔多斯高原东南部、赤峰市南部及陕北沙区长城以南的黄土丘陵区。

1.4　我国沙质荒漠化地区水文

包括我国沙质荒漠化地区的水资源状况、地表水资源状况、地下水资源状况和水资源。

（1）我国沙质荒漠化地区水资源状况。我国沙质荒漠化地区的水资源是由降水、森林与山地冰雪消融所形成的地表水与地下水共同组成的水系。降水是我国沙质荒漠化土地水分的唯一来源，而我国沙质荒漠化地区年降水量呈现由东向西、由南向北逐渐递减的趋势。年降水量可由东部地区的450~500mm，向西逐渐降至30mm。东、中部属于半湿润向半干旱过渡带的沙区，由于降水量较多，故可直接形成终年有地表径流的河流或雨季汇水的季节河。而中西部沙区，因海拔上升、高差增大，形成高山与下陷湖盆相间的地貌，因此高山的一定部位由于局部生物、气候、地形综合作用，形成山地降水带与冰雪带、冰川带。如阿尔泰山、祁连山、昆仑山、天山等都有丰富的冰雪资源，冰川年平均融水量为228亿m^3。冰川融水在各地区的河川径流中所占的比例是：甘肃河西走廊占14%，青海柴达木占5%，新疆地区占21%，这些冰川融水与山区降水汇合形成地表径流输往山前平原，因此，干旱区水资源是指能够输送至出山口被山前平原直接利用的地表水和地下水，这些水资源对于干旱区经济的可持续发展具有重要的作用与意义。

（2）我国沙质荒漠化地区的地表水资源状况。据统计，我国沙质荒漠化区大部分属于干旱缺水区，总计11省（自治区）217个县（旗）地表水资源——包括年平均径流量和湖泊贮水量共计1272.253亿m^3，其中过境客水424.11亿m^3，占径流总量33.34%；内陆河水系784.69亿m^3，其中河西走廊72.64亿m^3，新疆667.2亿m^3，青海柴达木47.2亿m^3，占本区地表水资源总量的61.68%。其他8省（自治区）自产地表水资源497.563亿m^3，占地表水资源的38.32%。

（3）我国沙质荒漠化地区的地下水资源状况。我国沙质荒漠化沙区有较丰富的地下水资源，共计有591.26亿m^3地下水，其中可供开采利用水量349.261亿m^3，占地下水总量的59.07%。我国北方沙质荒漠化沙区，东、中、西部地下水补给与分布特征是不同的。东部沙区由于降水量多，地下水主要靠降水的渗入和少量凝结水补给而形成，地下水分布与降水分布基本一致，呈现由东向西、由南向北递减的规律。地下水按分布、埋藏和水力特征可分为上层滞水、潜水和承压水3类。东部沙区以河谷潜水为主，主要储存于第四系松散岩层的孔隙。而向西除河谷潜水外，第三系和白垩系砂岩、砂砾岩潜水及承压水是主要水源。第二系以西第三系潜水更为重要。东部水量大、埋藏浅、水质优，径流畅通，以水平排泄为主，含水层稳定。西部沙区如内蒙古高原带西部水量少、埋藏深、水质差，水体排泄以蒸发为主，含水层分布不稳定。河西走廊、柴达木盆地及新疆在50%~60%地表水出山口前或至山前平原转化为地下水，其中又有50%至冲积扇缘岩石裂隙带溢出地表形成泉水。柴达木地下水除近代积累外，还有一部分地史时间积累于深层第四系的砾石层（厚达400~500m），地下水资源较为丰富。

（4）我国沙质荒漠化地区的水资源综述。我国沙质荒漠化沙区水资源总量是2287.62亿m^3，其中过境客水424.11亿m^3，占总水量18.54%；境内自产水量1863.51亿m^3，占水资源总量81.46%。其中地表水资源为1272.25亿m^3，占境内自产水量的68.27%，地下水资源为591.26亿m^3，占自产水总量的31.73%。如以可利用地下水349.26亿m^3，加上可利用地表水1125.90亿m^3，则可利用水资源总量为1475.16亿m^3，其中地表水占76.3%，地下水占23.7%。若按平均水平计算，我国荒漠化沙区人均可利用地表水占有量为2497.2m^3、每公顷平均占有量9274.5m^3，与全国人均占有量2600m^3、每公顷平均占有量26250m^3的水平相比，分别约低4%和64.67%。与世界人均11800m^3相比低的很多，故此我国沙质荒漠化沙区水资源缺乏成为提高生产、促进自然资源深加工等经济开发的主要限制性因素之一。

1.5　我国沙质荒漠化地区植被

我国沙质荒漠化地区植被主要分为温带草原区植被和温带荒漠区植被。

（1）温带草原区植被。草原是由耐寒旱生多年生草本植被为主组成的植物群落。耐寒旱生植物的生态型包括中旱生、真旱生、强旱生3类。我国温带草原区植被类型依据生态—外貌原则，可划分为草甸草原带、典型草原带和荒漠草原带。其中，草甸草原带建群种为中旱生或广旱生多年生草本，中下层掺杂有中生、旱中生草本层，以及中生灌木、小灌木层等。典型草原带由典型旱生—真旱生或广旱生植物组成，代表性群系有大针茅群系（Form. *Stipa grandis*）、克氏针茅群系（Form. *Stipa kryrouii*）、羊草丛生禾草群系（Form. *Aneurolipidium chinese*）、本氏针茅群系（Form. *Stipa bungeana*）等。克氏针茅是蒙古和我国内蒙古分布最广的群落，是亚洲中部草原区所特有的草原群系。荒漠草原带建群种以强旱生丛生小禾草与真旱生小半灌木为主，共同建成稳定的建群层与优势群。它们主要分布在内蒙古乌兰察布市西部、锡林郭勒盟西部及阿拉善盟的带状狭窄地区，代表性群系有戈壁针茅群系（Form. *Stipa gobica*）、短花针茅群系（Form. *Stipa breveflora*）、沙生针茅群系（Form. *Cleistogenes songorica*）、等，其中戈壁针茅群系最具有典型代表意义。

（2）温带荒漠区植被。温带荒漠区植被具有以下2项独特特征：

①组成荒漠植被的建群种大多数由超旱生和强旱生的小灌木、小半灌木、灌木，有小部分为超旱生小乔木和盐生薄肉质、微型叶小半灌木和灌木（如藜科、柽柳科、蒺藜科等）植物为主组成。植被类型分为草原化荒漠、灌木荒漠、小半乔木荒漠、半灌木荒漠和根茎禾草等5个群系亚型。草原化荒漠有：沙冬青群系（Form. *Ammopiptanthus mongolicua*），柠条群系（Form. *Caragan korshinskii*），小叶亚菊、灌木亚菊群系（Form. *Ajania fruticulosa*）等群系类型。灌木荒漠有：膜果麻黄群系、沙拐枣群系、白刺群柽柳群系。小半乔木荒漠有：梭梭柴群系和白梭梭群系。半灌木荒漠有：红砂群系、油蒿群系、盐爪爪群系等。根茎禾草群系亚型有：芦苇群系和沙竹群系。荒漠植物群落层片结构、种类成分均很简单，多为1~2层，少部分为3~4层；其盖度小，多数群落在15%~25%或更低，群落生物产量很低，干重一般约为50g/（m^2·a）。

②荒漠化地区植被有着独特的生物学、生理学、生态学特性。该地区植物具有的生物生态特征是：植株较矮小，根系深广而强大，根茎比较大，叶片较小，绒毛发达，气孔多下陷，耐年际、月际、昼夜的极端变温，抗大气干旱和极端干旱能力较强；植物具有的生理特性是：细胞较小、气孔多关闭，具有较高的束缚水含量和较高的束缚水与自由水比值，渗透势较高。荒漠化地区植物群落的组成较简单，特点是层次少、生物量较低。由于气候和人为因素的共同作用，荒漠地区许多植物被破坏严重，出现严重的水土流失和沙漠化现象，给当地人居生活和社会经济发展带来了严重危害。因此，保护和合理开发荒漠地区现有植物资源，恢复和重建被破坏的植被生态系统，是维护荒漠地区生态平衡、保护生态环境，促进荒漠化地区经济科学、和谐和可持续发展的重要途径。

2　我国土地沙质荒漠化成因

我国土地沙质荒漠化是自然与人类活动双重相互交织复合、共同作用的结果。

2.1 人为活动

人为活动对土地沙质荒漠化发展有以下 5 方面的影响作用。

（1）人口增长对土地的压力是土地沙质荒漠化的直接原因。在我国干旱、半干旱地区，过度放牧、粗放经营、盲目垦荒、水资源不合理利用、过度樵采与砍伐森林植被、不合理开矿等人类活动，是加速荒漠化土地扩展的主要原因。以人口密度与草地退化为例，宁夏、陕西、山西地区的干旱、半干旱地区由于人口密度较高，草地退化比例高达 90%~97%；新疆、内蒙古、青海地区的干旱、半干旱及亚湿润干旱区的人口密度较低，草地退化比例为 80%~87%；而人口密度最低的西藏，草地平均退化比例仅为 23%~77%。

（2）过度放牧是草地退化进而沙漠化的主要原因。以内蒙古为例，过度放牧导致 13.3 万 hm^2 以上草场严重退化，迫使 4 个苏木（乡、镇）计 175 户牧民迁移他乡。目前，干旱、半干旱及亚湿润干旱区许多草场的实际载畜量都远远超过了理论载畜量，成为草场退化的重要原因。

（3）坡地耕作是耕地退化进而沙漠化的主要原因。据测定，小于 5°的坡耕地，每年表土流失量约为 15t/hm^2，25°的坡耕地每年表土流失量可达 120~150t/hm^2，而水平梯田则不产生表土流失。据全国沙漠化普查资料得知，除西藏外，我国北方 12 省（自治区）干旱、半干旱和亚湿润干旱地区的人口密度平均为 24 人/km^2，极大地超过了该类生态环境条件的人口承载极限。人口密度大是直接导致开垦坡耕地、水土流失和农耕地退化、荒漠化的原因。

（4）樵采、滥挖中药材、毁林等行为是直接荒漠化的原因之一。柴达木盆地原有沙生植被 200 万 m^2 以上，到 20 世纪 80 年代中期因樵采已被毁掉 1/3 以上。新疆荒漠化地区每年需燃料折合薪柴350 万~700 万 t，使大面积的荒漠植被遭到破坏。而内蒙古额济纳绿洲的萎缩、居延海的干枯、民勤绿洲大片人工林的干枯和衰退，都是由于人为过度及无节制活动导致大面积土地荒漠化的实例。

（5）不合理灌溉方式是造成耕地次生盐渍荒漠化的直接原因。内蒙古河套平原灌区由于对耕地灌溉浇水方式不当，目前已有半数耕地发生次生盐渍化；而位居河北亚湿润干旱区及半干旱区退化耕地中的 66%面积，就是由于灌溉方式不当产生盐渍化的。

2.2 自然因素

自然因素指地理环境、气候两方面因素对沙质荒漠化发展的影响作用。

（1）地理环境因素。我国干旱、半干旱及亚湿润干旱区远离海洋，深居大陆腹地，加之纵横交错的高山峻岭，特别是青藏高原对空中水汽流的阻隔，使得这一地区成为全球降水量最少、蒸发量最大、最为干旱缺水、生态系统最为脆弱的环境地带。该区域处于西伯利亚、蒙古高压反气旋的中心，从西到东、从北到南大范围的频繁强风，为荒漠化风蚀提供了充分的动力来源；而局部地区的地形起伏，深厚、无结构特征的疏松沙质土壤和短历时高强度的降水特点，助长了水蚀的发生和进一步加剧了生态环境的恶化，使黄土高原北部与鄂尔多斯高原的过渡地带及黄土高原中西部成为水蚀荒漠化最为集中、程度最为剧烈的地区；大范围极度干燥与局部地段低洼、排水不畅，降水稀少与强烈的蒸发，在人为不合理灌溉措施下又加剧了农业耕作土地的盐渍化发展。

（2）气候因素。据有关资料，近50年来我国干旱、半干旱地区及亚湿润干旱区的部分地区降水量呈减少的趋势，有些地区气温则有增高的趋势，直接导致了蒸发量的增大，助长了土壤盐渍化的形成与蔓延。这些都在一定程度上加剧了荒漠化的扩展。频繁发生于我国西北、华北地区的沙尘暴，更是加剧了这些地区的荒漠化进程，导致了极为严重的生态环境后果。

3 我国沙质荒漠化土地分布范围、面积及类型

我国沙质荒漠化土地分布范围为东经74°~119°，北纬19°~49°，经度横跨45°，纬度纵跨30°，基本上是从海平面到高寒荒漠地带，垂直高度跨越数千米，地域辽阔，气候、地貌类型多，塑造了形成荒漠化的主导因素丰富多样。风蚀、水蚀、冻融侵蚀、土壤盐渍化无不存在，从而造就了我国沙质荒漠化的多种类型。

根据《联合国防治荒漠化公约》规定的指标，我国已经发生沙质荒漠化的地理范围是干旱、半干旱及亚湿润干旱地区，总面积为331.7万km^2，已经成为荒漠化土地的面积为262.2万km^2，占该地区土地面积的79.0%，占国土面积的27.3%。

我国荒漠化土地类型有如下4大类。

①以荒漠化的主导成因来划分，其中风蚀荒漠化160.7万km^2、水蚀荒漠化20.5万km^2、冻融荒漠化36.3万km^2、盐渍荒漠化23.3万km^2，其他因素引起的荒漠化土地面积21.4万km^2。

②从土地利用的类型来划分，荒漠化土地的主要表现形式为：退化耕地7.7万km^2、植被覆盖度>5%的退化草地105.2万km^2、退化林地0.1万km^2以上，其余为植被覆盖度<5%的退化土地。

③从气候类型来划分，114.8万km^2荒漠化土地分布在干旱地区、91.9万km^2分布在半干旱地区、55.5万km^2分布在亚湿润干旱地区，分别占各荒漠化气候类型区土地面积的80.4%、80.7%和74.0%。

④从荒漠化的程度来划分，轻度荒漠化土地95.1万km^2、中度荒漠化土地64.1万km^2、重度荒漠化土地103.0万km^2，分别占荒漠化土地总面积的36.3%、24.4%和39.3%。

3.1 风蚀荒漠化

风蚀荒漠化分为风蚀荒漠化土地面积与分布范围、风蚀荒漠化土地程度以下2项内容。

（1）风蚀荒漠化土地面积。

①我国风蚀荒漠化土地面积：风蚀荒漠化总土地面积是160.7万km^2，主要分布在干旱、半干旱地区，是我国荒漠化土地中面积最大、分布范围最广的荒漠化土地类型；其中分布在干旱地区87.6万km^2，占风蚀荒漠化总土地面积的54.5%；分布在半干旱地区49.2万km^2，占30.6%；此外，在亚湿润干旱地区也有风蚀荒漠化土地零散分布，面积仅为23.9万km^2，占风蚀荒漠化总土地面积的14.9%。

②我国风蚀荒漠化土地分布范围：在干旱地区，风蚀荒漠化土地大体分布在内蒙古狼山以西、腾格里沙漠和龙首山以北包括河西走廊西部以北、柴达木盆地及其以北、以西至西北部的大部分地区；此外，在准噶尔盆地和塔里木盆地及天山以南、孔雀河以北广大地区也有分布。在半干旱地区，风蚀荒漠化土地大体分布在狼山以东向南，穿杭锦后旗、磴口县、乌海市，然后向西

纵贯河西走廊中—东部直到肃北呈连续大片分布。在亚湿润干旱区，从毛乌素沙地东部至内蒙古东部，大体上呈东北—西南带状分布，其带宽为50~125km，在东经106°以西以及从青海到西藏北部主要为斑块状分布。

（2）风蚀荒漠化土地程度。轻度风蚀荒漠化土地为44.0万km^2，占风蚀荒漠化总土地面积的27.4%，主要分布在半干旱和半湿润干旱区东部的巴丹吉林沙漠及腾格里沙漠以东地区，其中集中连续分布区大体在东经108°~119°；中度风蚀荒漠化土地面积为25.0万km^2，占荒漠化总面积的15.6%，呈零散分布，但较为集中地分布在准噶尔盆地和内蒙古中北部半干旱和干旱地区；重度风蚀荒漠化土地面积为91.7万km^2，占荒漠化总面积的57.0%，主要分布在干旱地区，即在东经103°以西腾格里沙漠、巴丹吉林沙漠及其以西，新疆准噶尔盆地以北、以东及南疆、西疆西北地区，呈现大片连续分布。风蚀荒漠化土地程度大体随气候类型区而变化，由亚湿润干旱区—半干旱区—干旱区过渡，也同步呈现出轻度—中度—重度的变化趋势；随气候类型的变干旱，风蚀荒漠化程度越来越严重，其程度分布范围也越来越大，由零散分布趋向大片连续分布。

3.2　水蚀荒漠化

水蚀荒漠化指水蚀荒漠化土地面积及分布、水蚀荒漠化程度以下2项内容。

（1）水蚀荒漠化土地面积及分布。水蚀荒漠化土地总面积为20.5万km^2，占荒漠化土地总面积的7.8%。在生态气候地域分布上，干旱、半干旱和亚湿润干旱区范围内的水蚀荒漠化土地呈现不连续的局部集中分布；主要分布在黄土高原北部的无定河、窟野河、秃尾河流域，泾河上游，清水河、祖厉河中上游，湟水河下游及永定河上游；在东北西部，主要分布在西辽河中上游及大凌河上游；此外，在新疆伊犁河、额尔齐斯河及昆仑山北麓地带也有较大的连续分布。

这些地带地形起伏较大，山麓坡度较陡，土壤覆盖层较厚，为水蚀荒漠化的形成提供了有利的地形条件和充足的侵蚀物质基础，加之人为的过度放牧、陡坡垦荒等活动剧烈，致使该地区植被破坏、地表裸露，从而加速了水蚀荒漠化的进程。地表土被连续不断地冲刷后，在干燥气候条件下，植被自然恢复能力极低，在人口日益增长的压力下，塑造了这些地区的水蚀荒漠化地貌景观。

（2）水蚀荒漠化程度。我国水蚀荒漠化土地轻、中、重度的危害面积分别为13.5万km^2、4.6万km^2、2.4万km^2，分别占水蚀荒漠化总土地面积的66.0%、22.4%、11.6%。水蚀荒漠化土地危害程度的分布明显地表现出与土壤质地的紧密相关性。黄土高原北部与鄂尔多斯高原过渡地带的晋陕蒙三角区地带，不但具有黄土丘陵沟壑的剧烈起伏地形地貌，其丘陵地表又覆盖着深厚疏松、抗蚀力极低的沙质土壤，同时，该地区人口密度大，垦殖指数过高，导致该地区成为我国水蚀荒漠化土地危害程度最为严重的地区，土壤侵蚀模数高达20000~30000t/（$km^2\cdot a$），成为黄河泥沙的主要来源区域。因此，重度水蚀荒漠化土地的比例虽然不大，但其危害性却十分严重。

3.3　冻融荒漠化

冻融荒漠化指冻融荒漠化土地的面积、形成、分布状况。

（1）冻融荒漠化土地面积。其面积共计36.3万km^2，占荒漠化土地总面积的13.8%。

（2）冻融荒漠化土地形成。冻融荒漠化是由于昼夜或季节性温差较大地区，岩石或土壤由于剧烈的热胀冷缩而造成结构破坏或质量退化现象。发生冻融荒漠化地区一般生物生产力较低，它属于我国一种特殊的荒漠化类型，世界上其他国家或地区少见。

（3）冻融荒漠化土地分布状况。冻融荒漠化土地主要分布于我国青藏高原的高海拔地区，在甘肃少数高山区及横断山脉北侧的四川巴塘、得荣、乡城等县的金沙江及其支流与上游有零星分布，但面积不大。我国冻融荒漠化土地大多发生在较干燥气候条件下，但局部发生在海拔较高、水分条件相对较为优越的地段。冻融荒漠化土地程度以轻、中度为主，分别占 49.0%、50.7%，重度仅占 0.3%，目前它们对我国人居生活与生产的影响相对较小。

3.4　盐渍荒漠化

盐渍荒漠化是指盐渍荒漠化土地的面积及分布、危害程度。

（1）盐渍荒漠化土地面积及分布。

①盐渍荒漠化土地面积：其面积为 23.3 万 km^2，占荒漠化土地总面积的 8.9%。

②盐渍荒漠化土地分布：主要集中连片分布在塔里木盆地周边绿洲以及天山北麓山前冲积平原地带、河套平原、银川平原、华北平原及黄河三角洲。按行政区域划分，盐渍荒漠化土地主要分布在新疆、内蒙古、青海 3 省（自治区），合计占盐渍荒漠化土地面积的 88.0%，3 省（自治区）依次占盐渍荒漠化土地面积的 46.3%、23.0%、18.7%。

③盐渍荒漠化形成的土地类型：盐渍荒漠化草地所占比例最大，其次为盐渍化农耕地。

④盐渍荒漠化土地形成原因：主要是由于气候变迁、地表排水不畅、地下水位过高和不合理灌溉方式等原因造成。

（2）盐渍荒漠化土地危害程度。以干旱地区最为严重，半干旱地区居中，亚湿润干旱区则相对较轻。如柴达木盆地、罗布泊地区和塔里木盆地北缘的轮台、库车、阿瓦提、若羌、阿拉善，以及吐鲁番盆地等地以重度为主，北疆石河子等地则以中度为主，位居东部亚湿润半干旱区的华北平原、黄河三角洲地带大多以轻度为主。

3.5　其他因素形成的荒漠化

其他因素造成的荒漠化，是指除风蚀荒漠化、水蚀荒漠化、冻融荒漠化、盐渍荒漠化这 4 种以外，由其他因素综合作用而形成的荒漠化土地类型，总面积为 21.4 万 km^2，占荒漠化土地总面积的 8.2%，分布于各气候区，主要以轻度荒漠化危害为主。

第三节
沙质荒漠化防治工程建设技术原理

1　沙质荒漠化土地风沙运动物理学机理

以风力为主要侵蚀营力造成的土地退化过程称为风蚀荒漠化。主要是指在干旱多风的沙质地表条件下，由于人为过度活动的影响，在风力侵蚀作用下，使得土壤的细小颗粒被剥离、搬运、沉积、磨蚀，造成地表出现风沙流活动为主要标志的土地退化现象。风力侵蚀的结果常常形成风蚀劣地、粗化地表、片状流沙堆积，以及流动沙丘的形成与蔓延。在地球陆地上到处都有风和土，但并不意味着任何地方都会发生风蚀作用，因而也不是任何地方都发生和存在着风蚀荒漠化土地。发生严重风蚀作用必须具备两个必须要素，即：首要是要有强大的风力；其次是要有干燥、松散的土壤。因而可以说，风蚀作用主要发生在蒸发量远大于降水量的干旱、半干旱地区及有海岸、河流沙普遍存在的、受季节性干旱影响的亚湿润干旱区。目前，因风力侵蚀作用形成的荒漠化土地面积占荒漠化土地总面积的61.3%，而且仍在不断扩大和蔓延，成为地球陆地上荒漠化土地的主要类型。

1.1 风力侵蚀作用

1.1.1 沙粒起动

风是沙粒运动的直接动力，气流对沙粒的作用力公式（4-1）是：

$$P = C\rho V^2 A/2 \tag{4-1}$$

式中：P——风的作用力；

C——与砂粒形状有关的作用系数；

ρ——空气密度；

V——气流速度；

A——沙粒迎风面积。

由公式（4-1）可见，随着风速增大使风的作用力增大，当风速作用力大于沙粒惯性力时，沙粒即被起动，使沙粒沿地表开始运动所必需的最小风速称为起动风速（即临界风速）。大于临界风速的风均为起沙风。

拜格诺（R. A. Bagnold）根据风和水的起沙原理相似性及风速随高程分布的规律，得出了起动风速的理论公式（4-2）如下：

$$V_t = 5.75A\sqrt{\frac{\rho_s - \rho}{\rho} \cdot gd} \cdot \lg \frac{y}{k} \tag{4-2}$$

式中：V_t——任意点高程 y 处的起动风速值；

A——沙粒起动系数；

ρ_s——供测试高度沙尘的空气密度；

g——克；

ρ——沙粒和空气的密度；

d——沙粒粒径；

y——任意点高程；

k——粗糙度。

据研究，在空气中风对粒径>0.1mm 的沙粒起动系数 $A=0.1$，当风中携带的沙粒冲击地表松散沙粒时 $A=0.08$，即风沙流的冲击起动沙粒风速比风起动地表沙粒的风速要小 20%，也就是说风沙流更容易使沙粒起动。

起动风速的大小与沙粒的粒径大小、沙层表土湿度状况及地面粗糙度等有关。一般沙粒越大，沙层表土越湿，地面越粗糙，植被覆盖度越大，起动风速也越大。

从表 4-2 得知，在一定粒径范围内，随粒径增大，起动风速也增大。起沙风速与粒径平方根成正比。但对特别大和特别细的粒径（受附面层的掩护和表面吸附水膜的黏着力的作用）都不易起动。据实验测定，粒径为 0. 015~0. 5mm 时，约 0. 1mm 的沙粒最容易起动。随着大于或小于 0. 1mm 的粒径增大或减少，其起动风速都将增大。因此，风的吹蚀能力与地表沙粒物质粒径的起动风速大小直接相关，风速超过起动风速越大，吹蚀能力越强。一般组成地表的颗粒越小、越松散、干燥，要求的起动风速越小，受到的吹蚀越强烈。粒径为 0. 1~0. 25mm 干燥沙，高度 2m 处起动风速仅为 4~5m/s，便可以形成风沙流危害环境。

表 4-2　沙粒径与起沙风速值对应的关系

沙粒径（mm）	起沙风速（m/s）
0. 1~0. 25	4
0. 25~0. 5	5. 6
0. 5~1. 0	6. 7
>1. 0	7. 1

注：测定地为新疆莎车，风速是距地表 2m 处时值。

地表土壤含水状况对起沙风速也有明显影响。从表 4-3 可知，当沙粒径相同时，湿度越大，由于受地表面吸附水膜黏着力的影响，沙子黏滞性和团聚作用增强，起动风速也就相应增大。据外业测定，雨后 2m 高处当风速达 11. 9m/s 时，地表面仍不起沙，只有在强风吹干表层湿沙后，沙粒才能开始运动。

表 4-3　沙粒不同含水率的起动风速

沙粒径（mm）	沙粒不同含水率时的起动风速（m/s）				
	干燥状态	含水率（%）			
		1	2	3	4
2. 0~1. 0	9	10. 8	12	—	—
1. 0~0. 5	6	7	9. 5	12	—
0. 5~0. 25	4. 8	5. 8	7. 5	12	—
0. 25~0. 175	3. 8	4. 6	6	10. 5	12

不同地表状况因其粗糙度不同，对风的扰动作用也不同，对应的起动风速也不相同。地面越粗糙，起动风速越大。从表 4-4 可看出不同地面状况下起动风速的差异。

表 4-4　不同地表状况下沙粒的起动风速

地表状况	起沙风速（m/s）
戈壁滩	12
风蚀残丘	9
半固定沙丘	7
流沙	5

注：风速指距地表 2m 高处的观测值。

1.1.2 风力作用过程

风力作用过程系指风对土壤物质的分离、搬运和沉积3个过程。

（1）风力侵蚀作用：包括风力的吹蚀和磨蚀2种方式。风的侵蚀能力是摩阻流速的函数，可用公式（4-3）表示：

$$D = f(v_*)^2 \tag{4-3}$$

式中：D——侵蚀力；

v_*——侵蚀床面上的摩阻流速。

地表附近风速梯度较大，使凸出于气流中的颗粒受到较强风力作用。颗粒越大，凸出于气流中的高度越高，受到风的作用力也越大，然而，这些颗粒由于质量较大，需要更大的风力才能被分离。能够被风移动的最大颗径，取决于颗粒垂直于风向的切面面积及本身的质量。粒径为0.05~0.5mm的颗粒都可以被风分离，以跃移形式运动，其中粒径为0.1~0.15mm的颗粒最易被分离侵蚀。

风沙流中跃移的颗粒，增加了风对土壤颗粒的侵蚀力。因为这些颗粒不仅将易蚀的土壤颗粒从土壤中分离出来，而且还通过磨蚀，将那些小颗粒从难蚀或粗大的颗粒上分离下来带入气流。磨蚀强度用单位质量的运动颗粒从被蚀物上磨掉的物质量来表示。对于一定的沙粒与被蚀物，磨蚀度是沙粒的运动速度、粒径及入射角的函数。

$$W = f/(V_P、d_P、S_\alpha、\alpha) \tag{4-4}$$

式中：W——磨蚀度（g/kg）；

V_P——沙粒速度（cm/s）；

d_P——沙粒直径（mm）；

S_α——被蚀物稳定度（J/m^2）；

α——入射角（°）。

哈根（L. J. Hagen）用细沙壤、粉壤和粉黏壤土作磨蚀对象，以同一结构的土壤及石英沙作磨蚀物进行研究，结果表明沙质磨蚀物比土质磨蚀物的磨蚀强度大；磨蚀度随磨蚀物颗粒速度V_P按幂函数增加，幂值变化范围为1.5~2.3：随着被蚀物稳定度S_α增加，磨蚀度W非线性减小。当S_α从$1J/m^2$增加到$14J/m^2$，W约减小10g/kg；入射角α为10°~30°时，磨蚀度最大：当磨蚀物颗粒平均直径由0.125mm增加到0.715mm时，磨蚀度只有轻微的增加。

风对土壤颗粒成团聚体的侵蚀过程是一个复杂的物理过程，特别是当气流中挟带了沙粒而形成风沙流后，侵蚀更为复杂。

（2）风力输移作用：当风速大于启动风速时，在风力作用下，土壤和沙粒物质随风运动，其运动方式有悬移、跃移、蠕移3种形式，运动方式取决于风力强弱和搬运沙粒粒径大小。

风沙流运动与水流中泥沙运动不同，以跃移运动为主。造成这种差异的原因，是风和水的密度不同。在常温下，水的密度（$1g/cm^3$）要比空气的密度（$1.22\times10^{-3}g/cm^3$）大800多倍，所以水中泥沙反弹不起来。沙粒在水中的跳跃高度只有几个粒径，而在空气中的跳跃高度却有几百或几千个粒径。沙粒在空气中跳跃高，便会从气流中获得更大的能量。因而，下落冲击地面时，不但本身会反弹跳起，而且还把下落点附近的沙粒也冲击溅起。这些沙粒在落到地面以后，又溅起更多的沙粒。因此，沙粒在气流中的这种跳跃移动具有连锁反应的特性。高速跃移的沙粒通过冲击方式，靠其动能可以推动比它大 6 倍或重 200 多倍的表层粗沙粒（>0.5mm）蠕移运动。蠕移速度较小，每秒仅向前移动 1~2cm；而跃移的速度快，一般可以达到每秒数十到数百厘米。

在一定条件下，风的搬动能力主要取决于风速，与被搬动物的粒径关系不密切。同样的风速可搬运多数量的小颗粒或较少的大颗粒，其搬动总重量基本不变。

切皮尔（W. S. Chepil）研究了悬移质、跃移质和蠕移质的搬运比例，不同土壤中团聚体及颗粒的大小有不同搬运比例，而与风速无关。在团聚良好的土壤上，无论其结构很粗或很细，悬移质都很少而蠕移质较多；在粉沙土和细沙土上悬移搬运相对增多。对各种土壤，跃移质搬运总是大于蠕移质和悬移质。3 种搬运方式的土壤颗粒所占比例大约为：悬移质占 3%~38%，跃移质占 55%~72%，蠕移质占 7%~25%。

拜格诺研究了沙丘沙和土壤的搬运，得出风的搬运能力与摩阻流速的 3 次方成正比，即公式（4-5）：

$$Q = f(\rho \div g) v_*^3 \tag{4-5}$$

而自然界影响风搬运能力的因素十分复杂，它不仅取决于风力大小，还受沙粒径、形状、比重、湿润程度、地表状况和空气稳定度等影响。因此，目前多在特定条件下研究输沙量与风速的关系。我国研究了新疆莎车一带近地表 10cm 高度内输沙量与 2m 高度的风速关系式（4-6）为：

$$Q = 1.47 \times 10^{-3} V^{3.7} \tag{4-6}$$

式中：Q——输沙率［g/(cm · min)］；

V——风速（m/s）。

（3）风力沉积作用：土壤颗粒被风搬运的距离取决于风速大小、土壤颗粒或团聚体的粒径和重量，以及地表状况。

①沉降堆积：通过表 4-5 和图 4-1 可得知，当风速减弱，使紊流漩涡的垂直风速小于重力产生的沉速时，在气流中悬浮运行的沙粒就要降落堆积在地表，称为沉降堆积，即沙粒沉速随粒径增大而增大。

表 4-5　沙粒直径与沉速的关系

沙粒直径（mm）	沉速（cm/s）
0.01	2.8
0.02	5.5
0.05	16
0.06	50
0.1	167
0.2	250
2	500

②遇阻堆积：当风沙流运行时，遇到障阻使沙粒堆积起来称为遇阻堆积。风沙流因遇障阻发生流速减慢，而把部分沙粒卸积下来；也可能全部（或部分）越过和绕过障碍物继续前进，在障碍物背风坡形成涡流（图 4-2）。

风沙流遇到山体阻碍时，可把沙粒携带至<20°的迎风坡上堆积下来。当风沙流的方向与山体成锐角相交时，一股循山势前进，另一股沿着山体迎风坡成斜交方向上升，并因与山坡摩擦而

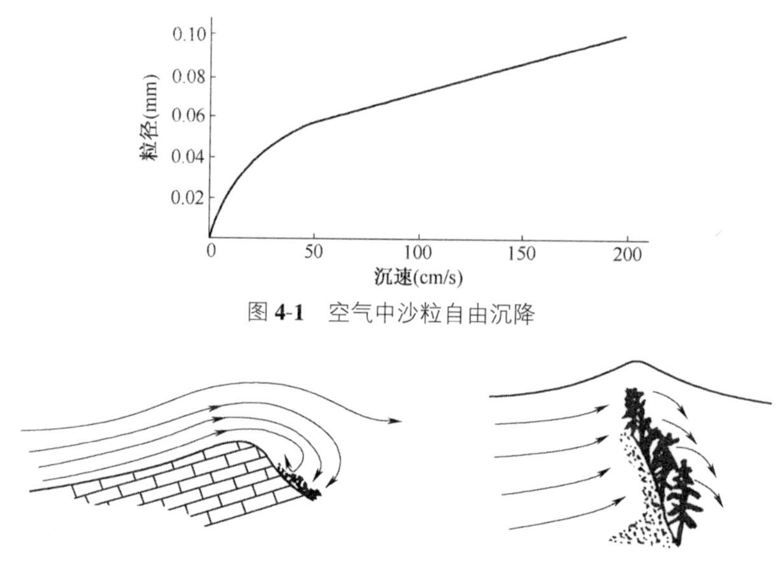

图 **4-1** 空气中沙粒自由沉降

图 **4-2** 遇阻堆积现象

减缓风速，沙粒就卸堆在迎风坡上。地表物如乔灌草植物体和沙丘本身，均成为降低风速和使沙粒堆积的障碍物。

另外，风沙流在运行过程中，遇到了湿润或较冷的气流会被迫上升，这时部分沙粒不能随气流上升而沉积下来。两股风沙流相遇，即或在风向几乎平行的条件下，也会发生干扰，降低风速，减小输沙能力，从而使部分沙粒沉降落下来。在风沙流经常发生地区，粒径小于 0.05mm 的沙粒悬浮在较高的大气层中，遇到冷湿气团时，粉粒和尘土成为雨滴的凝结核随降水大量沉降，就会出现气象学上的尘暴或降尘现象。

从沙粒搬运方式来看，蠕移质搬运距离很近，若被磨蚀作用崩解成细小颗粒，可转化成悬移和跃移方式。跃移质多沉积在被蚀地块的附近，在灌丛、土埂的背后堆成沙垄。沙丘沙中的粗粒堆积于沙丘迎风坡，细粒沉积在背风坡。悬移质及受打击崩解而进入气流中的悬浮颗粒，搬运距离最长。这部分颗粒数量虽少，但多是含有大量土壤养分的黏粒及腐殖质。

1.1.3 影响风蚀的因素

风蚀作用大小、强弱除与风力有关外，还受土壤抗蚀性、地形、降水、地表状况等因素影响。

（1）土壤抗蚀性：土壤抵抗风蚀的性能主要取决于土粒质量及土壤质地、有机质含量等。在风力作用时，受作用力的单个土壤颗粒（团聚体或土块）质量（或大小）足够大，就不能被风力吹移、搬运；若颗粒质量很小，极易被风吹移。因此，常把粗大颗粒称为抗蚀性颗粒，把轻细颗粒称为易蚀性颗粒。抗蚀性颗粒不仅不易被风吹移，还能保护风蚀区内的易蚀性颗粒不被移动。由此可见，土壤中抗蚀性颗粒的含量多少，能够表示土壤抗蚀性强弱。

在持续风力作用下，任何表面相对平滑的地表都会随风蚀过程而变得粗糙不平。这是因为抗蚀性颗粒不仅被风难以起动，而且保护它下面的颗粒免受风蚀，阻碍了风蚀发展，只有那些易蚀性颗粒随风搬迁，使风蚀得以继续，从而造成地表凸凹起伏。

抗蚀性颗粒的机械稳定性，影响风蚀的进一步发展。若抗蚀性颗粒的团聚体形状大或成复粒，在风沙流冲击和磨蚀作用下，仅被分离成较大的颗粒或不易分离，表示颗粒稳定性高；相反，易分离的颗粒稳定性差。粒稳定性与土壤质地、有机质含量密切相关。

不同质地的土壤中，沙土和黏土是最易被风蚀的土壤。这是因为，质地较粗的沙土中缺少黏粒物质，不能将沙粒凝结成有结构的土壤，黏土易于形成团聚体和土块，但稳定性很差，特别是在冻融作用和干湿交替情况下极易使其破碎。切皮尔经分析表明，当土壤中黏粒含量约在27%时，最有利于抗风蚀性团聚体土块的形成；当小于15%时，土壤很难形成抗风蚀的团聚结构。极粗沙和砾石很难被风移动，这就有助于提高土壤的抗蚀性。

我国干旱区风成沙粒度成分，以粒径0.25~0.10mm的细沙为主，其次为极细沙和中沙，粉沙含量不多，粗沙最少，几乎不含极粗沙（表4-6）。

表4-6　我国干旱荒漠地区主要沙粒度组成

沙漠名称	沙粒级（mm）					
	>1.00	1.00~0.50	0.50~0.25	0.25~0.10	0.10~0.05	<0.05
塔克拉玛干沙漠	—	0.02	4.54	34.15	41.97	19.32
古尔班通古特沙漠	—	—	8.7	68.2	19.1	4
巴丹吉林沙漠	—	3.4	23.4	61.4	9.82	1.98
腾格里沙漠	0.01	1.6	6.61	86.88	4.9	—
乌兰布和沙漠	0.01	0.78	17.31	72.11	9.52	0.27
库布齐沙漠	—	1.1	1.9	85.3	11.7	—
宁夏河东沙区	—	0.16	17.99	75.05	6.16	0.67
平均	微量	1	11.49	69.01	14.74	3.75

半干旱风沙区，受风沙侵蚀和埋压，地带性土壤发育很弱，且与风成沙相间分布，从毛乌素沙地各地带性土壤的粒度组成可以看出，表层土壤中黏粒含量均在10%以下（表4-7）。这样的土壤质地很难形成抗风蚀性的结构单位，因而造成干旱、半干旱风沙区土壤极易被吹蚀的特点。

表4-7　毛乌素沙地地带性土壤机械组成

土壤名称	地表层沙粒级（mm）						
	1~0.25	0.25~0.05	0.05~0.01	0.01~0.0.005	0.005~0.001	<0.001	质地
普通淡栗钙土	5.44	80.53	2.08	0.9	3.81	7.24	沙壤土
薄层淡栗钙土	13.18	58.41	20.69	1.66	2.87	3.19	紧沙土
碳酸盐淡栗钙土	11.08	61.36	17.64	1.43	6.67	1.81	紧沙土
原始栗钙土	57.68	38	1.6	1.04	0.5	0.28	松沙土
碳酸盐棕钙土	5.29	51.86	34.52	2.26	3.93	2.14	紧沙土
原始棕钙土	37.26	55.16	1，29	0.31	0.97	2.98	松沙土
沙化棕钙土	—	—	—	—	—	—	
淡黑垆土	—	—	—	—	—	—	沙壤土

土壤有机质能够促进土壤团聚体的形成并提高其稳定性，不利于风蚀发展。因而，在生产实践中通过增施有机肥料和农作物秸秆来达到改良土壤结构，提高土壤抗蚀性能。

（2）地表土：由农耕作过程形成的地表土垄，能够通过降低地表风速和拦截运动的泥沙颗粒来减慢土壤风蚀。阿姆拉斯特（D. V. Armbrust）等研究了不同高度土垄的作用得出：当土垄边坡比为1：4、高5~10m时，减缓风蚀的效果最好；低于这个高度的土垄在降低风速和拦截过境土壤颗粒的效果不明显；当土垄高度大于10m时，在其顶部产生较多的窝旋，摩阻流速增大，从而能够加剧风蚀程度的发展。

（3）降水：降水使表层土壤湿润而不能被风力吹蚀。切皮尔在美国大平原地区的研究表明，当地表面上15cm高处的风速为8.9~14.3m/s时、表层土壤实际含水量相当于水分张力在1520Pa时，土壤含水量在0.81~1.16倍的状态下，风蚀可能发生。比索尔（F. Bisal Etal，1966）等在加拿大的研究也得出类似结果。然而，表层土壤湿润持续时间很短，在强风作用下很快干燥，即使下层很湿，风蚀也会发生。

降水还通过促进植物生长间接地减少风蚀。特别是在干旱地区，这种作用更加明显。由于地表被植物覆盖是控制风蚀最有效途径之一，作物对降水的这种反应也就显得特别重要。

降水还有促进风蚀的一面。原因是雨滴的打击破坏了地表土壤团聚体的抗蚀性，并使地面变平坦，从而提高了土壤的可蚀性。一旦表层土壤变干，将会发生更严重的风蚀。

（4）沙丘坡度：在水平地面及坡度为1.5%的缓坡地形上，一般风速梯度和摩阻流速基本不变。但对于短而较陡的坡，坡顶处风的流线密集，风速梯度变大，使高风速层更贴近地面。这就使坡顶部的摩阻流速比其他部位都大，风蚀程度也较严重。表4-8为切皮尔计算出不同坡度土丘顶部及坡上部相对于平坦地面的风蚀量。

表4-8　坡面上相对于平坦地面的风蚀量

坡度（%）	相对风蚀量		坡度（%）	相对风蚀量	
	坡顶	坡上部		坡顶	坡上部
0~1.5（平坦）	100	100	6	320	230
3	150	130	10	660	370

（5）裸露地块长度：风力侵蚀强度随被侵蚀地块长度而增加，在宽阔无防护的地块上，靠近上风的地块边缘，风开始将土壤颗粒吹起并带入气流中，接着吹过全地块，所携带的吹蚀物质也逐渐增多，直至饱和。把风开始发生吹蚀至风沙流达到饱和需要经过的距离称为饱和路径长度。对于一定的风力，它的挟沙能力是一定的。当风沙流达到饱和后，还可能将土壤物质吹起带入气流，但同时也会有大约相等重量的土壤物质从风沙流中沉积下来。

尽管一定风力所携带的土壤物质的总量是一定的，但饱和路径长度随土壤可蚀性程度而不同。土壤可蚀性越高（抗蚀性越低），则饱和路径长度越短。切皮尔和伍德拉夫经观测表明，当距地面10m高处风速约18m/s时，对于无结构的细沙土，饱和路径长度约50m，而对结构体较多的中壤土，则在1500m以上。

若风沙流由可蚀区域进入受防护地面时，蠕移质和跃移质会沉积下来，而悬移质仍可能随风沙流向前运动；当风沙流再进入另一可蚀性区域时，又会有风蚀发生。

（6）植被覆盖度：增加地面植被覆盖度（指生长的植物或植物残体），是降低风力侵蚀性最有效的途径。植被的保护作用与植物种类（决定覆盖度和覆盖季节）、植物个体形状和群体结构、行走向等有关。高而密的植物残茬，其保护作用常与生长中的植物相同。当地面全部为生长植物覆盖时，地面所受到的保护作用最大；孤立植物个体或与风向垂直的植物也能显著地降低风速，减少风蚀。因此，在植物体周围和风障前后，常见沙性土壤物质的堆积现象。风障及防风林带降低风速的作用与其高度及孔隙度（疏透度）相关。

1.2 风沙流运动规律

1.2.1 风沙流结构特征

风沙流是指含有沙粒的运动气流。当风速超过起沙风速时，沙粒在风力作用下，随风运动就会形成风沙流。风沙流是风力对沙粒输移的外在表现形式。气流中搬运的沙粒量在搬运层内随高度的分布状况称为风沙流结构。风沙流结构和强度与沙粒的输移和沉积直接相关。

（1）沙粒径随高度的分布特征：风沙流中不同高度分布着的沙粒径大小不同。一般离地表愈高，细粒愈多，主要为悬移；愈近地表粗粒愈多，主要是跃移和蠕移。风沙流中沙粒大小随高度的分布如图 4-3 和表 4-9。

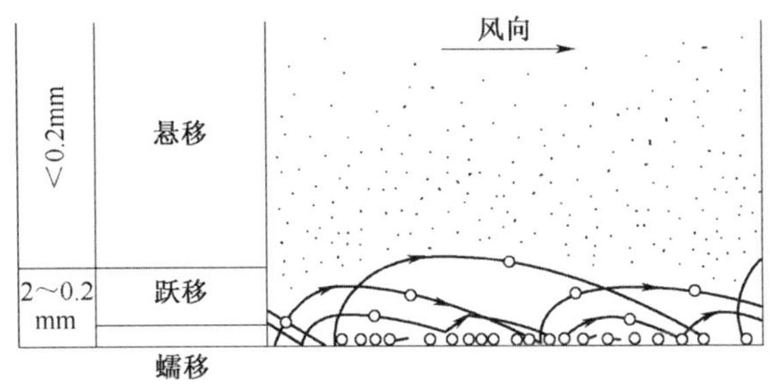

图 **4-3** 风沙流运动的 3 种基本形式

表 4-9 风沙流中沙粒大小随高度的分布特征

高度（cm）	粒径（%）		高度（cm）	粒径（%）	
	>0. 1mm	<0. 1mm		>0. 1mm	<0. 1mm
1	20. 96	79. 04	6	7. 92	92. 08
2	18. 25	81. 75	7	4. 49	95. 51
3	12. 8	87. 2	8	2. 19	97. 81
4	10. 55	89. 45	9	2. 02	97. 98
5	8. 72	91. 28	10	1. 75	98. 25

（2）含沙量随高度的分布特征：因为沙粒径和运动方式的差异，造成了气流中含沙量在距地表不同高度的密度变化，含沙量随高度迅速递减，在较高气流层中搬运的沙量少，而在贴近地面含沙量大。大量观测表明（表 4-10），约 90%沙粒在离地表 30cm 以下高度范围内，主要集中在 10cm 以下。

表 4-10　风沙流在不同高度中含沙量的分布

高度（cm）	0~10	10~20	20~30	30~40	40~50	50~60	60~70
含沙量（%）	79.32	12.3	4.79	1.5	0.95	0.4	0.74

（3）含沙量随风速变化：表 4-11 表明，风沙流中含沙量不仅随高度变化，也随风速变化，当风速显著超过起动风速后，风沙流中含沙量急剧增加。含沙量与风速呈以下指数函数关系：

$$S = e^{0.74V}$$

式中：S——绝对含沙量；

V——风速；

e——常数（e=2.718）。

表 4-11　风速与含沙量关系（新疆莎车）

离地面 2m 高度风速（m/s）	4.5	5.5	6.5	7.4	13.2	15
0~10cm 高度含沙量［g/（cm·min）］	0.37	1.04	1.2	2.27	19.44	35.58

风沙流随风速的变化，在近地表 10cm 内的含沙量分布也不均匀。含沙量随高度迅速递减，而且高度与输沙量（百分比值）对数值之间呈线性关系（图 4-4）。在同一粒径沙粒组成的地表上，无论风速大小，近地表气流中总有一层（2~3cm 处）的含沙量是相对稳定的（约占 15%~20%），随着风速增大，下层气流中的沙量相对减少，上层沙量相对增加；但由于输沙总量随风速增大而增大，所以上下层绝对含沙量都增加，见表 4-12。

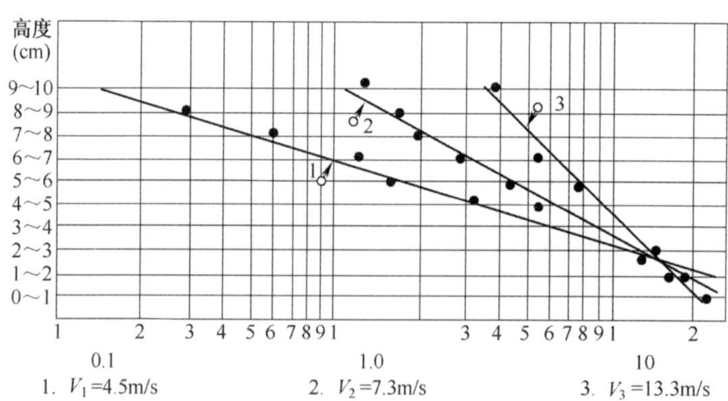

图 4-4　不同风速下含沙量与高度的关系

表 4-12　不同风速、不同高度层的含沙量平均百分数（%）

高度（cm）	气流速度（cm/s）			
	21	35	46	57
10	0.96	1.65	1.67	1.87
9	1.30	2.10	2.16	2.49
8	1.78	2.65	2.55	3.16
7	2.38	3.52	3.56	4.15

（续）

高度（cm）	气流速度（cm/s）			
	21	35	46	57
6	3.36	4.52	4.85	5.40
5	4.84	6.11	6.88	7.59
4	7.70	8.88	9.70	9.45
3	12.14	12.95	13.7	13.20
2	20.96	20.18	21.21	19.96
1	44.58	37.44	33.73	32.73

为了确切反映上述风沙流的结构特征，苏联学者兹纳门斯基提出用结构数 S 表征，其表达式（4-7）为：

$$S = Q^{max}/Q \tag{4-7}$$

式中：Q^{max}——0~10cm 层内最大含沙量；

Q——气流中 0~10cm 内每 1cm 平均含沙量。

随 S 增大，表明近地面风沙流的含沙量所占比例增加。当 S 值增大到某一数值时，近地面含沙量会达到饱和，这时将有部分沙粒脱离气流而沉积下来。因此 S 值就成为判别风蚀发展趋势的指标。研究发现，对各种粗糙表面（黏土、细粒、粗粒），在正常搬运情况下（非堆积搬运），S 的平均值为 2.6；当有部分沙粒出现下落堆积时，S 平均值为 3.8。

我国一些学者观测发现，在 0~10cm 高度范围内，1~2cm 层的沙量在各种风速下保持约 20%，在该层以上和以下两层中的沙量各占约 40%，据此吴正等人提出以风沙流中 0~1cm 和 2~10cm 两层沙量的比值（特征值 λ）来判断风沙流的饱和程度，反映沙粒的吹蚀、搬运和堆积关系。特征值 λ 的表达式（4-8）为：

$$\lambda = Q_{2\sim10}/Q_{0\sim1} \tag{4-8}$$

式中：$Q_{2\sim10}$——2~10cm 层内沙量；

$Q_{0\sim1}$——0~1cm 层内沙量。

当 $\lambda=1$ 时，表示由地面进入风沙流中的沙量与从风沙流中落回地面的沙量基本相等，表现为风沙流对地面的吹蚀量和堆积量相等，因而地面呈现无风蚀也无堆积状态；当 $\lambda<1$ 时，表明下层沙量增加，风沙流为饱和状态，因气流能量消耗使从风沙流中落回地面沙量大于地面吹蚀进入风沙流中沙量，形成沙粒的堆积；当 $\lambda>1$ 时，说明下层沙量减少，风沙流为不饱和状态，气流还有能量携带更多的沙粒量，表现为风沙流对地面继续吹蚀。

S 和 λ 这个指标，共同反映了气流对沙粒的搬运能力。当气流的动能小于沙粒的阻力时，气流无力搬运更多的沙量，风沙流为饱和状态，形成沙粒的堆积现象。

也有学者根据 0~10cm 层内沙量随高度分布的特征，直接用 0~1cm、1~2cm、2~10cm 这 3 层内的输沙量和输沙率来反映风沙流的结构，称为结构式，其表达式为：

$$\sum \rightarrow Q_{2\sim10} \rightarrow 40\%\ \text{变动}$$

$$\sum \rightarrow Q_{1\sim2} \rightarrow 20\%\ \text{略变}$$

$$\sum \rightarrow Q_{0\sim1} \rightarrow 40\%\ \text{变动}$$

可利用上下两层输沙量和输沙率变化来表示风流沙的变化规律。

1.2.2 沙丘移动

沙丘向前移动是相当复杂的过程，它与风力、沙丘高度、水分、植被覆盖状况等因素有关。在风力作用下，沙粒从沙丘迎风坡被吹扬搬运，而在背风坡沉降和堆积。这种运动只有起沙风才起作用。从我国荒漠化沙区的观测资料看，起沙风仅占各地全年总风很小一部分。如新疆且末的起沙风（≥5m/s）出现频率为19.7%，占全年总风速的42.8%；于田更小，仅占4.2%和10.8%。而沙丘移动的方向、方式和强度正是取决于这一小部分起沙风的状况。

（1）沙丘移动方向和方式：

①沙丘移动方向：随着起沙风方向的变化而变化。移动的总方向是和起沙风的年合成风向大体上相一致。根据气象资料，我国沙漠地区，影响沙丘移动的风主要为东北风和西北风两大风系。受它们的影响，各地区沙丘移动方向不同，表现在新疆塔克拉玛干沙漠广大地区及东疆、甘肃河西走廊西部等地，在东北风作用下，沙丘自东北向西南移动；其他各地区，都是在西北风作用下向东南方向移动。

②沙丘移动方式：取决于风向及其变律，分为以下3种情况（图4-5）：

第一种是前进式，这是在单一风向作用下产生的结果。如我国塔克拉玛干沙漠和甘肃、宁夏腾格里沙漠西部等地区，是受单一西北风和东北风作用，流动沙丘均以前进式运动为主。

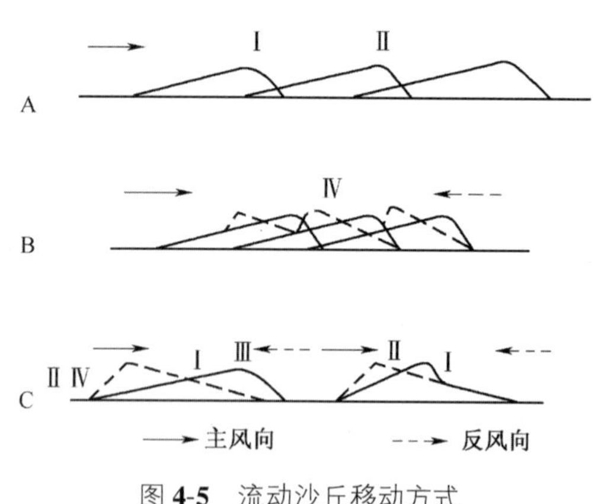

图4-5 流动沙丘移动方式

第二种是往复前进式，它是在两个方向相反而风力大小不等的情况下产生的。如我国沙漠中部和东部各沙区（毛乌素沙地等），则都处于两个相反方向的冬、夏季风交替作用下，沙丘移动具有往复前进的特点。冬季在主风西北风作用下，沙丘由西北向东南移动；在夏季，受东南季风影响，沙丘则产生逆向运动。不过，由于东南风力一般较弱，所以不能完全抵偿西北风力的作用，故此总的来说，流动沙丘慢慢地向东南移动。

第三种是往复式，是在两个方向相反、风力大致相等的情况下产生的沙丘移动结果，这种情况一般较少出现，流动沙丘将停留在原地摆动或仅稍向前移动。

（2）沙丘移动速度：流动沙丘移动的速度主要取决于风速和沙丘高度。若沙丘在移动中其形状和大小保持不变，则向（迎）风坡吹蚀的沙量，应该等于背风坡堆积的沙量。在这种情况下，沙丘在单位时间里前移（图4-6）的距离 D 与背风坡一侧堆积的总沙量 Q 有公式（4-9）关系如下：

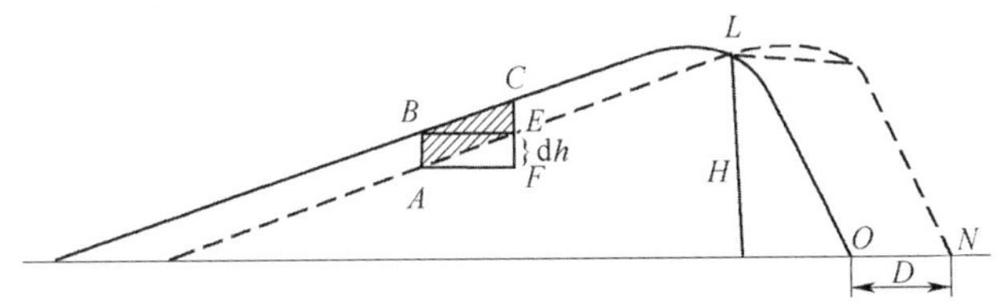

图 **4-6**　流动沙丘移动的几何图解

$$Q = rDH \quad 或 \quad D = Q/rH \tag{4-9}$$

式中：Q——单位时间内通过单位宽度，从向风坡搬运到背风坡的总沙量；

D——单位时间内沙丘前移的距离；

H——沙丘高度；

r——沙粒容重。

由式（4-9）可以看出，沙丘移动速度与其高度成反比，而与输沙量成正比。沙丘移动速度除主要受风速和沙丘高度影响外，还与风向频率、沙丘形态、沙丘密度和水分状况以及植被等多种因素有关。因此，在实际测量沙丘前移速度中，通常采用野外插标杆、重复多次地形测量、多次重合航片的量测等方法，以获得各地区流动沙丘移动速度。

根据观测研究，在古尔班通古特沙漠、腾格里沙漠中许多湖盆附近、乌兰布和沙漠西部、毛乌素沙地大部、浑善达克沙地、科尔沁沙地以及呼伦贝尔沙地等，由于水分、植被条件较为优越，沙丘大部分处于固定、半固定状态，沙丘移动速度很缓慢；只有植被遭到破坏、流沙再起的地块，沙丘才有较大移动速度。在浩瀚的塔克拉玛干沙漠和巴丹吉林沙漠内部地区，虽然属于裸露流动沙丘，但因沙丘十分高大、密集，所以移动速度也很小，不超过2m/a。

而在沙漠边缘地区，沙丘低矮且分散，移动速度较大，通常前移5~10m/a。最大者，如塔克拉玛干沙漠西南缘皮山和东南缘且末地区，那些分布在平坦沙砾戈壁裸露的低矮新月形沙丘，前移值可达40~50m/a。沙丘移动，常常侵入农田、牧场、埋没房屋、侵袭道路（铁路、公路），给农牧业生产和工矿、交通建设造成很大危害。

1.3　风蚀与沙质荒漠化

沙质荒漠化（简称沙漠化）是在干旱多风的沙质地表条件下，由于人为强度活动破坏了脆弱生态平衡，在风力作用下，产生风蚀劣地，粗化地表、片状流沙堆积及沙丘形成等风沙活动现象的土地退化过程。因而沙质荒漠过程在外形上表现为沙漠景观的形成和扩大；其实质是土壤性质的一系列变化，导致土地生产力降低，农业生态系统崩溃。

1.3.1　土地风蚀退化

强劲的风力是沙漠化形成的主要营力，是塑造沙漠地表形态的动力。在风力侵蚀作用下，沙质土地退化表现在如下5个方面。

（1）土壤流失：因风及风沙流对地表土壤颗粒剥离、搬运作用，使土壤产生严重流失。赵羽等根据沙土开垦后风蚀深度调查，推导出科尔沁大青沟地表风蚀量可达23250t/(km^2·a)；林儒耕推算出乌兰察布后山地区伏沙带风蚀量为56250t/(km^2·a)，吕悦来等用风蚀方程估算出陕北靖边滩地农田土壤风蚀量为1450t/(km^2·a)。风力造成大量土壤物质被吹蚀，使土壤质地变差、生产力降低、土地退化。同时被吹蚀的土壤物质沉积又造成河道淤塞，埋压农田、村庄，甚至堆积形成各种形状流动沙丘，如呼伦贝尔地区的磋岗牧场，20 世纪 50 年代初期，开垦23333hm^2耕地，到80年代形成的流动沙丘及半流动沙丘面积占复垦区面积的39.4%；从宁夏中卫区到山西河曲段，由于风蚀直接进入黄河干流沙量达5321万t/a。

（2）土壤质地劣化：由于风力搬运的分选作用，导致土壤质地的变化，最细土壤颗粒物质以悬移状态随风飘浮到很远距离；跃移物质则沉积在地边及田间障碍物附近；粗粒物质停留在原地或蠕移到距离很短的地方。这种风力侵蚀过程使土壤细粒物质损失，粗粒物质相对增加（表4-13），土壤原有结构遭受破坏，土壤性能变差，肥力损失，地力衰退，导致整个生态系统退化并出现风沙微地貌。这种粗化过程随风力变化而间隙式发生，在大风初期持续一定时间，当风力不再增加，处于相对稳定状况时，风蚀强度随之减弱，只有当风力再度增加时，地表土壤颗粒物质粗化又重复出现。多次风蚀粗化作用使土壤耕作层不断被粗化，直至不能继续耕作而被迫弃耕，甚至最终形成风蚀劣地、砾石戈壁和流动、半流动沙丘分布等荒漠化景观。

表 4-13 不同类型沙漠化土地表层沙粒含量变化（内蒙古科尔沁沙地）

沙漠化土地类型	土壤深度（cm）	沙粒（1~0.01mm）含量（%）
固定沙地	0~10	79~89
半固定沙地	0~10	91~93
半流动沙地	0~10	93~98
流动沙地	0~10	98~99

风蚀的这种粗化作用，在粒径变化幅度较大的土壤中，表现尤为突出。

（3）养分流失：土壤中黏粒胶体和有机质是土壤养分的载体，风蚀使这些细粒物质流失导致土壤养分含量显著降低。对于质地较粗土壤来说，随风蚀过程的继续，土壤质地会变得更粗，养分流失导致肥力下降更为严重。表土中养分含量较底土高，而表土又在侵蚀过程中首先流失，从而使土壤肥力不断下降，直至接近土壤母质状态（表4-14）。

表 4-14 内蒙古鄂尔多斯地区草牧场不同沙质荒漠化程度土壤养分含量

沙质荒漠化程度	土壤深度（cm）	有机质	全N	P_2O_5	K_2O
潜在	0~10	0.491	0.121	0.112	2.39
中度	0~10	0.177	0.032	0.085	2.35
极度	0~10	0.173	0.037	0.088	2.50

（4）土地生产力降低：土地生产力是土壤提供植物生长所需要的潜在能力，是土壤物理、化学以及生物性质的综合反映。风蚀造成养分流失、土壤结构粗化、持水能力降低、耕作层变薄，以及不适宜耕作或难以耕作的底土层出露等方面降低土地生产力。对不同质地的土壤，在相同侵蚀作用时，其生产力低途径及程度表现不同。

作物产量是衡量土地生产力最直观的指标。为评价风蚀对土地土壤生产力的影响，莱尔斯、朱震达等建立了风蚀深度与作物产量的关系，继而根据风蚀方程推算出风蚀量来预测作物产量的变化过程。

（5）磨蚀：由风力推动沙粒沿地面的冲击力而引起的磨蚀作用，不仅使土壤表层的薄层结被破坏，造成下层土壤暴露出来，使不易蚀的土块和团聚体被冲击破碎，变成可蚀性土壤，同时，磨蚀作用也对植物产生危害（俗称“沙割”），它直接影响苗期的存活率以及后期生长和产量，作物受害程度取决于作物种类、风速、输沙量、磨蚀时间及苗龄。

1.3.2　风蚀荒漠化的成因类型

在我国北方草原及干草原地区，为扩大耕地面积破坏植被而造成强烈风蚀，并且随风蚀深度的加深，土壤粗化、肥力降低、土地单位面积生物产量下降，迫使部分被垦殖的农田弃耕；随着人口和牲畜压力增大，促使再度扩大垦殖从而导致更为强烈的风蚀过程，如此循环往复，使沙质荒漠化土地面积不断扩展。此外，其他如过度放牧、樵采、不合理用水等也造成沙漠化土地发生、发展。因而荒漠化的发生、发展必定与社会经济活动密切联系，人为不合理经济活动为风蚀的产生和发展创造了条件，起到了诱导作用，加速了荒漠化的发生和发展。特别是在我国北方现代沙漠化土壤中94.5%为人为因素所致。可见，人为不合理活动已成为现代荒漠化发生发展的主导因素（表4-15）。

表 4-15　我国北方现代沙漠化土地成因

成因类型	占北方沙漠化土地百分比（%）
过度农垦形成的沙漠化土地	23.3
过度放牧形成的沙漠化土地	29.3
过度樵采形成的沙漠化土地	32.4
水资源利用不当形成的沙漠化土地	8.6
工矿交通城镇建设引起的沙漠化土地	0.8
风力作用下流动沙丘入侵	5.5

1.4　风蚀荒漠化防治的基本原理

制定风蚀荒漠化防治技术措施主要依据土壤风蚀原因及风沙运动规律，即蚀积原理。根据风蚀产生的条件和风沙流结构特征，所采取的技术措施有多种多样，但就其原理和途径可概括为下述4个方面：

（1）增大地表粗糙度，降低近地层风速。当风沙流经地表时，对地表土壤颗粒（或沙粒）产生动压力，使沙粒运动，风的作用力大小与风速大小直接相关，作用力与风速的2次方成正比，即为：$P=C\rho V^2A/2$。所以当风速增大，风对沙粒产生的作用力就增大，反之，作用力就小。同时根据风沙运动规律，输沙率也受风速大小影响，即有 $Q=1.5\times10^{-9}\ (V-V_t)^3$，风速越大，其输沙能力就越大，对地表侵蚀力也越强。所以只要降低风速就可以降低风的作用力，也就降低风携带沙粒的能量，使沙粒下沉堆积。近地层风受地表粗糙度影响，地表粗糙度越大，对风的阻力就越大，风速就被消弱降低。因此，可通过植树种草和布设沙障以增大地表粗糙度、降低风速、消弱气流对地表面的作用力，以达到固沙和阻沙作用。

（2）阻止气流对地面直接作用。风及风沙流只有直接作用于裸露地表，才能对地表土壤颗粒进行吹蚀和磨蚀，发生风蚀。因而可以通过增大植被覆盖度，使植被覆盖地表，或使用柴草、秸秆、砾石等材料铺盖地表，对沙地表面形成保护壳，以阻止风及风沙流与地面的直接接触，也可达到固沙作用。

（3）提高沙粒起动风速，增大抗蚀能力。使沙粒开始运动的最小风速称为起动风速，风速只有超过起动风速才能使沙粒随风运动，形成风沙流而发生风蚀。因而只要加大地表土壤颗粒的起动风速，使风速始终小于起动风速，地面就不会发生风蚀危害作用。起动风速大小与沙粒径大小及沙粒之间黏着力有关。粒径越大，或沙粒之间黏着力越强，起动风速就越大，抗风蚀能力就越强。所以，可以通过喷洒化学胶结剂或增施有机肥，改变沙土结构，增加沙粒间的黏着力，提高抗风蚀能力，使得风虽过而沙不起，从而达到固沙作用。

（4）改变风沙流蚀积规律。根据风沙运动规律和水土流失规律，以风（水）力为动力，通过人为控制增大流速，提高流量，降低地面粗糙度，改变蚀积关系，从而拉平沙丘造田或延长饱和路径输导沙害，以达到治理沙害目的。

2 沙质荒漠化防治生态学原理

采取植物固沙、阻沙，因其经济、作用持久、稳定并可有效改良流动沙地的土壤理化性质，提高土壤有机质和肥力，改善、美化生态景观环境并提供木材、燃料、饲料、肥料等原料，具有多种生态效益和经济效益的优点，从而成为防治土地沙质荒漠化最有效的首选措施。植物是流动沙地上重建人工生态系统的最主要角色。植物治沙需要具备植物成活、生长、发育的必要条件。因而利用植物改造沙质荒漠化土地，首要问题是植物在流沙上如何成活与保存以及其改造流沙环境生态功能的强弱。

2.1 植物对流动沙地生态环境的适应性原理

流动沙地上分布的天然植物种类和数量很少，但它们却有规律地分布在一定的流动沙地环境之中。它们对不同流动沙地生态环境有各自的要求与适应性。这种特性是长期自然选择的结果，是它们对流动沙地生态环境具有一定适应能力的综合反映。为此，我们便可以利用这些植物在流动沙丘地区去恢复和建立植被，这就是植物治沙的物质条件和理论基础。

流动沙地生态环境具有各种条件，因而在长期的自然选择过程中，形成植物对流动沙地生境有多种适应方式和途径，这就为我们选择更适宜的树种提供了依据。严酷的流动沙地环境对植物的影响是多方面的。其中干旱和流沙的活动性是影响植物最普遍、最深刻的两个限制因素，是制定各项植物治沙技术措施的主要依据。

2.1.1 植物对干旱的适应性

沙质荒漠流沙地区的气候和土壤条件，决定了它的干旱性特征。由于流沙是干燥气候、沙质条件下的产物，因而降水量低、蒸发强烈、干燥度大是流动沙地最显著的生态环境特点。在长期干旱气候条件下，流动沙地上生长的植物，均具有适应干旱的特征，表现为：

（1）萌芽快，根系生长迅速而发达。生长在流动沙地上的植物发芽后，主根具有迅速生长延伸达到稳定湿沙层的能力，同时具有庞大、发达的根系网，可以从广阔的沙层内吸取水分和养分，以供给植物生长发育需要和地上枝叶生理蒸腾需要。

（2）具有旱生形态结构和生理机能。具体表现为叶退化，具较厚角质层、浓密表皮毛，气孔下陷，通气组织发达，机械组织强化，贮水组织发达，细胞持水力强，束缚水含量高，渗透压和吸水力高，水势低等特点。

（3）植物化学成分发生变化。植株体内含有乳状汁、挥发油等。挥发油含量与光有密切关系，也即与植株具备的旱生结构有密切关系。

2.1.2 植物对风蚀、沙埋的适应性

流动沙丘流动性表现在其迎风坡可能遭受风蚀，其背风坡可能遭受沙埋。沙生植物对流沙生境的适应性，首先表现在抗风蚀和沙埋上。生长在流动沙丘上的植物对风蚀、沙埋的适应能力，根据其适应特征，可归纳为4种类型，即速生型、稳定型、选择型和多种繁殖型。

（1）速生型适应性：很多生长在流动沙丘上的植物都具有迅速生长的能力，以适应流沙的活动性，特别是苗期速生更为重要。因为幼苗抗性弱，易受伤害，同时一般认为植物的自然选择过程，主要在发芽和苗期阶段，像沙拐枣、花棒、杨柴等植物，种子发芽后子叶一伸出地面，主根已超过10cm，10d后根可超过20cm，地上部分高于5cm。当年秋天，根深大于60cm，地径粗约0.2cm，最大植物株高大于40cm。主根迅速延伸和增粗，可有效减轻风蚀危害和风蚀后引起的机械损伤，根愈粗固持能力愈强，植株愈稳定。同时根愈粗抵抗风沙流风蚀的破坏程度也愈大，植株不易受害或受害较轻。而茎的迅速生长，可减少风沙流对叶片的机械损伤危害，以保持光合作用进行，同时植株愈高，适应沙埋能力也就愈强。

属于苗期速生类型的沙生植物有沙拐枣、花棒、杨柴、梭梭、木蓼等。

在沙丘背风坡脚能够安然保存下来的植物，则是那些高生长速度大于流动沙丘前移埋压速度的植物，如柽柳、沙柳、杨柴、柠条、油蒿、杂交杨、旱柳、沙枣、刺槐等。苗期速生程度决定于植物习性，而成年后能否速生与有无适度沙埋条件以及萌发不定根能力相关。

（2）稳定型适应性：有些沙生植物及其种子，具有稳定自己的形态结构，以适应沙地生境的流动性，如杨柴种子为扁圆形，表皮上有皱纹，布于沙地表不易吹失，易于覆沙发芽，其幼苗地上部分分枝较多，分枝角较大，呈匍匐状斜向生长，对于风沙阻力较强，易积沙而无风蚀，稳定性较好。沙蒿则以种子小，数量多，易群聚和自然覆沙，种皮含胶质，遇水与沙粒结成沙团，不易吹失，易发芽、生根，植株低矮，枝叶稠密，丛生性强，易积沙等特点适应沙的流动性。使用这类型植物在流沙上撒播或飞播后，当年发芽成苗，效果较好，苗期易产生灌丛堆固沙效应。

（3）选择型适应性：花棒、沙拐枣、沙柳等植物的种子呈圆球形，上有绒毛，翅或小冠毛，易被风吹移到背风坡脚，丘间地或植丛周围等弱风处，通常风蚀少而轻，有一定的沙埋，对种子发芽和幼苗生长有利。植物生长迅速，不定根萌发力强，极耐沙埋，愈埋愈旺。这类植物能够以自身的形态结构利用风力选择有利的环境条件发芽、生长，以适应流沙的活动性。

（4）多种繁殖型适应性：很多沙生植物既能有性繁殖，又能无性繁殖，当生境条件不利于有性繁殖时，它就以无性繁殖方式进行更新，以适应流沙生境。这类植物有杨柴、沙拐枣、红

柳、骆驼刺、沙柳、麻黄、沙蒿、白刺、沙竹、牛心朴子、沙旋覆花等。

上述4种类型植物是沙生植物适应流沙风蚀、沙埋的基本类型（或基本特征），但是有些植物可以归属多种适应类型，而属于同种适应类型的不同植物种之间也有差异。可以看出，沙生植物对流沙生境活动性的适应途径主要是避免风蚀、忍耐中度与轻度风蚀危害，适应适度沙埋。风蚀愈深危害愈严重。适度沙埋则利于种子发芽、生根，可以促进植物生长，有利于固、阻流沙。但过度沙埋则也会对植物造成危害。研究表明，沙埋的适度范围可用沙埋厚度与灌木植株高度之比值（A）来衡量。$A=0\sim0.7$ 为适度沙埋，$A>0.7$ 为过度沙埋。

分布于流动沙地中的天然灌木、半灌木，常常利用自己近地层浓密枝叶覆盖一定沙面，以阻截流沙形成灌丛堆，产生灌丛沙堆固沙效应，以消除风蚀，适度沙埋，促进这些植物的生长发育，以适应流动沙地生境。

2.1.3 植物对流沙生境变异性的适应

流动沙丘地是一个不断发生变化的环境，尤其是在生长植物以后，随着植物增多，使得流沙活动性减弱，流沙的机械组成、物理性质、水分性质、有机质含量、土壤微生物种类和数量、水分状况及小气候等均发生变化。随着沙地环境的改变，植物的种类、组成、数量和结构也随之会产生相应的变化。根据国内外有关学者的研究，植物对环境变异的适应性变化，亦遵循一定的方向、一定的顺序，是有规律的变异。这种适应规律亦即沙地植被演替规律，这是恢复沙质荒漠化地区植被和建立人工植被各项技术措施的理论基础。

2.2 植物对流动沙地生境的作用机理

2.2.1 植物的固沙作用

植物固沙作用有以下3方面的特点。

（1）植物覆盖度大小决定着固沙能力的强弱：植物以其茂密枝叶和聚积枯落物庇护地表层沙粒，减、免风对地表的直接作用；植物作为沙地上一种具有可塑性结构的障碍物，使地面粗糙度增大，极大地降低近地层风速；植物可加速土壤内有机质形成，提高黏结力，根系也起到固结沙粒作用；植物还能促进地表形成“结皮”，从而提高临界风速值，增强了地表抗风蚀能力，起到固沙作用。其中植物对降低风速作用最为明显也最为重要。植物降低近地层风速作用大小与覆盖度相关，覆盖度越大，风速降低值越大。内蒙古农业大学通过对各种沙生灌木林测定，当植被盖度大于30%时，一般都可以降低风速40%以上。

（2）不同植物种对地表庇护能力也不同：新疆生物土壤研究所测定，老鼠瓜覆盖度为30%时，风蚀面积约占56.6%；覆盖度45%时，风蚀面积约占9.4%，覆盖度达72%时完全无风蚀发生。而沙拐枣覆盖度在20%~25%时，地表风蚀强烈，沙拐枣林地常出现槽、丘相间地形，覆盖度大于40%时，沙地平整，地表吹蚀痕迹不明显，林地已开始趋于固定状态。

（3）植物覆盖流沙后出现的地表结皮能够有效地固阻流沙：当沙面逐渐稳定以后，地表层沙粒便开始了成土进程。据陈文瑞研究，沙坡头地区流沙在植被覆盖下的成土作用，每年约以1.73mm的厚度发展。沙地表形成的“结皮”可抵抗25m/s强风（风洞实验）。因此，地表结皮能起到很显著的固沙作用。

2.2.2　植物的阻沙作用

根据风沙运动规律，输沙量与风速的3次方成正相关，因而风速被削弱后，搬运能力下降，输沙量随之减少，植物在降低近地层风速，减轻地表风蚀危害的同时，因降低风速而使风沙流中沙粒下沉堆积，有效起到阻沙作用。

新疆生物土壤研究所测定，艾比湖沙拐枣和老鼠瓜一般在种植后第2年，其林地地表开始积沙，4年平均积沙量可达3m^{3}以上。同时灌木林较草本植物和半灌木单株植物阻积沙量多，也较为稳定，半灌木和草本植物积沙量有限且不稳定，全年中等程度蚀积危害交替出现。

据陈世雄测定，植被阻沙作用大小与覆盖度相关，当植被覆盖度达40%～50%时，风沙流中90%以上沙粒被阻截沉积。

由于风沙流是一种贴近地表的气流与沙粒物质混合在一起的运动现象，因此，不同植物固沙和阻沙能力的大小，主要取决于近地层植株枝叶分布状况。近地层枝叶浓密，控制范围较大的植物其固沙和阻沙能力也较强。在乔、灌、草3类植物中，灌木多在近地表处丛状分枝，固沙和阻沙能力较强。乔木只有单一主干，固沙和阻沙能力较小，有些乔木甚至树冠已郁闭，其林地表层沙仍继续流动。多年生草本植物基部丛生亦具固沙和阻沙能力，但比之灌木植株低矮，固沙范围和积沙数量均较低，加之入冬后地上部分全部干枯，所积沙堆因重新裸露而遭吹蚀，因此草地地表不稳定。这也正是在防治沙质荒漠化工程项目建设中选择植物种时，首选灌木植物的原因之一。而不同灌木其近地层枝叶分布情况和数量亦不同，其固沙和阻沙能力也有差异，因而选择时应作进一步分析。

2.2.3　植物改善小气候作用

小气候是沙质荒漠化区域生态环境的重要组成部分，植物在流沙上生长形成植被以后，小气候将得到很大改善。在植被覆盖下，反射率、风速、水面蒸发量显著降低，相对湿度提高。而且随植被盖度增大，对小气候影响也愈显著。

2.2.4　植物改良风沙土作用

植物固定流沙、改变小气候以后，大大加速了风沙土的成土过程。植物对风沙土的改良作用，主要表现在以下6个方面。

（1）沙土机械组成发生变化：土层内粉粒、黏粒含量显著增加。

（2）沙土物理性质发生变化：沙土比重、容重减小，孔隙度增加。

（3）水分性质发生变化：田间持水量增加，透水性减慢。

（4）土层内有机质含量增加：氮、磷、钾要素含量增加，碳酸钙含量增加，pH值趋于酸性。

（5）土壤微生物数量增加：据陈祝春等测定，腾格里沙漠沙坡头植物固沙区（25年），沙地表面1cm厚土层微生物总数243.8万个/cm^{3}干土，流沙仅为7.4万个/cm^{3}干土，植物固沙区约比流沙增加30多倍。

（6）沙层含水率减少：据陈世雄在沙坡头观测，幼年植株耗水量少，对沙层水分影响不大，随着林龄增长，植株对沙层水分产生显著影响。在降水较多年份，如1979年4～6月所消耗的水分，能在雨季得到一定补偿，沙层内水分可恢复到约2%，而降水较少年份，如1974年，降水量仅154mm/a，0～150cm深沙层内含水率下降至1.0%以下，严重影响着植物的生长与发育。

陈文瑞在沙坡头多年研究结果表明，沙坡头人工林下形成的土壤已经发育到明显的结皮层（A_0）和腐殖质层（A_1），土壤剖面分化比较明显，与流沙相比，在物理性质方面具有质地细、容重低、孔隙度高、持水性强、渗透性慢等特征；在化学性质方面，表现出了养分含量高、碳酸钙积累显著、易溶性盐含量增加等；在抗蚀强度方面，结皮层可抗十一级大风。但由于所形成的土壤土层仍较薄，25 年生人工林下，平均土层厚度为 4. 33cm，每年平均成土厚度的速度仅 1. 73mm，土层中粗粉沙含量高，黏粒少，较松脆，故应防止人畜践踏。

第五章
盐碱地改造工程零缺陷建设技术原理

第一节 土壤盐碱化的成因

1 土壤盐碱化概念

土壤盐碱化（土壤盐渍化）是指土壤中的盐分离子增加或可溶性盐分离子不断向土壤表层聚积，改变了土壤的理化性质，并且对生长的植物产生各种毒害作用的一种土壤变化过程（B·A·柯夫达，1957）。土壤盐碱化是在一定气候、地形、土壤、植被、水文地质等自然条件下形成和发展的。洪、涝、旱灾害，河流改道，人类经济活动，土地利用制度改变，以及农业、水利经营管理中不合理施肥、灌溉等措施，都会对土壤盐碱化的形成、发展都会产生重大影响。土壤盐碱化主要发生在干旱、半干旱地区（张建锋，2002）。

（1）原生盐碱化：指在自然条件下发生的土壤盐碱化，是一种缓慢的盐碱化发展过程。

（2）次生盐碱化：指在人为过度干扰下发生的土壤盐碱化过程，如破坏原有植被、开沟挖渠蓄水、引水灌溉、过量施用化肥等，都会加剧土壤盐碱化进程（张建峰等，2002a）。

2 盐碱土类型

盐土和碱土以及盐化和碱化的各类土壤，统称为盐碱土或盐渍土。盐土和碱土在发生上有一定联系，但其性质却迥然不同。我国以土壤溶液中盐分含量百分比来划分土壤盐碱化程度。把含有过量盐碱的土壤称为盐碱土，因此，盐碱土是盐土和碱土的统称。一般情况下，盐碱土往往是以盐土为主且含碱土，或碱土为主且含盐土的混合盐碱土。

在国际上，现在通常用土壤溶液电导率和可交换性纳吸收比率，作为划分土壤盐碱化程度的指标（Geller，1995；Szabolcs，1989）。一般公认的盐碱量化指标见表 5-1。

表 5-1　盐碱土分类的量化指标

土类	盐化土	碱化土	盐碱土	非盐碱土
可交换性 Na^+ 比率 ESP（%）	>15	>15	>15	<15
土壤溶液电导率 EC（S/m）	>4	<4	>4	<4
pH	<8.5	>8.5	>8.5	<8.5

盐碱土据其成因，分为原生盐碱土和次生盐碱土。从土地利用来讨论，盐碱土就称为盐碱地，同理，有原生盐碱地和次生盐碱地之分。

2.1　盐土种类

一般将土壤层 0.2m 厚度内可溶盐含量大于 0.1%的土壤称为盐渍土。当土壤表层中的中性盐（如 NaCl）含量超过 0.2%时称为盐土（盐化土），其 pH 值在 7~8 之间。盐害主要是由于含有过多可溶性盐，即钠离子（Na^+）浓度过高引起的。盐土土壤剖面形态呈现出无显著构造，表土在干旱季节呈白色，甚至形成盐结皮。

依据龚洪柱等的研究（1986），盐土可分为草甸盐土、滨海盐土、沼泽盐土、洪积盐土、残积盐土、碱化盐土。按土壤盐分组成来划分，草甸盐土又分为氯化物盐土、石膏硫酸盐盐土、硝酸盐土和硼酸盐土；滨海盐土多为碱性，当土壤含氯化盐量大于 0.4%时即成为氯化物盐渍土，当小于 0.4%时则为硫酸盐—氯化物盐渍土；沼泽盐土可分为泥炭或腐泥沼泽硫酸盐盐土、草甸沼泽石膏—硫酸盐盐土；积盐土可分为氯化物盐土、硫酸盐—氯化物盐土、氯化物—硫酸盐盐土及硫酸盐盐土；残积盐土分为氯化物—硫酸盐盐土、石膏硫酸盐盐土及硫酸盐盐土；碱化盐土分为苏打盐土、碳酸镁盐土。

2.2　碱土种类

当土壤 pH 值>7 时都可以称作碱土（碱化土）。碱土具有腐蚀性，能够破坏植物细胞组织，从而危害植物生长。碱土胶体附有大量交换性钠，土壤呈碱性反应，土粒分散，黏粒和腐殖质下移，使表土松散，下面的碱化层相对黏重，形成粗大的不良结构，湿时膨胀泥泞，干时坚硬板结，通透性和耕作性极差。碱土分为草甸碱土、草原碱土、龟裂碱土（白僵土）。草甸碱土又分为碱土、瓦碱土，龟裂碱土分为白僵土和表白土。

3　土壤盐碱化成因

土壤盐碱化的形成是由很多因素造成的，包括自然和人为因素。自然因素主要指气候、地形、地质、地貌、水文及水文地质等。其中，气候因素是导致土壤盐碱化的根本因素，如果没有强烈的地表蒸发作用，土壤表层就不会强烈积盐（宋玉民等，2003a，2003b）。地质因素，主要反映在土壤母质上。地貌因素，特别是盐地、低洼地等有利于水、盐汇集的地形。人为因素则表现为人类生存与经济发展的各种活动。

总之，形成盐碱土的主要原因是由于气候干旱、土壤排水不畅、地下水位偏高、水质的矿化度大，以及地形、母质、地表植被等各种自然条件、人为活动综合作用的结果所致。

3.1　气候因素

受我国大陆性四季分明的季风气候的影响，导致盐碱地区土壤盐分状况的季节性变化，夏季降水多而集中使土壤产生季节性脱盐，春秋季干旱季节蒸发量大于降水量又引起土壤积盐（邢尚军等，2005，2006）。气候干旱是主导因素，加之土壤排水不畅和地下水位过高，使盐分积聚土壤表层的量多于向下淋洗的量，这就是引发土壤积盐的重要原因，其结果是导致盐碱土地的形成和发展蔓延。

3.2　地形因素

地形起伏变化影响地表径流和地下径流，使得土壤中盐分也随之发生分移，即盐分随地表、地下径流由高向低汇集，积盐状况也由高向低逐渐加重。从对小地形的观察测定发现，在低平地区的局部高地块，由于蒸发快，盐分可由低处移到高处，并且积盐较重。地形还影响盐分的分移，由于各种盐分的溶解度不同，高溶解度的盐分可被径流携带较远，而溶解度小的则被携带较近，因此，从山麓平原、冲积平原到滨海平原，土壤和地下水的盐分一般都是由重碳酸盐、硫酸盐逐渐过渡至氯化物。

3.3　母质因素

首先，由于母质本身含有盐分，即含盐母质是由某个地质时期聚积下来的盐分形成古盐土、含盐地层、盐岩或盐层，在极端干旱气候条件下盐分得以残留并形成目前的残积盐土；其次，含盐母质为滨海或盐湖的新沉积物，因为其出露成为陆地，而使土壤含有较高的盐分。

3.4　地下水因素

地下水因素是指地下水位及其矿化度对形成盐碱土的影响。在干旱季节，不引起表层土壤积盐的最浅地下水埋藏深度，称为地下水临界深度。临界深度一般1~3m，但它并不是一个恒定不变的常数，是因具体不同条件而变化的。影响其的因素主要有气候、土壤、地下水矿化度和人为不合理干扰等。一般来说，气候越干旱，蒸发量和降水量的比率越大，地下水矿化度就越高，地下水临界深度也就越大。盐渍土中的盐分，是通过水分运动且主要是由地下水运动带来的。因此，在干旱地区，地下水位的深浅和地下水矿化度的大小，直接影响着土壤的盐碱化程度（陈恩凤，1965，1980，1990）。

地下水位埋藏越浅，地下水就越容易通过土壤毛细管上升至地表，蒸发散失的水量越多，带给表层土壤的盐分也就越多，尤其是当地下水矿化度大时，土壤积盐就更为严重。通常情况下，土壤地下水与表层土壤水维持一定的动态平衡，地下水位恒定，表层土壤中的离子含量相对稳定。当气候干旱时，土壤蒸发量增大导致土壤水分含量下降，引起地下水沿土壤毛细管上移，土壤中的盐分也随着水分同时向上运动。水分被蒸发后，盐分则积累在土壤表层，当盐分子达到一定的浓度值时，就会发生土壤盐碱化（Malcolm，et al，1998）。因此，绝大部分盐碱土分布在干旱、半干旱地区（Mainguet，1999；Zhang，2005）。

发生洪涝时，水分较长时间覆盖在地表，土壤毛细管被水分填充，使地下水升高并与表层水连通。洪水退去后，加之蒸发促使地下水中盐分过多积累，引起土壤盐碱化（华孟等，1993）。

土壤对地下水位临界深度的影响，主要取决于土壤的毛细管性能、毛细管水的上升高度及速度。凡毛细管水上升高度大，上升速度快的土壤，一般都易于被盐化。当地下水临界深度较小时，土壤的结构状况也影响着水盐的运行，土壤的团粒结构，特别是表层土壤具有完善的团粒结构时，就能够有效地阻碍水盐上升至地表。因此，可以说地下水位的埋深与地表积盐关系密切，当地下水位埋深大于临界深度时，地下水沿土壤毛细管就上升不到地表，就不会发生积盐危害，土壤则无盐碱化。地下水位高时，地下水沿土壤毛细管上升至表土层，表层土壤便开始积盐；当地下水位很高时（小于临界深度），地下水就沿着毛细管大量上升至地表，表层土壤就剧烈积盐（中国土壤学会盐渍土专业委员会，1984）。

3.5 耐盐植物因素

有些耐盐植物能够在土壤溶液渗透压很高的土壤中生长，这些盐生植物根系深长，能从深层土壤或地下水中吸收大量的水溶性盐类，其植物体内积聚的盐分可达植物干重的20%~30%，甚至高达40%~50%，当植物死亡后，其枝体或残体就把盐分全部遗留或分泌在土壤中，致使土壤盐碱化加重（张建锋等，2003c，2003d）。

3.6 人为不合理干扰因素

在干旱半干旱地区的种植业生产过程中，采取长时期大水漫灌的灌溉方式如同发生洪涝灾害，严重地导致土壤的次生盐碱化；再加之过量施用化肥或长期施用同一种化肥，或灌溉水中盐分离子含量过高且长期使用，都会导致盐分离子在土壤中的过量积累，最终使土壤盐碱化（张建锋等，2004a，2004b）。另外，砍伐森林等破坏植被的行为，也会打破土壤与地下水位的水势平衡。植物的叶面蒸腾可以使地下水位保持在一定深度（Franzen，et al，1994）。当植被被伐掉后改种农作物或土地裸露时，首先是使水分蒸腾量降低而致地下水位上升，其次降水渗入土壤的水量加大也会抬升地下水位，最终均会导致土壤盐碱化的发生和发展（龚洪柱等，1994）。

4 土壤盐碱化诊断

判断某区域或特定地块是否发生盐碱化以及盐碱化程度有许多方法。最直接的方法是采集土壤样品测定盐分含量，但缺点是要多点取样、费时费力。通常情况下把地下水位作为衡量土壤次生盐渍化发生的主要指标。一般而言，地下水埋深小于1m为重度盐渍化区，地下水埋深1~2m为中度盐渍化区，埋深2~3m为轻度盐渍化可能发生区域，进而结合土壤状况划分潜在盐渍化区域（郗金标等，2003）。一般，可通过盐渍土地表景观来鉴别盐分种类。

4.1 氯化物症状

（1）盐卤（$MgCl_2$、CaI_2）：地表呈现暗褐色且潮湿，有油泽感（巧克力色泽），通俗而形象地称为“黑油碱”“卤碱”“万年湿”，用舌尖尝有苦味。

（2）食盐（NaCl）：地表有一层薄厚不均的盐结皮或盐壳，人踩上有破碎的响声，俗称“盐碱”，用舌尖尝有咸味，在重度盐化地和滨海盐土地表出现盐霜及食盐结晶。

4.2　硫酸盐症状

芒硝（Na_2SO_4）：地表呈现白色，土壤呈蓬松粉末状，人踏上去有松软陷入感，俗称“水碱”“白不咸”“毛拉碱”，用舌尖尝有一种清凉感觉。NaCl 与 Na_2SO_4 混合后的氯化物就是硫酸盐的结壳蓬松盐渍土，俗称其为“扑腾碱”，人踏上去会发出“扑—扑”的声音，用舌尖尝有咸、凉感觉。

4.3　碳酸盐症状

（1）苏打（Na_2CO_3）：其盐渍土地表呈现出浅黄色盐霜、盐壳，有些盐壳还表现出浅黄褐色的盐渍印，用舌尖尝之味涩、咸、稍苦。下雨后地面水呈黄色，似马尿，俗称“马尿碱”（龚洪柱等，1986）。

（2）小苏打（$NaHCO_3$）：富含小苏打土壤的地面发白、无盐霜，但地表有一层盐分板结后形成的壳，干时有裂缝，其地表极少生长植物；雨后可行走。俗称“瓦碱”“缸碱”“牛皮碱”。还有一种地表呈现有规律的龟裂纹理、裂隙 2cm、结壳十分坚硬的龟裂碱土，宁夏地区称其为“白僵土”，东北地区称为“碱巴拉”。

第二节
盐碱地生态修复原理与技术措施

人类对盐碱地采取了很多改良技术措施，并且取得非凡的效果。从对盐碱地改良技术方法上来讲，划分为水利改良措施、农业改良措施、生物改良措施、化学改良措施等（辛树帜等，1982；中国林学会，1983）；从对盐碱地改良作用来划分，有排盐、压盐、抑盐、堵盐、刮盐、抗盐、改碱和培肥等各种工艺方法。这些措施针对盐碱地不同状况，在不同地区都取得了良好效果（任崴等，2004；张永红，2005）。近来，伴随着科技进步，在治理和改造盐碱地方面创新出了以恢复生态学为指导，对盐碱地实施生态修复的途径。

1　生态修复盐碱地的概念

1.1　有序生态系统

有序生态系统的描述，是指生态系统的结构及其功能处于动态发展变化的状态，即物种组成、各种组分对环境变化的相应、种群变化过程、复杂程度等，相应地在结构演替变化的基础上，物质循环和能量流动进入新的动态平衡。循环正常的生态系统是生物群落与自然环境相互作用并达到平衡，且在一定范围内有所波动，从而达到一种动态平衡状态。

1.2　受损生态系统（damaged ecosystem）

受损生态系统是指生态系统的结构和功能在外界因素干扰下发生位移（displacement），从而打破了原有生态系统的平衡状态，使系统的结构和功能发生变化和障碍，形成破坏性波动或恶性循环的系统状态，或称为退化生态系统。

1.3 生态系统退化的成因

自然界发生的各类大小事件，如火灾、水灾、泥石流、虫害、强风暴、人类过度经济活动等，都改变着生态系统的结构和功能，这些事件称之为干扰（罗国常，1994）。干扰分为自然干扰和人为干扰。干扰促使某一相对稳定的生态系统发生变化，原有的环境条件和生物种类被破坏和淘汰了，取而代之的是产生新的环境条件和物种，并在一定时间内维持其相对稳定。在没有严重干扰的情况下，自然生态系统会定向地、有秩序地由一个阶段发展到一个更高级的阶段，这就称之为原生演替。演替的结果，最终会出现一个相对稳定的顶级生态系统状态。每一演替阶段有其特定生物群落特征，顶级稳定状态的群落称为顶级群落。不良或过度干扰常使生态系统受损并发生改变，称为次生演替。生态系统正常演替的序列总是有低级向高级发展，而不良和人类过度经济活动干扰使演替进程发生改变，严重时，如人类大规模过度的经济活动，则使生态系统向着相反方向演替，这称为逆序演替（黄志霖等，2002）。

1.4 生态修复（eclogical rehabilitation）

生态修复是指将受损的生态系统恢复到或接近于它受不良干扰前的自然状况的管理操作过程，即重建该生态系统被干扰前的结构与功能及相关的物理、化学和生物学特征。生态修复就是要利用生态系统的自然演替规律，人为创造有利于进展演替的生态环境，使正在被不良干扰生态系统的逆序演替转向正常演替方向发展，构建生物种类繁多、立体垂直结构复杂、水平斑块结构多样的相对稳定生态系统。也就是说生态修复的最终目的是改善生态环境质量和建立生态系统生物的多样性与复合性。

1.5 生态修复 4 个深层面理解

第 1 个层面是指被污染环境的修复，即传统的环境修复工程概念；第 2 个层面是指大规模人为不良扰动和破坏生态系统（非污染生态系统）的修复，即开发建设项目的生态修复；第 3 个层面是指大规模农林牧业生产活动破坏的森林和草地生态系统的修复，即人口密集农牧业区域的生态修复；第 4 个层面是指小规模人类活动或完全由于自然原因（森林火灾、雪线上升等）造成的退化生态系统修复，即人口分布稀少地区的生态自我修复（焦巨仁，2003）。

2 生态修复盐碱地基本原理

生态修复的基本原理是指通过生物措施和工程措施的技术与管理程序及方法，人为地改变和切断生态系统退化的主导因子或过程，调整、配置优化系统内部及外界的物质、能量和信息等流动过程与时空次序，使生态系统的结构、功能和生态的潜力尽快地恢复到一定的或原有的乃至更高水平。生态修复的理论基础是运用了生态学、生态系统工程学、土壤学、植物学等相关的理论。恢复生态学（restortion ecology）专门研究在自然灾变或人类活动干扰下受到破坏的自然生态系统的恢复和重建的基本原理和技术途径。依据限制因子原理、热力学定理、种群密度制的分布格局原理、生物多样性原理、生态适应性理论、演替理论、植物入侵理论、斑块—廊道—基底理论等。生态修复理论基础是生态环境发展演变与遵循自然生态规律，人与自然和谐相处，使生态修复与经济发展得到协调和保障，为国土综合整治提供强有力的理论支撑（李文银等，1996；彭珂珊，2005）。

2.1　生态系统恢复的步骤

具体而言，生态修复是基于生态控制系统工程学原理。生态控制系统是指人类控制自然生态环境中的生物及其生态环境整体，即人类控制生态系统使其向有利于人类的方向发展（关君蔚，2000）。一个复合生态系统在遭受到强度干扰、严重受损的情况下，若不及时采取措施，受损状态就会进一步加剧，直至自然恢复能力丧失并长期保持受损状态。欲对受损生态系统进行人为修复，其调控的主要步骤包括以下 4 项内容。

（1）停止或减缓造成生态系统受损的干扰，如对植被的乱砍滥伐、过度放牧、陡坡耕作、围湖造田等不良行为。

（2）对受损生态系统的受损程度、受损等级、可能修复的前景等进行调查和评价。

（3）根据调查结果提出生态系统修复规划，并对具体修复途径和采取的措施进行设计。

（4）依据生态系统修复规划设计方案，实施受损生态系统的各项修复建设工程。

2.2　生态系统修复的结果

由于受损生态系统的自组织能力，环境景观生态系统的抵抗力、恢复力和持久性，以及自然植被群落的自然进展演替规律性，受损生态系统可以从自然干扰和人为干扰所产生的位移中得到自然恢复或人为修复，生态系统的结构和功能将会得到逐步协调。生态系统受损不同程度的 4 种修建恢复结果如下。

（1）恢复到生态系统受损前状态：这类生态系统受损程度低小，或生态系统已经建立了与外界干扰相适应的机制，能够保持生态系统的稳定性，受损后能恢复到未受损前的状态。

（2）增强生态系统的生命力状态：受损生态系统经过人为修复，既重新恢复原有特性，又增加或增强了它的功能作用，赋予生态系统具有更为活力的状态。

（3）生态系统具有改进的状态：对受损生态系统经过系统的规划设计，采取修复技术与管理措施，使它具有全新的功能和作用，如对荒地实施全面人工造林种草。

（4）使生态系统受损程度加剧发展：对生态系统的不良干扰持续或加剧，将会导致生态系统保持受损状态，如水力、重力因素引发剧烈侵蚀造成的母岩裸露等。

3　生态修复盐碱地技术措施

3.1　栽植盐生乔灌植物措施

（1）盐生乔灌植物能够有效地减少对地下水的补充。在通常情况下，地下水的补充源于降水，当盐碱地生长乔灌林木植物时，土壤中由降水增加的水分有相当一部分被林木利用，一部分滞留在枯枝落叶层中；而在盐碱裸露土地上，则大部分降水补充为地下水。据测算，乔灌林木植物对降水的截留量是农作物或草地 10 倍以上。

（2）盐生乔灌植物能够增加对水的消耗。乔灌林木枝繁叶茂、根系深广且蒸腾量大。通常乔木根系可直达地下水，通过叶面大量蒸腾作用来降低地下水（张旭东，1999）。在盐碱地区域营造乔灌林木、建立合理的林带结构，能够阻降风速、减少地表水分蒸发、提高空气湿度，增加区域水平降水量，在一定程度上形成有利于农作物生长的小气候（沈国舫，2001）。通过对黄河三角洲盐碱地栽植柽柳（*Tamarix* spp.）后测定，林内0~20cm、20~50cm土壤层含盐量比林外分别平均降低0.69%、0.1%（表5-2），0~100cm土壤全盐平均含盐量由裸地的1.034%降至0.544%（表5-3），生态修复取得显著效果（张建锋等，2004）。

表5-2 柽柳林内、林外土壤含盐量变化

项目	土层深度（cm）	土壤含盐量（%）				平均（%）
林内	0~20	1.10	0.73	1.17	1.17	1.06
	20~50	0.97	0.56	1.07	0.83	0.86
林外	0~20	2.17	0.90	2.40	1.54	1.75
	20~50	1.10	0.57	1.07	1.10	0.96

表5-3 柽柳林改良盐碱土壤物理性状测定

项目	土壤深度（cm）	含水量（%）	空隙度（%）	土壤密度（g/cm^3）	有机质含量（%）	全盐（%）	全盐平均（%）
裸露地	0~20	20.12	45.18	1.45	0.2459	1.78	1.034
	20~40	28.39	46.42	1.42	0.1112	1.00	
	40~60	21.63	46.79	1.41	0.0448	0.71	
	60~100				0.0785	0.84	
柽柳林	0~20	31.6	53.91	1.2	0.325	0.59	0.544
	20~40	28.58	47.92	1.38	0.1336	0.48	
	40~60	29.08	44.53	1.45	0.0336	0.53	
	60~100				0.1009	0.56	

3.2 种植改良技术措施

针对盐碱土特性采取深耕细耙、增施绿肥和实施节水灌溉的农业技术措施，能够降低土壤盐分含量，这是盐碱地生态修复的要务。

（1）深耕细耙：可以防止土壤板结，增强土壤的透水透气性，改善土壤团粒结构，起到改良土壤性状、保水保肥、降低盐分危害的作用。

（2）增施绿肥：能够有效增加土壤有机质含量，改善土壤结构和根际微环境，有利于土壤微生物的活动，从而提高土壤肥力、抑制土壤盐分积累。

3.3 综合改良技术措施

土壤盐碱化成因涉及多方因素，因而对其改良也需采取综合性的复合技术措施。在特定盐碱地区域内对盐碱地改良应统筹规划、适地适技设计、综合治理，实现林农水协调发展。我国盐碱地资源较为丰富，通过生态修复合理开发利用盐碱土地资源，变不利、有害的盐碱地环境为有农业、林业开发利用的宝贵土地资源，是促进我国盐碱化地区实现可持续发展的重要途径之一。在今后的盐碱地治理与改良利用过程中，应该更新思想观念，把盐碱地作为一种可开发利用的土地资源，以系统工程的观点，从盐碱地现有自然条件、植物资源、水资源等诸多方面综合分析和论证，从单纯的强调治理改造转向追求人与自然和谐共处，立足盐碱地生态环境条件，因地制宜地发展盐碱农业，促进我国盐碱化地区生态、经济和社会效益的统一。

第三节
植物耐盐机理与耐盐植物选育

对盐碱土地实施植树造林、构建盐碱地绿色植被，是生态修复盐碱地工程造价最低的措施，且功效长、效益高、作用广，是实现盐碱地可持续开发利用的重要途径。而探究植物耐盐的生理生态机理，进而选育出耐盐植物是实现生态修复的前提和必要基础技术。

1　植物耐盐机理

盐分对植物的生长发育有一定的抑制作用。然而，实际中有些植物仍能够生长在盐土中，说明这些植物在长期的进化过程中对盐分胁迫有了相应的抗性。根据对植物耐盐能力程度的测定，分为盐生植物（halophyte）、非盐生植物（nonhalophyte）或甜土植物（glycophyte）。

1.1　植物耐盐途径

依据对在盐生环境中植物适应特性的研究，植物耐盐和避盐的有效途径是：

（1）排盐：指植物吸收盐分后，向体内特定的部位或器官如盐腺运输、积累，然后再通过该器官把盐分有序排出体外。

（2）稀盐：在盐分胁迫下，植物吸收大量的水分，以此稀释体内的盐分浓度。

（3）拒盐：当生境中盐分浓度增高时，植物体内一些物质如脯氨酸、甜菜碱的积累增加。它们作为渗透剂能够提高植物细胞的渗透压，使得盐分无法进入植物体内。

（4）隔盐：盐分进入植物细胞后，通过某种机制让盐分在液泡内集中，并实行细胞区隔化，阻止盐分向其他细胞器扩散（汤章城等，1991）。

（5）避盐：通过特定的生理调节机制，使植物的生理活跃时期避免在时间、空间上与环境盐害严重期一致。

（6）忍盐：指植物细胞内虽有高浓度的盐分，但对植物不形成危害。

（7）离子颉颃：指一些植物通过离子交换或逆向运输，在吸收盐分离子的同时，也吸收一些与盐分离子有颉颃作用的离子，从而减弱或避免盐分离子的危害。

（8）螯合作用：盐分离子进入植物细胞后，与植物细胞内的可配伍溶质进行整合，成为对植物机体及其生理活动非毒害性的螯合物。

盐生植物耐盐或抗盐的机理主要是排盐、稀盐和抗盐，有些兼而有之；另外，植物排盐、稀盐和抗盐的方式也呈现多种多样。

（1）有些滨藜属（*Atriplex*）具备特殊的耐盐途径：①植物的叶细胞体积增大，从而能够吸收更多的水分，使细胞内盐分浓度不致太高；②将吸收到植物体内的盐分在叶脉内积累，到一定程度后叶脉破裂，把盐分排出。

（2）Camilleri 等（1983）在对红树（*Rhizophora mangle*）的研究中发现，长期生长在盐分环境中的树木植物叶片厚度和含水量比不定期遭受盐分胁迫的树木要高，这就表明耐盐植物的贮水细胞在渗透调节中有着重要作用。

1.2 植物耐盐的生理基础

（1）渗透调节：植物耐盐性是指植物在含有高浓度盐分离子的基质中完成它的生长与生命周期的能力。植物对盐分胁迫的反应和适应是一个复杂的生理过程，既有蛋白质、核酸、碳水化合物等结构和能量物质的代谢，还有酶、激素等生长调节物质的合成与激活。在这一系列反应过程中包含着离子交换与吸附、信号刺激与传递、基因活化与合成，其中渗透调节（osmotic adjustment）起着中枢的作用，承前启后，是植物耐盐反应过程中关键的环节。植物的渗透调节是指由于干旱或盐分胁迫，植物细胞内有机与无机溶质的合成与积累提高，使细胞渗透势发生变化，以平衡介质或液泡渗透压的机能。用公式（5-1）表示。

$$\Psi = P - \pi \tag{5-1}$$

式中：Ψ——植物细胞水势；

P——膨压；

π——细胞液渗透势。

植物在生长过程受到盐分胁迫时，P 值增大，渗透调节就是通过提高 π 值，维持 Ψ 值的相对稳定（Hanson，et al.，1994）。

在含有高浓度盐分介质中，植物生长必需满足两个条件：渗透的适应性和生长及功能代谢所必需的矿质元素。在 NaCl 盐渍条件下，主要是指对 K^+的吸收（Mathuis，et al.，1996）。

K^+、Na^+的选择性吸收在植物耐盐方面的重要意义不仅体现在细胞水平上，在器官和整株植物水平上，K^+、Na^+的运输与分配也表现出截然不同的特点。在有盐环境中，不论是盐生植物还是甜土植物，老叶中的 K^+、Na^+离子均低于幼叶，说明老叶中的 Na^+浓度高于幼叶，但 Na^+不是从成熟叶片转移到紧密相连的幼叶。然而 K^+在正处于发育中的叶片中浓度较高，尤其是在耐盐植物中，这说明 K^+是从富集区直接到发育叶，而 Na^+是选择性吸收（Jaschka，et al.，1993）。

K^+、Na^+在植物地上枝叶与地下根系间的分配也有很大差异。在甜土植物枝叶中有较高的 Na^+。在耐盐植物中，根据细胞的 K^+、Na^+比较高，说明根部 K^+浓度较高；但 K^+主要来源于液泡，而不是细胞质。在地上枝叶部位，液泡中的 Na^+浓度有大幅度提高。

近年有一种假说，认为液泡在植物耐盐性方面起着核心作用。Na^+在液泡内的积累与隔离和细胞质内 K^+的选择性吸收是渗透调节的关键因素（Sabirov，et al.，1999）。

盐分胁迫下 K^+选择性地积累在细胞质中，Na^+则大量积累在液泡中。细胞必须以某种方式进行渗透调节，以应对液泡的膨压，达到维持细胞水势相对稳定的目的。这就需要合成一些既无副作用，又能提高细胞质内溶质含量的物质。研究表明，脯氨酸、脯氨酸内铵盐、甘氨酸、甘氨酸内铵盐、丙氨酸内铵盐、甘油、甘露糖醇、山梨糖醇、苹果酸、草酸等，都可以作为渗透剂，或作为阴离子与阳离子 K^+、Na^+等整合，平衡过量盐分，它们被称为“可配伍溶质”。在这些可配伍溶质中，对脯氨酸研究最多，经常把它作为植物盐分（或干旱、冻害、水涝）胁迫反应的一个重要指标（Delauney, et al., 1993；Roosens, et al., 1999）。对绝大多数植物而言，当生长基质中盐分浓度提高时，细胞内游离脯氨酸含量也随之提高（Yoshiba, et al., 2001；Zhu, et al., 1997）。尽管不同植物在不同生长阶段提高的幅度不同，脯氨酸在植物体内的合成途径已经弄清，但引发脯氨酸合成调控机制还未完全了解。

植物受到盐分胁迫时提高了渗透剂浓度，细胞间 K^+浓度下降，而 K^+的减少是引发脯氨酸积累的中间信号（Zhu, et al., 1998）。Liu 和 Zhu（1997）的研究表明，细胞内 K^+、Na^+的降低可能导致较高的渗透势，而膨压的下降则活化 P5CS 基因，它调控脯氨酸的合成（Strizhov, et al., 1999）。可以认为脯氨酸积累只是胁迫的结果，不会提高植物耐盐能力（张建锋等，2003c）。

（2）胁迫信号系统与钙调节：植物对盐胁迫的反应，包括渗透调节，激素合成和基因激活，都是由盐胁迫刺激，经过特定的信号传递系统来完成的。胁迫信号系统按功能可分为以下 3 类。

①离子和渗透胁迫信号促使细胞平衡的重建。

②解毒（detoxification）信号控制胁迫损伤的修复。

③细胞分化和生长信号缓解特定的胁迫状况。

离子和渗透信号途径的引发是离子（如过量的 Na^+）和渗透变化（如紧涨 turgor），目标是维持细胞和整株植物的平衡。去毒信号途径的引发是胁迫，如伤害，目标是伤害控制与修复（如耐脱水基因的激活）。尽管提出了许多胁迫信号传输途径，但没有一个是基于信号蛋白以及输入—输出完整系统的。一个特例是 SOS（salt over sensitive）途径，建立在基因分子和生化基础上。由 SOS3 编码的 Ca 联蛋白感受到盐胁迫引发的 Ca 信号，并向下一级传递，SOS3 被激活并与 SOS2（一种丝氨酸/苏氨酸蛋白质激酶）一起调控 SOS1 的表达。SOS1 是耐盐活动基因，编码质膜 Na/H 逆向运输。它的单独存在只能稍微提高酵母突变体菌株的耐盐能力，但 SOS3、SOS2 与 SOS1 的共同作用可以大大提高菌株的耐盐能力（Zhu, 2002）。

在渗透调节信号传递中 Ca 有重要作用（Halfter, et al., 2000）。实际上，许多环境因素如光照、生物和非生物胁迫都能引起植物体内 Ca 浓度的变化。最近的研究表明，Ca 信号的表达不仅与浓度有关，而且与 Ca 在细胞内的时空状态有关（Sheen, et al., 1996）。由一个特殊信号引发 Ca 所有变化称为 Ca 信号。如果 Ca 信号传输途径由一个“分子接力赛”组成的话，Ca 之后的第一个“运动员”应该是 Ca 受体，它监视 Ca 浓度的时空变化。这样的感受器通常是与 Ca 连接，受 Ca 的影响而改变形态的蛋白质。Ca 感受器的几个家族已经在高等植物中分离出来（Liu, et al., 1998）。Ca 是第二信使的重要组成部分，它作为信号作用的一个基本特征是 Ca 转换子（tranients）的存在。当植物受到胁迫时，Ca 转换子增加（Luan, et al., 2002）。

（3）激素调节：许多研究都表明，当植物处于盐分胁迫调节下，一些激素如脱落酸（ARA）、乙烯的积累增加，而另一些激素如生长素、细胞分裂素的合成减少。这说明激素在盐分胁迫反应中有着重要作用。植物受到盐胁迫时，酶的活动首先被抑制，引起生长素、细胞分裂素等促进生长的激素合成减缓或终止，而促进脱落酸、乙烯等的合成。它们的积累增加会加速植物衰老。据研究，一些渗透基因的诱导必须依赖于脱落酸的存在（Hai, et al., 1999; Hwang, et al., 1995; Kurkela, et al., 1990; Mikami, et al., 1998），一些部分地依赖（Ishitani, et al., 1997），而另一些则与脱落酸的是否存在无关。

1.3 植物的耐盐基因

植物的耐盐机理是一个涉及从细胞渗透、离子胁迫及其继发胁迫，到整株协调等诸多生化、生理反应的复杂过程。这些反应的调控无疑都是建立在基因功能的基础上，而一些基因又是某些反应的产物。基因型态和功能的多样性使耐盐机理研究变得更为复杂。分子生物学的发展为耐盐机理研究提供了有力武器。对耐盐基因研究最早、结构和功能最清楚的是渗透调节基因（osmoregulation, genes, OSM），控制细胞内渗透势调节，主要是调控脯氨酸合成。下面着重说明几个早期分离出的耐盐基因（Rudulier, 1993）。

（1）脯氨酸激增基因 ProB74：它是第一个被克隆出的 OSM 基因。首先用脯氨酸的有毒类似物 C-氮杂环丁烷-2-羧酸从鼠伤寒沙门氏菌（*Salmonella typhimuriun*）中得到高产的脯氨酸突变种。通过 F′因子把突变种的突变基因转移到其他非突变的沙门氏菌中。在此基础上，分离出突变种的 cDNA。它含有 ProB 和 ProA 基因，编码 γ 谷酰胺激酶和 γ 谷酰胺磷酸还原酶。实际上，引起葡氨酸激增并因此提高渗透胁迫忍耐作用的基因位点在基因 ProB 上，它的等位基因 ProB74 的第 672 碱基对上，导致编码的氨基酸在位置 107 发生变化，由野生型的天冬氨酸（Aspatic acid）变为突变体的天冬酰胺（Asaragine）。用含有克隆基因的细菌粗提液或部分纯化的酶（即酶的浓度很高），发现在脯氨酸存在的情况下，野生型的 γ 谷酰胺激酶比突变体的激酶敏感 100 倍。这说明突变体能够诱导更多的脯氨酸合成。

脯氨酸激增基因 ProB74 已经由鼠伤寒沙门氏菌转移到其他细菌中，仍然能够导致与原寄主类似的渗透胁迫忍耐。

（2）甘氨酸甜菜碱运输的结构基因 ProP 和 ProU：基因 ProP 和 ProU 最初是在验证有毒的脯氨酸类似物运输增加时被发现的，随后相继确认它们的功能是编码甘氨酸甜菜碱运输系统。但 2 种基因因编码的 2 种运输系统各有特点：ProP 编码亲和力低的甘氨酸甜菜碱运输系统（Km = 44uM）；而 ProU 编码亲和力高的运输系统（Km = 1uM）。2 个运输系统的活化都是由外部渗透压的提高而引发，即当细胞处于渗透胁迫，甘氨酸甜菜碱积累时，2 种运输系统的功能开始加强。这一功能表达是由细胞在高渗透条件下的生长来调节的。它的调控机理在 ProU 上更明显。最近发现螺旋 DNA 是 ProU 调控中的一个重要因子。ProU 系统是带有数个与膜相连的蛋白粒的多组分结构，全部基因由一个操纵子调控。ProU 含有 3 个基因：ProV、ProW、ProX。这 3 个基因的功能分别是：ProV 编码亲水蛋白（Mr = 44162），ProW，编码疏水多肽（Mr = 37619），ProX 编码外围胞质甘氨酸甜菜碱束缚蛋白（Mr = 33729）。

（3）编码胆碱-甘氨酸甜菜碱合成的 bet 基因：甘氨酸甜菜碱合成有 2 种途径，bet 基因调控胆碱-甘氨酸甜菜碱途径，包括高亲和性的胆碱运输系统。它的活化也是由渗透胁迫诱导。由大肠杆菌 *Escherichia coli* 中克隆出的 bet 基因的 6493 个核苷酸顺序已经测出，4 个读框（betA、betB, betT 和 betI）已经标出。betA 的编码区由 1668 个核甘酸组成，能够编码胆碱脱氢酶，它是由 556 个氨基酸组成的 61. 9KDa 蛋白质，不亲水。betB 的编码区由 1470 个核甘酸组成，编码甘氨酸甜菜醛脱氢酶，它是由 489 个氨基酸组成的 52. 8KDa 蛋白质，不亲水。betT 的编码区由超过 2031 个核甘酸组成，能够编码由 677 个氨基酸组成的 75. 8KDa 蛋白质，调控质子驱动、高亲和性的胆碱运输系统。bet Ⅰ 的编码区由 585 个核甘酸组成，编码由 195 个氨基酸组成的 21. 8KDa 蛋白质，它调控 betB 对胆碱反应的表达。

（4）调控海藻糖合成的 ots 基因：当大肠杆菌处于渗透胁迫情况下，海藻糖才开始积累，它可以作为该细菌碳和能量的唯一来源，其合成与分解均由 ots 基因调控。

大肠杆菌细胞内有进行渗透调节的海藻糖-磷酸合成酶，它以 UDP-葡萄糖和 6-磷酸葡萄糖为底物，合成海藻糖。已经弄清海藻糖的积累分别受到渗透胁迫和基因调控 2 个水平的调控。海藻糖-磷酸合成酶的合成一方面受渗透胁迫的诱导，由谷氨酸钠活化；另一方面受渗透调节基因 otsA 和 otsB 的调节。海藻糖可以由外周胞质海藻糖酶降解为葡萄糖。该酶是由基因 treA 编码，受 NaCI 胁迫诱导活化，而不是海藻糖。基因 treA 已经克隆出，并测出了核甘酸顺序。外周胞质海藻糖酶的作用是促进累积的海藻糖在高渗条件下水解为葡萄糖，通过碳水化合物磷酸转移酶系统（PTS）吸收。海藻糖的运输系统由基因 treB 编码；而 treC 编码细胞质淀粉海藻糖酶，它催化淀粉海藻糖的水解，激活是受基质中海藻糖的诱导。现在，在高等植物中也相继分离出不少耐盐基因（Abe，et al.，1997；Blumwald，1999；Gong，et al.，1997；Iyer，et al.，1998），有些已经利用基因工程转移到其他植物中（Kasuga，et al.，1999；Winicov，2000）。

研究表明，所有植物都有耐盐基因，只是没有适应驯化，耐盐基因不一定能够适当地表达出来（Zhu，2002）。

2　耐盐植物选育

2.1　常规选育方法

在盐碱地实施植树造林，成功的前提是选育耐盐植物。实际上，经过长期自然选择和适应驯化，一些植物能够在盐胁迫环境下生长（Soltanpour，et al.，2001），如红树、赤桉、木麻黄、柽柳等（Zhang，2004a），这些植物可以忍耐很高的盐分。但是，盐碱地分布广阔，其气候和土壤条件差异大，不是所有植物在各种盐碱环境中都能生长。因此，就某一盐碱地区而论，如果没有适生的耐盐植物，就需要引进或培育；另一方面，有些植物具有优良特性，如具备深根、材质优、用途广泛，但耐盐能力差。若在盐碱地上栽植这些植物，就需要提高它们的耐盐能力（张建锋等，1992a，1992b）。选育耐盐植物包括选、引、育等 3 种方式。

（1）选：就是在当地同一立地条件下，选择生长突出的植物个体，即实际上选择天然突变体，经过子代鉴定后，表现优越的植物则作为耐盐良种栽植、繁育和推广栽植。

（2）引：就是在气候条件相近或类似的地区引入耐盐植物在当地栽植。

（3）育：就是选择耐盐能力虽有差异但亲缘关系比较近的植物，通过控制授粉，利用杂交优势，获得耐盐能力高于目标亲本的后代，经过试种可行则推广栽植。

2.2　利用基因工程选育耐盐植物

（1）分子生物学的发展使人们对植物耐盐机理有了分子水平上的基本认识。有些渗透调节基因以及其他与盐胁迫反应有关的基因已经分离克隆出来，这就为利用基因工程选育耐盐植物奠定了基础（大庭喜八郎，1986）。鉴于高等植物细胞结构的复杂性和植物生长的长期性，基因工程直接在植物上实施仍有一定困难。如果利用根瘤菌与豆科植物的共生性，把 OSM 基因转移到根瘤菌中，继而再把它接种到寄主植株上，为寄主植物提供渗透保护。这种做法，虽然使寄主仅限于豆科植物，但可以大幅度地缩短育种时间。

（2）根瘤菌作为介质为研究渗透剂的生化合成过程，基因的调控作用以及豆科植物载盐胁迫中的代谢反应提供了一个模型。除豆科植物外，渗透调节基因在非根瘤菌植物上的转基因表达将来也能够实现。现在一些耐盐基因的分离克隆已经成为实验室常规性的操作。有些基因已经转入高等植物中（Flowers，et al.，1995；白根本，1999；胡含等，1990）。

2.3 利用突变体选育耐盐植物

（1）利用植物组织或细胞培养过程中经常发生突变的特点，在选择培养基上进行多世代培养，选择出所期望的突变细胞系，再对该细胞系进行诱导分化培养，直至长出整株植物。这样培育出的植物具有稳定的遗传特性。以利用突变体培育耐盐植物为例，其基本过程是：选择该植物的种子或腋芽作为外植体，在含盐培养基上进行培养，获得经过初步盐胁迫锻炼的芽尖或细胞；并使它们在含盐培养基上继续培养，每一世代盐分浓度逐渐提高，直至选育出高度盐胁迫下表现健壮的细胞系，再经分化培养，最终获得耐盐植株。

（2）在林木突变体育种研究中，张绮纹等（1995）以群众杨的嫩茎为外植体，进行耐盐培养，已获得耐盐杨树再生植株。突变体育种不考虑遗传物质或结构是如何变异的，以培养中的性状表现为选择依据，因此，选出的植株稳定性较高，但突变发生几率不好掌握。

第四节 盐碱地改良利用研究进展

近年来，科技飞速发展促进了盐碱地改良利用研究进程，特别是采用生物技术，使植物耐盐机理、耐盐品种选育研究有了长足进步，在某些方面有了新的突破（Greening Australia，1999；周荣仁，1986；邢尚军等，2006）。

1 利用盐水灌溉

采取盐水灌溉既要考虑植物种类与土壤类型相适应，合理设计排灌系统，并预先确定必需的最少用水量。用盐水灌溉可使盐碱地区地下水得到应用，降低地下水位，是盐碱地改良利用中一项值得探讨使用的措施。为有效利用盐水中含有许多植物必需的营养元素，有些国家正在积极尝试盐水灌溉的途径。埃及国家研究中心用含 1000mg/kg $NaCl+CaCl_2$ 盐水灌溉豇豆，30d 后，用 200mg/kg $ZnSO_4$ 喷雾植物，极大地改善了豇豆生长状况，蛋白质含量与产量都有所提高。美国用总盐分 4%水分灌溉 10 种滨藜属（*Atriplex*）植物，其中有些植物每英亩（1 英亩 = 4046.86m^2）干物质产量为 17~23t。

2　采用新化学改良方法

在已设定较小区域内，针对特定的某些盐碱成分可采用化学改良。过去经常使用石膏，巴基斯坦国家农业研究中心用1%的盐酸，在自由淋洗条件下改善石灰质的钠化盐渍土壤，结果是降低了土壤电解率、pH值和氯化钠含量。菲律宾国际水稻研究所在氯化钠盐渍土上，采用深翻与石膏相配合、水稻与小麦轮作制度，使得土壤中可交换性钠的百分率降低，盐碱地改良利用取得明显效果。

3　栽种耐盐植物

引进、种植盐生植物是改良利用盐碱地的重要技术措施（赵可夫，1999）。巴基斯坦引种可用作饲料的盐土植物千金子属的 *Leptoch lornfusa*，在盐渍土地上大量繁殖栽培，生长状况良好（SukIin，1997）。在盐渍土上种植缤豆（*Lens culinaris*）、木麻黄属（*Lasuarna*）等豆科植物，接种根瘤菌后，不但改善了这些植物的生长，还增加了种子产量（Stapp，1970；Western Sydney Regional Organisation of Councils，2000）。近年来，我国在黄河三角洲盐碱滩地大面积种植水稻，已经获得显著经济效益和社会效益。

4　耐盐生理研究

美国 Staple 报道，植物对盐分的胁迫反应除渗透调节和干扰酶的活力外，基因的表达也有改变。他们认为，整株植物的耐盐性是多基因同时表达的综合表现。渗透调节是盐生植物对盐分胁迫适应性反应（Simmons，1998）。盐渍环境中渗透压高会导致细胞失水，植物则会因失水而死亡。因此，在盐渍环境中生长的植物必须通过调节自身的渗透压，才能使体内液泡保持足够的压力，以防止细胞失水。盐生植物是通过摄取高浓度盐分子来实现渗透压调节，这些高浓度盐分被限制在液泡中，并不干扰细胞核外细胞质中各种主要酶促代谢作用。细胞质和液泡的膨压必须保持平衡状态，使液泡膜具有隔离作用，它不允许所含有的高浓度盐分流入到细胞质中。细胞质必须通过渗透调节来提高渗透压，以期与高盐环境达到平衡，这种渗透调节是通过某些特性相似的有机物质如甘氨酸、脯氨酸、蛋白质、甜菜碱等的增加来进行的。在盐分胁迫条件下，多种植物细胞质内脯氨酸、甜菜碱的含量显著提高。目前，已经确认控制甜菜碱合成的渗透调节基因是近1万个碱基对组成的 DNA 片段。也已在细菌中发现了耐盐基因（OSM），此基因能产生过量的脯氨酸（Zhang，et al.，2004）。检验植物耐盐性的方法也由直接鉴定法发展到间接鉴定法。直接鉴定是对植物在盐分胁迫条件下所受的直接伤害程度进行的耐盐性评价，主要指标有发芽率、死亡率、田间存活指数和产量等。间接鉴定是对植物品种大量、快速而又准确地进行耐盐性评价的方法，采用生理生化分析手段，研究植物在盐分胁迫条件下生理代谢过程中的物质变化而进行的耐盐性评价。评价的主要指标是：脯氨酸、甘氨酰甜菜碱、脯氨酰甜菜碱、细胞质膜差别透性，植物体内 K^+/Na^+ 比值、脱落酸、天门冬酰胺等（Syme，1993）。

5　选育耐盐品种（系）

对耐盐机理和耐盐生理生化指标的研究，促进了耐盐植物品种选育技术的发展。在盐渍条件下，采用常规育种方法培育较为耐盐的水稻、小麦、高粱、番茄等取得良好成效。通过辐射育种获得小麦抗盐品种。采用盐水灌溉筛选耐盐作物品种也取得显著成绩。美国利用海水灌溉试种小麦成功，俄罗斯、印度和我国都筛选出了耐盐小麦品种。由于生物技术能够克服远缘杂交不亲和的障碍，经过组织培养可以无性繁殖和定向培育，特点是周期短、测定快且不受季节限制，节省时间和空间，因而组织培养育种技术发展迅速，应用此技术已经培育出许多物种的耐盐植株（W·巴尔茨等，1983；赵可夫等，2002）。中国科学院上海植物生理生态研究所以栽培烟草叶片为外植体，在含盐培养基中诱导愈伤组织，获得耐2.0%NaCl的愈伤组织变异体，并分化出再生植株。山东农业大学王存喜等以中华猕猴桃试管苗叶片作外植体，在含盐培养基中诱导愈伤组织，获得耐0.5%~1% NaCl的变异细胞系及其再生植株。Nabors等在水稻和小麦耐盐细胞的诱导中，通过组织培养获得4000多小植株，并证明了耐盐性选择是可以遗传的，其特性在再生植物中是稳定的。也有人试验用DNA重组方法，将常携带耐盐基因的DNA片段转移到所需要的植物品种上，以提高其耐盐能力（张建锋等，1992a）。此外，在盐碱地林业、高矿化地下水利用、沿海防护林建设等方面也有新的进展。今后，随着科技发展，对耐盐遗传基础、盐害机理、耐盐生理等研究会有更多的突破，从而促进耐盐品种选育，许多植物的耐盐品种将应用于生产，加快盐碱地改良利用技术的综合效益。

第六章
土地复垦工程零缺陷建设技术原理

第一节 土地复垦概述

1 土地复垦的目标与标准

1.1 土地复垦的目标

为达到把损毁土地修复到“可供利用的状态”的土地复垦目标，需要采取工程、生物、化学等综合措施，欲实现水可用、地层稳定、土地无污染等目标，就决定了以下土地复垦目标具有的多方向、多用途、多层次特征。

（1）土地复垦目标的多方向性：土地复垦的目标方向有3个方面：首先是保护土地，尽可能地减少对土地，特别是对农耕地的破坏；其次是应及时复垦修复损毁土地，合理利用土地；第三是注重植树造林种草，改善复垦区生态环境。

（2）土地复垦目标的多用途性：应当遵循因地制宜的原则进行土地复垦总体规划，宜耕则耕、宜林则林、宜草则草、宜渔则渔、宜建则建。土地复垦利用方向应多样、复垦目标应多用途，而不仅仅是恢复土地的耕种条件。

（3）土地复垦目标的多层次性：要达到“可供利用的状态”，土地复垦必须要兼顾和体现社会、经济、生态3个层次的综合效益，使复垦利用具有最低的社会成本、长期的经济价值和稳定的生态复垦效果，尽量实现生态环境的多样性。复垦目标分为以下3个层次：一是完全恢复到以前的状态；二是保留以前的土地利用价值和生态价值，恢复到与以前相似的状况；三是重新规划设计，达到更高更佳水平的利用价值。

1.2 土地复垦标准

（1）规范执行国家土地复垦规定的要求：《土地复垦条例》规定：“编制土地复垦方案、实施土地复垦工程、进行土地复垦验收等活动，应当遵守土地复垦国家标准；没有国家标准的，应当遵守土地复垦行业标准。制定土地复垦国家标准，应当根据土地损毁类型、程度、自然地理条件和复垦的可行性等因素，分类确定不同类型损毁土地的复垦方式、目标和要求。”指出了土地复垦标准的地位和作用，明确了土地复垦标准制定的依据。

（2）土地复垦标准体系的内涵：根据土地复垦行业特点以及标准体系的内在联系，土地复垦标准体系内含为实现土地复垦调查、评价、规划、设计、预算、施工、监测与管理等目的，把土地复垦整个过程中各影响因素、控制手段、控制目标等所涉及的技术要求，按照其特定的内在联系组成的科学有机整体。从本质上讲，土地复垦标准体系就是“土地复垦标准的一个集合体”。在这个标准集合体中，土地复垦相关各标准保持着一定的内在联系、程序和层次。土地复垦标准体系既反映出土地复垦标准层级和标准属性等特征，又反映标准之间相互关联、相互协调、相互制约的内在联系。

（3）当前我国土地复垦标准体系亟待健全的问题：1995 年发布的《土地复垦技术标准（试行）》，由于对不同区域、不同行业特点考虑不周，已经没有可操作性。因此，必须针对我国不同区域和土地损毁的特点开展土地复垦标准体系研究，制定出相对应的技术规范和标准，以保证和促进对土地复垦工作各环节的有效监管。2008 年，国土资源部启动“土地复垦方案编制规程”研究。2011 年 5 月 4 日国土资源部发布《土地复垦方案编制规程第 1 部分：通则（TD/T1031. 1—2011）》《土地复垦方案编制规程第 2 部分：露天煤矿（TD/T 1031. 2—2011）》《土地复垦方案编制规程第 4 部分：金属矿（TD/T 1031. 4—2011）》《土地复垦方案编制规程第 5 部分：石油天然气（含煤层气）项目（TD/T 1031. 5—2011）》《土地复垦方案编制规程第 6 部分：建设项目（TD/T 1031. 6—2011）》《土地复垦方案编制规程第 7 部分：铀矿（TD/T 1031. 7—2011）》共计 7 项推荐性土地复垦行业标准，并规定于 2011 年 5 月 31 日起实施。《土地复垦方案编制规程》规定了土地复垦方案编制工作原则、内容、深度及报告编写要求，是土地复垦方案编制的技术规范。目前，“土地复垦标准体系与土地复垦技术标准修订”“矿山土地复垦投资标准体系”“矿山土地复垦估算标准”“矿山土地复垦调查评价标准”“矿山土地复垦工程建设标准”“矿山土地复垦验收规程”等正在研究和制定中。

2 土地复垦责任主体及其相关义务

2. 1 土地复垦责任主体

根据《土地复垦条例》规定，按照“谁损毁、谁复垦”的原则，由于历史遗留损毁原因无法确定土地复垦责任人的生产建设活动损毁的土地外，其他生产建设活动损毁的土地，都应由土地复垦责任人负责组织实施土地复垦。

2. 2 土地复垦责任人相关义务

（1）土地复垦方案编制管理办法：依据《土地复垦条例》规定，土地复垦责任人应当按照土地复垦标准和国土资源部的规定编制土地复垦方案。土地复垦方案是土地复垦责任人申请建设用地和采矿许可证的必备要件，也是土地复垦责任人实施土地复垦的重要依据。土地复垦责任人应在办理建设用地申请或者采矿权申请手续时，随其他“1 书 4 方案”（指建设用地呈报说明书，农转用方案、补充耕地方案、征地方案和供地方案），或矿产资源开发利用方案等有关批报材料，一并报送国土资源主管部门审查。

（2）土地复垦实施管理：土地复垦责任人应当按照土地复垦方案开展土地复垦实施工作。鉴于矿产资源开发周期长、生产建设活动对土地扰动及损毁情况较为复杂，矿采企业应当对土地损毁状况进行动态监测和评价，并根据要求，把监测、评价结果定期向项目所在地的国土资源管理部门进行报告。因矿产开发周期长、需分阶段实施土地复垦时，土地复垦责任人应当对土地复垦进行统一规划、分期实施、规范组织，并合理确定各阶段土地复垦的目标任务、费用投资、规划设计、工程建设进度和完成期限等。在编制、审批土地复垦方案基础上，以 5 年为周期制定土地复垦计划，并根据年度复垦任务，编制年度实施计划具体落实。

土地复垦责任人应当按照具体实施计划，把土地复垦任务与矿产开发生产建设活动同步进行，并加强考虑和对土地损毁、复垦效果的监测与评价。应对土地复垦工程采取公开招标、邀标、议标方式选择施工单位，或者计划组织安排矿产开发下属单位复垦施工作业。

《土地复垦条例》第四十三条明确规定“土地复垦义务人拒绝、阻碍国土资源主管部门监督检查，或者在接受监督检查时弄虚作假的，由国土资源主管部门责令改正，处 2 万元以上 5 万元以下的罚款；有关责任人员构成违反治安管理行为的，由公安机关依法予以治安管理处罚；有关责任人员构成犯罪的，依法追究刑事责任。破坏土地复垦工程、设施和设备，构成违反治安管理行为，由公安机关予以治安管理处罚；构成犯罪的，依法追究刑事责任”。

（3）土地复垦资金管理：为确完成保土地复垦工程，土地复垦义务人应将土地复垦费用列入生产建设成本或者总投资中。并且依据审核批准的土地复垦方案，遵循提前预存、分期足额预存的原则，将土地复垦资金专户存储、专项用于土地复垦。土地复垦义务人应通过与国土资源主管部门签订土地复垦资金监管协议和建立定期土地复垦资金使用管理报告机制，主动接受国土资源主管部门的监督和管理。《土地复垦条例》第三十八条也明确规定“土地复垦义务人未按照规定将土地复垦资金列入生产成本或者建设项目总投资的，由县级以上地方人民政府国土资源主管部门责令限期改正；逾期不改的，处 10 万元以上 50 万元以下的罚款”。

（4）土地复垦质量控制：在实施土地复垦过程，土地复垦义务人应当建立土地复垦工程质量控制制度，严格遵守土地复垦标准和环境保护标准，切实保护土壤质量和生态环境，避免污染土壤和地下水，严禁把重金属污染物或者其他有毒有害物质用作回填或者充填材料，《土地复垦条例》规定了责令限期改正、责令停止违法行为、限期治理、罚款、吊销采矿许可证等相应的法律责任，第三十九条规定“土地复垦义务人未按照规定对拟损毁的耕地、林地、牧草地进行表土剥离，由县级以上国土资源主管部门责令限期改正；逾期不改正的，按照应当进行表土剥离的土地面积处每公顷 1 万元的罚款”。第四十条规定“土地复垦义务人将重金属污染物或者其他有毒有害物质用作回填或者充填材料的，由县级以上地方环境保护主管部门责令停止违法行为，限期采取治理措施，消除污染，处 10 万元以上 50 万元以下的罚款；预期不采取治理措施的，环境保护主管部门可以指定有治理能力的单位代为治理，所需费用由违法单位承担”等，以加强对土地复垦义务人在复垦质量控制方面的约束力度。

（5）土地复垦情况报告：土地复垦义务人除日常向国土资源主管部门及时沟通、反馈土地复垦工作进展情况外，还应当于每年 12 月 31 日前向县级以上国土资源主管部门报告本年度土地损毁情况、土地复垦投资及土地复垦工程建设实施情况。土地复垦义务人未及时报告，由县级以上国土资源主管部门责令限期改正，逾期不改正将被处 2 万元以上 5 万元以下罚款。

（6）土地复垦验收申请：土地复垦义务人按照土地复垦要求完成复垦工程的实施，应当按照土地复垦规定做好各相关验收准备工作，并及时向县级以上国土资源主管部门申请验收。

（7）土地复垦后期管护：土地复垦义务人应加强对损毁土地复垦为农耕土地的后期管护工作力度，并在土地复垦工程验收合格后 5 年内，依据国土资源主管部门提出的改良土地质量要求、建议和技术措施进行落实，以确保土地复垦质量。

3 土地复垦监管主体与对应责任

国家国土资源管理主管部门负责全国土地复垦监督管理工作。县级以上国土资源主管部门负责本行政区域土地复垦监督管理工作，其他部门负责土地复垦相关管理工作，其职责主要有以下 2 项。

3.1 对历史遗留和自然灾害损毁土地复垦的管理职责

（1）开展损毁土地调查评价：县级以上国土资源主管部门应对历史遗留和自然灾害损毁土地进行分类调查、统计和评价。具体内容包括：①建立集中统一的土地复垦基础信息采集、备案制度，尽快查清土地损毁和复垦的翔实数据。②对损毁土地开展调查评价，内容包括损毁类型、损毁程度、分布状况等。③通过对土地损毁和复垦的动态监测，掌握年度新损毁土地面积数据。建立和完善土地复垦整理报备系统，形成全国统一的土地复垦信息报备制度，对历史遗留废弃地、自然灾害损毁土地等土地复垦状况进行全面细致的摸底和统计分析。

（2）编制土地复垦的专项规划和年度计划：县级以上国土资源主管部门应在调查评价的基础上，根据土地利用总体规划编制土地复垦专项规划，确定土地复垦的重点区域以及土地复垦工程项目建设的目标任务和要求，报本级人民政府批准后组织建设实施。在全面掌握历史遗留废弃土地、自然灾害损毁土地的翔实情况基础上，根据对该类损毁土地实施土地复垦规模较大的工作需要，省、市、县应组织编制本行政区域的年度土地复垦专项规划，科学确定土地复垦任务的重点区域、目标任务、项目工程量等。充分发挥土地复垦专项规划的控制、引导作用，科学、合理地计划和安排土地复垦工作，逐步消除历史遗留的土地复垦旧账。

（3）规范组织土地复垦项目实施：国家对历史遗留损毁土地和自然灾害损毁土地的复垦按土地复垦项目实施管理。当地县级以上政府应当计划和列出专项资金对历史遗留损毁土地和在然灾害损毁土地进行土地复垦建设。并根据土地复垦工程总体规划计划安排各年度的土地复垦工程项目建设实施。

①政府投资土地复垦项目建设：主要是指由政府投资用于新增建设用地的土地有偿使用费、土地复垦费以及农业土地出让收入等。其组成内容有 4 项：一是负责组织实施土地复垦工程项目的国土资源主管部门应当组织编制土地复垦工程项目建设设计任务书，明确土地复垦工程项目的位置、面积、目标任务、规划设计、工程质量、建设进度及完成期限等。二是国土资源主管部门应按照工程建设项目招投标法律规定，确定土地复垦工程项目施工单位。三是土地复垦工程项目

施工单位必须依据土地复垦工程项目建设设计方案组织施工作业，不得擅自变更土地复垦工程项目建设内容，如确需变更，必须由施工单位会同设计、监理单位共同签署土地复垦工程项目建设变更审批单，经批准后方可变更施工作业。最后是土地复垦工程项目建设的国土资源主管部门应健全项目建设管理制度，加强项目在建设施工过程中指导、监督、管理。

②土地权利人自行土地复垦：按照“谁投资，谁受益”的原则，政府应当积极吸引社会投资开展土地复垦。损毁的土地权利人明确的，政府应采取扶持、优惠政策，鼓励土地权利人自行实施土地复垦工程项目建设。其主要内容是：首先，土地权利人或者投资人应当编制土地复垦工程项目设计书，并报当地国土资源主管部门审批同意后组织实施。其次，土地权利人或投资人自行投资土地复垦工程项目建设，其施工单位由土地权利人或投资人依法确定。第三，土地复垦施工单位应当按照国土资源主管部门审核批准的土地复垦工程设计方案进行施工。

（4）土地复垦项目监督检查：县级以上国土资源主管部门应依据职责，健全机制，加强对土地复垦工程项目建设实施情况进行动态、持续、严格的检查监督。被检查单位或个人应当据实反映情况，积极主动地改正被检查出的任何违规施工作业问题。

（5）土地复垦项目验收：由政府投资的土地复垦工程项目建设全部工程量施工完成后，首先应由当地县级国土资源主管部门组织初步验收，工程质量和数量初验合格，即可向上级国土资源主管部门申请终验收；上级国土资源主管部门应会同相关部门、邀请专家及时组织终验收。土地权利人或投资人自行组织的土地复垦工程项目建设完工后，由土地权利人或投资人自行组织或申请当地国土资源主管部门组织竣工验收。

（6）土地复垦工程项目建设评价：将损毁土地经土地复垦工程项目的建设成为农耕地后，负责组织验收的国土资源主管部门应在验收合格 5 年内，会同相关部门对土地复垦效果进行跟踪评价，并提出改良土地土壤质量的技术与管理措施意见。

（7）建立土地复垦项目信息管理系统：国家和各省、自治区、直辖市国土资源主管部门，应当负责建立健全土地复垦信息管理系统，建立信息报备和发布制度，调查、收集、汇总和发布土地复垦工程项目建设数据信息。县级国土资源部门应全面掌握本辖区域内土地复垦工程项目建设进展情况，并严格按照上级国土资源管理部门要求及时上报项目信息。实现土地复垦工程项目建设信息公开化，以利于社会各界的监督。

3.2　对生产建设活动损毁土地复垦的管理职责

（1）土地复垦方案审查：土地复垦义务人应依据审查批复的土地复垦工程项目建设方案，规范组织开展土地复垦工程项目建设施工。土地复垦义务人未编制土地复垦工程项目建设方案或方案不符合要求，国土资源主管部门不得批准建设用地、不得颁发采矿许可证。

（2）土地复垦工程项目建设监测：县级国土资源主管部门应全面掌握本辖区域内土地资源损毁情况，制定土地复垦工程项目建设动态监测指标体系，确定监测方式方法、配备仪器设备和人员力量，以便能够掌握本行政区域土地资源损毁和土地复垦工程项目建设效果情况。

（3）加强土地复垦监督检查：县级以上国土资源主管部门应加强对土地复垦工程项目建设的监督检查，尤其应当加强对土地复垦义务人使用土地复垦工程项目建设资金和工程进展情况的监督。被检查者应如实报告情况并提供详细资源。任何单位和个人不得扰乱、阻挠土地复垦工程项目建设，破坏土地复垦项目建设工程、设施和设备等，否则将依法追究刑事责任。

（4）规范土地复垦工程项目建设验收：负责组织验收的国土资源主管部门，应当在接到土地复垦工程项目建设验收申请之日起60个工作日内完成验收，经验收合格，可向土地复垦任务人签发验收合格证书，对验收不合格项目签发书面限期整改意见，详细列出需要整改事项。对土地复垦工程项目进行验收，应邀请各相关专家组成验收委员会（或小组），采用外业实地勘测和内业资料查验相结合的办法，并将初验结果公告，广泛听取土地复垦责任人的意见。

（5）代理土地复垦及后期评价管理：土地复垦义务人未复垦，或者经复垦验收整改仍不合格项目，其义务人应缴纳土地复垦费，由国土资源主管部门代为组织复垦。土地复垦义务人应缴纳的复垦费数额，应综合汇总、分析损毁前土地类型，损毁的面积、程度，复垦的标准、用途和土地复垦工程项目建设工程量等因素。土地复垦费的具体征收管理办法，由国务院组织财政、价格等相关部门制定、发布和执行。土地复垦义务人缴纳的土地复垦费必须专项用于土地复垦工程项目建设，任何单位和个人不得截留、挤占和挪用。

（6）建立土地复垦信息管理系统：县级国土资源主管部门应全面详实地掌握所辖区域生产建设项目土地损毁及复垦情况，并及时向上级国土资源主管部门上报。国家和各省、自治区、直辖市国土资源主管部门应当建立健全土地复垦信息管理系统，调查、收集、分析、核实、汇总和发布土地复垦数据信息，实现土地复垦信息的公开化和透明化，以便于社会各界监督。

第二节
土地复垦生态工程项目建设监管

1 土地复垦生态工程项目建设监管模式

1.1 土地复垦监督管理

土地复垦监督管理指以土地复垦义务人为对象，通过建立专门组织机构来行使监督土地复垦义务人履行土地复垦义务，使损毁土地达到可供利用状态。

1.2 土地复垦监督管理模式

对土地复垦生态修复工程项目建设监督管理实行“分级负责，层级管理”的管理模式。国家国土资源主管部门负责全国土地复垦的监督管理。县级以上国土资源部门负责本行政区域土地复垦的监督管理。经国家国土资源主管部门审查批准的土地复垦工程项目建设方案，其土地复垦建设资金使用、建设管理均由省级国土资源主管部门负责监管；经省级以下国土资源主管部门审查批准的土地复垦工程项目建设方案，应按照本省（自治区、直辖市）规定，由省级以下国土资源主管部门负责监管。

1.3 土地复垦监督管理内容

各级国土资源行政主管部门应以土地复垦工程项目建设实施方案为监管的重要依据，以分期土地复垦工程建设进度实施项目为监管对象，规范、系统地对土地复垦工程建设资金进行提存、使用的审计监管，并有效利用电子信息化手段，来实现对土地复垦工程项目建设全面监管、全程监管，努力达到土地复垦工程建设“不欠新账”。

2　土地复垦生态修复工程项目建设监管制度

2.1　土地复垦生态修复工程项目建设方案编报与审查制度

实行土地复垦生态修复工程项目建设方案编报与审查制度，是推动土地复垦工程项目建设的一项重要工作。不仅可以促进土地复垦义务人认识到土地复垦工程项目建设的重要性，而且为土地复垦义务人指明了复垦方向。各级国土资源主管部门应建立土地复垦方案编制与审查制度，开展专家论证咨询与审核备案、分阶段土地复垦计划审核备案等管理。土地复垦义务人应按照《规程》要求，组织编制土地复垦方案，并报国土资源主管部门对其进行审核和咨询论证，然后按照批准的土地复垦工程项目建设方案组织实施。

2.2　土地复垦生态工程项目建设资金监管制度

资金是土地复垦生态工程项目建设的基础和保证。各级国土资源主管部门应该落实土地复垦工程项目建设资金监管制度，监督土地复垦义务人合理计划安排、提取落实、规范使用土地复垦工程项目建设资金。

2.3　土地复垦生态工程项目建设监督检查制度

各级国土资源主管部门应当建立土地复垦资金监管制度，按年度开展土地复垦工程项目建设资金考核工作。考核内容是土地复垦方案、分期土地复垦计划、年度土地复垦建设实施计划、土地复垦工程项目建设资金使用状况等。应根据考核结果，采取对应的奖罚措施。矿山开发企业年度土地复垦考核不合格，应对其采矿许可证年度检查不予通过。

2.4　土地复垦生态工程项目建设验收制度

各级国土资源主管部门应该建立土地复垦工程项目建设验收制度，标准、规范、公正地开展土地复垦工程项目建设竣工验收管理工作。土地复垦义务人按照土地复垦方案完成土地复垦工程项目建设竣工后，可向所在地县级以上国土资源主管部门申请验收。土地复垦工程项目建设完工后的验收分为初步验收、阶段验收、竣工验收 3 种方式。国土资源主管部门组织并会同农业、林业、环保等部门专家进行工程数量和质量的现场勘核。经验收，国土资源主管部门对合格的土地复垦工程建设项目颁发合格证书，及时变更土地用途登记；对验收不合格的土地复垦工程建设项目，责令限期整改，经整改后仍不合格，国土资源主管部门根据未完工程数量和质量未达标工程数量的两者合计工程量，将其追加为下阶段土地复垦工程项目建设任务。

2.5　土地复垦生态工程项目建设信息报备制度

各级国土资源主管部门应建立健全土地复垦信息管理系统，开展土地复垦信息报备工作。

收集土地复垦方案、分期土地复垦建设计划、年度土地复垦实施计划、土地复垦资金监管等信息数据，建立和完善土地复垦监管数据库。监督土地复垦义务人及时报送土地复垦工程项目建设数据信息，对本行政区域内土地复垦数据信息汇总、报上级国土资源主管部门备案，定期开展生产建设项目土地复垦跟踪检查，依法履行监督检查职能。各地开展生产建设项目土地复垦信息管理系统的建立，要与建设用地审批备案系统以及采矿权登记管理系统妥善地进行数据衔接，纳入国土信息综合监管平台，实现信息资源共享，联动监管。矿产开发区和土地复垦区拐点位置坐标（采用西安 80 坐标系）、现状图、规划图、竣工图等相关图标数据应绘制在“一张图”上。以便于核实土地复垦工程项目建设的真实性，提高土地复垦工程项目建设监管的质量和效率。

2.6 土地复垦生态工程项目建设监测制度

对土地复垦工程项目建设情况实行动态监测，是土地复垦监管和信息报备的基础。各级国土资源主管部门应建立土地复垦监测制度，全面掌握本区域土地资源损毁和复垦情况。应制定土地复垦监测指标体系，确定监测方法方式，配备监测仪器及人员，适时监控土地复垦义务人履行土地复垦工程项目建设实施进程，确保能够及时掌握本区域土地资源损毁和土地复垦效果等情况。

对土地复垦生态工程项目建设监测内容和指标分为以下 3 大类。

（1）土地复垦进度指标：表土剥离及管理、已损毁土地范围、已损毁土地面积、已损毁土地类型、已复垦土地面积、已复垦土地类型、耕地复垦率、亩均投资额度、阶段复垦率。

（2）复垦土地质量指标：地面坡度、覆土厚度、pH 值、Cd、Cr、Pb、Cu、As、F、地表物质组成、有效土层厚度、土壤质地、土壤砾石含量、土壤容重（压实）、有机质、全氮、有效磷、有效钾、土壤盐分含量、土壤侵蚀、田间道路、灌溉设施、灌溉保证率、排水设施、防洪设施、养殖用水质量、灌溉用水质量。

（3）土地复垦效益指标：农田林网比例、林草覆盖度及郁闭度、耕地单位面积产量、草地单位面积产草量、林地单位面积蓄积量、景观生态效果、单块面积/连片面积、耕地动态平衡年、公众满意度、生物多样性状况等。

2.7 土地复垦生态工程项目建设激励机制

对历史遗留和自然灾害损毁土地复垦，针对不同的投资主体、不同所有权和使用权的土地，分别制定了相对应的激励机制。

（1）社会投资复垦历史遗留或者自然灾害损毁土地，属于无使用权人的国有土地，经县级以上人民政府依法批准，可以确定给投资单位或者个人长期从事林业、种植业和渔业等生产。

（2）社会投资复垦历史遗留或者自然灾害损毁土地，属于农民集体所有土地或者有使用权的国有土地，有关国土资源主管部门应组织投资单位或个人与土地权利人签订土地复垦协议，明确土地复垦的目标任务以及复垦后土地使用和收益分配比例等事项。

（3）历史遗留损毁和自然灾害损毁的国有土地使用权人，以及历史遗留损毁和自然灾害损毁的农民集体所有土地的所有权人、使用权人，自行将损毁土地复垦为耕地，由县级以上地方人民政府给予补贴。

（4）县级以上地方人民政府将历史遗留损毁和自然灾害损毁的建设用地复垦为耕地，按照国家有关规定可以作为本省（自治区、直辖市）内进行非农建设占用耕地时的补充耕地指标。

2.8　土地复垦生态工程项目建设法律责任

《土地复垦条例》第三十六条规定，负有土地复垦监督管理职责部门及其工作人员有下列行为之一者，对直接主管和其他直接责任人员，依法给予处分；直接主管和其他直接责任人员构成犯罪，则依法追究其以下刑事责任。

（1）违反本条例规定擅自批准建设用地或者违章批准采矿许可证及无原则地给予审批办理采矿许可证的延续、变更、注销手续。

（2）截留、挤占、挪用土地复垦工程项目建设资金。

（3）在土地复垦工程项目建设验收中弄虚作假。

（4）不依法履行监督管理职责或者对发现违反本条例行为不依法处罚。

（5）在审查土地复垦工程项目建设方案、实施土地复垦工程项目、组织土地复垦工程项目验收，以及履行监督管理过程中，索取、收受他人财物或者谋取其他利益。

（6）有其他徇私舞弊、滥用职权、玩忽职守的行为。

第三节
土地复垦生态工程建设方案编报与审查制度

1　土地复垦生态工程建设方案概述

土地复垦生态工程项目建设方案是指土地复垦义务人为履行法定复垦责任，针对在建或拟建的生产建设项目已损毁或拟损毁土地，制定的土地复垦生态工程项目建设活动计划和规划方案，它是土地复垦义务人实施土地复垦建设活动的技术依据，也是国土资源主管部门依法监督土地复垦义务人履行土地复垦义务的重要依据。

1.1　土地复垦建设方案编报与审查制度的由来

（1）土地复垦建设方案编报与审查制度内容：主要包括方案编制、咨询论证、审查等。为加强生产建设活动土地复垦管理工作，2006 年国土资源部等 7 部委联合发布《关于加强生产建设项目土地复垦管理工作的通知（国土资发［2006］225 号）》，2007 年国土资源部发布《关于组织土地复垦方案编报和审查有关问题的通知（国土资发［2007］81 号）》，初步建立了土地复垦建设方案编报与审查制度。目前，国家国土资源管理部门与各级国土资源主管部门，已经把土地复垦建设方案作为审批建设用地及采矿许可证的必备要件之一，并对应开展了土地复垦建设方案的咨询论证和审查工作。

（2）土地复垦建设方案编报与审查制度的法制化进程：2011 年 3 月 5 日公布实施的《土地

复垦条例》，从立法角度确定了土地复垦建设方案的编报与审查制度，并强调土地复垦建设方案的编制必须参照土地复垦国家标准或行业标准。2011 年 5 月 4 日，国土资源部发布《土地复垦方案编制规程（TD/T1031. 1～1031. 7—2011）》，对土地复垦建设方案编制的原则、内容、深度与报告编写要求等做了全面、细致的规定。贯彻落实《土地复垦条例》《土地复垦方案编制规程》就需要完善土地复垦建设方案编报与审查制度，规范土地复垦建设方案的编报与审查制度。

1. 2 土地复垦建设方案编制目的与意义

根据《土地复垦条例》中“谁损毁，谁复垦”的基本原则，土地复垦义务人应当对生产建设活动中损毁的土地履行复垦义务，编制土地复垦建设方案。

（1）编制土地复垦建设方案要求：编制土地复垦建设方案时要求对土地复垦与生产建设进行统一规划，把土地复垦建设指标纳入生产计划；要求有土地复垦建设任务的生产建设项目，其可行性研究报告和设计任务书应包括土地复垦建设内容；要求工艺设计应当兼顾土地复垦建设要求，并据此编制土地复垦建设方案，这是强化土地复垦建设管理的有效措施。

（2）编制土地复垦建设方案意义：编制土地复垦建设方案应将土地复垦建设目标、任务、措施、计划和资金等筹划周全，有效指导土地复垦建设工程的顺利完成，避免土地复垦建设工程的盲目性；切实保证土地复垦建设活动时空分布的合理性，实现土地复垦建设活动经济、社会、生态效益的有机兼顾；特别是对于生产周期长、需长期进行土地复垦建设的项目能够提供科学、合理、技术操作性强的实施依据。

（3）编制土地复垦建设方案目的：通过对土地复垦建设方案编报与审查，可以更好地监督指导土地复垦义务人规范开展土地复垦建设工作，能够达到以下目的。

①最大限度地减少对土地的损毁破坏。

②实现边生产、边复垦，尽快恢复土地利用功效。

③有效治理损毁土地环境、改善土地生态环境状况。

④调整生产建设造成土地损毁到土地复垦过程中的责权利关系。

总而言之，编制土地复垦建设方案是土地复垦义务人履行复垦义务、贯彻“十分珍惜、合理利用土地和切实保护耕地”基本国策的重要体现，也是国土资源主管部门实施土地复垦监管的重要依据，为科学合理开展土地复垦、确保土地复垦工程建设效果提供了技术保障。

2 土地复垦生态工程建设方案内容与特点

《土地复垦条例》第十二条规定了土地复垦建设方案应包括以下 8 项内容。

①项目概况和项目区土地利用状况。

②损毁土地的分析预测和土地复垦的可行性评价。

③土地复垦建设目标和任务。

④土地复垦建设应达到的工程质量要求和采取的技术措施。

⑤土地复垦工程项目建设规划和投资概算。

⑥土地复垦工程项目建设资金安排使用与管理办法。

⑦土地复垦工程项目建设计划与进度安排。

⑧国家国土资源管理部门规定的土地复垦建设其他内容。

2.1　土地复垦建设方案报告书与报告表

土地复垦建设方案包括“土地复垦建设方案报告书”“土地复垦建设方案报告表”。由国务院批准的建设用地项目和由省（自治区、直辖市）国土资源管理部门批准的采矿权项目，应编制报告书、填写报告表；其他生产建设项目编制土地复垦建设方案报告表。石油天然气采矿权项目，以采矿权为单位，编制土地复垦建设方案报告书。对于油气开采、跨省域油气输送管道建设项目，以项目为单位编制土地复垦建设方案报告书。石油天然气勘探、炼油化工等项目编制土地复垦建设方案报告表。露天放射性开采矿山应编制土地复垦建设方案报告书，井工放射性开采矿山应编制土地复垦建设方案报告表。

根据《土地复垦条例》和《土地复垦方案编制规程》规定，土地复垦建设方案报告书应包括下列3项内容。

（1）前言。应包括土地复垦生态工程项目建设方案编制背景、过程及方案摘要。

（2）编制总则。主要包括土地复垦生态项目建设方案编制目的、原则及依据。

（3）项目概况。主要包括以下内容。

①项目简介：生产项目应说明项目名称、地理位置、隶属关系、企业性质、项目类型、生产开发方式、生产规模及能力、生产服务年限或剩余使用年限、项目范围等；建设项目应说明项目名称、工程类型、项目位置、项目组成、投资规模、建设期限、用地规模及用地性质等。

②项目区自然概况：包括地理位置、地貌、气候、土壤、生物、水文、地质等。

③项目区社会经济概况：说明项目区近3年乡镇人口、农业人口、人均耕地、农业总产值、财政收入、人均纯收入、农业生产状况等，并注明资料来源。

④项目区土地利用状况：说明项目区土地利用类型、数量和质量，并依据土壤剖面图说明耕地、林地、草地等土地类型的表土层厚度，以及土壤质地、有机质含量、pH值等理化性质。

（4）土地复垦建设方向可行性分析。主要分析以下6项内容。

①土地损毁分析与预测：一是土地损毁环节与时序：说明生产建设过程可能导致土地损毁的生产建设工艺及流程。二是已损毁土地现状：说明项目区已损毁土地的类型、范围、面积及损毁程度，并分析已损毁土地被重复损毁的可能性，说明损毁土地已经复垦的情况，包括复垦方向、面积、范围及效果。三是拟损毁土地预测：预测拟损毁土地的方式、类型、面积、程度，生产年限较长的生产项目需分时段和区段预测土地损毁的方式、类型、面积、程度，并结合对土地利用影响进行土地损毁程度分级。四是复垦区与复垦责任范围：依据土地损毁分析与预测结果，合理确定复垦区与复垦责任范围，说明复垦区土地利用类型、土地权属等状况。

②土地复垦区土地利用状况：一是土地利用类型：说明复垦区及复垦责任范围内土地利用类型、数量、质量、损毁类型与程度，应说明基本农田所占比例、农田水利和田间道路等配套设施情况、主要农作物生产水平等。二是土地权属状况：说明复垦区土地所有权、使用权和承包经营权状况；集体所有土地权属应具体到行政村或村民小组；需要征收（租赁）土地的项目应说明征收（租赁）前权属状况。

③土地复垦区生态环境影响分析：预测、分析土地损毁对复垦区及周围生态环境土壤、地表

水与地下水、生物等自然资源可能产生的影响。

④土地复垦生态工程项目建设适宜性评价：依据土地利用总体规划设计，按照因地制宜原则，在充分尊重土地权益人意愿的前提下，根据原土地利用类型、土地损毁等情况，在经济可行、技术合理的条件下，确定拟复垦土地的最佳利用方向（应明确至二级地类），划分土地复垦单元。

⑤土地复垦区水土资源平衡分析：应结合土地复垦区地表土质及欠缺土方量状况、复垦方向、复垦标准和复垦措施，进行表土量供求平衡分析；当出现无土源情况时，应采取物理、化学与生物改良等综合性措施；复垦工程项目建设涉及灌溉工程时，应进行用水资源分析与预测，明确用水源地、水量供需满足程度和水质状况。

⑥土地复垦生态工程项目建设目标任务：依据土地复垦生态工程项目建设适宜性评价结果，确定土地复垦生态工程项目建设的目标任务，包括拟复垦土地类型、面积及复垦率，复垦前后土地利用结构对比。

（5）土地复垦建设质量要求与复垦措施。主要有以下5项措施内容。

①土地复垦生态工程项目建设质量要求：指依据土地复垦生态工程项目建设技术标准，结合复垦区实际情况，针对复垦方向提出不同土地复垦单元的土地复垦生态工程项目建设质量要求；土地复垦生态工程项目建设质量不宜低于原土地利用类型土壤质量与生产力水平。

②土地复垦生态工程项目建设预防控制措施：根据矿产项目开采工艺，制定生产建设过程为减少土地损毁拟采取的预防与控制措施。

③土地复垦生态工程项目建设2项措施：一是工程技术措施：指根据项目开采（建设）工艺，说明生产建设过程为减少土地损毁拟采取的预防与控制措施；二是按照项目所在地区自然环境条件和复垦建设方向要求，说明不同土地复垦单元拟采用的工程技术措施，但分项工程包括充填、地表土剥覆、平整坡面加固、清理排灌、疏排水、集雨、道路工程等。

④土地复垦生态工程项目建设监测措施：应对不同土地复垦单元制定合理的土地损毁和复垦效果的监测措施。

⑤土地复垦生态工程项目建设管护措施：应根据项目特点以及所在区域的自然条件特征，提出土地复垦生态工程项目建设有针对性的管护措施。

（6）土地复垦生态工程项目建设设计及工程量测算。分为项目建设设计和工程量测算2项内容：

①土地复垦生态工程项目建设设计：应根据已确定土地复垦生态工程项目建设方向和质量要求，针对不同土地复垦单元拟采取的不同工程技术措施进行复垦工程设计；工程措施设计内容包括确定各种工程技术措施及其技术参数，工程技术措施设计应根据项目类型、生产建设方式、地质地貌、区域特点等，设计方案应包括平面布置图、剖面图、典型工程设计图等。生物工程措施设计内容包括植物种类筛选、苗木（籽种）规格、配置模式、密度（播种量）、土壤生物与土壤种子库利用、整地规格、坡面防护等；化学措施设计包括复垦土地改良及污染土地修复等；监测措施设计内容包括监测点数量、位置及监测内容；管护措施设计内容包括管护对象、年限、次数及方法等。

②土地复垦生态工程项目建设工程量测算：根据不同土地复垦单元的工程、生物、化学、监

测和管护等措施设计内容，分别测算土地复垦工程量。

（7）土地复垦生态工程项目建设投资测算。应全面测算和分析损毁前土地类型、实际损毁面积、损毁程度、复垦标准、复垦用途和完成土地复垦生态工程项目建设工程量任务等。

①土地复垦生态工程项目建设投资测算说明：应确切说明投资测算编制原则、依据和方法，主要包括采用定额标准、价格水平、人工预算单价、基础单价计算依据和费用计算标准；说明土地复垦生态工程项目建设施工费、设备费、前期费、监理费、监测费、管护费、风险金和基本与价差预备费等费用构成明细；说明土地复垦投资、单位面积投资等技术经济指标。

②土地复垦生态工程项目建设投资测算成果：应根据土地复垦生态工程项目建设工程量，测算土地复垦静态、动态投资总额和亩均静、动态投资额。

（8）土地复垦生态工程项目建设年限与计划安排。主要指以下3项内容：

①土地复垦生态工程项目建设服务年限：应说明土地复垦生态工程项目建设服务年限及确定依据。

②土地复垦生态工程项目建设工作计划：应根据土地损毁预测情况，结合土地复垦生态工程项目建设方案服务年限，合理划分复垦建设阶段，原则上以5年为一阶段进行土地复垦工作安排；明确每一阶段复垦目标、任务、位置、单项工程量和资金安排；超过5年的生产建设项目，除按照上述要求编制复垦建设方案服务年限、计划外，还应分年度详细编制第一个5年内的阶段土地复垦工程建设计划；阶段土地复垦计划应明确阶段土地复垦目标、任务、位置、技术措施和分项工程量、投资测算及组成；未超过5年的生产建设项目，应分年度细化土地复垦工程项目建设任务及资金安排，并制定第1个年度土地复垦建设实施计划；年度土地复垦建设计划应明确年度土地复垦建设目标、任务、位置、技术措施、技术参数、分项工程量、投资额预算及组成。

③土地复垦生态工程项目建设资金安排：应明确土地复垦建设资金来源，明确复垦建设资金使用安排的具体方案；资金使用安排应遵循提前预存、分期足额预存原则，在项目生产建设服务年限结束前1年预存完毕所有资金，并根据土地复垦建设计划安排提供土地复垦建设资金动态使用阶段表。对于土地复垦义务人已缴纳的矿山环境治理等费用已经包含土地复垦内容，在提供相关证明材料后，应在复垦费用安排上作相应说明。

（9）土地复垦生态工程项目建设效益分析。应根据土地复垦生态工程项目建设利用方向和标准，综合分析复垦土地的经济、社会和生态效益；不同地域、不同生产生产建设项目选取的经济、社会和生态效益指标要有所侧重。

（10）土地复垦生态工程项目建设保障措施。主要包括以下6项保障措施：

①组织保障措施：应明确土地复垦生态工程项目建设方案实施的组织机构及其职责，明确土地复垦义务人自行复垦、委托中介机构复垦、缴纳复垦费由国土资源主管部门代复垦等实施方式。

②资金保障措施：应明确建立土地复垦建设资金专用账户存储、土地复垦资金专项使用财务管理制度；明确接受国土资源主管部门对复垦资金使用、管理进行监督的方式、方法等措施，包括分期签订“土地复垦建设资金监管协议”等。明确不得截留、挤占、挪用土地复垦建设资金的保障措施。明确对土地复垦建设资金使用情况开展内部审计及接受审计的措施。

③监管保障措施：应明确土地复垦义务人编制并实施土地复垦建设方案、复垦计划、年

度复垦实施计划，定期向所在地县级国土主管部门报告当年复垦建设进展，接受县级以上国土部门监督检查，接受社会对土地复垦建设实施情况监督等保障措施。明确土地复垦义务人不履行复垦义务，按照法律法规和政策文件规定，自觉接受国土资源主管部门及有关部门处罚的保障措施。

④技术保障措施：应说明土地复垦建设实施的技术保障措施，包括定期培训技术人员、咨询相关专家、开展科学试验、引进先进技术，以及对土地损毁情况进行动态监测和评价等；明确土地复垦义务人建设实施表土剥离与保护、不将有毒有害物用作回填或者充填材料、不将受重金属及其他有毒有害物污染的土地用作种植农作物等保障措施。

⑤公众参与措施：应制定全面、全程的公众参与方案，应采取公开、科学、合理的公众参与形式；公众参与人员应包括复垦区土地使用者、集体所有者、土地复垦义务人、复垦区周边社会公众与土地管理及相关职能部门的代表人；公众参与应贯穿土地复垦建设方案编制前期、编制过程以及实施等环节；公众参与内容主要包括土地复垦利用方向、复垦标准、复垦措施和权属调整；公众参与形式可选择座谈、问卷调查、走访、网络、电视、广播、报纸、公告、公示等形式；对公众意见应作出采纳与否的说明，并附上公众参与相关影像、图片资料。

⑥土地权属调整方案：应明确权属调整程序、范围、原则和措施；土地复垦方案报告表是土地复垦方案报告书的简化和摘要，主要包括以下事宜：项目概况、方案编制单位及人员情况、复垦区土地利用现状、复垦责任范围土地损毁及占用面积、复垦土地面积、土地复垦计划、保障措施、投资测算、测算依据及构成等。具体编制要求、内容、格式等参见《土地复垦方案编制规程》。

2.2 土地复垦建设方案阶段计划与年度实施计划

（1）阶段土地复垦计划。对土地复垦建设方案编制实行“远粗近细”的原则。因此，阶段土地复垦建设计划是土地复垦总体规划的分阶段安排，具有符合实际、可操作性的特点；阶段土地复垦计划也是阶段监督检查、验收以及资金监管的依据；阶段土地复垦计划应明确阶段土地复垦建设目标、任务、位置、技术措施、工程量及投资预算等。根据《土地复垦方案编制规程》，超过 5 年期限的生产建设项目，以 5 年为一个阶段编制土地复垦建设计划，详细制定第一个阶段土地复垦建设计划，并分年度细化土地复垦建设任务。

（2）年度土地复垦实施计划。指对阶段土地复垦建设计划的分年度安排，应明确年度土地复垦建设目标、任务、位置、技术工艺、技术参数、工程量及投资预算等。

2.3 土地复垦建设方案特点

（1）土地复垦建设方案要与生产建设方案同步协调。人类在开展生产建设过程中，必然会导致原土地受到损毁，而对损毁土地再建或恢复的土地复垦行为，与生产建设方案紧密相关，两者相互联系和依托，因此，必须科学、合理地进行协调是经济、社会可持续发展的保证。

（2）土地复垦建设方案具有法律强制性。按照《土地复垦条例》规定，土地复垦建设方案可视为土地复垦义务人向国土资源主管部门作出的承诺。即将损毁土地纳入复垦责任范围，采取积极有效的预防措施，尽量减少对土地的损毁，并采取工程和生物措施治理损毁土地。

(3) 对土地复垦建设方案审查是审批办理建设用地和采矿许可的重要组成部分。根据《土地复垦条例》规定，土地复垦义务人在向国土资源主管部门进行建设用地预审和采矿权申请时，必须编制技术可行、操作合理的土地复垦建设方案，并报送接受审查。

(4) 对土地复垦建设方案咨询论证是审查的前提和基础。在对方案审查之前必须进行土地复垦建设方案的咨询论证；即有关职能部门组织专家，对方案的科学性、合理性、可行性、真实性、针对性进行研究和论证，最后得出咨询论证结论，为国土资源主管部门决策提供依据。

(5) 土地复垦建设方案实行分级审批和管理制度。土地复垦义务人向国家、各省（自治区、直辖市）、地区、县国土资源主管部门申报的土地复垦建设方案，由各级国土资源主管部门审批和管理。

3　土地复垦生态工程项目建设方案编报与审查规定

编制土地复垦建设方案，需要根据土地复垦建设标准和国家资源管理部门规定，依据“科学规划、因地制宜、综合治理、经济可行、合理利用”的原则，在前期工作、拟定规划方案、方案协调论证的基础上工作和完成。

3.1　土地复垦建设方案编制依据

《土地复垦条例》规定，编制土地复垦建设方案和建设实施、竣工验收土地复垦生态工程项目，应遵守土地复垦国家标准；若没有国家标准，应当遵守土地复垦行业标准。

(1) 土地复垦标准：国土资源部 2011 年第 17 号令公告《土地复垦方案编制规程（TD/T1031.1—2011～TD/T1031.7—2011）》。该规程规定了土地复垦建设方案编制的原则、内容、深度和要求，是土地复垦建设方案编制最重要的技术规范。根据土地复垦建设方案编制的共性问题以及不同生产建设活动类型对土地复垦建设方案编制的差异性问题，规程分 7 个部分作了全面阐述，分别为通则、露天煤矿、井工煤矿、金属矿、石油天然气（含煤层气）项目、建设项目、铀矿。此外，土地复垦建设方案编制中涉及的调查评价、工程建设、资金预概算等内容，也应遵循相应的标准。

(2) 原国土资源部规定：2007 年发布的《关于组织土地复垦方案编报和审查有关问题的通知（国土资发［2007］81 号）》，是第一个全面规范指导土地复垦方案编报与审查工作的文件，并首次规定了方案编制大纲。随后又陆续发布了《关于放射性矿山土地复垦方案编报审查工作有关问题的函（国土资函［2007］856 号）》《国土资源部关于石油天然气（含煤层气）项目土地复垦方案编报审查有关问题的函（国土资函［2008］393 号）》《国土资源部关于开展煤炭矿业权审批管理改革试点的通知（国土资发［2010］143 号）》《国土资源部关于贯彻实施〈土地复垦条例〉的通知（国土资发［2011］50 号）》，对土地复垦建设方案编报与审查的有关问题作了补充说明。

3.2　土地复垦建设方案编制原则

土地复垦义务人在制定土地复垦建设方案时，要根据生产建设项目自身特点、当地自然地理生态环境条件、社会经济状况，依据国家土地复垦建设规定和标准进行编制。

（1）坚持科学规划原则：土地复垦建设方案应依据项目所在地土地利用总体规划及土地复垦专项规划，确定复垦目标、任务、工期进度、技术工艺，编制出最佳的复垦规划方案。

（2）坚持因地制宜原则：土地复垦建设方案应结合当地实际情况，使损毁土地达到可利用状态，宜林则林、宜农则农、宜建则建；但复垦土地应优先用于种植业、林业、畜牧业、渔业等农业生产；同时，也应科学筛选和确定适宜的复垦技术和模式。

（3）坚持综合治理原则：土地复垦建设方案应将土地复垦生态工程项目与水土保持、环境治理等工程统筹规划，最终形成一个相互关联、综合整治、技术可行、经济合理的方案，使土地复垦生态工程项目建设后的区域成为可持续发展的状态。

（4）坚持经济可行、合理利用原则：从理论上讲，因生产建设和自然灾害损毁的土地基本上都可以复垦为原地类，但是，土地复垦建设活动是一个有资金投入与产出的过程。因此，在以复垦为农用地过程中，既要考虑投资收益又需兼顾企业生产成本。盲目追求不切实际的高标准复垦，最终会导致土地复垦建设资金和资源的浪费。

3.3　编制土地复垦建设方案需注意事项

鉴于土地复垦建设方案具有很强综合性的特点，编制方案时需要完善以下 3 项工作。

（1）准确理解土地复垦建设主体工程设计文件。土地复垦建设方案与生产建设主体工程内容、布局、工艺流程等直接相关，因此，必须认真研究、准确理解主体工程设计文件，否则就会导致制定出的土地复垦建设方案就没有可行性与操作性。

（2）加强与生产建设单位和当地国土资源主管部门沟通。

①因为编制土地复垦建设方案是受生产建设单位委托，依据土地复垦建设政策和技术标准，代生产建设单位编制出的承诺性技术管理文本，必须先经过生产建设单位审核同意方能转化为生产建设单位的土地复垦承诺。因此，完善与生产建设单位的协作沟通十分必要。

②编制土地复垦建设方案时，需要向当地国土资源部门获取项目区域自然概况、土地利用现状及土地利用总体规划等资料，在复垦建设实施过程也须接受当地国土资源部门监督检查，因此必须保持沟通渠道的畅通。

③应主动加强与生产建设主体工程设计单位的沟通，当主体工程经过优选确定设计技术路线和方案后，在此基础上编制出土地复垦建设方案才具有针对性和可操作性。

（3）调研周边同类土地复垦建设项目经验与教训。编制土地复垦建设方案应符合当地自然条件、社会经济发展和生产建设状况。在详细对周边同类土地复垦建设项目调查的基础上，结合土地复垦建设标准、规程、技术工艺要求，编制出切合实际的土地复垦建设方案。

3.4　土地复垦建设方案咨询论证与审查权限

（1）建设项目土地复垦建设方案咨询论证与审查权限。

①依法需报国务院批准建设用地的新建、改扩建建设项目土地复垦建设方案，应在办理建设用地申请手续之前，由省级国土资源管理部门组织专家完成咨询论证与审查工作。严格按照国家规定的建设用地报批程序和要求，在办理建设用地申报手续时将咨询论证与审查通过的土地复垦建设方案，随其他有关申报材料一并报送国家国土资源主管部门。

②正在建设尚未完工的建设项目土地复垦建设方案，应在项目竣工验收前，按照有关规定，由相应的国土资源部门，在规定的期限内，督促建设单位补充编制土地复垦建设方案，并组织专家完成咨询论证与审查工作。

③依法需报省级政府批准建设用地的建设项目土地复垦建设方案，应在申请用地前，由市级国土资源管理部门组织专家完成咨询论证与审查工作。按照国家规定的建设用地报批程序和要求，由市级国土资源管理部门将咨询论证与审查通过的土地复垦建设方案，随其他有关申报材料一并报送省级国土资源管理部门进行审核与备案。

（2）生产项目土地复垦建设方案咨询论证与审查权限。

①新建、改扩建生产项目土地复垦建设方案按照采矿权审批权限，由国土资源管理部门划定矿区范围后，组织专家完成咨询论证与审查工作之后申请办理采矿权报批手续；按照国家规定办理完采矿权报批程序，办理采矿权申请手续时将咨询论证和审查通过的土地复垦建设方案，随申报材料一并报送相应国土资源主管部门。

②已经投产的生产项目土地复垦建设方案，按照原采矿权审批权限，由原审批部门在规定期限内，督促生产单位补充编制土地复垦建设方案，并组织专家完成咨询论证与审查工作。

③对需要申请用地的生产项目，按照建设用地申请的要求，将咨询论证和审查通过的土地复垦建设方案，随其他申报材料一并报送相应国土资源主管部门。

4　土地复垦生态工程项目建设方案编报与审查管理程序

土地复垦生态工程项目建设方案编报与审查管理，主要包括方案编制、咨询论证、审查、监督检查预验收等内容。

4.1　土地复垦建设方案编制程序

编制土地复垦建设方案需要通过资料收集、现状勘查与调查、综合汇总与分析等手段，确切查明已经损毁土地现状，再经过科学、先进的分析预测方法，在规定的生产建设服务年限内，可能造成土地损毁的范围、程度和面积。依据“坚持科学规划、因地制宜”的原则，确定复垦土地适宜的利用方向，并对已经被损毁土地，按照“综合治理、经济可行、合理利用”的原则，制定土地复垦建设标准，根据“统一规划、源头控制、防复结合”的要求设计切实可行的技术工艺、流程，核算复垦工程量、预算土地复垦建设造价，继而划分复垦阶段计划，使生产单位做到“边损毁、边复垦”，最大限度地减少生产建设活动对土地资源产生的损毁影响，进而有效控制和减少产生新损毁土地面积。具体编制程序如图 6-1。

（1）前期工作内容。主要指以下 4 项工作内容。

①资料收集：收集损毁土地区域及周边自然地理、生态环境条件、社会经济状况、土地利用现状与权属、项目基本情况等与土地复垦相关资料。

②外业勘调：实地测量调查损毁土地区域地质、地貌、土壤、水文、植物、土地损毁与利用数据资料，并细致查清损毁范围、程度与面积等。

③样品检测：分析土壤理化性质以及与生产建设项目相关的特征污染物。

④收集公众建议与意见：调查土地复垦义务人、土地使用权人、土地所有权人、相关权益

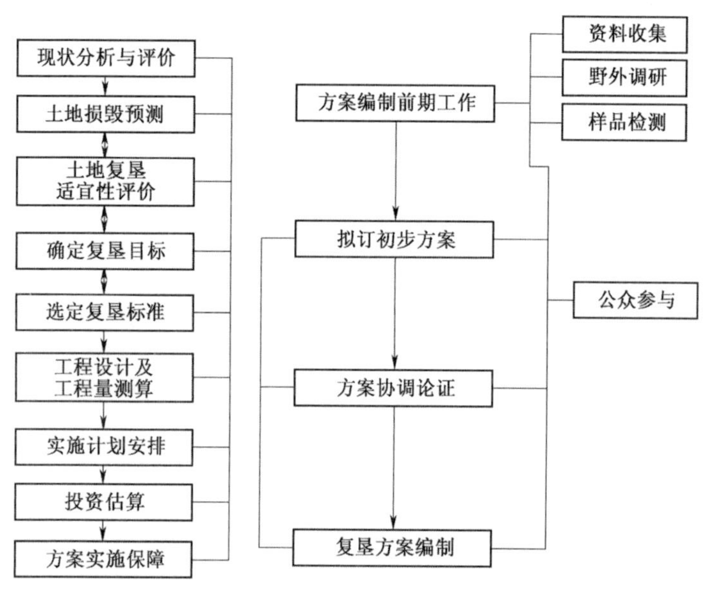

图 **6-1** 土地复垦方案编制程序

人、土地复垦专家，以及政府国土、城建、林业、水利、农业、环保等行政主管部门，征求对土地复垦建设利用方面的意愿以及对复垦标准、工程建设的建议；可采用座谈会、问卷调查、上门走访及媒体公告形式。

（2）初步拟订方案。对生产建设项目所处自然地理、生态环境、社会经济、土地利用状况和生产建设工艺等综合条件，进行分析与评价，确定合理的土地复垦建设方案及服务年限，预测土地损毁与土地复垦生态工程项目建设适宜性评价，选定土地复垦建设标准、技术工艺及建设程序，明确土地复垦建设目标，确保复垦资金来源，初步拟定土地复垦建设方案。

（3）方案协调论证。应对初步拟订方案广泛征询土地复垦义务人、政府相关部门（国土、城建、林业、水利、农业、环保）、土地使用权人和社会公众意愿，从组织、技术、经济、资金保障、复垦目标以及接受等方面进行可行性论证。

（4）编制复垦方案。依据对方案协调论证的结果，确定相对应的复垦标准，精细化复垦工程项目建设设计，完善工程量测算及投资造价概预算，进而细化土地复垦生态工程项目建设计划安排、技术工艺及流程和现场组织管理等保障措施，最终完成土地复垦建设方案编制。

4.2 土地复垦建设方案咨询论证与审查程序

国土资源主管部门对土地复垦义务人报送来的土地复垦建设方案，委托土地复垦专门机构组织专家进行咨询论证，土地复垦专门机构将通过咨询论证的土地复垦建设方案报送国土资源主管部门审查。国土资源主管部门对通过审查的土地复垦建设方案出具批复文件。土地复垦建设方案咨询论证与审查流程如图 6-2。

（1）土地复垦建设方案申报与受理。国土资源主管部门负责接收初次申报的土地复垦建设方案报件，并对其完整性进行审核；通过审核的方案转交土地复垦专门机构进入咨询论证程序，

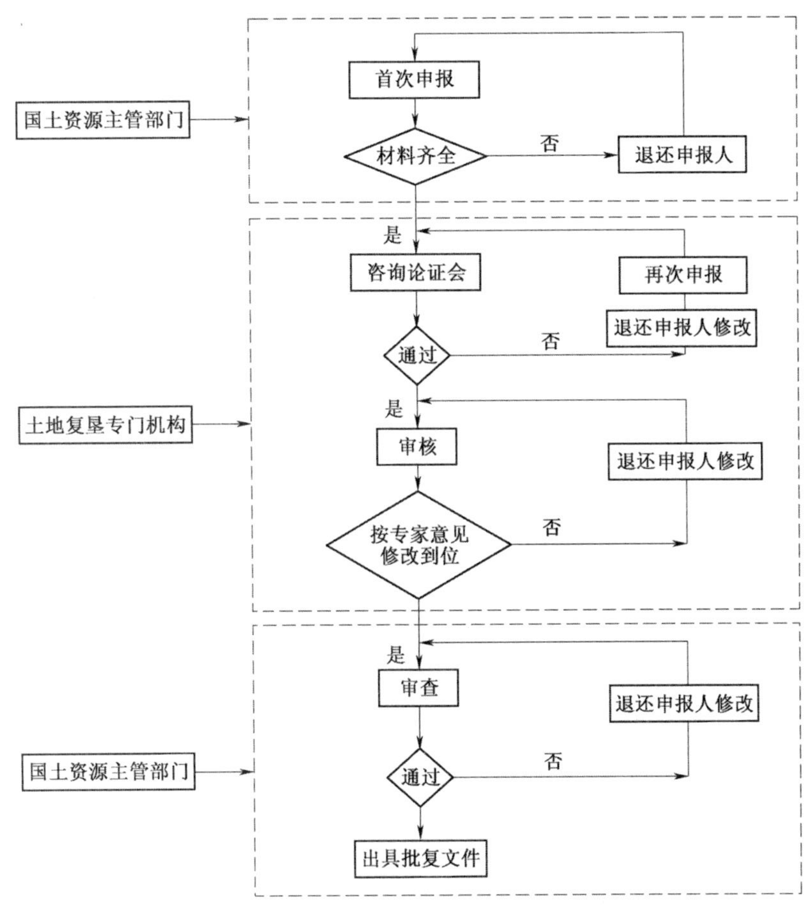

图 **6-2**　土地复垦方案咨询论证与审查流程

未通过方案将退还申报人补充或修改后重新上报。以下是土地复垦义务人向国土资源主管部门申报、审批采矿权土地复垦建设方案报件材料明细。

①报告（10 套）：主要含土地复垦建设方案报告书、土地复垦建设方案报告表。

②附图（7 套）：主要含土地复垦区土地利用现状图（须盖有县级国土资源部门公章）、土地损毁预测图、土地复垦建设规划图；附图应绘制有图名、图例、比例尺、指北针、绘制图单位、绘制图人、审核图人、绘制图时间；土地利用现状图、损毁预测图、复垦建设规划图比例尺不应小于 1∶10000（线状工程除外），还应注明所处乡镇名称、水系及坐标高程等。

③附件材料：应包括下述 9 项资料：土地复垦建设方案编制单位资质证书及业绩证明；项目范围拐点坐标批复文件；所在地国土资源主管部门初审意见；土地复垦义务人承诺书；土地复垦建设方案编制委托函；已经通过开发利用方案、环境影响评价报告的方案，应提供批复文件；公众参与相关资料；本地区近期建设工程材料价格信息资料；损毁区影像资料。

所在地国土资源主管部门对申报材料出具的初审意见应包括以下 4 项要点：首先，土地复垦建设方案涉及矿区或建设范围、用地规模、土地利用现状及面积、土地权属、已损毁土地面积、破坏程度、已经治理等情况是否属实；其次，已经损毁土地是否为基本农田，复垦土地利用方向是否符合当地土地利用总体规划或土地开发整理规划；第三，土地复垦建设投资测算能否满足土地复垦建设实际需要；第四，土地复垦义务人编制的土地复垦建设方案是否征询土地所有权人意见并公示等。

（2）土地复垦建设方案咨询论证。对土地复垦建设方案咨询论证的方式，分为会议论证和现场论证，目前我国主要采用会议论证方式。土地复垦专门机构从“土地复垦建设方案咨询论证专家库”中抽取并邀请5~7名专家，组成咨询论证专家组；专家组由土地管理、矿产资源、生态治理、工程设计、投资预算专业5名专家组成，其中至少有1名专家来自项目所在地；在咨询论证会前，土地复垦专门机构将待论证方案寄送各专家，专家则在规定期限内将咨询论证意见反馈至土地复垦专门机构。咨询论证会实行组长负责制，组长由专家组成员推选产生。咨询论证会的程序是：先由项目和编制单位对方案核心内容进行简要汇报（5~10min），专家组组长主持对方案的咨询论证意见进行讨论，在与方案项目和编制单位充分沟通后，专家组最后形成方案的咨询论证修改意见和结论。

咨询论证通过的方案，必须根据咨询论证修改意见修改完善后，上报土地复垦专门机构审核，经审核已按专家意见修改完善的方案，土地复垦专门机构将土地复垦建设方案报件、专家咨询论证意见及结论一并报送国土资源主管部门审查。

（3）土地复垦建设方案审查与批复。国土资源主管部门负责对土地复垦建设方案进行审查，审查重点是土地复垦建设方案的政策合规性；对通过审查的方案出具批复文件函告申报人，对未通过的方案将退还申报人修改完善后再报，重新履行审查程序。

4.3 土地复垦建设方案咨询论证要点

对土地复垦建设方案的咨询论证，应当审核是否符合《土地复垦条例》《土地复垦方案编制规程》要求，是否针对煤矿、金属矿、建设项目、石油天然气等不同项目，是否针对露天采矿、井工采矿等不同生产建设方式，是否针对不同地域自然地理条件特点；区分新建、改建、在建项目，明确土地复垦建设任务、落实复垦资金。方案应该内容完整、逻辑严密、前后对应，咨询论证的重点为内容的真实性、针对性、科学性、可行性。具体应当密切关注以下5个方面问题。

（1）土地复垦建设目标。应当在审核土地利用现状真实性以及土地损毁预测结果、适宜性评价等科学性和合理性基础上，论证由此确定的土地复垦建设责任范围是否完整、方向是否合理。

①确定土地复垦建设责任范围是否完整：土地复垦建设责任范围包括勘探、基建、开采、建设等全过程已经损毁和拟损毁土地；改建、扩建、在建项目对原项目损毁和复垦土地情况进行说明，已经损毁未复垦或已经复垦但未达标土地，均应该纳入土地复垦建设责任范围。露天煤矿土地复垦建设责任范围包括露天采煤坑、排土场、排矸场、表土堆场等；井工煤矿土地复垦建设责任范围包括沉陷区、排矸场等；金属矿土地复垦建设责任范围包括露天采坑、塌陷区或塌陷风险区、废石场、尾矿库、表土堆场等；建设项目土地复垦建设责任范围包括建设临时占地、弃土场等；石油天然气（含煤层气）项目土地复垦建设责任范围包括井场、道路、管线等。

②确定土地复垦建设方向是否合理：土地复垦建设方向应该符合土地利用总体规划，符合当地自然、经济、社会条件，在土地复垦建设适宜性评价基础上，按照因地制宜、农用地优先的原则确定；被损毁的农耕地应优先复垦为耕地；确定土地复垦建设方向必须听取公众特别是土地权

利人意见，建设及石油天然气项目造成的损毁土地，其土地复垦建设方向应尽量与周边土地利用方式或现状基本协调一致。

（2）土地复垦建设标准与措施。应当审核土地复垦建设标准及技术是否符合实际并具有针对性。

①土地复垦建设标准应该在可行性评价基础上，根据项目各类土地损毁情况和确定的复垦方向提出；应当符合国家或地方有关要求和当地实际情况，符合区域和项目特点，具有针对性和可行性。复垦标准不能低于原始状态，必须量化和具有验收数据指标。

②土地复垦建设技术是否符合实际并具有可行性。采取的土地复垦建设技术应根据预测的土地损毁情况和制定的土地复垦建设标准进行适地适技的筛选提出，复垦技术措施应结合用地方式、生产工艺流程等，并符合当地自然、经济、社会实际条件。

（3）土地复垦建设计划安排。审核土地复垦建设计划安排是否合理，是否体现“边损毁、边复垦”的原则。土地复垦建设计划安排分为以下 2 个层次。

①总体计划安排是否合理：土地复垦建设总体安排应该结合生产建设工艺流程与土地损毁结果，合理划分建设实施阶段，原则上 5 年为一个阶段进行复垦计划安排；应明确每阶段的土地复垦建设目标、任务、位置、技术、工程量及资金安排等。

②阶段土地复垦建设计划是否可行：应该制定第一个 5 年期限的阶段土地复垦建设计划，明确阶段土地复垦建设目标、任务、位置、技术、单项工程量和造价计划安排。阶段土地复垦建设计划原则上应达到初步设计程度，应能够指导年度土地复垦建设的基本要求。

（4）土地复垦建设资金。在审核土地复垦建设工程及资金测算合理性的基础上，应该结合当地实际情况，确定土地复垦资金是否满足实际需要。土地复垦建设资金构成是否完整、合理，基础单价确定是否合理，资金总额与亩均单价是否充足。

（5）土地复垦建设保障措施。审核是否结合企业内部管理实际，制定针对性强、易于操作的组织、资金、监管、技术等保障措施；是否明确土地复垦建设组织机构及实施方式；是否明确复垦资金来源与提取、存储、管理、使用、审计等制度；是否明确接受国土资源主管部门监管和社会监督的措施与制度；是否明确培训技术人员、引进先进技术、动态监测的制度。

第七章 退耕还林工程零缺陷建设技术原理

第一节 项目建设的生态学、经济学原理

1 项目建设面临的技术经济问题

我国退耕还林工程项目建设面临的技术经济问题主要如下所述。

（1）退耕后农民无地可种，如内蒙古呼伦贝尔盟东向阳村占 60%的坡耕地全部退耕后，剩余 40%耕地无力维持全村 2000 多人口的口粮。

（2）退耕后还何林种，如果林种确定不当，不仅浪费退耕还林工程项目建设投资，而且农民看不到效果、得不到效益，则重新耕种的“反弹”现象不可避免。

（3）退耕还林后，剩余耕地集约经营问题，如果不实行内涵扩大再生产，使集约经营向着产业化方向发展，退耕还林将失去经济保障作用。

（4）退耕还林的经济补偿年限问题，到期限停止补偿后，产业化才能接续“自造血”功能。

综上所述，退耕还林所面对的生态、经济问题都属于产业化结构调整的问题，只有步入产业化综合发展道路，才能夯实退耕还林工程项目建设基础。

2 项目建设的生态学理论基础

退耕还林工程项目建设的生态学理论基础，是指生态系统演替及其功能理论。森林生态系统的组成结构最为复杂、生态功效最大、相对稳定性最高，是山地丘陵区自然生态系统的“顶级”系统。目前黄土高原的坡耕地，绝大部分是由毁林开垦而成，人为将内部稳定的森林生态系统转变为农田生态系统，其实质是人为因素造成的自然生态系统逆向演替，加之不同坡度的存在，使这种农田生态系统始终处于极不稳定状态，而且生态功能和种植产出也呈现出低而不稳的趋势。因此，只有对黄土高原区域通过退耕还林工程项目建设，人为促进坡耕地生态系统的正向演替发

展，逐步形成生物高级群落，才能与“任何群落，如果停止人为干扰，均向进展演替方向发展”的自然生物演替规律理论相吻合。

3　退耕还林工程项目建设经济学理论基础

我国退耕还林工程项目建设经济学的理论基础，其实质就是投入产出及其产品价值问题，此外还涉及经营观念问题。退耕还林工程项目建设必定要投入，它具有建设的属性。经济学理论中的投入与产出，同样适用于退耕还林工程项目建设，并且产出必定要大于投入，在强调退耕还林生态效益的同时，一定要注重其工程建设的经济效益，两者关系应该是：生态效益是不可或缺的基础与过程，经济效益是生态效益的产出果实。

退耕还林工程项目建设的产出是生态产品，具有生态与经济的双重价值，因此，在经营理念中也应包含生态经济产业的集约经营思想，应把建设与推广先进、适用、实用的生态产业结构模式作为可持续发展的重要标准。

第二节
项目建设与植被保护的关系

首先，应该正确认识退耕还林工程项目建设的特点，退耕实质上是生态系统的“退耕”，在国土资源配置上保障生态系统环境建设，把在生态系统脆弱地区多度开发的“耕地”恢复为乔灌草植被，把恢复植被的生态工程项目建设作为出发点；其次，退耕还林工程项目建设也是保护生物多样性、保障可持续发展的需要，更是保护生态环境就是保护生产力的迫切需要。

为此，这就要求处理和完善好以下 2 种关系。

1　正确处理生态退耕与植被保护的关系

我国西部地区现有耕地 3800 万 hm^2，其中处于 25°以上的坡耕地为 440 万 hm^2，15°~25°坡耕地为 900 万 hm^2，为此，要有计划、有步骤地做到全部退耕还林还草，这面临着十分艰巨的任务。据国家林业局、财政部联合下发《关于开发 2000 年长江上游、黄河中上游退耕还林（草）试点示范工作的通知》，确定长江上游、黄河中上游地区先开展退耕还林（草）试点示范工作，以加快西部地区生态环境建设。西部 10 省（自治区）≥25°以上的坡耕地占全国坡耕地面积的 70%，尽管坡耕地亩产粮食一般仅为 150kg，属于低产量农田，多年来的毁林开荒不但破坏了生态环境，而且对生物多样性也造成严重破坏，退耕还林是保护陆地生态系统生物多样性的重要有效措施。

2　妥善处理退耕地资源与土地开发的关系

我国西部地区宜开发为耕地的后备土地资源占全国耕地后备土地资源总面积的 80%，但西部地区生态环境脆弱，土地开发面临的限制因素很多，大体上呈现出“西南缺土，西北缺水”的自然态势，大部分后备土地资源若开发为耕地的难度极大，需要投入大量的资金，为此，退耕之后必须开发建设一定数量的稳产田，只有这样才能稳妥地退得下来、还得上林草，而且才能保证对植被不会造成新的破坏。故此，应当把地势较为平坦、种植粮食作物条件较为优越的地区建设成为稳产高产基本田，以此来切实保障退耕还林工程项目建设的顺利开展和实施。这样的典型范例如内蒙古乌兰察布市，根据该市自然条件和农业生产状况，制定了“进一退二还三”的退耕还林大农业发展战略，具体措施是：每建成 $1hm^2$ 高标准农耕田（进一），退下 $2hm^2$ 或更多面积的坡耕地（退二），还林还草还牧恢复植被（还三），结果虽然是耕地面积减少了，但粮食产量却成倍增长，农民收入大幅度增加，而且使生态环境得到极大改善，形成生态系统的良性循环。

第三节 项目建设应遵循的植被地带性分布规律

黄土高原地区主要包括了荒漠草原、典型草原和森林草原，地处半干旱年降水量 300～500mm 的气候条件，也是水土流失严重地区，营造人工林由于受到诸多自然环境条件制约，只宜在沟道和阴坡实施乔、灌、草结合的植树造林生态工程项目建设。人工植树造林种草无疑是使黄土高原生态环境步入良性循环的关键步骤，但仅此还不够，必须把天然植被保护、改造与退耕还林还草放在同等重要位置，才能达到建设生态环境的既定目标。其原因如下。

1 需要迫切治理的水土流失面积庞大

除坡耕地外，天然坡地牧草场约占水土流失严重地区土地面积的 25%，且大部分退化严重，若对其不切实加以科学治理与保护，仅单纯依靠人工造林措施，很难从根本上扭转水土流失的恶劣生态环境状况。

2 25%～30%的人工造林保存率远远满足不了生态修复的需要

在 25%～30%的人工造林保存率远远满足不了生态修复状况下，切不可忽视残存天然林草植被对促进黄土高原生态系统良性循环发展所起的重要作用。故此，为使黄土高原天然乔、灌、草植被得以延续生存和扩展，不但必须通过退耕还林还草措施解决泛垦问题，同时还应建立严格的封育管护制度、采取积极的技术与政策措施，杜绝滥牧、滥伐的破坏生态环境行为。当天然草场植被得到有效恢复后，可有计划地采取轮封轮牧的利用方法。

第四节 项目建设应遵循的综合治理原则

根治黄土高原水土流失，实现其生态系统良性循环的建设目标，必须坚持综合治理方针。综合治理核心内容是促使降水就地就近入渗，有效减少或基本没有水土资源流失，做到各类土地资源合理利用。生态环境综合治理的实践证明，采取以小流域为治理单元，以修建基本农田和发展经济林为突破口，在对山、水、田、林、路等综合规划基础上进行综合治理是可行和成功的。综合治理的2个要点：一是生物措施、工程措施和耕作措施的综合应用；二是退耕还林还草应与农田改制和农业产业结构调整紧密结合。工程措施和耕作措施既是治理水土流失综合措施中的重要组成部分，又是有效实施造林种草的必要条件；特别是在干旱、半旱地区实施人工造林种草时，必须强调以工程整地技术措施为前提，制定山、水、田、林、草、路全面的生态环境建设规划，才能实现综合治理黄土高原水土流失的生态目标。

第五节 项目建设应与农业产业结构调整紧密结合

若在退耕还林工程项目建设过程中仅解决了农民的口粮问题，而未使农民增收，那么退耕还林的成果也难以得到巩固。另外，实施退耕还林工程项目建设直接涉及土地利用结构的变化，因此，充分利用退耕还林这一有利时机，促进黄土高原水土流失地区农业产业结构调整、促进农业产业化进程是十分必要和可行的。

采取种植与养殖相结合的农牧业发展方向，是世界发达国家在类似黄土高原干旱、半干旱水土流失地区，取得生态系统环境良性循环和农牧业经济发展的共同成功经验。进一步发展经济林果业，增加黄土高原农民收入已经取得初步成效，但就总体而言，养殖业仍未成为该地区的一项主导农业产业，畜牧业产值仅占到农业总产值的20%，这与该地区在治理开发阶段的管理体制、投资额度、市场需求以及科技进步都有着密切关联，但关键是长期以种植粮食为主产业，把养殖畜牧业仅作为副业的主导思想造成，没有形成乔灌草植被建设与畜牧业发展紧密相结合的农林牧业复合生态经济生产系统。因此，黄土高原水土流失区域发展畜牧业必须以林草也作为基础，如若孤立地提倡造林种草，不与畜牧业发展紧密结合，退耕还林还草也将难以实现最终的建设目标。所以，仅采取退耕还林还草和“以粮代赈”措施是不完善的，必须致力于以林草畜产业化为目标的结构调整和复合生态经济系统建设，这是一项必须通过深刻改革才能达到的奋斗目标，应该常抓不懈、积极推广。

第六节 项目建设技术与管理核心内容

1　退耕还林工程项目造林、管护和验收

(1) 退耕还林工程项目建设合同签订。县、乡镇级人民政府应与退耕还林土地承包经营权人签订退耕还林合同，合同应当包括以下9项主要内容。

①退耕土地还林范围、面积和宜林荒山地造林范围、面积。

②依据退耕还林作业设计确定的还林方式。

③造林成活率、保存率指标要求。

④造林后管护责任。

⑤补助退耕还林金额与粮食标准、期限及给付方式。

⑥技术服务方式与内容。

⑦造林种草种苗来源和供应方式。

⑧违约责任。

⑨退耕还林履行期限。

（2）退耕还林工程项目建设后的管护制度。县级人民政府应当建立退耕还林植被保护制度，落实管护责任；退耕还林土地承包经营人应当切实履行对林草植被的管护义务，禁止在退耕还林项目实施范围内复耕和从事滥采、乱挖等破坏植被的行为。

（3）退耕还林工程项目建设验收。县级林业主管部门应按照国务院林业主管部门制定的验收标准和办法，对退耕还林建设项目进行检查验收，并对验收合格的签发验收合格证书。

2　退耕还林工程项目建设资金和粮食补助

按照核定退耕还林实际面积，国家向土地承包经营人提供粮食、造林种苗和生活补助费；尚未承包到户和休耕的坡耕地退耕还林，以及纳入退耕还林规划范围的宜林荒山地造林种草，只享受造林种草种苗补助费。

（1）退耕还林工程项目建设资金补助。造林种苗、生活补助费由国务院计划、财政、林业部门按照有关规定及时下达、核拨。

（2）退耕还林工程项目建设粮食补助。补助粮食应当就近调运，减少供应环节、降低供应成本；粮食调运费用由地方政府财政负担，不得向供应粮食的企业和退耕还林者分摊。

3　退耕还林工程项目建设保障措施

（1）退耕还林林权、土地使用权规定。

①国家保护退耕还林者享有退耕土地上林草的所有权。若自行退耕还林，土地承包经营权人享有退耕土地上林草的所有权；委托他人还林或者与他人合作还林，退耕土地上的林草所有权由合同约定。

②退耕土地还林后，由县级人民政府发放林草权属证书，确认所有权和使用权。

（2）退耕还林承包经营权期限规定。退耕土地还林后，其承包经营权期限可以延长至70年；承包经营权到期后，土地承包经营权人可以依照有关法律、法规继续承包。

4　退耕还林工程项目建设法律责任

（1）国家工作人员在退耕还林中应承担的法律责任之一。国家工作人员在退耕还林工程项目建设中违反下列规定，依据《中华人民共和国刑法》关于贪污罪、受贿罪、挪用公款罪等规定，将被依法追究刑事责任；尚不构成刑事犯罪者，将会受到行政处罚。

①挤占、截留、挪用退耕还林工程项目建设资金，或者有克扣补助粮食的行为。

②弄虚作假、有虚报冒领补助资金和粮食的行为。

③利用职务上的便利收受他人财物或者其他好处的。

（2）国家工作人员在退耕还林中应承担的法律责任之二。国家机关工作人员在退耕还林工程项目建设中有违反下列规定之一的行为，由所在单位或上级主管部门责令限期改正，退还分摊和多收取的费用，对直接负责人及其责任人，依照《中华人民共和国刑法》关于滥用职权罪、玩忽职守罪或其他罪的规定，追究其刑事责任，尚不构成刑事法罪的，将依法给予行政处分。

①未及时处理破坏退耕还林工程项目建设的检举、控告。

②向供应补助粮食企业和退耕还林者分摊粮食调运费用。

③不及时向退耕还林验收合格者发放粮食和生活费补助。

④在退耕还林合同有效期内，对自行采购种苗的退耕还林者未一次性付清造林种苗补助费。

⑤对使用集中采购种苗的退耕还林者，经验收合格后未向退耕还林者结算造林补助费。

⑥集中采购的种苗不合格。

⑦集中采购种苗后，向退耕还林者强行收取超出国家规定造林种苗补助费标准的费用。

⑧为退耕还林者强行制定种苗供应商。

⑨批准粮食企业向退耕还林者供应不符合国家质量标准的补助粮食，或者将补助粮食折算成现金、代金券支付。

⑩有其他违反退耕还林规定的行为。

（3）退耕还林责任人应承担的法律责任。退耕还林者若擅自复耕种植或者林粮间种，在退耕还林项目实施范围内从事滥采、乱挖等破坏乔灌草植被的活动，依照关于非法占用农用地罪、滥伐林木罪等的规定，将会被依法追究刑事责任；尚不够追究刑事处罚责任者，由县级人民政府林业、农业、水保、水利等行政主管部门按照《中华人民共和国森林法》《中华人民共和国草原法》《中华人民共和国水土保持法》《中华人民共和国环境保护法》的规定给予处罚。

第八章
水源涵养林保护工程零缺陷建设技术原理

第一节 水源涵养林保护工程建设体系

1 水源涵养林概念

水源涵养林（watershed protection forest）是为调节、改善水源流量和水质而营造和经营的森林乔灌草植被体系，是我国规定的5大林种中防护林的2级林种，是以发挥森林植被涵养水源功能为目的的特殊林种。虽然任何森林植被都有涵养水源的功效，但是，要求水源涵养林具有特定的林分结构，并地处江河、水库等水源上游。依据国家林业局颁布的《森林资源规划设计调查主要技术规定》，将以下3种情况对应的森林植被划定为水源涵养林。

（1）江河水流程在500km以上的发源地。在其河流发源地汇水区，以及主流与一级、二级支流的两岸山地自然地形中第一层山脊以内的森林乔灌草植被。

（2）江河水流程在500km以下的发源地。江河水流程在500km以下的发源地，其河流发源地汇水区及主流、一级支流两岸山地自然地形中第一层山脊以内的森林植被。

（3）大中型水库、湖泊周围。在大中型水库、湖泊周围山地自然地形第一层山脊以内的森林植被；或其周围平地250m范围以内的森林植被。

就一条河流而言，一般要求水源涵养林的布置范围占河流总长1/4；一级支流上游和二级支流源头以上及沿河直接坡面，都应区划一定面积的水源涵养林，使河流集水区的森林覆盖率必须在50%以上，其中水源涵养林的森林植被覆盖率应占30%以上。

2 我国水源涵养林区划

我国水源涵养林生态工程项目建设的基本方针，首先是确切保持大江大河的水量平稳，这就必须在大江大河上游和其主要支流源头，规划出足够面积的水源涵养林。

2.1 东北三大水系水源涵养林区

东北大小兴安岭和长白山，是辽河、嫩江和松花江三大水系的水源地，下游地区分布着著名的松辽平原是我国粮食主要生产基地，也是沈阳、长春、哈尔滨、齐齐哈尔四大工业城市和星罗棋布工矿的区域。山区森林面积3000多万hm^2，占全国森林总面积的33%；全区森林覆盖率达28%，是我国最大的木材生产基地，又是三大水系水源涵养林区。由于多年来以采伐树木、经营木材为主，忽视了森林植被极大的涵养水源功能作用，划出的防护林面积仅为200万hm^2，其中水源涵养林不足20万hm^2。1998年松花江、嫩江爆发的洪涝灾害给东北林区砍伐森林植被敲响了警钟，这与多年来森林经营方针有直接的关系。根据3大水系基本水量要求，以用材林和水源涵养林两种林相相结合的经营方针规划，至少需要划出150万hm^2以上专用水源涵养林面积，并加快对采伐迹地的更新，用材林经营与水源涵养林营造兼顾结合起来，才能有效起到调节水量、消洪增蓄的生态作用。

2.2 西北3个山区水源涵养林区

我国西北干旱区多为内陆河，主要以高山雪水为水量来源。天山有大小冰川6895条，面积8591km^2，贮水2433亿m^3，是我国一座巨大的固体水库，也是南疆绿洲和北疆谷地唯一的水源。其水源全部依靠雪线下的森林植被涵蓄调节。天山林区现有森林植被面积56.4万hm^2，乔灌木植被覆盖率仅5.4%，应将全部森林植被划入水源涵养林范畴。祁连山海拔4000m以上有冰川3300条，是河西走廊6大河流水源，雪线以下原有针阔乔木森林面积26.7万hm^2，现仅存23.1万hm^2，加上灌木植被41.7万hm^2，共计126万hm^2，覆盖率3%。这是保持该区域河流水量应有水源涵养林植被的基本面积规模。

2.3 燕山太行山区水源涵养林体系

燕山、太行山是海河、滦河和汾河水系的发源地，其水系流量不仅灌溉华北平原，还是京津地区的取水之源。历史上燕山、太行山森林茂密，由于历代乱砍滥伐，林木几乎损失殆尽。太行山现仅有乔灌木林100万hm^2，覆盖率仅6%；燕山乔木覆盖率只有15%。据测定，燕山和太行山地区水源涵养林至少应达到200万hm^2。

2.4 长江上中游水源涵养林体系

（1）长江上中游水源涵养林体系第1部分：指位于长江上游高山峡谷区的金沙江、大渡河、岷江和白龙江区域（不包括甘孜以上荒漠区），总面积为3886万hm^2，占流域面积23.6%。这些地区地势高、河谷深切、山高坡陡、土壤瘠薄，一旦失去森林植被则会加剧水土流失危害。据调查测算，本地区原有森林覆盖率50%，涵蓄水源4000亿m^3，占总水量40%；现有林地面积866万hm^2，覆盖率21.9%，涵蓄水量只有1000亿m^3。欲稳定长江水量，实现减免洪灾危害目的，森林面积需达到1500万hm^2，覆盖率应上升至35%～40%，其中专用水源涵养林至少营造400万hm^2，蓄水量可达2000亿m^3，主要从现有原始森林中区划300万hm^2，封山育林100万hm^2得以解决。

（2）长江上中游水源涵养林体系第2部分：指长江主要支流的上游水源涵养林，主要包括发源于巴山与秦岭之间的汉水、巴山南坡嘉陵江、大娄山区乌江、南岭雪峰山区湘资沅澧三江四水和赣江上游山区。这些水源区的森林多为集体林区，既是南方用材林基地，又是这些主要支流的水源涵养林区。为此，应本着营造与经营用材林和水源涵养林并举的原则，采取 3 项措施加强、加快水源涵养林建设进程：首先，从现有林区范围中区划出一定面积的森林作为水源涵养林；其次，利用南方优越的自然条件，在生态环境条件允许的地区，实施封山育林培育水源涵养林；第三，在生态环境条件欠缺地区营造标准型的水源涵养林。

2.5 珠江上中游水源涵养林体系

珠江发源于云贵高原地区，上游源头为南北盘江、邑江和柳江，流域面积 42.5 万 km^2，干流长 2130km。全流域自然生态环境条件优越，上游地区森林覆盖率为 25%，植被覆盖率约 60%，贮水量硕大。由于上游地处丰雨区，流域内水量丰富，约为 2000 亿 m^3，是黄河流域水量的8 倍。珠江流域全年水量较为平稳，发生洪涝灾害的频率小，其旱涝危害程度远远低于长江流域。珠江流域上游地区有林地 733.3 万 hm^2，其西部崇山峻岭，呈弧形走向分布，北部 3 岭 1 山，蜿蜒连绵，植被虽然已经遭到破坏，但恢复容易。当地植被多为面积较广阔的阔叶林。现有林区范围中已经区划水源涵养林 33.3 万 hm^2，只约占 5%。应该再区划出包括灌木林的一定面积林地为水源涵养林，并结合封山育林增加 33.3 万 hm^2，植被覆盖率达 10%。珠江的其他支流如北江、东江等，也应在粤西、粤北山区和粤赣山区，再区划出相对应面积的水源涵养林，才能满足整个流域涵养水源的生态需求。

2.6 黄河流域植被建设体系

黄河上游源头为青藏高原荒漠地区，流域水量较小。黄河流域水主要来源于青海祁连山东段，甘肃子午岭及中游内蒙古阴山和陕西黄龙山、乔山，秦岭北坡干流上游，湟水、洮河、渭河、泾河等主要支流。这些山区现有林地 333.3 万 hm^2，属于黄河流域的主要山林地植被，覆盖率 19.5%。在这些林地中，有防护林 92.7 万 hm^2，包括水源涵养林面积 46.7 万 hm^2，其覆盖率仅约为 3%。经测算，如若稳定和持续保持黄河流域的水量，水源涵养林面积覆盖率应高于 10%，即保持在 166.7 万~200 万 hm^2 以上。其中祁连山东段、黄河干流刘家峡至玛曲段的现有林地面积约为 36 万 hm^2，应当划入水源涵养林范畴。在此范围内，宜林地应实行封山育林，建设水源涵养林 33.3 万 hm^2；其他西倾山区（洮河上游）、乌鼠山区（渭河上游）、六盘山、子午岭（泾河、清水河上游）、秦岭北坡乔山、洛河上游和汾河吕梁山区，共区划水源涵养林面积 100 万~133.3 万 hm^2。这些河流的中下游，及包头以下流入干流的各支流，都应以建设水土保持林为主；三门峡以下干流以建设护岸林为主。

2.7 其他水系的水源涵养林

（1）我国闽江、富春江、瓯江等分别发源于武夷山和天目山区，这些山区既是水源涵养林区，也属于集体林区，还是木材生产区。为此，应该区划出面积为 10%的水源涵养林，才能达到涵养水源、稳定其流域水量的目的。所以，至少应当把河溪上游、小流域集水区和水库区划为水源涵养林区范围。

（2）山西省各大林区位于汾河、沁河、三川河、昕水河、滹沱河、漳河、涞水河等主要河流上游源头，大部分森林植被都应该划入水源涵养林区。1949 年以后，在林业区划过程将其大部分规划为水源涵养用材林。20 世纪 80 年代以前，在以造林经营为主的方针指导下，森林面积得到不断扩大。80 年代末以后，由于采取经营性皆伐的措施，使该地区森林植被遭受到一定程度的破坏。国家关于天然林资源保护政策出台后，山西省正在抓紧调查和落实，到底需要多少森林面积作为水源涵养林尚待科学确定。

第二节
水源涵养林保护工程建设技术原理

1　水源涵养林工程项目建设最佳林型

1.1　选择最佳水源涵养林型原理

根据森林植被具有的水文效应得知，森林植被减缓洪水、涵养水源的效果，通常都是通过树木冠幅枝叶截留降水、蒸发散发水分、缓和地表径流流速、增强和维持林地入渗水分性能 4 种水文效应功能来实现。

一般来讲，组成水源涵养林的植物种应该是深根性树种，该类树种的特点：一是生长快、根量多、根系分布深且广；二是单位面积叶量大、叶细密、在小枝上呈锐角着生，并且小枝聚集成稠密的树冠。就林分而言，应是蓄积量大、郁闭度高、枯枝落叶厚的林分。最佳成分结构应是由多种树种、异林龄、深根性和浅根性树种组成，并且包含根系分布很广、具有一定数量的老龄林的郁闭的复层异龄壮龄林。

1.2　我国南北方地区适宜的水源涵养林型特点

森林植被发挥涵养水源和缓洪两项功能所要求的林型结构大致相同，但也有所区别，缓洪林型应具有截留降水量和蒸发量大、拦蓄和滞缓地表径流功能强，能够有效增强和维持水分入渗林地的能力；涵养水源林型应具有林冠截留降水少、地面蒸发小、地表径流缓和、水分下渗林地能力强的特点。

1.3　缓洪防洪、涵养水源最佳林型

缓洪防洪、涵养水源的最佳林型，大体上可以说是异龄复层针阔混交天然林；当然，这还需今后对流域内森林植被的功能作用进行试验测定，有待进一步论证。日本研究认为以柳杉为主要林种的择伐林，或非皆伐复层林（包括人工林）可作为最佳缓洪防洪林型。

我国水源区域森林植被大多是由云杉、冷杉、落叶松、油松、马尾松、栎树、杨树、桦树等组成，哪种为最佳林型有待于进一步试验研究。一般而言，原始森林和天然次生林涵养水源的功能比人工林强，这主要是因为人工林结构单纯、生物多样性差所致。我国北方地区气候干旱、降

水量小，应以营造林层不宜过多的涵养水源林型为主；南方降水量大，应营造具有多层林分结构的防洪缓洪林型为主。如东北地区落叶松林、红松林、桦树林有突出的涵养水源功能作用；华北及西北黄土高原地区的落叶松林、油松林、杨桦林涵养水源能力强；南方亚热带地区的常绿阔叶林、常绿落叶阔叶林及热带地区雨林的涵养水源效果显著。

2 水源涵养林工程建设经营管理

应根据我国江河水源区域规划，确定水源涵养林的位置和面积，并从现有林地范围中区划出来，定向经营培育水源涵养林植被，包括天然林、天然次生林、天然灌木林、天然草丛地，或者通过人工造林、封山育林技术途径培育水源涵养林，但都须加强经营管理。这是确保我国森林植被涵养水源、维持江河径流水量平衡，大力推进生态文明建设的主要措施。

2.1 经营技术政策

营造和经营森林植被是一项长期性的社会公益事业，对水源涵养林植被的经营亦是如此，既需要符合林种目标的经营管理体系，更需要预见到必须保证未来的技术政策。

（1）应区划出适宜的水源涵养林区面积。国家要根据江河水系流域的需要，结合天然林资源保护的有关规定，区划出一定面积的国家水源涵养林区；各省（自治区、直辖市）也应根据本地区江河流域的需要，区划出省级水源涵养林区。

（2）对现有水源涵养林区实行严格的管理制度。应根据国家制定的水源涵养管理条例，确定水源涵养林范围，制定和实行以下6项严格的管理规定。

①设立永久性标志，划定禁伐林区范围，并严格禁止对禁伐林的砍伐或主伐行为。

②只能对过熟、病腐和枯死树木进行卫生择伐。

③在不妨碍发挥涵养水源功能的前提下，可小规模栽种经济林、果树和药材等林副、特种产品。

④水源涵养林区不应设企业局，不修筑运输木材专用公路。

⑤在水源涵养林区内不准开垦，对现有耕地应退耕还林。

⑥在水源涵养林区内禁止放牧、刮草皮、挖树根、采泥炭、收落叶、挖矿石等破坏乔灌草植被的活动。

（3）应设立专门的水源涵养林区管理机构。为充分发挥水源涵养林的系统性功能作用，各省（自治区、直辖市）应直属统一管理；应根据《中华人民共和国森林法》的规定依法征收生态补偿费，为保护江河流域水源涵养林植被、建设水源涵养林生态修复工程项目提供资金。

2.2 水源涵养林成熟和更新

（1）水源涵养林防护成熟龄。通常把林分涵养水源功能作用最大的时期称为防护成熟龄。据测定，水源涵养林贮水功能由于林分过熟而缓慢下降的年龄在100~120年，即防护成熟龄在100~120年。近年来国外有人研究发现，水源涵养林的实际防护成熟龄要比规定的大，如德国规定山毛榉林的防护成熟龄达150年以上，日本柳杉防护成熟龄在130年以上。水源涵养林的防护成熟龄，均比用材林的工艺成熟龄和数量成熟龄大。然而，水源涵养林到达防护成熟龄，并不意味着到这个年龄就采伐，它只表示蓄水功能开始下降。

（2）对超过防护成熟龄的水源涵养林采伐与更新。对于林龄远远超过防护成熟龄的过熟水源涵养林来讲，必须采取采伐与更新。采伐能够形成根道，增加土壤孔隙和加大林地下渗水分量。但是，如果采伐方式不当，则会使林地地表遭到破坏、压实枯枝落叶层和破坏土壤结构，造成土壤的分散流行和堵塞孔隙，甚至出现草化现象，给林分更新带来困难。因此，要求对过龄水源涵养林采伐迹地尽快更新，应选择择伐方式作业，伐期尽量延长些，以便持续保持水源涵养林地的厚密林冠覆盖。从我国目前水源涵养林的现实状况考虑，应尽可能地设置沿等高线方向的带状小面积皆伐方式，或者进行群状择伐。在采伐过程中，应选择对林地践踏破坏较轻的采伐和集材作业工艺流程，而且应当选择适宜树种迅速进行更新造林。从森林植被具备的涵养水源和缓洪防洪功能作用上分析，最佳的采伐作业法应是采伐率不超过20%～30%的择伐作业方式，我国规定择伐强度一次不容许超过20%～40%。

（3）日本民用林试行小面积更新的二层林作业法。该作业法可供参考。具体方法是：在已有主林下直接扦插造林，待培育成林后作为备用林，再对过熟龄林实施采伐。同时他们还提出集材作业方案，即在非皆伐林地上利用保留的主林进行简单的单线循环式集材，把采伐木用空中悬吊法运出，就可做到不破坏林地。

第九章 天然林资源保护工程零缺陷建设技术原理

党的十五届三中全会明确指出："停止长江、黄河流域中上游天然林采伐，大力实施人工林营造工程；扩大和恢复草地植被；开展小流域治理，加大退耕还林和坡改梯力度；种植薪炭林，大力推广节能灶；依法开展森林植被保护工作与生态环境建设工程。"1999 年 1 月 6 日，国务院公布实施《全国生态环境建设规划》，确定对天然林停止采伐、保护天然林工程在我国正式启动，这就意味着，不仅是我国履行国际环境保护义务和加强国土整治的具体行动，同时也是我国开展天然林资源保护工程建设体系的一个契机。

第一节 天然林资源保护工程建设基本方案

我国天然林资源保护工程建设总体思路方案是：保护、培育和恢复天然林植被体系，以最大限度地发挥其生态效益为中心、以森林植被的多功能为基础、以市场为导向，调整天然林区经济产业结构，培育新的经济增长点，促进天然林区资源环境与社会经济协调发展。天然林资源保护工程以长江上游（三门峡为界）地区、黄河中上游（以小浪底库区为界）地区为重点，在工程项目建设管理上实行管理、承包与经营一体化，业务上以科学技术为依托，根据国家和天然林区具体情况，分期分批逐步进行建设实施。

我国天然林资源保护工程分布状况：我国共有 25 个天然林区。天然原始林区主要分布在大小兴安岭与长白山一带地区，其次在四川、云南、新疆、青海、甘肃、鄂西、海南、西藏、台湾等地也有一定面积的原始森林。按照天然林资源保护建设总体思路的原则，将 25 个天然林区划分为以下 3 大保护区域类型。

1 大江、大河源头丘陵山地原始林和天然次生林区

（1）东北针叶、阔叶落叶林区。包括大小兴安岭、张广才岭、完达山、长白山林区，是东北平原的绿色生态屏障，也是松花江、嫩江流域的水源涵养林区。

（2）云贵高原亚热带常绿阔叶林区。主要包括贵州高原常绿栎类、松杉林区；云南高原的常绿栎类、云南松、思茅松林区，是长江、珠江、澜沧江的水源涵养林区。

（3）南亚热带、热带季雨林、雨林区。包括滇南山地雨林和常绿阔叶林区、海南山地雨林和常绿阔叶林区，是我国仅存的生物多样性热带雨林，也是滇南和海南河流的水源涵养林。

（4）青藏高原高山针叶林区。主要包括甘南、川西藏东、川西南、滇西藏东南 4 个高山针叶林区，是我国第二大天然林区，也是长江、黄河等江河流域的水源涵养林区。

（5）蒙新针叶、阔叶落叶林区。主要包括阿尔泰山针叶林区、天山针叶林区和祁连山针叶、阔叶落叶林区，是我国西北地区重要的水源涵养林区。

2 内陆、沿海、江河中下游丘陵山地天然次生林区

（1）暖温带阔叶落叶林区。主要包括辽东、胶东半岛丘陵松栎林区、冀北山地松林区、黄土高原山地丘陵松栎林区。保护该区域范围内的天然林植被，对改善该区域生态环境、涵养区域内中小河流上游水源、防护农业生产具有极其重要的意义。

（2）北亚热带阔叶落叶林区。主要包括秦巴山区阔叶落叶针叶林区、长江中下游丘陵山区阔叶落叶针叶林区，是长江中下游支流的水源涵养林区。该地区虽然没有大规模的成片森林植被，但是现存植物资源较为丰富，是发展马尾松和杉木林造林立地条件的优越地区。

（3）中南亚热带常绿阔叶林区。主要有四川盆地丘陵山地常绿栎类松柏林区、江南山地丘陵常绿栎类杉松林区和浙闽南岭山地常绿栎类杉木林区，是我国马尾松和杉木主要栽培区。

（4）闽、粤、桂沿海丘陵山地雨林、台湾丘陵山地雨林、针叶林和常绿阔叶林区。该地区的林区主要指分布在闽、粤、桂沿海和台湾西南部地区的原始森林植被。

（5）阴山、贺兰山针叶、阔叶落叶林区。主要包括贺兰山、大青山、乌拉尔、狼山一线地带分布的天然森林植被。

3 自然保护区、森林公园和风景名胜区的原始林和天然次生林区

我国大部自然保护区、森林公园和风景名胜区均分布在江河流域的上游地区，对其范围内原始林和天然次生林的保护和恢复，是我国天然林资源保护工程项目建设的重要组成部分。

第二节 天然林资源保护工程建设基础——森林分类经营

1 森林分类经营的概念及分类

对森林植被进行分类经营是根据现代林业理论“林业分工论”、可持续发展理论及社会生活与生产对森林的需求，以及森林植被多种功能的不同主导利用方向，分析自然条件、地理位置、水系、山脉等因子，把森林植被划分成为不同类型，明确其主体功能和经营目标，并按照不同的经营方针和技术进行经营管理，它是实现天然林资源保护工程项目建设目标的最基础性工作。一

般可分为生态公益林和商品林，而生态公益林又分为禁伐林（重要生态公益林）和限伐林（一般生态公益林）。

2 禁伐林

禁伐林是指重要生态保护区内的森林植被，包括江河重要水源地区的水源涵养林、江河流域两岸护岸林、水库湖泊周围水源涵养林与水土保持林、国家与省级自然保护区、森林公园、名胜风景林、狩猎场森林植被以及国防林、母树林、种子园等。禁伐林区应以封山为主，辅以飞播和人工造林方式，大力促进植物的生长与恢复，增加森林植被覆盖度。

3 限伐林

限伐林是指一般性生态保护区的森林植被，它们地处与禁伐林接壤较为脆弱的生态环境，属于恢复能力较强的森林植物。若对其采取合理的择伐、间伐和限额采伐手段，加强天然林的更新管理，并辅以人工更新措施，就能保证这些森林植被发挥出明显的生态防护综合效益。

4 商品林

商品林是指以生产木材及其林副产品为经营目的的森林植被，这类植被地处地势较为平坦、水土流失轻微且不位于重要水源涵养林保护区范围。

参 考 文 献

1 王治国，张云龙，刘徐师，等．林业生态工程学［M］. 北京：中国林业出版社，2009.

2 孙时轩．林业育苗技术［M］. 北京：金盾出版社，2009.

3 高尚武．治沙造林学［M］. 北京：中国林业出版社，1984.

4 张建国，李吉跃，彭祚登．人工造林技术概论［M］. 北京：科学出版社，2007.

5 章士巍，吴正平．园林绿化施工与养护管理［M］. 上海：上海科学技术出版社，2009.

6 姚庆渭．实用林业词典［M］. 北京：中国林业出版社，1990.

7 孙保平．荒漠化防治工程学［M］. 北京：中国林业出版社，2000.

8 余明辉．水土流失与水土保持［M］．北京：中国水利水电出版社，2013.

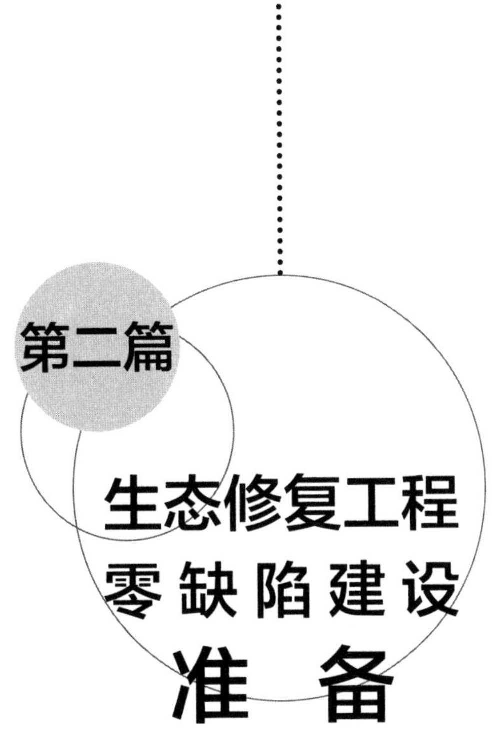

第二篇 生态修复工程零缺陷建设准备

第一章
生态修复工程项目建设施工的零缺陷准备技术与管理综述

生态修复工程项目建设施工零缺陷准备技术与管理，涉及5方面不可或缺的工作。其内容有：①项目部的组建与人员配置；②劳动力计划和民工招聘、培训、管理；③施工周转资金的筹备与使用管理；④施工机械、设施和材料等物资的筹备；⑤制定施工规章制度。

上述5项工作完成的效果如何，将会直接影响到生态修复工程项目的零缺陷建设质量、工期进度和施工企业的经济效益，即直接关系到生态修复工程项目零缺陷建设的成败。

第一节 施工零缺陷准备技术与管理的重要性

1 事关施工企业的生存和发展

众所周知，作为生态修复工程项目施工企业，在施工准备期间的各项技术与管理工作，是决定施工企业能否标准化、规范化、效率化、正规化完成项目零缺陷建设任务，顺利实现公司经济效益的前提和保证，也与公司每个人的经济收益息息相关，起着不可忽视的重要基础性作用。生态修复工程项目施工企业的生产经济效益主要来源于生态修复工程项目建设施工，若不能按合同要约零缺陷保质保量完成项目施工任务，企业的经济效益就无法保证。

综上所述，欲想顺畅完成生态修复工程项目建设合同的零缺陷施工任务，就必须依据生态修复工程项目建设施工合同内容的各项规定，在施工准备期间采取零缺陷的全面技术与管理准备，这是每一家生态修复工程项目施工企业都不应掉以轻心的重要工作。

2 事关项目能否竣工

2.1 施工零缺陷准备技术与管理是项目施工实现竣工的基础性工作

生态修复工程项目施工零缺陷准备期间开展的各项技术与管理工作，也是为实现合理、有序、保质、保量、按期完成合同施工任务的前期必不可或缺的重要工作内容。这些工作对生态修复工程项目整体零缺陷施工过程起着推动和促进的保证作用，是生态修复工程项目施工企业顺利完成竣工验收、移交和进行总决算的关键性基础工作。

2.2 施工零缺陷准备技术与管理的具体工作

我们大家都知道，任何一项生态修复工程项目建设施工都离不开人力、物力和财力资源这 3 种资源的合理配置和可持续支持。因此，在生态修复工程项目建设施工准备期间对这 3 种资源的筹备和有效管理就显得尤为重要。古语云："兵马未动，粮草先行"，说的也就是这个道理。在零缺陷筹备生态修复工程项目建设施工所需各种物资准备过程中，还应该做到预先计划，并在采、选、购置过程仔细鉴别、去伪存真、货比三家，使筹备到的物资材料既符合生态修复工程项目施工对其质量、规格、数量的要求，而价格又趋于合理，真正筹备到货真价实的物资。招聘施工项目部所需要的施工技术与管理各种类员工的标准，是要求其具备专业素质能力强、身体素质好、肯吃苦、品德佳和富有团结协作精神。在对施工物资和人员进行有效准备之际，更应该从生态修复工程项目建设施工全过程、全局着想，对应需筹备的施工周转资金进行计划、筹备和实施规范化财务管理的前期工作。

3 事关造就高素质施工队伍

3.1 制定和实行严格的零缺陷规章制度

生态修复工程项目建设零缺陷施工欲要行使有效的技术与管理，必须要有与此相匹配、实用、适用、合理的规章制度来保障其顺利运行。"没有规矩，不成方圆。"因此，在施工准备期间制定出实用、适用且易于贯彻执行的规章制度，是企业在生态修复工程项目建设施工准备期间必须要做的、不可或缺的一项重要工作。制定适宜的施工技术与管理规章制度，说到底就是在施工过程建立一种管理体制、一种运行秩序、一种纪律约束。离开了管理和秩序以及纪律约束的生态修复工程项目建设施工各个作业队，就将是没有战斗力的队伍，如同一盘散沙。这样的施工队伍，是没有能力完成任何一项工程施工任务的。这也就说明制定生态工程项目施工规章制度是施工技术与管理的重要手段。这一手段运用的效果好坏，直接关系到工程施工的成败，关系到企业的经济效益和生存与发展。

3.2 制定零缺陷规章制度时需注意"8 戒"

生态修复工程建设施工企业在制定生态修复工程项目零缺陷施工技术与管理规章制度时，必须要注意的 8 戒是：一戒做表面文章、草率行事；二戒抵触现行国家和地方政府的法规；三戒上下条文自相矛盾；四戒文字冗长、咬文嚼字、语言生硬、含义不清；五戒喧宾夺主式的舍本逐末；六戒违背常理，过于苛严；七戒不切实际；八戒形同虚设。

第二节
施工零缺陷准备技术与管理的“四化”要求

1　应有数、量、形的指标化

1.1　深刻掌握施工零缺陷准备技术与管理中的数、量、形

对生态修复工程项目施工零缺陷准备技术与管理的工作内容，即管理中的数、量、形均了然于心。生态修复工程项目建设施工零缺陷过程，就相当于是一项复杂的系统工程，因此，项目部经理和项目部就需要对生态修复工程项目建设零缺陷施工系统的状况做到“心中有数”。这里心中“数”的含义，首先表现为数字的大小，如施工工程项目的场地作业实有土地面积、单项工程数量、类别、规格及施工预算造价等。

1.2　影响施工零缺陷准备技术与管理中数、量、形的因素分析

深刻分析、研究哪些因素是影响、制约生态修复工程项目建设零缺陷施工的常量和变量，并对其“量”相互之间的转换变化进行对应的管理规划。另外，还必须要在规划中预测工程施工项目所处的空间位置和其立体形状，即“形”。

2　应做到精细化

2.1　施工零缺陷准备技术与管理精细化的目标

生态修复工程项目建设施工零缺陷准备技术与管理应做到精细化，是指对施工准备期间技术与管理的各项工作，要做到到细心、系统、精致的工作质量标准。国际战略管理大师迈克尔·波特认为：再好的战略，也必须要落实到每个细节的执行上，才能够发挥作用。生态修复工程项目建设施工准备技术与管理的每一个工作项目、每一个工作目标都是由许许多多微不足道的细节构成，如果把每一个细节都做到了尽善尽美、精致的水平和程度，把它们累加起来那就是实现和完成了一个大的工作目标，把众多完成的这些目标进行有机组合，就是实现了生态修复工程项目建设零缺陷施工任务全面完成的这个终极目标。

2.2　施工零缺陷准备技术与管理精细化的真谛

生态修复工程项目建设施工零缺陷准备技术与管理精细化的内涵，就正如汪中求先生著，新华出版社于 2004 年发行的《细节决定成败》一书中所写的：“天下大事，必作于细——从改变观念着手”“没有破产的行业，只有破产的企业——细节造成的差距”“1%的错误导致 100%的失败——忽视细节的代价”“伟大源于细节的积累——从小事做起”“用心才能看得见——细节的实质”“第 1 代老板靠胆子，第 4 代老板靠脑子——微利时代要求精细化管理”。以上这些良

言益语均道出了细节的真谛，这也是天下所有生态修复工程项目建设施工技术与管理卓越型企业成功的秘诀。为此，应在生态修复工程项目建设施工全行业树立和提倡“关注细节，把小事做细”的零缺陷风格和精神。

3 应做到效率化

3.1 施工零缺陷准备技术与管理效率化的内涵

开展生态修复工程项目建设施工零缺陷准备技术与管理的各项工作，必须达到工作效率高、速度快的效果。“时间就是金钱，效率就是生命。”这是按期完成生态修复工程项目建设零缺陷施工任务的前提和有效保证，也是得到所有企业都认可的硬道理。

3.2 确保施工零缺陷准备技术与管理效率化的措施

采取行之有效的施工零缺陷准备技术与管理的各项措施，即说明了一个简单的道理：做事拖拉、节奏松散是导致工作效率低下的直接原因，工作效率低下的生态施工企业是没有竞争力的“弱”“小”企业，这样的企业终究是会被市场淘汰出局的对象。因此，生态修复工程项目施工企业只有尽心、尽责地加倍努力工作，才能达到快捷、效率高的工作效果，才能取得良好的施工业绩，才能在市场的大风大浪中经受得起考验和磨难。

4 应做到信息化

4.1 施工零缺陷准备技术与管理做到信息化的意义

对生态修复工程项目建设施工零缺陷准备期间的各项技术与管理工作，既要有现场详细踏查、细心筛选信息、认真搜集资料，更要具备精确定量分析、准确判断和果断拍板决策的工作能力与魄力。以上这些工作都是建立在及时、确切收集到众多工程信息基础上而实现的，现代生态修复工程项目建设施工企业离开信息就会变成瞎子和聋子，寸步难行。

4.2 施工零缺陷准备技术与管理如何才能做到信息化

涉及生态修复工程项目建设零缺陷施工的各种信息是施工企业的探照灯和航海标，为此，热情、广泛地建立众多的社会人际关系，积极、广泛地收集与生态修复工程项目建设施工相关的各种信息，并对生态修复工程项目建设施工现场采取科学、合理、先进、可行、实用、适用的工作措施和手段，才能最终完成和实现生态修复工程项目建设零缺陷施工准备技术与管理的各项工作目标。

第三节
施工零缺陷准备应遵守的“4项”基本原则

1　应以合同为工作目标的原则

1.1　施工零缺陷准备技术与管理的工作原则

生态修复工程项目建设施工零缺陷准备技术与管理的一切工作行为，都应该以围绕为圆满完成生态修复工程项目零缺陷建设施工合同这个任务目标竭尽全力工作为原则。

1.2　施工零缺陷准备技术与管理的整体要求

项目部工作步骤

经理和项目部全体人员应端正心态、步调一致，在生态修复工程项目施工零缺陷准备的所有行为活动中，都应该紧密围绕为实现与建设单位签订的建设施工合同任务这个目标而努力工作。这是施工准备的工作方向、重心和核心，不允许发生任何动摇和偏差，否则将会造成不可挽回的时间、经济和信誉损失。

2　应全面执行建设单位要求的原则

2.1　施工零缺陷准备技术与管理应以履行合同为宗旨

生态修复工程项目建设施工零缺陷准备技术与管理的一切工作行为，都应该按照建设单位制定出台的有关生态修复工程项目建设施工质量、工期进度、安全文明施工等指标的要求，全面、认真、彻底地进行贯彻和履行为原则。

2.2　施工零缺陷准备技术与管理应持有的正确观念

建设单位是全面负责生态修复工程项目建设中有关设计、施工现场管理和后期养护管理的行政职能单位，它面临着诸多工程项目建设管理上艰巨、紧迫而复杂的工作任务，即位高责任重大。故此，施工企业项目部经理和项目部所有工作人员，应在双方彼此的建设施工合作过程中，必须要做到，也能够做得到：一是给予对方充分的理解和尊重；二是在工作行动上密切配合和认真、规范执行生态修复工程项目施工建设管理的所有各项规定、要求和具体指标或规范。尊重对方也就是尊重自己，这也是施工企业理顺施工程序、创造和谐的施工环境和有利于施工进程的有效工作行为。

3 应遵守国家工程建设法规的原则

3.1 施工零缺陷准备技术与管理应严格遵守国家法律法规

生态修复工程项目建设施工零缺陷准备技术与管理的一切工作行为，都应该以严格、认真地贯彻和执行国家颁布的相关法律、法规、标准和规定为原则。

3.2 施工零缺陷准备技术与管理应切实履行国家法律法规

施工前的一切技术与管理工作活动都应该符合、满足国家颁布的现行有关于生态修复工程项目建设法律、法规、标准和规定，并在具体实际施工作业操作工作中坚决履行，并落实到位，这是有效保证生态修复工程项目建设的施工质量，落实施工进度和实施安全文明施工的有力保障，也是生态修复工程施工企业具体实施现代化、规范化、专业化、标准化和安全文明化施工的零缺陷行为准则和措施。

4 应遵守当地民情习俗的原则

4.1 施工零缺陷准备技术与管理应严格遵守项目所在地民情习俗

生态修复工程项目建设施工零缺陷准备技术与管理的一切行为，都应该以根据生态修复工程项目零缺陷建设所在地社会人文与经济情况，严格遵守当地政府行政管理制度和不违反当地民族文化习俗、习惯为原则。

4.2 制定和切实实施遵守当地民情习俗的行为

施工所在地的社会与经济条件、当地行政管理制度以及民族文化习俗、习惯，这些都是施工企业需要面临的不可回避、也无法回避的现实问题。面对施工所在地的各种当地社会综合环境条件，在施工前应对上述这 3 方面的情况进行详细调查和摸底，并制定出相对应的认真遵守和执行当地有关管理制度，以及采取严格不违反当地民族文化习俗、习惯的“清规戒律”，教育和约束所有施工人员的言、行，以技术过硬、团结协作、行为规范的团队良好素质赢得社会各界的欢迎和肯定，才能在生态修复工程项目建设施工的大市场环境中应付自如，为下一步全面开展的生态修复工程项目建设现场正式施工，创造和铺垫一个和谐有利的施工社会环境基础条件。

第二章 生态修复工程项目建设施工的零缺陷准备管理

第一节 项目建设施工项目部的零缺陷组建

项目部是施工企业对生态修复工程项目建设施工行使有效计划、组织、领导、控制的临时现场专职管理部门，是施工零缺陷技术与管理的最高指挥部。为此，施工企业应该努力建设和打造出一个合格的项目部，使其成为生态修复建设施工零缺陷技术与管理的“五化”“六型”式标准化的施工基层组织。

“五化”是指项目部在生态修复工程项目建设零缺陷施工中要力求做到技术专业化、管理精细化、作业规范化、过程程序化、全员质量化；“六型”的内涵是指项目部在零缺陷施工作业过程必须达到本质安全型、质量效益型、技术创新型、进度效率型、资源节约型、和谐发展型。因此，组建和谐、协调、工作效率高、技术与管理素质高和施工专业工种配备齐全，具有朝气、富有战斗力的生态修复工程项目部施工队伍，是生态修复工程项目建设施工零缺陷技术与管理工作中的重中之重，是生态修复工程项目建设施工企业开拓市场、占领市场、走向卓越的头等大事。

生态修复工程项目建设施工项目部人员零缺陷组建包括两项重要内容，一是项目部经理与施工技术与管理人员的配置，二是项目施工劳动力的计划、民工招聘、培训和管理。

1 项目部施工技术与管理人员的零缺陷配置

1.1 项目部的零缺陷建立与解体

1.1.1 设立项目部的一般规定

（1）设立项目部应遵循的原则。应认真遵守以下 4 项原则。

①组织结构科学合理。

②有明确的管理目标和责任制度。

③组织成员具备相应的职业技术资格。

④应保持相对稳定，并根据生态修复工程项目建设施工实际需要进行调整。

（2）施工企业确定项目部应承担的责任与义务。施工企业组织应确定项目部的管理职责、权限、利益和应承担的风险。

（3）施工企业对项目部应承担的管理职责。施工企业组织管理层应按项目管理目标对项目部进行协调和综合管理。

（4）施工企业组织管理层实施项目经营管理活动时的规定。应符合以下 3 项规定。

①制定项目施工现场作业管理制度。

②实施项目施工的计划管理，保证资源的合理配置和有序流动。

③对项目施工作业过程进行指导、监督、检查、考核和服务等。

1.1.2 项目部的设立与解体规定

（1）项目部是施工企业组织设置的项目施工现场临时管理机构，承担项目施工作业实施的具体管理任务和实现项目建设目标的全面责任。

（2）项目部由项目经理领导，接受施工企业组织职能部门的指导、监督、检查、服务和考核，并具体负责对项目实施资源进行合理使用和进行动态管理。

（3）项目部应在项目建设施工启动前建立，并在项目竣工验收、审计后或按合同约定解体。

（4）设立项目部的步骤。在设立项目部时，应遵循以下 5 个步骤。

①根据生态修复工程项目建设施工管理规划大纲确定项目部的管理任务和组织结构。

②根据项目建设施工管理目标责任书进行目标分解与责任划分。

③确定项目部直属组织机构设置。

④确定项目部工作人员的职责、分工和权限。

⑤制定项目部工作制度、考核制度与奖惩制度。

（5）项目部下设的组织机构，应根据生态修复工程项目建设施工的规模、结构、复杂程度、专业特点、人员素质和地域范围等进行确定。

（6）项目部规章制度的审批。项目部所制定规章制度应报施工企业组织批准方可实施。

1.1.3 项目部团队组织的建设

（1）项目部应树立的项目团队意识的 3 项要求如下。

①紧密围绕项目建设施工目标而形成和谐一致、高效运行的项目作业实施团队。

②建立协同运作的项目施工管理机制和工作模式。

③建立畅通的信息沟通渠道和各方共享的信息工作平台，保证项目建设施工信息准确、及时和有效地传递。

（2）构筑项目部有效的施工管理体系。项目部团队应有明确的生态修复工程项目建设施工作业目标、合理的运行程序和完善的现场工作制度。

（3）必须实行项目部经理负责制。项目部经理应对项目团队组织建设负责，培育团队精神，并定期评估项目团队运作绩效，有效发挥和调动所属成员的工作积极性和责任感。

（4）项目部经理应充分打造出项目团队的整体功效。项目经理应通过表彰奖励、学习交流等多种方式打造和谐团队氛围，统一团队思想，营造项目集体观念，处理管理冲突，切实提高项目运作效率。

（5）项目部团队建设应注重管理绩效。应有效调动和发挥每个体成员的积极性，众志成城，并充分利用成员集体的协作成果。

1.2　项目部经理班子的配备与任职条件

1.2.1　任命项目部经理的原则

（1）任命项目部经理的重要性。配备和任命生态修复工程项目建设施工企业称职、适合、实干的项目部经理，其重要性有以下 3 项。

①项目部经理的人选直接关系到承揽该生态修复工程项目施工投入和产出的经济效益。

②关系到能否打造出一个有施工战斗力的团队。

③对企业的施工经济效益和市场信誉会产生至关重要的直接影响作用。

实践证明，配备和任命优秀的、具备高素质的生态修复工程项目建设施工技术与管理项目部经理，是企业完成生态修复工程项目建设施工任务的人事组织保证。

（2）项目部经理的任职条件。生态修复工程项目建设施工企业在选拔、配备和任命项目部经理人选时，应该对候选人综合考核，并认真权衡以下 7 个方面的任职条件后再确定。

①要有对企业忠诚、爱岗敬业，并自觉认同、践行企业经营管理的理念，并且是认真遵守国家法律、法规的专业技术与管理人员。

②必须具备生态修复工程项目建设施工技术与管理的各项专业综合知识，熟悉工程施工的所有程序与细节，并且能够熟练应用工程施工技术与管理的各项组织与计划安排、措施、技巧、方法，并具备中级以上专业技术职称。

③必须具有非常娴熟的生态修复项目施工技术与管理中开展工作的计划、组织、控制、激励、授权、交流、沟通、协调、协商、应变等工作能力的技术与管理人员。

④必须具有把不同专业、不同工种的员工人群，团结和凝聚成为一支互助、协调、高效的生态修复工程项目建设施工团队实力的领导能力，具有自律、自信的行为准则，有尊重、信任、关爱员工的人格魅力，并在员工中有影响力、号召力、领导力的技术与管理人员。

⑤应具有不断学习和努力提高自身素质，勇于创新和敢于迎接困难与挑战的施工技术与管理专业人员。

⑥具有能够克服困难、顶住压力、迎接挑战，有坚定信心和良好心理素质，并能够带领大家共同完成工程施工各项任务的技术与管理人员。

⑦具备身体健康、心理状态良好、年富力强的体质体能，并肯吃苦耐劳的施工技术与管理人员。

（3）配备和任命项目部经理班子的程序。生态修复工程项目建设施工企业在配备和任命项目部经理班子成员时，常规做法是先慎重、正式地任命项目部经理，视工程施工的规模和工艺复杂的难易程度，由项目部经理提名，报施工企业有关人事、行政管理部门审批和备案，再配备和任命副经理、总工程师和经理助理若干名，由他们共同组成工程施工的项目部领导班子；必要时项目部技术与管理机构可再细化、细分，设文秘综合组、技术组、财务组、材料组、质检组、后勤组等。项目部副经理和经理助理等成员必须在经理的统一直接领导下，坚决服从经理的指挥与调度，协助经理完成工程施工技术与管理工作，或者经经理授权分管技术组、材料组、后勤组或某项、某几项单项工程的施工技术与管理等工作。总而言之，项目部经理班子全体只有齐心协力、步调一致才能克服施工中的各种困难和一切不利因素，努力工作去完成预定的工程施工任务。

1.2.2 施工企业任命项目部经理的规定

（1）任命项目部经理的规定。有以下 3 项具体的规定。

①实行生态修复工程项目部经理责任制，并应作为生态修复工程项目建设施工管理的基本制度，同时，它是评价项目部经理绩效的依据。

②实行项目部经理责任制的核心，是项目部经理承担实现项目建设施工管理目标责任书确定的责任。

③项目部经理与项目部在生态修复工程项目建设施工中，应严格遵守和实行项目建设管理责任制度，以确保生态修复工程项目建设目标的全面实现。

（2）任命或撤换项目部经理的管理程序。应具体执行以下 5 项组织管理程序规定。

①项目部经理的任命。项目部经理应由施工企业法定代表人任命，并根据法定代表人授权的范围、期限和内容，认真履行管理职责，对生态工程项目施工作业技术与管理全过程、全方位进行控制。

②重大复杂项目部经理须持有工程建设专业资格证书。大中型或复杂生态建设项目的项目部经理必须取得工程建设类相应专业注册资格证书。

③项目部经理应具备的综合素质。项目部经理应具备的 5 项综合素质如下：一是符合项目管理要求的能力，善于进行组织协调与沟通；二是有相应的生态修复项目建设施工管理经验和业绩；三是具备生态修复项目建设施工管理需要的专业技术、管理、经济、法律和法规等知识技能；四是有良好的职业道德和团结协作精神，遵纪守法、爱岗敬业、诚信尽责、吃苦耐劳；五是身体健康。

④所任命的项目部经理不应同时承担两个或两个以上未完工项目的经理职务。

⑤在生态修复施工项目正常运行情况下，企业管理组织不应随意撤换项目部经理；若特殊原因需要撤换项目部经理时，应进行审计并按有关合同规定报告相关方。

1.2.3 项目部管理的目标责任书

（1）项目部管理目标责任书的签订。应在生态修复项目建设施工之前，由施工企业法定代表人或其授权人与项目部经理协商制定。

（2）编制项目部管理目标责任书的依据。应依据以下 4 类文件资料进行编制。

①生态修复项目建设施工合同文件。

②施工企业组织管理制度。

③生态修复项目施工管理规划大纲。

④施工企业组织的经营方针和目标。

（3）项目管理目标责任书内容。应包括以下 9 项工作任务。

①生态修复工程项目建设施工管理目标。

②施工企业管理组织与项目部经理之间的责任、权限和利益分配规定。

③生态修复工程项目建设设计与承包施工采购、现场作业、抚育保质等管理要求内容。

④生态修复工程项目建设施工需用资源的提供方式和核算办法。

⑤企业法定代表人向项目部经理委托的特殊事项。

⑥项目部应承担的风险。

⑦生态修复工程项目建设施工管理目标评价的原则、内容和方法。

⑧对项目部经理实行奖惩的依据、标准和办法。

⑨项目部经理解职和项目部解体的条件与办法。

(4) 确定项目部管理目标的原则。应切实遵循以下 5 项原则。

①满足企业组织管理目标的要求。

②满足生态修复工程项目建设施工合同的要求。

③预测项目施工的相关风险。

④制定的目标要具体且操作性强。

⑤有利于量化考核管理的要求。

(5) 企业组织对项目部管理目标的考核管理。施工企业组织应对项目部管理目标责任书的完成情况进行考核，并根据考核结果和项目管理目标责任书的奖惩规定，提出对项目部和项目部经理进行奖励或处罚的具体意见。

1.2.4 项目部经理的责、权、利

(1) 项目部经理的职责。项目部经理应履行的 8 项工作职责如下。

①生态修复工程项目建设施工管理目标责任书规定的工作职责。

②主持编制项目施工作业管理实施规划，并对项目施工目标进行系统管理。

③对生态修复建设项目施工资源进行动态管理。

④负责建立各种专业管理体系并组织实施。

⑤规范实施授权范围内的利益分配。

⑥收集生态修复工程项目建设设计等资料，准备结算资料，参与项目竣工验收。

⑦接受审计，处理项目部解体的善后工作。

⑧协助组织进行项目施工现场的检查、鉴定和评奖申报工作。

(2) 项目部经理的权限。项目部经理应具有的 9 项权限如下。

①参与生态修复工程项目建设投标和施工承包合同签订。

②参与组建项目部。

③主持项目部施工技术与管理工作。

④决定项目施工授权范围内的资金投入与使用。

⑤制定项目部内部计酬办法。

⑥参与选择并使用具有相应专业资质的分包人。

⑦参与选择物资供应单位。

⑧在项目施工授权范围内协调与项目施工有关的内、外部关系。

⑨履行企业法定代表人授予的其他权力。

(3) 项目部经理的利益与奖罚。项目部经理可获得如下 2 项利益与奖罚。

①获得岗位工资和奖励。

②项目竣工验收完成后，按照项目管理目标责任书规定，经审计后给予评优表彰、记功等奖励或处罚。

1.3 项目部直属部门的设置及其人员配备

1.3.1 项目部直属管理运行部门的设置

①技术管理部门：负责技术工艺管理、施工作业实施、调度、劳动管理、计划统计等。

②经营核算部门：负责工程施工预结算、合同与索赔、资金收支、成本核算、工资等。

③物资设备部门：负责材料的计划、询价、采运、管理以及机械、工具的租赁管理等。

④质量安全部门：负责施工质量、安全文明施工、消防保卫、环境保卫等管理工作。

⑤测试计量部门：负责施工中的计量、试验、检测、测量放线、绘制作业与竣工图等。

⑥后勤服务部门：负责施工人员的饮食、住宿及交通等生活后勤保障服务管理工作。

1.3.2 项目部技术与管理人员的配备

配备一定数量的项目部工程施工技术与管理工作人员，也是项目部组建的一项非常重要的内容，其人员来源途径有 2 个方面，一是在企业内部进行筛选和调派，二是在社会人才市场招聘。不论通过哪种方式配备项目部的员工，企业都应该把握和遵守以下用人原则。

①在选用人时，要针对生态修复工程项目建设施工技术与管理所需要不同专业人才的需求，应由多专业的技术、管理人员组成。如林业、水保或水利、农业、园艺、管网、电力、文秘行政、经营管理、财务等专业各专业职别的人员。

②注意在选用人时，要对其综合素质进行考评和测试。必须把有再学习能力、适应能力、应变能力、承受压力能力、吃苦肯干的人才吸收到项目部施工技术与管理队伍中来。

③不仅把具有丰富的施工技术与管理经验，熟悉施工全过程的工程技术、管理人员选用到项目部，特别是还应当把具有生态修复工程项目建设规划设计专业特长的人员优先选用。

④选用人时也应考虑其年龄和健康状况。要选用年轻、身体素质较好的人员入围项目部。

生态修复工程项目建设施工项目部视施工规模，其内部技术与管理工作人员任职可以采取专职与兼职相结合的方式。项目部内设工作人员职数大体上有行政文秘管理员、财会管理员、材料管理员、质量监督管理员、安全文明监督管理员、后勤服务管理员等；根据工程施工的具体情况，项目部经理或副经理可同时兼任其中的一项或某几项管理员职务。

1.4 项目部工作人员的协调与分工

把不同专业、不同阅历、不同境况、不同工种和不同年龄的人，为圆满完成生态修复工程项目建设施工任务这个共同的目标组合到一起来，就需要大家围绕着施工技术与管理的工作重心，求大同存小异，相互尊重和理解，齐心协力，构建和打造一个和谐的生态修复工程项目建设施工项目部团队。

在正式开始施工前，项目部对技术与管理人员的协调和分工由以下 5 项工作步骤组成。

(1) 项目部经理首先对每一名成员基本情况进行全面摸底调查，再通过与其交流和沟通，熟悉每一名员工的思想动态等状况，重点探讨他（她）对工程施工技术与管理中作业实施方案的意见、看法或建议，并征求其具体适合承担的工程施工技术与管理岗位或工作任务。

（2）由项目部经理主持，召开项目部全体人员第一次工作会议，其内容有以下2项：一是由参加会议的所有技术与管理工作人员相互作自我介绍，重点说明自己从事生态修复工程项目施工技术与管理工作的业绩情况、专业擅长、特点，以及现在适合承担的施工技术与管理岗位、工作任务；二是根据所施工的生态修复工程项目建设施工任务量、施工材料规格与质量、工期进度、安全文明施工等具体要求，结合工程施工场地内外环境条件及项目部自身具备的施工诸多资源条件等情况，综合分析、充分讨论，广开言论、群策群力，探讨和制定为达到保质量、赶工期、降成本、保安全、树文明、促和谐的施工技术与管理适宜方案。

（3）项目部经理领导班子就以上2项工作步骤所获得的全面记录等信息资料，以及对手头掌握的有关该项工程施工的其他详细资料，进行全面的分析、权衡、斟酌和研究，制定出生态修复工程项目建设施工技术与管理成熟的行动作业实施方案，形成项目部经理领导班子成员分管、分工安排，以及分配其他人员的具体岗位、工作任务等人员安排组织方案。

（4）由项目部经理主持，召开项目部全体人员第二次工作会议，其内容有3项：一是宣布项目部经理领导班子的分管、分工安排，以及员工工作岗位和具体任务；二是宣布生态修复工程项目建设施工技术与管理作业实施方案；三是请与会的全体员工对宣布的上述两项工作内容提出建议、异议和批评，然后经与会人员再次的讨论和修改后即可执行实施。

（5）应在施工工程入口处醒目位置设立有关该项生态修复工程项目建设施工情况的公示标栏，其内容应包含以下生态修复工程项目施工技术与管理的4个公示项目。

①生态修复工程项目施工建设情况简介：工程建设项目名称，工程建设占地面积及范围，工程建设批准单位及其批准文号，工程建设单位名称，工程建设用途、功能设施及项目内容介绍，工程设计单位名称及其设计完成日期，监理公司名称及该项工程监理负责人及人员等。

②生态修复工程项目建设施工企业项目部情况介绍：施工公司名称、法人代表，公司具备的生态修复工程项目建设施工资质等级及资质证书编号；项目部经理、副经理、总工程师等领导班子成员，以及质量监督管理员、材料管理员、后勤管理员、安全文明管理员的姓名、职务或岗位、年龄、技术职称、岗位职责和联系电话等；建设开工日期、工期、保质抚育期、竣工日期等。

③生态修复工程项目建设施工技术与管理现场各项规章制度。

④生态修复工程项目建设施工现场安全、文明作业公约。

2　项目施工劳动力的零缺陷计划与管理

生态修复工程项目建设施工离不开广大民工的辛勤劳动和体力的付出，民工队伍是生态修复工程项目建设施工零缺陷项目部人数庞大的重要组成成员。为此，项目部只有合理计划施工所需劳动力数量，及时组建工程施工民工队伍，并加强对民工队伍的培训、技术交底和管理，才能顺利完成合同规定的生态修复工程项目建设各项施工任务。

2.1　施工劳动力的零缺陷计划

对生态修复工程项目建设施工劳动力进行零缺陷计划的作用：一是为项目部实施工程技术与

管理确定具体的用工各工种及其数量，以便于协调施工组织活动；二是可以预测工程施工未来的各种变化，降低施工风险；三是可以促进施工作业有条不紊地进行，避免窝工和减少浪费；四是便于项目部的施工组织管理与控制。计划确定工程施工劳动力人数也称为劳动定员，它是指根据工程施工项目的规模、操作技术工种的特点，为保证施工的有序进行，在一定施工时期内作业项目必须配备的各类劳务操作工的数量和比例。

生态修复工程项目施工中零缺陷计划劳动力一般采用以下3种方法。

①采用施工定额计算的方法：确定劳动力人数 S 其计算公式（2-1）如下：

$$S = \frac{t}{e \cdot r} \tag{2-1}$$

式中：t——某工种（工序）计划工程量；

e——该工种（工序）操作定额量〔1/（人·d）〕；

r——计划有效出勤工日（d）。

②经验估算方法：根据以往工程施工用工的经验进行估测算。

③综合法：施工定额计算法和经验估算法两者相结合的综合方法确定劳动力人数。

2.2 施工劳动力队伍的零缺陷组建

生态修复项目施工零缺陷组建劳动力队伍有3个途径：一是从社会劳动力就业市场招募和选择劳动力，组建民工施工队伍；二是与专门从事劳动力用工的公司签订劳务用工合同，使用社会专业专职的施工队伍；三是利用施工企业内设的专业施工队或作业班组。

项目部不论使用那种来源渠道的施工劳动力队伍，都应该注意以下3个方面的问题：首先是选择有诚信、讲信誉、肯吃苦、不怕累、劳动作业操作规范的正规施工队伍；其次是必须与其签订正式的用工劳务合同，以明确双方应该承担的责任、义务、报酬、违规处罚办法和额度，以及在履行合同期间应该注意的遵纪、守法、安全、文明等事项；第三是选定合作的施工劳动力队伍，其操作技术工工种要与工程需施工作业操作的项目或工艺相吻合。

2.3 培训施工民工与技术交底的零缺陷管理

2.3.1 培训施工民工的零缺陷管理

（1）对施工作业民工队伍零缺陷培训管理的重要意义。

①通过培训，能够提高民工整体施工人员的操作技术素质，而且这种培训又具有很强的施工现场针对性、示范性和实践性，从而有利于保证生态修复工程项目建设施工质量，提高工效，达到安全文明施工的目的。

②通过培训，能够有效地起到加强项目部整体施工队伍的技术与管理素质水平，有利于工程施工技术与管理综合措施的现场运用。

③通过培训，能够起到项目部与民工施工队伍之间交流情感，有利于双方交流对如何正确施工作业操作的认识和技巧，有利于营造一个和谐的施工团队。

④施工前的这种切合实际的培训方式既起到了在实践中学习的作用和效果，又降低了培训成本，还有利于建设和打造学习型的项目团队。

（2）施工民工队伍零缺陷培训的内容。

①施工操作各项技能及工序的培训：按照生态修复工程项目建设施工作业岗位、工序操作技能的规范、标准要求，对全体劳务人员进行专业技能、技巧及工序作业的训练，并以岗位实际操作技能和技术为重点，同时也应对引进的新技术、新工艺、新设备、新技能进行学习和操练。

②工程施工现场遵守、执行规章制度的培训：为了使工程施工有序、高效地运行，项目部必须制定出各项规章制度，其目的是让所有参与施工的民工人员知道他们能做什么、不能做什么和什么时间做。项目部作为工程施工现场的最高管理者，应当按照工程施工合同的要求，针对施工现场的具体实际情况，向包括民工队伍在内的全体人员进行遵守和执行施工规章制度的培训，以提高工人素质、规范工人行为，保证工程施工操作的科学、合理和顺利。

③安全文明施工作业的培训：在生态修复工程项目施工过程中，应该时刻把安全文明施工放在极其重要的地位。作为直接管理和控制工程施工安全文明作业的项目部，更要把安全文明教育培训放在所有培训工作的首位。安全文明培训的主要内容是，简明扼要地学习国家安全文明施工方面的相关法律、法规，特别是重点学习施工的各项规章制度和安全文明操作技术规程，培养工人养成遵章守法、安全文明作业无小事和安全文明施工就是生命的意识。

④工程施工应急能力的培训：在生态修复工程项目施工过程，经常会遇到一些在施工操作技术上、场地管理上预料之外的情况发生，这些情况必须及时得到处理，否则就会影响到施工操作、影响到施工进程或任务的完成。因此，提高员工即时、应急解决问题的工作应对能力，也是项目部培训的重点内容之一：首先应给工人讲解一些遇到应急问题发生时的处理办法或技巧；其次是有意识地在施工过程，如遇到应急情况、问题出现时，应及时组织所有工人现场进行示范培训，教给工人如何解决和处理的方法、技能，使其掌握处理类似问题的方法或思路。

2.3.2　对施工作业民工队伍的技术零缺陷交底管理

技术零缺陷交底是在生态修复工程项目正式施工前，对参与工程施工的所有技术与管理人员，重点是施工民工队伍，给他们讲解生态修复工程项目建设的设计技术思路、项目布局、施工技术与工艺质量、进度、安全文明作业要求等，以便使他们能够详细地了解所施工的工程项目，头脑中要有工程数、量、形的深刻印象和概念，并掌握工程施工过程的重点和关键，防止发生指导错误、误导错误和操作错误。技术交底也是工程施工培训的重要后续工作内容。

向施工民工队伍技术交底管理的程序是：技术交底内容、技术交底方法和技术交底分工。

（1）技术交底零缺陷管理的内容，根据生态修复工程项目建设设计与施工技术交底管理的要求，其内容分为以下 4 项。

①项目设计施工图纸的技术交底，其目的是使施工人员详细了解和熟悉工程设计的整体布局概况、技术思路、工艺特点、立体构图与平面空间结构、工程措施与植物造景、设施使用功能、施工技术与质量指标数据等，以便掌握设计关键、认真按图作业操作。

②施工作业实施方案的交底，要把生态修复工程项目施工作业实施方案的全部内容向施工操作人员交代，以便他们详细掌握工程特点、施工部署、施工程序、施工工序、工种与任务划分、操作方法、进度要求、平面与立体布置、施工操作质量指标、管理监督措施等。

③项目施工设计变更的交底，应当随时把生态修复工程项目施工过程中的设计变更情况或结

果，向技术与管理人员、施工操作人员做详细、统一的说明，以便于施工作业操作与管理行动的一致，避免在施工操作中出现阴差阳错的现象。

④单项（分项）工程项目的施工作业技术交底，这是生态修复工程项目施工技术交底的关键，其主要内容包括施工工艺、施工质量要求的标准、技术措施，安全文明施工作业要求，以及新结构、新工艺、新材料、新设施的使用特殊要求等。其具体内容包括以下 6 个方面：一是设计图纸要求，设计方案图纸（包括设计变更）中的尺寸、轴线、标高、作业操作项目名称、规格、工程数量，以及地下隐蔽工程的位置、名称、规格、工程量等；二是施工材料及配合比要求，设计施工所用材料的品种、规格、质量要求和配合比要求等；三是施工作业实施方案要求，施工作业程序、操作方法、工种分类、工序衔接等具体要求；四是施工作业标准及管理措施，施工作业质量标准、安全文明制度措施、现场完工后养护（保护）措施和材料节约使用要求等；五是施工过程贯彻与执行各项制度的要求，指施工操作质量自检制度、互检制度、交接检验制度、样板制度等；六是提出预防和克服施工操作质量通病的办法，对单项（分项）工程施工操作过程可能出现的质量通病，提出的具体预防办法或技术管理处理措施。

（2）技术交底零缺陷管理的方法。技术零缺陷交底分为口头交底、书面交底和样板交底等几种主要方法。一般以书面交底为主、口头交底为辅。书面交底应由交接双方签字后归档保存。对于重要、复杂工程中的主要施工项目，应以样板交底辅助书面、口头交底表达不清楚的问题。样板交底包括做法、质量要求、工序衔接、成品保护（养护）等内容。实际上由于每项施工任务的内容、情况不一，操作也有难有易，如果是一般性质的工程或工人已经熟悉的施工项目，只需准备一些简单的操作交底要求和措施即可；如果是特殊工程或属于新技术、新工艺的项目，就必须认真、细致地交底，且在交底前要充分做好准备工作。对新的施工操作技术、方法和措施，民工施工队长或工长必须自己先钻研、先弄懂，再向工人传授、交底。有些 1 次即可交清，有些则需反复交底或具体操作示范方可，以使工人真正明白为止，以免盲目施工操作造成差错导致返工。

（3）技术零缺陷交底管理的分工。生态修复工程项目施工技术零缺陷交底应该分级进行。由总工程师组织技术组、质检组等向施工队或施工操作组交底；施工队或施工操作组技术操作负责人在向工人交底时，要有耐心、反复、细致地交代清楚，除口头和文字方式外，必要时要用图表、样板、示范操作等方式方法进行讲解交底，使交底工作力争做到细致、齐全、交深、交透，特别是施工操作班组长接受交底后，应及时组织工人进行认真的钻研和讨论，保证使施工各项技术、工艺、意图让每名工人都做到胸有成竹，严格按技术交底的要求进行施工作业操作。

第二节 项目建设施工零缺陷技术与管理硬规则的制定

用兵之道，必先固其本。本固而战，多胜少败。何谓本？内是也。内欲其实，实则难破。何谓实？有备之谓也。

——《明太祖实录》

1 零缺陷技术与管理施工硬规则概述

1.1 制定施工零缺陷技术与管理硬规则的作用

把明太祖朱元璋的用兵实录之意引到生态修复工程项目施工零缺陷技术与管理中，实质就是人们在成就事业过程中通常所说的“没有规矩，不成方圆”。卓越的生态修复工程项目施工零缺陷技术与管理，必然是科学、有序、有效的现场作业管理，而欲达到这种科学、有序、有效的运行态势，就要用制度去管人、按规矩办事，要依靠合理的制度或规矩来规范员工的活动行为，让大家知道要做什么、怎样去做、怎样才能做到质量标准化的程度；哪些事能做、哪些事不能做。这是生态修复工程项目建设施工企业成熟的标志，也是项目部创造精品、零缺陷生态修复工程的保障。

1.1.1 施工硬规则的概念和特性

生态修复工程项目施工技术与管理的硬规则是什么？它就是企业项目部正常实施生态修复工程项目施工活动的基本框架，是规范和调节全体施工者的制度，是让所有的施工人员在参与施工活动全过程中应该遵守的行为准则，“硬规则”也是对所有施工人员进行强制性的约束。其含义有三层意义：一是指规则的“坚固”，即在执行或遵守中不许打折扣或含糊不清；二是指规则的“扎实”，它来源于施工实践且经得起验证；三是指规则的“先进”，它融入了现代科技和人文的复合理念。因此，恰当地制定施工活动行为的硬规矩，并在施工全过程严格履行，就等于施工技术与管理的成功。硬规则主要包括开展工程施工活动的有关技术工艺、标准、规范、工序、规则、方法、纪律要求等，即规章制度。它是生态修复工程项目施工企业在大量实践经验基础上凝结而成的一种规范化的现场施工技术与管理技巧，并具有以下 3 项特性：

（1）规范性。其实质是采用规章制度管理生态修复工程项目施工作业，就是要求按照统一的标准、规范、工艺、规格、方法、工序来作业操作和管理，不允许个人随意变动。

（2）稳定性。即出台的规章制度切忌随意改动，因为经常变动的规章制度达不到规范员工的行为。当然，稳定是相对的，并非是一成不变，应根据施工的进展情况进行修订或改进。

（3）强制性。是指参与施工的所有人员必须严格遵守的严肃性和规范性，违者受罚。

1.1.2 施工硬规则的作用

（1）规范施工技术与管理。大量的生态修复工程项目施工实践事例证明，“人管人”的结局是“累死人”。为此，只有根据生态修复工程项目施工技术与管理的实际情况，制定出实用、适用的“硬规则”，使每个人都按章程工作、有责可依，减少施工过程中的随意性，让员工少犯错，有效地保障施工技术与管理实现科学化、安全化、规范化、标准化、有序化、效率化、文明化和人性化等的目的，促进项目部提高施工管理水平，才能有效推动项目施工的进程。

（2）有效协调项目部各部门的工作。通过制定和执行规章制度，可以使项目部各部门的关系融洽和固定，达到协调一致的目的，从而推动生态修复工程项目建设施工的良性运作。

（3）有效提高工程施工技术与管理的效率。项目施工过程有了规章制度，施工作业者遇到类似问题可以照章办事，避免事事请示汇报、研究对策，耽误工期，从而有利于提高工效。

（4）能够高效地促进对施工质量的有效管理。施工技术与管理的硬规则，能够有效地起到增强全体施工人员的施工质量意识，促进工程质量管理的进程，确保工程质量达标的作用。

（5）能够有效保障施工者的合法权益。硬规则能够有效防止施工技术与管理过程中的随意性、经验性，并切实起到保护施工者合法权益的作用。规章制度使工程施工活动得以在理性和合理化的状态下进行。对施工人员来讲，服从规章制度比服从施工主管任意性、经验性的指挥更易于接受，制定和实施合理的规章制度能够满足所有施工人员的公平感需要。

（6）有效起到激励作用。通过规章制度可以合理设置权力、责任和义务，使每名施工者都能够清楚地预测到自己的行为和努力的结果，有利于激励员工为完成目标任务而努力工作。

1.1.3 施工硬规则的制定依据

（1）必须以企业与建设单位签订的生态修复工程项目建设施工承包合同为依据。项目部制定工程施工硬规则的规章制度是为施工营造有序、有规则的施工环境而设立的，也就是说项目部制定硬规则规章制度是为圆满完成生态修复工程项目施工合同任务服务的，因此其规章制度的条款、内容应与工程施工合同书的条款内容、意思相吻合和一致。

（2）必须以施工现场的综合环境条件为依据。众所周知，生态修复工程项目所有施工都会受到项目所在地周围环境条件的约束和限制，这里的环境条件是指施工场地的自然条件、施工工程周边经济交通条件、当地行政法律法规政策等情况。因此，为了使制定的施工规章制度不会成为“空中楼阁”，就要充分考虑到当地环境条件对规章制度执行上的限制和约束。

（3）必须以项目部已具备的资源条件为依据。项目部现已具备的资源条件指两方面，一是所有参与工程施工的人员素质水平状况，即每个人的文化素质、技术技能素质、道德观念素质各不相同，有高有低。二是企业为项目部提供和配备的周转资金、设施设备等物资条件各有千秋：施工周转资金殷实、设施设备性能先进且数量充足是一种顺境；周转资金欠缺、设施设备落后是面对的另一种境况。因此，应该依据项目部具备上述两方面资源配置的基本条件，全面考虑、综合权衡，制定出符合内部资源条件、切实可行的硬规章制度。

1.1.4 施工技术与管理硬规则的种类

（1）按施工技术与管理的性质分类。

①施工作业实施方案，是指项目部把生态修复工程项目建设单位所要求的技术工艺、工序要求、工程质量、施工工期与进度、安全文明施工等合同责任目标，以及设计图的技术意图指标，根据工程施工场地的自然、经济、社会等条件，再结合项目部已具备或准备完毕的人、财、物等施工资源要素配置情况，预先编制进行工程施工技术与管理的全面、科学、合理式的统筹计划安排方案。

②施工通用规章制度，是指不包括工程施工作业实施方案所规定的内容以外，所有与工程施工活动有直接或间接关联的员工日常行为纪律约束或者规定，如行政办公制度、会议制度，以及职工的岗位设置及责任、聘用及解聘、考勤及请假、工资待遇、绩效考核与奖罚、技能培训及教育、福利、保险、工伤、公出、就医等制度。

（2）按施工技术与管理的专业类别分类分为以下 10 类。

①施工现场经营决策管理制度，分为以下 4 项：一是施工经营决策管理制度，它包括生态修复工程项目现场重大问题的工作方法、程序、职权的规定；二是施工合同管理制度，包括承包施工合同的签订、履行、解除，总分包合同管理方面的规定；三是施工计划管理制度，包括项目施

工活动中长期计划、年度和季度计划的编制、实施、检查评价等规定；四是施工预结算制度，包括施工预算编制、变更签证、保质养护、竣工结算、验收移交等规定。

②施工现场作业管理制度，包括施工前准备、施工作业计划、施工作业任务单、施工调度管理，以及施工工艺、工序、工期与进度、安全文明行为等管理制度。

③施工现场技术管理制度，包括技术交底制度、图纸会审制度、计量制度、材料与半成品检验制度、技术操作规程，施工成品现场保护等管理制度。

④工程施工质量管理制度，包括技术标准、工作和工序质量的检验、纠正处理办法，隐蔽工程质量验收方法，质量事故的奖罚处理和报告等制度。

⑤项目进度管理制度，包括施工进度计划编制管理，施工进度控制方法，施工进度的检查、统计、比较分析、总结等管理制度。

⑥安全文明施工管理制度，包括安全文明操作规程，环境保护制度，现场消防、防盗防灾管理制度，安全文明事故处理制度等。

⑦施工项目部人力资源管理制度，包括定岗定员和定额管理制度，职工考勤、调配管理制度，职工工资、奖金、加班补助、办理和缴纳各种保险的管理制度。

⑧施工材料管理制度，包括施工材料消耗定额管理制度，物资采购、调运和验收制度，材料领用和保管制度，预料退库、废料回收管理制度，周转设施或设备租用等管理制度。

⑨施工机械设备管理制度，包括施工作业的装备计划、购置、验收、保管、保养、维修、使用和操作等管理制度。

⑩施工财务管理制度，包括会计制度、成本核算办法、固定资产、流动资金、现金出纳、施工经济活动汇总、分析等管理制度。

另外，根据施工技术与管理的需要，还可制定办公、后勤服务、作息等其他制度。

1.2　制定施工零缺陷技术与管理硬规则的原则

制定生态修复工程项目施工零缺陷技术与管理硬规则，一定要根据实事求是的原则，因为并不是所有的项目施工技术与管理问题都适合用规章制度去管理和解决。为此，项目部就必须在规章制度的设计、制定、实施、执行和修订过程中坚持以下 10 项基本原则。

（1）合法性原则。项目部制定的施工技术与管理规章制度属于企业基层管理部门的一种组织制度，其设计和制订必须严格遵守国家现行的法律、法规和政策，必须要完全符合企业的有关章程和规定。

（2）适宜性原则。项目部制定的规章制度属于项目施工技术与管理工作中的内容之一，它的设计、制定应遵从于生态修复工程项目施工技术与管理的核心指导思想，应该与项目施工有机地结合起来；必须符合项目施工的内外部环境条件，才能够很好地被贯彻和执行。

（3）合理性和规范性原则。任何一家生态修复工程项目建设施工企业，要想达到有效施工技术与管理的纪律约束，就必须确保规章制度的合理性和规范性，以便于员工遵守和执行。

（4）民主性原则。项目部在制定施工规章制度过程中强调民主性，是项目部规章制度建设的重要特点之一。项目部建立的施工规章制度应当让全体成员共同参与，使这一基础管理工作内容成为员工自己的活动，也使得项目部贯彻施工规章制度成为项目部实施民主管理的成果，从而有利于最终实现员工自我管理的目的。

（5）可操作性原则。可操作性是项目部贯彻施工技术与管理规章制度中需要突出强调的另一个特点。项目部制定的施工规章制度直接针对每一个单项工程和每一道工序的一线员工，要充分满足在项目施工作业操作的具体岗位、工序环节和施工过程对员工行为的规范性约束，必须具有很强的可操作性。具体应体现在如下4方面。

①管理所要求执行的一定要有规定。

②管理所规定的一定要能做到。

③能做到的一定要有检查和验收。

④能检查、验收的一定要计价兑现报酬。

（6）简单性原则。项目部制定的项目施工规章制度应当明确而具体，简单且扼要，立足实际，易于操作，以便于员工理解和执行。项目部制定的施工规章制度的表现形式，应该尽量做到“表格化”“图形化”。可按工种或岗位的不同制定不同的表格，在表格中明确、详细地注明施工操作程序、方法、工艺、技术与质量要求和注意事项等，最好同时配以醒目的图片、示意图、图形或案例，这样即使是文化程度不高和对相应操作工作不甚了解的员工，也很容易正确理解和执行。

（7）正面激励原则。虽然项目部制定出台的生态修复工程项目施工规章制度是立足于组织对于个人行为的规范和约束，但是项目部实施工程施工规章制度仍然要坚持正面教育的原则，多积极鼓励，少消极防范，以温善式引导为主，处罚处分为辅。规章制度的产生必须立足于生态修复工程项目施工技术与管理的需要，立足于施工实践需要的规章制度即使再严格也是被大多数员工乐于接受的。

（8）严肃性原则。严肃性是项目部制定项目施工规章制度的普遍原则。项目部制定的施工技术与管理规章制度一经确立，就要严格、持续地贯彻执行，不能随意调整、放松或降低标准。同时，项目部规章制度的制定应该既要符合项目施工整体工作的要求，又要有一定的前瞻性，以适应日后项目施工技术与管理持续改进的需要。当项目施工过程发生比较大的设计变更时，项目施工技术与管理规章制度也要随之相应地进行修订、补充或完善。

（9）与时俱进原则。项目部制定施工技术与管理规章制度时须灵活，应随着生态修复工程项目建设施工的时间、环境条件的变化而随时进行检查和改进，决不可墨守成规、一成不变。与时俱进是生态修复工程项目施工技术与管理卓越者必备的良好职业素质。

（10）共同参与制定原则。项目部应将不同部门、不同层次的人员组织起来，共同参与施工技术与管理规章制度的制定，这样制定出的硬规则就比较规范且容易执行和实施。

1.3 执行施工零缺陷技术与管理硬规则应注意的事项

1.3.1 执行硬规则应有主动性和创新性

项目部和项目经理在施工规章制度制定建设上要有主动性，勇于创新。施工规章制度建设对项目部经理的管理水平和组织能力提出了更高的要求。虽然项目部经理最熟悉施工现场的情况，但要能够及时发现施工技术、操作与管理上的漏洞，真正认识到管理制度的需求的确是严峻的挑战。此外，规章制度对员工的约束会使他们对制度产生抵制情绪，使规章制度的改进和完善出现困难。因此，经理应在实践中勇于创新，敢于承担责任，不怕得罪人，主动担负起领导项目部成员共同创建和完善施工技术与管理规章制度的重任，通过对施工规章制度的规范来强化施工技术与管理，不断提升项目部的施工技术与管理水平。

1.3.2　注意规章制度的适用范围

正确把握项目部在生态修复工程项目施工技术与管理规章制度的适用范围，有效防止制度的滥用和扩大化。虽然项目部制定的施工规章制度涉及项目部施工技术与管理的方方面面，但也并不是说项目部和施工成员的任何行为都要用制度去规范、去约束，这就涉及制度的适用范围问题。因此，需要对项目施工过程的具体行为进行全面、仔细的分析，分辨出哪些是一般的、暂时的、个别的、随机的事情或问题，这样的事情或问题通常在日常管理中相机处理，而对那些涉及生态工程项目施工过程中关键的、重大的、长期的、共同的、经常性的事情或问题，才需要考虑上升到规章制度这个硬规则的层面去规范和约束。此外，还应注意项目部对施工规章制度应用范围的问题，即项目部应控制规章制度的应用边界，防止随意的越界性应用、滥用和超用。

1.3.3　在执行中处理好民主与集中的关系

项目部在建立生态修复工程项目施工规章制度的过程中，要处理好民主与集中的关系。员工共同参与项目部生态修复工程项目施工规章制度的建设是项目部制度建设的特色，它充分体现了项目部民主管理的原则，有利于规章制度的可操作性和激励员工遵守规章制度的自觉性。但是，在强调民主性的同时，项目部管理者要仔细辨别员工建议的共性与个性、有效性与无效性，注意处理好制度建设中民主与集中的关系，积极引导员工发现施工技术与管理中的真实问题、关键问题、核心问题，提出有利于工程施工技术与管理的有益建议。

1.3.4　施工规章制度的补充与完善

项目部制定和执行施工硬规则，要根据生态修复工程项目建设施工过程中的任务和项目部管理实践的变化不断进行充实和完善。项目部在具体实践工程施工技术与管理规章制度过程，必定会受到工程承包的施工任务、施工环境、施工程序与操作工艺，以及员工素质等各种因素的制约和影响，当这些因素发生变化时，就要及时对规章制度进行相应的修订和调整，甚至对整个规章制度进行有效的补充与完善，以便保证项目部在工程施工过程中，使各项施工技术与管理工作能够持续与稳定地开展下去，确保施工向着有利于工程竣工的方向发展。

1.3.5　营造执行施工规章制度环境氛围的管理手段

项目部制定的各项施工技术与管理规章制度不能当成花瓶摆设，作为项目部经理，应当以有效的管理措施来保证其得到贯彻落实，如发现有人违规，便应加以惩治，绝不心慈手软。为营造自觉遵守施工技术与管理规章制度的环境氛围，应采取以下 7 项管理措施。

（1）必须广泛宣传。为使制定的规章制度做到人人皆知，应以各种告示方式进行广泛的宣传。国外有的企业的做法是，给每名员工发一份公司规定，并让他们签署一份声明，表示自己已收到、阅读和理解了公司的规章制度，如若违规甘愿受罚。这种做法很值得效仿。

（2）要保持镇定。在开始执行规章制度时无论施工现场违规行为多么严重，项目部领导者都应该保持镇定，不可失控，更不能对员工大发雷霆，而应冷静思考解决的办法和对策。

（3）详细调查了解。作为项目施工管理者，不应无视违反施工技术与管理规则的行为。如果任其发展，就是在向其他员工表示你没有真正打算执行项目部的规章条例。但也不能草率惩罚或处分员工。而应该在采取管理行动前，必须要调查搞清楚发生违规的原因再做决定。

（4）必要时私下处分。项目部管理者若发现有人违规，应该在私下单独对其进行劝说、教育或批评，不可当众处罚。因为受处罚的员工会因当众受批评而产生消极怨恨，使这种纠正违规的行为适得其反，会向着形势恶化的方向发展。因此，处分违规一般应在私下履行。但是有一种情况例外，那就是违规员工在大庭广众之下公开与你作对，此时作为项目部领导，就应该当众迅速采取果断措施，否则就有失去控制现场的风险，降低员工对你的尊重和信任。

（5）一视同仁。项目部制定的施工技术与管理硬规则是让大家共同遵守的，若在相同条件下违规，则应该给予一视同仁的公平、公正处罚，而不应该搞处罚标准不一的做法。

（6）坚决公正。坚决指的不是粗暴、滥用权力或仗势欺人，也不是指为保住自己的地位滥施压力，而是对员工和公司都应公正和公道。对员工公正是指应有充分的根据，包括负责解释清楚公司为什么要制定这条或这些规章制度，它的作用或目的是什么，为什么给予这样的纪律处分，以及希望这个处分产生的良性效果。

（7）积极消除怨恨。处分违规的目的在于教育和改正，而不是单纯只为惩罚。因此，项目部领导应该向员工表示相信他会改正错误。在执行规章处分后以这样的积极姿态跟员工谈话，会极大地消除员工心里的苦恼和怨恨，将会以焕然一新的精神面貌重新投入到工作中。

2 项目建设施工组织实施方案的零缺陷制定

编制零缺陷生态修复工程项目建设施工组织实施方案，是项目部实施指挥、调度和监督项目施工的工作行动指南针。

2.1 制定施工零缺陷作业实施方案概述

2.1.1 制定施工零缺陷作业实施方案的重要性

制定生态修复工程项目施工作业实施方案，是项目部为了使其施工技术与管理的行为，在能够高效地保证工程质量、满足工期进度需求、符合成本控制和安全文明规范的前提下，依据施工现场作业环境条件而制定的施工作业实施操作文件。另外，制定施工作业实施方案也是项目部为规范员工和工人的施工有序行为，从而制定的有关操作程序、技术工艺、工序衔接、材料供给、现场保质养护、安全文明责任负责等的预先安排，是贯彻生态修复工程项目施工应遵循“因地制宜，实地适技”原则的具体应用。其突出的5项重要性如下。

（1）体现生态修复建设布局自然性，创造防护意境。生态修复工程项目建设的各种类型，它们功能各异、性质与规模也各不相同，加之自然地理与社会经济环境条件存在的差异，在规划布局和设计上的差别很大。为此，在实现规划设计意图的施工期，就应该顺应自然，精确而巧妙地把设计思路融入到自然环境的大系统中，编制出既能满足设计蓝图、创造生态修复建设独特防护意境，又符合自然环境条件的施工作业实施方案，这成为施工技术与管理的重中之重。

（2）营造优质生态修复工程项目建设施工的基础。编制出切实可行的施工作业实施方案，明确施工者的行为准则，是为创造优质工程质量打下扎实基础。因为实现优质的工程质量是施工技术与管理活动追求的最终目标结果，但它取决于数以百计的工序质量，而人的工作质量则又构成工序质量的基础和保证。故此，项目部欲抓工程质量就必须重视和先从对人的工作质量抓起，用提高工作质量来保证工序质量，从而最终达到确保工程质量的目的。

（3）实现施工进度目标的保证。进度控制管理体系也是施工作业实施方案中的重要内容之一，它是保证工程施工按期完工，合理安排材料供应、机械作业和节约工程施工成本不可缺少的措施。以项目部经理为首的进度控制体系，包括项目部计划、调度管理人员和各施工队（组）长都是该体系的执行者和管理者，都应该对各自承担的进度目标进行管理和负责。

（4）施工成本管理的重要手段。在当今的生态修复工程项目施工技术与管理全过程中，施工成本管理通常包括成本计划、成本控制、成本核算和成本考核 4 个相互关联的环节。在施工作业实施组织方案中，具体而详实地对总成本目标提出有针对性的计划、分解、预测以及拟采取的控制措施与途径，是实现生态修复工程项目施工成本总目标的重要管理手段。

（5）实现安全文明施工的保障措施。把安全文明施工管理融入施工作业实施方案之中，营造文明施工的作业氛围，是为了在施工全过程有效避免事故，杜绝劳动伤害，是顺利完成工程施工的保障措施。为此，必须把安全文明施工落实到施工计划、布置安排、施工作业、工期进度、检查考核等各个环节之中，要时刻把握住施工中的安全文明重要管理点，未雨绸缪。

2.1.2　施工零缺陷作业实施方案与施工组织设计方案两者的区别

施工组织设计方案是在投标过程为能中标而编制的高度概括性施工文件，是投标过程的必需工作；但制定施工零缺陷作业实施方案却是在工程已经中标，企业项目部为圆满完成建设合同施工目标任务而编制的全员、全过程、全方面精细化施工作业的行动方案，两个方案既有相同之处，又有着明显的不同差别，两者的主要区别如下。

（1）施工组织设计方案是施工作业实施方案的基础和依据。前者简称为生态修复工程项目建设的“标前施工方案”，是起到“投标项目管理规划大纲”的作用；后者被简称为“标后施工方案”，它起到“工程施工零缺陷技术与管理组织实施规划”的作用，并且以前者为信息基础和依据。

（2）施工零缺陷作业实施方案是对施工组织设计方案的充实和细化。前者是依据工程现状的综合条件，为保质按期完成施工合同任务，在施工全过程中全面、分步骤、详细、合理地组织和调配人、财、物各种资源的施工作业总规划，它是对后者的精细化补充和更全面的完善。

（3）制定生态项目建设施工零缺陷作业实施方案决定着工程施工的成败和经济效益。制定出正确的在生态修复工程施工技术工艺上可行、经济核算上合理、实用且适用的施工零缺陷作业实施方案，是对项目部经理和总工程师圆满完成工程施工目标任务的严峻考验。相对而言，编制施工组织设计方案须承担风险的程度较之要小得多。因此可以说，编制出一项成熟实用、适用的生态修复工程项目施工零缺陷作业实施方案，就等于为成功完成建设合同施工任务铺砌下结实、有力、有利的基础。

2.2　制定施工零缺陷作业实施方案的原则

2.2.1　应遵循的建设施工总目标和基本原则

制定施工零缺陷作业实施方案，必须为达到一个总目标和同时满足 7 项原则下进行。

（1）编制施工零缺陷作业实施方案就是完成生态修复项目建设施工合同的前提。生态修复工程项目施工技术与管理的所有行为，都应是围绕着为圆满完成与建设单位签订的建设施工承包合同任务这个总目标而努力工作，这就是所有施工活动的唯一重要目标。

（2）制定施工作业实施方案必须同时满足的 7 项基本原则。

①严格遵循国家法律法规的原则。必须依据和遵守国家和当地政府颁布的法律、法规。

②全面贯彻、体现和保证工程质量的原则。编制的工程施工作业实施方案，应该从始至终都涵盖为实现、达到和满足工程质量各项指标而进行的全员、全面、全过程的质量管理。

③贯彻工程施工进度控制的原则。现代生态修复工程项目建设将工程进度赋予新的含义，即在采用先进科学技术，努力提高施工作业机械化、标准规范化水平的同时，实现保质快速的施工，切实把工程质量、工期、成本和安全文明施工作业有机地结合起来，它是反映施工进展的综合指标。为此，在编制施工作业实施方案时，应对直接影响工程施工进度的各阶段工序和工艺操作持续时间，进行合理的规划、布置、检查、考核和奖罚。在施工布置时，既要集中力量保证重点工序项目，又要避免过分集中而导致人力、物力的损失，同时还要注意协调各专业工种、工序间的配合与衔接，按期完成施工作业任务。在组织施工时，应根据项目已具备的机械设备与劳力具体情况、工期进度要求、环境条件和项目施工特点，因地制宜作出合理的布置和安排，注意机械的配套使用，提高综合机械化作业水平，充分发挥机具设备的效能，对于地势平缓地段的挖坑植苗造林作业、配套工程措施、基础工程、土石方、起重运输等用工多而劳动强度大的项目，应优先计划安排机械化作业。

④科学、合理安排施工计划。制订计划必须认真调查研究，从客观实际出发，注意综合平衡，协调人力、物力、财力和工程任务、数量、质量等各项施工活动的比例关系，施工准备和施工任务之间的关系，项目部内部各环节之间的比例关系等。必须通过计划的科学管理，经常地采取有效的管理措施，不断地、积极地组织新的、相对的综合平衡以推动施工生产迅速发展。由于计划必须是由人来实施和管理，因此，计划管理工作必须贯彻群众路线，充分发挥项目部所有人的积极因素，这不仅符合生态修复建设的需要，也是现代化绿色生产的要求。项目部制订的施工作业计划，必须既是先进、有效、切实可行的，又是适用、实用的。必须很好地组织计划的实现，加强对计划执行情况的检查，及时发现施工作业中各种新的潜力，并且积极引导所有员工充分地、群策群力地合理利用这些潜力，在充分发挥人力、物力、财力的基础上，获得更佳的生态修复建设项目施工经济效益。

⑤应该始终贯彻控制工程施工成本的原则。是指项目部通过采取多种控制手段，在达到预定的工程质量、功能和工期要求的同时，切实做到优化施工成本开支，将总成本控制在成本目标范围之内。工程施工成本控制，也是在保证工程质量、工期等合同要求前提下，在施工成本形成过程中，按一定的控制标准对施工实际发生各种费用支出进行事前预测计划，实施过程监督和管理，并及时采取有效技术与管理措施消除施工中的不正常损耗，纠正各种脱离标准的偏差，使各种实际支出控制在预订标准范围内，最终实现施工预期的成本控制目标。

⑥应该重视和加强对工程保质养护技术与管理的原则。对施工作业后的工程采取有效、到位的保质养护，也是生态修复工程项目施工技术与管理的重要工作内容，理应成为施工作业实施方案中的一项必需工作，应给予“一分现场施工，九分保质养护”的强化式管理。

⑦把安全文明施工纳入工程施工管理系统之中的原则。是指把安全文明施工管理融入到施工

全过程各个阶段的细微之处，将施工作业与安全文明行为融为一体进行运作和管理。

2.2.2　文本适用性原则

（1）实用与适用的原则。在制定施工作业实施方案过程中，应紧紧围绕着为完成施工任务，符合施工场地和项目部自身具备的人、财、物资源条件，出台易于执行和管理、能够推动提高施工作业效率、能够实用于施工作业，并且现场客观条件允许操作的适用性方案。

（2）准确与精确的原则。在对施工所需人、财、物的计划、分析、汇总等过程中，要做到头脑清晰，准确计算，履行复核和审核的必需工作程序，做到层层把关、专人负责；对关键性施工工序、工艺的技术与管理和具体的作业操作应做到精心、精确和精致。

（3）简明扼要的原则。制定施工作业实施方案忌讳繁琐、冗长的长篇阔论，应该做到精心编制，内容和文词上要做到全面而精确、简明且真实，条理和层次清晰而细致。

（4）文表图并茂的原则。采取文字、表格和图示相互结合的方式编制施工作业实施方案。

（5）专用性与特殊性的原则。一项生态修复工程项目建设施工，应制定和编制与之相对应的一项施工作业实施方案。这是由于生态修复工程项目建设的地域条件与特点、建设与设计方案和现场各种条件所造就的，它们决定了生态修复工程项目施工技术与管理所采取的正确方法或方式，没有哪两项生态修复工程项目建设施工的技术与管理方法或方式属于绝对的相同或等同，只能说它们有相似或相近之处，相互之间只能借鉴或参考，不可替代使用。因此，制定和编制出某一项生态修复工程项目的施工作业实施方案，只能适用于这一项特定工程项目的施工作业实施专用。

2.3　制定施工零缺陷作业实施方案的方法

制定生态修复工程项目建设施工零缺陷作业实施方案，应该涵盖和囊括生态修复工程项目建设施工技术与管理全过程的所有人、财、物，是对满足和符合施工工艺、质量、进度、成本、安全文明等指标的具体规定和要求。

2.3.1　制定施工作业实施方案的依据

（1）建设单位有关生态修复工程项目建设招标文件资料应包括：生态修复工程项目建设立项和可行性研究报告及其批准文件；生态修复工程项目建设勘测、规划、设计图纸、说明书、设计概算和批准文件；生态修复工程项目建设施工招标文件、中标通知书和承包施工合同书等。

（2）国家的政策、法律法规、标准、规范等文件资料应包括：关于工程建设施工报建程序的有关规定；关于工程施工资质管理的规定；关于对工程建设实行施工监理的有关规定；当地工程造价管理部门关于工程造价、预算、定额管理的有关规定；关于工程施工中设计变更、竣工验收的有关规定。

（3）工程场地的自然、社会经济等资料应包括：工程所在地区的气候资料；工程施工场地的地形、地质地貌和水文地质资料；土地利用现状和土壤状况；工程所在地区的交通运输和市场物价水平信息资料；工程所在地及周边地区有关各种施工材料、机械、构配件、半成品供应和劳动力数量及工资水平等信息情况资料；工程场地供水、供电、供热和电信能力状况和价格信息资料；施工场地的地上、地下水、电、电信、煤气或天然气等管线分布状况等资料。

（4）项目部人、财、物施工资源要素配备情况应包括：项目部技术与管理专业人员综合信息及数量，以及下设或社会劳动力队伍信息资料；项目部自有或租赁社会机械设备的个人或公司信息资料；施工企业自有材料的品种、规格、数量，以及供应商供给材料的详细信息资料；项目部用于工程施工的周转金账务资料和筹备追加周转金的渠道信息资料；项目部可用的其他可支配资源的信息资料。

（5）类似生态修复工程项目建设施工的资料应包括：相类似生态修复工程项目的施工技术与管理资料；相类似工程的有关施工质量管理、成本控制、工期控制、安全文明施工管理等资料；类似工程的施工作业实施方案，特别是对关键部位、工序采用新技术、新工艺、新机械、新材料等先进资料。

2.3.2 制定施工作业实施方案的基本方法1：流水作业法

2.3.2.1 流水作业法的组织管理形式

生态修复工程项目建设施工的种类多种多样，对同样的工程项目进行建设施工，在不同时间、地点，由不同施工者作业时，由于各种客观条件的变化，会有不同的建设效果。

流水作业组织管理形式，主要是根据生态修复工程项目的建设施工特点，按其不同的组织管理形式分为流水段法、流水线法和分别流水法3种。

①流水段法是指将施工对象划分为若干施工段，各个施工段上的所有施工工序技术及过程相同，主要工程数量和所需劳动力都基本相等。组织若干个在工序技术上密切联系的专业施工队相继投入施工作业，各施工队依次从一个施工段不断地转移到下一个施工段，以相同的时间重复完成同样的作业操作工作。主要适用于大面积且集中性的生态修复工程项目。

②流水线法是指若干个在技艺上密切联系的专业施工队按工序衔接关系相继投入施工作业，各施工队以某一固定速度沿着划定的作业区段向前作业推进，单位时间内完成同样数量规模（面积）的工程量。适用于沿铁路、公路和输送管线建设的各类如生态护坡、防护林营造等生态防护工程项目建设施工。

③分别流水法是指在施工对象包含若干个不同施工工序技术过程或相同施工工序技术过程的施工期限彼此不同时，首先将各个施工工序过程分别组织成为独立的流水，然后再将这些独立流水按其逻辑关系依次衔接起来成为整个施工对象的流水。适用于生态修复工程建设技术工序较多且复杂的施工项目。

2.3.2.2 施工流水作业的主要参数

施工流水作业的一系列活动，是施工各工序过程在时间、空间上的进展，以及它们之间的相互衔接关系。确切反映这些关系的参数叫流水参数。

①合理划分施工段：为了合理地组织管理施工流水作业，把施工对象划分成若干段落，在一定时间内，只有一个施工队在一个段上完成一定的施工过程，从而保证各施工队在不同的空间范围同时作业操作而又互不干扰，这种段落叫施工段。施工段数目常用 m 表示。划分施工段是组织管理流水作业的基础，为此，应密切考虑以下4点：一是各段劳动量基本相等，其相互间的差距以不超过15%为宜。二是每段要有足够的作业面，使工人方便操作，既利于提高工效，又能确保安全施工。三是在水保工程项目等建设施工中，应考虑构筑结构的整体性。大型人工构造物的分段界线宜选在伸缩缝、沉降缝处，一般工程项目应在对结构整体性影响较小的位置上分段。四

是划分段数，应考虑机械作业效能、人工劳动组合、材料供应状况、施工规模等因素。

②流水节拍计算：一个专业施工队在一个施工段上完成某一施工过程的作业持续时间叫流水节拍，常用 t_i 表示。流水节拍直接关系着投入的劳动力、材料耗用和机械的数量，决定着施工速度和施工的有序性。流水节拍可以根据工期确定，也可以根据现有能够投入的人工、机械与材料等资源来确定。计算流水节拍 t_i 的公式（2-2）如下。

$$t_i = \frac{Q}{S \cdot R \cdot n} = \frac{P}{R \cdot n} \tag{2-2}$$

式中：Q——一个施工段上某施工过程应完成的工程量；

S——产量定额或每工日、每台班的计划产量；

R——专业施工队人数或机械台数；

P——所需劳动量（工日）或机械量（台班）；

n——作业班数，单班、双班或 3 班。

工期已定，则用公式（2-2）可计算出施工资源需要量。这时应考虑工人的作业面是否足够，如果工期短、节拍快，就应计划增加作业班次为双班或 3 班；对应的材料供应与机械设备能力情况，亦应同时计划考虑。

③流水步距：相邻 2 个专业施工队依次在同一施工段上开始作业的时间间隔叫流水步距，用 K 表示。流水步距的大小对工期影响很大。当施工段一定时，流水步距越小，则工期越短。正确的流水步距与流水节拍的关系是 $K \geqslant t_i$。计划安排流水步距时应关注正确的施工工序顺序、合理的技术间歇、施工作业期间的均衡和适合的作业面等因素。

④流水展开期：从第一个专业施工队开始作业起，至最后一个专业施工队开始作业止，其时间间隔叫流水展开期，用 t' 表示。显然，流水展开期后，全部施工队都进入流水作业，每天各种资源需用量保持不变，就进入了均衡施工流水作业阶段。

⑤施工项目：为有效组织流水作业，必须把一项生态修复工程项目综合施工过程划分为若干个具有独自工序技艺特点的个别施工过程，以便组织专业施工队进行施工作业。施工项目即按个别施工过程进行划分，因此，一般情况下施工项目数等于专业施工队的数目，用 n 表示。施工项目的划分，应根据具体的施工对象来确定。如小流域水土保持生态修复工程项目建设施工，就可划分为坡面水平沟、鱼鳞坑截水工程项目、沟道堤坝钢筋混凝土工程项目、造林种草工程项目等。对于由简单施工过程构成的生态工程施工项目，划分其施工过程就少些；对于规模大、技术复杂的生态工程项目，就应多划分一些施工项目。在流水作业中，大多数施工过程是连续施工，但也有间断的施工过程，如等待混凝土达到规定强度等，这些称为技术间歇，它对于确定流水步距和施工过程的工序衔接都是十分重要的。

2.3.2.3　流水作业法的基本公式

分为流水段法、流水线法 2 个基本公式进行计算。

①流水段法：图 2-1(a)为按流水段法组织管理的流水作业水平图表，共划分成Ⅰ、Ⅱ、Ⅲ个施工段，5 个施工项目。由图 2-1 可知，流水展开期 t' 为第 1 施工段上各施工项目之间的流水步距 K 之和，即公式（2-3）所示。

$$t' = (n - 1)K \tag{2-3}$$

$t'=(n-1)K$

施工项目	施工进度													
	1	2	3	4	5	6	7	8	9	10	11	12	13	14
A	Ⅰ		Ⅱ		Ⅲ									
B			Ⅰ		Ⅱ		Ⅲ							
C					Ⅰ		Ⅱ		Ⅲ					
D							Ⅰ		Ⅱ		Ⅲ			
E									Ⅰ		Ⅱ		Ⅲ	

$t'=(n-1)K$　$t=mt_i$

（a）

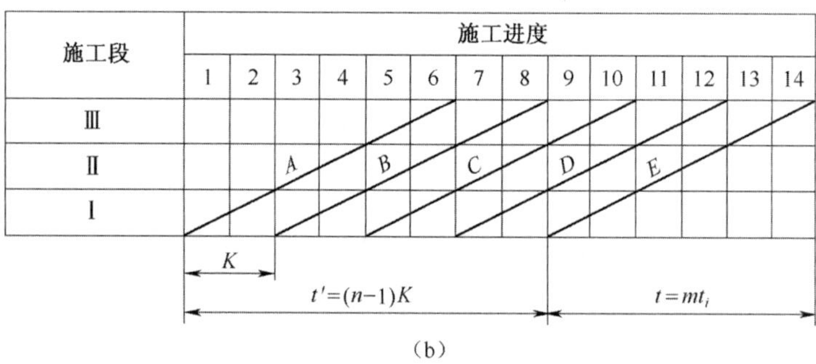

（b）

图 **2-1**　流水断法施工进度图

（a）水平图表；（b）垂直图表

最后一个专业施工队在所有施工段上的作业时间 t 的计算公式（2-4）为：

$$t = mt_i \tag{2-4}$$

总工期 T 显然等于 t' 与 t 之和，即公式（2-5）所示：

$$T = t' + t = (n - 1)K + mt_i \tag{2-5}$$

公式（2-5）即为流水段法的基本公式，式中各符号意义同前。图 2-1(b)是同一流水段法的垂直图表。

②流水线法：图 2-2 为按流水线法组织的流水作业水平图表和垂直图表。由此图可知，总工期 T 的计算公式（2-6）如下：

$$T = t' + t = t' + \frac{L}{V} \tag{2-6}$$

式中：t——最后一个专业施工队的作业持续时间；

L——线性工程的总长度；

V——施工队的移动速度；

其余符号意义同前。

对比公式（2-5）和（2-6）可知，两式的构成实质上基本相同。在流水段法中 $t=mt_i$，而在流水线法中 $t=L/V$。如果将每天完成的线性工程长度看成一个施工段，则流水线法就可按流水段

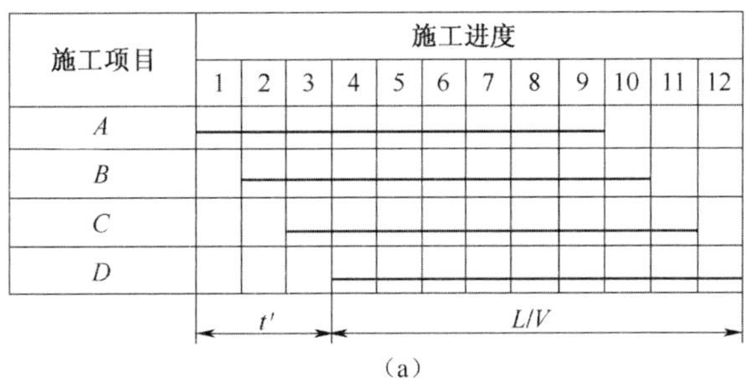

(a)

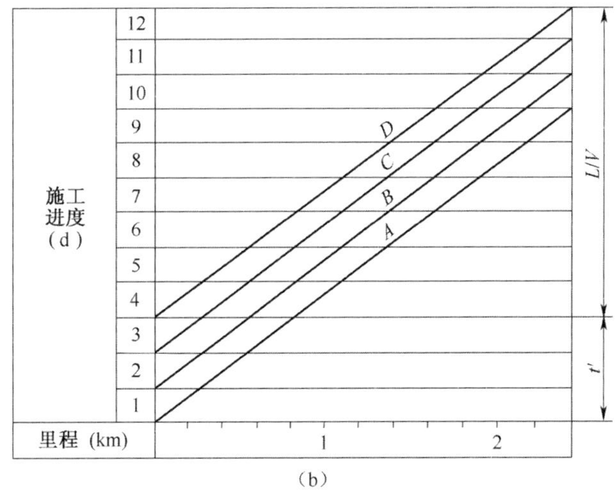

(b)

图 **2-2** 流水线法施工进度

(a) 水平图表；(b) 垂直图表

法进行计算。因此，实际上流水线法是流水段法的一个特例。所以在以下叙述中，主要讨论流水段法。

2.3.2.4 流水作业的基本组织管理方法

由于生态修复工程项目建设施工的构造物复杂程度不同，所处自然生态环境条件各异，以及工程项目建设性质等因素的不一致，流水作业施工组织管理可分为有节拍流水和无节拍流水 2 类，其中有节拍流水又分为全等节拍流水、成倍节拍流水和分别流水 3 种。

①全等节拍流水作业：所谓全等节拍流水，是指各施工过程的流水节拍 t_i 与相邻施工过程之间的流水步距 K 完全相等的流水作业。即 $t_i=K=$常数，也即是各专业施工队在所有施工段上的作业时间均相等。

由于 $t_i=K$，由公式（2-5）可得到全等节拍流水的总工期 T。

$$T=(n-1)K+mt_i=(n-1)K+mK$$

即
$$T=(m+n-1)K \tag{2-7}$$

图 2-1 实际上就是一个全等节拍流水的例子。图中的 $m=3$，$n=5$，$K=2$，由公式（2-7）计算的总工期 $T=(3+5-1)\times 2=14(\mathrm{d})$，与图 2-1 中所示完全吻合。式（2-7）也是公式 $T=(m+n-1)t_i$ 的另一种表达形式。

②成倍节拍流水作业：当各施工过程的流水节拍彼此不相等，但有互成倍数的常数关系时，

如仍按全等节拍流水组织管理施工，则会造成施工队窝工或作业面间歇，从而导致总工期延期。此时，为了使各施工队仍能连续、均衡地依次在各施工段上作业，应按成倍节拍流水组织管理施工，其4个步骤如下：

第一步求算各流水节拍的最大公约数K：必须指出这里的K值，不是原来意义上的流水步距，而是作为按成倍节拍流水组织管理施工的一个参数，它相当于各施工过程都共同遵守的“公共流水步距”。为使用方便和便于与其他流水作业法比较，今后仍称这个K为流水步距。

第二步求算各施工项目的专业施工队数目b_i：每个施工过程的流水节拍t_i是K的几倍，就应相应安排几个施工队，才能保证均衡施工，同一施工项目的各个施工队就依次相隔K天投入流水施工作业。因此施工队数目b_i按式（2-8）计算。

$$b_i = \frac{t_i}{K} \tag{2-8}$$

第三步按计算结果合理安排施工进度：将各专业施工队数目的总和$\sum b_i$看成是施工项目数n，将K看成是流水步距后，按全等节拍流水的方法安排施工进度。

第四步计算总工期T：由于$n = \sum b_i$，因此可用全等节拍流水的公式（2-9）计算总工期。

$$T = (m + n - 1)K = (m + \sum b_i - 1)K \tag{2-9}$$

式中：K——各流水节拍的最大公约数。

③分别流水作业：是指各施工过程的流水节拍各自保持不变（t_i=常数），但不存在最大公约数，流水步距K也是一个变数的流水作业。采用分别流水组织管理施工作业时，首先应保证各施工过程本身均衡而不间断地进行，然后将各施工工序过程彼此衔接协调。也就是说，既要避免各施工工序过程之间发生矛盾，也要尽可能保持施工作业最大程度的紧凑，以达到按期或缩短工期的目的。由于流水步距是个变数，因此必须个别确定，它对于各施工工序过程的相互配合和正确衔接是一个很重要的参数。

在实际的生态修复工程项目建设施工过程中，对于一个专业公司或施工队来讲，它可以按固定的流水节拍施工作业。但从整个工程项目的流水作业组织管理来看，各专业施工队都按自己的流水节拍作业，彼此所完成的工程量不一定相同，也不一定呈倍数关系。这主要是受到操作人员技艺素质、机械配备、施工作业环境条件、劳动生产率或其他外界因素的影响。为此，需要在统一进度要求下，各专业施工队按照本身最合理、施工效率最高的流水速度进行作业。这是在组织管理分别流水作业中应着重考虑和细致研究解决的问题。

④无节拍流水作业：对于生态修复工程项目施工来说，各工序工程量的分布基本上不均匀，如水土保持工程项目建设施工中的挖填土石方、建造堤坝等土建工程项目，则为集中型工程。因此，各专业施工队在机具和劳动力固定的条件下，流水作业速度不可能保持一致，即各施工段上同一施工过程的流水节拍无法相等。也就是说，在组织管理生态修复工程项目流水施工作业时，$t_i \neq$常数、$K \neq$常数、$t_i \neq K$，也非整倍数。

对于上述情况，只能按无节拍流水作业方式组织管理施工。其基本的组织管理方法是：统一控制整个工程的总平均进度，再按分别流水的原则处理各施工工序过程的衔接关系。无节拍流水的各个参数以及总工期确定，都必须通过对专业施工队逐个落实，反复调整，才能获知结果，无法用统一的公式表示。图 2-3 是 4 个施工工序过程的无节拍流水作业示意图，由此可见，无节拍流水作业的组织管理工作不但工作量大，而且相当繁琐，若采用网络计划组织管理方法，则会较容易地得到解决。

上述 4 种流水作业的组织管理方法，各有其特点和使用场合，在生态修复工程项目建设施工实践中必须根据不同情况和项目具体环境条件，采用适合的方法，力争做到适地适法。表 2-1 归纳了各种流水作业组织管理类型的特性。在组织管理施工流水作业时，如遇到技术间歇，可将其看成是一个单独的只占用时间而不消耗施工资源的施工过程，应另划一个施工项目。或者将其附在相应的施工过程后面，但在计划劳动力需要量时，则应分开考虑。

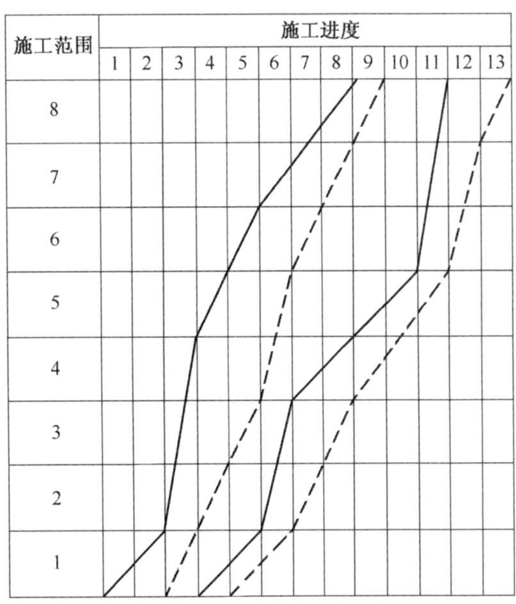

图 2-3 无节拍流水施工作业进度

表 2-1 各种流水作业方式类型特性

流水作业方式类型		主要参数关系	垂直特性
有节拍流水	全等节拍流水	$t_i = K =$ 常数	1. 各流水线呈直线 2. 各流水线彼此平行 3. 各流水线间距相等
	成倍节拍流水	$t_i = nK =$ 常数	1. 各流水线呈直线 2. 各流水线彼此平行 3. 各流水线间距平等
	分别流水	$t_i =$ 常数 $t_i \neq K$ $t_i \neq nK$	1. 各流水线呈直线 2. 各流水线彼此不平行
无节拍流水		$t_i \neq$ 常数 $t_i \neq K$ $K \neq$ 常数	1. 各流水线呈折线 2. 各流水线不平行

注：n 为大于 1 的正整数。

2.3.3 制定施工作业实施方案的基本方法 2：网络计划法

随着我国生态文明建设的发展，生态修复工程项目建设的复杂程度也大大增加，各专业、各部门间的横向联系和相互协作势在必行，这就使得生态修复工程项目建设施工的计划与管理变得越来越复杂。面对这些情况，传统的施工组织与管理方法往往难以适应，为此，采用网络计划法就是已被国内外实践证明的新的有效而适用的计划管理方法之一。它是统筹方法的有效组成部分。

多年的生态修复工程项目建设实践表明，网络计划法符合工程项目建设施工的要求，特别适用工程项目建设施工的组织与管理。从国内外的情况看，在应用这种方法的众多行业中，最多的还数建设工程项目施工公司。在建设工程项目施工中，网络计划法主要用来编制施工进度计划。首先是绘制工程项目施工网络图，然后分析各个施工工序过程在网络图中的地位，找出关键工序和关键线路，接着按照一定的目标（或满足一定的条件）不断调整网络图，最后得到最优的施工进度方案。同时，在执行计划过程中，还可利用网络图进行有效的控制与监督，从而保证获得施工作业最佳的功效和最大的经济效益。

2.3.3.1 网络图的基本概念

分为网络图、箭线、节点和线路来叙述其概念。

①网络图：把一项建设工程项目的所有施工过程的施工工序顺序和工序间的相互关系，用箭线和节点（即圆圈）表示绘制而成的有方向网状图形叫网络图。它表示建设工程项目施工流程图，当它与时间相结合时，就成为网络形式的进度计划。

任何一项建设施工都需要由很多施工工作过程组成。在网络计划法中，工作用箭线来表示，工作的名称写在箭线上方，完成该项工作所需要的时间写在箭线下方。箭尾表示工作的开始，箭头表示工作的结束。箭头和箭尾各与一个圆圈衔接，圆圈应编号，若箭尾为 i，箭头为 j，于是 i—j 即表示该工作的代号（图 2-4），这叫双代号表示法。另一种表示法叫单代号表示法（图 2-5），圆圈表示工作的名称和需用时间，箭线表示各工作之间的关系。根据箭线所表示的内容不同，网络图有双代号网络图（图 2-6）和单代号网络图（图 2-7）2 种。

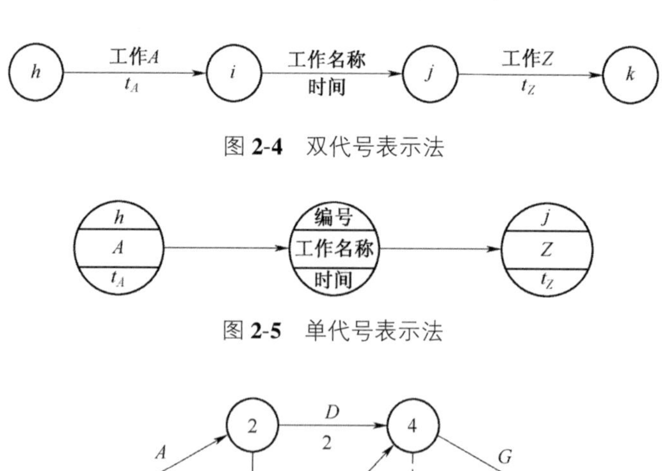

图 **2-4** 双代号表示法

图 **2-5** 单代号表示法

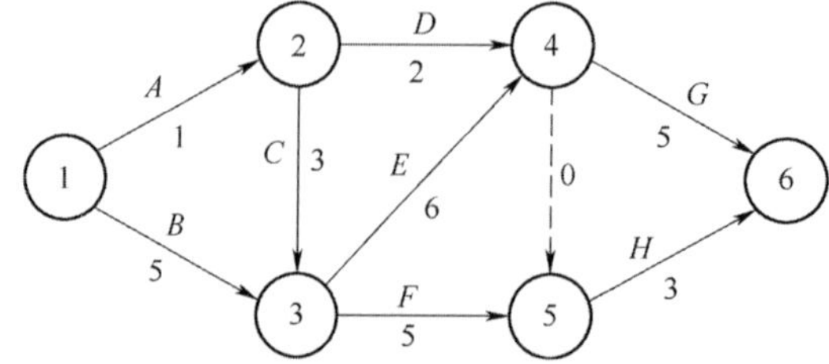

图 **2-6** 双代号网络图

②箭线：在双代号网络图中，根据编制计划范围的不同，箭线可表示一道工序、一项工作，也可以表示一项复杂的施工过程，甚至一项工程任务，以下统称为“工作”。

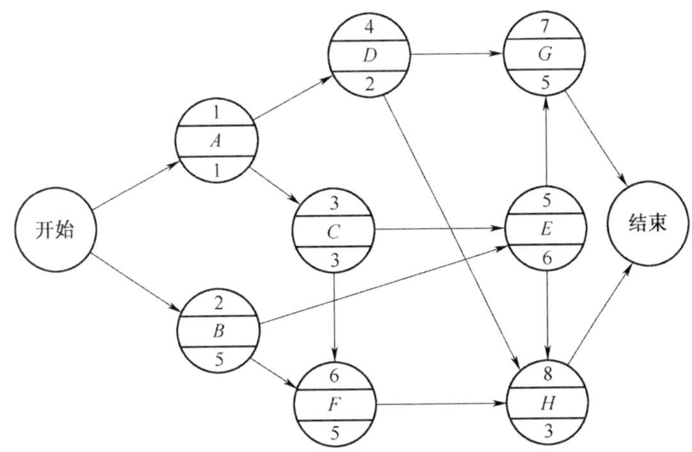

图 **2-7**　单代号网络图

工作需要占用时间和消耗资源，如挖植树坑、开挖水平沟、设置机械沙障、安装浇灌管网、浇筑钢筋混凝土等。有些技术间歇时间，如在浇筑混凝土堤坝过程中的混凝土成品保护等，也应作为一项工作，不过它只占用时间而不消耗资源。因此，凡是占用时间的施工作业过程都应当作1 项工作看待，即在网络图中应有 1 条相应箭线。

为了正确表示各项工作之间的逻辑关系，常引入所谓“虚工作”的称呼，它不占用时间更不消耗资源，常用虚箭线表示，如图 2-6 中的工作 4-5。

箭线的方向表示工作进行的方向，箭尾表示该项工作开始，箭头表示该项工作结束。箭线的长短和曲折对网络图没有影响（时标网络图除外）。

③节点：网络图中的圆圈称为节点。它表示工作的开始，结束或连接等关系，因此，节点也称为事件。网络图的第一个节点叫网络始节点，最后一个节点叫网络终节点，它们分别表示网络计划的开始与结束。其他节点叫中间节点。在一项工作中，与箭尾衔接的节点叫工作始结点，与箭头衔接的节点叫工作终结点。其他工作的箭头如与某项工作的工作始节点衔接时，这些工作就叫该项工作的紧前工作；同样，箭尾与工作终节点衔接的那些其他工作就叫紧后工作。

节点编号不应重复。为了计算方便和更直观起见，与箭头衔接的节点号以大于箭尾节点号为宜。由于网络图需要调整，因此不必连续编号，以便增添。

④线路：2 个节点之间的通路叫线段，从网络始节点到网络终节点的通路则称为线路。显然，线路有很多条，通过计算可以找到需用工作时间最长的线路，这样的线路称为关键线路。位于关键线路上的工作称为关键工作。在网络图上，常用粗黑线表示关键工作（图 2-6）。有时，几条线路的工作时间都同时为最大值，则这些线路都称为关键线路。

关键工作完成的快慢直接影响着建设工程项目施工的总工期，这就突出了整个工程项目的重点，使施工的组织管理者明确主要矛盾。非关键线路上的工序工作则有一定的机动时间，叫做时差。如果将非关键工序工作的部分人工、机具器械转移到关键工序工作上去，或者在时差范围内对非关键工作进行调整，则可达到均衡施工的目的。经过调整之后，关键线路有可能发生转移，这是需要特别注意的问题。

箭线、节点和线路是双代号网络图的三要素。

2.3.3.2　绘制网络图规则

应按照以下 7 项规则绘制网络图。

①在绘制 1 个网络图过程中，只能有 1 个网络始节点和 1 个网络终节点。如有几项工序同时开始或同时结束，通常可分别采用图 2-8 中（a）、（b）的形式表示。图 2-9 中出现的节点 4 和 6 都是错误的表示法。

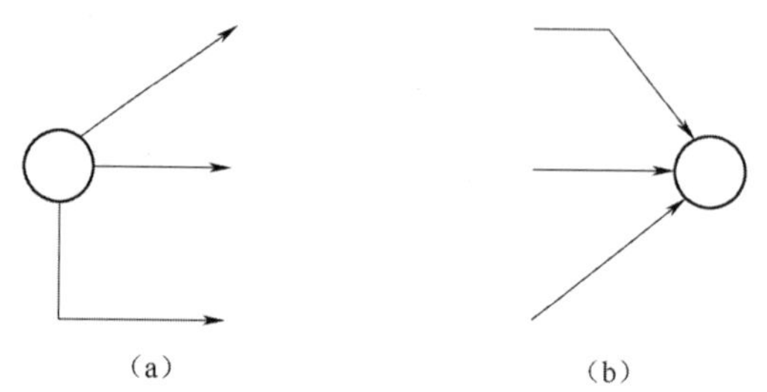

图 2-8　几工序同时实施的网络始节点和网络终结点图
（a）网络始节点；（b）网络终结点

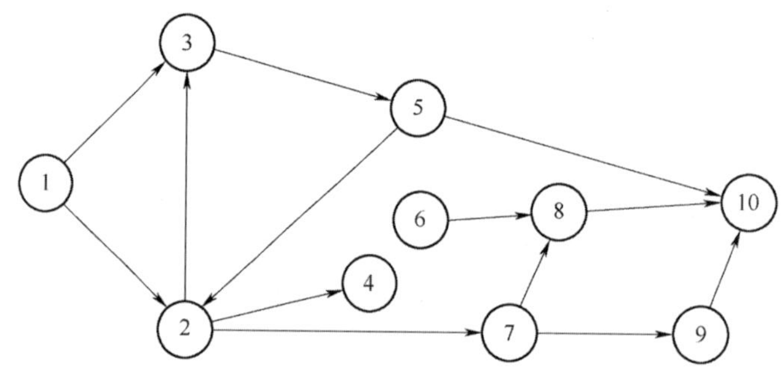

图 2-9　错误的网络图（1）

②2 个节点之间只能有 1 条箭线，即只能表示 1 项工作，以避免出现相同编号的工作。图 2-10 的表示法是错误的。

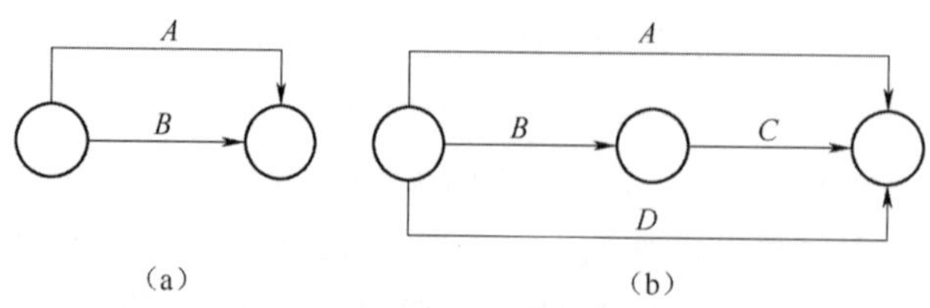

图 2-10　错误的网络图（2）

③1 项工作不能用 2 条箭线表示，以免出现不同编号的同一项工作。

④不允许出现“闭合回路”。如图 2-9 中的 2—3—5—2 组成闭合回路，则会导致工作之间的逻辑关系混乱。

⑤表示 2 项工作的箭线发生交叉时，采用图 2-11 所示的“过桥”方式标示。

⑥合理使用虚箭线，正确表达工序工作的逻辑关系。例如，工序工作 *A*、*B* 完成后同时做工

序工作 C、D，应绘成图 2-12 中（a）的形式。倘若工序工作 D 只需待 B 完成后就开始，而与 A 无关，则应绘成图 2-12 中（b）的形式，虚箭线“割断”了 A、D 之间的联系。又如，工序工作 C 在 A 之后，G 在 B 之后，且 A、B 完成后工序工作 D 才能开始，其网络图如图 2-12 中（c）所示，虚箭线在图中起了“连接”作用。图 2-10 中（a）的正确表示法，应如图 2-12 中（d）所示，此处的虚箭线将 2 项工序工作“分隔”开。

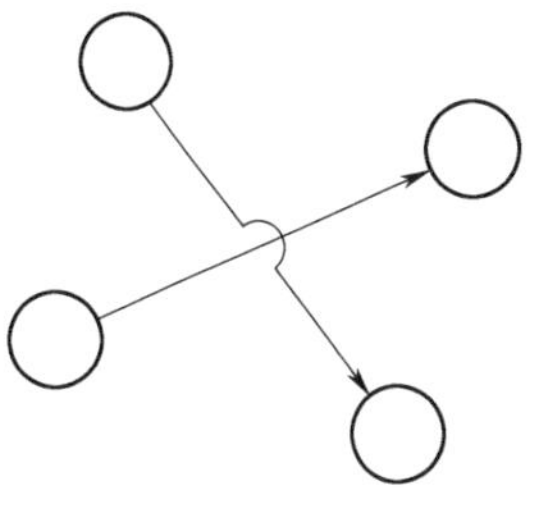

图 **2-11**　箭线的交叉

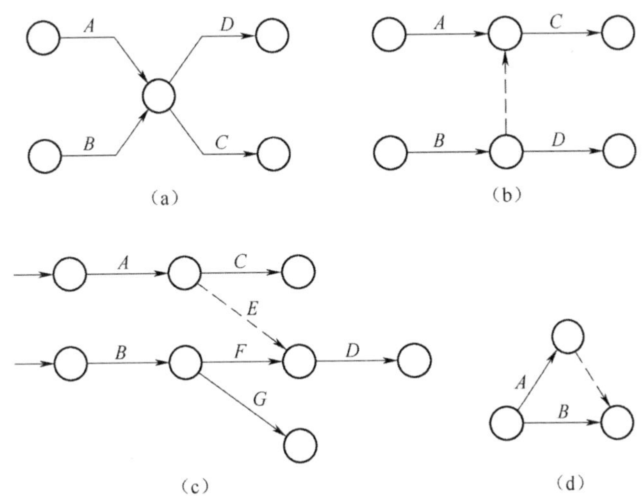

图 **2-12**　虚箭线表达工序之间的逻辑关系图

⑦对于需要平行衔接的工序工作，应采用分段方法表达。例如，工序工作 D 要在 A 进行途中开始，A 全部完成后，B 才能最后完成，即 2 项工序工作的一部分是“平行”关系。则应将施工对象划分为若干施工段，工序工作 A、B 也就相应地分成 A_1，A_1，A_2，$\cdots A_n$ 和 B_1，B_2，$\cdots B_n$。它们的平行衔接关系如图 2-13。

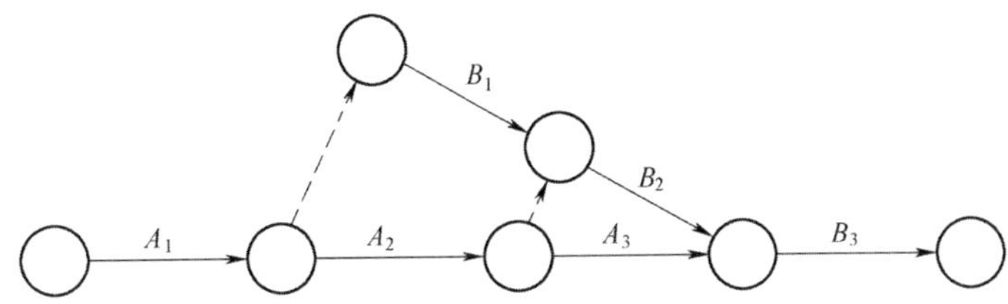

图 **2-13**　工序工作的平行搭接

2.3.3.3　编制网络图的步骤

分为以下 4 个步骤编制网络图。

①收集资料：应详细收集项目设计说明书、施工合同书、施工图设计、工程量表、预算和工期进度要求等文件，还应有可供使用的劳动力、材料、机具等数量。对这些资料进行分析，可以确定各工序工作之间的逻辑关系，以及哪些工序工作人工完成，哪些工作应使用机械。并根据施

工资源的准备情况，就可以合理确定采用什么施工作业方案和哪种施工方法。

②划分施工过程和施工段：根据编制网络图的范围，施工过程可由工序、施工项目组成，具体划分方法应符合有关专业技术工艺要求。施工段的划分与流水作业法相同。

③计算各施工过程的工作持续时间：当有定额或已知单位时间内施工队的计划作业量时，工作持续时间的计算公式与流水作业法的式（2-2）相同。如果缺乏相应定额，或工作持续时间不能肯定时，可用式（2-10）计算：

$$D_{i-j}=\frac{a+4m+b}{6} \tag{2-10}$$

式中：D_{i-j}——工作 i–j 的期望持续时间（d）；

a、$4m$、b——分别表示工作 i–j 的最快、正常、最慢的估计持续时间（d）。

这里必须指出，采用式（2-10）计算结果编制的网络称为非确定型网络，该式把非确定型的问题转化成确定型的问题来处理。非确定型网络是网络计划法的一个分支——计划评审法的研究对象，此处不宜再进一步讨论这个问题。

④绘制网络图：把所有工作根据施工顺序及其相互的关系，按照规定符号和绘图规则，从左向右进行绘制。绘制图时，任何情况下都必须遵从施工作业的客观规律，符合技术、工艺流程，注意工序工作的衔接。网络图能够正确无误地反映出各项工作的逻辑关系。绘制网络图具体做法是：一般先绘出草图，检查逻辑关系无误后再补充完整；对于规模较大网络图，可先粗略规划，然后分块绘制，再拼接起来，最后统一检查。

2.3.3.4 网络图计算

包括关键线路持续时间计算、各工作最早可能开工时间和最迟必须开工时间计算、非关键线路上的时差计算等。这些时间参数的计算方法有图上计算法、列表计算法和电算方法等。下面以图 2-14 所示的网络图说明图上计算法，该图表示分为 3 个施工段施工堤坝基础工程，各工序的作业持续时间注在箭线下面。为简化计算过程，时间参数中的开工和完工时间都以时间单位的终了时刻为准。如第 3 天开工即指第 3 天终了（下班）时刻开工，实际是第 4 天上班时才开工；第 4 周完工即指第 4 周最后一天下班时完工。

①关键线路及总工期：计算网络图就是为找出关键线路，从而确定总工期。网络图的每一条线路即是一条施工流程线，从每条流程线上都可以算出一个作业总持续时间。比较所有线路的计算结果，其总持续时间最大的线路就是关键线路，最长总持续时间就是总工期。

分析图 2-14 就可以发现该网络图有 6 条线路。

计算表明，第 6 条线路的总持续时间最长，为 12d，这就是说，即使其他各条线路上的施工持续时间再缩短，整个工程的工期仍受第 6 条线路的控制，还是需要 12d。只有缩短第 6 条线路的施工持续时间，才会缩短总工期的时间。因此，该网络图的关键线路是第 6 条，如图 2-14 的粗黑线所示。该工程总工期 $T=12$d，在网络终结点处用 $T=12$d 的形式表示。采用这种方法来确定关键线路和计算总工期，只能适用于简单的网络图。如果网络图比较复杂，这种方法就显得繁琐而又容易因遗漏线路而出错，因此常用下述计算其他时间参数的方法来确定关键线路。

②工序最早可能开工时间：各工序最早可能开工时间，用 ES 表示。严格地说，它是指一个

第 1 条 ① → ② → ④ → ⑧ → ⑨ → ⑩ 持续 8 d；

3 2 1 1 1

第 2 条 ① → ② → ④ → ⑤ → ⑥ → ⑦ → ⑨ → ⑩ 持续 10 d；

3 2 0 2 0 2 1

第 3 条 ① → ② → ④ → ⑤ → ⑥ → ⑧ → ⑨ → ⑩ 持续 9 d；

3 2 0 2 0 1 1

第 4 条 ① → ② → ③ → ⑤ → ⑥ → ⑧ → ⑨ → ⑩ 持续 10 d；

3 2 0 2 0 1 1

第 5 条 ① → ② → ③ → ⑤ → ⑥ → ⑧ → ⑨ → ⑩ 持续 11 d；

3 3 0 2 0 2 1

第 6 条 ① → ② → ③ → ⑦ → ⑨ → ⑩ 持续 12 d；

3 3 3 2 1

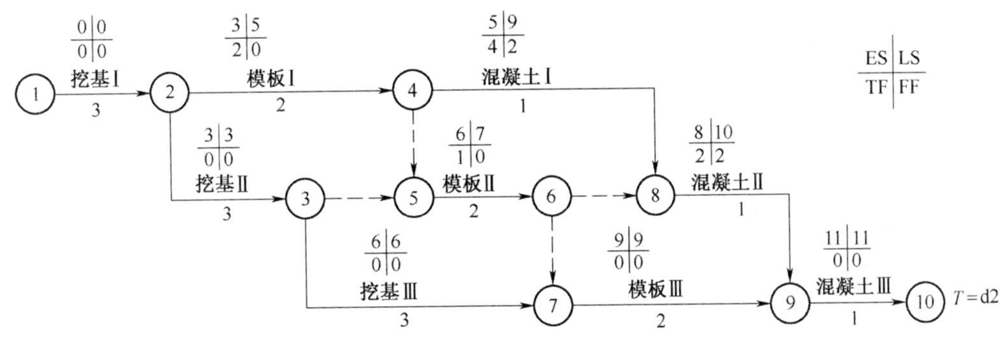

图 **2-14** 图上计算法

工序具备了作业面、准备工作的条件和人工、材料、机具等资源条件后可以开始工作的最早时间。因此，在工作程序上，它必须等紧前工序完成之后才能开始。此处计算仅考虑工序间的技艺衔接关系。全面考虑资源条件是网络图优化和施工组织设计研究的主要问题。

计算各工序最早可能开工时间应从网络始节点开始，顺箭线方向计算，直到网络终结点。先计算紧前工序，然后才计算本工序，整个计算是一个加法过程。现仍以图 2-14 为例说明其计算过程。由于与网络始节点衔接的工序应是最先施工的工序，因此，将它们最早可能开工时间规定为零。显然，本例中工序 1—2 的 $ES_{12}=0$，将此数填写在该工序箭线上方“+”字形符号的左上方，以后各工序的 ES_{ij} 值都相应地填写在这个位置上。

所有其他工序的最早可能开工时间 ES_{ij} 的计算方法是，将它所有紧前工序的最早可能开工时间 ES_{hi} 分别与各该工序的作业持续时间 t_{hi} 相加，其中的最大值就是这个工序（称为本工序）的 ES_{ij} 值。计算公式为式（2-11）：

$$ES_{ij}=\max\{ES_{hi}+t_{hi}\} \tag{2-11}$$

再如本例的工序 4—8 只有一个紧前工序 2—4，因为 $ES_{hi}=ES_{24}=3$，$t_{hi}=t_{24}=2$，所以 $ES_{ij}=ES_{48}=ES_{24}+t_{24}=3+2=5$，将 5 填写在相应的“+”字形符号的左上方（图 2-14）。又如工序 7—9 有两个紧前工序，即 3—7 和 5—6（注意虚箭线 6—7 的工作持续时间为零），由两个紧前工序计算得到结果为：$ES_{37}+t_{37}=6+3=9$；$ES_{56}+t_{56}=6+2=8$，由式（2-11）得到工序 7—9 的最早可能开工时间为：

$$ES_{79}=\max\{9,8\}=9$$

其他工序的计算结果如图 2-14。最后一道工序 9—10 的 $ES_{9-10}=11$，而该工序的作业持续时间 $t_{9-10}=1$，于是网络计划的总工期 $T=11+1=12$d。显然，12d 也是最后一道工序的完工时间，因而也是整个网络计划的完工时间，这是计算总工期的另一种方法。

③工序最迟必须开工时间：各工序最迟必须开工时间用 LS 表示。它是指一个工序在不影响总工期的条件下，可以允许的最晚开工时间，因此，它必须确保该工序在其紧后工序开工之前完成。计算各工序最迟必须开工时间，应从网络终节点开始，逆箭线方向计算，直到网络始节点。先计算紧后工序，然后计算本工序，整个计算是一个减法过程。

由于总工期实质上是与网络终节点衔接的所有最后工序最迟完成时间。如有规定时，总工期采用规定值，无规定时，采用上面的计算值 T。

所有其他工序最迟必须开工时间 LS_{ij} 的计算方法是，将各紧后工序的最迟必须开工时间 LS_{jk} 的最小值减去本工序的作业持续时间 t_{ij}，其差值就是本工序的最迟必须开工时间 LS_{ij}。其计算公式（2-12）如下所列：

$$LS_{ij}=\max\{LS_{jk}-t_{ij}\} \tag{2-12}$$

例如，本例工序 8—9 的紧后工序是 9—10，由于 $LS_{jk}=LS_{9-10}=11$d，$t_{ij}=t_{8-9}=1$，于是工序 8—9 的最迟必须开工时间 $LS_{8-9}=11-1=10$（d）。又如工序 2—4 的紧后工序是 4—8 与 5—6，由于 $LS_{4-8}=9$，$LS_{5-6}=7$，$t_{2-4}=2$，由式（2-12）得到工序 2—4 的最迟必须开工时间：

$$LS_{2-4}=\max\{9,7\}-2=7-2=5(\text{d})$$

然后，将所有计算出来的 LS 值填写在相应工序箭线上方“+”字形符号右上方（图 2-14）。

④总时差：分析图 2-14 的上述计算结果可以得知，当总工期一定时，有些工序的最早可能开工时间与最迟必须开工时间不相等，两者之间有一个差值，这表明该工序实际开工时间可以有一定机动性。将各工序在不影响计划总工期的条件下所拥有机动时间的极限值称为总时差，用 TF 表示，其计算公式（2-13）为下所列：

$$TF_{ij}=LS_{ij}-ES_{ij} \tag{2-13}$$

例如，本例中工序 2—4 的总时差 $TF_{2-4}=5-3=2$d；工序 5—6 的总时差 $TF_{5-6}=7-6=1$d 等。然后将这些 TF 值填入“+”字形符号的左下方。一般来说，总时差越大的工序，其开工时间机动余地也越大。在组织管理施工时，可以在总时差范围内调整开工时间，或者在保证最小劳动组织强度的情况下，抽调人工、物资进行其他工作，只要保证本工序的完工时间不影响紧后工序的施工作业即可。总时差为零的工序，说明它只有一个确定的开工时间，没有任何机动余地。这些工序也就是关键工序，由关键工序组成的线路也就是关键线路。这是确定关键线路的又一种方法。

⑤自由时差：是指一个工序在不影响紧后工序工序的最早可能开工时间条件下可以机动灵活使用的时间，它是总时差的一部分，用 FF 表示。显然，这时工序活动的时间范围被限制在本身的最早可能开工时间与其紧后工序的最早可能开工时间之间，从这段时间扣除本身的作业持续时间后，剩余时间即为该工序的自由时差。把以上叙述用公式表达出来就是：

$$FF_{ij} = LS_{ij} - ES_{ij} - t_{ij} \tag{2-14a}$$

或者也可以写成下式：

$$FF_{ij} = ES_{jk} - (ES_{ij} + t_{ij}) = ES_{jk} - EF_{ij} \tag{2-14b}$$

式中：EF_{ij}是本工序的最早完工时间，其值等于该工序的最早可能开工时间与它本身的作业持续时间之和，即：

$$EF_{ij} = ES_{ij} + t_{ij} \tag{2-15}$$

在图 2-14 中，工序 2—4 的紧后工序为 4—8 和 4—5，其最早可能开工时间 $ES_{jk} = ES_{4-8} = 5$，本工序的 $ES_{ij} = ES_{2-4} = 3$、$t_{ij} = t_{2-4} = 2$，由式（2-14a）计算得到工序 2—4 的自由时差为 $FF_{2-4} = ES_{4-8} - ES_{2-4} - t_{2-4} = 5-3-2 = 0$。又如，工序 4—8 的紧后工序为 8—9，有关数据为：$ES_{jk} = ES_{8-9} = 8$，$ES_{ij} = ES_{4-8} = 5$，$t_{ij} = t_{4-8} = 1$，则自由时差为 $FF_{4-8} = 8-5-1 = 2$。其余工序的 FF 值照此计算，然后将计算结果填写在“+”字形符号的右下方。

自由时差是总时差的一部分，因此，总时差为零的工序，其自由时差必然为零。

以上所述是图上计算法，具有直观、明了的特点，一般都是在图上直接计算。采用列表计算法的计算过程与结果见表 2-2。对于复杂生态修复工程项目建设施工的网络图计算，都使用电子计算机程序进行计算。

表 2-2　列表计算结果

计算结果 / 工程项目	工序编号（i-j）	本工序持续时间（t_{ij}）	紧前工序（h-i）	最早可能开工时间（ES）	紧后工序（j-k）	最迟必须开工时间（LS）	总时差（TF）	自由时差（FF）
挖基 I	①→②	3		0	②→③ ②→④	0	0	0
挖基 II	②→③	3	①→②	3	③→⑤ ③→⑦	3	0	0
立模板 I	②→④	2	①→②	3	④→⑤ ④→⑧	5	2	0
虚工序	④→⑤	0	②→④	5	⑤→⑥	7	2	1
混凝土 I	④→⑧	1	②→④	5	⑧→⑨	9	4	2

（续）

计算结果 工程项目	工序编号（i-j）	本工序持续时间（t_{ij}）	紧前工序（h-i）	最早可能开工时间（ES）	紧后工序（j-k）	最迟必须开工时间（LS）	总时差（TF）	自由时差（FF）
虚工序	③→⑤	0	②→③	6	⑤→⑥	7	1	0
立模板Ⅱ	⑤→⑥	2	③→⑤ ④→⑤	6	⑥→⑦ ⑥→⑧	7	1	0
挖基Ⅲ	③→⑦	3	②→③	6	⑦→⑨	6	0	0
虚工序	⑥→⑦	0	⑤→⑥	8	⑦→⑨	9	1	1
虚工序	⑥→⑧	0	⑤→⑥	8	⑧→⑨	10	2	0
混凝土Ⅱ	⑧→⑨	1	⑥→⑧ ⑥→⑧	8	⑨→⑩	10	2	2
立模板Ⅲ	⑦→⑨	2	③→⑦ ⑥→⑦	9	⑨→⑩	9	0	0
混凝土Ⅲ	⑨→⑩	1	⑦→⑨ ⑧→⑨	11		11	0	0

2.3.3.5 网络计划的表示方法

网络计划是表现生态修复工程项目建设施工进度的一种较好形式，它不但能表示各工序的施工日期，而且还能明确表示出工序之间或工程项目之间的逻辑关系，把计划变成一个有机的整体，成为施工组织管理工作的中心。所谓生态施工网络计划，就是标注上各工序（或子、分工程项目）的作业持续时间和所计算时间参数的网络图（也即施工流程图）。它比过去使用的横道线施工进度图更能适应现代化生态施工组织管理的需要。

（1）施工网络计划分类：不同用途的网络计划，按其内容和形式的不同分为以下5类。第一类按应用范围分为局部网络计划、分项工程网络计划和总网络计划。局部网络计划可以是一座坝、一片防护林、一段生态护坡工程等，而总网络计划则包括整个生态建设项目。第二类按复杂程度分为简单网络计划和复杂网络计划。工序数目较少，仅用一般计算工具就能计算的计划称为简单网络计划；必须使用大型电子计算机计算的工序很多的计划则称为复杂网络计划。第三类按详略程度分为详图和简图。详图按工序编制，直接在基层工地使用；简图供讨论与规划使用，它将某些工序组合成较大的项目，突出重点工程和主要工种间的逻辑关系。第四类按最终目标的数目分为单目标网络计划和多目标网络计划。单目标网络计划只有一个网络始节点和一个网络终节点。以上介绍的都属于单目标网络计划。多目标网络计刻有多个独立的最终目标，因而网络图有多个终节点。例如，一个施工单位承担几项不同的施工任务，某生态建设辖区内有几个生态修复工程建设项目等，都应用多目标网络计划表示。第五类按时间表示方法分为一般网络计划和时标网络计划。箭线长短与工序持续时间无关时，称为无时标的一般网络计划。箭线在横坐标上的投影长度表示工序持续时间长短的计划，称为时标网络计划。

（2）生态施工网络计划的排列方式：为了使网络计划更形象、直观、条理清楚、准确清晰，常根据网络计划的不同用途和不同施工组织管理方法绘制成不同的图形。

第一种，混合排列：将工序混合排列时，相应的网络计划如图 2-15。这种图形对称美观，突出了工序间的平行作业关系。但在同一水平线上有不同施工段的各种工序作业。

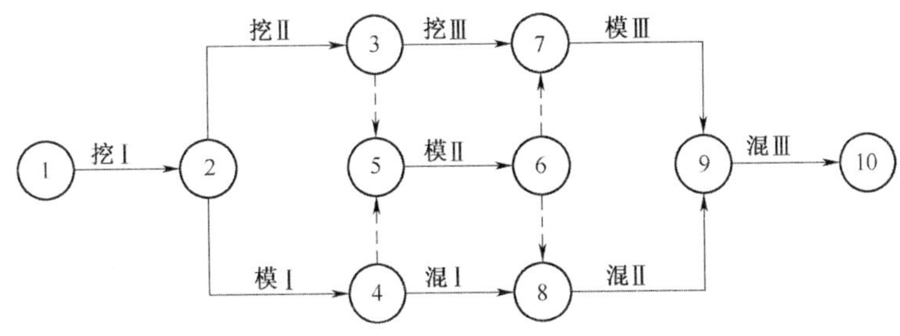

图 **2-15**　混合排列

第二种，按流水作业段排列：这种排列方式是把同一施工段上的工序排在一条水平线上，反映了分段施工的特点，突出了作业面的利用情况。这是施工工地常用的一种网络计划方式。图 2-16 就是按流水段作业排列的一个例子。

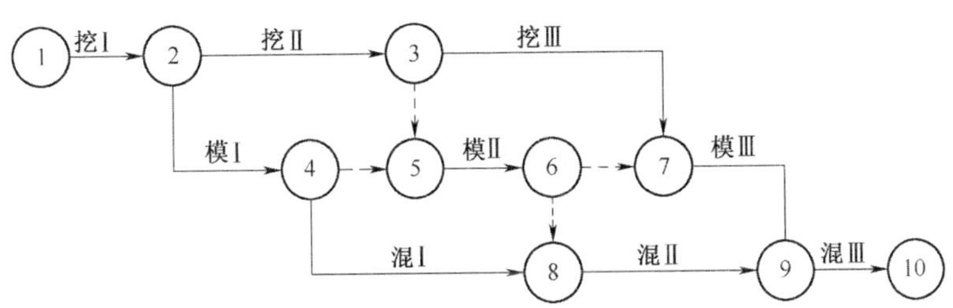

图 **2-16**　按工序排列

第三种，按工序排列：这种排列方式的特点是将相同工序排列在同一条水平线上，突出了不同工种的作业情况，是建设工地常用的一种网络计划方式。图 2-16 为图 2-15 的同一网络计划按工序排列的形式。

第四种，按施工单位或专业排列：如果一项生态修复工程项目由几个施工单位共同参与施工，或由各专业施工队分别完成，为便于更直观地了解各施工单位的计划和进展情况，网络计划就可以按施工单位排列。

（3）工序组合与合并：工地施工用的详细网络图应按每道工序进行编制才能满足使用要求，而建设单位或讨论过程中使用的简略网络图又应在概括全面的基础上突出重点。但是，详图和简图又必须是有机统一的整体。因此，在编制施工网络计划时，就会出现工序组合与合并图的情况。在绘制复杂工程项目的网络图时，常将其划分成若干相对独立的部分，然后分别绘出各部分的网络图，最后把它们合并成一个总网络图，这就是网络图的合并图。例如，一个小流域水保工程建设项目的施工，可以分为：林草植被施工项目、围封管护项目等，坡面截水工程措施项目、沟道蓄水坝工程项目等；或者按专业任务的分配情况划分成若干区段，分别绘图后再合并。

（4）时标网络计划：一般网络计划的工序施工持续时间标注在箭线下方，以使计划的修改较为方便，但因箭线长度与持续时间无关，因此不太直观，不能一目了然地在图上直接看出各工序的开工和结束时间。时标网络计划则能克服这一缺点。它具有横道线计划图直观的优点，使网络图易于理解，并应用方便，但修改计划却比较麻烦。时标网络计划可以按各工序的最早可能开工时间绘制，也可以按最迟必须开工时间绘制。时标网络计划实际上就是各工序的箭线长度与其持续时间成正比的网络计划。因此，绘制之前应先用一般网络图计算各工序的时间参数，以此作为绘制图的依据。按最早可能开工时间绘制时标网络计划的步骤如下。

第一步在有横向时间坐标的表格上确定每道工序的最早可能开工时间的节点位置。

第二步将各工序持续时间用实线沿水平方向绘出。实线的水平投影长度应与该工序的持续时间相等。

第三步用水平波形线把实线部分与其紧后工序的始节点连接起来。两线连接处加一圆点。

第四步虚工序在图上不占用时间的垂直部分用虚箭线连接，占用时间水平的部分用波形线表示。

第五步把时差为 0 的工序箭线加粗，这条线路就是关键线路。

图 2-17（b）是按最早可能开工时间绘制的时标网络图。同一网络计划按最迟必须开工时间绘制的时标网络图如图 2-17（c）所示。该图绘制步骤与图 2-17（b）相似，这里不再赘述。

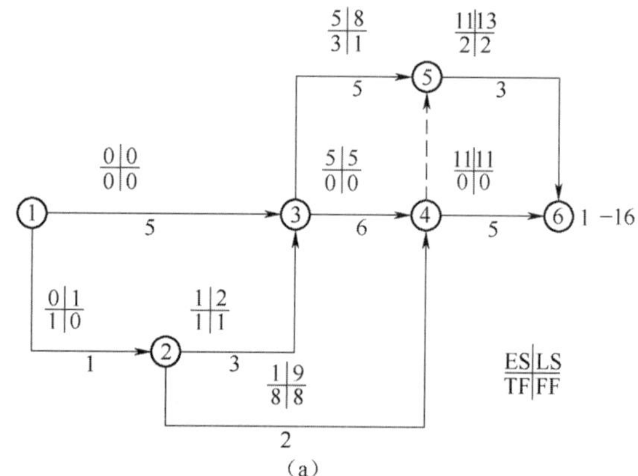

（a）

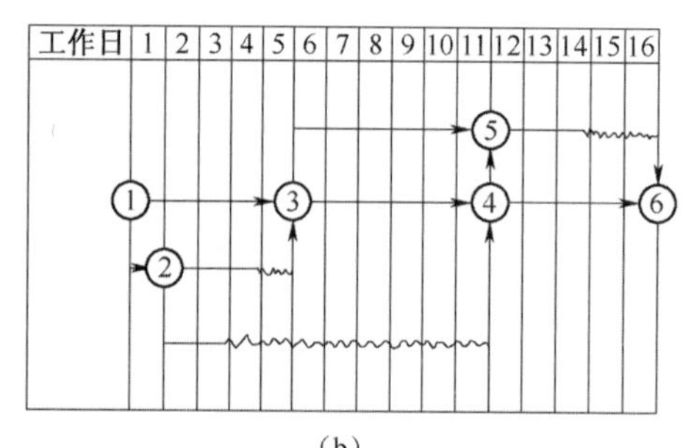

（b）

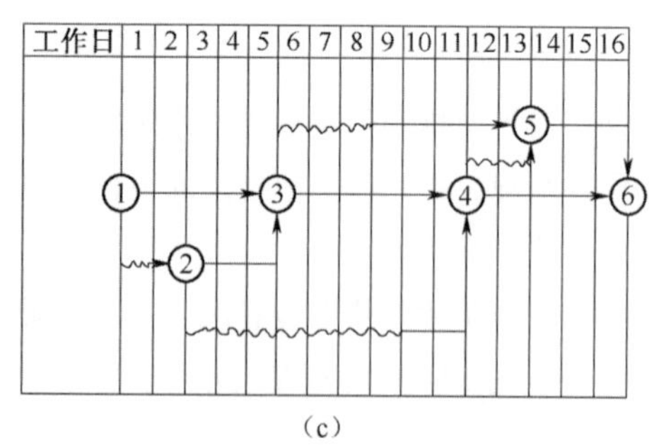

（c）

图 2-17　时标网络计划

（a）网络图；（b）按最早可能开工时间绘制的时标网络计划；（c）按最迟必须开工时间绘制的时标网络计划

2.3.3.6　网络计划优化

是指通过利用时差不断改善网络计划的最初方案，在满足既定条件的情况下，按某一衡量指标来寻求最优方案的问题。例如：在人工、材料、设备和资金等施工资源有限的条件下，寻求施工作业工期最短的途径；在已规定工期的条件下，要求投入的人工、材料、设备和资金等施工资源量最小；在最短期限内完成项目施工目标计划的条件下，要求成本最低等。

根据所要求的目标不同，有着各种各样优化理论、方法和途径。限于篇幅，以下扼要阐述 3

种常见实用的优化方法的基本概念，以供制定施工作业实施方案时参考。

(1) 资源有限，工期最短。设定网络计划需要 S 种不同的施工所需物资资源，已知每天可能供应的数量分别为 $A_1(t)$，$A_2(t)$，…，$A_n(t)$，完成每一个工作（i–j）只需要其中一种资源，工作 i–j 需要的资源是第 K 种，单位时间需要量以 $r_{i-j}^{(k)}$ 表示，并假定 $r_{i-j}^{(k)}$ 是个常数。在施工物资资源供应应满足 $r_{i-j}^{(k)}$ 的条件下，完成工作 i–j 所需要的持续时间以 D_{i-j} 表示。

这里，亟待解决的问题就是在施工物资资源有定额限制的条件下，要求保持先前规定的施工作业顺序，去寻求工期最短的方案。

以 $W_{i-j}^{(k)}$ 表示工作 i–j 所需要的 K 种资源总数，因此就有 $W_{i-j}^{(k)}=r_{i-j}^{(k)}\cdot D_{i-j}$。整个网络计划第 K 种资源总需要量则为：

$$\sum_{v(i,\ j)} W_{i-j}^{(k)} = \sum_{v(i,\ j)} r_{i-j}^{(k)} \cdot D_{i-j}$$

假定 $A_k(t)\,(k=1,\ 2,\ \cdots,\ S)$ 为常数，即 $A_k(t)=A_k$，那么最短工期的下界是：

$$\max_{k}\left[\frac{1}{A_k}\sum_{v(i,\ j)} W_{i-j}^{(k)}\right]$$

倘若在不考虑施工物资资源有定额限制的条件下，算得网络计划关键线路的长度 L_{cp}，那么在满足施工物资资源使用的条件下，其工期 T 必然满足下式：

$$T \geqslant \max\left[L_{\mathrm{cp}},\ \max\left(\frac{1}{A_k}\sum_{v_{(i,\ j)}} W_{i-j}^{(k)}\right)\right]$$

根据网络图，首先绘制相应于各工作最早可能开工时间的时标网络图及其相应的物资资源需要量动态曲线，从中可找出关键线路的长度、关键工作和非关键工作的总时差。如果物资资源需要量不能够满足规定的条件限制时，那么就需要进行调整。

调整时，应先是把非关键工作在时差范围内移动，然后绘制资源需要量动态曲线，继而检查是否满足规定的限制条件。如果通过时差调整仍不能满足要求，则必须另行绘制网络图，重复以上调整步骤。因此，调整过程是需要反复进行的一个近似求解的过程。

(2) 工期规定，物资均衡。指在工期规定的条件下，求出物资资源分配最优（均衡）的方案。为使问题简化，假定对于每个工作（i–j）其 r_{i-j} 为常数，且假定所有工作都需要同样一种资源，即 $S=1$。

衡量施工物资资源需要量的不均衡程度有 2 个指标，即方差值与极差值。

方差值：由于施工资源需要量动态曲线为阶梯形，其方差值的计算式如下：

$$\begin{aligned}\frac{1}{T} &= \sum_{1}^{T}\left[R(t)-R_m\right]^2 \\ &= \frac{1}{T}\left[\sum_{1}^{T}R^2(t)-\sum_{1}^{T}2R(t)R_m+\sum_{1}^{T}R_m^2\right] \\ &= \frac{1}{T}\sum_{1}^{T}R^2(t)-R_m^2 \qquad (2\text{-}16)\end{aligned}$$

式中：$R(t)$ ——在时间 t 需要的施工物资资源数量；

R_m——施工物资资源需要量的平均值；

T——规定的工期。

因为 T、R_m 为常数，因此要使方差值最小，即，使 $\sum_{1}^{T} R^2(t) = R_1^2 + R_2^2 + R_3^2 + \cdots + R_t^2$ 为最小。式中：R_t 为第 t 天所需要的施工物资数量。

极差值：极差值的计算式（2-17）如下：

$$\left.\begin{array}{l}\max[R(t) - R_m] \\ t = (0,\ T)\end{array}\right\} \tag{2-17}$$

因为 R_m 为常数，因此欲使极差值最小，即，使式（2-18）

$$\left.\begin{array}{l}\max R(t)\ \text{为最小} \\ t = (0,\ T)\end{array}\right\} \tag{2-18}$$

使方差值和极差值为最小。

这是两个不同性质的问题，其解法也是不相同的。

采用以上公式进行网络计划的优化，仍是不断调整网络图的近似解法。

（3）工期缩短、成本最低。生态修复工程项目施工成本是由直接费用和间接费用两部分组成的。它们与工期之间的关系如图 2-18。缩短工期，会引起直接费用的增加和间接费用的减少。延长工期则会引起直接费用减少和增大间接费用。施工单位的初衷是生态修复工程项目施工成本最小（图 2-18 中的 B 点），与生态修复工程项目施工最小成本相对应的工期就是最优工期。

以下分析直接费用与工期之间的关系。

直接费用与工期之间的关系，最简单的可用连接曲线上的两点直线 AB 来表示（图 2-19）。B 点直接费用最小 C_n，与此费用相对应的工期 T_n，把它称为正常工期。A 点是完成施工过程的最短期限（极限即 T_S），与此相对应的费用为 C_S，显然，单位时间费用的变化率 e 为：

$$e = C_S - \frac{C_n}{T_n - T_S} \tag{2-19}$$

图 2-19 意味着某一施工过程直接费用随着工作持续时间的改变而改变的关系。

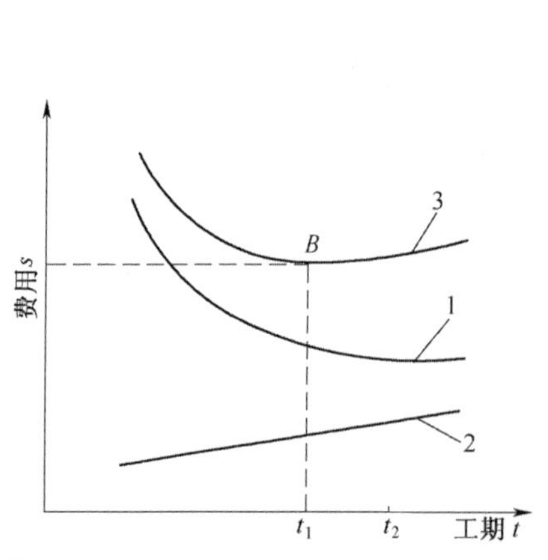

图 2-18 工期—费用曲线

1—直接费用；2—间接费用；3—费用总和；

t_1—费用最低日期；t_2—限定的竣工日期

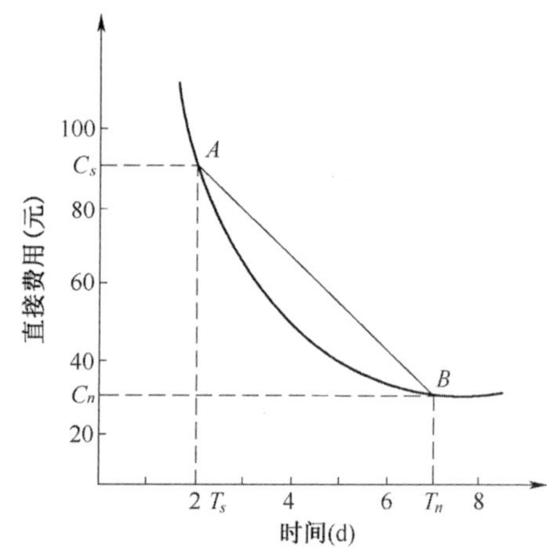

图 2-19 直接费用与时间的关系曲线

由于 AB 之间近似地取直线，所以单位时间费用变化率 e 是固定的。在图 2-19 中：

$$e=\frac{90-30}{7-2}=\frac{60}{5}=12(\text{元}/\text{d})$$

不同施工过程中的 e 值不同，e 值愈大，意味着施工持续时间变化一天所增加的费用也愈大。因此，要缩短工期，首先要缩短位于关键线路上 e 值最小的施工过程的持续时间，使工期缩短而直接费用增加最少。

网络计划的优化，是寻求施工计划最佳方案的一个必要步骤，往往要反复调整多次才能得到近似解答的结果。因此，优化过程中的计算工作量十分繁重，一般都应借助于电脑。

2.3.4　制定施工作业实施方案的程序

在制定生态修复工程项目建设施工作业实施方案时，只有遵循科学而合理的程序，才能保证编制出的方案具有实用性和适用性，其编制程序如下：第一，必须研读和熟悉工程设计图、设计说明书及相关单项标准图，深刻琢磨和领会设计意图；充分收集资料，深入分析、探索施工中的关键工序和工艺。第二，以合同工期为施工期限，确定生态修复工程项目建设各单项、分项工程对应的专业施工队（组）及应承担的工程量和工期。第三，比较、筛选和确定最优化的施工作业工序、工艺方法。第四，编制和绘制完成施工作业进度计划横道图或网络标示图。第五，以工程单项、分项工程的施工工序、工艺进度为需求目标，编制出施工必需的材料、设备、构件和劳动力供给计划。第六，合理安排和布置施工场地的“4 通 1 平”和施工作业、生活临时设施。第七，绘制出施工场地的总平面布置图。第八，计算出施工各项技术经济指标。第九，制定出与施工作业实施方案相匹配的现场技术与管理规章制度。第十，项目部会审施工作业实施方案并上报公司审核或备案。

2.4　制定施工零缺陷作业实施方案的内容

2.4.1　制定项目建设施工作业实施总方案的 10 项内容

（1）生态修复工程项目建设概况。分为以下 6 项内容详述项目概况。第一，工程项目基本状况，含生态修复工程建设项目名称、功能性质和建设地点等；工程项目建设占地面积和规模；各单项工程的名称、功能作用、占地面积和规模。第二，生态修复工程项目建设单位，指：有关工程项目建设、勘测、设计、施工单位全称及其组织机构状况；工程建设单位委托的履行施工监理单位名称及其组织机构状况。第三，项目施工作业实施总目标，是指工程施工质量等级标准。施工开工和竣工日期，即工期总天数；应标明施工现场作业工期日期、天数和保质养护日期、天数。施工总成本控制目标。各单项工程施工质量、工期、成本的具体要求标准。安全文明施工规范制度。第四，项日地区自然条件，含工程所在地区的气候、地质、地貌、地形和水文地质情况；历史上曾经发生过的地质灾害及其级别，如地震、山体滑坡、泥石流、地质下陷等危害。第五，项目所在地施工技术经济条件，是指当地为施工提供材料、机械设备状况；当地交通道路状况及其服务方式、能力状况；当地水、电、热和电信能力与服务状况；当地社会劳动力和专业服务能力与状况；当地以往施工采用新技术、新工艺、新设施应用状况。第六，项目施工其他方面的条件，即在上述 5 方面内容之外，对施工有利或不利的其他情况。

（2）施工作业组织管理部署。按照以下 3 项组织管理措施进行部署。第一项，设立生态修复工程项目施工组织管理结构的6项内容：明确项目施工组织管理目标、组织管理项目内容和组织管理结构模式；建立统一的工程施工技术与组织管理指挥系统；组建综合型或专业型的施工队（组）；合理划分各施工队（组）的施工作业区域；明确各施工工序的作业期限和工序衔接协调关系；确定施工现场的生活后勤服务与管理制度。第二项，认真完善施工部署：妥善计划和合理安排施工全过程的各种类的服务设施；合理确定各单项工程的开、竣工时间，保证先后投产或交付使用的景观系统都能够正常运行。第三项，制定主要项目的施工工序和工艺方案：制定主要防护措施及其规模的施工作业工序和工艺方案，其内容应包括：主要防护技术措施及其规模的施工区域划标和位置确定；各单项工程的施工作业工序和工艺；各种类的施工材料和机械设备进场顺序安排。

（3）施工现场全面准备计划。根据施工作业组织部署、施工进度计划、施工材料调配、施工机械进场安排和现场总平面布置的要求，编制施工现场全面准备工作计划，表格形式见表2-3。其具体内容包括：依据现场总平面布置图的要求，完善对现场控制网的测量和标志；拆除和清理施工场地地上、地下的各种障碍物；组织对施工欲应用的新材料、新技术、新工艺、新设备的试用试验；组织和管理施工现场的“4通1平”工作；具体调运施工各种材料、构配件、半成品、施工机具和机械设备；安排对施工队伍的施工技术与管理和作业技术交底培训。

表2-3 施工现场零缺陷全面准备工作计划

序号	准备工作名称	准备工作内容	主承办单位	协办单位	开始日期	完成日期	负责人

（4）施工进度计划。按以下3项内容编制。

①施工进度的表达形式：施工进度属于控制性计划，按工程施工总进度、单项工程或工序项目分别列出施工进度。宜用横道图的形式表达，其方法是：在表格左侧列出工程、单项工程或工序的名称，上端标出施工起止日期，下端标出代表计划进度的黑线。

②确定施工作业进度的计划：根据工程设计和各单项工程合理衔接的交工次序，确定和划分工程的施工作业阶段和开竣工时间；依据施工阶段顺序，列出各施工阶段内的所有单项工程，并将它们分解至单位工程或分部工程；确切计算各单项、单位和分部工程的工程量；合理预估各单项、单位或分部工程的施工作业持续时间；合理安排各分项工程之间的工序衔接关系；对编制完成的施工进度计划初步方案进行比较、筛选的优化设计处理。

③制订施工进度的保证措施：其保证措施有如下4项。第一，组织保障措施：从组织管理上落实进度控制责任制，建立进度控制协调制度。第二，技术保证措施：编制进度计划实施细则；建立和健全各单项工程施工作业周计划进程体系。第三，经济保证措施：落实和保障施工作业所需资源的接续供给；按期结算工程进度款；奖励工期提前者、罚处消极怠慢者。第四，合同保障措施：全面履行施工承包合同；控制和协调各分包单位的施工进度，力争提前或按期完成整个工程的施工作业，如约竣工。

（5）施工质量管理计划。它是以一个生态修复工程项目或标段工程为对象进行编制，用来控制管理其施工活动全过程质量标准的综合性技术与管理文件。应充分熟悉和掌握设计方案、施工合同书等文件上的质量指标，制定各工序、关键性工序的施工质量标准，制定各工种的作业标准、操作规程等。

①施工质量管理的计划，内容主要有以下5项：项目设计质量的要求和特点；项目施工质量的总目标及其分解；确定项目施工作业质量的关键控制点；建立项目施工质量的管理体系，并应与国际工程质量认证系统接轨；制定项目施工质量管理的保证措施。

②施工质量管理计划的制订步骤，有如下5个制定步骤。

第一，明确项目设计的质量要求和特点：通过研读项目有关文件和资料，应明确建设和设计单位对项目施工质量的具体要求指标；再经过充分的影响质量因素分析，明确工程建设的质量特点及其施工质量的计划重点。

第二，确定施工质量总目标：根据工程建设设计和施工承包合同的要求，以及国家和当地政府部门颁布的相关工程质量评定和验收标准，确定所施工工程应达到的质量目标：优、良或合格。

第三，确定和分解单项工程施工质量目标：根据施工质量总目标要求，确定各单项工程的施工质量分目标，并将该分目标分解和落实至单位或分部工程的质量目标之中，并确定其质量等级：优、良或合格。

第四，确定施工质量控制点：根据单位工程和分部工程的施工质量等级要求，以及国家颁布的相关工程质量评定与验收标准、施工规范和规程等有关规定要求，选定各单项工程施工作业工种的质量特性（以土方工程施工质量特性为例，见表2-4），继而再确定各分项分部工程的质量标准和作业质量标准；对于影响分项分部工程质量的关键部位或环节，应设置施工质量控制点，以加强对其质量的控制管理。

表2-4　土方工程施工质量特性

物理特性（施工前）		力学特性（施工中）		地基土壤的承载力（施工后）	
质量特性试验	质量特性	试验项目	质量特性	试验项目	质量特性
颗粒度	颗粒度	①最大干燥密度	捣固	①贯入指数	各种贯入试验
液限	液限	②最优含水量	捣固	②浸水CBR	CBR
塑限	塑限	③捣固密实度	捣固	③承载力指数	平板荷载试验
现场含水量	含水量				

第五，制定施工质量4项保证措施。组织措施：建立施工质量控制管理体系，明确分工职责和质量监督制度，落实施工质量管理责任制。技术措施：编制施工质量实施计划细则，完善施工质量控制点和控制标准，强化对施工质量在事前、事中和事后全过程的控制管理措施。经济措施：对施工质量实行严格的奖优罚劣，切实确保施工各项物资材料的接续供应。合同措施：全面履行工程施工承包合同中有关质量指标的要求，及时了解和处理各施工队（组）发生的质量问题，认真、诚恳地接受工程施工监理单位对工程质量的监理决定，并以此为鉴。

（6）施工成本管理计划。施工成本计划是以生态修复工程项目或标段单位工程项目为对象进行编制，用来控制其施工技术与管理活动全过程成本额度的综合性指标文件。其组成内容主要有以下3项。

①施工成本分类：分为预算、计划和实际成本3类。

第一，施工预算成本：它构成项目施工的成本计划，是根据设计图、预算定额和相应的取费标准确定的工程费用总和，也称工程预算成本，是成本管理的基础，见表 2-5。

表 2-5 施工预算成本管理

预算成本计算		施工计划成本计算		施工实际成本计算	
基本计算		不同工种计算	不同因素计算		
		直接工程费	材料费		
确定预算	估算成本	×××作业	劳务费	预算成本与完成工程成本实行预算报告比较分析	
		×××作业	转包费		
		间接工程费			
		一般管理费	经费		
编制实施预算书		执行预算		中途分析实施预算差异	
计划		施工实施		调整	评估

第二，施工计划成本：它是指在预算成本的基础上，经过充分挖掘潜力、采取有效的技术与管理措施，依据施工企业的内部定额，预先确定的工程施工项目费用总和，也称项目成本。施工预算成本与施工计划成本的差额，被称为项目施工计划成本降低额。成本降低额与预算成本的比率，称为成本降低率。

第三，施工实际成本：是指在工程施工作业实施过程实际发生，并按一定成本核算对象和成本项目归集的施工费用支出总和。

②施工成本构成，主要由直接成本和间接成本 2 项构成。

③编制施工成本的步骤，主要由以下 3 个步骤组成：第一步，确定各单项工程施工成本计划：首先应收集和审查有关编制成本的依据，包括施工经营管理计划、指标和组织实施方案；有关人工、材料和机械定额和消耗标准；以往工程施工成本计划、实际成本对比分析资料。其次预测单项工程施工成本，内容包括按量、本、利分析法预测成本目标和降低施工成本的措施或途径，然后采用因素分析法对单项工程施工成本逐项进行测算；当预测采用措施后工程施工的总效果大于或等于预期施工成本目标时，就可编制单项工程的施工成本计划。再次是编制单项工程施工成本计划：应先由技术部门编制施工技术工艺组织措施计划，然后由财务部门编制施工成本管理计划。最后将 2 个计划汇总编制出单项工程施工成本计划。第二步，编制工程施工总成本计划：根据工程施工的部署要求，其总成本计划编制也应划分施工阶段。首先确定各施工阶段的各单项工程的施工成本计划，并编制组成每个施工阶段的各施工成本计划。其次把各个施工阶段的施工成本计划统计汇总，就构成为该项生态工程项目施工总成本计划。第三步，制订施工总成本 4 项保证措施。技术措施：必须精心选购施工材料、成品和半成品的质量及价格，确定有诚信的供货商；并优化施工部署方案以节约成本。经济措施：对降低施工成本的人员奖励，须杜绝浪费；要经常对计划成本与实际发生成本的差额进行原因分析，并采取有效改善措施。组织措施：建立健全成本控制组织体系，完善其职责的分工和制度，确切落实成本的管理控制责任制。合同措施：严格按工程施工承包合同支付分包工程款、材料款；全面履行合同条款。

（7）施工资源配置计划。分为劳动力、施工材料、机具 3 项需要量进行计划。第一项，劳动力需要量计划：它是编制施工作业实施方案的主要依据。对承包施工工程而言，劳务费约占承包总额的35%~45%，它是施工技术与管理的重要环节。应根据工程所在地社会劳务工资的水平、施工进度需求、概预算定额和有关劳务经验资料，分别确定各单项工程施工专业工种、人数和进场作业时间，然后汇总整理、确定出工程施工劳动力的需要量计划。第二项，施工材料需要量计划：应根据工程设计方案、施工部署和进度计划安排，编制主要和特殊材料的需求计划；所需特殊材料必须根据设计，经过专门订货、加工、运输等环节。第三项，施工机具和设备需要量计划：根据各单项项目需用施工机具和作业机械设备的情况，计划和确定、落实机具与设备的种类、台数量。

（8）施工设施需要量计划。分为施工作业设施、办公与生活设施需要量的计划。确定施工作业设施，该类设施包括加工、运输、储存、供水、供电和通讯6种。通常要根据工程施工需要，统筹兼顾、优化组合，合理编制出用于施工作业的设施需要量计划。确定施工办公、生活设施：包括管理、临时居住等用途的用房，根据工程施工需要统筹规划，合理编制和安排各种设施的需要量、占地规模、数量。

（9）施工场地总平面布置。按照布置的原则、依据、内容和步骤进行准备管理。

①施工场地总平面布置的原则。应遵循以下5项原则进行施工场地的总平面图布置：第一，在满足施工需要前提下，要尽量减少施工用地，不占用公共用地；施工场地布置应合理而紧凑；保护古树名木、文物及需要保留的原有树木。第二，合理布置施工设施，要科学规划施工临时道路。第三，按设计的要求规范确定和合理划分施工区域。第四，尽可能地利用现有永久性建筑物、构筑物或设施，降低施工设施的建造费用；尽量采用装配式施工设施。第五，各项施工设施布置都应满足以下原则：有利于施工作业、方便施工生活，达到防火、防盗、防毁、保护环境等安全文明施工的规范要求。

②施工场地总平面布置依据。应依据以下5项开展施工场地总平面的布置：第一，生态修复工程项目设计平面图、竖向布置图和地下设施布置图。第二，工程施工部署和各单项工程施工作业实施方案。第三，工程施工进度、质量和成本计划。第四，施工资源配置计划和施工设施需要量计划。第五，施工场地地形地貌的条件、水源与电源的位置及距离、防火的等级与标准、安全文明施工的规范要求。

③施工场地总平面布置的内容。主要有以下4项：各单项工程施工拟建项目的详细标高和尺寸；各单项工程施工的具体位置和坐标；施工作业、办公、生活、仓储等设施的布置；必备的防火、防盗、环境保护和安全文明施工等设施的布置。

④施工场地总平面布置的步骤。分为：合理确定施工材料仓库和露天临时存放场所；合理安排材料加工场位置；确定施工场地的道路路线位置；确定施工作业、办公、生活、仓储等设施位置；确定用水、用电设施位置；对上述施工场地总平面布置进行分析和调整。

（10）分析和评价施工作业实施总方案的技术经济综合指标。应分析和评价的内容如下：工程施工作业工期；工程施工质量指标；工程施工成本和利润；安全文明施工作业标准或规范要求；施工作业效率；施工作业其他要求指标。

2.4.2 单项工程施工作业实施方案的内容

单项工程施工作业实施方案应依据工程设计图和施工作业实施总方案进行编制，它直接用于指导生态修复工程项目建设的现场施工作业，因此其内容必须更加详细和具体。

（1）单项工程施工作业实施方案的编制依据。其编制依据主要有以下 6 项内容：单项工程施工设计图及说明书；单项（单位）工程地质勘察报告、地形图和工程测量控制网络图；单项工程预算文件等资料；施工作业实施总方案对该单项工程施工的工期、质量和成本的管理目标要求；国家有关方针、政策、规范、规程和工程预算定额；类似工程施工经验和应用新技术、新工艺、新材料的成果资料。

（2）单项工程施工作业实施方案的零缺陷编制程序如图 2-20。

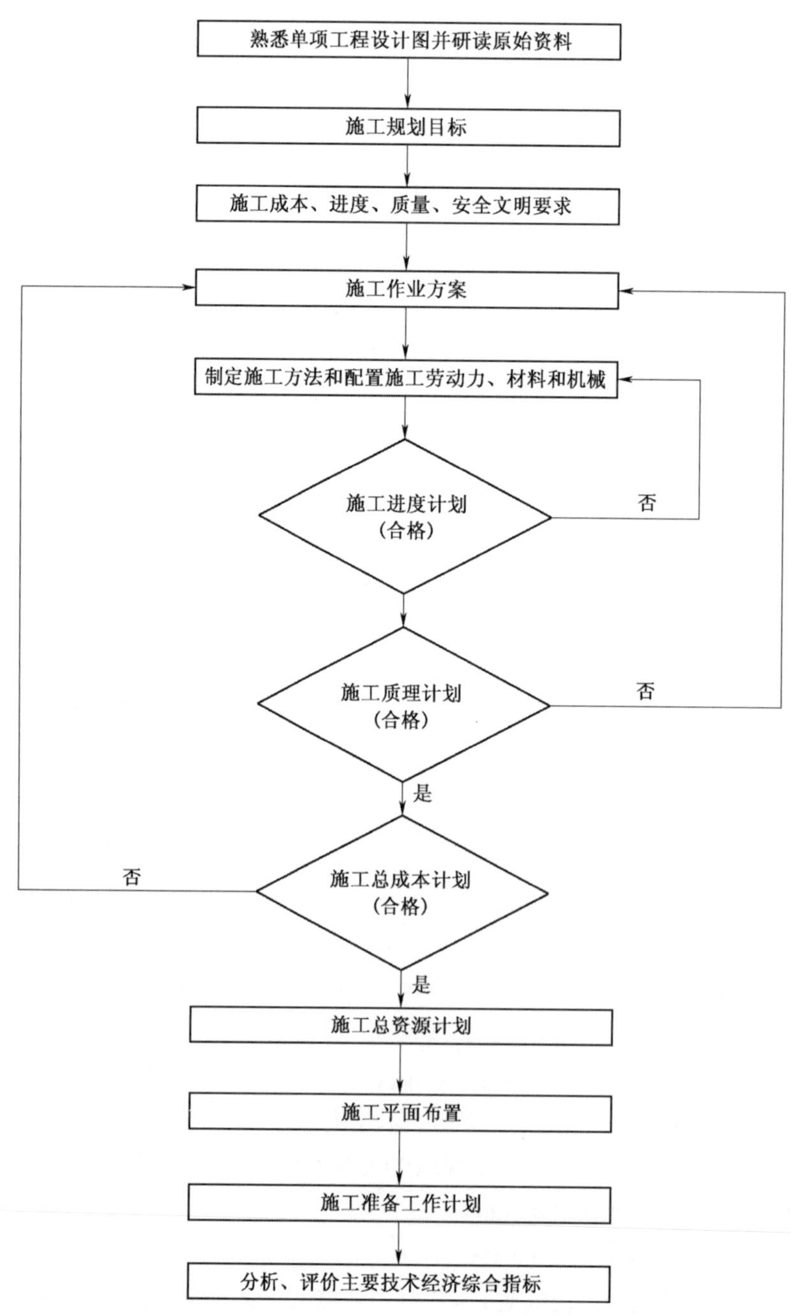

图 2-20 单项工程施工作业实施方案零缺陷编制程序

（3）单项工程施工作业实施方案编制内容。应按照以下 10 项内容进行编制。

①说明单项工程的施工特征：扼要说明单项工程设计、施工的结构和布局特点，以及对施工技术与管理的影响和要求，并附以完整的施工作业工程量表。

②汇总单项工程的施工作业特点：结合单项工程施工场地的具体条件，分析、找出关键性工序、核心工艺的施工作业特点，并在施工全过程中对其给予重点关注和稳妥处理。

③编制单项工程的施工进度计划内容。编制内容和方法有 10 项：

（a）用图表形式确定和标示各施工工序的开工作业顺序以及相互衔接的关系和竣工日期。

（b）确定各单项工程施工作业程序的原则是：先场外后场内，先地下后地上，先主体后附属，先土石方再管线后土建、再设备设施安装，最后绿化工程。

（c）确定单项工程内各分部工程或工序的顺序是：应从影响工程施工质量、进度、成本和安全文明角度，综合权衡、合理确定单项工程内各工序的施工作业次序。

（d）确定适用的施工作业方法：对于常规性的单项工程，只需编制概括性的施工说明即可；对于施工作业工程量大且施工技术工艺复杂，并使用新技术、新工艺、新材料、新设备或属于特种结构的单项工程，则需编制具体而细致的施工作业实施过程专门方案。

（e）确定适合用于单项工程施工作业机械设备的选择。

（f）主要施工材料和构配件的运输方式选择。

（g）各工序施工过程的劳动组织形式确定和管理。

（h）分项工程施工段与工序的划分和其流水作业顺序的确定。

（i）冬季和雨季施工措施的制定和准备。

（j）安全文明施工制度和措施的制定与监督管理措施。

④单项工程施工作业实施方案的评价体系，由定性评价体系和定量评价指标组成。定性评价体系：主要是从施工作业操作难易程度，利用现有机械器具施工作业的可能性，为后续工序创造有利条件的可能性，为现场安全文明施工创造有利条件的可能性等。定量评价指标：指对单项工程施工作业的工期、质量、成本、劳动力组织管理和施工材料消耗的数量统计、分析。

⑤单项工程施工的准备工作。主要有以下 2 项准备工作。

必需的 5 项准备工作内容：一是施工组织管理机构准备，划分和确定各部门管理岗位职数、职责和分工。二是施工技术准备，指编制施工进度控制目标、作业计划、质量控制实施细则与措施、成本控制实施细则、施工作业技术交底细则等。三是劳动力组织准备，以合同形式建立施工劳动力队伍，完善对其管理体系和进行岗前全面培训。四是施工物资准备，包括单项工程施工所需各种施工材料、工具和机械设备的准备。五是施工场地准备，清除障碍物，实现“4 通 1 清”；完成对场地控制网测量；安装和建造施工设施；组织施工物资和机械器具进场。

编制施工零缺陷准备工作计划：为有效落实各项施工准备工作和加强对其的检查、监督，准备工作计划常采用表格明示的形式，见表 2-6。

表 2-6 单项工程施工零缺陷作业准备工作计划

序号	准备工作名称	准备工作内容	主承办单位及负责人	协办单位及负责人	开始日期	完成日期

⑥单项工程施工质量计划。主要分为以下 3 项内容：第一，编制施工质量计划的依据工程设计图及说明书、施工概预算及造价、施工承包合同、工期与质量指标要求；施工场地条件；施工作业劳动力、材料、机械配备状况。第二，施工质量计划的内容，参照施工作业实施总方案中的施工质量管理计划内容。第三，编制施工质量计划的步骤，一是建立施工质量管理体系；二是制订施工质量实施与控制管理细则；三是明确施工质量的要求和特点；四是完成施工质量的控制目标以及对其的分解与落实；五是合理设置施工作业质量的监督、控制关键点。

⑦单项工程施工成本计划。主要分为以下 2 项计划内容。第一项，施工成本分类：分为施工预算成本、施工计划成本和施工实施成本。第二项，编制施工成本步骤：一是收集有关编制依据；二是对施工成本逐项预测；三是编制施工成本计划；四是制订施工成本实施与控制管理细则。

⑧单项工程施工资源配置计划。主要由四类施工资源配置计划组成。第一，劳动力需要量计划：根据施工作业实施方案、进度和预算指标，计算和确定劳务工的工种、工程劳务量和劳力人数。第二，根据工程施工设计图、进度安排，精确计算和确定材料名称、规格和数量。第三，加工、预制成品加工量计划：根据工程施工设计、预算和进度计划指标，计算和确定需加工制作、预制的各种成品材料。第四，根据设计图和施工进度需要，确定施工所需的机具名称、功率、作业功能和台数。

⑨单项工程施工平面布置。其平面布置主要由以下 3 项内容组成。第一项，施工现场平面布置的依据：一是工程所地区自然、经济等原始资料；二是已存在和拟建固定物的位置和尺寸；三是施工设施的建造设计与施工作业方案；四是施工作业实施方案、施工进度计划和施工资源需要量配置计划。第二项，施工现场平面布置的原则：一是应紧凑合理、尽量少占场地；二是尽量利用原有建筑或构筑物，尽量使用装配式设施；三是合理组织运输，保证施工现场的道路畅通；四是现场布置设施应满足施工正常作业、环境保护、安全文明施工、防火、防水和防盗等要求。第三项，施工现场平面布置的内容：一是首先应对施工现场平面布置进行设计，常用的设施布置设计图比例为 1/500~1/200。二是编制施工设施计划：应包括施工作业和施工现场后勤服务 2 大类型设施的名称、功能用途、规格和数量，以及占地面积或建造费用等。

⑩评价单项工程施工作业的技术经济指标。主要包括：施工工期；施工质量；施工成本；施工作业效率；安全文明施工规范；其他技术经济等综合性指标。

第三节 项目建设施工零缺陷进度图的编制

1 编制施工零缺陷进度图的程序

编制生态项目建设施工零缺陷进度图的 5 大程序是：划分施工分项目，选择施工方法和施工组织方法，计算各施工工序项目的作业工期，拟定施工进度，检查与调整施工进度。

1.1　划分施工分项目

（1）合理划分分项施工作业项目。每项生态修复工程项目都是由若干个施工工序项目组成，工程进度图的实质就是确定这些施工工序项目的合理排列次序。根据施工作业实施方案编制阶段的不同，或编制范围的大小，施工工序项目划分详略程度相差很大。对大型、复合性生态修复工程项目的进度图、施工作业实施方案的工程概略进度图等，可按分项工程划分施工作业实施项目，而各分项工程的工程进度图则应按工序划分施工项目。

（2）确定施工作业分项主导工程。在划分施工作业项目的同时，必须明确哪一个项目是分项主导工程。主导工程就是工程量最大、需要劳动力与机具最多或施工技术、工艺最复杂的分项工程。首先应安排好主导工程的施工进度，其他工程的进度都应配合主导工程进行。在生态修复工程项目建设施工中，造林种草的植物措施通常是主导工程，但在自然环境条件恶劣、荒漠化风力侵蚀与水力侵蚀或风水复合侵蚀极其严重、地形复杂和防护效益指标要求很高时，工程措施与造林绿化植物措施都会成为主导工程。

1.2　选择施工方法和施工组织方法

（1）选择施工作业工技方法。首先，考虑生态修复工程项目的建设施工特点、作业机械工具的性能和施工作业队伍的整体技术素质。其次，要考虑施工所具有的机械工具的现实情况。当机具较少，型号单一时，自然应选择最能发挥机具效益的作业方法，然而，即使机具较多，也必须谋划施工作业方法的经济性。最后，还要考虑技术操作上的娴熟程度和技巧性。

（2）选择最为先进合理的组织方法。采取流水作业是生态修复工程项目建设施工中较为常见的组织方法，但在某些情况下需要变通才能发挥作用。当作业工作面受限制时只能采用顺序作业，而当工期特别紧而又有可能时，还要采用平行作业的方法或倒序作业的方法。但是在一般情况下，要积极创造条件采用流水作业法。对于工期短、技艺要求高，又特别复杂、工序很多、涉及作业范围点多面广的大型施工项目，则应采用网络计划的方法组织施工。

1.3　计算各施工工序项目的作业工期

生态修复工程项目建设施工组织方法分为顺序作业法、平行作业法、流水作业法和网络计划法 4 种。这 4 种施工组织方法的所耗用的作业持续时间是：

（1）顺序作业法组织施工持续时间的计算。在完成生态修复工程项目建设施工任务过程，如果只组织一个施工队，按工序的先后顺序依次进行施工作业，则称为顺序作业法；如在乔木造林中先定点放线、后挖坑、再施入基肥、覆土、再放入苗木进行栽植作业等。由于只有一个施工队作业，因此下一道工程或工序的作业，必须在前一道工程或工序全部完工后才能开工。如每一项工程需要 n 道工序，则该项工程的施工完成时间期限 t 的计算式（2-20a）是：

$$t = t_1 + t_2 + \cdots + t_n = \sum_{i=1}^{n} t_i \tag{2-20a}$$

当每道工序的施工作业持续时间都相等时，则有式（2-20b）：

$$t = nt_i \tag{2-20b}$$

若总共有 m 项工程，则完成全部施工任务的总工期 T 等于各项工程施工期之和：

$$T=\sum_{i=1}^{n_1}t_{i,1}+\sum_{i=1}^{n_2}t_{i,2}+\cdots+\sum_{i=1}^{n_m}t_{i,m}=\sum_{j=1}^{m}\sum_{i=1}^{n_j}t_{i,j} \tag{2-21a}$$

式中：$t_{i,j}$——第 j 项工程的第 i 道工序的施工作业持续时间。

当 m 项工程项目都完全相同时，则有式（2-21b）：

$$T=m\sum_{i=1}^{n}t_i \tag{2-21b}$$

当每道工序的施工作业持续时间都相等时，则采用下式计算（2-21c）：

$$T=mt=mnt_i \tag{2-21c}$$

（2）平行作业法组织施工持续时间的计算。平行作业法，就是指将工程分段或分项目，分别组织多个施工队同时进行施工的方法。分多少段（或有多少个项目），就相应地组织多少个施工队分别同时作业。因此，完成全部工程项目任务的总工期 T 就是施工作业时间最长的那个项目的施工作业期限，即式（2-22a）：

$$T=\max\{t\} \tag{2-22a}$$

当各项施工工程项目都相同时，则有式（2-22b）：

$$T=t=\sum_{i=1}^{n}t_i \tag{2-22b}$$

当各工序的施工持续时间都相等时，则：

$$T=nt_i \tag{2-22c}$$

（3）流水作业法组织施工持续时间的计算。生态修复工程项目建设施工流水作业法，就是指根据工程量基本相等的原则，把施工对象划分为若干个施工段，然后按照工序或按相同操作技艺组织专业施工队依次在各施工段上完成各自的施工作业任务，使整个施工过程具有连续性和均衡性。生态修复工程项目建设施工流水作业的最终表现形式是生态修复防护工程项目这个固定产品，而创造产品的生产者则属于流动性质的。然而，在流水作业的组织管理过程中，当每项工程都一样时，其流水作业的总工期 T 按式（2-23）计算：

$$T=(m+n-1)t_i \tag{2-23}$$

式中：T——总工期（d）；

m——相同工程项目数量；

n——相同工程项目的工序数量；

t_i——每道工序施工作业持续时间（d）。

生态修复工程项目建设施工在采用流水作业法过程中，由于各专业施工队按工序搭接关系先后进入流水，因而每日所需劳动力数量开始时逐渐增加，在全部专业施工队都进入流水后，劳动力需要量达到均衡状态，每日相等。

以上是假定在施工条件、技术配备，工程数量等完全相同的条件下，仅就 3 种施工组织方法的施工所耗用时间进行比较，而实际中的工程施工情况却要复杂得多。为此，应综合应用上述 3 种方法，可以采取平行流水作业法、平行顺序作业法等。某些大型复杂性工程，还可以采取立体交叉平行流水作业法组织施工作业。

（4）采用网络计划法确定工期。在生态修复工程项目建设中，由于自然地理环境条件的多样性和复杂性，以及防护目标与防护功能持续性，不但不同植物种类及其规格、不同工程措施材料及其规格有不同的工程数量，而且也会遇到同一种植物、同一种材料和同一种规格尺寸的构造物，其工程数量也不完全相等的，对于那些自然生态环境恶劣、建设防护目标与效益要求高的生态工程项目建设施工尤其显著。若仍用前述的 3 种方法来组织施工，不但难度较大、施工作业成本高，而且很难达到预期的建设防护目的与效益。若用网络计划法来安排施工进度，则会从头绪众多的施工环节中能够较快地获得相对最优的组织施工方案。自然，网络计划法也可以用来安排前述 3 种施工组织方法的施工进度。

网络计划法是 20 世纪 50 年代以来，为适应工程项目建设发展和关系复杂的现代科学研究的需要，美欧等国家陆续采用的一些计划管理新方法。1957 年，美国杜邦公司将网络分析中的“关键线路法”（简称 CPM）用于若干工程的计划和管理上取得了成效。采用 CPM 用于路易斯维修计划，使维修时间从 125h 减少到 78h。1958 年美国海军武器局又研究出了一种称为“计划评审法”（简称 PERT）的管理方法，将该方法用于北极星导弹工程设计中，使完成时间比原计划缩短了将近 2 年。从 1959 年起，该法被应用于军事、计算机、工程建设等各行业。1961 年 5 月，美国阿波罗登月计划的顺利实施，就是有效地应用了 PERT 法。

网络计划法尽管名目繁多，但内容大同小异。我国著名数学家华罗庚教授深入研究了这些方法，并结合我国的实际情况，把它概括称为“统筹方法”，并从 20 世纪 60 年代初期起先后在一些行业进行了试验和推广。

统筹方法采用网络图的形式表达各项工作的先后顺序和相互关系，所以又称为网络计划法或网络分析法。它逻辑严密，突出事务中的主要矛盾，有利于计划的优化调整和应用于计算机进行计算。因此，在工业、农业、国防、建筑、工程项目建设和科学研究中都得到了广泛的应用，也适合在生态修复工程项目建设施工管理中采用网络图来安排施工进度计划。

（5）计算各施工工序工期应注意事项。虽然计算生态修复工程项目建设施工作业工期的方法在前已叙述，但在计算过程中应结合具体实际条件认真考虑以下 4 点：第一，各施工工序项目均应按一定技术操作程序进行，作业持续时间应能确保全部操作工序的完成；第二，必须保证施工质量、安全和文明作业，特别要注意各工序技术间歇时间；第三，要考虑各工序项目之间的衔接，使前后施工工序项目的相互交接不影响工程进度；第四，使各施工项目均有一个适合的工作面，使人工和机具都能发挥出生产效率。

1.4　拟定施工进度

（1）合理确定施工零缺陷工序顺序。各施工工序项目的作业持续时间确定后，按照客观的施工规律和合理的施工顺序，采用恰当的施工组织方法就可以拟定施工零缺陷进度。在拟定时必须考虑施工项目之间的相互配合。例如沙质荒漠化防治工程项目的建设施工，在栽植乔灌草固沙植物苗木施工作业开始前，所有风蚀地段设置沙障工程都必须完工；此外，沙障材料的运输、加工等准备工作也要在设置沙障之前完成，这样才能使各工序有效衔接和加快施工进度。

（2）拟定施工零缺陷进度时应考虑的影响因素。拟定施工零缺陷进度时，应当考虑劳力的均衡使用。开始施工时，劳力人数应当逐渐增加，然后保持相对稳定，接近完工时劳力逐渐减少。此外，还应力求避免施工苗木、材料、构件、半成品等需用量的不均衡现象。在拟定过程中，如不满足工期要求，或在短时间内出现人工和物资需用量的急剧波动时，应对施工进度进行调整。

1.5 检查与调整施工进度

（1）对拟定施工进度进行检查。不论是采用流水作业法还是网络计划法，对初步拟定的施工进度及图表均应进行检查。检查内容是：是否满足工期要求，施工作业劳动力、机械和材料需要量是否均衡，以及施工工序顺序、衔接关系和技术间歇是否合理等。

（2）采取调整措施。根据检查结果，针对主要问题采取有效的技术措施或组织管理措施进行调整，以满足工期和均衡施工的要求。

总之，通过检查与调整，使全部施工在技术上协调，对人工、材料、机具的需用量力求均衡，以期达到相对最优化的状态。

2 编制施工零缺陷进度图应注意的事项

2.1 应考虑节假日和物资进场时间的影响

（1）在安排施工进度时，应扣除法定节假日和雨天或其他原因造成的停工时间，即合同规定施工期与这些必要的停工时间之差，才是实际可作安排的施工作业时间。此外，还要考虑必要的准备工作时间，必需的施工中断时间等。

（2）注意外购材料和各种设备的分批进场到达日期，需用这些材料和设备的相应工序项目开工时间不能迟于生态修复建设施工合同规定的日期。

2.2 应密切关注自然和人因素的影响

生态修复工程项目建设施工均系野外作业，现场自然环境条件、气候和水文地质等各种灾害情况常有可能发生，即使是周密而详尽的计划也很难全部预见，因此，在确定工程进度时，必须在材料准备、劳动力、机械器具、运输工具及施工日期上保留一定的机动。

2.3 精确编制和必要的调整、修正

编制生态修复工程项目建设施工零缺陷进度图是一件十分细致而复杂的工作，因此，在编制前必须深入详细地完善各项调查研究工作，并在编制时要认真负责、细心、系统和全面，充分预计可能发生的各种情况，实事求是地根据现场的实际情况进行编制。此外，在执行中，还需随时根据实际进度予以必要的调整、修正。

第四节 项目建设施工零缺陷总平面布置图的绘制

1 施工零缺陷总平面图概述

生态修复工程项目施工零缺陷进度图解决了施工期限与施工地点的关系。而施工作业期间整个工地的各项投施、管理机构、永久性固定物之间的立体空间关系，则需要用施工总平面图来表

示。施工零缺陷总平面图是加强施工管理、规范指导现场文明施工的重要依据。

生态项目建设施工零缺陷总平面图以整个施工作业管理范围为对象，按照规划设计的建设设计范围绘制成横纵一览全貌的平面图。生态修复施工零缺陷总平面图包括的内容如下。

（1）生态修复施工作业的主要工序项目。生态修复施工作业的主要工序项目，是指造林种草植物措施的实施面积、苗木规格、造林栽植期、浇灌管网和抚育养护事项等；以及配置工程措施的实施规模、规格尺寸、质量等级、建造技艺、工期及开工期限要求等。

（2）为工程施工服务的临时设施。为生态修复工程项目建设施工服务的临时设施，是指运输材料与设备的简易道路修筑、苗木假植地点、工程材料堆放场所、仓库、办公与住宿房屋、食堂与餐厅等。

（3）与施工有关联的永久性建筑设施。与生态修复工程项目建设施工有关联的永久性建筑设施，是指公路、铁路、城镇居民点、地方政府所在地等。

（4）其他与生态修复工程项目建设施工有关联的设施。其他与生态修复工程项目建设施工有关联的设施，主要是指地质不良路段、国家测量标志、气象台、水文站、防洪设施、防火设施、安全设施等。

2　施工零缺陷平面图的设计

（1）生态修复工程项目建设施工零缺陷总平面图设计内容与要求见表2-7。

表2-7　施工现场零缺陷总平面图设计

序号	项目	设计内容与要求
1	设计依据	①设计相关技术与管理资料； ②调查收集到的项目所在地区资料； ③施工部署与主要工程施工技术与管理方案； ④施工总进度计划； ⑤施工资源需要量计划表； ⑥施工工程量计算参考资料
2	设计内容	①施工用地范围； ②现场所有地上、地下已有与拟建建筑物、构筑物及其他设施的平面位置与尺寸； ③永久性与非永久性坐标位置，必要时标出建设施工场地等高线； ④场内取土、弃土的区域位置； ⑤为施工现场各种临时设施位置，这些设施包括：施工现场所有建筑物、运输道路等；各种加工厂、半成品制备站及机械化装置等；施工材料、半成品及零件仓库与堆置场；行政管理及文化生活福利所用临时建筑物；临时给水排水管线、供电线路、管道等；保安、防火设施
3	设计原则	施工总平面图是生态建设项目的施工布置图，由于作业面积广且线长、工期长、施工场地紧张及分批交工的特点，使施工平面图设计难度大，应当坚持以下原则： ①在满足施工技术与管理要求的前提下布置紧凑，少占地，不挤占交通道路； ②最大限度地缩短场内运输距离，尽可能地避免二次搬运；物料应分批进场，大件置于起重机下； ③在满足施工需要前提下，临时工程的工程量应该最小，以降低临时工程费，故应利用已有房屋和管线，永久工程前期完工的为后期工程使用；

（续）

序号	项目		设计内容与要求
3	设计原则		④临时设施布置应利于施工与生活，减少工人往返时间； ⑤充分考虑劳动保护、安全与文明施工、环境保护、技术安全、防火要求等
4	设计步骤		引入场外交通道路→布置仓库→布置加工厂和混凝土搅拌站→布置内部运输道路→布置临时房屋→布置临时水电管线网和其他动力设施→绘制正式施工总平面图
5	设计要求	场外交通道路引入与场内布置	①在有永久性可利用铁路设施时，可提前修建为工程所用，但应恰当确定起点和进场位置，考虑转弯半径与坡度限制，有利于施工现场利用； ②当采用公路运输时，公路应与加工厂、仓库位置结合布置，与场外道路连接，符合施工现场标准要求； ③当采用水路运输时，卸货码头不应少于 2 个，宽度不应小于 2.5m，江河距工地较近时，可在码头附近布置加工厂、仓库
		仓库布置	通常应接近工地，其纵向宜与交通线路平行，装卸材料时间长的仓库应远离路边
		加工厂与混凝土搅拌机布置	总的指导思想是应使材料与构件的运输量小，有关联的加工厂适当集中
		场地内运输道路布置	①提前修建永久性道路的路基和简单路面为施工服务；临时道路要把仓库、加工厂、堆场与施工现场贯穿起来； ②按货运量大小设计双行环行干道或单行支线，道路末端要设置回车场；路面一般为土路、砂石路或礁碴路； ③尽量避免临时道路与铁路、塔轨交叉，若必须交叉，其交叉角宜为直角，至少应大于30°
		临时建筑物布置	①尽可能利用已建永久性房屋为施工所用，不足时再修建临时房屋；临时房屋应尽量利用活动房屋； ②全工地行政管理房宜设在整个工地入口处，工人生活福利设施食堂、商店、俱乐部等，宜设在工人较集中的地方，或设在工人出入必经之处； ③工人宿舍一般宜设在场外，并避免设在低洼潮湿地及有烟尘不利于健康的地方； ④食堂宜布置在生活区，也可视条件设在工地与生活区之间
		临时水电管网与其他动力设施布置	①尽量利用已有和提前修建的永久线路； ②临时总变电站应设在高压线进入工地处，避免高压线穿越工地； ③临时水池、水塔应设在用水中心和地势较高处。管网一般沿道路布置，供电线路应避免与其他管道设在同一侧；主要供水、供电管线采用环状，孤立点可设枝状； ④管线穿越道路处均要套以铁管，一般电线用 φ51～76 管，电缆用 φ102 管，并埋入地下 0.6m 处； ⑤过冬临时水管须埋在冰冻线以下或采取保温措施； ⑥排水沟沿道路布置，纵坡不小于 0.2%，通过道路处须设涵管，在山地建设时应有防洪设施； ⑦消火栓间距不大于 120m，距拟建房屋不小于 5m，不大于 25m，距路边不大于 2m； ⑧各种管道间距应符合规定要求

（2）生态修复工程项目建设单位工程施工零缺陷平面图设计内容与要求见表 2-8 。

表 2-8　单位工程施工平面图设计

序号	项目		设计内容与要求
1	设计要求		布置紧凑，占地要省，不占或少占农田；短途运输，少搬运；临时工程要在满足需要前提下，少用资金；利于生产、生活、安全、消防、环保、市容、卫生、劳动保护等，符合国家有关法规和规定
2	设计步骤		确定起重机位置→确定搅拌站、仓库、材料和构件堆场、加工厂的位置→布置运输道路→布置行政管理、生活、福利等临时设施→布置水电管线→计算技术经济指标
3	设计要点	起重机布置	井架、门架等固定式垂直运输设备的布置，要结合建筑物的平面形状、高度、材料、构件的重量，考虑机械的负荷能力与服务范围，做到便于运送，便于组织分层分段流水施工。便于工地与材料堆场、仓库的运输，运距要短。 塔式起重机的布置要结合施工现场形状及四周的场地情况布置；起重高度、幅度及起重量要满足要求，使材料和构件可达到施工现场的任何使用地点；路基按规定进行设计和建造。 履带吊和轮胎吊等自行式起重机的行驶路线要考虑吊装顺序、构件重量、建筑物的平面形状、高度、堆放场位置以及吊装方法，避免机机械能力的浪费
		运输道路修筑	应按材料和构件运输的需要，沿着仓库与堆场进行布置，使之畅通无阻；宽度要符合规规定，单行道不小于 3～3.5m，双车道不小于 5.5～6m；木材场两侧应有 6m 宽通道，端头处应有 12m×12m 回车场；消防车道不小于 3.5m
		供水设施布置	临时供水首先要经过计算、设计，然后进行设置，其中包括水源选择、取水设施、贮水设施、用水量计算（生产用水、机械用水、生活用水、消防用水）、配水布置、管径计算等；单位工程施工组织设计的供水计算和设计可以简化或根据经验进行安排；一般 5000～10000m^2 的建筑物施工用水主管径为 50mm，支管径为 40mm 或 25mm；消防用水一般利用城市或建设单位的永久消防设施
		临时供电设施布置	临时供电设计，包括用电量计算、电源选择、电力系统选择与配置；用电量包括电动机用电量、电焊机用电量，室内和室外照明容量等

3　施工重点项目场地零缺陷布置图

（1）施工重点项目的划分及其场地布置图内容。生态修复建设施工重点项目按照施工作业技艺复杂程度与工程量规模来划分。一般来说，建造灌溉浇水水源管网设施工程、造林整地工程、大面积造林种草工程、坡面蓄水保土工程、拦洪砂堤坝工程、水库建造工程、设置高密集型机械沙障工程、土方挖填工程、大规模盐渍化土改良工程、陡峭边坡生态防护工程等均属于重点施工项目，但在某些特殊情况下，如剧烈风蚀与水蚀复合交错地域的生态修复建设、困难地质路段的生态护坡、新技术与新品种（材料）试验工程等，也都应作为重点施工项目绘制施工场地布置图。

（2）施工重点工程项目绘制零缺陷场地布置图时应注意的问题。在布置重点生态修复施工工程项目零缺陷场地布置图时，应妥善应对以下 4 个问题：①在满足施工要求的条件下，尽可能紧凑布置，不占或少占农田、草场。②应合理划分施工区、辅助区、生活区等，既要有利于施工作业，便于进度、质量、安全和文明作业管理，又要方便生活。③布置施工场地应符合施工作业工艺流程，以最大限度地缩短工地内的运输距离和在保证施工顺利实施的情况下减少临时工程设施。④必须符合劳动保护、技术安全和防火、防洪、防盗的标准规范要求。

4 施工中的其他局部零缺陷平面布置图

（1）绘制施工其他局部零缺陷平面布置图的做法与要求。对于大型、特大型的生态修复工程项目零缺陷建设，由于建设施工期限较长，建设管理工作量大，有必要绘制与施工密切关联的其他局部零缺陷平面布置图。局部零缺陷平面布置图的内容和绘制要求与重点生态修复建设施工工程项目场地布置图相类似。

（2）施工其他局部零缺陷布置图的绘制种类。生态修复工程项目建设施工其他局部零缺陷布置图的种类主要有以下 5 种：①施工材料临时存贮场地或加工场地；②施工作业所需的预制品、半成品场地平面布置图；③农药、炸药等有毒、危险等材料物品存放平面布置图；④施工管理机构、生活后勤服务平面布置图；⑤临时供水、供电、供热等基地及管线分布平面布置图。

第五节 项目建设施工资金的零缺陷筹备

1 筹备施工资金概述

资金是生态修复工程项目施工企业正常运作的血液，也是企业维持生产经营，扩大施工建设规模的必需资源，更是项目部开展生态修复工程项目施工的本钱。倘若施工资金匮乏，施工作业便会陷入困境，就很难保证生态修复工程项目建设的零缺陷施工进度和施工质量。因此，筹资是企业进行施工技术与管理的重要环节和必不可缺少的工作任务，也是施工企业财务管理中的重要工作内容。项目部对筹集来的施工资金进行合理、正确、有效和到位的零缺陷管理，提高资金使用效率，是保证生态修复工程项目建设零缺陷施工顺利完成预定目标任务，实现工程竣工验收、结算的关键和基础。

1.1 筹备施工资金的重要性与目的

施工企业应根据生态修复工程项目建设零缺陷施工需要，有效开展筹措和集中资金的工作，以满足施工对资金的需求。筹备必要的项目施工所需资金是一项不可缺少的必要程序，其重要性与目的主要表现在以下 4 方面。

（1）筹备一定数额的施工专项资金，可以满足企业在施工经营过程中对各项必须支出费用的备资需要，能够保证项目部正常开展施工的材料准备、开工作业、保质养护和竣工验收。因此，筹备施工资金是施工技术与管理中最基本和最重要的财务管理内容之一。

(2) 筹备施工专项资金可以使企业提高盈利能力，适应不断扩大和发展的生态修复工程项目施工业务发展规模。在保证和满足企业正常施工经营活动的前提下，应务必将筹集到的资金真正用于生态工程项目施工经营，以此推动产生更多的利润，实现资金的增值。

(3) 筹备施工专项资金可以起到调整企业资金结构的有益作用。从总体上讲，资金结构具有相对稳定性，但若企业存在着资金结构不合理，则会破坏其稳定性。通过采取各种方式筹集施工资金，就能够积极、有效地调整资金结构，使企业资金结构趋于稳定和合理。

(4) 筹备施工专项资金可以使企业增强适应外部环境变化的抗风险能力。企业的生存和发展是以一定的外部环境为条件的，外部环境对企业筹集资金有着重要的影响。但外部环境变化后，企业则应通过筹集资金来适应和满足由于外部环境的变化而引起的资金需求。

1.2 筹备施工资金的零缺陷管理要求

企业筹备施工专项资金的零缺陷管理基本要求是，要分析、评价影响筹资涉及的各种因素，讲求资金筹备的综合经济效益。零缺陷筹备施工专项资金的5项具体管理要求如下。

(1) 合理确定施工资金需要量，努力提高筹资的效果。不论通过何种渠道筹备施工资金，都应该预先确定项目施工资金的需要量，使资金的筹备量与需求量达到平衡和基本吻合，防止筹资不足影响施工经营或筹资过剩而降低筹资的经济效益。

(2) 精心选择筹资来源，力求降低资金成本。企业筹备项目施工资金可以采用的渠道和方式多种多样，不同渠道与不同方式的筹资难易程度、资金成本和财务风险各不相同。因此，应综合考察各种筹资渠道和方式，深入研究和精确计算各种资金来源的构成比例，以求的最优化的筹资组合，以便最有效降低筹备资金的综合成本。

(3) 适时取得资金来源，保证施工资金的投放需要。筹措资金要按照资金的投放使用时间来合理安排，使筹资与用资在时间上相衔接。其管理方法或措施有：一是避免过早取得资金而闲置；二是避免取得资金滞后而耽误项目施工的正常使用。

(4) 合理安排资本结构，保持适当的偿还能力。企业的资本结构一般是由自有资本和借入资本构成的。负债的多少要与自有资本和偿还能力的要求相适应，既要防止负债过多而导致财务风险的增大、偿债能力的过低；又要有效地利用负债经营，提高自有资本的收益水平。

(5) 严格遵守国家有关法规，维护各方的合法权益。企业的筹备资金活动，影响着社会资金的流向和流量，涉及有关方面的经济权益。为此，企业必须遵守国家有关法律、法规，实行公开、公平、公正的零缺陷筹资管理原则，履行约定的责任和义务，切实维护有关各方的合法权益。

2 筹备施工资金的渠道与方式

2.1 筹备施工资金的渠道

筹备生态修复项目施工资金资渠是指客观存在的筹措资金的来源方向及其通道，它们体现着资金的源泉和流量。目前，生态修复工程项目施工企业筹资主要是以下 6 种渠道。

（1）国家财政资金。是指国家对国有企业、国有独资企业、国家控股或参股企业等的投资。

（2）银行信贷资金。是指银行对企业的各种贷款，它是企业重要的资金来源。银行分为商业性银行和政策性银行。前者为企业提供商业性贷款，后者主要为特定企业提供政策性贷款。

（3）非银行金融机构资金。非银行金融机构包括信托投资公司、租赁公司、保险公司、证券公司、企业集团的财务公司等。可为施工企业提供部分资金或为企业筹资提供担保服务。

（4）其他企业资金。是指借用其他企业闲置的资金作为筹资的来源渠道，筹措有限的资金。

（5）民间个人资金。企业员工和居民个人的结余货币，作为“游离”于银行及非银行金融机构之外的个人资金，可用于对企业进行投资，形成民间资金来源渠道，从而为企业所用。

（6）施工企业自留资金。是企业内部形成的资金，主要包括计提折旧、提取公积金和未分配利润而形成的资金，这是企业“自动化”筹资工程施工专项资金的首选渠道。

2.2 筹备施工资金的方式

筹备生态修复工程项目施工资金的方式是指可供企业在筹措资金时选用的具体形式，它体现着资金的属性。认识筹资方式及其属性，有利于企业选择适宜的筹资方式和进行筹资组合的活动。我国企业目前筹资的方式主要有以下 6 种。

（1）吸收直接投资。是指企业按照“共同投资，共同经营，共担风险，共享利润”的原则吸收国家、法人、个人和外商等投入资本的一种筹资方式。它不以证券为中介，可以直接形成生产能力，是非股份制企业筹集自由资金的一种基本形式。

（2）发行股票。指股份公司依法发售股票直接筹资，形成公司股本的一种筹资方式。发行股票筹资要以股票为媒介，仅适用于股份公司，是股份公司取得自有资本的基本形式。

（3）银行借款。向银行贷款是各类企业向银行及其他非银行金融机构借入资金的形式，按规定必须还本付息的款项，是企业获得长期和短期借入资本的一种筹资方式。

（4）商业信用。指通过赊购商品、预收货款等商品交易行为筹集短期借入资本的一种筹资方式。这种方式比较灵活，可为各类企业采用。

（5）发行债券。企业按照债券发行协议，依照法定程序发行的约定在一定期限内还本付息的有价证券，它是形成企业介入资本的一种筹资方式。

（6）租赁。出租人以收取租金为条件，在合同规定的期限内将资产租让给承租人使用的一种信用业务。融资租赁目前已成为一种解决企业资金来源的特殊筹资方式。

2.3 筹备施工资金的类型

施工企业从不同筹资渠道和采用不同筹资方式筹备的资金，形成不同的资金组合类型。

2.3.1 自有资金与借入资金

（1）自有资金。亦称自有资本或权益资本，它是企业长期拥有、自主调配运用的资金来源。

施工企业的自有资金包括资本金、资本公积金、盈余公积金和未分配利润。

（2）借入资金。亦称借入资本或债务资本。它是企业依法筹措、使用和按期偿还的资本来源。借入资金包括各种借款、应付债券和应付票据等。

2.3.2　长期资金与短期资金

按资金的来源期限分为长期资金和短期资金，二者均为构成企业全部资金的期限结构。

（1）长期资金。是指需用期限在1年以上的资金。企业欲长期、持续、稳定地开展工程施工经营活动，就必定需要一定数额的长期资金。广义的长期资金按年限又可分为：1~5年期限内是中期资金；5年期限以上为长期资金。

（2）短期资金。是指需用期限在1年以内的资金。施工中需要用它来弥补短期资金的短缺。

2.3.3　内部筹资与外部筹资

（1）内部筹资。是指企业内部通过计提折旧形成现金和通过留用利润等增加资金来源。它是在企业内部“自然”形成的，因此被称为“自动化的资金来源”。它无需花费筹资费用。

（2）外部筹资。是指当企业内部筹资不能够满足需要时，向企业外部筹集形成资金的来源。

2.3.4　直接筹资与间接筹资

（1）直接筹资。是指企业不经过银行等金融机构，直接与资金供应者协商借贷或发行股票、债券等办法筹集资金。在直接筹资过程，资金供求双方借助于融资手段直接实现资金的转移，而无须银行等金融机构作为媒介。这种方式能够直接起到加快筹集资金的作用。

（2）间接筹资。是指企业借助于银行等金融机构进行的筹资活动。银行在其过程发挥中介作用，它先聚集资金，然后再按规定的程序向企业供给。

（3）直接筹资与间接筹资的区别。直接筹资与间接筹资主要存在着以下3项区别。第一，筹资机制不同。直接筹资依赖于资金市场机制，以各种证券为载体；而间接筹资则可运用市场，或运用计划、行政机制。第二，筹资范围不同。直接筹资具有广阔的领域，可利用的筹资渠道和方式较多；而间接筹资的范围较窄，筹资渠道和方式比较单一。第三，筹资效率和费用高低不同。直接筹资的手续较为简化，供求双方办理资金的转移手续时间较短，故筹资效率较高，筹资费用也较低；相对而言，间接筹资由于需办理较多的审核或抵押等手续，故效率较低而筹资所付出的成本费用则较大。

3　施工资金需用量零缺陷预测

施工资金需用量是筹集资金的数额依据。为此，必须合理、准确地给予预测。应围绕着与生态修复工程项目施工有紧密关联的以下4方面因素进行综合预测。

（1）按生态修复工程项目建设施工中标价进行预估测。在一般情况下，生态修复工程项目施工成本额的60%~85%，即为应备施工周转资金的需用量。在生态修复工程项目建设造价中，特别是中标生态修复工程项目的造价中已经包含有施工直接和间接成本，因此，在确定施工资金过程，应按照施工定额标准详细地进行计算和核准各项目的支出数额，据此来推算项目施工资金需用量。

（2）调查当地现行物价水平及趋势。生态修复工程项目建设施工所在地的平均物价水平及走向趋势，也是预测项目施工所需用周转资金的参考因素。

（3）分析项目施工所需材料与当地能否满足的程度。在掌握项目施工所需材料的基础上，详细调查当地材料市场的满足程度。满足程度数值与筹备施工资金需用量成反比，具体的数量比值关系应根据施工材料的品种、规格及货源运距等实际情况进行确定。

（4）结合以往同类型生态修复工程项目施工成本的水平预估。根据企业历年实施过的同类型生态修复工程项目施工经历，以其所需的周转资金数额，也可以作为参照值供预测参考。

第三章
生态修复工程项目建设施工物资的零缺陷准备管理

施工所需物资是生态修复工程项目零缺陷建设的物质基础，也是构成施工企业实施生态修复工程项目建设施工造价的重要组成部分，对其进行充分准备管理的零缺陷工作内容有计划、采购、调运、进场或入库的检验、登记、使用或领用、回收等，均应该纳入生态修复项目建设施工零缺陷技术与管理的系统之中。对所需的一切物资都必须实行及时、保质、有序的准备与供应，是项目顺利开工、施工正常运行和保障项目建设质量达标的基础和保证。

第一节 施工物资的零缺陷准备管理综述

1　施工物资零缺陷准备管理的重要性

生态修复工程项目建设施工物资零缺陷准备管理的重要性主要体现在以下 3 方面。

（1）施工物资准备管理是为顺利施工铺垫的物质基础。生态修复工程项目施工，就各单项工程而言，无论是营造乔灌草防护林、配套工程措施、浇灌排水工程，还是修筑临时简易道路、供电工程，哪一项工程的施工也离不开施工物资。没有施工物资的充分准备，也就没有施工的正常开工与运行，更谈不上竣工验收。故此，对施工物资的准备进行有效管理是实施生态工程项目施工技术与管理的基础和保证。

（2）对施工物资准备的有效管理是确保生态修复工程项目建设质量的前提。只有确保所有施工物资的规格和质量达标，才能发挥和展示施工企业的技术工艺操作水平，使所施工工程质量经得起检验和检测，为顺利通过工程质量的竣工验收打下扎实的基础。

（3）施工物资的准备管理是按期完工的保证。在施工的专项资金、劳动力队伍和技术与管理等条件均具备的情况下，对施工所需物资的准备管理程度就是决定施工进度与工期的首要因素。为此，项目部应把施工物资准备过程的各项管理，纳入施工进度管理之中，作为保证施工进度、按工期完工的管理措施和重要工作项目来认真对待。

2 施工物资零缺陷准备管理的原则

在施工前，应充分掌握对施工所需物资进行准备管理的依据、标准和入库保管措施等。

（1）工程量清单是施工物资零缺陷准备管理的总依据。生态修复工程量清单是确定施工物资准备管理的方式和途径的重要依据。应围绕着工程量清单，结合工程施工所处的位置及其自然社会经济等条件，制定出价格合理、保质、保量且能够满足生态修复工程项目施工需要的施工物资准备管理的计划，并适时、及时地采取采购、组织货源与调运、现场验收保管、统计分析和汇总等管理措施，这是进行生态修复工程项目施工物质全面准备管理的首要原则。

（2）以质优、规格吻合作为施工物资零缺陷准备管理的标准。为生态修复工程项目施工准备的物资，必须保证其质量达到合格或优质，且规格、型号、性能及包装等都应符合施工技术与质量的要求，这是进行施工物资零缺陷准备管理必须要把握的核心和第二项重要原则。

（3）全面筹划、有效降低施工物资零缺陷准备的成本。在对施工物资零缺陷准备管理过程，应据货源的质量、规格、型号及性能参数，参照运距、包装、运输途径及方式等条件，多跑、多看、多对比，货比三家，要全盘、多方面谋划，择优选货和订货，切实降低施工物资的准备成本。

（4）统筹安排、接续供应、提高施工物资的零缺陷使用管理效果。应依据施工进度、工序、工艺的需求，综合统筹计划和安排，及时、有序地准备和按时、持续地供应各类施工物资，这也是提高施工物资零缺陷使用管理效果的有效手段和措施。

3 施工物资零缺陷准备管理的目标

实施施工物资零缺陷准备管理的过程，施工物资零缺陷准备管理的 4 项工作目标如下：

（1）对施工作业需要的所有物资进行有准备的管理，在于准确、完整、细致地做好施工物资的计划制定；

（2）实地考察与采购、妥善包装与调运时间的安排；

（3）货物到场检验与现场保管、管护等管理措施；

（4）在保证生态修复工程项目建设施工物资零缺陷准备活动顺利开展的同时，切实降低采购、运输和存贮物资的准备成本。

4 施工物资零缺陷准备管理的内容

为确保顺利实现生态修复工程项目建设施工物资零缺陷准备管理的工作目标，就必须要完成以下 5 项工作内容。

（1）施工物资准备的零缺陷计划管理。对生态修复工程项目施工需要的所有物资进行计划与计划管理，是物资准备管理的第一工作任务。编制物资准备计划及对计划进行管理的依据是工程施工合同书、施工工程量清单、工程施工组织设计方案等资料。编制施工物资准备计划时，应根据工期期限、施工进度、工序、工艺等技术与质量的要求，精确计算出施工作业过程所需各类物资材料的需求量和使用时间，并适当留有一定的余地。准确、高效、全面地制定施工物资准备计划，其内容包含物资类别、数量、规格、型号、性能参数、包装运输方式、到场时间、分期调运时间安排、临时保管技术措施、采购单价及合价等。严格施工物资准备过程的经济核算管理，杜绝浪费，有效地降低施工物资准备管理的成本。

施工所需物资零缺陷准备计划编制的准确与否，同生态修复工程项目建设施工零缺陷总进度、施工现场零缺陷技术与管理水平的发挥密切相关。

（2）施工物资的零缺陷采购管理。物资零缺陷采购是根据施工物资需求计划而开展的具体采购活动。应严谨采购合同的订立与履行监督管理程序，对施工物资的采购应把握住保证质量、规格、型号与功能符合，且价格合理、包装标准等准则，以满足工程施工需要为主要目标，同时还要积极地降低采购成本。对物资采购活动进行有效管理的事项内容，应包括采购计划管理、采购合同订立管理和采购履行及验收管理等。

（3）施工物资的零缺陷调运管理。对已采购的物资安排在适宜的时间内进行零缺陷调运，是满足生态修复工程项目施工需要的又一项重要管理工作，既不可过早但绝不能延迟。生态修复工程项目施工是露天作业，若调运施工物资过早，会造成的不良后果主要有以下 3 种情况：可能影响物资的使用质量；极易使施工物资被损坏或被偷盗；增加了现场看护管理的成本。

当然，施工物资也不宜在规定调运到达的日期后延。为此，应综合参考物资调运的方式、交通状况、调运距离、气候或自然灾害影响等因素，视施工的具体情况而定，一般在开工前 3~5 天安全运达施工现场即可。此外还应加强制定和实行采购施工物资到场入库验收和在库管理方法。

（4）施工物资运达现场的零缺陷检验管理。对运达现场的各类物资必须经过数量和质量的零缺陷检验才能签字接收。对通过检验的物资，项目部物资供应部门会同施工队直接把货物卸在施工场地使用；未通过检验的物资，应同供货商协商，采取退、换货或其他方式处理。施工物资现场零缺陷检验管理的要点如下：对照订货清单进行现场核对；对货物认真计量、点数；对规格、性能质量采取抽查方式检验；货物交接、检验、接收手续、记录等手续要完整；依据交货记录结算货款。

（5）施工物资的现场保管。对施工现场物资进行有效的质量保管，既是物资准备管理工作的需要，更是对工程施工质量的保证。保管管理的 4 项重点如下：

①加强看护，防止被偷盗或损坏。

②对一些特殊物资材料采取必要的技术处理措施，意在增强货物的生命质量。

③在调运过程中发生的对货物有轻微损坏现象进行维护或补修处理。

④做好物资的使用、领用记录。

第二节
造林绿化项目施工材料的零缺陷准备管理

生态修复工程项目建设造林绿化所需要使用的乔灌草苗木、土壤、肥料与农药和机械器具等施工材料，应根据生态修复工程项目建设防护功能、施工目标和工程量表，零缺陷计划确定其种类、规格、数量、质量标准，并采取积极稳妥的采购、调运等计划管理工作内容，实行统筹、准确、到位、整体的零缺陷准备管理。

1 造林绿化苗木、种子的零缺陷准备管理

1.1 木本苗木的零缺陷准备管理

（1）木本苗木零缺陷准备管理的基本内容。

①统计施工所需苗木。依据施工工程量清单、作业设计方案及设计图，准确、详细地对施工所需各类木本苗木，按种类、规格、数量、质量等级等内容进行列表统计与核实。

②准确核实。对施工应栽植物品种与所需准备苗木植物种核实、核对，做到吻合无误。

③选择壮苗造林。应选择生长健壮、树叶繁茂、冠形完整、色泽正常、根系发达、无病虫害、无机械损伤、无冻害的苗木。其质量规格见表 3-1 和表 3-2。

④出圃苗木移植培育管理要求。苗木出圃前应经过移植培育，5 年生以下苗木至少移植 1 次，5 年生（含 5 年生）以上苗木应移植培育 2 次以上。

⑤用于施工的野生苗和异地引种苗要求。在栽植前必须经过工程项目所在地区苗圃的 2～3 年期驯化培育，已完全适应当地气候环境条件后才能用于工程施工栽植。如果是跨省、跨地区调运的苗木，在出圃前必须经过当地县级植物检疫部门检验合格，签发苗木检疫合格证书后方可出圃与调运。

表 3-1 起、掘裸根苗管理规格标准

苗木规格（cm）	起、掘苗应保留根系长度（cm）	
	侧根幅度	直根长度
苗高<30	12	15
苗高 31～100	17	16～20
苗高 101～150	20	20～25
胸径 3.1～4.0	35～40	25～30
胸径 4.1～5.0	45～50	35～40
胸径 5.1～6.0	50～60	40～50
胸径 6.1～8.0	70～80	45～55
胸径 8.1～10.0	85～100	55～65
胸径 10.1～12.0	100～120	65～75

表 3-2 起、掘带土球苗管理规格标准

苗木高度（cm）	土球规格（cm）	
	横径	纵径
<100	30	20
101～200	40～50	30～40
201～300	50～70	40～60
301～400	70～90	60～80
401～500	90～110	80～90

（2）苗木规格、质量管理标准。造林施工苗木分为乔木、灌木、藤本、竹类和棕榈类，并满足以下质量管理标准要求。

①乔木类。乔木类苗木质量的标准主要有以下3项：第一，具主轴的必须有主干枝，主枝应分布均匀，干径≥3cm。第二，衡量阔叶乔木苗类的质量应以干径、苗高、苗龄、分枝点高、冠径和移植次数为规定指标；针叶乔木以树高、苗龄、冠径和移植次数为规定指标。第三，用于行道树的乔木苗质量指标为，阔叶乔木类应具主枝3~5支，干径>4.0cm，分枝点高度>2.5m；针叶乔木苗应具有主轴和主梢。

②灌木类。灌木类苗木质量的标准主要有以下6项：第一，灌木苗类质量标准应以苗龄、灌径、主枝数、灌高和主条长为规定指标。第二，丛生型灌木苗类质量要求：灌丛丰满，主侧枝分布均匀且主枝不少于5支，应有3支以上主枝达到灌高要求的标准。第三，匍匐型灌木苗类质量要求：应有3支以上主枝长度达到规定标准。第四，蔓生型灌木苗类质量要求：分枝均匀，主条数在5支以上且径粗在1.0cm以上。第五，单干型灌木苗类质量要求：具主干，分枝均匀，基径在2.0cm以上。第六，绿篱用灌木苗类质量要求：灌丛丰满，分枝均匀，干下部枝叶无光秃，干径同级，苗龄在2年以上。

③藤本类。藤本类苗木质量的标准主要有以下3项：第一，衡量藤本苗类的质量标准应以苗龄、分枝数、主蔓径和移植次数为规定指标。第二，对小藤本苗类的质量要求是：分枝数不少于2支，主蔓径应在0.3cm以上。第三，对大藤本苗类的质量要求是：分枝数不少于3支，主蔓径应在1.0cm以上。

④竹苗类。竹苗类苗木质量的标准主要有以下5项：第一，衡量竹苗类的质量标准应以苗龄、竹叶盘数、竹鞭芽眼数和竹鞭个数为规定指标。第二，母竹的质量标准要求是，2~4年生苗龄，具竹鞭芽眼2个以上，竹秆截干保留3~5盘叶以上。第三，无性繁殖竹苗的质量标准应具有2~3年生苗龄；播种竹苗应具有3年生以上苗龄。第四，对散生竹苗类的质量标准要求是，大中型竹苗具有竹秆1~2支，小型竹苗具有竹秆3支以上。第五，丛生竹类苗木的质量标准要求是，每丛竹具有竹秆3支以上。第六，混生竹苗类的质量标准要求是，每丛竹具有竹秆2支以上。

⑤棕榈类特种苗木类。对其质量应以树高、干径、冠径和移植次数为规定标准指标。

（3）苗木质量的检测方法。

①苗木干径、基径与高度测量要求。具体的测量要求主要有以下2项：苗径测量应使用游标卡尺，读数要精确到0.1cm；测量苗高、分枝点高或着叶点高时使用钢卷尺、皮尺或木尺，读数要精确到1.0cm。

②测量准则。在测量苗木主干径时，遇到主干断面畸形，应测取最大和最小直径值的平均值。当苗木基部膨胀或变形时，应从其基部近上方正常处测取基径。

③测量乔木苗木高度要求。应从基部地表面到正常枝最上端顶芽之间的垂直高度，不计徒长枝。对棕榈类特种苗木的树高要从最高着叶点处测量其主干高度。

④测量灌木苗木高度要求。应在每丛取3支以上主枝高度的平均值。

⑤测量苗木冠径要求。应取苗冠垂直投影最大与最小直径的平均值。

⑥检验苗龄和移植次数要求。应以查阅出圃前育苗记录档案为准。

⑦苗木外观检测要求。以色泽发绿、发青为准，若苗外表色发黑、发褐则为不合格苗木。

（4）苗木质量的检验规则。

①苗木检验地点以苗圃地为宜，供需双方同时履行检验手续；购苗方应要求供苗方出具出圃树种、苗龄、规格、移植次数等育苗记录。

②对珍贵、大规格苗木和有特殊质量要求的苗木，应逐株严格检验。

③成批（捆）的苗木，应对其按 10%随机抽样的数量进行质量检验。

④同一批出圃苗木，应统一进行一次性检验。

⑤同一批与成批苗木质量检验的允许范围和允许误差率规定：对同一批苗木质量检验的允许范围是±2%；对成批出圃苗木数量检验的允许误差率为±0. 5%。

⑥应据检验结果判定苗木合格与否。当检验有误或偏差时须进行复检，以复检结果为准。

⑦填写《苗木出圃检验合格证书》的规定。为生态修复工程项目建设施工订购的苗木在出圃时，都应填写《苗木出圃检验合格证书》，要一式 3 份。其格式见表 3-3。

表 3-3 苗木出圃检验合格证书

编号		发苗单位			
树种名称		拉丁学名			
繁殖方式		苗龄		规格	
批号		种苗来源		数量	
起苗日期		包装日期		发苗日期	
假植或贮存日期		植物检疫单位		检疫证书号	
检疫日期		检疫人			

检验人（签字）： 供购方负责人（签字）：

（5）起、掘苗技术与管理。

①对于常绿树、落叶珍贵苗木、特大苗木和有特殊规格质量要求的苗木，应带有与苗木地上部分枝干相对应规格的土球进行起苗或掘苗。

②起、掘苗期要求。应视当地气候和苗木种类的适宜移植物候期进行实施。

③起掘苗木浇水规定。当苗圃育苗地土壤含水量过低时，应在起苗前 3~5d 浇足水。

④起掘裸根苗根幅规定。裸根苗须根系保留幅度应为其基径的 6~8 倍。

⑤起掘带土球苗要求。苗木所带的土球径应为其基径的 8~10 倍，土球厚度应为土球直径的 2/3 以上。

⑥对起掘裸根苗的其他要求。对起掘后的裸根苗应立即适量修剪根系及地上部分的枝叶叶，对修剪枝条断面应涂刷油漆，并及时假植、采取防晒和保湿的管理措施。

（6）苗木的包装管理。

①裸根苗装运前要求。应绑扎树冠，并按一定数量采用保湿材料分别覆盖和包装。

②起、掘带土球苗后的要求。要立即对土球进行包装，同时适当绑扎树冠，应做到土球尺寸

规范、包装结实、不裂不散。

③供包装裸根苗和带土球苗的材料有麻袋、草绳、塑料薄膜、尼龙绳等。

（7）苗木调运的标志管理。需调运的苗木必须带有明显标志；标志牌上应注明苗木正式名称、批号、数量、调运工地详细地址、接收单位、发运单位等；标志牌的挂设应以苗木品种和包装件数为单位。

（8）苗木运输应注意的其他事项管理。苗木材料必须保证及时安全地运输。在长途运输中应有专人管护，以保持苗木的湿度，防止暴晒、雨淋、机械损伤和被盗丢失。苗木在装卸时应轻拿轻放，以保持苗木的完整无损、无污染。当苗木体量过大和土球直径超过 70cm 时，应使用起重吊车机械装卸。

（9）苗木假植与贮存管理。运至工地的苗木应及时进行栽植；若苗木起掘后未能及时外运，或运至工地不能及时栽植，应立即对苗木采取临时性的假植或贮存管理处理；当秋季起掘苗为翌春栽植准备使用时，应进行越冬性假植或贮存的管理处理。

1.2　球根苗的零缺陷准备管理

（1）球根苗零缺陷准备管理的 5 项要求内容。种球、种根形态应完整、饱满、清洁、无病虫害、无机械损伤、无畸形、无枯萎皱缩、主芽眼未损坏、无霉变腐烂。种球、根栽植后，在正常气候和常规养护管理条件下，应能够在第 1 个生长季中开花，且开花数量应达到一定的要求。种球、根品种纯度应在 95%以上。种球、根出圃后的贮藏期不得超过 40～60d。种球、根出圃应按植物的品种进行包装，并在包装上注明植物种的名称、花色、规格、包装数量及育苗单位，准确率应>99%。

（2）球根苗的零缺陷质量标准。球根种球分类质量标准应满足表 3-4 所规定的质量要求。

表 3-4　球根植物种球分类质量标准要求

质量要求	鳞茎类	球茎类	块茎类	根茎类	块根类
外观整体质量要求	充实、不腐烂、不干瘪	坚实、不腐烂、不干瘪	充实、不腐烂、不干瘪	充实、不腐烂、不干瘪	充实、不腐烂、不干瘪
芽眼芽体质量要求	中心胚芽不损坏，肉质鳞片排列紧密	主芽不损坏	主芽眼不损坏	主芽体不损坏	根茎部不损坏
外因危害	无病虫危害	无病虫危害	无病虫危害	无病虫危害	无病虫危害
外因污染	干净，无农药、肥料残留	干净，无农药、肥料残留	干净，无农药、肥料残留	清洁，无农药、肥料残留	清洁，无农药、肥料残留
种皮、外膜质量要求	皮膜应保存无损（水仙除外）；无皮膜的鳞片叶完整无缺损；鳞茎盘无缺损，无凹底	外膜皮无缺损	—	—	—

（3）球根苗质量零缺陷检测的 5 种方法。

①种球圆周长度，是划分鳞茎类、球茎类、块茎类、根茎块根类规格等级的标准依据。

②测量种球圆周长度器具，使用软尺测量其直径用游标卡尺，读数应精确到 0.1cm。

③测量球根苗尺寸要求。测量鳞茎、球茎和根茎类种球的圆周长或直径，必须待种球风干后，垂直于种球茎轴测其最大圆周长或最大直径的数量值；测量块茎类和块根类种球的圆周长或直径，须测取其圆周长或直径的最大数与最小数的平均值。

④测量球根苗规格等级规定。根据种球圆周长度规格等级规定。采用自制环形带有合格等级尺寸的网眼，来筛选、筛分种球等级；对于水仙种球，多按中央主球直径进行手工分级。

⑤异地调运球根苗的检疫规定。跨省、自治区、直辖市调运的球根花卉种球应经过当地植物检疫部门现场检疫，并签发《球根花卉种球检疫合格证书》后方可装运。

（4）球根苗质量零缺陷检验的 5 项规则。

①出圃的球根苗，应在购销双方约定的地点进行现场检验。

②出圃种球应按 5%的数量随机抽样一次性进行质量检验完毕。

③同一批种球的质量检验合格率应达到 98%以上；种球数量检验的允许误差率为±0. 5%。

④应根据对种球质量检验的结果判定其合格与否，需复检时，应以复检结果为准。

⑤种球检验后应填写《球根苗检验合格证书》，其格式见表 3-5。

表 3-5　球根苗种球检验合格证书

种球花卉名称		编号		供种球单位	
种球标准编号		种球等级		规格	
批号		品种花色		数量	
种球产地或来源		种球培育年限		种球挖掘日期	
植物检疫证号		检疫单位		检疫日期	

检验人（签字）：　　　　　　　　　　　　　供购方负责人（签字）：

（5）球根苗种球的零缺陷挖掘管理。

①挖掘种球时应在球根花卉的休眠季节实施，或在花谢后枝叶枯黄时进行。

②挖掘种球时应自然出土，尽量不损伤种球，一般不宜带残土和老根；对出土的种球要进行风干和消毒处理。水生球根类消毒前不宜风干。

③在既保障种球存活率高，又不影响土壤检疫的前提下，某些种球（如中国水仙）可允许附带产地底盘侧鳞茎的护根泥土；特级、1 级种球根的带泥土量不超过 150g，2～4 级不超过 100g。

（6）球根苗种球的零缺陷包装管理。

①采用箱、袋、篓、筐等器具包装种球时，要求其器具结实牢固、透气。水生球根类（如荷花）装箱时，应加填充物、包装要牢靠，以免碰损顶芽，其等级、数量应符合标示的要求。

②对某些种球（如大丽花）可用上光涂料处理其，既有防腐贮藏功效，又增加了种球面的洁净感。

③应按种球种类、品种、规格、数量分别包装，选用 40cm×60cm×160cm 的标准包装箱。

④对采用传统习惯以“庄”为包装单位的种球类（如中国水仙），分特大庄（10 粒满箱装）、20 庄（20 粒满箱装）、30 庄（30 粒满箱装）、40 庄（40 粒箩筐装）、50 庄（50 粒箩筐装）

和不列庄（箩筐装）等，应采用瓦楞纸箱包装，箱内壁应平滑，纸箱 2 侧各打若干个直径≥1.5cm 的通气孔。

（7）球根苗种球的零缺陷标志管理。

①种球出圃前应带有明显标志。

②标志牌应印注清楚种球的中文名称、拉丁学名、科属、产地、花色、花型、等级、数量和编号等内容。

③种球标志牌的挂设应以球根花卉的品种、变种或杂交种为单位。

（8）球根苗种球的运输与贮存管理。

①种球在运输途中应采取防震、防压、防冻、防雨雪等管理措施。

②种球贮存室要求具备凉爽、通风、保持常温的条件，应达到防冻、防潮、防雨、防毒、室温保持 5~28℃、相对湿度 60%~80% 的贮存环境条件。

③为防止种球混杂，应对贮存的种球分种、分花色、分等级设挂标志牌。

1.3　草本苗的零缺陷准备管理

（1）草本苗零缺陷准备管理的 4 项基本内容。

①应选择健壮、枝叶色泽浓绿、无病虫害，并且在带营养土的育苗容器杯、育苗穴盘和营养钵中培育出的草花苗。

②草本苗栽植后无需缓苗即可开花造景。用花径、株高的标准来衡量苗质。

③草本苗分观花、观果 2 大类，根据品种的不同，花期 4~9 个月不等，花色分红、鲜红、橘红、黄、橙黄、金黄、紫、蓝、粉、混色等。

④草本苗以育苗容器杯、穴盘或营养钵的形式装箱出圃，箱外表应注明育苗单位、草本苗中文名称、花色、规格、数量和编号，准确率应>99%。

（2）草本苗的零缺陷检测方法和检验规则。

①检测方法。用直尺测量株高与花径。出圃草花苗应经当地检疫部门检疫并签发《草本花卉苗检疫合格证书》。

②检验规则。对草本苗的检验应在育苗室现场进行。按 5%的量随机抽样，一次性检验完毕；检验时应记录样盘每穴盘的死苗、缺苗数，然后计算，平均每穴盘应补加苗数×穴盘数×（5%~10%），即为应补加的总花苗数。

（3）草本苗的零缺陷选调管理原则。

①草本苗宜在施工工地近邻地区的花圃进行选购和调运。

②应根据育苗容器、营养钵和穴盘的规格尺寸选择包装箱。

③运输途中应采取防压、防震、防损、防盗等管理措施。

1.4　盐碱地改造造林苗木的零缺陷准备管理

1.4.1　耐盐碱造林树种的选择原则

（1）耐盐碱能力强。所选造林树种的耐盐碱能力，要与造林地的土壤含盐碱量相一致，同时还应综合考虑树种对不同盐碱成分含量的适应性。

（2）抗旱耐涝能力强。盐碱分布地区一般多为干旱低湿盆地，往往是洪涝旱碱并存，因此在选择耐盐碱树种时，还必须注意它的抗旱耐涝能力强弱。

（3）易繁殖、生长快。应选择繁殖、生长快的树种，有利于尽早郁闭成林、覆盖盐碱林地、防止土壤返盐，并能逐步降低林地表层土壤含盐碱量和有效起到改良土壤的作用。

（4）经济价值高。为提高盐碱地造林经济效益，在条件允许时，应选择可以提供木料、饲料、肥料、燃料及其他林副产品的树种，如白榆、胡杨、银白杨、白蜡、苦楝、枣、枸杞等。

1.4.2 主要耐盐碱造林树种的耐盐碱能力指标

（1）树木耐盐碱能力分级。树木耐盐碱能力指标是指造林后1~3年内，幼树对土壤盐碱成分的适应性，是树木生长在盐碱地上忍受盐渍化的程度，并产生生物产量的能力。根据这个概念，确定把树木生长受到盐碱抑制，但不显著降低树木成活率和生长量时的土壤含盐碱量，作为该树种的耐盐碱能力指标。

不同树种具有不同的耐盐碱能力指标，就是同一树种，其耐盐碱能力也因树龄大小、树木体质强弱、盐碱成分种类，以及土壤质地和含水率的不同而不同。现根据上述特性，将树木的耐盐碱能力指标划分为强、中、弱3级（表3-6）。

（2）主要耐盐碱树种的耐盐碱能力。从表3-7可知，不同树木耐盐碱能力一般在0.1%~0.3%，耐盐碱能力强者可达0.4%~0.5%以上。但林木的耐盐碱能力随树龄增大而提高，因此在盐碱地生长成年树附近的土壤含盐碱量，不能作为该树种选择造林地的依据，仅可作为参考值。在滨海盐渍区，土壤含盐碱量及其地下水位是限制林木生长的主要因子，见表3-7和表3-8。

表3-6 树木耐盐碱能力分级

盐碱地区	主要盐碱种类	耐盐碱能力等级		
		弱	中	强
甘新青藏内流高寒盐渍区	硫酸盐	0.3~0.5	0.5~0.7	0.7~1.0
宁蒙片状盐渍区	硫酸盐、氢氧化物	0.2~0.4	0.4~0.6	0.6~0.8
黄淮海斑状盐渍区	氯化物、硫酸盐	0.2~0.3	0.3~0.5	0.5~0.7
东北苏打—碱化盐渍区	氯化物	0.1~0.2	0.2~0.3	0.3~0.4
滨海海浸盐渍区		0.1~0.2	0.2~0.4	0.4~0.6

表3-7 主要耐盐碱树种耐盐碱状况

树种	耐盐碱能力	主要耐盐碱树种
甘新青藏内流高寒盐渍区	0.3~0.5	新疆杨、箭杆杨、钻天杨、辽杨、青杨、黑杨、大叶白蜡
	0.5~0.7	银白杨、白柳、小叶白蜡、杜梨、臭椿、刺槐、桑、白榆、紫穗槐
	0.7~1.0	柳、胡杨、沙枣、枸杞
宁蒙片状盐渍区	0.2~0.4	新疆杨、箭杆杨、钻天杨、辽杨、小黑杨、芦热杨、小美旱杨、小叶杨、白城杨、旱柳、大叶白蜡
	0.4~0.6	银白杨、小叶白蜡、白柳、山杏、杜梨、刺槐、皂角、臭椿、白榆、紫穗槐
	0.6~0.8	柳、胡杨、沙枣、枸杞

（续）

树种	耐盐碱能力	主要耐盐碱树种
黄淮海 斑状盐渍区	0.2~0.3	小叶杨、加杨、大关杨、八里庄杨、小美12、合作杨、小美旱杨、白城杨、毛白杨
	0.3~0.5	新疆杨、枣树、侧柏、白榆、榔榆、白蜡、杜梨、刺槐、苦楝、皂角、臭椿、桑树、合欢、紫穗槐、杞柳
	0.5~0.7	柳、沙枣、枸杞
东北 苏打—碱化盐渍区	0.1~0.2	桦木、黄檗、核桃楸、山杏、旱柳、桃叶卫矛、水曲柳、花曲柳、紫椴、蒙古栎、桑、山杨、糖槭、爆竹柳、丁香、榆叶梅
	0.2~0.3	刺槐、臭椿、小叶杨、中东杨、小青杨、杜梨、梓树、蒙古栎、樟子松、白榆
	0.3~0.4	柳、胡杨、锦鸡儿、枸杞
滨海 海浸盐渍区	0.1~0.2	毛白杨、八里庄杨、青杨、小叶杨、白城杨、合作杨、小美旱杨、小青杨、小美12、波杂194、小美杨、唐柳、丝棉木
	0.2~0.4	杞柳、侧柏、白榆、白蜡、刺槐、皂角、杜梨、桑、臭椿、苦楝
	0.4~0.6	沙枣、柳、枸杞、紫穗槐

表 3-8　主要耐盐碱树种耐盐碱、耐高水位临界值

树种	刺槐	苦楝	白榆	桑树	乌桕	紫穗槐	臭椿	加杨	柽柳
土壤含盐碱量最高临界值（%）	0.3	0.25	0.20	0.20	0.25	0.40	0.25	0.10	0.70
地下水位最高临界值（%）	1.0	0.9	1.5	* * *	* * *	* * *	*	* *	* * *

注：* 不耐水湿；* * 较耐水湿；* * * 耐水湿。

2　造林绿化植物种子的零缺陷准备管理

2.1　原　则

使用优良种子是生态修复工程项目建设造林取得成功的重要保证，品质恶劣种子会致绿化失败。为此，选择优良乔灌草种子的原则如下。

（1）选择发育饱满、充实、颗粒大而重的种子。充实而粒大的种子具有较高的发芽势和发芽率；因为大粒种子所含养分较多，故其发芽力强。

（2）选择富有生活力的种子。新采收种子的发芽率及发芽势均较高，并且新鲜种子所长出的幼苗，大多生长强健；而陈旧种子的发芽率及发芽势均较低。

（3）应选品种正确的种子。有了品种正确的植物种子，才能获得所期望的造林品种植株。品种不正确或品种混杂的种子，常致使造林绿化工作失败。

（4）选择纯洁的种子。在乔灌草种子中，常混入枝、叶、萼片、果皮以及石块尘土、杂草等夹杂物碎片，这样，在造林种草播种时就不易计算出确切的播种量、达不到预期的造林密度；若混入杂草种子，不仅增加除草工作，而且外来种子常有引入新杂草种子的危险。

（5）应选择无病虫害的种子。种子是传播病虫害的重要媒介，种子上常附有各种病菌及虫卵，由于引种常自发生地区传播至新地区，因此规范严格地建立种子检疫及检验制度，是杜绝病虫害从国外传入或在国内地区传播的保证。

2.2 造林绿化植物种子质量的零缺陷检验

2.2.1 实行种子质量零缺陷检验的作用

种子是生态修复工程项目造林绿化中最基本的物资。林木种子的质量直接关系到育苗、播种造林绿化的成败，极大地影响着乔灌草植物的成长。在生态修复造林绿化生产中因使用劣质种子导致造林种草和育苗失败的事，屡见不鲜。因此，在采、选购和使用种子前，必须对种子进行质量检验，以便通过种子质量分析，确定种子的使用价值。对造林绿化种子质量零缺陷检验的作用有以下 3 方面：

①通过种子检验，保证造林绿化采用优质种子，使良种发挥出更大的生态经济效用。

②根据种子检验结果，按照国家标准《林木种子质量分级》，评定种子的等级，在收、采购种子时按质量等级论价，贯彻优质优价原则，同时根据种子检验结果，算出种子的使用价值，确定播种量。

③通过严格的种子检验，防止不合格的种子，尤其是不符合标准含水量的种子和感染病虫害的种子被使用、入库或调拨，以免造成损失和传播病虫害。因此，种子质量检验是生态修复建设中不可缺少的重要环节。《林木种子检验规程（国家标准 GB2772—1999）》规定：在种子采收、贮藏、调拨和播种前必须进行种子质量检验，检验工作必须执行国家标准《林木种子检验规程》和有关地方标准。

对造林种草种子质量检验内容有抽样、净度分析、发芽测定、生活力测定、优良度测定、含水量测定等项目。

2.2.2 抽 样

抽样是抽取有代表性的、数量能满足检验需要的样品，这是对种子质量检验的第一个重要步骤。抽样方法正确与否，是种子检验能否取得正确结果的首要条件。所提取的样品必须具有充分代表性，否则即使每个检验项目都做得很细致精确，其结果也不能反映整批种子的质量状况，会误导生产。因此，必须正确掌握种子质量检验的抽样技术。

（1）抽样原则：抽样必须在同一树种的同一种批中进行。同一种批是指一个种批的种子必须符合以下 5 个条件：一是同一树种种子；二是采自同一个县范围；三是采种期相同，加工调制和贮藏方法相同；四是种子经过充分混合，使组成种批的各成分均匀一致地随机分布；五是一个种批要有一定的重量，特大粒种子如核桃、板栗、麻栎、油桐为 10000kg；大粒种子如油茶、山杏、苦楝等为 5000kg；中粒种子如红松、华山松、樟树、沙枣等为 3500kg；小粒种子如油松、落叶松、杉木、刺槐等为 1000kg；特小粒种子如桉树、桑树、泡桐、木麻黄等为 250kg。重量超过 5%时，需要另划种批。

（2）抽样步骤：按初次样品、混合样品、送检样品、测定样品的 4 个步骤抽取种子样品。

初次样品：指从同一种批的不同部位或不同容器中，每次取出的少量种子。

混合样品：指把从同一种批抽取的全部初次样品合并在一起，经充分混合即成为混合样品。混合样品的重量最好不小于送检样品重量的 10 倍。

送检样品：是指送交种子检验机构的样品，可以是整个混合样品，也可以是从中随机分取的一部分。送检样品是国家标准根据种粒大小和种子千粒重规定的。净度测定的样品一般至少应含2500粒纯净种子，送检样品的重量至少应为净度测定样品的2~3倍。测定含水量的送检样品，最低重量为50g，需要切片的种类种子应为100g。送检样品要按种批做好标志，防止混杂。

测定样品：指种子检验单位根据送检单位要求的检验项目，从送检样品中取出来的一部分直接供某项测定用的种子样品。

（3）常用抽样方法：为使测定样品对送检样品有最大的代表性，抽样方法是将送检样品充分混合，并反复对半分取。一般采用以下2种方法。

①四分法：将种子均匀地铺在光滑清洁的桌面上，略呈正方形。两手各拿1块分样板，从相反的方向将种子拨到中间，使之呈长条形，再把长条两端的种子拨到中间，这样反复进行3~4次，使种子混合均匀，然后铺成正方形。大粒种子厚度不超过10cm，中粒种子厚度不超过5cm，小粒种子厚度不超过3cm。用分样板沿对角线把种子分成4个三角形，将对顶的2个三角形的种子装入容器备用，取余下2个对顶三角形的种子，再次混合并按前法继续分取，直到取得略多于测定样品所需的数量为止（图3-1）。

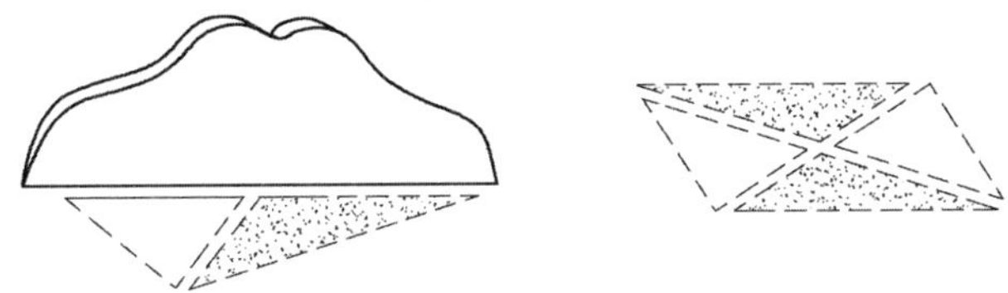

图 **3-1**　种子分样板与四分法示意图

②分样器法：适用于种粒小、流动性大的种子。分样前先将送检样品通过分样器，使种子分成重量大约相等的2份，2份种子重量之差不超过2份种子平均重的5%时，可以认为分样器正确，可以使用。如果超过5%，应调整分样器。分样时先将送检样品通过分样器3次，使种子充分混合后再分取样品，取其中1份，继续用分样器分取直到缩减至略多于测定样品的需要量为止，如图3-2。

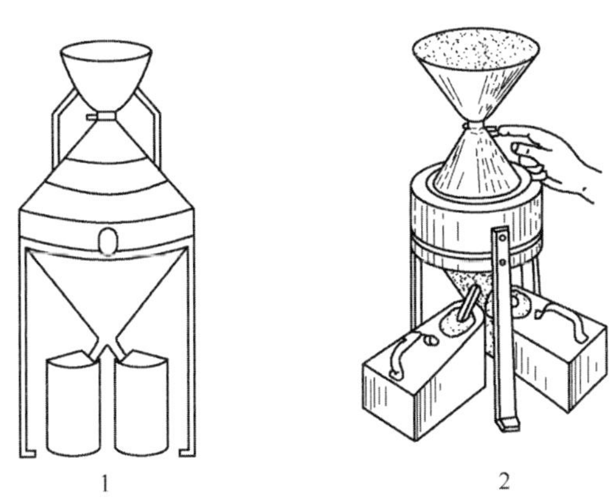

图 **3-2**　种子分样器

2.2.3　种子净度分析

种子净度是指测定样品中纯净种子重量占测定样品各成分重量总和的百分数。种子净度是种子质量重要指标之一。净度愈高说明种子品质愈好。种子净度也是确定播种量、划分种子等级的重要依据。

①种子净度测定方法：测定样品的最低量可根据国家标准 GB 2772—1999《林木种子检验规程》规定的重量。除种粒大的至少为 500 粒外，其他树种通常要求至少含有纯净种子 2500 粒。将测定样品分成纯净种子、其他植物的种子和夹杂物 3 个组成部分，据此判断种批的组成，其称量的精确度见表 3-9。测定样品可以是按规定重量的 1 个测定样品，或至少是这个样品重量一半的 2 个各自独立分取的测定样品，必要时可以是 2 个样品。

表 3-9 净度分析样品的总体及各组成成分称量精度

序号	测定样品重量（g）	称量至小数点位数
1	1.0000 以下	4
2	1.000~9.999	3
3	10.00~99.99	2
4	100.0~999.9	1
5	1000 或 1000 以上	0

②测定数据的计算：分为差值允许范围、计算方法 2 项内容。

差值允许范围：指测定样品原重量减去精度分析后纯净种子、其他植物种子和夹杂物的重量和，其差值不得大于原重量的 5%，否则需要重新测定。

例如，油松种子测定样品重 50g，净度分析的各成分为：纯净种子 48.26g，废种子 0.66g，夹杂物 1.06g。

$$\text{差值} = 50 - (48.26 + 0.66 + 1.06) = 0.02\text{g}$$

测定样品为 50g 时，其差值不得大于原重的 5%，即 0.25g；相差值为 0.02g，没有超过差值的允许范围。这种差值是随机误差引起的。

结论：结果正确，可以进行净度计算。

计算方法：测定样品的种子净度采取公式（3-1）进行计算：

$$\text{种子净度}(\%) = \frac{\text{纯净种子重量}}{\text{纯净种子重量}+\text{其他植物种子重量}+\text{杂物重量}} \times 100\% \tag{3-1}$$

种子净度测定结果应计算至 2 位小数，填写时只记 1 位小数。测定结果应填入种子净度分析记录表（表 3-10）。

2.2.4 种子发芽测定

分为测定发芽目的、测定发芽定义、种子发芽床、种子发芽设备、测定发芽的程序与方法、测定发芽结果的计算以及种子用价计算 7 项内容。

（1）测定种子发芽目的：种子发芽能力是种子播种造林种草质量的最重要指标。在室内标准条件下测定种批的最大发芽潜力，据此，对比不同种批的质量，以确定合理播种量，这对划分种子等级和确定合理的种子价格都具有十分重要的意义。

表 3-10　种子净度分析记录表

编号＿＿＿＿＿＿

树种＿＿＿＿＿＿　样品号＿＿＿＿＿＿　样品情况＿＿＿＿＿＿

测试地点＿＿＿＿＿＿＿＿＿＿＿＿＿＿＿＿＿＿＿＿＿＿＿＿

测试仪器：　名称＿＿＿＿＿＿＿＿＿＿＿＿　编号＿＿＿＿＿＿

分析方法	试样重量（g）	净种子重量（g）	其他植物种子重量（g）	杂物重量（g）	总重量（g）	净度（%）	备注
实际差距				允许差距			

本次测定：有效□　无效□

测定人：＿＿＿＿＿＿＿＿　校核人：＿＿＿＿＿＿＿＿

结束测定日期：　　年　　月　　日

（2）测定种子发芽定义：按种子的发芽、发芽率、幼苗基本结构、正常幼苗、不正常幼苗和未萌发粒 6 项内容进行定义。

①发芽：在室内测定种子发芽，是指自种子萌芽至幼苗出现并生长到某个阶段，其基本结构的状况表明在田间正常条件下长成一株合格苗木。2000 年 4 月 1 日，国家质量监督局公布实施的国家标准 GB 2772—1999《林木种子检验规程》，与国际规程接轨，将种子发芽标准由发芽提高到幼苗，使种子检验的发芽结果更贴近田间发芽实际。

②发芽率：通过表 3-11 可知，种子发芽率是指在规定条件下和规定期限内生成正常幼苗的种子粒数占供检种子总数的百分比。

表 3-11　发芽测定技术条件

序号	树种	发芽床	温度（℃）	初次计数（d）	末次计数（d）	备　注
1	岷江冷杉	纸	25	14	28	始温 45℃水浸种 24h
2	杉松（沙松）	纸	20～30	10	28	—
3	柳杉	纸	25	18	28	—
4	杉木	纸	25	10	21	—
5	干香柏（冲天柏）	纸	25	14	28	始温 45℃水浸种 24h
6	柏木	纸	25	14	35	—
7	福建柏	纸	25	14	28	—
8	银杏	沙	25，20～30	14	28	1～5℃层积 60d
9	落叶松（兴安落叶松）	纸	20～25	14	28	始温 45℃水浸种 24h
10	日本落叶松	纸	25	14	21	1～5℃层积 10～15d
11	四川红杉	纸	20	10	24	始温 45℃水浸种 24h
12	黄花落叶松（长白落叶松）	纸	25	14	23	始温 45℃水浸种 24h

（续）

序号	树种	发芽床	温度（℃）	初次计数（d）	末次计数（d）	备注
13	红杉	纸	25	10	24	始温 45℃水浸种 24h
14	华北落叶松	纸	25，20~30	12	21	始温 45℃水浸种 24h
15	西伯利亚落叶松	纸	25~30	14	28	始温 45℃水浸种 24h
16	水杉	纸	25	10	23	—
17	云杉	纸	20~25	10	24	始温 45℃水浸种 24h
18	红皮云杉	纸	25，20~30	14	21	始温 45℃水浸种 24h
19	白杆	纸	25	9	19	—
20	天山云杉	纸	25	10	25	—
21	青杆	纸	20，25	10	21	—
22	华山松	沙	20~30	14	42	①始温 45℃水浸种 72h；②有的种源有休眠，可 1~5℃层积 30d
23	白皮松	纸	20~25	14	35	1~5℃层积 45d
24	湿地松	纸	25，20~30	10	28	—
25	思茅松	纸	25	7	27	始温 45℃水浸种 24h
26	南亚松	纸	30	7	14	—
27	马尾松	纸	25	10	21	—
28	刚松	纸	20~30	10	16	始温 45℃水浸种 24h
29	晚松	纸	20~30	10	21	—
30	樟子松	纸	25	10	18	—
31	油松	纸	25	10	21	始温 45℃水浸种 24h
32	火炬松	纸	25，20~30	14	21	1~5℃层积 28d
33	黄山松	纸	20~30	10	21	—
34	黑松	纸	25	14	28	—
35	云南松	纸	25	10	27	—
36	侧柏	纸	25，20~30	14	28	始温 45℃水浸种 24h
37	竹柏	沙	25	25	42	—
38	金钱松	纸	25，20~30	21	35	—
39	铅笔柏	纸	15	14	28	20℃层积 60d，然后转入 3~5℃下 45d
40	池杉	沙	20~30	14	28	①室温水浸 2 周，每天换水；②1~5℃层积 90d；③染色法测定生活力
41	落羽杉	纸	20，20~30	7	28	①3~5℃层积 30d；②染色法测定生活力
42	台湾相思（相思树）	纸	25	7	21	①始温 100℃水浸种 2min，自然冷却 24h；②浓硫酸浸种 15~20min 后充分冲洗；③染色法测定生活力
43	黑荆树	纸	30	7	21	①始温 100℃浸种 5min，自然冷却 24h；②浓硫酸浸种 15~20min 后充分冲洗；③染色法测定生活力

（续）

序号	树种	发芽床	温度（℃）	初次计数（d）	末次计数（d）	备 注
44	元宝枫	纸	25	7	14	去翅，室温水浸2d后剥去果皮及种皮
45	臭椿	纸	30	10	16	去翅，始温45℃水浸种24h
46	合欢	纸	20~30	7	14	始温80℃水浸种24h，余硬粒再处理1~2次
47	三年桐	纸	25	14	21	去掉种皮
48	千年桐	纸	25	14	21	去掉种皮
49	桤木	纸	25	7	21	—
50	草冬瓜（蒙古桤木）	纸	25	7	21	—
51	紫穗槐	纸	20~25	7	14	去外种皮，60℃水浸种24h
52	腰果	纸	20~30	7	18	—
53	团花	纸	25	14	28	1~5℃层积60d
54	木波罗	纸	25~30	7	21	—
55	羊蹄甲	纸	25	7	14	浓硫酸浸种10min后充分冲洗
56	垂枝桦	纸	20~30	5	10	—
57	白桦	纸	20~30	7	14	—
58	紫珠	纸	20~30	14	21	—
59	油茶	纸	25	8	12	5~10℃层积60d
60	茶	纸	25	8	12	5~10℃层积60d
61	喜树	纸	20~30	17	28	冷水浸3d，剥去种皮
62	柠条锦鸡儿	纸	25	9	17	—
63	小叶锦鸡儿	纸	25	10	21	—
64	薄壳山核桃	沙	20~30	21	49	1~5℃层积60d
65	铁刀木	纸	25	10	20	浓硫酸浸种3min后充分冲洗
66	锥栗	沙	25	7	21	—
67	板栗	沙	20~25	12	35	0.5%高锰酸钾消毒20min，45℃水浸种48h
68	红椎	沙	25	7	21	—
69	青钩栲（格氏栲）	纸	25	7	21	—
70	木麻黄	纸	30	7	14	—
71	梓树	纸	20~30	4	7	室温水浸种24h
72	麻楝	纸	30	7	14	—
73	樟树	纸	30	7	14	①15~20℃层积30d；②室温水浸10d，去果皮；③19%双氧水浸种2h

（续）

序号	树种	发芽床	温度（℃）	初次计数（d）	末次计数（d）	备　注
74	肉桂	沙	30	7	21	—
75	降香黄檀	纸	30	24	48	—
76	凤凰木	沙	30	7	14	①始温 100℃水浸种 24h；②浓硫酸浸种 30min 后充分冲洗
77	君迁子	沙	20~30	6	13	始温 45℃水浸种 24h
78	坡柳	纸	25	8	24	始温 70℃水浸种 2h
79	沙枣	沙	25	14	21	①29%双氧水浸种 15~20min；②室温 60℃水浸浸种 48h
80	翅果油树	纸	25	10	28	—
81	泡火绳	纸	25	5	21	始温 70℃水浸种 24h
82	格木	沙	30	7	15	①始温 100℃水浸种 24h；②清除种皮上的胶状物后浓硫酸浸 30min 后充分冲洗
83	赤桉	纸	30	7	14	称量发芽法，0.5g
84	柠檬桉	纸	25	7	14	称量发芽法，1.0g
85	窿缘桉	纸	25	7	14	称量发芽法，1.0g
86	蓝桉	纸	25	7	24	称量发芽法，1.0g
87	葡萄桉	纸	25	7	14	称量发芽法，1.0g
88	直干蓝桉	纸	25	7	24	称量发芽法，0.1g
89	大叶桉	纸	25	7	14	称量发芽法，0.25g
90	蜡皮桉	纸	25，35	7	14	称量发芽法，0.25g
91	多枝桉	纸	25	5	14	称量发芽法，0.5g
92	杜仲	纸	25	14	21	①划去翅果一侧，浸 24h；②5℃催芽 40d
93	梧桐	沙	20~30	11	24	室温水浸种 24h 后切破种皮
94	白蜡树	纸	25	5	15	始温 45℃水浸种 21d；每天换水 1 次
95	皂荚	纸	20~25	12	21	①浓硫酸浸 1h 后充分洗净，温水浸 48h；②始温 45℃水浸种 24h，余硬粒再处理 1~2 次
96	云南石梓	纸	25~35	15	44	室温水浸种 24h
97	银桦	纸	25	14	28	始温 45℃水浸种 24h
98	梭梭	纸	25	3	10	—
99	白梭梭	纸	25	5	7	—

（续）

序号	树种	发芽床	温度（℃）	初次计数（d）	末次计数（d）	备　注
100	蒙古岩黄芪（杨柴）	纸	25	12	20	始温45℃水浸种24h，去掉外种皮
101	花棒（细枝岩黄芪）	纸	25	14	21	始温45℃水浸种24h，去掉外种皮
102	沙柳	纸	25	10	19	始温45℃水浸种24h
103	红花天料木	纸		8	27	冷水浸种后湿润3d，称量发芽法
104	坡垒	纸		5	10	剥去翅状萼片
105	核桃	沙	25	12	18	始温45℃水浸种4d，夹裂壳核，埋入沙中
106	非洲桃花心木	纸	20~30	10	28	室温水浸种24h
107	紫薇	纸	20~30	4	11	—
108	胡枝子	纸	20~25	2	5	去掉果皮，擦破种皮，水浸24h
109	枫香	纸	25	10	21	—
110	鹅掌楸	纸	25	14	28	1~12℃层积90d
111	金银花（忍冬）	纸	20~30	4	11	始温45℃水浸种72h，再置1~5℃下层积14d
112	金银忍冬	纸	20~30	17	28	始温45℃水浸种48h
113	枸杞	纸	20	7	21	—
114	绿楠（海南木莲）	纸	25	5	46	25℃层积36d；切开法测定优良度
115	楝树	纸	25	10	21	剖开果壳取出种子
116	川楝	纸	25	10	21	剖开果壳取出种子
117	醉香含笑（火力楠）	纸	25~30	7	21	2~17℃层积80d
118	桑树	纸	30	7	21	—
119	壳菜果（米老排）	沙	20~30	15	30	始温50℃水浸种24h
120	兰考泡桐	纸	25~30	7	22	—
121	白花泡桐	纸	25~30	9	14	—
122	毛泡桐	纸	25~30	7	22	—
123	黄檗	纸	20~30	9	30	①1~5℃层积30d；②染色法测定生活力
124	毛竹	纸	25	14	28	—
125	黄连木	沙	20~30	14	28	①1~5℃层积60d；②染色法测定生活力
126	二球悬铃木	纸	20~25	5	10	—
127	杨属	纸	20~25	7	14	—
128	枫杨	沙	30	10	21	1~5℃层积90d

（续）

序号	树种	发芽床	温度（℃）	初次计数（d）	末次计数（d）	备 注
129	葛藤	纸	20~30	4	7	先用室温水浸种 24h，余硬粒反复用 80℃水浸，每次 1~2min，然后换常温水至 24h
130	栎属	沙	25	14	28	—
131	火炬树	纸	20~30	7	14	①浓硫酸浸泡 5min，冲洗干净，再用室温水浸浸 48h；②始温 90℃水浸 48h
132	刺槐	纸	20~30	7	14	始温 85~90℃水浸种 24h，余硬粒再处理 1~2 次
133	旱柳	纸	20~30	7	12	—
134	乌桕	沙	25	6	21	4%氢氧化钠水溶液浸泡，去蜡层后 1~5℃层积 30d
135	檫木	纸	25	14	28	—
136	木荷	纸	20~30	17	35	—
137	箭竹	纸	20	9	12	—
138	槐树	纸	20~25	9	14	始温 85~90℃水浸种 24h，余硬粒再处理 1~2 次
139	大叶桃花心木	纸	30	7	21	室温水浸种 24h
140	乌墨（海南蒲桃）	纸	30	7	30	—
141	柚木	纸	25~35	25	40	烈日下暴晒 7d 后，将种子浸沤于石灰水中 7d，然后水浸 2d
142	鸡针木（海南榄仁）	纸	30	20	35	露天层积（25~30℃）8d
143	香椿	纸	25	7	21	—
144	漆树	沙	20~25	14	28	①1~5℃层积 15~30d；②浓硫酸浸种 30~40min，充分洗净后 1~5℃层积 30d
145	棕榈	纸	25	14	21	①5~10℃层积 30d；②染色法测定生活力；③解剖法测定优良度
146	白榆	纸	20~25	5	7	—
147	青梅	纸	30	5	10	剥去翅状萼片，不能浸种
148	荆条	纸	25	5	18	—
149	大叶榉	纸	20	14	21	1~5℃层积 40d

注：①备注栏提供的内容一是为破除种子休眠建议采用预处理方法；二是称量种子发芽法的最低量。

②温度栏内的“~”表示变温。

③几种温度或几种预处理条件并列，并不表示优劣顺序。

④备注栏的“—”表示不需要任何预处理，干播。

③幼苗基本结构：是指幼苗继续生长成合格苗木所必备的结构。幼苗由以下基本结构组合组成：根系、胚轴、子叶、初生叶、顶芽与禾本科、棕榈科的芽鞘。

④正常幼苗：指能在土质良好，水分、温度、光照适宜的条件下继续生长成为合格苗木的幼苗。正常幼苗包括基本结构全都完整、匀称、健康、生长健壮的幼苗，带轻微缺陷的幼苗，以及受到次生性感染的幼苗。

⑤不正常幼苗：在土质良好，水分、温度、光照适宜的条件下不能长成为合格苗木的幼苗。不正常幼苗有 3 种类型：损伤苗（任何幼苗基本结构缺失或损伤严重无法恢复正常，不能均衡生长的幼苗）、畸形苗（生长畸形或不匀称的幼苗）、腐坏苗（由于原发性感染，该树种幼苗的任何基本结构染病，或腐坏停止正常生长的幼苗）。

⑥未萌发粒：在发芽测定技术条件表（表 3-11）中所设定环境条件下，测定期结束时仍未发芽的种子。可以分为：硬粒（在测定条件下未能吸水而在测定期结束时仍然坚硬的种子，这是种子的一种休眠形态，常见于豆科种子）、新鲜粒（在测定条件下能够吸水，但发芽进程受到阻碍，其外形依旧良好，坚实硬朗，属于仍然具有生出正常幼苗潜力的种子）、死亡粒（测定期末种子变软、变色、发霉，毫无生出幼苗的征兆）、空粒（完全空瘪或仅含某种残存组织的种子）、涩粒（杉木、柳杉等胚珠受精后败育，内含物为紫黑色单宁类物质的种子）、无胚粒（种子有新鲜胚乳等组织，但其中既无胚腔，也没有胚）、虫害粒（内有昆虫幼虫或虫粪，或有其他迹象表明受到过昆虫侵害、影响发芽能力的种子）。

（3）种子发芽床：种子发芽床分为纸床、沙床、土床 3 种，其具体制作方法如下。

①纸床：用作发芽床的纸应是疏松、通气、无毒、无菌，容易给种子不断提供水分的滤纸或其他类型的纸，也可用洁净无毒的纱布、脱脂棉。为给种子提供足够水分，可以用多层纸，也可以在纸下铺垫纱布或脱脂棉。做床材料的 pH 值应在 6~7.5 范围内。

②沙床：床沙应是颗粒均匀一致的细沙，无菌无毒，不含任何种子，pH 值应在 6~7.5 范围内。沙不能重复使用。

③土床：一般在普通发芽试验结果不理想或有疑问时采用，作为辅助试验，或在其他发芽试验设备缺乏时应用。其做法是：将疏松土壤，即将沙、土各半，过筛后放入浅钵或木箱成为发芽床。土中不得混合任何种子，pH 值应在 6~7.5 范围内。土不可重复使用。土床洒水湿润。播下种子后，晴天放在室外向阳背风处，阴雨天和下午 4 时后移至室内。幼苗出土后经常检查和记载出土幼苗数。到规定天数后，拨开土壤检查发芽的种子数，加上已发芽出土的种子数，计算种子发芽率。

（4）种子发芽设备：主要有发芽盒、发芽箱、玻璃培养皿以及小工具等。

①发芽盒：应是无毒、无色、塑料制成的透明发芽容器，内置有孔隔板，盒长、宽度应能容纳 4 次重复或至少 2 次重复的种粒，盒高应略大于受检树种正常幼苗的高度。发芽床要铺放在有孔眼的隔板上，隔板与盒底之间的空间用于存水，以提高盒内的相对湿度。

②发芽箱：是能调控温度、湿度和光照的密闭箱体。发芽箱应具有加热和降温 2 个系统，隔热性能良好，能提供发芽所需的光照条件，而且能控制湿度。箱内隔板上铺放纸床，在其上直接排放供检种子样品。不能控制湿度的温箱，应在其内放置发芽盒或玻璃培养皿，以盛放供检种子样品。

③玻璃培养皿：常用直径 11~15cm 带盖玻璃培养皿。为使容器内有较多氧气，应选用直径较大的培养皿，并常敞开换气。此外，当幼苗长出地上部分时，需要将皿盖逐渐打开。

④发芽测定时，还需一些小镊子、滴瓶、小剪子、刀片和手持放大镜等小工具。

（5）测定发芽的程序和方法。

①测定样品提取：发芽测定所需样品应从净度测定时分离出来的纯净种子中提取。将纯净种子充分混拌后按随机原则提取样品。可以用四分法将纯净种子区分为 4 份，并从每份中数出 25 粒组成 100 粒，即为 4 次重复，数取种子切忌有任何程度的主观挑选。

桦木属、木麻黄属、桑属、桉属、杨属以及泡桐属，其种粒特小，可以采用重量发芽法，不按粒数，而是按重量提取测定样品。一般以 0. 1~25g 为 1 次重复，从送检样品中随机称取 4 次重复，用于种子发芽测定。采用重量发芽法时，发芽测定结果以在规定时间内每克种子样品中正常发芽的粒数表示，单位是粒/g。

②样品的预处理：指对种子样品开展的酸蚀、层积、浸种、灭菌处理措施。

③酸蚀种子：胡枝子、相思树、黑荆树、凤凰木、格木、紫荆、皂荚、无患子、椴树等树木种子，其种皮致密且不透水，难于发芽，可以用酸蚀或烫种方法进行预处理。种皮耐酸程度随树种而不同，同一树种的各个种批也有差异。预处理之前应先取若干份少量样品，分别在酸中浸蚀不同时间，以便为该种批测定找出一个最合适的酸蚀时间。各个样品浸酸并彻底冲洗以后，用室温水浸种一段时间。吸水膨胀种粒最多、种皮暗淡无光且无明显伤害的酸蚀时间，即为正确酸蚀处理时间。用手持放大镜可以看到：如果处理过度，种皮蚀伤严重，甚至个别部位露出胚乳（或子叶）；处理不足则蚀伤太轻，甚至仍有光泽。酸蚀处理效果佳，除能消除种皮的不透性，还能杀菌，且浓硫酸可以多次使用。此法缺点是不太安全，操作时务必佩戴防酸蚀手套，专心、规范操作。酸蚀常用比重 1. 84、纯度 95%的工业浓硫酸。具体做法是：将适量浓硫酸倒入烧杯，将测定样品装入用尼龙纱缝制的小袋，连袋浸入浓硫酸液中，温度宜在约 25℃；到达预定时间取出，连袋放在流水中彻底冲洗 5~10min，然后置床。硫酸腐蚀性极强，切不可接触眼睛、皮肤、衣物，更不能让水滴入浓硫酸中，否则会引起剧烈反应，甚至爆炸。

④层积处理（预冷处理）：有些树种的种子具有内因性休眠，如红松、圆柏、椴树、白蜡、元宝枫、复叶槭等，这些种子要在湿润、低温条件下经过一段时间，才逐渐萌动发芽。一般的做法是使种子充分吸水，再与湿润细沙搅拌在一起，然后放在 1~5℃ 低温条件下一段时间。在种子处理过程中要经常检查，常翻动，以利通气。如水分不足，应适当加水。为尽快了解种子的品质，也可用生物化学方法测定其生活力或者测定其优良度。如果预处理加发芽测定时间限定不超过 2 个月，时间充裕，则可以在预处理后直接测定发芽能力。有些树种如绿楠，层积要求较高的温度，称为暖层积。一般暖层积温度为 15~25℃ 或 20~30℃。也有一些树种，如红松、水曲柳、白蜡，在其低温层积之前最好暖层积一段时间。

⑤浸种：为促进发芽，发芽测定前应浸种。浸种水量为种子体积的 3~5 倍。水温度为 45℃，在自然冷却中浸种 24 小时，有些种子可能需要更长时间。种皮透性差的种子也可烫种，烫种前应测定适宜的温度与时间。有些树种的种子在发芽前不需要进行浸种，可以直接干播，它们发芽效果更好，如柳杉、柏木、福建柏、水杉、红皮云杉、湿地松、马尾松、樟子松、黄山松、黑松、云南松、桤木、白桦、小叶锦鸡儿、桑树、白花泡桐、毛竹、二球悬铃木、杨树、旱柳、香

椿、白榆、荆条等。

⑥灭菌：指对发芽用具和种子的灭菌。培养皿、纱布、小镊子、刀片、剪刀等仔细洗净后，用沸水煮 5~10min。对发芽箱灭菌方法：将盛有浓度 0.15%福尔马林的培养皿放在发芽箱内，敞开培养皿的盖，密闭 2~3d 后，敞开发芽箱门，待福尔马林味散尽后使用。新鲜、清洁、饱满的种子很少感染霉菌，一般很少对其进行灭菌。陈种子、半饱满种粒易发霉，需要灭菌。种子灭菌常用药有福尔马林、高锰酸钾、升汞、过氧化氢等。使用方法如下。

福尔马林：将测定样品分别装入小纱布袋，系好标签连袋放入小烧杯中，注入 0.15%的福尔马林溶液，浸没种子。然后盖好烧杯盖，20 分钟后取出布袋沥干，放在有盖的玻璃皿中闷半小时，取出连同纱布袋彻底清洗，即可置床。

高锰酸钾：将装有测定样品的小纱布袋放入小烧杯中，注入 0.1%~0.5%的高锰酸钾溶液，浸没种子。盖好烧杯盖，20min 后取出布袋沥干，彻底清洗后，即可置床。

升汞：将装有测定样品的小纱布袋放入小烧杯，注入 0.1%的升汞溶液，浸没种子。盖好烧杯盖，3~5min 后取出布袋沥干，彻底清洗后，即可置床。

过氧化氢：将装有测定样品的小纱布袋放入小烧杯，注入 35%的过氧化氢溶液，浸没种子。1h 后取出布袋弄干即可，皮较厚的种子应该适当延长浸泡时间，种皮较薄的种子只需浸泡 30min。

无论使用什么药剂对种子进行灭菌，都应该用干种子。如需浸种，应在灭菌之后实施。

⑦置床和管理：指在发芽床上放纱布、滤纸、纸、脱脂棉和细沙等发芽基质，一般大粒种子宜用细沙或砂壤土，中、小粒种子可用纱布、滤纸、纸、脱脂棉。置床的具体做法是：

将未处理过的种子或经过灭菌和发芽促进处理的种子，用清水冲洗 2~3 次。用小镊子将种子排放在发芽基质上，每个发芽用具最好放 100 粒种子组成 1 组，共取 4 个 100 粒，即 4 次重复。大粒种子可将 100 粒的每个重复分为 50 粒或 25 粒为 1 小组，以小组为单位排放在发芽用具上，以这样的 2 个或 4 个小组组成 1 次重复，使种粒之间有足够的距离，避免病菌蔓延和根系缠绕，也便于点数。采用沙床或土床时，需光的种子应压入沙（土）表层，忌光种子播在在疏松、平整的沙土上，再均匀地覆盖上一层 10~20mm 的疏松沙土。种子放置完毕后应在发芽用具上贴标签，注明树种、测定样品号、放置日期等，并将有关项目记入发芽测定记录表。特别要标明大粒种子是由几个容器组成 1 次重复的。决不允许为了通过误差检验而任意组合发芽容器。

应该经常检查测定样品及其水分、通气、温度、光照条件。检查间隔的时间，要根据树种特性和样品状况等自行确定。从种子放置发芽当天起，应每天或隔天进行 1 次观察记载，直至规定的发芽结束为止。如果严格控制发芽条件，可以减少观察次数。观察记载时，应检查发芽环境的温度、水分、通气和光照状况，发芽床要保持湿润，但是种子四周不能出现水膜，要求通气状况良好。水的 pH 值应在 6~7.5 之间。种子发芽的适宜温度，各树种很不相同。除非确认某树种种子的发芽会受到光抑制，否则在发芽测定中，每天 24h 都应供给 8h 光照，这样做符合自然光照状况，能使幼苗长势旺盛，不容易遭受微生物侵害，也便于评定幼苗。光照应均匀一致，种子表面应接受 750~1250lx 的照度。若没有条件，可以利用自然光照。需要变温发芽的树种，在给予高温 8h 内提供光照。发芽测定持续时间，从置床之日起算，不包括种子预处理时间。如果测定样品在规定时间里发芽种粒不多，可适当延长时间。延长时间最多不得超过规定时间的 1/2。如果在规定结束期前，样品已充分发芽，且后期连续3天每天的发芽粒数均不超过平均供试种子粒数的1%，这次测定即可以提前结束。

⑧观察记载：幼苗生长到一定阶段，必要的基本结构都已具备，已符合正常条件的幼苗，对其记载、记录后，从发芽床拣出。严重腐烂幼苗也拣出，以免感染其他幼苗和种子。有缺陷的不正常幼苗则应保留在发芽床上直至末次计数，以便继续观察和分析。拣出的幼苗数同发芽床上的剩余种粒数应当等于前一次记载时的剩余种粒数。拣出幼苗时要防止影响正在发芽生长的幼苗。测定结束时，区分未发芽粒中的新鲜粒，其鉴定可采四唑染色法和切开法。也可区分硬粒、空粒、涩粒、无胚粒和虫害粒，对其鉴定可采用切开法区分。

（6）测定发芽结果的计算：发芽测定结束，并对未发芽种子做了鉴定之后，便可以计算发芽能力。发芽能力按现行国家标准“林木种子检验规程”用发芽率表示，即种子在规定的条件和期限内生成正常幼苗的种子粒数占供检种子总数的百分率。规程规定的2种发芽率计算方法是发芽法与称重发芽测定法。

①发芽法：用发芽率表示，其计算公式（3-2）如下：

$$\text{种子发芽率}(\%)=\frac{\text{生成正常幼苗的种粒总数}}{\text{供检种子粒总数}}\times 100\% \tag{3-2}$$

先按组分别计算，求出4个组的算术平均值，如果各重复发芽百分数的最大值同最小值的差距没有超过表3-12规定的允许差距范围，就用各重复发芽率的平均数作为该次测定的发芽率，并将结果填入发芽力测定记录表（表3-13）。根据要求，还可以计算空粒、涩粒、无胚粒和虫害粒的百分数。计算结果以整数表示。

表3-12 发芽测定允许差距

平均发芽率百分数（%）	允许差距（%）	最大允许差距（%）
99	2	5
98	3	6
97	4	7
96	5	8
95	6	9
93~94	7~8	10
91~92	9~10	11
89~90	11~12	12
87~88	13~14	13
84~86	15~17	14
81~83	18~20	15
78~80	21~23	16
73~77	24~28	17
67~72	29~34	18
56~66	35~45	19
51~55	46~50	20

表 3-13 种子发芽力测定记录表

编号________

树种________ 样品号________

样品情况________ 测试地点________

环境条件：室内温度________℃ 湿度________%

测试仪器：名称________ 编号________预处理________

置床日期________ 测定条件________

项目	正常幼苗数							不正常幼苗数	未萌发粒分析							
	样品重量（g）	初次计数				末次计数	合计		新鲜粒	死亡粒	硬粒	空粒	无胚粒	涩粒	虫害粒	合计
日期																
重复 1																
重复 2																
重复 3																
重复 4																
平均																

组间最大差距________ 允许差距________

本次测定：有效 □ 无效 □

测定人：________校核人：________测定日期：______年____月____日

如果测定结果超过允许误差范围，则应立即进行第 2 次测定。第 2 次测定结果与第 1 次测定结果之差不超过表 3-14 规定的最大测定允许差距，则将 2 次测定结果的平均数作为测定结果填入发芽测定记录表。

表 3-14 重新发芽测定允许差距

2 次测定的发芽平均数		最大允许误差	2 次测定的发芽平均数		最大允许误差
1	2	3	1	2	3
98~99	2~3	2	77~84	17~24	6
95~97	4~6	3	60~76	25~41	7
91~94	7~10	4	50~59	42~50	8
85~90	11~16	5			

如果 2 次测定结果之差超过表 3-15 规定的最大允许误差，则需再做第 3 次测定。在 3 次测定结果中选择比较接近的 2 次平均数作为测定结果填报。

②称重发芽测定法：测定结果用单位重量样品中的正常幼苗数表示，单位为株/g。计算时，

利用表 3-15 检查重复间的差异是否属于随机误差。先计算 4 个重复正常幼苗的总数，在表 3-15 第一栏找出该总数所在范围，并在第二栏中查到最大允许差距。如果 4 个重复中正常幼苗数的最大值和最小值之差等于或小于最大容许差距，则该次测定可靠，以 4 个重复单位重量的正常幼苗数的平均数作为测定结果填入表 3-15。否则需要重新测定。

表 3-15 称重发芽测定允许差距

供检验样品总重量中的正常发芽粒数	最大允许差距	供检验样品总重量中的正常发芽粒数	最大允许差距
0~6	4	161~174	27
7~10	6	175~188	28
11~14	8	189~202	29
15~18	9	203~216	30
19~22	11	217~230	31
23~26	12	231~244	32
27~30	13	245~256	33
31~38	14	257~270	34
39~50	15	271~288	35
51~56	16	289~302	36
57~62	17	303~321	37
63~70	18	322~338	38
71~82	19	339~358	39
83~90	20	359~378	40
91~102	21	379~402	41
103~112	22	403~420	42
113~122	23	421~438	43
123~134	24	439~460	44
135~146	25	>460	45
147~160	26		

例如，某次测定 4 次重复的样品重量及其正常发芽粒数分别为 198 粒/0. 23g、189 粒/0. 22g、228 粒/0. 26g 、204 粒/0. 24g。则平均发芽率如下：

$$平均发芽率=\left(\frac{198}{0.23}+\frac{189}{0.22}+\frac{228}{0.26}+\frac{204}{0.24}\right)/4=862\ （粒/g）$$

发芽势：是指以日平均发芽数达到最高的那一天为止，正常发芽的种子数占测定样品种子总数的百分比。其计算方法和发芽率相同，但其允许差距为发芽率的允许差距的 1. 5 倍。

平均发芽时间：是指测定样品中种子发芽所需的平均日数，其数值越小，说明种子发芽能力越强，发芽速度越快，种子品质越佳。平均发芽时间的计算公式如下：

$$平均发芽时间=\frac{\Sigma(D\cdot n)}{\Sigma n} \tag{3-3}$$

式中：Σ——总和；

D——从置床之日算起的天数；

n——相应各日种子的正常发芽粒数。

绝对发芽率：供试种子中饱满种子的发芽率就称为绝对发芽率，其计算公式如下：

$$绝对发芽率 = \frac{n}{N - a} \times 100\% \tag{3-4}$$

式中：n——种子正常发芽粒数；

N——供试种子粒数；

a——供试种子中的空粒数和涩粒数。

发芽指数：其计算公式如下：

$$发芽指数 = \Sigma \frac{n}{d} \tag{3-5}$$

式中：Σ——总和；

n——相应各日的正常发芽粒数；

d——从置床之日算起的日数。

例如，A、B 2 个种批，其逐日发芽记录如下表所示。

种批号	置床 1~5d 的发芽记录					发芽率（%）
	1	2	3	4	5	
A	3	10	30	50	3	96
B	10	30	40	10	6	96

A 发芽指数＝3/1+10/2+30/3+50/4+3/5＝31.1

B 发芽指数＝10/1+30/2+40/3+10/4+6/5＝42.0

虽然这 2 种批的发芽率均为 96%。然而，按发芽指数进行比较就可知道，种批 B 优于种批 A，种批 B 前期比种批 A 发芽快，发芽多，说明种批 B 的发芽能力强于种批 A。

（7）种子用价计算：种子用价是指检验的样品中优良种子的发芽百分率，也就是指该批种子真正有利用价值种子的百分率。种子用价是科学计算播种量的重要指标，其计算公式如下：

种子用价（%）＝种子净度（%）×种子发芽率（%）

比如某批种子的检验结果是：净度为 97%、发芽率为 90%，求种子用价。

种子用价（%）＝97%×90%＝87.3%

2.2.5　种子生活力测定

种子生活力是用染色法测得的种子潜在的发芽能力。通过生活力测定，能快速测定出种子样品的生活力，特别是休眠种子样品的生活力；某些样品在发芽测定结束时剩有较多的休眠种子未能萌发，此时，可以采用生活力测定方法逐粒测定这些种子的生活力，或者再取 1 份样品测定其生活力。

（1）测定种子生活力的方法与步骤：通常用氯化（或溴化）四唑［简称四唑，详称 2,3,5-

三苯基氯化（或溴化）四唑]，配成无色溶液作为指示剂，将种仁浸入一定浓度的四唑溶液中，经过一定时间，种仁被染成稳定而不扩散的红色者，则判定为有生活力的种子；相反，种仁未被染色者，为无生活力的种子。

①四唑溶液配制：使用四唑水溶液，其浓度随树种而不同，一般为 0.1%、0.5%和 1%。如果所使用蒸馏水（或纯净水）的 pH 值未在 6.5~7.5 范围内，可将四唑溶于缓冲液中。缓冲液的 2 种溶液配制方法如下：

溶液一：在 1000ml 水中溶解 9.078g 磷酸二氢钾。

溶液二：在 1000ml 水中溶解 11.876g 磷酸氢二钠。

取溶液一 2 份与溶液二 3 份混合配成缓冲液。在该溶液里溶解准确数量的四唑盐，以获得正确浓度。例如，每 100ml 缓冲溶液中溶入 1g 四唑盐，即得到 1%浓度的溶液。溶液最好随配随用，剩余的溶液可以贮存在 1~5℃低温、黑暗条件下。

②取出测定样品：从净度测定后的纯净种子中随机取出 100 粒种子作为 1 个重复，共计取 4 个重复。

③种子预处理：分为去除种皮、刺伤种皮、切除部分种子 3 个步骤。

第一，去除种皮：为软化种皮便于剥取种仁，要根据种皮情况对种子进行不同预处理。

对杉木、马尾松、湿地松、火炬松、黄山松、米老排、安息香、黄连木、杜仲等较易剥掉种皮种子，可用始温 30~45℃ 水浸种 24~48h，要每日换水。

对肯氏相思、楹树、南洋楹、银合欢等硬粒种子，可用始温 80~85℃ 水浸种，搅拌并在自然冷却中浸种 24~72h，也要每日换水。

对孔雀豆、台湾相思、黑荆树、黑格、白格、漆树和滑桃树等种皮致密的坚硬种子，可用 98%的浓硫酸浸种 20~180min，充分冲洗后，再用水浸种 24~48h，也要每日换水。

第二，刺伤种皮：刺槐、紫穗槐和胡枝子等许多豆科树的种子，其种皮不具有透水性，可在胚根附近刺伤种皮，或削去部分种皮，但不要伤胚。

第三，切除部分种子：分为横切、纵切、取“胚方”3 种方法。

横切：为使四唑溶液均匀浸透种子，对女贞属植物种子，可以在浸种后对着胚根反向较宽一段将种子切取 1/3。

纵切：松属、白蜡属等树的种子，可以纵切后染色。松属种子在浸种后，采取平行于胚纵轴纵向剖切，但不能穿过胚。对白蜡属种子，可在两边各切 1 刀，但不要伤胚。

取“胚方”：对于板栗、锥栗、核桃和银杏等大粒种子，可取“胚方”染色。对经过浸种的种子，切取约 $1cm^2$ 包括胚根、胚轴和部分子叶（或胚乳）的方块。

④种子的染色和鉴定：对种子采取染色和鉴定分为以下 2 个步骤。

第一，染色：胚和胚乳均需要进行染色鉴定。对预处理时发现的空粒、腐烂粒和病虫害粒，均属于无生活力种子，应记入生活力测定记录表 3-16。需要染色的种子要剥出种仁，剥种仁过程要细心，勿使胚受伤。剥出的种仁先放入盛有清水或垫有湿纱布或湿滤纸的器皿中，待全部剥完后再一起放入四唑溶液中，要使种仁浸在溶液中，上浮的要压沉。置黑暗处，温度保持 30~35℃，染色时间因树种和条件而异，见表 3-17。染色结束后，沥去溶液，用清水冲洗，将种仁摆在铺有湿滤纸的发芽皿中，保持湿润，以备鉴定。

表 3-16　种子生活力测定记录表

编号________

树种________________　样品号________________

样品情况________________染色剂________浓度________________

测试地点________________________________

环境条件：室内温度________________℃湿度________%

测试仪器：名称________________编号________________

重　复	测定种子粒数	种子解剖结果					进行染色粒数	染色结果				平均生活力（%）	备注
		腐烂粒	涩粒	病虫害粒	空粒			无生活力		有生活力			
								粒数	%	粒数	%		
1													
2													
3													
4													
平均													

测定方法：

实际差距________________　允许差距________________

本次测定：有效 □　无效 □

测定人：________________校核人：________测定日期：____年____月____日

第二，鉴定：根据染色部位、染色面积大小以及与组织健壮情况有关的染色程度，逐粒判断种子的生活力。通过鉴定，将种子评为有生活力和无生活力 2 类。对有些树的种子在染色之后和鉴定之前，需要采取进一步处理措施：切开营养组织，或切除一层营养组织，使胚的主要构造和有活力的营养组织明显地暴露出来，以便观察。

表 3-17　种子生活力四唑测定技术条件

序号	树种	预处理	染色前准备	在 30~35℃下染色		鉴定准备	四唑鉴定不染色的最大面积	备注
				浓度（%）	时间（h）			
1	冷杉属	温水浸 18h	①切开两端，打开胚腔；②在胚旁纵切	0.5~1.0	18~24	①纵切胚乳，使胚和胚乳露出；②除去种皮	胚乳末端有少量表面坏死	

（续）

序号	树种	预处理	染色前准备	在30~35℃下染色		鉴定准备	四唑鉴定不染色的最大面积	备注
				浓度（%）	时间（h）			
2	杉木	温水浸24h	剥去种皮	0.5~1.0	4~5		无，包括胚乳	
3	银杏	温水浸24h	取“胚方”	0.5~1.0	15~20		1/4 胚方子叶末端	
4	刺柏属	温水浸24h	①从末端切去1/4；②在胚旁纵切	0.5~1.0 0.5~1.0	4 24	纵切胚乳，露出胚和胚乳	无，包括子叶	
5	松属	温水浸18h	①从两端横切，打开胚腔；②在胚旁纵切	0.5~1.0 0.5~1.0	18~24 12~18	①纵切胚乳，露出胚，除去种皮；②露出胚，除去种皮	无，包括子叶	种胚短于胚腔1/3的，为无生活力
6	华山松	温水浸24~48h	除去种皮	0.5~1.0	15~20	①纵切种子，使胚和胚乳露出；②剥出种仁	无，包括胚乳	种胚短于胚腔1/3的，为无生活力
7	白皮松	温水浸24~48h	除去种皮	0.5~1.0	20~24	①纵切种子，使胚和胚乳露出；②剥出种仁	无，包括胚乳	种胚短于胚腔1/3的，为无生活力
8	湿地松	温水浸24h	除去种皮	0.5~1.0	2~3	①纵切种子，使胚和胚乳露出；②剥出种仁	无，包括胚乳	种胚短于胚腔1/3的，为无生活力
9	思茅松	温水浸24h	除去种皮	0.5~1.0	2~3	①纵切种子，使胚和胚乳露出；②剥出种仁	无，包括胚乳	种胚短于胚腔1/3的，为无生活力
10	红松	温水浸48h	除去种皮	0.5~1.0	20~24	①纵切种子，使胚和胚乳露出；②剥出种仁	无，包括胚乳	种胚短于胚腔1/3的，为无生活力
11	油松	温水浸24h	除去种皮	0.5~1.0	3~4	①纵切种子，使胚和胚乳露出；②剥出种仁	无，包括胚乳	种胚短于胚腔1/3的，为无生活力

（续）

序号	树种	预处理	染色前准备	在 30~35℃下染色		鉴定准备	四唑鉴定不染色的最大面积	备注
				浓度（%）	时间（h）			
12	火炬松	温水浸 24h	除去种皮	0.5~1.0	2~3	①纵切种子，使胚和胚乳露出；②剥出种仁	无，包括胚乳	种胚短于胚腔 1/3 的，为无生活力
13	黄山松	温水浸 24h	除去种皮	0.5~1.0	2~3	①纵切种子，使胚和胚乳露出；②剥出种仁	无，包括胚乳	种胚短于胚腔 1/3 的，为无生活力
14	云南松	温水浸 24h	除去种皮	0.5~1.0	2~3	①纵切种子，使胚和胚乳露出；②剥出种仁	无，包括胚乳	种胚短于胚腔 1/3 的，为无生活力
15	侧柏	温水浸 24h	除去种皮	0.5~1.0	3~4	①纵切种子，使胚和胚乳露出；②剥出种仁	无，包括胚乳	种胚短于胚腔 1/3 的，为无生活力
16	圆柏	温水浸 48h	①从末端切去 1/4；②在胚旁纵切	0.5~1.0	15~20	纵切，露出胚和胚乳	无，包括胚乳	
17	落羽杉	温水浸 18h	①从两端横切去 1/4，打开胚腔；②在胚旁纵切	0.5~1.0	24~48	①纵切胚乳，露出胚；②除去种皮，露出胚	无，包括胚乳	
18	紫杉属	温水浸 18h	①末端 1mm 横切（包括一小块配乳）；②胚旁纵切	0.5~1.0	24~48	纵切胚乳，使胚露出	无，包括胚乳	
19	茶条槭	①温水浸 18h；②3~5℃预冷冻 10~14d	从果翅末端将果实切去 1/6	0.5~1.0	24~48	从果皮和种皮中取出胚	胚根尖端、子叶末端小面积坏死	
20	鸡爪槭	①温水浸 18h；②3~5℃预冷冻 10~14d	除两果的连接部位外，沿另 3 边切开果皮	0.5~1.0	24	从果皮和种皮中取出胚	胚根尖端、子叶末端小面积坏死	

（续）

序号	树种	预处理	染色前准备	在30~35℃下染色		鉴定准备	四唑鉴定不染色的最大面积	备注
				浓度（%）	时间（h）			
21	榿树	98%浓硫酸酸蚀20min后充分冲洗，冷水浸48h	剥去种皮	0.5~1.0	2~3		1/4子叶末端	
22	黑格	98%浓硫酸酸蚀20min后充分冲洗，冷水浸48h	剥去种皮	0.5~1.0	2~3		1/4子叶末端	
23	白格	98%浓硫酸酸蚀20min后充分冲洗，冷水浸24h	剥去种皮	0.5~1.0	2~3		1/4子叶末端	
24	鹅耳枥属	温水浸18h	从末端切去1/3	0.5~1.0	10~24	除去种皮，使胚露出	无	吸水前切割，可改进染色
25	板栗	温水浸18h	取“胚方”	0.5~1.0	3~4		1/4“胚方”子叶末端	
26	榛属	打开坚果，温水浸18h	切去子叶末端1~2mm，沿子叶之间劈开，不应切开成片	1.0 0.5	12~15 18~24	分开子叶，注意沿不会染色部分切开	胚根的尖端，子叶末端表面坏死不大于子叶腹面直径的1/3	
27	山楂属	温水浸18h	从末端将切去1/3	0.5~1.0	10~24	取出胚	胚根的尖端，1/3子叶顶端部分，如在表面为1/2	
28	胡颓子属	温水浸18h	①沿胚边纵切；②切去两端，打开种腔	0.5~1.0	18~24	①沿胚乳纵切露出种胚；②去种皮，露出种胚	胚根的尖端，1/3子叶顶端部分，如在表面为1/2	

（续）

序号	树种	预处理	染色前准备	在 30~35℃下染色		鉴定准备	四唑鉴定不染色的最大面积	备注
				浓度（%）	时间（h）			
29	卫矛属	温水浸 18h	①从顶端横切 1/3；②将胚乳切成 2 片，打开胚腔	0.5~1.0	24~48	纵切胚乳露出种胚	无，包括胚乳	
30	白蜡树	除去果皮及翅，温水浸 48h	避开胚中轴，纵切种子，取出胚	0.5~1.0	30	纵切种子	1/4 顶端部分	
31	水曲柳	除去果皮及翅，温水浸 48h	避开胚中轴，纵切种子，取出胚	0.5~1.0	20~30	纵切种子	1/4 顶端部分	
32	核桃	冷水浸 48h	取“胚方”	0.5~1.0	3~4		1/4 “胚方”末端	
33	银合欢	98% 浓硫酸酸蚀 20min 后充分冲洗，冷水浸 48h	剥去种皮	0.5~1.0	2~3		1/4 子叶末端	
34	女贞属	温水浸 18h	①从末端 1/4 横切；②沿两边各纵切去 1 片	0.5~1.0 0.5~1.0	20~24 18~24		①纵切通过胚和胚乳；②除去种皮	无。包括胚乳
35	鹅掌楸属	温水浸 18h	①从果翅末端对面横切 1 片果皮和胚乳；②纵切胚乳	0.5~1.0	24~48	纵切，使胚和胚乳露出	无，包括胚乳	
36	苹果属	温水浸 18h	从末端切去 1/3	0.5~1.0	20~24	取出种胚	胚根的尖端，1/3 子叶顶端部分；如在表面为 1/2	
37	山荆子	温水浸 24~48h	从末端切去 1/3；剥钟仁	0.5~1.0	20	取出种胚	胚根的尖端，1/3 子叶顶端部分；如在表面为 1/2	

（续）

序号	树种	预处理	染色前准备	在 30~35℃下染色		鉴定准备	四唑鉴定不染色的最大面积	备注
				浓度（%）	时间（h）			
38	黄檗	温水浸 24h	除去种皮	0.5~1.0	2~3	①纵切种子，使胚和胚乳露出；②剥出种仁	无，包括胚乳	
39	李属	打开核取出种子，温水浸 18h	除去种皮，浸水，至少 5 小时	0.5~1.0	4~12	将子叶展开	胚根的尖端部分，1/3 子叶顶端部分	
40	山杏	打开核取出种子，温水浸 18h	除去种皮，浸水，至少 5 小时	0.5~1.0	3~4	将子叶展开	胚根的尖端部分，1/3 子叶顶端部分	
41	山桃	打开核取出种子，温水浸 18h	除去种皮，浸水，至少 5 小时	0.5~1.0	3~4	将子叶展开	胚根的尖端部分，1/3 子叶顶端部分	
42	梨属	温水浸 18h	从末端切去 1/3	0.5~1.0	16~24	使胚露出	胚根的尖端部分，1/3 子叶顶端部分	
43	刺槐	80℃始温水浸 24h	除去种皮	0.5~1.0	2~3		1/4 子叶末端部分	
44	蔷薇属	温水浸 18h	从末端切去 1/3	0.5~1.0	16~24	使胚露出	胚根的尖端部分，1/3 子叶顶端部分	
45	花楸属	温水浸 18h	从末端切去 1/3	0.5~1.0	18~24	使胚露出	胚根的尖端部分，1/3 子叶顶端部分	
46	椴属	除去果皮，浸种 18h	切去黑斑及一薄片胚乳	0.5~1.0	24~28	沿胚乳纵切，剥开外壳，轻轻挤压种子，使胚露出	无，在胚乳的表面上，有微小的坏死则除外	

（续）

序号	树种	预处理	染色前准备	在 30~35℃下染色		鉴定准备	四唑鉴定不染色的最大面积	备注
				浓度（%）	时间（h）			
47	鸡树条荚蒾	温水浸 48h，沿纵轴切去有胚的一半	剥去种皮	0.5~1.0	6~9	取出胚	无	
48	文冠果	用浓硫酸浸种 3h，再用温水浸 48h	除去种皮	0.5~1.0	8~10		1/4 子叶末端	

（2）测定结果的计算和表示：测定结果以有生活力种子的百分率表示，分别计算各个重复的百分率，重复间的最大允许误差与发芽测定相同。如果各重复中的最大值和最小值没有超过允许误差范围，就用各重复的平均数作为该次测定的生活力。如果各个重复之间的最大差距差值超过规定的允许误差，则与发芽测定同样处理。

2.2.6　种子优良度测定

是指根据种子外观和内部状况来鉴定种子的质量。其优点是方法简便，不需要复杂仪器设备，速度快，能在短期内得出检验结果。适合在种子收购时尽快确定种子质量，以便确定种子的使用价值和价格。此外，发芽结束时，对未发芽种子，通常用切开法测定优良度作为补充鉴定，以便判断有无种胚、胚乳和子叶状态，是否腐败和遭受虫害等。优良度大体可以说明种子发芽的概率。其缺点是，对处于好与坏中间状态的种子，需凭经验判断。优良种子具有下述感官表现：种粒饱满，胚和胚乳发育正常，有该树种新鲜种子特有的颜色、弹性和气味。劣质种子具有下述感官表现：种仁萎缩或干瘪，失去该树种新鲜种子特有的颜色、弹性和气味，或被虫蛀、有霉坏症状、有异味、已霉烂。

（1）样品提取和测定方法。分为种子样品提取和测定方法 2 个步骤。

①样品提取：从已经过净度测定的纯净种子中，用四分法提取测定样品，随机数取 100 粒（大种粒取 50 粒或 25 粒），作为 1 个重复，共取 4 个重复。种皮坚硬，难于剖开的种子，可在测定前浸种，使种皮软化。

②测定方法：优良度测定采用解剖法，需要配备解剖刀、解剖剪、镊子、锤子、放大镜、玻璃杯、铝盒、载玻片等工具。测定时先观察供测种子外部情况，然后逐粒剖切，观察种子内部情况，区分优良种子与劣质种子。生态造林植物优良种子鉴别表 3-18 给出了 113 个树种优良种子的鉴别特征，可作为鉴定依据。各个重复的优良种子、劣质种子以及剖切时发现的空粒、涩粒、无胚粒、腐烂粒和虫害粒的数量记入优良度测定记录表 3-19。

（2）种子测定结果与表示方法：优良度以优良种子的百分率表示。根据测定结果，分别计算各个重复的百分率，按表 3-19 检查各重复间的差距是否为随机误差，若各重复中最大值与最小

表 3-18　造林植物优良种子鉴别表

序号	树种名称	优良种子特征表述
1	岷江冷杉	种皮表面黑褐色，有光泽，富含松脂香味；胚乳乳白色、饱满，胚根淡青白色，子叶淡青绿色、新鲜
2	杉松（沙松）	种粒饱满，胚乳、胚白色
3	三尖杉	胚乳饱满，白色或淡黄色
4	柳杉	种子饱满，胚呈暗白色
5	杉木	种皮赤褐色，有光泽，种仁饱满，胚完好，胚根稍带粉红色，胚尖淡红色，胚乳白色，淡白色
6	千香柏	胚乳外被黄褐色，内呈乳白色，先端褐黄色，胚白色、饱满、新鲜
7	柏木	种仁黄白色，先端黄褐色，中部淡褐色，基部棕色
8	银杏	胚乳饱满，表面浅黄色，切开后胚乳黄绿色，胚浅黄绿色
9	杜松	种皮棕白色，种仁饱满，胚、胚乳呈白色
10	落叶松（兴安落叶松）	种子腹面褐色，背面浅褐色，有光泽，胚、胚乳乳白色、饱满，有弹性
11	华北落叶松	种皮腹面褐色，背面黄白色，有光泽，种仁饱满，胚乳尖端部分呈乳白色，钝部白色，胚乳白色，有松脂香味，种仁切面平滑，浸种后种仁膨胀，质硬脆，胚乳乳白色，胚靠根尖部呈浅黄或淡黄绿色，其靠子叶部呈鲜白色；用 84%的酒精浸种，可快速测出饱满度
12	白杆	种皮黑褐色或灰褐色，种粒饱满；胚乳、胚皆白色，有松脂香味；浸种后种仁膨胀，色鲜，质硬脆
13	青杆	种皮黑褐色或灰褐色，种粒饱满；胚乳、胚皆白色，有松脂香味，浸种后种仁膨胀，色鲜，质硬脆
14	华山松	种仁饱满，有松脂香味；胚乳乳白色，胚白色，其两端呈微淡黄色或微淡黄绿色；浸种后种仁膨胀，胚乳白色，有鲜嫩感
15	白皮松	种仁饱满，有松脂香味；胚乳乳白色，胚白色，其两端呈微淡黄色或微淡黄绿色，浸种后种仁膨胀，胚乳白色，有鲜嫩感，胚根部微黄色或黄绿色，质硬脆
16	赤松	种皮赤褐色，胚、胚乳皆白色，有松脂香味，有弹性
17	红松	种粒饱满，浅红棕色；胚、胚乳乳白色，饱满，有弹性，富松香脂香味
18	马尾松	种皮黑褐、灰褐、灰棕或黄白色；温水浸种 20~24h，胚乳白色，胚黄或红色
19	樟子松	种粒饱满，胚、胚乳白色，有弹性，具松脂香味
20	油松	种皮黑褐色或灰褐色，有光泽；种仁饱满，胚乳白色，胚白色，其靠根部具微浅黄色，有松脂香味，浸种后钟仁膨胀，质硬脆，胚乳、胚鲜白色，胚靠根尖部呈鲜淡黄色或鲜淡黄绿色
21	黄山松	种粒饱满，种皮黑褐色或灰褐色；胚、胚乳白色，有松脂香味
22	黑松	种粒饱满，种皮黑褐色或灰褐色：胚、胚乳白色，有松脂香味
23	云南松	胚乳乳白色，胚白色、饱满、新鲜

（续）

序号	树种名称	优良种子特征表述
24	侧柏	种粒饱满，种皮棕褐色，有光泽；胚白色，胚乳乳白色或黄白色：浸种后种仁膨胀，色鲜，质硬脆
25	罗汉松	胚乳白色，胚黄绿色或淡黄绿色
26	竹柏	胚乳白色，胚黄绿色或淡黄绿色
27	圆柏	胚、胚乳白色，饱满、较软
28	南方红豆杉	种粒饱满，种皮有光泽，胚、胚乳皆白色
29	儿茶	种子暗绿色、扁平、饱满，稍有光泽；子叶淡黄色、光滑、较硬，有弹性，远离胚根有少量白色凹陷部分种仁带青色
30	青榨槭	翅果橙棕色、饱满；子叶黄色或浅黄绿色，胚根较白
31	茶条槭	翅果橙棕色、饱满；子叶黄色或浅黄绿色，胚根较白
32	五角枫	翅果褐色，饱满；种仁嫩绿、饱满，有弹性
33	元宝枫	翅果橙棕色、饱满；子叶黄色或浅黄绿色，胚根白色
34	海红豆	种子鲜红色，有光泽；内种皮透明，无色，凝胶状，有弹性；胚淡黄色
35	七叶树	胚浅黄色，湿润膨大，有油脂
36	臭椿	翅果褐色、饱满，种皮黄白色，种仁浅黄色
37	楹树	种子青褐色；子叶淡黄色，较厚
38	合欢	种子褐色、饱满，有光泽；子叶黄色不透明
39	油桐	内种皮纸质、粉白色，种仁饱满，有弹性，胚乳光滑、黄白色，子叶白色
40	赤杨	种粒饱满，子叶白色，种仁乳白色、饱满
41	辽东楤木（水冬瓜）	种仁乳白色、饱满
42	紫穗槐	荚果赤褐色，种皮棕色或浅灰绿色；种仁鲜黄绿色，子叶和胚根均为淡黄色
43	白花羊蹄甲	种子黄色、饱满，有光泽；子叶黄白色
44	羊蹄甲	内种皮透明；子叶黄色，较肥大，有皱纹
45	油茶	内种皮紧贴子叶，子叶肥厚，乳黄色、饱满，有弹性
46	喜树	胚淡绿色，胚乳白色
47	柠条锦鸡儿	种皮黄褐或栗褐色、光滑，子叶米黄色，种粒饱满均匀
48	小叶锦鸡儿	种粒饱满，种皮棕褐色或灰褐色，子叶淡黄色
49	山核桃	子叶饱满、乳白色，有油香味
50	薄壳山核桃	子叶饱满、乳白色，有油香味
51	铁刀木	种子红黑色，有光泽；子叶黄绿色，胚根白色，有弹性
52	板栗	种壳栗褐色至浓褐色、饱满、坚硬，表面光洁；子叶浅黄色、较硬，有弹性及清香味，内外均无异状，胚芽健全，无黑点；子叶上面虽有暗棕色条纹；但面积不超过1/4
53	梓树	种子灰色或灰棕色、饱满，子叶白色

（续）

序号	树种名称	优良种子特征表述
54	麻楝	胚、胚乳均白色，无病虫
55	樟树	胚、胚乳均白色，具樟油香味，油分多
56	山楂	子叶乳白色、饱满，胚根白色
57	青冈	种子暗褐色，具淡黄色绒毛，坚硬；子叶较硬，有弹性，浅灰黄色，种仁接触空气即呈深暗色
58	黄檀	种子黄褐色、饱满，有光泽；子叶淡黄色
59	降香黄檀	种子红褐色、薄、饱满，有光泽；子叶鲜红色
60	凤凰木	胚淡黄色，胚乳灰白，坚硬、饱满
61	君迁子	种粒坚硬较厚；胚乳灰白色、坚硬，胚白色
62	沙枣	种粒饱满、肉质；子叶白色，有光泽，剖面淡黄色或近于白色
63	青皮象耳豆	种子黑红色、饱满，有光泽；子叶淡黄色
64	杜仲	种子淡栗色、饱满，有光泽；胚乳完整，有弹性，胚白色
65	卫矛	胚完整、新鲜、浅黄色或黄绿色，胚乳白色
66	水青冈	子叶、胚根均白色、饱满，有光泽
67	梧桐	种粒饱满，略有香味；胚乳白色、新鲜，无味或有香味，胚黄色
68	连翘	种皮棕黄、微红，种仁白色、饱满
69	美国白蜡树	胚白色或淡白色，有弹性，胚乳乳白色或淡蓝色，较硬
70	水曲柳	胚白色或淡白色；有弹性，胚乳乳白色或淡蓝色，较硬
71	花曲柳	胚白色或淡白色，有弹性；胚乳乳白色或淡蓝色，较硬
72	皂荚	种子黄褐色；胚根、子叶浅黄色、饱满，子叶多开展
73	蒙古岩黄芪（杨柴）	种粒饱满，种皮淡黄色；子叶较硬，黄色
74	花棒（细枝岩黄芪）	种皮黄色，皮上有少量绒毛，种粒饱满，子叶较硬，黄色
75	沙棘	胚根浅黄色，子叶乳白色，饱满、有弹性
76	冬青	种子深褐色、饱满；胚乳乳白色、饱满
77	核桃楸	内种皮淡黄色，有光泽；子叶淡黄白色、饱满，有弹性，具香味
78	核桃	内种皮淡黄色，有光泽，子叶饱满、淡黄白色，有油香味
79	栾树	子叶淡黄色，偶带绿色、饱满，有弹性
80	胡枝子	荚果褐色、饱满；种仁黄白色、饱满
81	女贞	种粒饱满，胚、胚乳均白色
82	枸杞	种粒饱满，胚，胚乳均白色
83	玉兰	种仁饱满，与壳同大，有油质；种仁尖端呈黄色，胚乳黄色，胚白色，油分多
84	厚朴	种仁饱满，与壳同大，有油质；种仁尖端呈黄色，胚乳黄色，胚白色，油分多

（续）

序号	树种名称	优良种子特征表述
85	山荆子	种皮有光泽；子叶、胚白色，饱满；浸种后种仁白色，有新鲜感，质硬脆
86	西府海棠	种皮有光泽；子叶、胚白色，饱满；浸种后种仁白色，有新鲜感，质硬脆
87	楝树	种粒饱满，胚根淡黄色，子叶白色，有光泽
88	川楝	种粒饱满，胚根淡黄色，子叶白色，有光泽
89	壳菜果（米老排）	种仁白色，有带苦的油香味
90	黄檗	种于黑褐色、饱满，有光泽；胚、胚乳均白色，有弹性，或胚淡黄色
91	桢楠	种仁饱满，胚、胚乳皆白色
92	紫楠	种子黑褐色或灰黄色，有灰、黑条纹，有光泽：子叶淡黄色，较硬，有弹性
93	石楠	胚白色
94	黄连木	子叶淡黄色或淡黄绿色，胚根白色
95	小叶杨	种粒饱满，子叶白色
96	山杏	子叶乳白色、饱满、较硬，胚根比子叶色白
97	山桃	子叶乳白色、饱满、较硬，有弹性
98	紫檀	种子灰黄色，有光泽；子叶米黄色、饱满
99	枫杨	种子深褐色；种仁乳白色、饱满
100	杜梨	子叶乳白色、饱满、坚硬，有弹性，胚根白色
101	麻栎	种粒饱满、棕黄色、有光泽；子叶硬，有弹性，浅黄白色或带红色，胚芽、胚根正常，无虫害
102	两广梭罗	种粒饱满，胚乳肥厚，胚白色或黄白色，子叶叶脉明显
103	刺槐	种粒饱满，种皮黑褐色或棕褐色，有光泽；子叶、胚根均为淡黄色，发育正常
104	乌桕	胚乳、胚根、子叶均为白色，新鲜、有弹性
105	檫木	子叶饱满新鲜，剖面中部颜色较深，带油光，最外圈色淡，呈淡白色或绿色
106	木荷	胚、胚乳均白色
107	槐树	种粒饱满，子叶浅绿色，胚根黄色
108	紫丁香	种粒饱满，子叶浅绿色，胚根黄色
109	紫椴	种粒饱满，种皮深褐色；种仁淡黄白色、有弹性
110	糠椴	种粒饱满，干种解剖时，胚黄色，胚乳黄白色；浸种后解剖，胚淡黄色，胚乳白色，子叶舒展
111	香椿	种粒饱满，种仁淡黄白色
112	棕榈	果皮蓝黑色，种皮黑褐色、饱满；胚乳白色、透明，胚黄白色
113	文冠果	种粒饱满，有光泽；胚白色

值之差没有超过允许差距范围，就用各重复的平均数作为该种批的优良度。优良度一般以整数表示，填入优良度测定记录表3-19。如果各重复中最大值与最小值之差超过表3-20所列的允许差距范围，应重新测定，并计算结果。

表3-19 种子优良度测定记录表

编号__________

树种______________________________样品号______________测定地点__________________________

样品情况________________环境条件：温度__________℃ 湿度__________%

测试仪器：名称________________________ 编号________________

重复	测定种子粒数	观察结果						优良度（%）	备注
		优良粒	腐烂粒	空粒	涩粒	病虫害粒			
1									
2									
3									
4									
平均									

实际差距 允许差距

测定方法

本次测定：有效□ 无效□

测定人：__________校核人：__________测定日期： 年 月 日

2.2.7 含水量测定

种子含水量是指种子所含水分与种子重量的百分比。为了保证种子安全贮藏，必须在种子收购、入库、运输之前和种子贮藏各个时期，测定种子含水量。在生产上应特别重视种子收购、入库之前对种子含水量的测定。为保证种子贮藏和运输过程种子的安全，必须把种子含水量限制在一定范围内。因此，种子含水量是种子质量的重要指标之一。

（1）测定样品：送检的含水量供测样品，最低重量为50g，需要将种子切片的大粒种子为100g。供含水量测定的送检种子样品必须装在防潮容器中。收到种子样品后应立即开始测定。测定时种子暴露在空气中的时间应缩短到最低限度。称量单位为g，保留小数点后3位。

（2）测定方法：分为电烘箱测定法、种子干湿程度简易判断法2种方法。

①电烘箱测定法：105℃恒重法是种子含水量的标准测定法，适用于所有种子。随机快速取出样品2份，放在预先烘干的铝盒或称量瓶内，放入电烘箱，打开盒（瓶）盖，将盖搭在盒（瓶）上，烘至恒重（一般烘17h），迅速盖紧盖子，放入干燥器冷却30~45min后再称量。种子含水量按公式（3-6）计算，计算到小数点后1位。

$$\text{种子含水量}(\%)=\frac{\text{测定样品烘干前重量}-\text{测定样品烘干后重量}}{\text{测定样品烘干前重量}}\times 100\% \tag{3-6}$$

乔、灌木种子水分测定 2 次重复间的允许差距，通过表 3-20 可知，依种子大小和种子原始含水量而不同，其范围是 0.3%~2.5%。测定后的计算结果填入种子含水量测定记录表 3-21。

表 3-20　乔灌木种子水分测定 2 次重复间的允许误差＊

种子大小类别	平均原始含水量		
	<12%	12%~25%	>25%
1	2	3	4
小粒种子＊＊	0.30%	0.50%	0.50%
大粒种子＊＊＊	0.40%	0.80%	2.50%

＊此表引自 1996 年国际种子检验规程。

＊＊小粒种子是指每千克种子粒数超过 5000 粒的种子。

＊＊＊大粒种子是指每千克种子粒数不超过 5000 粒的种子。

表 3-21　种子含水量测定记录表

编号__________

树种　__________　样品号__________　样品情况__________

测试地点__________环境条件：室内温度__________℃　湿度__________%

测试仪器：名称__________　编号__________　测定方法__________

容器号				
容器重量（g）				
容器及测定样品原重量（g）				
烘至恒重（g）				
测定样品原重量（g）				
水分重量（g）				
含水量（%）				
平均	%			
实际差距	%	允许差距	%	

本次测定：有效□　无效□

测定人：__________　校核人：__________　测定日期：　年　月　日

②种子干湿程度简易判断法：用感官判断种子干湿程度，是现场收购种子时采用的一种辅助方法。具体判断方法如下。

干燥种子：颜色较鲜亮，有光泽，用手搅动时，能听到沙土落地声；用手插入种子堆时，明显感到种子光滑且易插到下层，夏季有凉的手感；种子由高处落下时，有声响，速度快；牙咬时，感觉种粒坚硬、较脆，断面看上去光滑。

含水量较高种子：用手搅动时，声音低闷，或没有声音；用手插入种子堆中较困难，并有热和潮的手感，拔出手时，甚至有种子沾在手背上；紧握种子迅速松开时，种子散落很慢；用手捻压种子，觉得粗糙、松软；紫穗槐等带荚种子，用手握，感觉湿软，放开时种子不立即散开；牙咬时，种子发软而不脆，甚至咬扁了还不裂。

过度干燥种子：有些种子含水量较高，如失水过多，发芽反而困难，发芽率容易丧失。如麻栎、油茶等种子，过分干燥时，用手摇动有声响；罗汉松外种皮皱缩；油桐、樟树、檫木、厚朴、玉兰等的种壳易碎；板栗种壳较软、味甜，核桃味香，这些都是种子过分干燥的表现。

2.3　造林绿化植物种子质量分级

造林绿化植物的种子质量，直接反映一个国家林木种子科学技术与管理水平。造林林木种子质量分级，在林木种子的生产、经营和使用方面具有重要意义。实施造林林木种子质量分级为实行种子按等级议价和优质优价提供依据。在造林绿化种子收购、调拨、使用中，可以有效避免因使用劣质种子而造成在生态修复防护效益和经济方面的巨大损失。

2.3.1　造林植物种子质量分级的主要技术指标和适用范围

造林林木种子质量分级的主要技术指标包括种子的净度、发芽率、生活力、优良度、含水量等技术指标。在种子收购、运输和临时贮藏时，必须测定其含水量指标。常规贮藏造林种子时，种子含水量也是一个重要指标。造林植物种子质量分级适用于育苗、造林绿化及国内、国际贸易的乔木、灌木植物种子划分等级。

2.3.2　造林植物种子质量分级方法及分级标准

①分级方法：造林植物种子质量按种子净度、发芽率、生活力、优良度和含水量等技术指标划分为3级。如各技术指标不在同一级，则按最低单项指标定等级。

含水量指标是限制指标，一般种子含水量不高于所规定含水量，如若超过，需要进行适当处理，如晾晒或风干，以达到规定要求。对于种子含水量较高的树种，其种子含水量过高或过低，都会影响种子质量，必须严加控制。

②分级标准：我国主要造林树种种子质量均规定有分级标准，造林植物种子质量分级见表3-22。

表3-22　造林植物种子质量分级（%）

序号	树种	Ⅰ级				Ⅱ级				Ⅲ级				各级种子含水量不高于
		净度不低于	发芽率不低于	生活力不低于	优良度不低于	净度不低于	发芽率不低于	生活力不低于	优良度不低于	净度不低于	发芽率不低于	生活力不低于	优良度不低于	
1	冷杉	75	18			65	10							10
2	岷江冷杉	85	20			80	10							10
3	杉松（沙松）	90	40			85	30							10
4	柳杉	95	40			90	30			90	20			12
5	杉木	95	50			90	40			90	30			10
6	千香柏	90	30			90	20							10

（续）

序号	树种	Ⅰ级				Ⅱ级				Ⅲ级				各级种子含水量不高于
		净度不低于	发芽率不低于	生活力不低于	优良度不低于	净度不低于	发芽率不低于	生活力不低于	优良度不低于	净度不低于	发芽率不低于	生活力不低于	优良度不低于	
7	柏木	95	40			95	30			90	20			12
8	福建柏	95	55			90	35			90	20			10
9	银杏	99	85		90	99	75		80	99	65		70	25~20*
10	杜松	95			60	90			50	90			35	10
11	兴安落叶松	95	50			95	40			90	30			10
12	日本落叶松	97	45			93	40			90	35			10
13	黄花落叶松	98	55			95	40			90	30			10
14	红杉	95	50			85	40			75	30			10
15	华北落叶松	98	60			95	50			90	40			10
16	西伯利亚落叶松	96	70			93	55			90	40			10
17	水杉	90	13			85	9			85	5			11
18	云杉	85	75			80	65			80	55			10
19	鱼鳞云杉	95	80			90	70			85	60			10
20	红皮云杉	95	80			93	70			90	60			10
21	白杄	95	80			90	70			90	60			10
22	天山云杉	90	75			90	65			85	55			10
23	青杄	95	80			90	70			90	60			10
24	华山松	97	75			95	70			95	60			10
25	白皮松	95	70	75		95	55	60		90	50	50		10
26	赤松	95	80			95	70			90	60			10
27	湿地松	99	85			99	70			96	60			10
28	思茅松	95	75			92	65			90	60			12
29	红松	98		90		96		75		94		60		12~8
30	马尾松	96	75			93	60			90	45			10
31	晚松	98	90			95	85			95	75			10
32	樟子松	98	85			93	75			90	60			10
33	油松	95	85			95	75			90	65			10
34	火炬松	99	80			99	70			96	60			10
35	青山松	98	70			93	60			90	50			12
36	黑松	98	80			95	70			95	60			10

（续）

序号	树种	Ⅰ级				Ⅱ级				Ⅲ级				各级种子含水量不高于
		净度不低于	发芽率不低于	生活力不低于	优良度不低于	净度不低于	发芽率不低于	生活力不低于	优良度不低于	净度不低于	发芽率不低于	生活力不低于	优良度不低于	
37	云南松	95	75			93	65			90	55			10
38	侧柏	95	60			93	45			90	35			10
39	竹柏	98			90	95			85	95			80	20~16*
40	金钱松	95	80			90	65			90	50			12
41	圆柏	95			60	90			50	90			35	10
42	池杉	40		50		35		40		35		30		10
43	红豆杉	98			95	95			85					20
44	紫杉	98			95	95			85	90			80	20
45	相思树	98	80			95	70			95	60			10
46	元宝枫	95			80	90			65					10
47	臭椿	95	65			90	55			90	45			10
48	合欢	98	80			95	70							10
49	桤木		1000粒/g				800粒/g				600粒/g			9
50	紫穗槐	95	70			90	60			85	50			10
51	团花	90	60			85	50			80	40			8
52	羊蹄甲	98	70			95	60			90	50			15
53	红桦		2000粒/g				1400粒/g				800粒/g			8
54	白桦	85	45			70	30			60	25			10~9
55	油茶	99	80			99	70			99	60			20~15*
56	喜树	98	70			95	60			90	50			12
57	柠条锦鸡儿	97	85			90	75			80	65			9
58	小叶锦鸡儿	95	75			90	65			85	55			9
59	锦鸡儿	95	70			90	60			85	55			9
60	铁刀木	85	90			75	70			75	50			13
61	锥栗	98			90	95			80	95			70	30~25*
62	板栗	98			85	96			75	96			65	30~25*
63	红椎	95			90	95			80	95			70	30~25*

（续）

序号	树种	Ⅰ级				Ⅱ级				Ⅲ级				各级种子含水量不高于
		净度不低于	发芽率不低于	生活力不低于	优良度不低于	净度不低于	发芽率不低于	生活力不低于	优良度不低于	净度不低于	发芽率不低于	生活力不低于	优良度不低于	
64	细枝木麻黄		280粒/g				200粒/g				120粒/g			10
65	木麻黄		1330粒/g				1070粒/g				810粒/g			10
66	樟树	98			90	95			80	95			70	20~12*
67	肉桂	98	80			95	70			95	60			20~16*
68	山楂	98			60	95			40	95			30	8
69	降香黄檀	90	80			80	65			80	50			10
70	君迁子	98	80			95	70			90	60			10
71	沙枣	98	90			95	80			95	70			10
72	格木	95	80			90	70			90	60			10
73	赤桉		350粒/g				300粒/g				250粒/g			6
74	柠檬桉	95	90			90	80			90	70			8
75	窿缘桉		300粒/g				240粒/g				180粒/g			6
76	蓝桉	95	85			90	75			90	65			6
77	大叶桉		320粒/g				260粒/g				200粒/g			6
78	蜡皮桉		400粒/g				300粒/g				200粒/g			6
79	杜仲	98	75			98	65			98	55			10
80	梧桐	95	80			90	70							12
81	白蜡树	95			75	95			55	90			35	11
82	水曲柳	96		80		93		65		90		50		11
83	花曲柳	96		80		93		70		90		60		11
84	皂荚	98	75		80	98	65		70					11
85	梭梭	95	80			90	75			85	65			8
86	踏郎	96	85			94	75			92	65			10

（续）

序号	树种	Ⅰ级				Ⅱ级				Ⅲ级				各级种子含水量不高于
		净度不低于	发芽率不低于	生活力不低于	优良度不低于	净度不低于	发芽率不低于	生活力不低于	优良度不低于	净度不低于	发芽率不低于	生活力不低于	优良度不低于	
87	杨柴	95	65			90	60			85	50			10
88	花棒	90	70			85	65			80	55			10
89	沙棘	90	80			85	70			85	60			9
90	坡垒	95	90			95	80			95	60			35 *
91	核桃楸	99		85		99		75						10
92	核桃	99	80			99	70							12
93	胡枝子	95	90			93	75			90	65			10
94	女贞	95			85	95			75					12
95	枸杞	98	90			95	80			95	70			8
96	朝鲜槐	96	80			90	75			90	70			9
97	山荆子	95		80		90		65		90		50		10
98	海棠花	95			80	90			70	90			60	10
99	楝树	98			95	98			85					10
100	川楝	98			95	98			85					10
101	醉香含笑	94	80			94	65			94	60			15
102	桑树	95	80			90	70			90	60			12
103	壳菜果	90	95			85	80			85	65			20～18
104	兰考泡桐		2400粒/g				2100粒/g				2000粒/g			8
105	白花泡桐		1800粒/g				1500粒/g				1200粒/g			8
106	黄檗	96		80		93		70		90		60		10
107	桢楠	98	80		85	95	70		75	95	60		65	20～12 *
108	黄连木	95	75	80		90	55	60		90	40	45		10
109	青杨	95	85			80	65							6
110	山杨	95	85			90	80			90	75			6
111	大青杨	95	90			90	85			90	80			6
112	山杏	99		90		99		80		99		70		10
113	山桃	99		90		99		80		99		70		10

（续）

序号	树种	Ⅰ级				Ⅱ级				Ⅲ级				各级种子含水量不高于
		净度不低于	发芽率不低于	生活力不低于	优良度不低于	净度不低于	发芽率不低于	生活力不低于	优良度不低于	净度不低于	发芽率不低于	生活力不低于	优良度不低于	
114	枫杨	98			85	98			70					10
115	杜梨	95		80		80		70		90		60		10
116	麻栎	99	80	80	85	97	65	65	70	95	50	55	60	30~25*
117	蒙古栎	95	75	75	80	90	70	70	75	90	65	65	70	35*
118	栓皮栎	90	80	85	85	97	65	70	75	95	50	55	65	30~25*
119	盐肤木	90	60			90	50			90	40			15
120	火炬树	98	85			95	75			90	65			12~10*
121	刺槐	95	80			90	70			90	60			10
122	旱柳	85	80			80	70							6
123	乌桕	98			90	95			80	90			70	10
124	檫木	95	55			85	40			85	30			32~25*
125	木荷	90	40			85	30			80	20			12
126	槐树	95	80			90	70			90	60			10
127	柚木	90			85	90			70					10
128	紫椴	98		70		95		60		95		50		12
129	香椿	90	75			90	65			85	55			10
130	漆树	98			80	98			70					12~10*
131	棕榈	98			80	95			70	95			60	10
132	白榆	90	85			85	75			80	65			8
133	油桐	98	90			98	80			98	70			14~12*
134	文冠果	98		85		95		75		95		60		11
135	花椒	90	75			90	65			90	55			12

注：*种子含水量指标适用于种子收购、运输和贮藏。

2.4 造林绿化植物种子贮藏

造林绿化林木种子是创造绿色植物生命的有机物质。种子内部潜藏着一株休眠的幼小植物，期待时机发芽和生长，在人工培育下，可能长成一株幼苗，继而长成参天大树。然而，造林林木种子又是一个脆弱、有生命活力的有机体，它的生死同时受种子本身和外界环境的制约。为了使脆弱种子保持其最佳的生命状态，需要采取适宜的种子贮藏措施。采取种子贮藏的目的是为了在一定时期内保持种子的生命力，它对育苗和造林很重要。除少数夏熟性种子可以随采随播外，大部分种子在秋、冬季节成熟，需要贮藏数月，翌年春天才能播种。有的种子要在丰收年大量采种贮藏，以备种子歉收年用。为了保存造林植物的种子遗传资源，尚需建立种子遗传资源基团库，用来长期贮藏造林植物种子。

2.4.1 影响造林植物种子生命力保存的因素

影响因素分为内在、外在 2 大类 6 项因素。

（1）内在因素：是指造林种子的寿命、含水量这 2 项因子。

①种子寿命：在自然条件下，造林植物种子生命力保存期的长短各不相同，这与种皮结构、含水量以及种子所含养分的种类相关。故此，按种子寿命将种子分为 3 种：短寿命种子，是指能保存几天、几个月至 1~2 年的种子，有板栗、栎类和银杏等淀粉性种子。由于淀粉容易分解，此类种子容易丧失生命力。杨、柳、榆等夏季成熟的种子，其种粒小、种皮薄，在所处环境温度高的情况下，呼吸旺盛，养分容易消耗，寿命短。中寿命种子，是指松、柏、云杉等含脂肪、蛋白质多的种子，保存期 3~15 年。长寿命种子，是指寿命可达 15 年以上，主要是合欢、台湾相思、皂荚、刺槐、凤凰木等豆科造林植物种子。它们的种子含水量低，种皮致密，透水性和透气性均低，极有利于种子生命力的保存。

②种子含水量：造林植物种子本身的含水量多少，与种子生命力保存有着很大的关系，因为含水量影响着种子呼吸和新陈代谢的速度。当种子含水量低时，新陈代谢和呼吸的速度都弱，有利于长期保存。当种子含水量高时，种子呼吸加快，代谢旺盛，释放能量多，使种子发芽，产生自热，损耗营养，甚至丧失生命力，也可导致种子发霉。因此，干藏种子必须降低种子的含水量。

（2）外在因素：指环境中的温度、空气相对湿度、通气条件、生物影响等对种子的影响因素。

①温度：温度高时，贮藏的种子呼吸旺盛，营养物质消耗快，使种子寿命缩短。温度过低，含水量高的种子，或湿藏的种子可能会受冻伤。

②空气相对湿度：非密封的干藏种子受空气相对湿度的影响很大。种子含水量随大气相对湿度而变化，尤其在南方梅雨季节，这种现象更明显。一般贮藏造林植物种子，空气相对湿度应该控制在 30%~50%。

③通气条件：非密封贮藏的种子，由于呼吸产生 CO_2，若通风良好，种子周围的 CO_2 即能散去，以保证种子经常处于气干状态。

④生物影响：在种子贮藏期间，微生物、昆虫、鼠类都会危害种子的安全，尤其是含水量大的种子，或受机械损伤的种子，更容易遭受病虫侵害，应及时预防、检查和处理。

2.4.2 造林植物种子的贮藏方法

根据造林植物种子的特性及要求，种子贮藏分干藏与湿藏 2 大类。通常含水量低的种子适于干藏，含水量高的种子适于湿藏。

（1）干藏法：干藏法分普通干藏和密封干藏 2 种方法。

①普通干藏：油松、马尾松、刺槐、凤凰木等造林树木种子秋冬季成熟、翌年春季播种，适

于干藏。种子先晾晒，自然干燥到气干状态，冷却后放入布袋、麻袋或木桶中，再放在干燥、低温或常温的仓库中，种子应保持干燥，盛放种子的容器勿堆放得太高，容器内种子不要盛得太满，要留有空隙，需定时观察和检查种子的质量变化情况，严防病、虫、鼠害。

②密封干藏：采取密封干藏法要严格控制种子含水量和容器中的相对湿度。凡需要较长期贮藏而用普通干藏容易丧失发芽率的种子，适用此法。具体做法是：先将种子充分晾晒，达到气干，含水量达到约10%，种子冷却后装入瓦罐、玻璃瓶或铁皮罐等容器中，不要在容器中把种子装得太满，须留出一定空间。为防止湿度变化，可在容器里加入木炭、干燥剂等。

密封干藏可分常温密封和低温密封2种。低温密封干藏不但要控制种子含水量和大气相对湿度，而且还须控制温度，将密封后的种子放在能控制低温的种子贮藏库中，库内温度约为0℃，要求有调控湿度的装置，相对湿度应控制在50%以下。

（2）湿藏法：板栗、栎类、银杏、七叶树、竹柏、樟树、檫木、楠木、油茶、油桐等种子含水量高，而且这些种子贮藏时必须保持其较高的湿度，才能保证种子的生命力，这类种子适宜湿藏。通常仅贮藏1个冬季。如采用适当低温，保证一定湿度，控制发霉与防止发芽，也可以贮藏2年。在室内外均可湿藏种子。

①湿藏种子措施：适合湿藏的种子要与湿沙混合，因为沙粒通气性能强且保湿均匀。沙粒湿度视种子而异，油茶、银杏、樟树等种子，采用含水量约15%的湿沙；板栗、栎类、核桃、椴树、槭树等种子，可用含水量约30%的湿沙。但湿度不宜太大，以免发芽。沙子体积为种子容积的2~3倍。温度以2~3℃为宜，因为湿种子不耐低温，容易遭受冻害，但温度也不能太高，以免引起发芽或发霉。

②湿藏种子前应采取措施：湿藏种子之前先要防治病虫害，办法是熏蒸和喷药，但即将发芽和萌动的种子，不宜用药，以免受到药害。

2.4.3　造林植物种子的贮藏条件

指包括贮藏期间种子的含水量、贮藏温度和贮藏年限等。贮藏条件因树种而异。各造林绿化树种种子的贮藏条件见表3-23。

表3-23　林木种子贮藏条件

序号	树种	贮存温度不高于（℃）	贮存期间含水量（%）	干贮年限（年）	湿藏期限
1	银杏	5	20~25		越冬
2	冷杉	5 20 25	9~10 8~9 8~9	2 2 1	—
3	岷江冷杉	5 25	9~10 9~10	2 1	—
4	沙松	5 15	9~10 8~9	2 1	—

（续）

序号	树种	贮存温度不高于（℃）	贮存期间含水量（%）	干贮年限（年）	湿藏期限
5	落叶松（兴安落叶松）	5 15 23	9~10 9~10 9~10	4 3 2	—
6	日本落叶松	5 15	8~9 8~9	4 3	—
7	黄花落叶松（长白落叶松）	5 15 23	8~9 8~9 7~8	4 3 2	—
8	红杉	5 25	6~8 6~8	3 2	—
9	华北落叶松	5 15 27	9~10 8~9 8~9	3 3 2	—
10	云杉	5 27	7~8 7~8	4 3	—
11	鱼鳞云杉	5 15	8~9 8~9	4 3	—
12	红皮云杉	15	8~9	4	—
13	白杆	5	7~8	4	—
14	青杆	5	7~8	4	—
15	华山松	5	8~10	2	—
16	白皮松	5	7~8	2	—
17	赤松	5 15 27	8~9 8~9 8~9	3 3 2	—
18	湿地松	5	7~8	4	—
19	思茅松	5	7~8	3	—
20	红松	5 15 23	9~10 8~9 8~9	43 2	—
21	马尾松	5 25	8~10 7~8	4 1	—
22	樟子松	5 15 27	8~9 8~9 8~9	4 4 2	—
23	油松	5 15 30	9~10 8~9 7~8	4 4 2	—

（续）

序号	树种	贮存温度不高于（℃）	贮存期间含水量（%）	干贮年限（年）	湿藏期限
24	火炬松	5	7~8	3	—
25	黄山松	5	8~9	3	
26	黑松	5 15	8~9 8~9	3 2	—
27	云南松	5 25	8~10 7~8	3 2	—
28	金钱松	5	6~7	1	
29	柳杉	5	8~9	1	—
30	杉木	5 25	8~9 7~8	2 1	—
31	池杉	5	10	1	—
32	千香柏	5	9~10	1	—
33	柏木	5 30	8~12 8~12	3 1	—
34	福建柏	5	7~8	1	—
35	圆柏	5	9~10	3	—
36	杜松	5	9~10	3	—
37	侧柏	5 30	9~10 8~9	3 2	—
38	竹柏	15	16~20	越冬	—
39	玉兰	5	12~14	越冬	—
40	紫玉兰	5	12~14	越冬	—
41	火力楠	15	15		越冬
42	深山含笑	5	30~35		越冬
43	樟树	15	12~20		越冬
44	桢楠	15	12~20		越冬
45	檫木	5 19	26~30 26~30		1年 6个月
46	山楂	30	8~9	2	—
47	山荆子	5 15 30	8~9 8~9 8~9	4 3 2	—
48	海棠	30	9~10	1	—

（续）

序号	树种	贮存温度 不高于（℃）	贮存期间 含水量（%）	干贮年限 （年）	湿藏期限
49	山杏	30	7~8	2	—
50	山桃	30	7~8	2	—
51	杜梨	5 30	8~9 8~9	3 2	—
52	铁刀木	30	10~13	1	—
53	格木	30	10~	1	
54	皂荚	5 30	10~12 10~12	3 2	—
55	台湾相思	5 35	8~9 8~9	2 1	—
56	合欢	5 30	10 10	3 2	—
57	紫穗槐	5 30	9~10 9~10	3 2	—
58	柠条锦鸡儿	15 27	9~10 9~10	3 2	—
59	小叶锦鸡儿	15 27	8 8	3 2	—
60	降香黄檀	5	10	2	—
61	蒙古岩黄芪	15 27	8~9 8~9	3 2	—
62	花棒	15 27	8~9 8~9	3 2	—
63	胡枝子	5 30	9~10 9~10	2 1	—
64	刺槐	5 15 30	6~8 6~8 6~8	4 4 2	—
65	槐树	5 30	8~10 8~10	3 2	—
66	喜树	5	10~12	1	—
67	杨属	5	4~6	2	—
68	旱柳	5	4~6	2	—

（续）

序号	树种	贮存温度不高于（℃）	贮存期间含水量（%）	干贮年限（年）	湿藏期限
69	桤木	30	5~6	2	—
70	白桦	5 23	8~10 8~10	3 2	—
71	红桦	5	6~8	2	—
72	锥栗	5	25~30		越冬
73	板栗	5	26~30		越冬
74	红椎	5	30~		越冬
75	麻栎	5	26~30		越冬
76	栓皮栎	5	26~30		越冬
77	核桃楸	10	10	越冬	—
78	核桃	10	9~11	越冬	—
79	枫杨	10	10	越冬	—
80	细致木麻黄	35 35	7~8 8~10	2 1	—
81	木麻黄	5 35 35	8~10 7~8 8~10	3 2 1	—
82	白榆	515	7~8 7~8	2 1	—
83	桑	30	6~7	2	—
84	杜仲	5	10	2	—
85	紫椴	5 15 23	9~10 9~10 9~10	3 2 1	—
86	糠椴	5 15 23	9~10 9~10 9~10	3 2 1	—
87	三年桐	15	30~40		越冬
88	千年桐	15	30~40		越冬
89	乌桕	30	10	1	
90	油茶	5	42		越冬
91	木荷	20	11	越冬	—

（续）

序号	树种	贮存温度不高于（℃）	贮存期间含水量（%）	干贮年限（年）	湿藏期限
92	坡垒*	15~20	33~35（小粒种子） 36~38（大粒种子）	1	缓慢通气
93	桉树	30~35	6~7	2	—
94	沙枣	5 27	8~9 8~9	4 3	—
95	沙棘	15 27	8~9 8~9	4 3	—
96	黄檗	15 23	9~10 9~10	3 2	—
97	臭椿	5 30	7~9 7~9	3 2	—
98	非洲楝	16~34	2.5~4	2	—
99	楝树	30	10	1	—
100	川楝	30	10	1	—
101	香椿	5	9~10	2	—
102	文冠果	5 27	10 10	3 2	—
103	黄连木	5	10	2	—
104	漆树	30	10~12	2	—
105	茶条槭	5 15 27	10 10 10	3 2 1	—
106	复叶槭	5 15 27	10 10 10	3 2 1	—
107	元宝枫	5 15	10 10	3 2	—
108	白蜡	30	9~10	2	—
109	大叶白蜡	5 15	9~10 8~9	3 2	—

（续）

序号	树种	贮存温度不高于（℃）	贮存期间含水量（%）	干贮年限（年）	湿藏期限
110	水曲柳	523	9~10 9~10	3 2	—
111	女贞	15	10	越冬	—
112	团花	5	5~6	1	—
113	荆条	30	8~10	1	—
114	白花泡桐	5	6~8	2	—
115	柚木	16~34	5~7	2	—
116	棕榈	25	13~15	越冬	—

注：①表中各树种的贮藏条件是指该树种在各产区的贮藏环境条件。

②表中贮藏年限中的年是指贮藏经过1个夏季和1个冬季的时间。

③表中贮藏年限是指Ⅰ、Ⅱ级种子经过贮藏后，其发芽率（或生活力，或优良度）不降至级外的期限。

* 指坡垒贮藏期间应注意缓慢通气。

2.5　造林种草前的种子零缺陷处理

播种前为了促进种子迅速发芽，对一些发芽缓慢的种子采取适当的处理，以促进发芽。处理种子的方法很多，常用的零缺陷处理方法有下述3种。

（1）对较易发芽种子的处理方法。可在播种前进行浸种，用冷水、温水均可，但水温保持在约40℃ 为佳。

（2）对种皮坚硬、不透气和不透水种子的处理方法。可采用破伤种皮、药剂处理等法。

①破伤种皮法：常用于美人蕉、荷花、黄花夹竹桃及凤凰木的种子；方法是在播种前用小刀刻伤种皮或削去种皮一部分，即可使水分直接进入种子内，促进其迅速发芽。

②药剂处理法：用化学药剂改变坚硬种皮透性，从而促进其发芽；常用药剂多为酸类、碱类，其中以浓硫酸与苛性钠最为常用。浓硫酸处理种子的时间，以种皮坚硬度和不透性硬弱而异，从几分钟到几小时不等。处理后的籽种用清水洗净，然后即可用于播种。

（3）对要求低温与湿润条件来完成休眠期的种子的处理方法。常采用冰冻、低温层积的方法，以打破其休眠，而促进其发芽。这类植物种子有鸢尾、飞燕草、牡丹、蔷薇等。

2.6　种子调拨与运输的零缺陷管理要求

由于我国造林各地区用种量较大，当地造林地种子不可能满足生态造林需要时，就需要大量从外地或外省区调进种子。根据自然选择和适者生存规律，各种植物由于长期受当地自然环境条件的影响，形成了其内在的生长发育特性，有其自身的发展规律。在其适宜的生态环境中生长良好，否则就对其生长不利。因此，选择合适的种子产地，不仅可以提高造林种草成活率，使乔灌草生长稳定，而且能显著提高植物产量20%~30%。在使用造林种子时，其主要造林树种的调拨必须遵守中华人民共和国国家标准《中国林木种子区（GB/T8822.1~8822.13—1988）》，这些树种包括油松、杉木、红松、华山松、樟子松、马尾松、云南松、兴安落叶松、长白落叶松、华北落叶松、侧柏、云杉、白榆等。其他未列入《中国林木种子区》中的种子调拨，要遵守以下调拨原则。

①在一般情况下，当地种源适应性最强，用于育苗、造林最安全。

②种源邻近地区或气候、土壤条件相似地区调进种子也比较安全。

③由低温、低湿度地区向高温、高湿度地区调种比较安全。也就是说北种南调、西种东调的安全范围较大。

④从高海拔向低海拔调拨的安全范围较大，反之则小。

⑤采用外来种源时，应先进行种源试验。由于造林种源分布不均，生产中经常调运种子。运输种子的实质就是在经常变化的环境条件下短期贮藏，因此，在运输过程中的环境条件更加难以控制。一般应根据不同树种的种子特性和贮藏原理，妥善包装，防止种子经受日晒、失水、雨淋、受潮、冻结、发霉、腐烂等影响而降低其生命力。一般普通干藏的种子，可直接装入麻袋即可运输。适于湿藏的种子，可装入箩筐、木箱中，分层放置，间层物可用湿苔藓、稻草、锯屑等。如果种子数量多，也可以与湿沙、木屑等间层物混合或分层装在车厢里运输。适于密封贮藏的种子，最好装在铁桶内运输，也可以装在双层聚乙烯袋内运输。种子运输时，每个容器上应附有标签，并随同携带种子登记证。大量运输种子时，应有专人管理，途中必须经常检查，发现问题，及时处理。种子运达目的地后要立即妥善处置。

3 造林绿化种植土壤与场地的零缺陷准备管理

3.1 绿化种植土壤与场地的零缺陷准备管理要求

3.1.1 绿化种植土壤的一般规定要求

（1）绿化种植土的常规要求。造林中对种植土主要应满足 5 项要求：①土壤必须具有满足植物生长发育所需要的水、肥、气、热供给的能力与性质，即土壤的理化性质应表现出结构疏松、通气、保水、保肥能力强，pH 值在 6.5~7.5。②种植土壤层内严禁混入建筑垃圾、盐碱土、重黏土、砂土和其他任何有害物质的成分；严禁在种植土下有不透水层。③用于珍贵珍稀植物的种植土必须对土壤进行消毒处理。④种植土壤层的地下水位深度应满足种植植物的生长需要，必须达到施工规范要求。⑤种植土层下若存在有不透水层，必须设法穿孔或捣开使其透水。

（2）盐碱土的改良要求。须经过改良方能栽植植物，即达到土壤含盐量<1g/kg 的标准。

（3）栽植喜酸性植物的土壤 pH 值指标要求。其土壤的 pH 值必须控制在 5.0~6.5 且无石灰反应。

（4）黏土、砂土的改良要求。应依据栽植植物所应达到的土质条件后方能用于栽植植物。

（5）土壤的排水要求。对位于地表水位 50cm 以上的土壤层必须设置排水设施。

（6）必须清除土壤层内的废物。必须对绿化种植地有效土壤层内的石砾、瓦砾、砖块、杂草根、树根、玻璃、塑料、泡沫等各种废弃物和杂物进行全面而彻底的清除。

3.1.2 绿化种植土壤的理化性状要求

（1）乔灌造林种植土的主要理化性状。应符合表 3-24 的规定。

表 3-24　乔灌造林种植土的主要理化性状

项目 指标类别	pH 值	EC 值 (mS/cm)	有机质 (g/kg)	容量 (mg/m³)	通气孔隙度 (%)	有效土层 (cm)	石砾	
							粒径（cm）	含量（%）
乔木	6.0~7.8	0.35~1.20	≥20	≤1.30	≥8	≥100	≥5	≤10
灌木	6.0~7.5	0.50~1.20	≥25	≤1.25	≥10	≥80	≥5	≤10
行道树	6.0~7.8	0.35~1.20	≥25	≥25	≥8	长宽深≥100	≥5	≤10

（2）种草地土的主要理化性状。应符合表 3-25 的规定。

表 3-25　种草土壤层的理化性质指标

指标 类别	pH 值	EC 值 (mS/cm)	有机质 (g/kg)	容量 (mg/m³)	通气孔隙度 (%)	有效土层 (cm)	石灰反应 (g/kg)
种草地	6.5~7.5	0.35~0.75	≥20	≤1.30	≥8	≥25	10~50

3.1.3　造林绿化场地要求

（1）造林土壤层厚度要求。造林场地要求种植有效土壤层的厚度必须符合表 3-26。

表 3-26　造林绿化有效土壤层的厚度要求

绿化种类	乔木（cm）		灌木（cm）		藤本（cm）		地被（cm）	
	深根	浅根	大	小	大	小	宿根	1、2 年生
地面绿化	≥120	80~100	60	40	60	40	35~45	35~40
立体绿化	80~100		35~80		35~60		25~35	

（2）造林场地地形改造后的标高要求。必须控制在允许偏差之内，当标高>100cm 时，允许偏差±5cm；当在 100~300cm 时，允许偏差±20cm；当>300cm 时，允许偏差±50cm。

（3）改造后的造林场地坡度要求。应达到无积水、无严重水土流失现象发生的坡地标准。地形改造后标高必须达到允许偏差之内：当坡度>100cm 时，允许偏差±5cm；坡度在 100~300cm 时，允许偏差±20cm；当坡度>300cm 时，允许偏差±50cm。

3.2　酸碱土壤的植物生态型及其酸碱度简易检测方法

（1）不同酸碱度土壤的植物生态型。根据我国土壤酸碱性的表现状况，把土壤的酸碱度分为 5 级：pH<5 为强酸性；pH 在5~6.5 为酸性；pH 在 6.5~7.5 为中性；pH 在 7.5~8.5 为碱性；pH>8.5 为强碱性。据此将植物分为适酸性、耐盐碱和钙质土 3 种类型。

①适酸性土壤植物类。喜酸性土壤的植物在碱性土壤或钙质土壤里不能生长或生长不良。酸性土壤植物多分布在高温多雨地区，土壤中盐质如钾、钠、钙、镁被淋溶，而铝的浓度却增加，致使土壤呈酸性。在高海拔地区，因气候冷凉、潮湿，使以针叶树为主的森林区土壤中形成富里酸，含灰分较少，造成土壤呈酸性。这类酸性土壤里适生的植物有柑橘、茶、山茶、白兰、含笑、茉莉、珠兰、八仙花、檵木、枸骨、肉桂、高山杜鹃等。

②耐盐碱土植物类。当土壤中含有碳酸钠、碳酸氢钠，pH 达 8.5 以上时为碱性土壤。能在盐碱土壤中正常生长发育的植物属于耐盐碱土植物，如新疆杨、合欢、文冠果、黄栌、木槿、柽柳、油橄榄、木麻黄等。

③钙质土植物类。有些植物能够在含有游离碳酸钙的土壤里生长良好，这些植物称为钙质土植物或喜钙植物，如南天竺、柏木、青檀、臭椿等。

（2）检验与判断土壤酸碱度的简易方法。

①看土源。一般来自原始山川、丘陵沟壑的腐殖土大多呈灰褐色，土质比较疏松、肥沃且通透性良好，是属于比较理想的绿化种植土壤。如松针腐殖土、草炭腐殖土等。

②看土色。酸性土壤的颜色较深，呈黑褐色。碱性土壤表层颜色多表现出白、黄等浅色。

③看地表植物。在荒郊野外采掘种植土时，应观察地表生长植物的种类，一般生长野杜鹃、松树、杉类植物的土壤多为酸性土壤；而生长柽柳、谷子、高粱等地段的土壤多呈碱性。

④看土质地。酸性土的质地较疏松、柔软，其透气透水性能强；而碱性土的质地表现坚硬和干生，且容易板结成块，其通气透水性能差。

⑤凭手感。把酸性土握在手中有“松软”的感觉，手指松开后土壤容易散开；而把碱性土握在手中有一种“硬实”的感觉，手指松开后结块不易散开。

⑥看浇水后的情形。对酸性土浇水后，水的下渗速度较快，水面表现为较浑但不冒白泡；而碱性土浇水后下渗较慢，且水面发生冒白泡、起白沫的现象。

⑦使用 pH 试纸检验土壤酸碱性的方法。取少量土样浸泡在凉开水中，将 pH 试纸的一部分浸入浸泡液中，然后取出与比色卡比较，则对应数值即为 pH。若 pH<7，则为酸性；若 pH = 7，则为中性；若 pH>7，则为碱性。

3.3 酸碱土壤改良技术与管理

（1）强酸性土壤的改良。施用石灰石粉来调整酸度，达到所要求的 pH，见表 3-27。

表 3-27 改良酸性土壤施用石灰石粉用量（$kg/100m^2$）

土壤酸碱性状况	pH	石灰石粉施用量			
		轻砂土	中砂壤	壤土	粉壤土与黏土
极度酸性	4.0	40	55	75	90
强酸性	5.0	32	40	55	68
中酸性	5.5	20	27	40	55
轻酸性	6.0	11	14	20	27
弱酸性	6.5	—	—	—	—
中性	7.0	—	—	—	—

（2）盐碱土壤的改良。改良盐碱土壤可采取水洗脱盐、施用硫磺粉化学改良剂等方法，见表 3-28。

表 3-28　改良碱性土壤施用硫黄粉用量（kg/100m²）

土壤 pH	硫黄粉施用量		
	改良后 pH=6.5	改良后 pH=6.0	改良后 pH=5.5
8.0	1.5~2.0	2.0~3.0	—
7.5	1.0~1.5	2.0~3.0	—
7.0	—	1.0~2.0	2.0~3.0

4　造林种植土壤肥料的零缺陷准备管理

4.1　土壤肥料的种类

4.1.1　按肥料的性质分类

（1）有机肥。指人粪尿、厩肥、家畜蹄甲、骨粉、鱼粕、豆饼、腐烂的动植物残体等天然有机物肥料，故此又称为天然肥料。

（2）无机肥料。指硫酸铵、过磷酸钙、硝酸钾以及硫酸镁、硫酸亚铁等化学合成的肥料，故又称其为化学肥料。

4.1.2　按肥料所含的营养元素分类

乔灌草绿化植物所吸收的营养元素中，有氮、磷、钾、钙、铁、硫、镁、碳、氢、氧十大元素，其中碳、氢、氧可从空气中吸取，氮、磷、钾、硫、钙、镁、铁可从土壤中吸取，但是氮、磷、钾需要量较大，称为植物生长发育必需肥料的三要素，由于土壤中常不能满足植物生长发育的需要，故此有目的施肥十分重要。为此，在生态造林绿化建设准备肥料时，必须了解各种肥料的主要营养元素及其功效作用。

氮肥：指人粪尿、厩肥、豆饼、硫酸铵等，其主要功效是促进植物的枝叶生长。

磷肥：指骨粉、鱼粕、过磷酸钙等，其主要功效是促进植物开花、结果、结子。

钾肥：指草木灰、硝酸钾等，其主要功能是促进植物茎干粗壮坚实、根系发达。

4.1.3　按肥料的肥效分

速效性肥料：指人粪尿、芝麻酱渣、硫酸铵等，施用后很快即被植物吸收利用。

迟效性肥料：指骨粉、兽蹄片、过磷酸钙等，施用后需要经过一段时间发酵，腐熟后才能被植物根系吸收利用、才能发挥出它的肥效作用。

4.2　土壤肥料的零缺陷准备管理

为有效补充造林苗木生长发育所需的各种营养元素，在零缺陷准备肥料中必须管理的 3 事项如下所述。

（1）有机（农家）肥料的零缺陷准备管理。

①农家肥的腐熟。只有经过充分呕制腐熟过的农家肥才能施用，对未腐熟的生农家肥发酵方法是，于夏（秋）季在向阳地面挖深 0.3~0.6m 土坑，坑大小视生农家肥的数量体积而定，坑底部放入厚 20~25cm 生农家肥后，再覆土厚 5~8cm 且用铁锨拍实后浇透水，然后再覆类似厚度

的一层生农家肥及一层土壤，如此堆置，高度到 1.2m 时为宜，根据气温炎热程度一般沤制25~45d 才能完全腐熟。

②清除农家肥中杂物。应彻底清除在农家肥料中混杂的砖、石块、塑料等杂物。

③就近就地原则。要就地、就近备置农家肥。农家肥有利于改良土壤，应作基肥施用。

（2）无机肥（化肥）的零缺陷准备管理。

①采购化肥须到正规农资门市选购；

②应详细查看外包装上标注的生产厂家名称、生产日期、有效期等质量标志；

③化肥施用后肥效消失快，宜少量、分多次作追肥施用，随用随购；

④长期施用化肥易致土壤板结，宜与农家肥配合使用。

（3）腐殖酸类肥料的零缺陷准备管理。腐殖酸类肥料的肥效释放较为缓慢，其性质柔和、呈弱酸性，宜施用于生态花卉植物，特别是对喜酸性花卉植物更为适宜。其采购准备管理方法与化肥相同。

5 造林树木支撑材料的零缺陷准备管理

为防止因风力、浇水后树干发生倾斜而影响造林成活率，对造林树木支撑固定防护应进行零缺陷准备的材料有木棍、铁丝、扎绑绳，见表 3-29。

表 3-29 树木支撑材料准备

序号	材料名称		单位	规格	支撑方式						
					四角桩	三角桩	一字桩	长单桩	短单桩	铅丝吊桩	混凝土长单桩
1	树棍桩	树棍	根	长 2.2m	—	—	—	1	—	—	—
2		树棍	根	长 1.2m	4	3	3	—	1	—	—
3		木桩	根	长 1.2m	—	—	—	—	—	1.00	—
4		铅丝	kg	8 号	—	—	—	—	—	1.00	—
5		铅丝	kg	12 号	0.1	0.1	0.1	0.05	0.05	—	—
6	毛竹桩	竹竿	根	长 2.2m	—	—	—	1	—	—	—
7		竹竿	根	长 0.2m	6	3	3	—	1	—	—
8		扎绑绳	kg		1.5	0.5	1.0	0.5	0.5	—	—
9		预制混凝土桩	根	10cm×12cm、长 2.2m	—	—	—	—	—	—	1

6 造林其他施工材料的零缺陷准备管理

①应备的其他材料。有地膜、麻袋、蒲包、草袋、木箱、移植桶等。

②规格或质量要求。上述材料规格、质量、数量均应按工程量清单和实际情况计划确定。

③就地取材原则。应采取就地、就近取材的原则，准备绿化施工所需的其他所需材料。

第三节 工程措施施工材料的零缺陷准备管理

生态修复工程项目零缺陷建设中各种配套工程措施、浇灌排水管网、供电、简易道路修筑等所需要的施工材料，应根据项目施工目标和工程量清单确定施工材料的种类、规格、数量、质量标准及调运安排等准备管理工作内容，实行统筹、到位、整体的零缺陷准备管理。

1　土建通用施工材料的零缺陷准备管理

1.1　通用硅酸盐水泥的零缺陷准备管理

通用硅酸盐水泥是指以硅酸盐水泥熟料和适量石膏及规定的混合材料制成的水硬性胶凝材料。对其按强度等级、技术要求、检验规则和包装、标志、运输与贮存4个方面检验。

1.1.1　水泥强度等级

按水泥种类划分为以下若干种水泥强度的等级：硅酸盐水泥的强度等级（该类水泥分为42.5、42.5R、52.5R、62.5、62.5R 5个等级），普通硅酸盐水泥的强度等级（分为42.5、42.5R、52.5、52.5R 4个等级），矿渣硅酸盐水泥、火山灰质硅酸盐水泥、粉煤灰硅酸盐水泥、复合硅酸盐水泥的强度等级（这4类水泥的强度分为32.5、32.5R、42.5、42.5R、52.5、52.5R 6个等级）。

1.1.2　水泥的技术要求

分为化学指标、碱含量和物理指标3项技术指标要求。

（1）化学指标：通用硅酸盐水泥应符合表3-30的各项化学指标规定。

表3-30　通用硅酸盐水泥的化学指标（%）

品　种	代号	不溶物（质量分数）	烧失量（质量分数）	三氧化硫（质量分数）	氧化镁（质量分数）	氯离子（质量分数）
硅酸盐水泥	P·Ⅰ	≤0.75	≤3.0	≤3.5	≤5.0①	≤0.06③
	P·Ⅱ	≤1.50	≤3.5			
普通硅酸盐水泥	P·O	—	≤5.0			
矿渣硅酸盐水泥	P·S·A	—	—	≤4.0	≤6.0②	
	P·S·B	—	—		—	
火山灰质硅酸盐水泥	P·P	—	—	≤3.5	≤6.0③	
粉煤灰硅酸盐水泥	P·F	—	—			
复合硅酸盐水泥	P·C	—	—			

注：①如果水泥压蒸试验合格，则水泥中氧化镁的含量（质量分数）允许放宽至6.0%。

②如果水泥中氧化镁的含量（质量分数）大于6.0%时，需要进行水泥压蒸安定性试验并合格。

③当有更低要求时，该指标由供需双方协商确定。

（2）碱含量（选择性指标）：按 $Na_2O+0.658K_2O$ 计算值表示。若使用活性骨料，要求供货商提供低碱水泥时，水泥中的碱含量应不大于0.60%，或由供需双方协商确定。

（3）物理指标：具体应满足以下4项物理指标的要求。

①凝结时间（硅酸盐水泥初凝不小于45min，终凝不大于390min；普通硅酸盐水泥、矿渣硅酸盐水泥、火山灰质硅酸盐水泥、粉煤灰硅酸盐水泥和复合硅酸盐水泥初凝不小于45min，终凝不大于600min）。

②安定性（沸煮法合格）。

③强度（不同品种、不同强度等级的通用硅酸盐水泥，其强度指标应符合表3-31的规定）。

表3-31 通用硅酸盐水泥强度要求指标

水泥品种	强度等级	抗压强度（MPa）		抗折强度（MPa）	
		3d	28d	3d	28d
硅酸盐水泥	42.5	≥17.0	≥42.5	≥3.5	≥6.5
	42.5R	≥22.0		≥4.0	
	52.5	≥23.0	≥52.5	≥4.0	≥7.0
	52.5R	≥27.0		≥5.0	
	62.5	≥28.0	≥62.5	≥5.0	≥8.0
	62.5R	≥32.0		≥5.5	
普通硅酸盐水泥	42.5	≥17.0	≥42.5	≥3.5	≥6.5
	42.5R	≥22.0		≥4.0	
	52.5	≥23.0	≥52.5	≥4.0	≥7.0
	52.5R	≥27.0		≥5.0	
矿渣硅酸盐水泥 火山灰硅酸盐水泥 粉煤灰硅酸盐水泥 复合硅酸盐水泥	32.5	≥10.0	≥32.5	≥2.5	≥5.5
	32.5R	≥15.0		≥3.5	
	42.5	≥15.0	≥42.5	≥3.5	≥6.5
	42.5R	≥19.0		≥4.0	
	52.5	≥21.0	≥52.5	≥4.0	≥7.0
	52.5R	≥23.0		≥4.5	

④细度（选择性指标），硅酸盐水泥和普通硅酸盐水泥以比表面积表示，应不小于 $300m^2/kg$；矿渣硅酸盐水泥、火山灰质硅酸盐水泥、粉煤灰硅酸盐水泥和复合硅酸盐水泥以筛余表示，80μm方孔筛筛余不大于10%或45μm方孔筛筛余不大于30%）。

1.1.3 水泥的检验规则

按水泥的编号与取样、出厂质量确认、质量判定、质量检验报告和交货验收管理5项规则进行检验。

（1）编号检验和取样管理：水泥出厂前应按同品种、同强度等级编号，每一编号为一取样单位。水泥出厂编号按年生产能力规定如下：200×10^4t 以上，不超过 4000t 为一编号；>120×10^4～200×10^4t，不超过 2400t 为一编号；>60×10^4～120×10^4t，不超过 1000t 为一编号；>30×10^4～60×10^4t，不超过 600t 为一编号；>10×10^4～30×10^4t，不超过 400t 为一编号；10×10^4t 以下，不超过 200t 为一编号。

水泥取样方法按《水泥取样方法（GB 12573—1990）》进行。可以连续取样，也可从 20 个以上不同部位取等量样品，总量至少 12kg。当散装水泥运输工具的容量超过该厂规定出厂编号吨位数时，允许该编号的数量超过取样规定的吨数。

（2）水泥出厂的质量确认：经确认水泥各项技术指标和包装质量符合要求时，方可出厂。

（3）水泥质量判定规则：其判定规则有 2 项，一是经检验水泥的化学指标、凝结时间、安定性、强度均符合规定为合格品。二是检验结果若有上述任何一项不符合规定指标要求，则判定为不合格品。

（4）水泥质量检验报告内容：应含出厂检验项目、细度、混合材料品种和掺加量，石膏和助磨剂的品种及掺加量、属旋窑或立窑生产以及合同约定的其他技术指标要求。当货主需要水泥的详细检验报告时，生产厂家或供货方应在水泥发出之日起 7d 内寄发。

（5）水泥交货验收管理：水泥在交货验收时应遵守以下 4 项管理规定：

①交货时可以抽取水泥样品的实测检验结果为依据，或以厂家同编号水泥的检验报告为依据。采取何种方式验收应由供需双方事前商定，并在合同中注明。购方有告知供货方验收方法的责任。当无书面合同或未在合同中注明验收方法时，供货方应在发货单上写明“以本厂同编号水泥的检验报告为验收依据”的内容。

②以抽取实物试样的检验结果为验收依据时，供需双方应在发货前或交货地共同取样和签封。取样方法以《水泥取样方法（GB 12573—1990）》为准则，取样数量为 20kg，缩分为 2 等份。1 份由供方保存 40d，1 份由需方按本标准规定的项目和方法实施检验。

③在 40d 内，购方检验认为产品质量不符合本标准要求，而供方又有异议时，则双方应将供方保存的另一份试样送省级或省级以上国家认可的水泥质量监督检验机构进行仲裁检验。水泥安定性仲裁检验应在取样之日起 10d 内完成。

④在供货 90d 内，购货方对水泥质量有疑问时，可将双方共同认定的样品，送交省级以上水泥质量监督检验机构进行仲裁检验。水泥强度要求指标见表 3-31。

1.1.4　水泥包装、标志、运输与贮存的管理

按以下规定对其进行管理。

（1）包装管理：水泥可以散装或袋装。袋装每袋的净装量是 50kg，并且应不少于标准质量的 99%；水泥包装袋的质量应符合 GB 9774—2002 的规定要求。

（2）标志管理：水泥的包装袋上应清楚标明执行标准、水泥品种、代号、强度等级、生产厂家名称、生产许可证标志（QS）及编号、出厂编号、包装日期、净含量。包装袋两侧应根据水泥品种，采用不同颜色的印刷水泥名称和强度等级，硅酸盐水泥和普通硅酸盐水泥印刷红色，矿渣硅酸盐水泥为绿色，火山灰质硅酸盐水泥、粉煤灰硅酸盐水泥和复合硅酸盐水泥采用黑色或蓝色。散装发运的水泥应提交与袋装水泥标志相同内容的卡片。

（3）运输与贮存管理：水泥在运输与贮存期间不得受潮和混入杂物。不同品种和强度等级

的水泥在贮运过程不应混合堆放，应按品种和强度等级设置明显的标识。

1.2 钢材的零缺陷准备管理

1.2.1 热轧钢筋

对热轧钢筋的化学成分、力学性能、工艺性能、外观质量要求和尺寸等指标进行细致检验管理，其检验内容分为 8 项。

（1）热轧钢筋化学成分：热轧钢筋分为光圆和月牙肋，其牌号和化学成分见表 3-32。

表 3-32 热轧钢筋的牌号和化学成分

表面形状	牌号	化学成分（%）					
		C	Si	Mn	P	S	Ceq
光圆	HPB235	0.14~0.22	0.12~0.30	0.12~0.30	0.045	0.050	
月牙肋	HRB335	0.25	0.80	1.60	0.045	0.045	0.52
	HRB400	0.25	0.80	1.60	0.045	0.045	0.54
	HRB500	0.25	0.80	1.60	0.045	0.045	0.55

（2）热轧钢筋的力学性能：应满足表 3-33 的各项指标要求。

（3）热轧钢筋的工艺性能：主要从弯曲性能和反向弯曲性能这 2 项指标检验其性能。

表 3-33 热轧钢筋的力学性能

表面形状	牌号	公称直径（mm）	屈服强度 R_{eL}（MPa）	抗拉张度 R_m（MPa）	断后伸长率 A（%）	180°弯曲试验 d=弯心直径 a=钢筋公称直径
			不小于			
光圆	HPB235	8~20	235	370	25	$d=a$
月牙肋	HRB335	6~25 28~50	335	455	17	$d=3a$ $d=4a$
	HRB400	6~25 28~50	400	540	16	$d=4a$ $d=5a$
	HRB500	6~25 28~50	500	630	15	$d=6a$ $d=7a$

弯曲性能：按表 3-33 所规定的弯心直径弯曲 180°，钢筋受弯曲部位表面不得产生裂纹。

反向弯曲性能：根据需方的要求，应对钢筋进行反向弯曲性能试验；反向弯曲试验的弯心直径比弯曲试验相应增加 1 个钢筋直径。先正向弯曲 45°，然后反向弯曲 23°。经反向弯曲试验后，钢筋受弯曲部位表面不得产生裂纹。

（4）热轧钢筋的外观质量要求：钢筋表面不得有裂纹、结疤和折叠。钢筋表面允许有凸块，但不得超过横肋的高度，表面其他缺陷的深度和高度不得大于所在部位尺寸的允许偏差。

（5）每批钢筋检验项目、取样方法和试验方法：应符合表 3-34 的规定。

表 3-34　热轧钢筋的检验取样规定

序号	检验项目	取样数量	取样方法	试验方法
1	化学成分（熔炼分析）	1	GB/T 20066	GB/T 223 GB/T 4336
2	拉伸	2	任选 2 根钢筋切取	GB/T 228 GB 1499. 2—2007 第 8. 2 条
3	弯曲	2	任选 2 根钢筋切取	GB/T 232 GB 1499. 2—2007 第 8. 2 条
4	反向弯曲	1		GB/T 5126 GB 1499. 2—2007 第 8. 2 条
5	尺寸	逐支		GB 1499. 2—2007 第 8. . 3 条
6	表面	逐支		目视
7	重量偏差	GB 1499. 2—2007 第 7. 4 条		GB 1499. 2—2007 第 8. 4 条
8	晶粒度	2	任选 2 根钢筋切取	GB/T 6394

（6）钢筋试样长度试样夹具之间的最小自由长度应符合以下要求：$d \leqslant 25$mm 时，350mm；25mm$<d \leqslant 32$mm，400mm；32mm$<d \leqslant 50$mm，500mm。夹具夹持钢筋所需的长度视夹具而定，一般其两端约需 200mm。试样最小长度应为试样夹具之间的最小自由长度加夹具夹持长度。拉伸、弯曲、反向弯曲试验试样不允许车削加工。计算钢筋强度用截面面积采用公称横截面面积。

（7）钢筋尺寸测量要求：钢筋尺寸的测量应满足以下 3 项规定：

①带肋钢筋内径测量应精确到 0. 1mm；

②带肋钢筋高度测量采用测量同一截面两侧肋高度平均值的方法，即测取钢筋最大外径减去该处内径，所得数据 1/2 为该处肋高度，应精确到 0. 1mm；

③带肋钢筋横肋间距采用测量平均肋距方法测量，即测取钢筋一面上第 1 个与第 11 个横肋的中心距离，所得数据除以 10 即为横肋间距，精确到 0. 1mm。

（8）钢筋化学分析取样要求，其化学分析取样应满足以下 2 项规定：

①采用刨取或钻取方法获得分析试屑；采屑前要将表面氧化铁皮清除。

②试样可利用力学试验的余料钻取；如单项化学分析，可取 $L=20$cm 的试样。

1.2.2　冷轧带肋钢筋

指对其力学性能与工艺性能、盘条的参考牌号和化学成分、出厂检验的试验项目、取样与试验方法和尺寸、重量及允许偏差范围的检验管理内容。

（1）冷轧带肋钢筋的力学性能与工艺性能：应符合表 3-35 的各项规定。

表 3-35 冷轧带肋钢筋的力学与工艺性能指标（GB 13788—2000）

牌号	σ_b（MPa）不小于	伸长率（%）		弯曲试验 180°	反复弯曲次数	松弛率 初始应力 $\sigma_{con}=0.7\sigma_b$	
		δ_{10}	δ_{100}			1000h 不小于	10h 不大于
CRB550	550	8	—	$D=3d$	—	—	—
CRB650	650	—	4	—	3	8	5
CRB800	800	—	4	—	3	8	5
CRB970	970	—	4	—	3	8	5
CRB1170	1170	—	4	—	3	8	5

注：表中 D 为弯心直径，d 为钢筋公称直径。

（2）冷轧带肋钢盘条的参考牌号和化学成分：具体见表 3-36，60 钢、70 钢的 Ni、Cr、Cu 含量均不大于 0.25%。

表 3-36 冷轧带肋钢筋用盘条的参考牌号和化学成分（GB 13788—2000）

钢筋牌号	盘条牌号	化学成分（%）					
		C	Si	Mn	V、Ti	S	P
CRB550	Q215	0.09～0.15	≤0.30	0.25～0.55	—	≤0.050	≤0.045
CRB650	Q235	0.14～0.22	≤0.30	0.30～0.65	—	≤0.050	≤0.045
CRB800	24MnTi	0.19～0.27	0.17～0.37	1.20～1.60	Ti：0.01～0.05	≤0.045	≤0.045
	20MnSi	0.17～0.25	0.40～0.80	1.20～1.60	—	≤0.045	≤0.045
CRB970	41MnSiV	0.37～0.45	0.60～1.10	1.00～1.40	V：0.05～0.12	≤0.045	≤0.045
	60	0.25～0.57	0.17～0.37	0.50～0.80	—	≤0.035	≤0.035
CRB1170	70Ti	0.66～0.70	0.17～0.37	0.60～1.00	Ti：0.01～0.05	≤0.045	≤0.045
	70	0.67～0.75	0.17～0.37	0.50～0.80	—	≤0.035	≤0.035

（3）冷轧带肋钢筋出厂检验的试验项目、取样与试验方法：应满足表 3-37 规定的要求。

（4）冷轧带肋钢筋的尺寸、重量及允许偏差范围：详见表 3-38。

表 3-37 冷轧带肋钢筋的检验方法（GB 13788—2000）

序号	试验项目	试验数量	取样方法	试验方法
1	拉伸试验	每盘 1 个	在每（批）盘中随机切取	GB/T 228 GB/T 6397
2	弯曲试验	每批 2 个		GB/T 232
3	反复弯曲试验	每批 2 个		GB/T 228
4	应力松弛试验	定期 1 个		GB/T 10120 GB 13788—2000 第 7.3

（续）

序号	试验项目	试验数量	取样方法	试验方法
5	尺寸	逐盘		GB 13788—2000 第7.4
6	表面	逐盘		目视
7	重量偏差	每盘1个		GB 13788—2000 第7.5

注：①供方在保证 $\sigma_p0.2$ 合格的条件下，可不逐盘进行 $\sigma_p0.2$ 的试验。

②表中试验数量栏中的“盘”指生产钢筋的“原料盘”。

表 3-38 3 面肋与 2 面肋钢筋的尺寸、重量及允许偏差

公称直径 d（mm）	公称横截面积（mm^2）	重量		横肋中点高		横肋 1/4 处高 $h/4$（mm）	横肋顶宽 b（mm）	横肋间距		相结肋面积 f_r 不小于
		理论重量（kg/m）	允许偏差（%）	h（mm）	允许偏差（mm）			l（mm）	允偏差（%）	
4	12.6	0.099	±4	0.30	+0.10 -0.05	0.24	~0.2d	4.0	±15	0.036
4.5	15.9	0.125		0.32		0.26		4.0		0.039
5	19.6	0.154		0.32		0.26		4.0		0.039
5.5	23.7	0.186		0.40		0.32		5.0		0.039
6	28.3	0.222		0.40		0.32		5.0		0.039
6.5	33.2	0.261		0.46		0.37		5.0		0.045
7	38.5	0.302		0.46		0.37		5.0		0.045
7.5	44.2	0.347		0.55		0.44		6.0		0.045
8	50.3	0.395		0.55		0.44		6.0		0.045
8.5	56.7	0.445	±4	0.55	+0.10 -0.05	0.44	~0.2d	7.0	±15	0.045
9	63.6	0.499		0.75		0.60		7.o		0.052
9.5	70.8	0.556		0.75		0.60		7.0		0.052
10	78.5	0.617		0.75		0.60		7.0		0.052
10.5	86.5	0.679		0.75		0.60		7.4		0.052
11	95.0	0.746		0.85		0.68		7.4		0.056
11.5	103.8	0.815		0.95		0.76		8.4		0.056
12	113.1	0.888		0.95		0.76		8.4		0.056

注：①横肋 1/4 处高，横肋顶宽供孔型设计用。

②2 面肋钢筋允许有高度不大于 $0.5h$ 的纵肋。

1.2.3 冷轧扭钢筋

按照进场验收、取样验收、交货验收检验的检验程序等对其检验。

（1）冷轧扭钢筋的进场验收，分为 3 项进场验收内容：

①查验冷轧扭钢筋成品的出厂合格证书或试验合格报告单。

②进入现场时应分批分规格捆扎，并在下部垫木块架空码放，采取防雨措施。

③每捆应挂标牌，注明钢筋的规格、数量、生产日期、生产厂家等内容，并对标签标牌核查，分批验收。

（2）冷轧扭钢筋的取样验收：冷轧扭钢筋的取样和试样在验收批钢筋中随机抽取。取样部位应距钢筋端部不小于500mm。试样长度宜取偶数倍节距，且不宜小于4倍节距，同时不小于400mm。冷轧扭钢筋验收批应由同一型号、同一强度等级、同一规格尺寸、同一台（套）轧机生产的钢筋组成，且每批不大于20t，不足20t按一批计。

（3）冷轧扭钢筋的交货验收检验：应执行表3-39的规定进行检验。

表3-39 冷轧扭钢筋交货检验与测试方法

序号	检验项目	取样数量		测试方法	备注
		出厂检验	型式检验		
1	外观	逐根	逐根	目测	—
2	截面控制尺寸	每批3根	每批3根	《冷轧扭钢筋（JG 190—2006）》第6.2.1~6.2.3条	—
3	节距	每批3根	每批3根	《冷轧扭钢筋（JG 190—2006）》第6.2.4条	—
4	定尺长度	每批3根	每批3根	《冷轧扭钢筋（JG 190—2006）》第6.2.5条	—
5	质量	每批3根	每批3根	《冷轧扭钢筋（JG 190—2006）》第6.3条	—
6	化学成分	—	每批3根	《钢铁及合金化学分析方法（GB/T 223.69—1997）》	仅当材料的力学性能指标不符合《冷轧扭钢筋》（JG 190—2006）时进行
7	拉伸试验	每批2根	每批3根	《冷轧扭钢筋（JG 190—2006）》附录A	可采用前5项同批试样
8	180°弯曲试验	每批1根	每批3根	《金属材料弯曲试验方法（GB/T 232—1999）》	

（4）冷轧扭钢筋外观质量要求：冷轧扭钢筋表面不应有影响钢筋力学性能的裂纹、折叠、结疤、压痕、机械损伤等其他影响使用的缺陷。

（5）冷轧扭钢筋的规格及截面参数：应采用表3-40的规定。

表 3-40　冷轧扭钢筋的规格及其截面参数

强度级别	型号	标志直径 d (mm)	公称截面面积 A_s (mm^2)	等效直径 d_0 (mm)	截面周长 u (mm)	理论重量 G (kg/m)
CTB550	Ⅰ	6. 5	29. 50	6. 1	23. 40	0. 232
		8	45. 30	7. 6	30. 00	0. 356
		10	68. 30	9. 3	36. 40	0. 536
		12	96. 14	11. 1	43. 40	0. 755
	Ⅱ	6. 5	29. 20	6. 1	21. 60	0. 332
		8	42. 30	7. 3	26. 02	0. 332
		10	66. 10	9. 2	32. 52	0. 519
		12	92. 74	10. 9	38. 52	0. 728
	Ⅲ	6. 5	29. 86	6. 2	19. 48	0. 234
		8	45. 24	7. 6	28. 88	0. 355
		10	70. 69	9. 5	29. 95	0. 555
CTB650	预应力Ⅲ	6. 5	28. 20	6. 0	18. 82	0. 221
		8	42. 73	7. 4	23. 17	0. 335
		10	66. 76	9. 2	28. 96	0. 524

注：Ⅰ型为矩形截面；Ⅱ型为方形截面；Ⅲ型为圆形截面。

（6）冷轧扭钢筋的外形尺寸：应符合表 3-41 的规定。

表 3-41　冷轧扭钢筋外形尺寸

强度级别	型号	标志直径 d (mm)	截面控制尺寸（mm），不小于				节距 l_1 (mm) 不大于
			轧扁厚度 t_1	方形边长 a_1	外圆直径 d_1	内圆直径 d_2	
CTB550	Ⅰ	6. 5	3. 7	—	—	—	75
		8	4. 2	—	—	—	95
		10	5. 3	—	—	—	110
		12	6. 2	—	—	—	150
	Ⅱ	6. 5	—	5. 4	—	—	30
		8	—	6. 5	—	—	40
		10	—	8. 1	—	—	50
		12	—	9. 6	—	—	80
	Ⅲ	6. 5	—	—	6. 17	5. 67	40
		8	—	—	7. 59	7. 09	60
		10	—	—	9. 49	8. 89	70

（续）

强度级别	型号	标志直径 d（mm）	截面控制尺寸（mm），不小于				节距 l_1（mm）不大于
			轧扁厚度 t_1	方形边长 a_1	外圆直径 d_1	内圆直径 d_2	
CTB650	预应力Ⅲ	6.5	—	—	6.00	5.50	30
		8	—	—	7.38	6.88	50
		10	—	—	9.22	8.67	70

（7）冷轧扭钢筋的强度标准值、设计值与弹性模量：应采用表3-42所列的各项规定。

表3-42 冷轧扭钢筋的强度标准值

强度级别	型号	符号	标志直径 d（mm）	f_{yk}或f_{ptk}（N/mm²）
CTB550	Ⅰ	Φ^T	6.5、8、10、12	550
	Ⅱ		6.5、8、10、12	550
	Ⅲ		6.5、8、10	550
CTB650	Ⅲ		6.5、8、10	650

（8）冷轧扭钢筋抗拉（压）强度设计值与弹性模量：应采用表3-43的规定。

表3-43 冷轧扭钢筋抗拉（压）强度设计值与弹性模量（N/mm²）

强度级别	型号	符号	f_y（f_y'）或f_{py}（f_{py}'）	弹性模量 E_s
CTB550	Ⅰ	Φ^T	360	1.9×10^5
	Ⅱ		360	1.9×10^5
	Ⅲ		360	1.9×10^5
CTB650	Ⅲ		430	1.9×10^5

1.2.4 预应力混凝土用钢丝

对其分为力学性能、外观质量、伸直性检验进行检验。

（1）力学性能应满足：消除应力的光圆及螺拖肋钢丝的力学性能应达到表3-44所列指标的规定；消除应力的刻痕钢丝的力学性能应满足表3-45的规定；冷拉钢丝的力学性能应符合表3-46所列的规定。

（2）外观质量：钢丝表面不得有裂纹、小刺、机械损伤、氧化铁皮和油污；回火成品表面允许有回火颜色。除非已经约定允许钢丝表面有浮锈，但锈蚀不得呈肉眼可见的麻坑。

（3）钢丝的伸直性检验：取1m长钢丝，应检验其弦与弧的最大自然矢高，光面钢丝不大于20mm，刻痕钢丝不大于30mm。

表 3-44　消除应力的光圆及螺旋肋钢丝的力学性能

公称直径 d_n(mm)	抗拉力强度 σ_b（MPa）≥	规定非比例伸长应力 $\sigma_{p0.2}$（MPa）≥		最大力下总伸长率（L_0=200mm）δ_{gt}（%）≥	弯曲次数（次/180°）≥	弯曲半径 R（mm）	应力松弛性能		
							初始应力相当于公称抗拉强度的百分数（%）	1000h 后应力松弛率 γ（%）≤	
		WLR	WNR					WLR	WNR
							对所有规格		
4.00	1470	1290	1250		3	10			
4.80	1570	1380	1330						
5.00	1670	1470	1410						
	1770	1560	1500		4	15	60	1.0	4.5
	1860	1640	1580						
6.00	1470	1290	1250		4	15			
6.25	1570	1380	1330	3.5	4	20	70	2.0	8
7.00	1670	1470	1410		4	20			
	1770	1560	1500						
8.00	1470	1290	1250		4	20			
9.00	1570	1380	1330		4	25	80	4.5	12
10.00	1470	1290	250		4	25			
12.00					4	30			

表 3-45　消除应力的刻痕钢丝的力学性能

公称直径 d_n(mm)	抗拉力强度 σ_b（MPa）≥	规定非比例伸长应力 $\sigma_{p0.2}$（MPa）≥		最大力下总伸长率（L_0=200mm）δ_{gt}（%）≥	弯曲次数（次/180°）≥	弯曲半径 R（mm）	应力松弛性能		
							初始应力相当于公称抗拉强度的百分数（%）	1000h 后应力松弛率 γ（%）≤	
		WLR	WNR					WLR	WNR
							对所有规格		
≤5.0	1470	1290	1250						
	1570	1380	1330						
	1670	1470	1410			15	60	1.5	4.5
	1770	1560	1500						
	1860	1640	1580	3.5	3		70	2.5	8
>5.0	1470	1290	1250						
	1570	1380	1330			20	80	4.5	12
	1670	1470	1410						
	1770	1560	1500						

表 3-46　冷拉钢丝的力学性能

<table>
<tr><th>公称直径 d_n(mm)</th><th>抗拉力强度 σ_b（MPa）≥</th><th>规定非比例伸长应力 $\sigma_{p0.2}$（MPa）≥</th><th>最大力下总伸长率（L_0=200mm）δ_{gt}（%）≥</th><th>弯曲次数（次/180°）≥</th><th>弯曲半径 R（mm）</th><th>断面收缩率 φ（%）≥</th><th>每 210mm 扭矩的扭转次数 n ≥</th><th>初始应力相当于 70%公称抗拉强度时，1000h 后应力松弛率 γ（%）≤</th></tr>
<tr><td>3.00</td><td rowspan="4">1470</td><td rowspan="1">1100</td><td rowspan="8">1.5</td><td>4</td><td>7.5</td><td rowspan="2">—</td><td>—</td><td rowspan="8">8</td></tr>
<tr><td>4.00</td><td>1180</td><td>4</td><td>10</td><td>8</td></tr>
</table>

公称直径 d_n(mm)	抗拉力强度 σ_b（MPa）≥	规定非比例伸长应力 $\sigma_{p0.2}$（MPa）≥	最大力下总伸长率（L_0=200mm）δ_{gt}（%）≥	弯曲次数（次/180°）≥	弯曲半径 R（mm）	断面收缩率 φ（%）≥	每 210mm 扭矩的扭转次数 n ≥	初始应力相当于 70%公称抗拉强度时，1000h 后应力松弛率 γ（%）≤
3.00	1470	1100	1.5	4	7.5	—	—	8
4.00	1570	1180		4	10		8	
5.00	1670	1250		4	15	35	8	
	1770	1330						
6.00	1470	1100		5	15		7	
7.00	1570	1180		5	20	30	6	
8.00	1670	1250		5	20		5	
	1770	1330						

1.3　混凝土的零缺陷准备管理

混凝土的质量组成成分是砂、卵石与碎石、外加剂、粉煤灰、氯离子含量与碱含量。

1.3.1　砂

指对砂的细度模数与坚固性进行检验。

（1）砂的细度模数：分为细砂（细度模数 1.6~2.2）、中砂（细度模数 2.3~3.0）和粗砂（细度模数 3.1~3.7）。混凝土用砂细度模数宜>2.5。砂颗粒组成应符合表 3-47 的要求。

表 3-47　砂的分区及级配范围（JTJ 041—2000）

级配区	标准筛筛孔尺寸（mm）						
	10.0	5.0	2.5	1.25	0.630	0.315	0.160
	累计筛余（%）						
Ⅰ区	0	0~10	5~35	35~65	71~85	80~95	90~100
Ⅱ区	0	0~10	0~25	10~50	41~70	70~92	90~100
Ⅲ区	0	0~10	0~15	0~25	16~40	55~85	90~100

注：①表中除 5、0.63、0.16mm 筛孔外，其余各筛孔累计筛余允许超出分界线，但其总量不得大于 5%。

②Ⅰ区砂宜提高砂率以配低流动性混凝土；Ⅱ区砂宜优先选用以配不同等级的混凝土；Ⅲ区砂宜适当降低砂率以保证混凝土的强度。

③对于高强泵送混凝土用砂宜选用中砂，细度模数为 2.6~2.9。2.5mm 筛孔的累计筛余量不得大于 15%，0.315mm 筛孔的累计筛余量宜在 85%~92%范围内。

（2）砂的坚固性：砂的坚固性指标应符合表 3-48 的指标要求。砂中有害杂质含量应达到表 3-49 的要求。

表 3-48 砂的坚固性指标（JTJ 041—2000）

混凝土所处环境条件	循环后的质量损失（%）
在寒冷地区室外使用，并经常处于潮湿或干湿交替状态下的混凝土	≤8
其他条件下使用的混凝土	≤12

注：①寒冷地区是指最冷月的月平均温度为-10~0℃，且平均温度不大于5℃的日期不超过145d的地区。

②出产于同一源地的砂，在类似气候条件下已有使用经验时，可不做坚固性检验。

③对于有抗疲劳、耐磨、抗冲击要求的混凝土用砂，或有腐蚀介质作用或经常处于水位变化区的地下结构混凝土用砂，其循环后的质量损失率应小于8%。

表 3-49 砂中含杂质的最大量（JTJ 041—2000）

质量标准 项目	混凝土强度等级	
	≥C30	<C30
含泥量（冲洗法，以质量计）（%）	≤3.0	≤5.0
其中泥块含量（以质量计）（%）	≤1.0	≤2.0
云母含量（以质量计）（%）	<2.0	
轻物质含量（以质量计）（%）	<1.0	
硫化物及硫酸盐含量（折算成 SO_3，以质量计）（%）	<1.0	
有机物含量（用比色法试验）	颜色不应深于标准色，如深于标准色，则应进行水泥胶砂强度对比试验，加以复核	

注：①对有抗冻、抗渗或其他特殊要求的混凝土用砂，总含泥量应不大于3%，其中泥块含量应不大于1.0%，云母含量不应大于1%。

②对有机质含量进行复核时，用原状砂配制的水泥砂浆抗压强度不低于用洗除有机质的砂所配。

③砂中如含有颗粒状的硫酸盐或硫化物，则要进行混凝土耐久性试验，满足要求时方能使用。

1.3.2 卵石与碎石

对其按分类、用途、技术要求、取样方法、试样数量要求、现场检验、组批规划和判定规则8项内容进行准备管理。

（1）分类：按卵石、碎石技术要求分为Ⅰ、Ⅱ、Ⅲ类。

（2）用途：Ⅰ类宜用于强度等级>C60的混凝土；Ⅱ类宜用于强度等级C30~C60及抗冻、抗渗或有其他质量要求的混凝土；Ⅲ类适宜用于强度等级<C30的混凝土。

（3）技术要求：主要有以下8项规定。

①颗粒级配：卵石与碎石的颗粒级配应满足表3-50所列的规定。

②含泥量与泥块量：卵石、碎石的含泥量与含泥块量应符合表3-51规定。

③卵石、碎石的针片状颗粒含量：应满足表3-52的规定。

④卵石、碎石中有害物质如草根、树枝叶、塑料、煤块与炉渣等杂物含量：应达到表3-53的规定指标。

⑤坚固性指标：对卵石与碎石采用硫酸钠溶液法进行试验，经5次循环后，其质量损失应达到表3-54的规定。

表 3-50 颗粒级配的累计筛余（%）（GB/T 14685—2001）

公称粒径（mm）		方筛孔（mm）											
		2.36	4.75	9.50	16.0	19.0	26.5	31.5	37.5	53.0	63.0	75.0	90
连续粒级	5~10	95~100	80~100	0~15	0								
	5~16	95~100	85~100	30~60	0~10	0							
	5~20	95~100	90~100	40~80	—	0~10	0						
	5~25	95~100	90~100	—	30~70	—	0~5	0					
	5~31.5	95~100	90~100	70~90	—	15~45	—	0~5	0				
	5~40	—	95~100	70~90	—	30~65	—	—	0~5	0			
单粒粒级	10~20		95~100	85~100		0~15	0						
	16~31.5		95~100		85~100			0~10	0				
	20~40			95~100		80~100			0~10	0			
	31.5~63				95~100			75~100	45~75		0~10	0	
	40~80					95~100			70~100		30~60	0~10	0

表 3-51 卵石、碎石含泥量和含泥块量指标（GB/T 14685—2001）

项　　目	指　　标		
	Ⅰ类	Ⅱ类	Ⅲ类
含泥量（按质量计）（%）	<0.5	<1.0	<1.5
含泥块量（按质量计）（%）	0	<0.5	<0.7

表 3-52 卵石、碎石的针片状颗粒含量指标（GB/T 14685—2001）

项　　目	指　　标		
	Ⅰ类	Ⅱ类	Ⅲ类
针片状颗粒（按质量计）（%），小于	5	15	25

表 3-53 卵石、碎石的有害物质含量指标（GB/T 14685—2001）

项　　目	指　　标		
	Ⅰ类	Ⅱ类	Ⅲ类
有机物	合格	合格	合格
硫化物及硫酸盐（按 SO_3 质量计）（%），小于	0.5	1.0	1.0

表 3-54　卵石、碎石的坚固性指标（GB/T 14685—2001）

项　目	指　标		
	Ⅰ类	Ⅱ类	Ⅲ类
质量损失（%），小于	5	8	12

⑥强度：岩石的抗压强度，在水饱和状态下，其抗压强度火成岩应不小于 80MPa，变质岩应不小于 60MPa，水成岩应不小于 30MPa。压碎指标值，应小于表 3-55 的规定。

表 3-55　卵石、碎石的压碎指标（GB/T 14685—2001）

项　目	指　标		
	Ⅰ类	Ⅱ类	Ⅲ类
卵石压碎指标（%），小于	12	16	16
碎石压碎指标（%），小于	10	20	30

⑦卵石和碎石的表观密度、堆积密度、空隙率须符合如下规定：表观密度>2500kg/m^3；松散堆积密度>1350kg/m^3；空隙率<47%。

⑧碱集料反应：经试验后，由卵石、碎石制备的试件无裂缝、酥裂、胶体外溢等现象，在规定试验龄期的膨胀率应小于 0.1%。

（4）取样方法：应遵守以下 3 项取样方法进行。

①在堆料顶、中、底部均匀抽取大致等量的石子 15 份组成一组样品。

②从皮带运输机上取样时，应在出料处定时抽取大致等量的石子 8 份组成一组样品。

③从汽车、火车、货船上取样时，应从不同部位与深度抽取大致等量的石子 16 份，组成一组样品。

（5）试样数量要求：单项试验最少取样数量应满足表 3-56 的规定。做多项试验时，若能确保试样经一项试验后不影响另一项试验的结果，可用同一试样进行几项不同的试验。

表 3-56　卵石与碎石的单项试验取样数量（GB/T 14685—2001）

序号	试验项目	不同最大粒径（mm）下的最少取样量（kg）							
		9.5	16.0	19.0	26.5	31.5	37.5	63.0	75.0
1	颗粒级配	9.5	16.0	19.0	25.0	31.5	37.5	63.0	80.0
2	含泥量	8.0	8.0	24.0	24.0	40.0	40.0	80.0	80.0
3	泥块含量	8.0	8.0	24.0	24.0	40.0	40.0	80.0	80.0
4	针片状颗粒含量	1.2	4.0	8.0	12.0	20.0	40.0	40.0	40.0
5	有机物含量	按试验要求的粒级和数量取样							
6	硫酸盐与硫化物含量								
7	坚固性								

（续）

序号	试验项目	不同最大粒径（mm）下的最少取样量（kg）							
		9.5	16.0	19.0	26.5	31.5	37.5	63.0	75.0
8	岩石抗压强度	随机选取完整石块锯切或钻取成试验样品							
9	压碎指标直	按试验要求的粒级与数量取样							
10	表观密度	8.0	8.0	8.0	8.0	12.0	16.0	24.0	24.0
11	堆积密度和空隙率	40.0	40.0	40.0	40.0	80.0	80.0	120.0	120.0
12	碱集料反应	20.0	20.0	20.0	20.0	20.0	20.0	20.0	20.0

（6）现场检验：其检验项目是颗粒级配、含泥量、泥块含量、针片状颗粒含量指标。

（7）组批规划：应满足以下 3 项规定。

按同品种、规格、适用等级及日产量每 600t 为一批，不足 600t 亦为一批。

日产量超过 2000t，按 1000t 为一批，不足 1000t 亦为一批。

日产量超过 5000t，按 2000t 为一批，不足 2000t 亦为一批。

（8）判定规则：检验后各项性能指标都符合相应规定标准时，可判为该产品合格；技术要求中若有 1 项性能指标不符合要求时，则从同一批产品中加倍取样复检，以确定产品合格与否。

1.3.3 外加剂

对其按以下 6 项指标内容进行取样、编号、检验及判定。

用于混凝土的外加剂种类很多，并且都有相对应的质量标准，使用时其质量和应用技术应遵守国家现行的标准《混凝土外加剂（GB 8076—1997）》《混凝土外加剂应用技术规范（GB 50119—2003）》《喷射混凝土用速凝剂（JC 477—2005）》《混凝土泵送剂（JC 473—2001）》《砂浆、混凝土防水剂（JC 474—1999）》《混凝土防冻剂（JC 475—2004）》《混凝土膨胀剂（JC 476—2001）》等的规定。

（1）外加剂的匀质性指标：应符合表 3-57 的要求。

表 3-57 外加剂匀质性指标（GB 8076—1997）

试 验 项 目	指 标
含固量或含水量	（1）对液体外加剂，应在生产厂所控制值相对量的 3%内 （2）对固体外加剂，应在生产厂所控制值相对量的 5%之内
密度	对液体外加剂，应在生产厂所控制值的±0.02g/cm^{2}之内
氯离子含量	应在生产厂所控制值相对量的 5%之内
水泥净浆流动度	应不小于生产控制值的 95%
细度	0.315mm 筛的筛余应小于 15%
pH	应在生产厂控制值±1%之内
表面张力	应在生产厂控制值±1.5%之内

（续）

试 验 项 目	指 标
还原糖	应在生产厂控制值±3%之内
（Na_2O+0.658K_2O）	应在生产厂控制值相对量的5%之内
硫酸钠	应在生产厂控制值相对量的5%之内
泡沫性能	应在生产厂控制值相对量的5%之内
砂浆减水率	应在生产厂控制值±1.5%之内

（2）混凝土外加剂试验项目及所需数量：见表3-58。

表3-58 外加剂试验项目及所需数量（GB 8076—1997）

试验项目	外加剂类别	试验类别	试验所需数量			
			混凝土拌合批数	每批取样数目	掺外加剂混凝土总取样数目	基准混凝土总取样数目
减水率	除早强剂、缓凝剂外各种外加剂	混凝土拌合物	3	1个	3个	3个
泌水率比	各种外加剂		3	1个	3个	3个
含气量			3	1个	3个	3个
凝结时间差			3	1个	3个	3个
抗压强度比		硬化混凝土	3	9或12块	27或36块	27或36块
收缩比率			3	1块	3块	3块
相对耐久性指标	引气剂、引气减水剂	硬化混凝土	3	1块	3块	3块
钢筋锈蚀	各种外加剂	新伴或硬化砂浆	3	1块	3块	3块

注：①试验时，检验1种外加剂的3批混凝土要在同1d内完成。

②试验龄期参考表3-31试验项目栏（天数为1d、3d、7d和28d）。

（3）外加剂应遵守以下3项规定进行取样和编号。

①试样的分点样和混合样：点样是在一次生产产品所得的试样，混合样是3个或更多的点样等量均匀混合而取得的试样。

②厂家应根据产量和生产设备条件，将产品分批编号，掺量>1%同品种的外加剂每一编号是100t；掺量<1%的外加剂每一编号为50t；不足100t或50t也可按1个批量计，同一编号的产品必须混合均匀。

③每一编号取样量不少于0.2t水泥所需用的外加剂量。

（4）外加剂的试样及留样：每一编号取得的试样应充分混匀，分作2等份，一份按规定项目进行试验；另一份必须密封保存半年，以备有疑问时提交国家指定的检测机构复验或仲裁。

（5）外加剂的现场检验：每编号外加剂检验项目，据其不同品种按表3-59项目检验。

表 3-59 外加剂测定项目（GB8076—1997）

测定项目	外加剂品种									
	普通减水剂	高效减水剂	早强减水剂	缓凝高效减水剂	缓凝减水剂	引气减水剂	早强剂	缓凝剂	引气剂	备注
固体含量	√	√	√	√	√	√	√	√	√	
密度										液体外加剂必测
细度										粉状外加剂必测
pH	√	√	√	√	√	√				
表面张力		√		√		√			√	
泡沫性能						√			√	
氯离子含量	√	√	√	√	√	√	√	√	√	
硫酸钠含量										含有硫酸钠的早强减水剂或早强剂必测
总碱量	√	√	√	√	√	√	√	√	√	每年至少 1 次
还原糖分	√			√	√					木质素磺酸钙减水剂必测
水泥净浆流动度	√	√	√	√	√	√				2 种任选 1 种
水泥砂浆流动度	√	√	√	√	√	√	√	√		

（6）外加剂现场检验的判定规则：现场抽查时，外加剂的匀质性，各类减水剂的减水率、缓凝剂外加剂的凝结时间差、引气型外加剂的含气量及硬化混凝土的各项性能满足表 3-60 的要求，则判定该编号外加剂为相应等级的产品，若不符合上述要求，则判定该编号外加剂为不合格。其余项目作为参考指标。

表 3-60 掺加外加剂混凝土性能指标（GB8076—1997）

试验项目		外加剂品种								备注
		普通减水剂		高效减水剂		早强减水剂		缓凝高效减水剂		
		一等品	合格品	一等品	合格品	一等品	合格品	一等品	合格品	
减水率（%）不小于		8	5	12	10	8	5	12	10	
泌水率比（%）不大于		95	100	90	95	95	100	100		
含气量（%）		≤3.0	≤4.0	≤3.0	≤4.0	≤3.0	≤4.0	<4.5		
凝结时间之差（min）	初凝	−90～+120		−90～+120		−90～+90		>+90		
	终凝							—		
抗压强度比（%）不小于	1d	—	—	140	130	140	130	—		
	3d	115	110	130	120	130	120	125	120	
	7d	115	110	125	115	115	110	125	115	
	28d	110	105	120	110	105	100	120	110	

（续）

试验项目		外加剂品种								备注	
		普通减水剂		高效减水剂		早强减水剂		缓凝高效减水剂			
		一等品	合格品	一等品	合格品	一等品	合格品	一等品	合格品		
收缩率比（%）不大于	28d	135		135		135		135			
相对耐久性指标（%）200 次，不小于		—		—		—		—			
对钢筋锈蚀作用		应说明对钢筋有无锈蚀危害									
减水率（%）不小于		8	5	10	10	—	—	—	—	6	6
泌水率比（%）不大于		100		70	80	100		100	110	70	80
含气率（%）		<5.5		>3.0		—		—		>3.0	
凝结时间之差（min）	初凝	>+90		-90～+120		-90～+90		>+90		-90～+120	
	终凝	—						—			
抗压强度比（%）不小于	1d	—		—		135	125	—		—	
	3d	100		115	110	130	120	100	90	95	80
	7d	110		110		110	105	100	90	95	80
	28d	110	105	100		100	95	100	90	90	80
收缩率比（%）不大于	28d	135	135	135	135	135					
相对耐久性指标（%）200 次，不小于		—		80	60	—		—		80	60
对钢筋锈蚀作用		应说明对钢筋有无锈蚀危害									

注：①除含气量外，表中所列数据为掺外加剂混凝土与基准混凝土的差值或比值。

②凝结时间指标，“-”表示提前，“+”表示延缓。

③相对耐久性指标 1 栏中，“200 次≥80 和 60”表示将 28d 龄期的掺外加剂混凝土试件冻融循环 200 次后，动弹性模量保留值≥80%或≥60%。

④当可以用高频振捣时，由外加剂所引入气泡的产品，允许用高频振捣，达到某类型性能指标要求的外加剂，可按本表进行命名和分类，但须在产品说明书和包装上注明“用于高频振捣的××剂”。

1.3.4 粉煤灰

粉煤灰用于混凝土工程时，应严格执行国家现行标准《粉煤灰混凝土应用技术规范（GBJ 146—1990）》《粉煤灰在混凝土和砂浆中应用技术规程（GBJ 28—1986）》等的规定。粉煤灰的质量指标要求见表 3-61。

表 3-61　拌制混凝土与砂浆使用粉煤灰的质量指标（GB/T 1596—2005）

序号	指　标		级别		
			Ⅰ	Ⅱ	Ⅲ
1	细度（0.045mm 方孔筛筛余）（%）	不大于	12	20	45
2	需水量比（%）	不大于	95	105	115
3	烧失量（%）	不大于	5	8	15
4	含水量（%）	不大于	1	1	不规定
5	三氧化硫（%）	不大于	3	3	3

1.3.5 氯离子含量和碱含量

（1）氯离子含量和碱含量的规定：在1、2、3类环境中，设计使用年限为50年的结构混凝土最大氯离子及最大碱含量应符合表3-62所列的要求。氯离子含量是指其占水泥用量的百分率，预应力构件混凝土中最大氯离子含量是0.06%。当使用非碱活性骨料时，对混凝土中碱含量不作限制。1类环境设计使用年限为100年的结构混凝土，最大氯离子含量是0.06%，宜使用非碱活性材料；当使用碱活性材料时，混凝土中碱最大含量是3.0kg/m^3。2、3类环境中，设计使用年限为100年的混凝土结构，应采用专门的技术措施。

表3-62 结构混凝土氯离子含量及碱含量限值（GB 50010—2002）

环境类别		最大氯离子含量（%）	最大碱含量（kg/m^3）
1		1.0	不限制
2	a	0.3	3.0
	b	0.2	3.0
3		0.1	3.0

混凝土拌合物生氯化物总含量（以氯离子量计）应符合下述5项规定：①对素混凝土，不得超过水泥含量的2%。②对处于干燥环境或有防潮措施的钢筋混凝土，不得超过水泥含量的0.1%。③对处于潮湿而不含有氯离子环境中的钢筋混凝土，不得超过水泥含量的0.3%。④对在潮湿并含有氯离子环境中的钢筋混凝土，不得超过水泥含量的0.1%。⑤预应力混凝土及处于易腐蚀环境中的钢筋混凝土，不得超过水泥含量的0.06%。总之，在混凝土中添加氯化物、碱的含量过高，极易引起钢筋锈蚀和碱骨料反应，严重影响结构构件受力性能和耐久性。

（2）混凝土拌合氯化物总含量（以氯离子量计）的6项规定：①对素混凝土，不得超过水泥含量的2%。②对处于干燥环境或有防潮措施的钢筋混凝土，不得超过水泥含量的1.0%。③对处于潮湿而不含氯离子环境中的钢筋混凝土，不得超过水泥含量的0.3%。④对含有氯离子并处于潮湿环境中的混凝土，不得超过水泥含量的0.1%。⑤预应力混凝土及处于易腐蚀环境中的钢筋混凝土，不得超过水泥含量的0.06%。⑥混凝土中氯化物、碱的总含量过高，有可能引起钢筋锈蚀和碱骨料反应，严重影响结构构件受力性能和耐久性。

1.4 水泥砂浆的零缺陷准备管理

水泥砂浆按其功能和作用分为砌筑砂浆、抹面砂浆和防水砂浆。

1.4.1 砌筑砂浆

分为对砂浆原材料质量、砌筑砂浆配合比2项内容。

（1）对砂浆原材料的质量要求。具体分为5项。

①水泥质量复检：水泥进场使用前，应分批对其强度、安定性进行复检。检验批应以同一生产厂家、同一编号为一批。对水泥质量复检的2项规定：一是，水泥出厂若超过3个月（快硬硅酸盐水泥超过1个月）时，应对其质量进行复查试验，并视其结果使用。二是，因各种水泥成分不同，当不同水泥混合使用后会发生材性变化或降低强度现象，由此造成工程质量问题，故此不同品种的水泥不得混合使用。水泥的强度和安定性是判定水泥是否合格的2项技术指标，应在水

泥使用前进行复检。

②砂浆用砂要求：砂中不得含有害杂物。含泥量应达到要求：一是，水泥砂浆和强度等级不小于 M5 的水泥混合砂浆，不得超过 5%；二是，等级强度小于 M5 的水泥混合砂浆，不应超过 10%；三是，人工砂、山砂及特细砂，应经试配能满足砌筑砂浆技术要求。

③配制水泥石灰砂浆要求：在配制时，不得采用已经脱水硬化的石灰膏。

④配制砌筑砂浆其他要求：不得把消石灰粉直接使用于砌筑砂浆中。

⑤拌制砂浆水质：应符合国家现行标准《混凝土用水标准（JGJ 63—2006)》的规定。

（2）砌筑砂浆配合比：分为试配比、配合比要求等 5 项检验规定。

①砌筑试配比：砌筑砂浆须通过试配确定配合比；当其组成材料有变动时，应重新确定配合比。砂浆强度对砌体的影响关系到工程质量，项目部应重视对砂浆试配的管理。

②砌筑砂浆配合比要求：具体应满足以下 7 项规定：第一，砌筑砂浆强度等级适宜采取 M15、M10、M7.5、M5、M2.5。第二，水泥砂浆拌合物密度不宜小于 1900kg/m^3；水泥混合砂浆拌合物密度不宜小于 1800kg/m^3。第三，砌筑砂浆稠度、分层度、试配抗压强度必须同时符合要求。第四，砌筑砂浆的稠度应按表 3-63 规定选用。第五，砌筑砂浆分层度不得大于 30mm。第六，水泥砂浆中水泥用量不应小于 200kg/m^3；水泥混合砂浆中水泥和掺加料适宜总量是 300~350kg/m^3。第七，具有冻融循环次数要求的砌筑砂浆，经冻融试验后，质量损失率不得大于 5%，抗压强度损失率不得大于 25%。

表 3-63　砌筑砂浆稠度（JGJ 98—2000）

砌 体 种 类	砂浆稠度（mm）
烧结普通砖砌体	70~90
轻骨料混凝土小型空心砌块砌体	60~90
烧结多孔砖、空心砖砌体	60~80
烧结普通砖平拱式过梁 空斗墙、筒拱 普通混凝土小型空心砌块砌体 加气混凝土砌块砌体	50~70
石砌体	30~50

③砌筑砂浆配合比计算：可按配合比计算步骤和砂浆配制强度的公式进行计算。

配合比计算步骤：一是计算砂浆试配强度 $f_{m,o}$(MPa)；二是计算出每立方米砂浆中的水泥用量 Q_c(kg/m^3)；三是按水泥用量 Q_c 计算每立方米掺加料用量 Q_d(kg/m^3)；四是确定每立方米砂用量 Q_s(kg/m^3)；五是按砂浆稠度选用每立方米砂浆用水量 Q_w(kg/m^3)；六是进行砂浆试配；七是确定配合比。

砂浆配制强度计算：可按式（3-7）的确定。

$$f_{m,o} = f_2 + 0.645\sigma \tag{3-7}$$

式中：$f_{m,o}$——砂浆的试配强度，精确至 0.1MPa；

f_2——砂浆设计强度，精确至 0.1MPa；

σ——砂浆现场强度标准差，精确至 0.01MPa。

砌筑砂浆现场强度标准差应按公式（3-8）或表 3-64 确定：

$$\sigma = \sqrt{\frac{\sum_{i=1}^{n} f_{m,i}^2 - n\mu_{fm}^2}{n-1}} \tag{3-8}$$

式中：$f_{m,i}$——统计周期内同一品种砂浆等 i 组式件的强度（MPa）；

μ_{fm}——统计周期内同一品种砂浆 n 组试件强度的平均值（MPa）；

n——统计周期内同一品种砂浆试件的总组数，$n \geqslant 25$。当不具备有近期砂浆试件的统计资料时，其砂浆的现场强度标准差 σ 可按表 3-64 取用。

表 3-64 砂浆强度标准差 σ 选用值（JGJ 98—2000）（MPa）

施工水平 \ 砂浆强度等级	M2. 5	M5. 0	M7. 5	M10. 0	M15. 0
优良	0. 50	1. 00	1. 50	2. 00	3. 00
一般	1. 62	1. 25	1. 88	2. 50	3. 75
较差	1. 75	1. 50	2. 25	3. 00	4. 50

④水泥用量的计算：砌筑砂浆中水泥的用量应按以下 3 种方式确定。

第 1 种：每立方米砂浆中水泥的用量，可按公式（3-9）计算：

$$Q_c = 1000(f_{m,o} - \beta)/\alpha \cdot f_{ce} \tag{3-9}$$

式中：Q_c——每立方米砂浆中水泥的用量，应精确到 1kg；

$f_{m,o}$——砂浆的试配强度，应精确到 0. 1MPa；

α、β——砂浆的特征系数，其中 $\alpha = 3.03$，$\beta = -15.09$。各地区或可以使用本地区的试验资料确定，但供统计使用的试验组数不得少于 30 组。

第 2 种：当无法获取水泥的实测强度值时，可按公式（3-10）计算 f_{ce}：

$$f_{ce} = Y_c \cdot f_{ce,k} \tag{3-10}$$

式中：$f_{ce,k}$——水泥强度等级对应的强度值；

Y_c——水泥强度等级富余系数，应以实际统计资料数据确定，当无统计资料时 Y_c 取 1. 0。

第 3 种：当计算出水泥砂浆中水泥用量不足 200kg/m^3 时，应按 200kg/m^3 配用。

水泥混合砂浆的掺加料用量：应按公式（3-11）计算：

$$Q_d = Q_a - Q_c \tag{3-11}$$

式中：Q_d——每立方米砂浆的掺加料用量，精确至 1kg；石灰膏、黏土膏使用时的稠度是 120mm ±5mm；

Q_c——每立方米砂浆的水泥用量，精确至 1kg；

Q_a——每立方米砂浆中水泥和掺加料的总量，精确至 1kg；适宜范围是 300～350kg/m^3。

每立方米砂浆中砂子的用量，含水率小于 0. 5%的堆积密度值作为计算值（kg）。

每立方米砂浆中的用水量，根据砂浆稠度等要求宜选用 240～310kg。但须注意 4 点：一是混合砂浆中的用水量，不包括石灰膏或黏土膏中的水；二是当采用细砂或粗砂时，用水量分别取上限和下限；三是在稠度小于 70mm 时，用水量可小于下限；四是遇施工现场气候炎热或干燥季节，可酌量增大用水量。

水泥砂浆配合比选用：3 种材料用量应按表 3-65 所列范围配比。

表 3-65　每立方米水泥砂浆材料用量（JGJ 98—2000）

强度等级	每立方米水泥用量（kg）	每立方米砂子用量（kg）	每立方米砂浆用水量（kg）
M2.5~M5	200~230	$1m^3$ 砂子的堆积密度值	270~330
M7.5~M10	220~280		
M15	280~340		

注：①该表水泥强度等级为 42.5 级，大于 42.5 级水泥用量宜取下限。
②根据施工水平合理确定水泥用量。
③当采用细砂或粗砂时，用水量分别取上限或下限。
④稠度小于 70mm 时，用水量可小于下限。
⑤施工场地气候炎热或干燥季节时，可酌情增大用水量。
⑥试配强度应按配合比计算中的规定。

⑤砌筑砂浆配合比试配、调整与确定应按照以下 4 项规定进行。

第一，试配时须采用工程中实际使用的材料，搅拌时应符合以下要求：对水泥砂浆与水泥混合砂浆不可小于 120s；对掺用粉煤灰和外加剂的砂浆，不得大于 180s。

第二，按计算或查表所得配合比进行试拌时，应测定其拌合物的稠度与分层度，当达不到要求时，应调整材料用量，直至符合要求为止；然后确定为试配时的砂浆基准配合比。

第三，试配时至少采用 3 个不同的配合比，其中 1 个为根据上条规定得出基准配合比，其他配合比水泥用量应按基准配合比分别增加及减少 10%，在保证稠度、分层度合格条件下，可将用水量或掺加料用量作相应调整。

第四，对 3 个不同配合比调整后，要按现行行业标准《建筑砂浆基本性能试验方法》（JGJ 70—1990）的规定成型条件，测定砂浆强度；并选定符合试配强度要求，且水泥用量最低的配合比作为砂浆配合比。

1.4.2　抹面砂浆（包括勾缝砂浆）

分抹面砂浆的原材料质量标准与配合比检查等 3 项内容。

（1）抹面砂浆的原材料质量标准。

水泥：宜使用普通硅酸盐水泥，其强度等级应大于 42.5 级。

砂：宜选用中砂或粗砂，且含泥量应小于 3%。

水：凡是用于人、畜饮用的水均可用来拌制抹面砂浆。

（2）抹面砂浆的配合比检查：应按以下 2 项规定进行抹面砂浆的配合比检查。

抹面砂浆的水泥用量要多于砌筑砂浆，其体积配合比宜控制在 1∶3~1∶2；

要求砂浆的保水性能强，并与基底有很好的黏结性，其稠度控制在 25~35mm。

（3）抹面砂浆的抽检频率。按照以下 2 项规定开展抹面砂浆的抽检频率。

生态建筑类按房屋自然间数抽查 10%，其中过道按 10m 为 1 间，每层楼梯、踏步台阶为 1 处，抽查均不应少于 3 间（处）。

对下水道窨井砌筑抽查 25%。

1.4.3　防水砂浆

分为防水砂浆的原材料质量要求、配合比与稠度等 3 项内容。

（1）防水砂浆的原材料质量要求：水泥强度等级大于 42.5 级；中砂不得含有有害物质与泥块；须使用饮用水；外加剂使用氯化物金属盐类的防水剂或其他防水剂。

（2）配合比与稠度：见表 3-66 的规定要求范围。

（3）防水砂浆的检查频率：每 100m^{2}抽查 1 处，应不少于 3 处。

表 3- 66 防水砂浆配合比

序号	名称	配合比		水灰比	稠度
		水泥	砂		
1	水泥浆	按工程需要定量	—	0.37~0.4	—
2	水泥浆	按工程需要定量	—	0.55~0.6	—
3	水泥砂浆	1	2.5	0.6~0.65	7~8

1.5 土料的零缺陷准备管理

土料，分为碾压式土坝、水力冲填坝土料的选择 2 种。

1.5.1 碾压式土坝土料的选择

不同性质土料有其不同的适用条件，如透水性大的土料不适于作为防渗材料，黏粒含量太大的土料不适于填铺在坝坡面上，细砂、粉砂用来建筑坝需要具备一定的技术条件。因而筑坝土料应按照坝的重要性及各种不同部位进行合理选择。一般可根据以下各种条件来衡量选择优良的筑坝材料。

（1）有机混合物及水溶性盐类含量：根据我国筑坝经验，认为有机混合物含量不超过 5%的筑坝土料为适宜的材料。对于水溶性盐类，只要易溶盐类（氯化钠、氯化钾、氯化镁、氯化钙、硫酸钠、碳酸钠）和中溶盐类（如石膏）的总和不超过 8%，就可用于筑坝。水溶性盐类之所以不允许含量太大，是因为当其溶滤后将降低土体的各种强度。

（2）颗粒组成：颗粒组成是影响土体力学性质的主要因素。土的级配好，则压实性能就好，可以得到较高的干容重、较小的渗透系数及较大的抗剪强度。通常认为，采用式（3-12）的计算，不均匀系数 η 达到 30~100 的土料就是级配好的土料。

$$\eta = \frac{d_{60}}{d_{10}} \tag{3-12}$$

不透水料的黏粒含量也是影响土料性质的重要因素之一。黏粒含量过大，土块不易分散，含水量不易均匀，故施工操作困难。通常对于均质土坝，黏粒含量 10%~30%的沙质或粉沙质壤土最为适宜；对于塑性心墙或斜墙，则可用黏粒为 40%~50%的黏土。有人根据过去筑坝所用土料作了统计，提出了理想的颗粒级配曲线，如图 3-3。

（3）可塑性：土的可塑性是指土体在外力作用下，虽改变其形状而不破坏其连续性的能力，当外力消失后，能够恢复原状。如黏性土均具有一定可塑性，经过碾压后能再度结成整体，并容易适应坝的变形而不易发生裂缝。土料的可塑性大小，可用塑性指数 I 来表示。$I>7$ 的土料一般可作防渗材料，塑性指数过大，则因其黏粒含量太高（如黏粒含量大于 60%），一般不宜采用。$I<7$ 的土，可用作弱透水材料。土的可塑性大小对于土坝裂缝将起着极为重要的影响作用。

（4）不透水性：淤土凡因其坝内不长期蓄水，可采用透水的土料修筑，但对于水库因其不允许损失大量水，故土料需要有足够的不透水性。土坝的防渗体（心墙及斜墙）通常由黏性土料、砾质土筑成，因为这些土料的透水性小（表 3-67），用作透水料的土料，其渗透系数一般为 $10^{-2} \sim 10^{-4}$cm/s；如用砂砾做透水料，渗透系数一般为 $10^{-2} \sim 10^{-3}$cm/s；渗透系数小于 $10^{-4} \sim 10^{-6}$cm/s 的土料即能满足不透水料的要求。

表 3-67　各土类的渗透系数

土类	渗透系数
砂质壤土	$i \times 10^{-3} \sim i \times 10^{-6}$
砂质黏土	$i \times 10^{-5} \sim i \times 10^{-3}$
黏土	$i \times 10^{-7} \sim i \times 10^{-10}$

注：i 的数值可为 1~9。

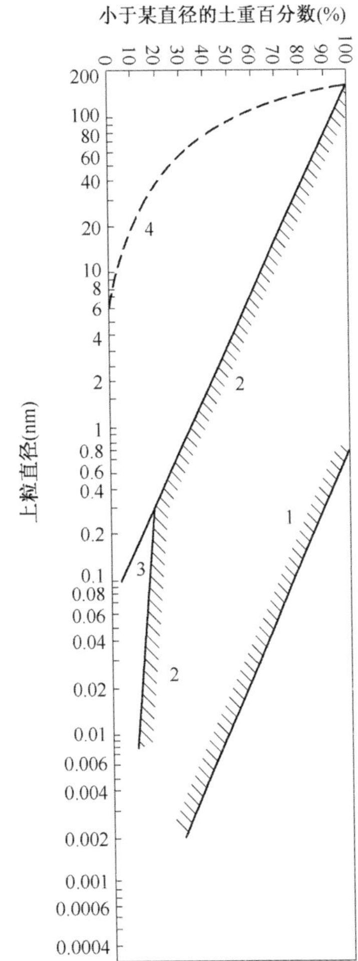

图 **3-3**　建议理想的土料颗粒曲线

1—心墙、斜墙土料细眼；1~2—均质土坝及后心墙，厚斜墙土料范围；2~3—优良透水料；4—密实度最佳的透水料

1.5.2　水力冲填坝土料的选择

对于水力冲填坝土料的选择要求，比对碾压式坝土料的要求严格一些。如果土料的黏粒含量高，坝体透水性差，冲填后脱水固结太慢，将长期保持液体状态，危及坝的安全，因此就需要采取人工排水措施或加大边埂宽度，以保证施工期坝体的稳定性。如果土料的粗粒（颗粒直径大于 0.05mm 土粒）含量过多，土质松散，透水性大，脱水固结虽然较快，但坝体渗漏大，就要加大坝身断面或改用非均质坝型，设置心墙或斜墙防渗结构。冲填坝所用土料应根据下列条件来选择。

（1）有机混合物和水溶性盐类含量：与碾压式土坝相同，不需另作规定。

（2）颗粒组成：根据部分已成水坠坝的土料试验研究，北方黄土的不均匀系数 d_{60}/d_{10} 在 9.3~24，大都属于级配良好的土，渗透系数为 $10^{-6} \sim 10^{-7}$cm/s，塑性指数 7~12，有机质、易溶盐含量一般小于 2%。根据黄土地区建筑坝经验，一般黄土（包括含黏量低于 10%的砂壤土和含黏量 10%~15%的轻粉质壤土）是最适宜的筑坝土料，但需要有较宽的边埂，适当降低冲填速度，坝体仍能保持稳定。

（3）湿化性：水坠坝采用水作为动力来输送泥浆，因而要求土料遇水以后能迅速崩解，有利于拦成较稠的泥浆输送到坝面。湿化试验简单易行，可以在料场切取一个边长 5cm 的立方土块放入水中测定土坝浸湿并有 2/3 以上崩解所需要的时间。试验表明，一般黄土崩解时间为 1~5min，硬黄土崩解时间为 5~15min，红黏土则超过 15min。一般认为，崩解历时小于 10min 的土料较适宜作为筑坝土料，这种土料可以在造泥沟、输泥渠中很快搅拌成均匀较稠的泥浆，容易保证施工质量。

（4）渗透固结和压缩性：水坠坝作为挡水建筑物，既要求能够安全蓄水，渗漏少，又要求施工期容易脱水固结，强度增长快。轻、中粉质壤土的渗透系数在 $10^{-5} \sim 10^{-6}$cm/s，是合适的土料。重粉质壤土渗透系数为 10^{-7}cm/s，脱水固结困难，采取排水措施或加大边埂也是可以修建的，但是工期长，经济性较差，应进行技术经济比较。

土料的压缩作用，就是指土在荷重作用下，体积逐渐减小的过程。土料的压缩性，可以用压缩系数 α 来表示，当 $\alpha>0.05$cm/kg 时，属高压缩土；当 $\alpha=0.05\sim0.01$cm/kg 时，属中性压缩性土；当 $a<0.01$cm/kg 时，属低压缩性土。土料的压缩系数愈大，表明土料在荷重作用下，土料的孔隙比减少愈多，坝体的沉陷量也就愈大。一般轻、中粉质壤土的压缩系数小于 0.035，而重粉质壤土的压缩系数则大于 0.035，甚至大于 0.05。筑坝的工程建设实践表明，轻、中粉质壤土是较适宜的筑坝土料，其沉陷量一般小于坝高的 3%，而且在约 1 年较短时间内沉陷就能完成。对于压缩系数大于 0.035cm/kg 的土料，由于它脱水固结速度较慢，沉陷过程很长，伴随着后期沉降，坝体不可避免地要连续出现裂缝。在运用管理时，应加强观测与监测，及时灌浆处理裂缝，才能保证坝体的运营安全。

值得提出的是，当料场土质不同时，对边埂土料选择应结合坝体的防渗和导渗性加以考虑，一般遇水边埂土料可选择渗透性小的以利防渗，背水坡边埂可选择渗透性大一些的土料，以利导渗。

（5）土料的塑性及矿物化学成分：按塑性指数划分土类时，黏土（高塑性土）$I_p>17$；壤土（塑性土）$I_p=17\sim7$；沙壤土（微塑性土）$I_p=7\sim1$；而砂土（非塑性土）$I_p\leqslant1$。一般壤土的流限在 28%~30%；黏粒含量 8%~15%者，塑性指数为 6~9；黏料含量 15%~30%者，塑性指数在 9~12。工程建设实践表明，塑性指数小于 10 的黄土，是较适宜的筑坝土料。

黏性土料的塑性取决于结合水膜的特征，而影响结合水膜的因素，则有矿物成分，颗粒组成、形状、水溶液的成分、浓度和酸碱度等。

黄土的矿物成分与土料大小有一定的规律，大于 0.25mm 的粗砂砾石几乎全是石英，0.25~0.005mm 的中、细砂及粉粒矿物成分较复杂，有石英、长石、方银石、重矿物及其他次要矿物。0.005~0.001mm 的粗黏粒组的矿物不仅有石英、长石、方解石等原生矿物，并且有伊利水云母、高岭石等次生矿物，0.001~0.0001mm 粒组几乎含有所有的次生矿物，有伊利水云母、高岭石等次生矿物。小于 0.0001mm 的粒组则主要为蒙脱石。次生黏土矿物是具有良好塑性的矿物，其中蒙脱石的塑性又大于伊利水云母、高岭石的塑性，而原生矿物石英砂等则不具塑性。

从黄土矿化性质看，含伊利水云母、高岭石黏土矿物的黄土，由于其结合水膜比较薄，塑性较小，脱水固结性能较好，是适宜的筑坝土料。北方黄土中的轻、中粉质壤土多属此类土料。在实际工作中，可以根据简单的工具在野外进行土料鉴定，可参照表 3-68。

表 3-68 土料野外鉴别

分类名称	详细分类名称	黏粒含量（%）	习惯名称	手触时感觉	肉眼或放大镜观察	自然情况下状态			刀切面的形状	边长各 5cm 立方土块在水中湿化所需历时（min）
						风干时	湿润时	潮湿时搓捻		
沙土	粉质沙土	<3	沙土	没有黏性感觉	只能看见沙粒与粉粒	松散不成块	没有塑性、呈松散状态	搓不成条、捏不成团	切不成面	0

（续）

分类名称	详细分类名称	黏粒含量（%）	习惯名称	手触时感觉	肉眼或放大镜观察	自然情况下状态			刀切面的形状	边长各 5cm 立方土块在水中湿化所需历时（min）
						风干时	湿润时	潮湿时搓捻		
沙壤土	轻粉质沙壤土	3~6	一般黄土	能感到沙粒存在，土块易于压碎成面	明显的沙粒或细粉粒较多	用手压或抛掷即碎成小块	稍有塑性	搓成土条很短，容易破碎，捏的土团极易开裂散落	切面粗糙、沙粒突出	1~5
	重粉质沙壤土	6~10								
壤土	轻粉质壤土	10~15								
	中粉质壤土	15~20	硬黄土	感到有少量沙粒，用力压土块则碎成块	细雨粉末中能见到沙粒	用锤击或珠算压时，可碎成小块	塑性较强，黏性不大	能搓成短土条，但不能太细、太长，可滚成小土球	切面平整可看见沙粒	5~15
	重粉质壤土	20~30	红黏土	感觉不到沙粒，土块很难压碎，土粒细致均质	土粒细腻看不到沙粒	土块坚硬用锤能打成块，但不易成粉末	细腻，粘连	可搓成细长土条，易滚成小土球	切面细腻光滑，干时有光泽	>30
黏土	沙质黏土粉质黏土	30~50								

1.6　石料的零缺陷准备管理

筑坝常用石料有花岗岩、正长岩、玄武岩、片麻岩、砂岩、石灰岩等。水土保持工程项目建设施工对石料的零缺陷要求是：石质坚硬，表面清洁，无碎松石屑，不易分化。

石料主要特性及其野外零缺陷鉴别方法见表 3-69 所列内容。

表 3-69　石料的野外零缺陷鉴别方法

名　　称	计算容重（kg/m）	砌体中计算的标号	100~200cm 小块作野外锤击试验（近似值）
未风化细粒结晶火成岩（花岗岩、正长岩、辉绿岩等）	2700（花岗岩）~3000（辉绿岩）	1000~1000 以上	在很强烈的打击下，多半是困难地分成两三块

（续）

名　　称	计算容重（kg/m）	砌体中计算的标号	100~200cm 小块作野外锤击试验（近似值）
未风化结晶火成岩（玄武岩等以及粗粒花岗岩、安山岩）	2700（花岗岩）~3000（玄武岩）	800~1000	在很强烈的打击下，分成 2~3 块
风化紧密的火成岩（吸水率大于 1.5%）	2500~3100	600	在打击下分裂为大小数块，打击时声响较低
风化紧密的火成岩（吸水率大于 4%）	不希望应用		打击时发哑声，并分裂为碎屑
矽质砂岩和紧密的石灰质砂岩（吸水率达 1%）	2600	1000	打击下分裂为硬脆的尖角块
矽质或大理岩状细粒结晶的石灰质砂岩（吸水率达 2%）	2600	800	打击下分裂为 2~4 块
紧密的石灰岩（吸水率 2%~5%）	2500	600	打击下分裂数块
紧密的石灰岩（吸水率 10%）	2200	300	打击下分裂成碎屑

石料标号通常是指在水饱和状态下石料的受压极限强度。水工上常用的石料标号有 100、150、200、300、400、500、600、800、1000 等 9 种。由于石料用途不同，可依其开采加工程度分为片石（乱毛石）、块石、粗料石、细料石（样石）4 种。

①片石。片石呈不规则形状，是开采料石时的副产品，或直接由料场开采。

②块石。块石形状较方正，具有 2 个大致平行的平面，通常尺寸为 0.3m 见方，由较大的片石稍加工而成。

③粗料石。一般具有一个四角方正的长方形平面，其长不小于 0.3m，高度不大于 0.2m，上下两侧及正面均应加工凿平。备料时应先按建筑物部位、高度和尺寸计算好所需各类厚度石料的层数及数量，有计划地开采加工。

④细料石（样石）。按设计图样、尺寸加工凿成的细料石称为样石，多用于拱石外脸、闸墩圆头及墩墙帽子等。

石料数量以体积（m^3）计，由于堆放体积不可能没有孔隙，所以又有松方和实方之分。松方是指将石料堆成方形体后，将其长、宽、高相乘所得到的体积；实方则是将松方打七折（即除去空隙部分）后得到的体积。工程材料以实方计算。

1.7 砌墙砖的零缺陷准备管理

砖也是一种常用的工程材料。砖有机制砖和手工砖 2 种，又有红砖与青砖之分。机制砖形状规则，质量均匀，强度较高。青砖比红砖坚实，耐碱、耐久性强。砖的标号有 50、75、100、150、200、250 及 300 等 7 种，一般建筑用的黏土砖，由于强度低，吸水率大，抗冻性差，不宜用于水工建筑物，必须采用时，应选择质量较高的黏土砖。对所用砖的质量基本要求是：大小一致，砖面平直、强度高（100 号以上），吸水率不超过 15%；抗冻性强，在-15℃时，吸水饱和的砖经过 15 次冻融循环，强度降低不大于 25%，重损失不超过 2%。

按生产工艺的不同，将砖分为烧结砖和免烧砖。烧结砖是采用焙烧工艺制作，免烧砖是通过蒸汽养护或蒸压养护方法所制作。

通常，烧结砖的使用最为广泛。

1.7.1　烧结砖品种

烧结砖是使用黏土、页岩、煤矸石或粉煤灰为主要原料，经过熔烧而成的砖。按有无穿孔可分为普通砖、多孔砖和空心砖。

①烧结普通砖：是指尺寸为 240mm×115mm×53mm 的实心砖，无孔洞或孔洞率<15%。其 4 块砖长、8 块砖宽、16 块砖高加上每块砖之间 10mm 的灰缝，都正好是 $1m^3$，因此，$1m^3$ 砖砌体理论推算用砖数量为 512 块。

②多孔砖：是指孔洞率≥15%，孔的尺寸小而数量多的砖。其外形为直角六面体，规格尺寸分别是 190mm×190mm×90mm 和 240mm×115mm×90mm 2 种，过去称其为竖孔空心砖或承重空心砖。常用于砌筑设计建筑的承重部位。

③空心砖：是指孔洞率≥35%，孔的尺寸大而数量少的砖。砖和砌块的外形为直角六面体，在与砂浆的接合面上应设有增加结合力的深度 1mm 以上凹槽。生产和使用空心砖可节省黏土 30%以上，节约燃料 10%~20%，且砖坯焙烧均匀，烧成率高。用空心砖砌筑的墙体，较实心砖减轻约 1/3 自重，工效提高约 40%，造价降低近 20%。

1.7.2　烧结普通砖的技术要求

《烧结普通砖（GB 5101—2003）》对烧结普通砖的形状尺寸、强度等级、抗风化性能、泛霜、石灰爆裂等技术指标均作出了具体规定，并规定产品中不允许有欠火砖、酥砖与螺旋纹砖。

（1）烧结普通砖的形状尺寸要求：烧结普通砖的形状为直角六面体，标准尺寸为 240mm×115mm×53mm。通常，称 240mm×115mm 面为大面，称 240mm×53mm 面为条面，称 115mm×53mm 为顶面。烧结普通砖的尺寸允许偏差应符合表 3-70 的规定。

表 3-70　烧结普通砖尺寸允许偏差（mm）

公称尺寸	优等品		一等品		合格品	
	样本平均偏差	样本极差≤	样本平均偏差	样本极差≤	样本平均偏差	样本极差≤
240	±2.0	6	±2.5	7	±3.0	8
115	±1.5	5	±2.0	6	±2.5	7
53	±1.5	4	±1.6	5	±2.0	6

表 3-70 中尺寸偏差检验样本数为 20 块，其检验方法是：长度应在砖 2 个大面的中间处分别测量 2 个尺寸；宽度应在砖 2 个大面的中间处分别测量 2 个尺寸；高度应在 2 个条面的中间处分别测量 2 个尺寸。当被测处有缺损或凸出时，可在其旁边测量，但应选择不利的一侧。其中每一尺寸精确至 0.5mm，每一个方向以 2 个测量尺寸的算术平均值表示。

（2）烧结普通砖的外观质量要求：烧结普通砖的外观质量应符合表 3-71 所列规定。

表 3-71　烧结普通砖外观质量要求（mm）

项　目		优等品	一等品	合格品
2 个条面间高度差	≤	2	3	4
弯曲	≤	2	3	4
杂质凸出高度	≤	2	3	4

（续）

项　　目		优等品	一等品	合格品
缺棱掉角的 3 个破坏尺寸对面	不得同时大于	5	20	30
顶面上水平裂纹的长度		50	80	100
完整面	不得少于	2 条面与 2 顶面	1 条面与 1 顶面	—
颜色		基本一致	—	—

注：①为装饰而施加的色差、凹凸纹、拉毛、压花等不算作缺陷。

②凡有下列缺陷之一者，不得称为完整面：a. 缺损在条面或顶面上造成的破坏面尺寸同时大于 10mm×10mm；b. 条面或顶面上裂纹宽度大于 1mm，其长度超过 30mm；c. 压陷、黏底、焦花在条面或顶面上的凹陷或凸出超过 2mm，区域尺寸同时大于 10mm×10mm。

①弯曲，分别在大面和条面上测量，测量时将砖用卡尺的 2 条脚沿棱边 2 端放置，择其弯曲最大处将垂直尺推至砖面，以弯曲中测得的较大数据者作为测量结果。

②杂质凸出高度，是指杂质在砖面上造成的凸出高度，以杂质距砖面的最大距离表示。

③缺棱掉角，在砖上造成的破损程度，以破损部分对长、宽、高 3 个棱边的投影尺寸来度量。

④完整面，是指宽度中有大于 1mm 的裂缝长度不得超过 30mm；条顶面上造成的破坏面不得大于 10mm×20mm。缺损造成的破坏面系指缺损部分在条、顶面的投影面积。

⑤裂纹分为长度方向、宽度方向和水平方向 3 种，以被测方向的投影长度表示。如果裂纹从一个面延伸至其他面上时，则累计其延伸的投影长度。

外观检验抽取砖样 50 块，根据上述检查方法，检验出其中的不合格品块数 d_1。当 $d_1 \leqslant 7$ 时，外观质量为合格；$d_1 \geqslant 11$ 时，外观质量为不合格；$d_1>7$ 且 $d_1<11$ 时，需要再次抽样检验。如判为再次抽样检验，则从坯中再抽取砖样 50 块，检查出其中的不合格品 d_2 后，按下列规则判断：$d_1+d_2 \leqslant 18$ 时，判定为外观质量合格；$d_1+d_2 \geqslant 19$ 时，判为外观质量不合格。

⑥颜色：优等品应基本一致；合格品无要求。检验方法是：抽砖样 20 块，条面朝上随机分两排并列，在自然光下距离砖面 2m 处目测外露的条顶面。

（3）强度等级：根据抗压强度分为 MU30、MU25、MU20、MUl5、MUIO 5 个强度等级，其强度等级应符合表 3-72 规定。

①变异系数 $\delta \leqslant 0.21$ 时，按表 5-72 中抗压强度平均值（f_0）、强度标准值 f_k 指标评定砖的强度等级；

②变异系数 $\delta>0.21$ 时，按表 5-72 中的抗压强度平均值（f_0）、单块最小抗压强度值 f_{min} 评定砖的强度等级，单块最小抗压强度值精确至 0.1MPa。

表 3-72　砖的强度等级（MPa）

强度等级	抗压强度平均值 $f_0 \geqslant$	变异系数 $\delta \leqslant 0.21$	变异系数 $\delta>0.21$
		强度标准值 $f_k \geqslant$	单块最小抗压强度值 $f_{min} \geqslant$
MU30	30.0	22.0	25.0
MU25	25.0	18.0	22.0
MU20	20.0	14.0	16.0
MU15	15.0	10.0	12.0
MU10	10.0	6.5	7.5

$$\delta = \frac{s}{f} \tag{3-13}$$

$$s = \sqrt{\frac{1}{9}\sum_{i=1}^{10}(f_i - f_0)^2} \tag{3-14}$$

$$f_k = f_0 - 1.8s \tag{3-15}$$

式中：f_k——强度标准值（MPa），精确至 0.1MPa；

δ——砖强度变异系数，精确至 0.01；

s——10 块试样砖的抗压强度标准差（MPa），精确至 0.01MPa；

f_0——10 块试样砖的抗压强度平均值（MPa），精确至 0.1MPa；

f_i——单块试样砖抗压强度测定值（MPa），精确至 0.01MPa。

（4）抗风化性能：根据全国各地区风化程度的不同，将全国划分为严重风化区和非严重风化区。严重风化区包括黑龙江、吉林、辽宁、内蒙古、新疆、宁夏、甘肃、青海、陕西、山西、河北、北京和天津。其他省、自治区和直辖市为非严重风化区。

严重风化区中的东北三省、内蒙古和新疆地区的砖必须做冻融试验。冻融试验后，每块砖样不允许出现裂纹、分层、掉皮、缺棱、掉角等冻坏现象；质量损失率不得大于 2%。其他严重风化区和非严重风化区砖的抗风化性能若符合表 3-73 规定，可不做冻融试验；否则必须进行冻融试验。

表 3-73　砖的抗风化性能

<table>
<tr><th rowspan="3">砖种类</th><th colspan="4">严重风化区</th><th colspan="4">非严重风化区</th></tr>
<tr><th colspan="2">5h 沸煮吸水率（%）≤</th><th colspan="2">饱和系数≤</th><th colspan="2">5h 沸煮吸水率（%）≤</th><th colspan="2">饱和系数≤</th></tr>
<tr><th>平均值</th><th>单块
最大值</th><th>平均值</th><th>单块
最大值</th><th>平均值</th><th>单块
最大值</th><th>平均值</th><th>单块
最大值</th></tr>
<tr><td>黏土砖</td><td>18</td><td>20</td><td rowspan="2">0.85</td><td rowspan="2">0.87</td><td>19</td><td>20</td><td rowspan="2">0.88</td><td rowspan="2">0.90</td></tr>
<tr><td>粉煤灰砖</td><td>21</td><td>23</td><td>23</td><td>25</td></tr>
<tr><td>页岩砖</td><td rowspan="2">16</td><td rowspan="2">18</td><td rowspan="2">0.74</td><td rowspan="2">0.77</td><td rowspan="2">18</td><td rowspan="2">20</td><td rowspan="2">0.78</td><td rowspan="2">0.80</td></tr>
<tr><td>煤矸石砖</td></tr>
</table>

注：粉煤灰掺入量（体积比）<30%时，抗风化性能指标按黏土砖规定。

5h 沸煮吸水率和饱和系数：分别取 5 块砖样试验，每块 5h 沸煮，吸水率 W_5 和饱和系数 K 的计算式（3-16）、式（3-17）分别为：

$$W_5 = \frac{100(G_5 - G_0)}{G_0} \tag{3-16}$$

$$K = \frac{G_{24} - G_0}{G_5 - G_0} \tag{3-17}$$

式中：W_5——试样沸煮 5h 吸水率（%）；

G_5——试样沸煮 5h 的湿质量（g）；

G_0——试样干质量（g）；

K——试样饱和系数；

G_{24}——常温水浸泡 24h 试样湿质量（g）。

（5）泛霜：是指可溶性盐类在砖或砌块表面的盐析现象，一般呈白色粉末、絮团或絮片状。试验时根据泛霜程度划分为以下 4 种。

无泛霜：试样表面的盐析几乎看不到；

轻微泛霜：试样表面出现一层细小明显的霜膜，但试样表面清晰；

中等泛霜：试样部分表面或棱角出现明显霜层；

严重泛霜：试样表面出现起砖粉、掉屑及脱皮现象。

当砖泛霜严重、砖处于潮湿环境，将直接影响砖的耐久性；当砖为中等泛霜时不得用于潮湿部位的砌筑。优等品砖应无泛霜，一等品不允许出现中等泛霜，合格品不得严重泛霜。

（6）石灰爆裂：是指因烧结砖的原料或内燃物质中掺杂着石灰石，焙烧时被烧成生石灰，砖吸水后，体积膨胀而发生的爆裂现象。石灰爆裂轻者造成墙面的抹灰起鼓，重者造成砖砌体强度下降。根据标准规定如下。

优等品：不允许出现最大破坏尺寸>2mm 的爆裂范围。

一等品：①最大破坏尺寸>2mm 且≤10mm 的爆裂范围，每组砖样不得多于 15 处；②不允许出现最大破坏尺寸>10mm 的爆裂范围。

合格品：①最大破坏尺寸>2mm 且≤15mm 的爆裂范围，每组砖样不得多于 15 处，其中>10mm 的不得多于 7 处；②不允许出现最大破坏尺寸>15mm 的爆裂范围。

（7）抗压强度：砖标号是根据砖在水饱和状态下的极限抗压强度确定的。机制砖的抗压强度一般为 75~100kg/cm，高者可达 150~200kg/cm；手工砖一般为 50~75kg/cm。

（8）容许应力值：对于用水泥砂浆或水泥白灰砂浆胶结而成的砖、石砌体，其容许应力值可分别参考表 3-74 至表 3-78。

表 3-74　砖石砌体均匀受压的容许应力（kg/cm）

圬工种类	砖、石标号	砂浆标号						大型砌块
		120	100	75	50	25	10	
1. 片石砌体 最小厚度不小于 15cm 制取的中等石料，砌筑时每行高度仔细选用，敲去其尖锐突出部分，放置平衡后，边部空隙用小石块填塞，将工作层大致找平，形成齿状错缝者	1000 800 600 500 400 300 200	25 23 20 18 15	24 22 19 17 14	22 19 17 15 13 11	18 16 14 13 12 10	14 12 10.5 10 9.5 8.5 8	10.5 9.5 8.5 8 7.5 6.5 6	

（续）

圬工种类	砖、石标号	砂浆标号						大型砌块
		120	100	75	50	25	10	
2. 块石砌体 用厚度不小于 15cm 由成层岩打眼放炮采取或用楔子打入成层岩缝中劈出的有两个较大平行面，并稍加修整大致方正的石料，其宽度为厚度的 1.5~2.0 倍，按每行一致高度砌筑者	1000	34	32	29	23	20	13.5	
	800	30	29	26	21	17.5	13	
	600	27	26	22	18.5	16	11.5	
	500	24	22	20	17	15	10	
	400	22	20	19	16	14	9.5	
	300	19	18	17	14	12	8.5	
	200			15	13	11	8	
3. 粗料石砌体 按每行一致的高度选择的料石或石板蜡缝砌筑，石料高度不小于 18~25cm，且不小于长度的 1/3，砌缝宽 1.5~3cm，外形成正方的六面	1000	68	67	64	62	59	53	118
	800	57	56	53	52	49	43	98
	600	46	45	42	41	39	34	78
	500	40	39	37	35	34	30	69
	400	33	32	31	29	28	25	59
4. 黏土砖砌体	300		26	24	22	20	12	
	200		22	20	18	14	10	
	150	27	18	16	15	12	8	
	100		14	13	12	10	7	
	75		12	11	10	8.5		

注：①粗料石砌体内大型砌块指每层高度为 50cm 或 50cm 以上，砂浆标号为 10 号或 10 号以上的砌体。

②片石圬工砌体中，片石厚度小于 15cm，但大于 12cm，则砌体容许应力减低 30%。

③粗料石圬工砌体中，如所用石料高度小于 18cm，但不小于 15cm，则砌体容许应力减低 15%；粗料石厚度在 35~50cm 时容许应力按相应数值的内插值采用。

④天然石料的干砌圬工，其均匀受压容许应力，按表中 25 号砂浆砌体容许应力的 50%计。

表 3-75　砖石砌体容许的直接剪应力（kg/cm）

截面	砂浆标号					
	120	100	75	50	25	10
通缝	2.2	2.1	2	1.8	1.3	0.3
片石砌体沿齿缝	3	3.4	3.2	2.8	2	1.2
齿缝	见注②					

注：①通缝截面系指仅切过砌缝的截面。

②齿缝截面系指既切过砌缝，又切过砖、石块材的截面，如墙的垂直截面．形状规则的块材砌体，沿齿缝截面抗剪强度由块材承担，竖向灰缝不计。砖、石块的容许直接剪应力（kg/cm^2）见表 3-76。

③干砌圬工的抗剪力，由砌体块材间摩擦阻力产生，其摩擦系数参见表 3-76。

表 3-76　砖石块材容许的直接剪应力（kg/cm）

块材标号	200	150	100	75	>200
容许应力	8	7	5.5	4.5	石料极限强度的 1/25

表 3-77 摩擦系数

材料类别	干燥摩擦面	湿润摩擦面
砌体沿砌体或混凝土滑动	0.70	0.60
木材沿砌体或混凝土滑动	0.60	0.50
钢材沿砌体或混凝土滑动	0.45	0.35
砌体、混凝土沿沙子或卵石滑动	0.60	0.50
砌体、混凝土沿沙质黏土滑动	0.55	0.40
砌体、混凝土沿黏土滑动	0.50	0.30

表 3-78 砖石砌体容许的弯曲拉应力及主拉应力（kg/cm）

截面	砂浆标号					
	120	100	75	50	25	10
通缝	1.8	1.7	1.6	1.4	1	0.6
齿缝	3.6	3.4	3.2	2.8	2	1.2
片石砌体沿齿缝	2.6	2.4	2.2	2	1.6	1

（9）砖的其他性质：产品中不允许有欠火烧、酥砖、螺旋纹砖；强度和抗风化性能合格砖的产品等级，根据尺寸偏差、外观质量、泛霜和石灰爆裂等性状，分为优等品、一等品、合格品 3 个等级。

1.8 防水材料的零缺陷准备管理

水保土建工程项目零缺陷建设中将具有防水功能作用的材料称作防水材料。对防水材料的零缺陷性能要求是具有较强的抗渗性与耐水性，并兼顾有一定的强度、黏结力、耐久性、耐高低温性、抗冻性、耐腐蚀性等特点。

水保建筑工程防水技术按其构造，分为构件自身防水和防水层防水 2 大类。防水层的技艺做法又分为刚性防水材料防水和柔性防水材料防水。刚性材料防水是采用涂抹防水砂浆、浇筑掺入防水剂的混凝土等；柔性材料防水是采用铺设防水卷材、涂抹防水涂料等。大多数建筑工程采用柔性材料防水。防水材料按其组成成分分为无机防水材料、有机防水材料与金属防水材料等。沥青基防水材料是应用最为广泛的防水材料，但其使用寿命较短。随着高分子材料的出现，防水材料已经向着橡胶基、树脂基防水材料和高聚物改性沥青系列发展。

1.8.1 沥 青

沥青为有机凝胶材料，它与许多材料表面均有良好的黏结力，不仅能黏附在矿物材料表面，而且还能黏附在木材、钢铁等表面，是水保建筑工程中应用最广泛的防水材料。按照从自然界中获取沥青的方式，可分为地沥青与焦油沥青 2 大类。地沥青分为天然沥青与石油沥青。焦油沥青是煤、泥炭、木材等各种有机物干馏加工得到的焦油，再经加工而获得的化工产品。焦油沥青按其加工的有机物名称而命名，如由煤干馏加工所获得的煤焦油，经再加工后得到的沥青即成为煤沥青。在水保建筑工程中使用最多的是石油沥青和煤沥青。

（1）石油沥青的基本性质：包括石油沥青的主要成分、技术性质。

①石油沥青的主要成分较为复杂，常将石油沥青中化学特性及物理、力学性质相近的物质划

分为若干组，并称其为“组分”，分为油分、树脂、地沥青质。

油分：是指石油沥青中最轻的组分，密度为 0.7～1g/cm^3，油分在石油沥青中的含量是 40%～60%，从而赋予石油沥青具有流动性。

树脂（沥青胶质）：树脂呈现出黄色至黑褐色黏稠半固体，能溶于汽油等。树脂在石油沥青中的含量为 15%～30%，它赋予石油沥青具有塑性和黏性。

地沥青质：是指石油沥青中最重的成分，在石油沥青中含量为 10%～30%，其含量越大，沥青具有的温度敏感性越小，黏性越大，也越脆。

石油沥青中还含有 2%～3%的碳青质和油焦质，它能降低石油沥青的黏结力。另外，石油沥青中还含有一定数量的固体石蜡，它会降低沥青的黏性、塑性、温度敏感性和耐热性。石油沥青中的各组分表现出不稳定，其技术性质随各组分的含量和温度而发生改变。

②石油沥青的技术性质：具有黏滞性、塑性、温度敏感性、大气稳定性和施工安全性。

黏滞性（黏性）：指沥青材料在外力作用下，材料内部阻碍其相对流动的能力，以绝对黏度表示。石油沥青黏滞性与组分及温度相关。地沥青质含量高，同时有适量树脂，而油分含量较少时，则黏滞性较大。在一定温度范围内，当温度升高时，黏滞性随之降低；反之，则随之增大。绝对黏度的测定方法在工程建设上常用相对黏度表示，用针入度计测量。黏稠石油沥青的针入度是在温度为 25℃条件下，以质量 50g 的标准针，经 5s 沉入沥青中的深度（0.1mm 称 1 度）来表示。符号为 *P*（25℃、50g、5s），针入度测定示意图如图 3-4。针入度值越大，说明沥青流动性大，黏性差；针入度越小，表明石油沥青的黏度越大。

塑性（延展性）：指沥青材料在外力作用下发生变形而不破坏（产生裂缝或断开），除去外力后仍然保持变形后形状的性质。石油沥青的塑性大小与组分有关。当石油沥青中树脂含量较多，且其他组分含量适当时，则塑性较大。影响沥青塑性的使用因素有温度和沥青膜层厚度。温度升高，塑性增大；膜层越厚，塑性越高。在常温下，塑性较强的沥青在发生裂缝时，也可由于特有的黏塑性而自行愈合，故塑性还反映了沥青开裂后的自愈能力。沥青之所以能用来制造性能良好的柔性防水材料，很大程度上取决于沥青的塑性。

以沥青的延度指标来反映沥青的塑性。延度越大，沥青的塑性越强，柔性与抗断裂性也越强。沥青延度是把沥青制成“8”字形标准试件，试件中间最狭处断面积为 1cm^2，在规定温度（一般为 25℃）和规定速度（5cm/min）的条件下，在延伸仪上进行拉伸，延伸度以试件拉细而断裂时的长度（cm）表示。延度测定如图 3-5。

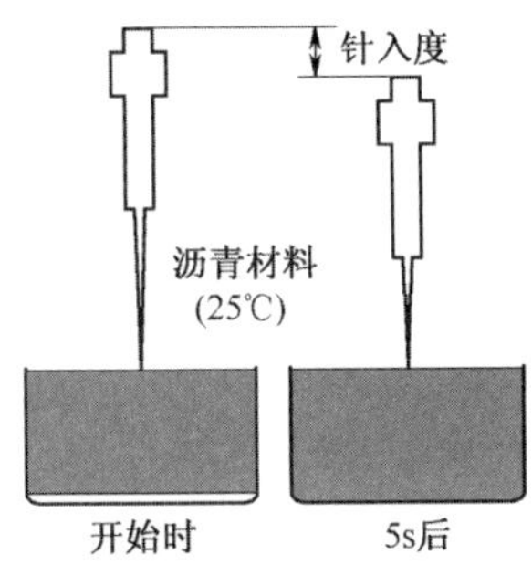

图 **3-4**　沥青针入度测定示意图

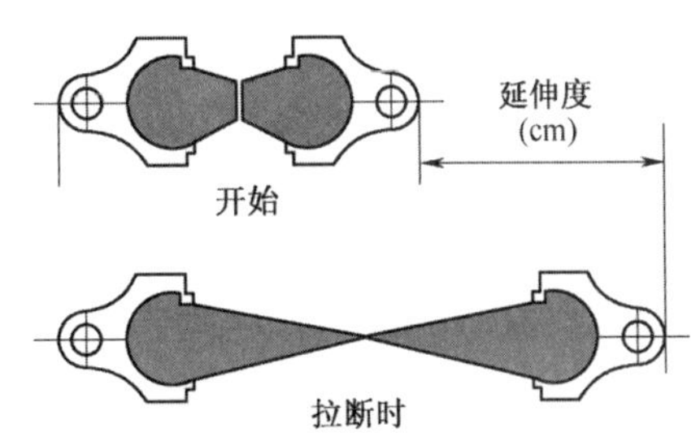

图 **3-5**　沥青延度测定示意图

温度敏感性（温度稳定性）：指石油沥青的黏滞性和塑性随温度升降而产生变化的性能。温度敏感性较小的石油沥青，其黏滞性、塑性随温度的变化较小。温度敏感性常用软化点表示，软化点是沥青材料由固体状态转变为具有一定流动性的膏体时的温度。软化点可通过“环球法”试验测定，它是将沥青试样装入直径约16mm、高度约6mm规定尺寸的铜环中，上置直径9.53mm、质量3.5g规定尺寸与质量的钢球，浸入水或甘油中，以5℃/min的速率加热至沥青软化下垂到规定距离25.4mm时的温度（℃），即为沥青软化点。软化点越高，则温度敏感性越小。不同沥青的软化点不同，温度范围为25~100℃。软化点高，说明沥青的耐热性能优越，但软化点过高，又不易加工；软化点低的沥青，夏季易产生变形，甚至流淌现象。

大气稳定性：是指石油沥青在热、阳光、氧气和潮湿等因素的长期综合作用下抵抗老化的性能，它能够反映出沥青的耐久性。大气稳定性可以用沥青的蒸发减量及针入度变化来表示，即试样在160℃加热蒸发5h后的质量损失百分率和蒸发前后的针入度比两项指标来表示。蒸发损失率越小，针入度比越大，则表示沥青的大气稳定性越强，即老化速率越慢。蒸发损失百分率与蒸发前后针入度比计算式（3-18）、式（3-19）如下：

$$蒸发损失百分率=\frac{蒸发前质量-蒸发后质量}{蒸发前质量}\times100\% \tag{3-18}$$

$$蒸发前后针入度比=\frac{蒸发后针入度}{蒸发前针入度}\times100\% \tag{3-19}$$

施工安全性：黏稠沥青在使用时必须加热，当加热至一定温度时，沥青材料中挥发的油分蒸气与周围空气组成混合气体。此种蒸气与空气组成的混合气体遇火焰极易燃烧而引发火灾，为此，必须测定沥青加热闪火和燃烧的温度，即闪点和燃点。闪点是指加热沥青至挥发出的可燃气体与空气的混合物，在规定条件下与火焰接触，初次闪火产生蓝色闪光时的沥青温度。燃点是指加热沥青产生的气体与空气的混合物，与火焰接触能持续燃烧5s以上时沥青的温度。燃点温度比闪点温度约高10℃。沥青质含量越多，闪电和燃点相差越大。液体沥青由于油分含量较多，其闪电与燃点相差很小。

（2）石油沥青的标准。根据我国现行颁布的石油沥青标准，将其划分为建筑、道路和普通石油沥青3大类。各品种按技术性质又划分为多种牌号。道路与普通石油沥青的技术标准见表3-79，建筑石油沥青的技术标准见表3-80。

表3-79 道路石油沥青、普通石油沥青技术标准

质量指标	道路石油沥青（SH 0522—2010）					普通石油沥青（SY 1665—1977）		
	200号	180号	140号	100号	60号	75	65	55
针入度(25℃,100g,5s)(1/10mm)	200~300	150~200	110~150	80~110	50~80	75	65	55
延度（250C）(cm)	20	100	100	90	70	2	1.5	1
软化点（℃）	30~48	35~48	38~51	42~55	45~58	60	80	100
针入度比（%）	报告					报告*		
闪点（开口杯法）(℃) 不低于	180	200	230	230	230	230	230	230

注：*报告为实测值。

表 3-80 建筑石油沥青技术标准

项 目		质量指标			试验方法
		10 号	30 号	40 号	
针入度(25℃,100g,5s)/(1/10mm)		15~25	26~35	36~50	55
针入度(46℃,100g,5s)/(1/10mm)		报告*	报告*	报告*	
针入度(0℃,200g,5s)/(1/10mm)	不小于	3	6	6	
延度(25℃,5cm/min)(cm)	不小于	1.5	2.5	3.5	GB/T4508
软化点(环球法)(℃)	不低于				GB/T 4507
溶解度(三氯乙烯)(%)	不小于	99.0			GB/T 11148
蒸发后质量变化(163℃,5h)(%)	不大于	1			GB/T 11964
蒸发后25℃针入度比**(%)	不小于	65			GB/T 4509
闪点(开口杯法)(℃)	不低于	260			GB/T 267

注：*报告为实测值。

**测定蒸发损失后样品的25℃针入度与原25℃针入度之比乘以100后所得百分比，称为蒸发后针入度比。

从表3-79、表3-80中可以看出，针入度、延度、软化点是划分石油沥青牌号的主要依据，根据针入度指标确定牌号，而每个牌号则应保证相应的延度和软化点以及溶解度、蒸发损失、蒸发后针入度比、闪点等。牌号越小，沥青越硬。牌号增大时，针入度和延度也随之增大，而软化点则降低。有些牌号尚有甲、乙之分。道路石油沥青和建筑石油沥青的牌号越高，其塑性越强，但黏性与温度稳定性较差。

（3）石油沥青的选用：选用沥青材料时，应根据工程项目建设施工性质、当地气候条件、使用部位以及施工作业方法来选择不同牌号的沥青。在温暖地区、受日晒或经常受热部位，为防止受热软化，应选择牌号较小的沥青；在寒冷地区、夏季暴晒、冬季受冻的部位，不但考虑受热软化，还要考虑低温脆裂的影响，应选用中等牌号沥青；对一些不易受温度影响的部位，可选用牌号较大的沥青。当缺乏所需牌号的沥青时，可使用不同牌号的沥青进行掺配。

1.8.2 沥青混合料

沥青材料一般与级配合适的矿物质材料拌和，配制成沥青混合料，经铺筑、成型后成为沥青混凝土（由沥青、粗/细骨料及矿粉组成）、沥青砂浆（由沥青、细骨料及矿粉组成）、沥青碎石（由沥青、粗骨料及矿粉组成）、沥青胶及沥青嵌缝油膏等，主要用于铺路、水工防渗及建筑防水。矿物质材料包括粗骨料、细骨料和填料，其中粗骨料系指粒径>5mm的矿料；细骨料系指粒径0.074（或0.08）~2.5mm的矿料；填料系指粒径<0.074mm的矿料。

（1）沥青混合料分类。按不同分类方法与分类目的，将沥青混合料分成以下4种类型。

①按胶结材品种分类：可分为石油沥青混合料和煤沥青混合料。

②按拌合或铺筑时的温度分类：可分为热拌热铺、热拌冷铺和冷拌冷铺沥青混合料。

③按矿料最大粒径分类：可分为粗粒式（最大粒径为圆孔筛30mm或40mm）、中粒式（最大粒径为圆孔筛20mm或25mm）、细粒式（最大粒径为圆孔筛10mm或15mm）以及砂粒式（最大粒径为圆孔筛5mm）。粗粒式沥青混合料多用于沥青面层的下层，中粒式沥青混合料可用于面层下层或作单层式沥青面层，细粒式和砂粒式多用于沥青面层的上层。此外，还有特粗式沥青碎

石混合料。

④按沥青混合料的密实度分类：主要分为密级配沥青混合料（指各种粒径的矿料颗粒级配连续、相互嵌挤密实，压实后剩余空隙率<10%）；开级配沥青混合料（指级配主要由粗集料组成，细集料较少，矿料相互拨开，压实后剩余空隙率>15%）。介于二者之间是半开级配沥青混合料。

（2）沥青混合料的综合技术性质指其具有的技术性质和组成材料的技术性质及质量要求2项。

①沥青混合料技术性质：指沥青混合料的强度、高温稳定性能、水稳定性能、抗疲劳性能、耐老化性能、和易性能。

沥青混合料的强度：沥青混合料结构与黏性土类似，受力后呈剪切破坏。混合料的强度与沥青的黏性、混合料中沥青的用量、矿质混合料的级配及沥青与矿料的黏结情况等因素相关。使用针入度较大的沥青或沥青用量较多时，混合料强度低而破坏时的应变大。采用级配良好的矿料，矿粉用量适当时，沥青用量小，可使混合料获得较高的强度。

沥青混合料的高温稳定性能：是指其在夏季高温条件下，经荷载反复作用后不产生压辙等性能。通常所说的“高温”，是指在夏季气温高于25~30℃及沥青混合料表面温度达到40~50℃以上，已经达到或超过沥青软化点温度的情况，且随着温度的升高和荷载的加大，变形增大。沥青混合料在高温条件或长时间承受荷载作用下会产生显著变形，其中不能恢复的部分成为永久变形，它降低了沥青混合料的使用性能，缩短了其有效使用寿命。

沥青混合料的水稳定性能：水损害是沥青混合料在水或冻融循环作用下，由于荷载作用，进入其空隙中的水逐渐渗入沥青与集料界面上，使沥青黏附性降低并逐渐丧失黏结力，沥青混合料掉粒、松散，继而形成沥青混合料构筑物表面的坑槽、推挤变形等的损坏现象。它主要取决于矿料的性质、沥青与矿料之间相互作用的性质，以及沥青混合料的空隙率、沥青膜的厚度等。

沥青混合料的抗疲劳性能：当荷载重复次数超过一定次数以后，沥青混合料构筑物会出现裂纹，产生疲劳断裂破坏。沥青混合料的疲劳寿命除受荷载条件影响外，还受到材料性质和环境条件变化的影响。

沥青混合料的耐老化性能：是指在使用沥青混合料期间承受多项环境因素的综合作用下，其使用性能保持稳定或较少发生质量变化的能力。沥青混合料的老化分为短期老化与长期老化。短期老化也称为施工期老化或称热老化，产生原因主要是沥青混合料施工温度；其次是高温保持时间和空气接触条件等因素。为减轻沥青混合料的短期老化，应采取以下3项措施：首先，在保证沥青混合料拌和、摊铺、碾压技术性能的前提下，尽可能地采用比较低的拌和温度；其次，尽量缩短沥青混合料的高温保存时间；最后，在运输过程中应加盖篷布，减少它与空气的接触。在使用沥青混合料过程中，沥青老化是长时间的缓慢过程，如何减轻沥青混合料的老化主要应从混合料的结构上考虑，即在可能条件下尽量使用吸水率小的集料，以减小表面混合料的空隙率，加强压实，减少沥青与空气的接触，同时采用耐老化性能强的改性沥青等材料；其中保证沥青混合料路面有足够的密实性是减轻老化的根本性技术与管理措施。

沥青混合料的施工和易性能：沥青混合料的和易性是指它在拌和、运输、摊铺及压实过程中，既保证质量又便于施工的性能。单纯从混合料材料性质而言，影响施工和易性的因素主要是混合料的级配情况，如粗细集料的颗粒大小相差过大，缺乏中间颗粒，混合料容易离析（粗粒集中表面，细粒集中底部）；细料太少，沥青层就不易均匀地分布在粗颗粒表面；细料过多，则拌合困难。此外，当沥青用量过少，或矿粉用量过多时，混合料容易疏松，不易压实。反之，如沥青用量过多，或矿粉质量不达标，则容易使混合料黏结成团块，不易摊铺。混合料的拌和质量也对和易性产生较大影响，应使用机械拌和作业。

②沥青混合料组成材料的技术性质与质量要求：沥青混合料的技术性质取决于组成材料的性质、级配组成和混合料的制备工艺等因素，为保证沥青混合料技术性质，要正确、规范、标准地选择符合质量要求的材料。

沥青：沥青混合料配用沥青应符合规范对沥青的要求。煤沥青不宜用于热拌沥青混合料的表面层。沥青面层所用沥青标号，宜根据地区气候条件、施工季节气温、施工方法等按规定选用。

粗集料：是指经过压碎、筛分而成的粒径>2.36mm 的碎石、矿渣等集料。其质量应满足以下要求：粗集料（石料）应具有足够的强度和耐磨性能；配制沥青混凝土应尽量选用具有较强黏结力的碱性石料，以提高沥青混凝土的强度和抗水性；碎石形状应近似立方体，表面粗糙、带棱角，要求清洁、干燥、无风化、不含杂质。

细集料：在沥青混凝土中，细集料是指粒径<2.36mm 的天然砂、机制砂及石屑等骨料。配制沥青混凝土宜采用优质天然砂和机制砂，在缺少砂的地区也可使用石屑。石屑是指采石场加工碎石时通过 4.75mm 筛的筛下部分。

填料：是指在沥青混凝土中起填充作用而粒径<0.075mm 的矿物质粉末（矿粉）。一般以石灰石和白云石磨细的矿粉为宜，也可选用水泥、石灰、粉煤灰等磨细颗粒作为填料。矿粉具有一定的细度和级配，与沥青有良好的黏结力，可提高沥青混凝土的密度、整体黏结性和抗水性。对用于沥青混凝土中的矿粉质量要求是：应干燥、洁净。

1.8.3　防水涂料

分为防水涂料的特点与用途、常用防水涂料 2 项内容进行阐述。

（1）防水涂料的特点与用途。防水涂料是一种流态或半流态物质，涂在基材表面后，通过溶剂或水分挥发或各组分间的化学反应，形成具有一定厚度的弹性连续薄膜（即固化成膜），使基材与水隔绝，有效起到防水、防潮的作用。防水涂料特别适合于结构复杂和不规则部位的防水，能形成无接缝而完整的防水层。防水涂料可人工涂刷或喷涂施工作业，操作简单、快捷、便于维修。但防水涂料形成的防水层属于薄层防水，且防水层厚度很难保持均匀一致，致使防水效果受到限制。防水涂料适用于渡槽、梁道等混凝土面板的防渗处理，也用于普通工业与民用建筑的屋顶面层防水、地下室防水和地面防潮、防渗等防水工程。

（2）常用沥青类防水涂料。分为冷底子油、乳化沥青、沥青胶和高聚物改性沥青防水涂料等 6 种。

①冷底子油（液体沥青）：是指将建筑石油沥青（30 号、10 号或 60 号）加入汽油、柴油，或将煤沥青（软化点为 50~70℃）加入苯，融合而成的沥青溶液。—般不单独作为防水材料使用，而作为打底材料与沥青胶配合使用，以增加沥青胶与基层的黏结力。常用配合比有以下 2 种：石油沥青：汽油=30：70；汽油沥青：煤油（或柴油）=40：60。通常为现用现配，并用密闭容器储存，以防溶剂挥发。液体沥青按其凝固速度分为快凝、中凝和慢凝 3 种。快凝液体沥

青（快凝稀释沥青）采用沸点低的汽油等为稀释剂；慢凝液体沥青（慢凝稀释沥青）采用沸点高的柴油等作为稀释剂。一般在干燥底层上，适宜使用快凝液体沥青，在潮湿底层上宜采用中等稀释的沥青。

②乳化沥青：是一种棕黑色水乳液，具有无毒、不燃、干燥快、黏结力强等特点，在0℃以上可流动，易于涂刷与喷涂。采用乳化沥青黏结防水卷材做防水层，造价低、用量省，可减轻防水层重量。在水土保持工程项目建设施工中，乳化沥青可与湿骨料混合，用于铺筑坝面、渠道、路面等，是一种新兴的筑坝、铺路材料。乳化沥青贮存期一般不宜超过6个月，贮存时间过长容易引起凝聚分层。通常不宜在0℃条件下贮存，不宜在-5℃以下施工作业，以免水分结冰而破坏防水层。

③沥青胶：是指为了提高沥青的耐热性，降低沥青层的低温脆性，在沥青材料中加入填料进行改性而制成的液体。其施工方法分为冷用与热用2种。热用法比冷用法的防水效果优越；冷用法施工方便，不会烫伤，但耗费溶剂。沥青胶用于沥青或改性沥青类卷材的黏结、沥青防水涂层和沥青砂浆层的底层。

④高聚物改性沥青防水涂料：是指采用各类橡胶或SBS聚合物对沥青改性，制成水乳型或溶剂型防水涂料。高聚物改性沥青防水涂料的质量与沥青基防水涂料（液体沥青与乳化沥青）相比较，其低温柔性和抗裂性均显著提高。

⑤合成高分子防水涂料：该种涂料具有高弹性、高耐久性与优良的耐高低温性能。适用于屋面防水工程，地下室、水池与卫生间的防水工程，以及重要的水利水保、道路、化工等防水工程。

⑥聚合物水泥基防水涂料（JS复合防水涂料）：该涂料既具有机材料弹性高，又有无机材料耐久性强的优点，涂覆后能够形成高强的防水涂膜，并可根据工程建设需要配制彩色涂层。这种涂料可在潮湿或干燥的砖石、砂浆、混凝土、金属、木材、各种保温层、防水层上直接施工作业，涂层坚韧高强，耐久性强，无毒、无害，施工工序简单、易于操作，在立面、斜面与顶面作业不流淌，且耐高温。适用于新旧建筑物及构筑物，是目前水保工程项目建设施工上应用较为广泛的一种新型防水材料。

1.8.4 防水卷材

是指水保建筑工程项目中最为常用的柔性防水材料。按其组成成分可分为沥青防水卷材、高聚物改性沥青防水卷材和合成高分子防水卷材3大类。按照卷材结构的不同又可分为有胎卷材和无胎卷材2种。有胎卷材：指用纸、玻璃布、棉麻织品、聚酯毡或玻璃丝毡（无纺布）、塑料薄膜或编织物等增强材料作胎料，将沥青、高分子材料等浸渍或涂覆在胎料上制作而成的片状防水卷材。无胎卷材：指将沥青、塑料或橡胶与填充物、添加剂等经混炼压延或挤出而制成的防水卷材。各类防水卷材均是生产厂家出产的成品，选用时应参照《屋面工程技术规范（GB50345—2012）》中的规定以及产品说明书。

1.8.5 密封材料

（1）密封材料概述。

密封材料是指能承受建筑物接缝位移以达到气密、水密的目的而嵌入结构接缝中的定形密封材料和非定型密封材料。定形密封材料：指具有一定形状和尺寸的止水带，密封条、带，密封垫等密封材料。非定型材料：又称其为密封胶、密封膏等。

密封材料按其嵌入接缝后的性能分为弹性密封材料和塑性密封材料。弹性密封材料嵌入接缝后，当接缝位移时，在密封材料中引起的应力值几乎与应变量成正比；塑性密封材料嵌入接缝后，当接缝位移时，在密封材料中发生塑性变形，其残余应力迅速消失。

（2）水土保持工程项目零缺陷建筑常用密封材料为以下 2 种。

①建筑防水密封膏：属于非定形密封材料。经常使用的建筑防水密封膏有建筑防水沥青嵌缝油膏、硅酮建筑密封膏、聚氨酯建筑密封膏、聚氯乙烯建筑防水接缝材料。沥青嵌缝油膏主要用于冷施工型的屋面、墙面防水密封与桥梁、涵洞、输水洞及地下工程等的防水密封。PVC 接缝材料的防水性能强，具有较强的弹性和较大的塑性变形性能，可适应较大的结构变形，适用于各种屋面嵌缝或表面涂刷成防水层，也可用于大型墙板嵌缝、渠道、涵洞、管道等的接缝处理。

②合成高分子止水带（条）：属于定形建筑密封材料。它是将具有气密和水密性能的橡胶或塑料制成一定形状（带状、条状、片状等），嵌入到建筑物接缝、伸缩缝、沉降缝等结构缝内的密封防水材料。主要用于地下及屋顶结构缝防水工程，闸坝、桥梁、隧洞、溢洪道等水工建筑物变形缝的防漏止水，闸门、管道的密封止水等。常用合成高分子止水材料分为橡胶止水带及止水橡皮、塑料止水带及遇水膨胀型止水条等。

1.9　土工合成材料的零缺陷准备管理

土工合成材料泛指用于水保土木工程的合成材料产品，目前分为 4 大类：第 1 类是土工织物，是透水合成纤维织物；第 2 类是土工膜，是用塑料制成的柔性不透水薄膜；第 3 类是土工塑料，如土工格栅、土工网和泡沫塑料等；第 4 类是土工复合材料，根据应用要求将土工合成材料或与其他材料复合在一起。土工合成材料在土木、水利、交通、铁道和环境工程项目建设中得到广泛的应用，起到排水反滤、防渗、加筋、隔离、防护和减载等作用；在控制侵蚀工程项目建设中，由于土工合成材料施工便捷、造价低，对其应用越来越普及。

1.9.1　土工合成材料的工程特性

指其具有的物理性质、力学性质、水力学性质、土工合成材料与土相互作用特性，以及耐久性等内容。

（1）土工合成材料的物理性质：指其具有的单位面积质量、厚度、孔隙率、孔径性质。

①单位面积质量：其特指土工合成材料的均匀程度，也反映材料的抗拉强度、顶破强度和渗透系数等特性。不同产品的单位面积质量差别较大，一般为 50～1200g/m^2。测量单位面积质量采用称量法。

②厚度：土工织物的厚度对其水力学特性指标影响很大，指在承受一定压力（一般为 2000Pa）的情况下，织物上下两个平面之间的距离，单位为毫米（mm）。土工织物的厚度在承受压力时的变化很大，且随加压持续时间的延长而减小，故测定厚度应按要求施加一定的压力，并规定在加压 30s 时读数。

③孔隙率：土工合成材料的孔隙率是指孔隙的体积与总体积之比。土工织物的孔隙率与材料孔径的大小相关，直接影响到织物的透水性、导水性和阻止土粒随水流流失的能力。无纺织物在不受压力的情况下，孔隙率一般在 90%以上，随着压力的增大，孔隙率减小。

④孔径：土工合成材料的透水性、导水性和保持土粒的性能都与其孔隙通道的大小和数量相关，衡量土工织物孔隙常用单位是毫米（mm）。土工织物孔径大小很不均匀，不但不同规格的产品其孔径各不相同，而且同一种织物中也存在着大小不等的孔隙通道。同时孔隙的大小随织物承受的压力而变化，因而孔隙只是一个人为规定的反映织物通道大小的代表性指标。应力对织物孔径有很大影响。当织物受到沿织物平面的拉力或法向压力作用时，织物的孔径将会发生变化。

（2）土工合成材料的力学性质：反映土工合成材料力学性质的指标为抗拉强度、握持强度、胀破强度等。此外，土工合成材料的蠕变特性也是土工织物的重要力学特性。

①抗拉特性和伸长率：在土工合成材料的建设工程项目应用中，加筋、隔离和减荷作用都直接利用了材料的抗拉能力，对应工程项目设计中需要用到材料的抗拉强度。其他如滤层和护岸的应用也要求土工合成材料具有一定的抗拉强度，因此，抗拉强度是土工合成材料最基本也是最重要的力学特性指标。

土工合成材料的抗拉强度是指试样在拉力机上拉伸至断裂的过程中，单位宽度所承受的最大拉力。计算土工合成材料抗拉强度的公式（3-20）如下：

$$T = \frac{P_m}{B} \times 1000 \tag{3-20}$$

式中：T——抗拉强度（kN/m）；

P_m——拉伸过程中的最大拉力（kN）；

B——试样的初始宽度（mm）。

土工合成材料伸长率是指试样长度的增加值与试样初始长度的比值，用百分数表示。土工合成材料的断裂是一个逐渐发展的过程，故此，其断裂时的伸长不易确定，通常采用达到最大拉力时的伸长率表示，伸长率计算公式（3-21）如下：

$$\varepsilon = \frac{L_m - L_0}{L_0} \times 100\% \tag{3-21}$$

式中：ε——伸长率（%）；

L_0——试样的初始长度（夹具间距）（mm）；

L_m——到达最大拉力时的试样长度（mm）。

影响土工合成材料抗拉强度和伸长率的主要因素有原材料种类、结构型式、试样宽度与拉伸速率。此外，由于土工合成材料的各向异性，沿不同方向拉伸也会获得不同结果。

②握持强度（抓拉强度）：握持强度反映土工合成材料分散集中荷载的能力。土工合成材料在铺设过程中不可避免地承受抓拉荷载，当土工织物铺放在软土地基中，织物上部相邻块石的压入，也会引起类似于握持拉伸的过程。握持强度仅用作不同织物性能的比较，供项目建设设计人员参考。

③胀破强度：土工织物铺在凹凸基础上，或上部有石块压入时，土工织物将承受一定的法向荷载。目前，采用胀破强度、圆球顶破强度和 CBR（加州承载比试验）顶破强度来衡量。

④蠕变特性：材料的蠕变是指在不变外力作用下，变形随时间增长而逐渐加大的现象。蠕变大小主要取决于材料的性质和结构状况。常规聚合物材料是黏弹性的，具有很强的蠕变性，而织物纤维（或经纬纱）之间没有刚性连接，蠕变更明显。土工合成材料的蠕变性是它能否应用于

永久性水保建设工程项目的关键。影响蠕变特性的因素很多，除原材料合结构外，还与荷载大小相关，一般用荷载水平表示，即单位宽度所承受拉力与抗拉强度的比值。此外，蠕变性还与温度、侧限压力等因素有关。

（3）土工合成材料的水力学性质：指土工合成材料具有的垂直织物平面的透水性、沿织物平面的透水性。

①垂直织物平面的透水性：当土工织物起渗滤作用时，水流方向垂直于织物平面，应用中要求土工织物必须能阻止土颗粒随水流流失，同时还要具有一定的透水性。土工织物的透水性用渗透系数和透水率来表示。渗透系数的水力学意义是水力坡降等于 1 时的渗透流速，其计算式（3-22）如下：

$$k_n = \frac{v}{i} = \frac{v\delta}{\Delta h} \tag{3-22}$$

式中：k_n——渗透系数（cm/s）；

v——渗透流速（cm/s）；

δ——土工织网厚度（cm）；

i——渗流水力坡降；

Δh——受试土工织物件上下游测压管水位差（cm）。

透水率的水力学意义是水位差等于 1 时的渗透流速，其计算公式（3-23）如下：

$$\Psi = \frac{v}{\Delta h} \tag{3-23}$$

式中：Ψ——透水率（1/s）。

从定义和上述两个公式可知，透水率和渗透系数之间的计算公式（3-24）如下：

$$\Psi = \frac{k_n}{\delta} \tag{3-24}$$

土工织物的透水性易受多种因素影响，除取决于织物本身的材料、结构、孔隙大小与分布外，还与实际应用中织物平面所受到的法向应力、水质、水温和水中含气量等因素相关。

②沿织物平面的透水性：土工织物用作排水材料时，水在织物内部沿织物平面方向流动。土工织物在内部孔隙中输导水流的性能用沿织物平面的渗透系数或导水率表示。沿织物平面的渗透系数定义为水力坡降等于 1 时的渗透流速，导水率等于沿织物平面的渗透系数与织物厚度的乘积。

土工织物的导水率和沿织物平面的渗透系数与织物的原材料、结构有关。此外，还与织物平面的法向压力、水流状态、水流方向与织物经纬向夹角、水中含气量和水温等因素相关。

（4）土工合成材料与土的相互作用性质：特指以下 2 种作用性质。

①土工合成材料与土的界面摩擦特性：土工合成材料与周围的土产生相对位移时，在这两种接触面上将产生摩擦阻力。接触面上的摩擦阻力用界面摩擦剪切强度（界面抗剪强度）表示，界面摩擦剪切强度符合库仑定律，计算界面摩擦剪切强度公式（3-25）如下：

$$\tau_f = c_{sg} P_n \tan\phi_{sg} \tag{3-25}$$

式中：τ_f——界面摩擦抗剪强度（kPa）；

c_{sg}——土和织物的界面黏聚力（kPa）；

P_n——织物平面的法向压力（kPa）；

ϕ_{sg}——土和织物的界面摩擦角（°）。

界面摩擦特性与土的抗剪强度、土料种类及土工合成材料的结构相关。筋材与周围土料的摩擦系数应由试验测定。无试验条件时，土工织物的摩擦系数可采用 $2\tan\phi/3$，土工格栅采用 $0.8\tan\phi$，ϕ 为土料的内摩擦角。

②土工织物的淤堵：当土工织物用作滤层时，水中的土颗粒可能封闭织物表面的孔口或堵塞在织物内部，产生淤堵现象，使得织物的渗透流量逐渐减小。同时，在织物上产生过大的渗透力，严重淤堵会使滤层失去作用。织物淤堵主要取决于织物孔径分布和土颗粒的级配。如果土颗粒均匀且大于织物的等效孔径，或者虽不均匀，但在水流作用下能形成稳定的反滤结构，则一般不会产生较明显的淤堵。此外，水流条件也对淤堵有影响，例如，单一方向的水流比流向反复变化的水流更易形成淤堵。

（5）土工合成材料的耐久性：是指其物理和化学性能的稳定性，是其能否应用于永久性工程项目建设的关键。土工合成材料的耐久性包括多方面的内容，主要是指对紫外线辐射、温度与湿度变化、化学侵蚀、生物侵蚀、冻融变化和机械损伤等外界因素的抗御能力。

土工合成材料的老化：是指土工合成材料在加工贮存和使用过程中，受环境的影响，材料性能逐渐劣化的过程。土工合成材料在有覆盖的情况下（如埋在土中），老化速度则缓慢得多。试验和实践表明土工合成材料可以在永久性的工程项目建设中加以应用。

干湿变化和冻融循环可能使一部分空气或冰屑积存在土工织物内，加速它的老化。

土工合成材料的抗磨损能力：土工合成材料与其他材料接触摩擦时，部分纤维被剥离，产生强度下降的现象，称为土工合成材料的磨损。土工合成材料在装卸、铺设过程中会发生磨损，不同聚合物材料的抗磨损能力不同，例如，聚酰胺优于聚酯和聚丙烯；单丝厚型有纺织物具有较强的抗磨损能力；扁丝薄型有纺织物抗磨损能力很低；厚针刺无纺织物表层容易被磨损，但内层一般不会被磨损。

计算土工合成材料的允许抗拉强度时，应计入材料老化、施工损伤和蠕变对强度的影响。

1.9.2 土工织物

分为土工织物的特点、土工织物的应用 2 项内容。

（1）土工织物特点：土工织物按制造方法分为有纺（织造）土工织物和无纺（非织造）土工织物。有纺土工织物由 2 组平行呈正交或斜交的经线和纬线交织而成。无纺土工织物是把纤维作定向或随意的排列，再经过加工而成。按照联结纤维的方式不同，可分为化学联结、热力联结和机械联结 3 种。土工织物突出的优点是重量轻，整体连续性强（可做成较大面积的整体），施工作业方便，抗拉强度较高，耐腐蚀和抗微生物侵蚀性能强。缺点是未经特殊处理，抗紫外线能力低，如暴露在外，受紫外线直接照射容易老化，但如果不直接暴露，则抗老化与耐久性能仍较高。

（2）土工织物的应用：土工织物在水土保持工程项目建设施工中，主要是用于侵蚀控制工程和堤坝背水坡的贴坡排水工程使用。

①用于侵蚀控制工程：土工织物可用于侵蚀控制工程，如护岸工程项目中，在块石或预置混凝土块与被保护土坡之间铺设织物滤层，作为反滤排水层，防止土坡中孔隙水排出不畅，因为过

大的孔隙水压力会将混凝土板顶起，从而造成破坏。

②用于堤坝背水坡的贴坡排水：土工织物铺设于堤坝背水坡渗流逸出的范围，可有效预防土粒流失。在织物上也可用块石或预制混凝土块覆盖层。用作滤层的土工织物主要是无纺土工织物，采用针刺法黏合。因其厚度大、孔隙率高、渗透性强、反滤和排水性能俱佳，在堤岸防护工程项目建设中应用较广泛。它要求具有一定的抗拉强度和厚度，并要求一定的孔径大小，既要防止被保护土料中的细颗粒被淘刷，又要保证有足够的透水性。

1.9.3　土工膜

分为土工膜特点、土工膜的应用 2 项内容。

（1）土工膜特点：土工膜是土工合成材料的主要产品之一，是具有极低渗透性的膜状理想防渗材料，渗透系数为 $1\times10^{-13}\sim1\times10^{-10}$cm/s。与传统防水材料相比而言，土工膜具有渗透系数低、低温柔性大、形变适应性强、重量轻、强度高、整体连接性佳、施工方便等优点。复合土工膜具有较强的抗拉和抗穿刺性能，并且具有较高的界面摩擦系数，对于较厚的无纺织物还具有一定的沿织物平面方向在其内部传输水和气的能力。经常使用 2 层织物夹一层膜的制品，称其为二布一膜。

土工膜表面光滑，它与其他材料之间的摩擦角比土的摩擦角小，很容易沿界面产生滑动。土工膜的渗透系数是随土工膜所承受正压力而变化，总趋势是随压力的增加而减小。如果土工膜承受的压力（水头或覆盖层的荷载）或者其接触层的土粒较粗（较粉粒粗）时，土工膜很容易被刺破而丧失其防渗能力。

单一的土工膜在设计上不承受大的拉应力，虽然在施工期和运用期土工膜也承受拉应力，但一般远小于其允许抗拉强度（如有可能承受大的拉应力则应选用复合型的土工膜），所以土工膜在水保工程项目建设施工中只起防渗作用。

（2）土工膜的应用：土工膜是一种在平面上扩张的薄膜，其透水、透气性很低，能有效地挡水隔气，所以被广泛地应用到各种具有防渗要求的水保工程项目建设上。如坝堤挡水、渠道防渗、地下垂直防渗墙，自溃坝上游面防渗、隧道内防水衬层，可作为水库的浮动覆盖层防止污染与蒸发，防止建筑物下层的水分上升，防止在敏感土地区的水入渗，制作土工长管袋做挡水围堰等，也可在沥青铺面下作防水层，还用于对污染源的隔离、垃圾填埋场底部衬垫和顶部封盖层等。

1.9.4　其他土工织物

除上述土工织物与土工膜 2 大类施工材料外，水保建设施工中还使用以下织物。

（1）土工袋：土工袋（土袋）一般用聚丙烯有纺织物缝制，也可用有纺织物与聚乙烯薄膜复合加工制作，内部充以砂或现场土。土袋因材料易得和价格低廉而被广泛应用。土工袋可用于汛期建造丁坝和防浪堤等防护工程，但是土袋不可用于永久性水保工程设施。

（2）土工网垫：土工网垫又称为三维植被网，它是由聚乙烯、尼龙或聚丙烯线以一定方式缠绕成的柔性垫，具有开敞式结构，孔隙率大于 90%，厚度为 10~30mm。将土工网垫铺于需保护土坡上，在铺设的垫上撒播耕植土、草籽和肥料，作为护坡材料。

（3）土工绳网：指由聚丙烯绳（也可用黄麻绳）制成，典型的产品绳径为 5mm，开口为 15mm×15mm，其开口面积比约 60%，即有 40%的坡面被网直接保护。土工绳网对土坡有加筋作用，同时对坡面径流有限制作用，能够保护坡面上土壤不受雨水冲刷，拦蓄下来的水分还可用于贫瘠山坡上的植被灌溉。

1.2 生态蓄水池建筑结构施工材料的零缺陷准备与管理

1.2.1 蓄水池建筑施工材料的零缺陷准备管理

我国各地生态修复工程项目建设因施工条件各异，而且蓄水池施工备材又多为就地取材，在此仅对建筑蓄水池一般常用施工材料的准备管理进行叙述。

蓄水池建造结构是由基础、防水层、池底、压顶等组成，对其中 6 类主要施工材料的具体准备管理主要内容是：

（1）基础材料。基础是水池的承重部分，它由灰土（3∶7 灰土）与 C10 混凝土层构成。

（2）防水层材料。其材料种类很多。按材料成分划分为沥青类、塑料类、橡胶类、金属类、砂浆、混凝土和有机复合材料等 7 种类。

（3）池底材料。池底由现浇钢筋混凝土构成，厚应>20cm；若容积大应配双层钢筋网，或用土工膜作为池底防渗材料。

（4）池壁材料。分为砖砌、块石和钢筋混凝土 3 种池壁；其厚度视水池容积而定。其中砖砌与钢筋混凝土池壁的施工材料为：①砖砌池壁采用标准砖，M7.5 水泥砂浆砌筑，壁厚应不小于 240mm；②钢筋混凝土池壁宜配直径 8mm、12mm 的钢筋和 C20 混凝土。

（5）压顶材料。通常使用混凝土与块石。

（6）管网材料。必须配套有供水管、补给水管、泄水管和溢水管等管网。

1.2.2 蓄水池管材与控制附件施工材料的零缺陷准备管理

（1）管材。为生态蓄水池施工准备的常用管材有镀锌钢管（白铁管）与非镀锌钢管（黑铁管），当埋地管道管径在 70mm 以上时使用铸铁管。对于池内外还可采用塑料管（硬聚乙烯）。使用非镀锌钢管时，必须做防腐处理，即先把管道表面进行除锈，后刷 2 遍防锈漆，再刷银粉。埋于地下的铸铁管，外管一律应刷沥青防腐，外露管可刷红丹漆及银粉。

（2）控制附件。控制附件是用来调节水景工程水量、水压、关断水流或改变水流方向的装置。需准备的施工附件有闸阀、截止阀、逆止阀、电磁阀、电动阀、气动阀等。

2 机械沙障施工材料的零缺陷准备管理

2.1 机械沙障设置材料组成

各类机械沙障设置材料是由柴、草、乔灌木枝条、高秆作物秸秆、芦苇、麦秆、稻草、草绳、沙袋、黏土、卵石、石块、板条等材料构成，在流动、半流动沙面上设置各种形式的障碍物，以此达到降低风沙流的运动能量，控制风沙流动方向、速度、结构，有效固阻流沙、改变风沙蚀积状况，达到改变风沙的作用力及地貌状况等目的。

2.2 机械沙障设置材料的零缺陷准备管理

（1）机械沙障设置材料的零缺陷准备管理原则。准备沙障施工材料应根据防风固沙防护目的而因地制宜地灵活确定，采取就地取材、就近用材的零缺陷准备管理原则。

（2）按照机械沙障设计类型准备材料。根据防治与固阻风沙流原理，分为 2 大类。①根据对风沙流的作用及其沙障高度分为 3 类：高立式沙障（高度≥50cm）、低立式沙障（高度 20～50cm、平铺式沙障（高度约为 20cm）。②根据设置方式分为 2 类：条带状沙障、网格状沙障。

（3）机械沙障施工材料的零缺陷准备管理内容。表 3-81 为 5 种沙障类型选用乔灌木枝条、农作物秸秆以及砾石、砖头、瓦片、胶物质、原油等材料表。

表 3-81　机械沙障施工材料

序号	沙障类型	组　成　材　料
1	高立式沙障	芨芨草、芦苇、板条、高秆作物等
2	低立式沙障	麦秆、稻草、软秆杂草、黏土等
3	平铺式沙障	黏土、砾石、砖头、瓦片、胶物质、原油等
4	条带状沙障	稻草、乔灌木枝条、作物秸秆等
5	网格状沙障	稻草、乔灌木枝条、作物秸秆等

（4）机械沙障设置材料用量的零缺陷计算。欲准确、零缺陷计算出各类机械沙障设置所需材料使用量，须先计算出带设置沙障的工程量，以下分为平铺式、条带状、网格状机械沙障计算其工程量与材料需用量的方法。

①平铺式机械沙障。设置平铺沙障材料需用量 T_1 采用式（3-26）进行计算：

$$T_1 = t_1 \times v_1 \times v_2 \times s \tag{3-26}$$

式中：T_1——施工面积沙障需用量（kg）；

t_1——各类平铺沙障每平方米设置材料需用量，按经验取值或现场测试（kg/m^2）；

v_1——面积换算常数（$667m^2$/亩）；

v_2——面积换算常数（1500 亩/km^2）；

s——施工沙障面积（km^2）。

②条带状机械沙障。设置条带沙障材料需用量 T_2 采用式（3-27）进行计算：

$$T_2 = t_2 \times v_1 \div n_1 \times v_2 \times s \tag{3-27}$$

式中：T_2——施工面积沙障需用量（kg）；

t_2——各类条带沙障每米设置材料需用量，按经验取值或现场测试（kg/m）；

v_1——面积换算常数（$667m^2$/亩）；

n_1——条带状沙障间距（m）；

其他符号同前。

③网格状机械沙障。设置网格沙障材料需用量 T_3 采用式（3-28）进行计算：

$$T_3 = (t_3 \times v_1 \div n_1 + t_3 \times v_1 \div n_2) \times 2 \times v_2 \times s \tag{3-28}$$

式中：T_3——施工面积沙障需用量（kg）；

t_3——各类网格沙障每米设置材料需用量，按经验取值或现场测试（kg/m）；

n_1——网格状沙障主障间距（m）；

n_2——网格状沙障副障间距（m）；

其他符号同前。

（5）黏土沙障需用土量的零缺陷计算。依据黏土沙障间距和障埂规格进行零缺陷计算，其计算式（3-29）如下：

$$Q = \frac{1}{2} \cdot \alpha \cdot h \cdot s \cdot \left(\frac{1}{c_1} + \frac{1}{c_2}\right) \tag{3-29}$$

式中：Q——沙障需土量（m^3）；

α——黏土沙障埂底宽度（m）；

h——黏土沙障埂高度（m）；

c_1——与主害风垂直的沙障埂间距（m）；

c_2——与主害风平行的沙障埂间距（m）；

s——所设黏土沙障的总面积（m^2）。

3 化学固沙施工材料的零缺陷准备管理

3.1 化学固沙物质种类与组成

化学固沙工程措施所使用的主要材料物质种类及其组成见表 3-82。

表 3-82 化学固沙材料的主要物质种类及其组成

序号	种类	成分组成
1	沥青乳液	石油沥青、乳化剂（是用硫酸处理过的造纸废液或油酸钠）、水
2	沥青化合物	30%~50%沥青或黏油、30%~50%矿石粉、30%~35%水
3	涅罗森	含氮物质 0.3%、石炭酸 0.3%、酣类化合物 21.4%、沥青质酸 0.7%、中性沥青 13.3%、中性油、烃和中性氧化物 64%
4	油-胶乳	橡胶乳
5	沙粒结块	添加黏结剂增加沙粒的团聚成分，栽植固沙植物，固定流沙

3.2 沥青乳液配制

3.2.1 沥青乳液组成及配制比例

配制沥青乳液使用的材料是沥青与乳化剂。沥青是 200 号石油沥青与 30 号石油沥青的混合体；乳化剂则为亚硫酸造纸废液。有时为了增加乳液的稳定性与分散度，常加入水玻璃或烧碱。通常在 10t 乳液中加入 0.5kg 烧碱。

（1）沥青乳液 1 号配方。乳化液组成是亚硫酸盐造纸废液（pH<7，比重 1.28）12%，硫酸（工业用，比重 1.83）1.2%，水 86.8%；沥青材料组成成分则为：30 号石油沥青：200 号石油沥青=3：2；乳化液：沥青材料=1：1（体积比）。

（2）沥青乳液 2 号配方。乳化液的组成为硫化纳蒸煮废液（pH>7，比重 1.04）；硫酸（工业用，比重 1.83）1.5%，水 48.5%；沥青材料组成成分为：30 号石油沥青：200 号石油沥青=2：1；乳液则由乳化液：沥青材料=1：1（体积比）组成。

3.2.2 沥青乳液生产工艺

依据沥青乳液的配方，将沥青加热至 120~160℃，以降低沥青黏度。在另一容器内将配制成的乳化液加热到 65~70℃，将这 2 种材料经过滤后按 1∶1 体积比的关系同时放入胶体磨的进料漏斗中，沥青和乳化液的混合料经搅拌后，经过 0.1~0.5mm 狭缝后被乳化。

4　生态护坡施工材料的零缺陷准备管理

生态零缺陷护坡需要准备的工程施工材料有柳条、块石、草皮和预制框格等，按其种类可分为以下 4 类。

4.1　编柳抛石护坡

把截割下的柳条编织成十字交叉形状，在柳空格内填充厚 0.2~0.4m 块石，并应先在块石下铺设厚 10~20cm 的砾石，以利于排水和保持土壤不流失。柳格的平面尺寸应设置为 1m×1m 或 0.3m×0.3m。

4.2　块石护坡

要求护坡石料吸水率<1%、密度>2t/m^3，且具备较强的抗冻性；岩石种类有花岗岩、石灰岩、砂岩等；规格以块径 18~25cm、长宽比 1∶2 的长方形石料为最佳。

4.3　植被护坡

植被护坡是指采用种植草、花、灌木的植物护坡方式。其厚度随植物的种类而有变化，草皮护坡的植被层厚 15~45cm；花卉护坡的植被层厚 25~60cm；灌木护坡的植被层厚 45~180cm。

4.4　预制框格护坡

采用混凝土、塑料、铁件、金属网等材料构筑成的护坡方式。其框格单元形状、规格均根据护坡的具体情况而设定。框格为预制制作，在用于护坡施工时再组合成各种图案；使用锚和矮桩固定后，往框格里填满肥沃土壤，拍实，并使填充土高于框格。

第四节
施工机械的零缺陷准备管理

随着我国工程项目建设工业化、机械化水平的不断提升，以机械设备施工替代体力劳动已经日益显著，而且机械与设备的种类、型号、数量还在不断增多，对生态修复工程项目建设施工所起的作用也越来越大，因此，加强对施工机械设备的零缺陷准备管理也日益重要。

1　施工机械的零缺陷准备管理内容

1.1　制定施工机械零缺陷准备管理工作目标

施工机械是施工企业开展生态修复工程项目建设施工作业活动的重要工具和手段，是项目部圆满完成合同施工任务的必备物资条件。故此，应为工程施工提供先进、实用和适用的技术装备，以提高机械的施工作业利用率，加快施工进度。

1.2 施工机械的零缺陷准备管理内容

施工机械零缺陷准备管理的工作内容，是指对机械设备的合理装备、选择、使用、维护和修理等。合理装备机械设备应以“技术上先进、经济上合理、施工作业上适用”为原则，既要切实保证施工需要，又要使得每台机械设备能够发挥出最大效率，以获得更高的施工效率，选择、选（采）购机械设备时，应进行技术与经济条件的对比、分析。为此，要根据生态修复工程项目建设施工的类别、工程量清单、工期和作业场地环境条件的许可程度等因素，合理计划、精确计算和确定准备施工机械的类型及其台数，使准备的施工机械既能满足工程施工作业对工期与进度的综合工效需求，又不会产生多余或富余的机械设备闲置或浪费现象的发生，从而有助于推动机械化施工作业的进程。

2 制定机械设备零缺陷需求计划

施工机械设备零缺陷需求计划主要是指用于确定施工机具设备的类型、数量、进场时间，可据此落实施工机具设备来源，以组织进场。其编制方法是：将生态修复工程项目建设施工零缺陷进度计划表中的每一个施工过程每天所需机具设备类型、数量和施工日期进行汇总，即得出施工机具设备零缺陷需要量计划。其编制计划格式见表 3-83。

表 3-83 施工机械设备零缺陷需要量计划

序号	机械名称	型号	规格	电功率（kV·A）	需要（台）	使用时间	备注
1							
2							
3							

3 施工机械零缺陷准备管理的事项

生态修复施工机械的零缺陷准备管理，是指在施工前对准备机械的全程管理；它包括对施工机械的合理选购、正确操作与作业训练、日常维护修理及更新改造等全过程的管理工作。

3.1 施工机械的选购、使用与维护

（1）正确选购施工机械。应对拟采购的施工机械进行全方位的调研、分析与评价，为选购施工机械设备的决策提供可靠的依据。实施上述准备管理的工作行为，不仅能为施工企业提供优质先进的施工机械装备，还可使企业以有限的设备投资获得最佳的生态修复工程项目建设施工经济效益。

在选购施工机械时，机械采购人员不但要与项目部的技术室、作业调度室和施工队等专业人员进行相关事项的沟通与协商，还需要调查、了解和掌握国内外有关施工机械技术的水平现状和

发展动态，具体应包括机械的规格、性能、用途、功率、价格等。

（2）施工机械的使用与维护。施工机械购进后，机械管理员要切实做好验收、建档、建卡、使用、维护与维修等常规性的管理工作。在其使用过程中，管理员应认真研究机械使用寿命和故障规律，完善对机械的检查、维护保养和修理，使机械始终处于最佳的技术状态。当机械发生故障时，在节省维修费的前提下，操纵手与管理员要灵活采用适应的修理方法和手段。

3.2　施工机械的更新与改造

（1）施工机械的更新。主要是指施工机械的原型更新和技术更新2种方式。

①原型更新：即简单更新，它主要是解决机械损坏的问题。是利用结构相同的新设备，来更新已有的由于严重性磨损而物理上不能继续使用、经济上不宜继续使用的旧机械设备。

②技术更新：即以结构更先进、技术更完善、效率更高、性能更优越、能耗和原材料更少的新型机械设备，来代替那些技术陈旧、不宜继续使用的机械。

（2）施工机械的改造。指利用先进的科技技术措施改变原有施工机械设备的机构，给旧机械安装新装置、新附件，以提高原施工机械的性能和效率，使之达到现代新型生态修复工程项目施工机械的技术与装备的水平，推动机械施工作业的现代化、规模化需要。

4　施工机械的零缺陷准备类型及其动力燃料

（1）生态修复工程项目施工零缺陷准备机械的种类。为施工准备适宜的机械分为工程机械和种植、养护机械两大类。工程机械分为土方机械、压实机械、混凝土机械、起重机械、提水机械5类。种植、养护机械则分为挖坑机、开沟机、植树机、液压移植机、油锯与电链锯、割灌机、动力轧草机、高树修剪机以和喷灌机械，喷灌机械又分为固定式、移动式和半固定式3种。

（2）施工机械动力能源的零缺陷准备。施工机械动力能源分为动力电和各种标号的汽油、柴油。为此，应设置电力临时安全设施和存储油料的安全设施，并制定防火、防盗的安全制度，设置专人24h管护。

第五节
施工临时设施的零缺陷准备管理

为顺利开展生态修复工程项目零缺陷施工技术与管理，营造便利、快捷、安全、文明的施工现场环境，根据生态修复工程项目建设所在地区的社会综合性服务条件，有必要为员工、技术工人和民工队伍准备供短期内使用的宿舍房屋、食堂和水电等设施，并对各种设施进行有效的安全使用零缺陷管理。

1　施工临时设施零缺陷准备管理的原则

（1）应根据生态修复工程项目建设工程量清单、工期及劳动定额等量化指标，进行合理的推算与测算，汇总出所需施工临时性设施的使用项目、规格及数量的详细清单。

（2）应现场详细调查工地周围可利用的房屋设施状况，摸清其质量或可利用程度、规格及数量情况，尽可能地租赁利用工地周围可利用的社会商业性各种设施。

2 施工工地物资运输的零缺陷管理

工地运输物资组织管理应计划准备的科目是：确定施工材料、器械具等运输量，选择运输方式、计算运输工具需要量等。

2.1 合理确定运输量

工地计划准备运输的施工物资有：造林绿化乔灌草苗、种植土、肥料，工程措施材料、构件及半成品，机械设备、工具，办公、施工生活用品等。工地运输的货运量计算公式如下：

$$q = \Sigma Q_i \times \frac{L_i}{T} \times K \tag{3-30}$$

式中：q——每日货运量（t·km）；

Q_i——各种施工物资的年度需用量，或整个生态工程项目施工物资总用量（t）；

L_i——运输距离（km）；

T——生态修复工程项目施工年度运输工作日数，或计划运输天数（d）；

K——运输工作不均衡系数，公路运输取 1.2，铁路运输取 1.5。

2.2 运输方式的选择

国内运输方式分为铁路运输、公路运输、水路运输与特种运输等。选择运输方式，需要充分考虑的影响因素有：运输量大小、运距和所运物资性质，现有运输设备条件，利用永久性道路的可能性，地形、地质及水文等自然条件，敷设、运输和装卸费用等。

一般而言，当货运量较大、运距远，宜采用标准轨铁路运输；内部加工场地与原材料供应点之间可采用窄轨铁路运输；运距短、地形复杂、坡度较陡时宜采用汽车。当有几种可能的运输方式可供选择时，应通过计算比较后确定。

2.3 运输工具需要量的计算

确定运输方式后，即可计算运输工具需要量。每班所需的运输工具数量可采用下式计算：

$$m = Q_i \times \frac{K_1}{q} \times T \times n \times K_2 \tag{3-31}$$

式中：m——所需运输工具台数（辆）；

Q_i——全年（季）度最大运输量（t）；

K_1——运输不均衡系数，场外运输一般采用 1.2，场内运输采用 1.1；

q——汽车台班产量（t/台班），应据运距按定额确定；

T——全年（季）工作天数；

n——每日工作班数；

K_2——运输工具供应系数，一般采用 0.9。

3　施工加工场地的零缺陷准备管理

生态修复工程项目建设工地临时加工场地施工零缺陷准备管理的工作任务主要是确定准备面积和其结构型式。

工地常用的临时加工场地的建筑面积，通常参照有关资料或按经验确定，也可按以下各种公式进行零缺陷计算。

3.1　钢筋混凝土构件预制厂、木工房、钢筋加工间等场地面积确定

钢筋混凝土构件预制厂、木工房、钢筋加工间等场地占用面积，可采用下式计算：

$$F = K \times \frac{Q}{T} \times S \times \alpha \tag{3-32}$$

式中：F——所需建筑面积（m^2）；

Q——加工总量（m^3 或 t）；

K——不均衡系数，取 1.3~1.5；

T——加工总工期（月）；

S——每平方米场地的月平均产量；

α——场地或建筑面积利用系数，取 0.6~0.7。

3.2　水泥混凝土搅拌站使用面积确定

水泥混凝土搅拌站占用的面积计算，可采用下列公式进行计算：

$$F = N \times A \tag{3-33}$$

式中：F——搅拌站面积（m^2）；

A——每台搅拌机所需面积（m^2）；

N——搅拌机台数（台）；N 按式（3-34）计算：

$$N = Q \times \frac{K}{T} \times R \tag{3-34}$$

式中：Q——混凝土总需要量（m^3）；

K——不均衡系数，取 1.5；

T——混凝土工程施工总工作日；

R——混凝土搅拌机台班产量。

大型沥青混凝土绊和设备的场地面积，应根据设备说明书的要求确定。

上述加工场地的建筑结构型式应根据项目当地条件和使用期限而定。使用年限短则用简易结构，如采用油毡或草屋面的竹木结构；使用年限较长则可采用移动板房等。

4　施工临时仓库的零缺陷准备管理

工地临时仓库分为转运仓库、中心仓库和现场仓库等，其施工零缺陷准备管理的工作任务是确定材料储备量和仓库面积、选择仓库位置和进行仓库设计等。

4.1 确定施工材料储备量

施工材料储备量既要考虑保证连续施工的需要，又要避免材料积压，使仓库面积增大。对于场地狭小、运输方便的现场可少储存；对供应不易保证、运输困难、受季节影响大的材料可适当多储备。对工程措施常用的砂、石、水泥、钢材、木材等材料储备量可按下式计算：

$$P = T_e \times Q_i \times \frac{K}{T} \tag{3-35}$$

式中：P——材料储备量（m^3 或 t）；

T_e——储备期（d），按材料来源确定，一般不小于 10d，即保证 10d 的需用量；

Q_i——材料、半成品等的总需要量；

T——有关项目施工的总工作日；

K——材料使用不均匀系数，取 1.2~1.5。

对于不经常使用或储备期长的材料，可按年度需用量的某一百分比储备。

4.2 确定仓库面积

生态修复工程项目建设施工现场仓库所需的面积，可按式（3-36）进行计算：

$$F = \frac{P}{q} \times K \tag{3-36}$$

式中：F——仓库总面积（m^2）；

P——仓库材料准备量，由式（3-35）计算确定；

q——每平方米仓库面积能存放的材料数量；

K——仓库面积利用系数（考虑人行道和车道所占面积），一般取 0.5~0.8。

爆炸品、易燃与易腐蚀品的材料仓库面积，按有关安全要求确定。

在设计确定仓库时，除满足仓库总面积外，还要正确地确定仓库长、宽度的平面尺寸；仓库长度应满足装卸要求，宽度要考虑材料存放方式、使用方便和仓库结构型式。

5 施工临时建筑面积零缺陷确定

临时建筑面积的确定主要取决于项目施工现场人数，包括施工技术与管理、后勤服务或劳务工等人数。其建筑面积可按下式进行零缺陷计算：

$$S = N \times P \tag{3-37}$$

式中：S——建筑面积（m^2）；

N——工地人数；

P——建筑面积指标，参见表 3-84 进行计算。

表 3-84 施工行政办公、生活后勤临时建筑面积指标

序号	临时建筑名称	确定指标方法	参考指标（m^2/人）
一	办公室	按使用人数确定	3~4
二	宿舍		

（续）

序号	临时建筑名称	确定指标方法	参考指标（m^2/人）
1	单层通铺	按高峰期平均人数确定	2.5~3.0
2	双层床	按住宿实有人数确定	2.0~2.5
3	单层床	按住宿实有人数确定	2.5~4.0
三	食堂	按高峰期平均人数确定	0.5~0.8
四	其他合计	按高峰期平均人数确定	0.5~0.6
1	医务室	按高峰期平均人数确定	0.05~0.07
2	浴室	按高峰期平均人数确定	0.07~0.1
3	理发室	按高峰期平均人数确定	0.01~0.03
4	小卖部	按高峰期平均人数确定	0.03
5	招待室	按高峰期平均人数确定	0.06
6	其他公用	按高峰期平均人数确定	0.05~0.1
7	厕所	按工地平均人数确定	0.02~0.07

在编制项目施工组织设计时，应尽量考虑利用工地附近的现有建筑物，或提前修建能利用的永久性房屋，不足部分修建临时建筑。临时建筑应按节约、适用、装拆方便的原则设计，其结构型式按项目当地气候、材料来源和工期长短确定。其种类有帐篷、活动板房和就地取材构筑的简易工棚等。

6 工地临时供水、供电等零缺陷准备管理

生态修复工程项目施工工地临时供水、供电和供热准备管理应解决的主要问题有：确定用量、选择供应来源、设计管线网路等；如需工地自行解决供应来源，还需确定相应的设备。

确定水、电、热等用量时，应考虑施工作业、办公、生活后勤和特别用途（如消防用水）的需用量。选择供应来源时，首先应考虑利用当地已有水源、电源等，如当地没有或供应量不能满足需用时，才需自行设计解决。生态修复工程项目施工工地对水、电、热需用量准备管理中应考虑的问题及其计算公式如下。

6.1 工地施工临时供水零缺陷准备管理

6.1.1 用水准备与用水量计算

（1）造林种草用水准备。为生态造林种草浇灌植物用水应考虑水源、水质和用水量。

浇灌植物水质的准备管理：用于准备浇灌生态植物的水，水质必须达到无油、无酸、无碱、无盐等未含有害化学成分的标准。浇灌用水适宜的 pH 值为 6.0~7.0，酸碱度微酸至中性。用于浇灌植物的用水均含有各种溶解性盐，其中主要的阳离子有 Ca^{2+}、Mg^{2+}、Na^{+}、K^{+}，阴离子有 CO_3^{2-}、HCO_3^-、Cl^-、SO_4^{2-}、NO_3^-。若连续浇灌，土壤中阴离子含量会逐渐上升，特别是 HCO_3^- 会增大土壤中石灰的含量，使土壤的 pH 值升高，会降低土壤中 Fe、Mn、P、B 等的有效性，极易导致生长在 30~50cm 土层中浅根性的植物出现植株黄化、生长缓慢的现象；水中总盐量和其主要成分决定水质。纯水不导电，当水中含有可溶性盐类的浓度越高，通过的电流就越大，对植物的

危害也就越严重。以 1cm³ 水溶液具有的电阻（Ω）的倒数（1/Ω）作为电导度，即用 mΩ/cm（毫欧姆/cm）为单位。当浇灌水中盐分增加 1 个单位时，土壤提取液的浓度会增加 3 倍，致使土壤的渗透压增大，则会加剧对土壤层中植物根系的危害，因此，生态植物要求浇灌水质的适宜 pH 值为 6.0~7.0，即微酸至中性，当浇灌水的电导度<0.5mΩ/cm 时，其水质最佳，故在准备浇灌用水时应改进水质，见表 3-85。

表 3-85　灌溉水质含盐量对造林种草植物和土壤的影响

电导度（EC 值 mΩ/cm）	盐分含量危害（%）	盐分对花卉植物影响	盐分对土壤影响
<0.5	<0.05	无	无
0.5~0.75	0.05~0.1	生长正常	无明显影响
0.75~1.5	0.1~0.2	生长受到抑制	有盐渍的现象
>1.5	>0.2	生长受严重危害导致死亡	出现明显盐渍特征

浇灌植物用水量计算：造林种植施工期，用于浇灌植物的用水量（q_1）见表 3-86。

表 3-86　生态造林种草施工期浇灌植物用水量

植物类型			单位	栽植用水量
带土球乔木	土球直径（cm）	20	m³/株	0.025
		30		0.025
		40		0.050
		50		0.075
		60		0.100
		70		0.125
		80		0.150
		100		0.300
		120		0.400
		140		0.500
裸根乔木	胸径（cm）	4	m³/株	0.025
		6		0.050
		8		0.075
		10		0.100
		12		0.150
		14		0.200
		16		0.300
		18		0.400
		20		0.500
		24		0.750

（续）

植物类型			单位	栽植用水量
带土球灌木	土球直径（cm）	20	m³/株	0.025
		30		0025
		40		0.050
		50		0.075
		60		0.100
		70		0.125
		80		0.150
		100		0.300
		120		0.400
		140		0.500
裸根灌木	灌丛高度（cm）	100	m³/穴	0.025
		150		0.025
		200		0.050
		250		0.075
竹类	散生竹胸径（cm）	2	m³/株	0.025
		4		0.038
		6		0.050
		8		0.075
		10		0.100
	丛生竹胸径（cm）	30	m³/丛	0.025
		40		0.038
		50		0.050
		60		0.075
		70		0.100
		80		0.100
绿篱	单排绿篱高度（cm）	40	m³/丛·株	0.150
		60		0.200
		80		0.250
		100		0.300
		120		0.400
		150		0.500
	双排绿篱高度（cm）	40	m³/丛·株	0.200
		60		0.250
		80		0.300
		100		0.400

（续）

植物类型			单位	栽植用水量
地被植物	种类	木本	m^3/m^2	0.250
		球块根		0.300
		草本		0.500
攀缘植物	苗龄	3 年生	m^3/株	0.013
		4 年生		0.014
		5 年生		0.017
		6~8 年生		0.019

（2）土建项目施工用水量计算。可采用式（3-38）计算：

$$q_2 = K_1 \sum \frac{Q_1 \times N_1}{T_1 \times b} \times \frac{K_2}{8 \times 3600} \tag{3-38}$$

式中：q_2——土建项目施工用水量（L/s）；

K_1——未预见的施工用水系数，$K_1 = 1.05 \sim 1.15$；

Q_1——年（季）度工程量（以实物计量单位表示）；

N_1——施工用水定额（表 3-87）；

T_1——年（季）度有效作业日（d）；

b——每天工作班数；

K_2——用水不均衡系数（表 3-88）。

表 3-87　土建项目施工用水量参考定额

序号	用水工序	单位	耗水量（L）	备注
1	浇筑混凝土全部用水	m^3	1700~2400	
2	搅拌普通混凝土	m^3	250	
3	搅拌轻质混凝土	m^3	300~350	
4	混凝土养生（自然养生）	m^3	200~400	
5	混凝土养生（蒸汽养生）	m^3	500~700	
6	湿润模板	m^3	10~15	
7	冲洗模板	m^3	5	
8	洗砂	m^3	1000	不包括调制用水
9	浇砖	m^3	500	
10	砌砖全部用水	m^3	150~250	
11	砌石全部用水	m^3	50~80	
12	抹灰	m^2	4~6	
13	搅拌砂浆	m^3	300	
14	消化生石灰	t	3000	

表 3-88　施工用水不均衡系数

K 号	用水项目	系数
K_2	施工作业用水	1. 50
	施工企业用水	1. 25
K_3	施工机械、运输机具用水	2. 00
	动力设备	1. 05～1. 10
K_4	施工现场生活用水	1. 30～1. 50
K_5	居住区生活用水	2. 00～2. 50

（3）施工机械用水量计算。采用公式（3-39）计算其用水量：

$$q_3 = K_1 \sum Q_2 \times N_2 \times \frac{K_3}{8 \times 3600} \tag{3-39}$$

式中：q_3——施工机械用水量（L/s）；

K_1——未预见的施工用水系数，$K_1 = 1.05 \sim 1.15$；

Q_2——同一种机械台数（台）；

N_2——施工机械台班用水量定额（表 3-89）；

K_3——施工机械用水不均衡系数（表 3-88）。

表 3-89　施工机械用水量参考定额

序号	机械名称	单位	耗水量	备注
1	内燃挖土机	L/(台班·m^3)	200～300	以斗容量 m^3 计
2	内燃起重机	L/(台班·t)	15～18	以起重吨数计
3	蒸汽打桩机	L/(台班·t)	1000～1200	以锤重吨数计
4	汽车	L/(昼夜·台)	400～700	
5	拖拉机	L/(昼夜·台)	200～300	
6	空气压缩机	L/(台班·m^3·min)	40～80	以压缩空气排气量 m^3/min 计
7	内燃动力装置	L/(台班·马力)	120～300	直流水
8	内燃动力装置	L/(台班·马力)	25～40	循环水
9	锅炉	L/(h·t)	1000	以小时蒸发量计
10	锅炉	L/(h·m^2)	15～30	以受热面积计
11	电焊机 25 型	L/h	100	
12	电焊机 50 型	L/h	150～200	
	电焊机 75 型	L/h	250～350	
	电焊机 100 型	L/h		
13	对焊机	L/h	300	
14	冷拔机	L/h	300	
15	凿岩机 YQ-100	L/min	8～12	
	01-38（KПM-4）	L/min	8	
	01-45（TN-4）	L/min	5	
	01-30（CM-56）	L/min	3	

注：马力应换算为法定剂量单位千瓦（kW），1 马力＝0. 735499kW，下同。

（4）施工现场员工生活用水量。采用公式（3-40）计算其用水量：

$$q_4 = \frac{P_1 \times N_3 \times K_4}{b \times 8 \times 3600} \tag{3-40}$$

式中：q_4——施工现场员工用水量（L/s）；

P_1——施工现场高峰人数（人）；

N_3——施工现场生活用水定额，具体视项目当地气候、工种而定，一般取 20～60L/(人·班)；

K_4——用水不均衡系数（表 3-88）；

b——每天工作班数。

（5）施工现场生活区用水量计算。可采用公式（3-41）计算其用水量：

$$q_5 = \frac{P_2 \times N_4 \times K_5}{24 \times 3600} \tag{3-41}$$

式中：q_5——生活区生活用水量（L/s）；

P_2——生活区预计居住人数（人）；

N_4——生活区用水定额（表 3-90）；

K_5——用水不均衡系数（表 3-88）。

表 3-90　施工现场生活用水量参考定额

序号	用水项目	单位	耗水量	备注
1	生活用水	L/(人·天)	20～30	洗漱、饮用
2	食堂	L/(人·天)	15～18	
3	淋浴	L/(人·次)	50	入浴人数按出勤人数的 30%计
4	洗衣	L/人	30～35	
5	理发	L/(人·次)	15	
6	医务室	L/(病床·天)	100～150	以压缩空气排气量 m^3/min 计
7	家属	L/(人·天)	50～60	有卫生设备
8	家属	L/(人·天)	25～30	无卫生设备

（6）施工现场消防用水量计算。消防用水量 q_6见表 3-91。

表 3-91　施工现场消防用水量参考定额

序号	用水区域	用水状况	火灾同时发生次数	用水量（L/s）
1	生活、办公区	<5000 人	1 次	10
		≤10000	2 次	10～15
		≤25000	2 次	15～20
2	施工现场	施工现场面积≤$25\times10^4 m^2$	1 次	10～15
		施工现场每增加 $25\times10^4 m^2$	1 次	5

（7）施工现场总用水量计算。根据以下 3 种用水状况确定施工现场工地的总用水量 Q。

①当（$q_1+q_2+q_3+q_4+q_5$）≤q_6时，采用式（3-42）计算确定施工现场总用水量 Q：

$$Q = q_5 + \frac{1}{2}(q_1 + q_2 + q_3 + q_4) \quad (3\text{-}42)$$

②当（$q_1+q_2+q_3+q_4+q_5$）$>q_6$时，采用式（3-43）计算确定施工现场总用水量 Q：

$$Q = q_1 + q_2 + q_3 + q_4 + q_5 + q_6 \quad (3\text{-}43)$$

③当工地面积$<5\times10^4\text{m}^2$且（$q_1+q_2+q_3+q_4+q_5$）$<q_6$时，总用水量计算式为：

$$Q = q_6 \quad (3\text{-}44)$$

式中：Q——总用水量（L/s）；

其他符号含义同前。

6.1.2　施工用水水源零缺陷选择

（1）浇灌植物水源选用。适宜浇灌植物的水源分为软水、硬水和自来水。自然河水、湖水、塘水等为软水，该类水可直接用于地栽和盆栽植物的浇灌。井水属于硬水，因其含有钙、镁等无机盐，故不宜直接浇灌生态花卉植物，应在每 5L 水中加入 20~50g 黑矾或 2~3 羹匙食醋进行软化处理后使用，如经常浇矾肥水，则不必要在水中加入黑矾或食醋。

（2）工地施工作业与生活用水水源的选用要求。水量充足稳定，能保证最大需水量供应；符合生活饮用与施工作业用水的水质标准；取水、输水、净水设施安全可靠；施工安装、运转、管理和维护方便。

6.1.3　工地临时供水管网系统的零缺陷安装

供水管网系统由取水设施、净水设施、储水构造物、输水管网 4 部分组成。

取水设施由取水口、进水管与水泵组成；取水口距河（井）底不得小于 0.25~0.9m，距冰层下部边缘距离也不得小于 0.25m。所安装水泵要有足够的抽水功率与扬程。当水泵不能连续工作时，应设置储水构造物，其容量以每小时消防用水量来确定，但一般不小于 10~20m^3。

输水管网的管径可用式（3-45）计算。干管一般为钢管或铸铁管，支管为钢管。

$$D = \sqrt{\frac{4 \times Q}{\pi \times v \times 1000}} \quad (3\text{-}45)$$

式中：D——输水管直径（m）；

Q——耗水量（L/s）；

v——管网中的水流速度（m/s），见表 3-92。

表 3-92　输水管经济流速 v

序号	管径（m）	流速 v（m/s）	
		正常时间	消防时间
1	支管 $D<0.10$	2	
2	生产消防管道 $D=0.1\sim0.3$	1.3	>3.0
3	生产消防管道 $D>0.3$	1.5~1.7	2.5
4	生产用水管道 $D>0.3$	1.5~2.5	3.0

6.1.4　浇灌与排水工程施工材料的零缺陷准备管理

生态浇灌水工程项目的施工材料分为浇灌、排水和附属构筑物 3 类。在准备过程应首先制定细致的计划、明确规格、数量与质量；其次精心组织采购、调运、验收、领用等管理。

（1）浇灌水施工材料的零缺陷准备管理。分为管道材料、阀门与附属配件、喷头、微喷与滴灌及其过滤器和水表5大类施工材料进行准备管理。

①管道材料分为铸铁管、钢管、塑料管3类。

铸铁管及管件准备管理的质量要求：应符合设计要求和国家规定，有出厂合格证书；管身内外整洁，不得有裂缝、砂眼、碰伤，质检时可用小锤轻轻敲打管口、管身，发出嘶哑声音处即有裂缝，有裂缝的管材不可使用；管内外表面的漆层应完整光洁，且附着牢固。

钢管准备管理的4项质量要求：管身表面应无裂缝、变形、壁厚不均等缺陷；直管的管口断面无变形，且与管身垂直；检查管身内外有无锈蚀，若是锈蚀管应在施工安装前进行刷防锈漆除锈；详细检查镀锌管的锌层是否完整均匀。

塑料管准备管理的质量要求：常用于给植物浇水的输水塑料管道分为聚氯乙烯管（PVC）、聚乙烯管（PE）2种。PVC管道承压力随管壁厚度和管径不同而异，一般是0.4~1MPa；按使用压力PVC管分为轻型和重型2类，一般每节管长度为4~6m。聚乙烯管分为高压低密度聚乙烯管和低压高密度聚乙烯管2种；低压高密度聚乙烯管为硬管，其管壁较薄；高压低密度聚乙烯管为半软管，其管壁较厚，对地形的适应性比低压高密度聚乙烯管要强。

对浇水塑料管的质量管理要求：管及复合管应有厂家名称、生产日期、工作压力等标记，并具有出厂合格证；管、复合管与管材、配件、胶黏剂应是同一厂家的配套产品；要求塑料管为黑色且外管光滑、平整、无气泡、无裂口、无沟纹、无凹陷和无杂质等。

②阀门与附属配件：应按照以下2项内容进行准备管理。

阀门与附属配件类型：给水阀门分为：蝶阀（控制阀），进、排气阀；球阀（手动泄水阀），自动泄水阀和自动泄压阀；阀门安装附属配件有阀门箱、PVC3通、接头、弯头、异径管、补芯、活接、基砖、石棉、膨胀水泥、水泥砂浆、砾石、草袋、水、电等。

阀门准备管理的质量要求：核对阀门的型号、规格、材质是否符合设计要求；检查：阀体有无裂缝或其他损坏，阀杆转动是否灵活，闸板是否牢固；对DN100及以上的阀门应100%进行强度和严密性试验，若发现不合格，应进行解体、研磨，检查密封填料并压紧，再试压，若仍不合格则不能使用。

③喷头：应按照以下2项内容进行准备管理。

浇灌常用喷头种类：散射喷头：适用于小面积绿地喷灌；旋转喷头：该类喷头中齿轮驱动喷头应用最为普遍，摇臂驱动喷头只适用于水质较差时使用；地埋旋转喷头：适用于绿地面积较大时浇灌使用。

喷头准备管理的质量要求：检查喷头是否有出厂合格证书；核对喷头的型号、规格、材质等与设计是否相符；检查喷头是否配有备用胶圈。

④微喷、滴灌设备及过滤器：应按照以下3项内容进行准备管理。

微喷设备：其头分为折射式、旋转式、离心式、缝隙式，其附属材料有塑料支架等。

滴灌设备：主要分为滴头、过滤器。

过滤器：其种类分为砂石过滤器、离心式过滤器、叠片式过滤器、网式过滤器。

⑤水表：水表是生态建设区域用水的计量工具，必须选购经国家认证的合格厂家制造的水

表。浇水管道中常用水表有旋翼式和螺翼式 2 种。在干湿两式中应优先选用湿式水表。

旋翼式的翼轮转轴与水流方向垂直，叶片呈水平状；旋翼式水表分为干式和湿式。

螺翼式的翼轮转轴与水流方向平行，叶片呈螺旋状。在一般情况下，公称直径≤50mm 时，应选用旋翼式水表；公称直径>50mm 时，采用螺翼式水表。

（2）排水施工材料的零缺陷准备管理。应分照明渠、管道及其附属构筑物 3 类进行零缺陷准备管理。

①明渠排水施工材料：应准备管理的施工材料有水泥、砂、砖、石、水和混凝土块等。

②管道排水施工材料：应准备管理的施工材料有铸铁管或带筋混凝土管、石棉、水泥、膨胀水泥、砂、低发泡聚乙烯、沥青油膏、水等。对准备的管道管材质量管理要求是：管节尺寸、圆度、外观应符合设计要求；管材不得有裂缝和破损等现象。

③排水附属构筑物施工材料：雨水排水管网常设的附属构筑物施工材料有检查井、跌水井、雨水口和出水口等。具体分为 4 类。

检查井应备施工材料：砖、水泥、砂、水、铸铁井圈、井盖等。

跌水井应备施工材料：砖、水泥、砂、水、铸铁井圈、井盖等。

雨水口应备施工材料：砖、水泥、砂、水、铸铁井盖、井箅等。

出水口应备施工材料：砖、石、水泥、砂等。

6.2　工地施工临时供电的零缺陷准备管理

6.2.1　工地总用电量测算

工地用电可分为动力用电和照明用电 2 类，用电量可用式（3-46）计算：

$$P=1.05\sim1.10\left(K_1\frac{\sum P_1}{\cos\phi}+K_2\sum P_2+K_3\sum P_3+K_4\sum P_4\right) \tag{3-46}$$

式中：P——工地总用电量（kV·A）；

P_1——电动机额定功率（kW）；

P_2——电焊机额定容量（kV·A）；

P_3——室内照明容量（kW）；

P_4——室外照明容量（kW）；

$\cos\phi$——电动机的平均功率因数，根据用电量与负荷情况而定，最高为 0.75~0.78，一般为 0.65~75；

$K_1\sim K_4$——需要系数，见表 3-93。

由于施工现场照明用电量所占比例较小，因此在估算总用电量时可以不计量照明用电，只需在动力用电量之外再增加 10%作为照明用电量即可。

施工现场用电量也可以参照表 3-94 所示的“施工用电参考定额”进行计算。

6.2.2　选择电源与确定变压器

（1）工地临时用电电源。可以由当地电网供给，也可以在工地设临时电站解决，或者由当地电网供给一部分，另一部分设临时电站补足。无论采用哪种方案，都应考虑以下因素后，根据施工现场具体情况进行比较后确定：利用当地电源时，能否满足施工期间最高负荷；电源距离较远时，接来电力是否经济；若设临时电站，供电能力应满足需用，避免造成浪费或不足；电源位置应设在设备集中、负荷最大而输电距离又最短的地方。

表 3-93 需要系数

用电器名称	数量（台）	需要系数				备注
		K_1	K_2	K_3	K_4	
电动机	3~10	0.7				如施工需要电热，应将其用电量计算进去。 式中各动力照明用电应根据不同工作性质分类计算。
	11~30	0.6				
	30 以上	0.5				
加工厂动力设备		0.5				
电焊机	3~10		0.6			
	10 以上		0.5			
室内照明				0.8		
主要道路照明					1.0	
警卫照明					1.0	
场地照明					1.0	

表 3-94 施工用电参考定额

序号	用电名称	用电量（W/m^2）	序号	用电名称	用电量（W/m^2）
	（一）露天场地照明			（二）室内照明	
1	人工土方施工	0.6~0.75	10	宿舍	5
2	机械化土方施工、砌石、打桩	0.8	11	厨房、饭厅、办公室	10
3	浇筑混凝土、拌制砂浆、轧碎石与过筛	2~2.5	12	厕所	3
4	制造与装配金属结构	2.4~3.5	13	浴室、洗漱室	5
5	露天堆场	0.5	14	钢筋加工间、金属构件间	18
6	机械停放场	1.5~2.5	15	细木工车间	6
7	主要人行道与车行道	5kW/km	16	锯木厂	3~5
8	次要人行道与车行道	3kW/km	17	车库	6
9	警卫、照明	2			

(2) 计算变压器功率。首先考虑将附近的高压电，通过工地的变压器引入。

变压器的功率按式（3-47）计算：

$$P=K\left(\frac{\sum P_{max}}{\cos\phi}\right) \tag{3-47}$$

式中：P——变压器功率（kV·A）；

K——功率损失系数，取 1.05；

$\sum P_{max}$——各施工区的最大计算负荷（kW）；

$\cos\phi$——功率因数。

6.2.3 选择导线截面

合理导线截面应满足以下 3 项要求：

（1）有足够的机械强度。指各种不同敷设方式下，确保导线不致因一般机械损伤而折断。

（2）满足通过一定电流强度。导线必须能承受负载电流长时间通过所引起的温度升高。

（3）导线上引起的电压降，必须限制在容许限度之内。

按照上述 3 项要求，择其截面最大者，通常的做法是先根据负荷电流大小选择截面，然后再以机械强度和允许的电压损失值进行核算。

6.2.4 配电线路的零缺陷布置要点

线路应尽量架设在道路的一侧，并尽可能选择平坦路线，保持线路水平，使电杆受力平衡。线路距离建筑物的水平距离应大于 1.5m。在 380/220V 低压线路中，电杆间距为 25~40m，分支线均应从电杆处接出。

临时布线一般都采用架空线，极少用地下电缆，因为架空线工程简单、经济且便于检修。

电杆与线路的交叉跨越应符合输电规范。配电箱应设置在便于操作的位置，并有防雨防晒设施。各种施工用电机具必须单机单闸，绝不可一闸多用。闸刀的容量要根据最高负荷选用。

6.2.5 临时供电施工材料的零缺陷准备管理

生态修复工程项目建设在配置和实施供电施工时，应根据项目建设需要接电的环境条件，对临时供电施工所需要的以下供电材料类型进行零缺陷准备管理。

（1）电杆及杆上电气设备。应准备电杆及杆上的电气设备等 3 项：

①电杆：为钢筋混凝土电杆制品，杆表面须平整、无缺角露筋现象，且印有出厂合格标记；杆表面光滑，无纵向、横向裂纹，杆身平直，弯曲应不大于杆长的 1/1000。

②杆上附属配件：据电杆数应准备相对应的横担、U 型抱箍、M 型抱铁、叉梁铁板、避雷器、三相开关、绝缘子、抱箍螺扣、垫圈、软垫及螺母等。

③杆上电气设备：有配电变压器、配电箱、接线箱或接线盒、绝缘子、高压绝缘开关、跌落式熔断器等。

（2）电缆准备管理。应对电缆及其项材料做以下 4 项的准备管理：

①电缆外观检查与试验：电缆型号、电压、规格、长度应符合设计技术要求。电缆绝缘性能测试：当油浸纸绝缘电缆的密封有问题时，应进行潮湿判断；直埋于水底电缆应经直流耐压试验合格方可用于施工；充油电缆的油样应试验合格且油压不宜低于 0.15MPa。

②电缆绝缘电阻试验：6kV 以上电缆应做耐压与泄露试验；1kV 以下电缆用高阻计（摇表）测试，应不低于 10MΩ。

③在电缆敷设前应准备材料：方向套（铅皮、钢字）标桩及砖、砂、水泥等。

④电缆施工应备工具：轴辊、支架、电缆托架、封铅所用喷灯、焊料、抹布、铁锯、铁剪，8 号、16 号铅丝，钢丝网套、铁锹、榔头、电工工具、汽油、沥青膏等。

6.3 工地其他临时施工设施的零缺陷准备管理

在生态修复工程项目建设施工过程中，还会遇到其他的便道、码头、堆场等临时必需工程措施。准备各种临时设施的规格、数量视工地具体情况而定，通常采用简易结构。对准备构筑建的临时设施都应在对其设计完成后，再编制临时措施工程量表，它是施工作业实施方案中的主要内容之一，其表格式见表 3-95。

表 3-95 临时措施工程量

<table>
<tr><th rowspan="2">序号</th><th rowspan="2">构筑建地点</th><th rowspan="2">工程名称</th><th rowspan="2">说明</th><th rowspan="2">单位</th><th rowspan="2">工程量</th><th colspan="5">分项措施数量</th><th rowspan="2">备注</th></tr>
<tr><th></th><th></th><th></th><th></th><th></th></tr>
<tr><td>1</td><td>2</td><td>3</td><td>4</td><td>5</td><td>6</td><td>7</td><td>8</td><td>9</td><td>10</td><td>11</td><td>12</td></tr>
<tr><td></td><td></td><td></td><td></td><td></td><td></td><td></td><td></td><td></td><td></td><td></td><td></td></tr>
<tr><td></td><td></td><td></td><td></td><td></td><td></td><td></td><td></td><td></td><td></td><td></td><td></td></tr>
</table>

7 施工现场运输道路零缺陷布置技术与管理

施工现场零缺陷运输道路应按施工材料及其构件运输的需要，应沿工地、仓库和堆场进行布置，使之畅通无阻。

7.1 建筑施工道路的技术要求

（1）道路的最小宽度、最小转弯半径。道路的最小宽度与转弯半径见表 3-96、表 3-97。架空线路下部的道路，其通行空间宽度应比道路宽度大 0.5m，空间高度应大于 4.5m。

表 3-96 施工现场道路最小宽度

序号	车辆类别及要求	道路宽度（m）
1	汽车单行道	不小于 3.0
2	汽车双行道	不小于 6.0
3	平板拖车单行道	不小于 4.0
4	平板拖车双行道	不小于 8.0

表 3-97 施工现场道路最小转弯半径

<table>
<tr><th rowspan="2">车辆类型</th><th colspan="3">路面内侧最小曲线半径（m）</th></tr>
<tr><th>无拖车</th><th>1 辆汽车</th><th>2 辆汽车</th></tr>
<tr><td>小客车、三轮汽车</td><td>6</td><td></td><td></td></tr>
<tr><td rowspan="2">一般二轴载重汽车</td><td>单车道 9</td><td rowspan="2">12</td><td rowspan="2">15</td></tr>
<tr><td>双车道 7</td></tr>
<tr><td>二轴载重汽车
重型载重汽车</td><td>12</td><td>15</td><td>18</td></tr>
<tr><td>起重型载重汽车</td><td>15</td><td>18</td><td>21</td></tr>
</table>

（2）道路铺设的做法。一般沙质土可采用碾压土路办法。当土质黏或泥泞、翻浆时，可采用加骨料碾压路面的方法，骨料应尽量就地取材，如碎砖、炉渣、卵石、碎石、大石块、乔灌木枝等。为了排除路面积水，保证正常运输，道路路面应高出自然地面 0.1～0.2m，雨量较大地区，应高出约 0.5m，道路两侧设置排水沟，一般沟深与底宽不小 0.4m。

7.2 施工现场道路的零缺陷布置管理要求

（1）应满足施工材料、构件与机械设施设备等的运输要求，使道路通至工地现场、仓库及堆场，并距离其装卸点越近越好，以便于装卸作业。

（2）应满足消防的要求，使道路靠近建筑物、木料场等易发生火灾的地方，以便车辆能开至消火栓处，消防车道宽度不小于 3.5m。

（3）为提高车辆行驶速度和通行能力，应尽量将道路布置成环路。如不能设置环形路，则应在路旁设置掉头场地。

（4）应尽量利用已有道路或永久性道路。根据项目建设施工总平面布置图上永久性道路的位置，先修筑路基，作为临时道路。工程施工结束后，再修筑路面。

（5）施工道路应避开拟建工程和地下管等部位。否则在工程后期施工时，将切断临时道路，给施工带来困难。

8 施工人员就餐的零缺陷准备管理

在生态修复工程项目施工作业期间，施工现场人员就餐零缺陷准备管理工作内容如下。

8.1 自办简易食堂餐厅

若采用自办食堂方式，应按一周 7d 饭菜不重复的方式进行配餐，按早、中、晚或加餐的需要准时开饭；供食用的粮、肉、蛋、奶、菜及副食在采购和烹制过程，必须做到新鲜、卫生、不变质，餐具、用餐具等必须实行严格的卫生消毒处理制度；炊事员必须身体健康且经过卫生检疫部门培训，应持证上岗。

8.2 在正规营业饭店用餐

若在现开办的公共商业饭店就餐，也应以满足施工作业对用餐的食物干净、就餐环境卫生合格、按时开饭的需要标准为准则。

9 施工人员住宿的零缺陷准备管理

在生态修复工程项目施工作业期间，需要对员工住宿进行零缺陷准备管理的内容如下。

①按人员数量准备对应居住面积的房屋、床位等生活起居设施、用具等。

②配置必要的床垫、被褥、枕头、冷热水、卫生间、照明灯具、用电插座等设施。

③安排和配备专人负责居住房室内的卫生清洁与防火、防盗、防雨等安全服务管理。

第四章
生态修复工程项目建设施工准备期的零缺陷监理

第一节 项目建设施工准备期的零缺陷监理综述

1 生态修复工程项目建设施工准备期零缺陷监理概述

生态修复工程项目建设施工监理合同签订后，监理单位应当严格按照监理合同约定、建设项目管理模式以及监理工作需要，扎实、有序地履行施工准备期间的各项监理工作。在生态修复工程项目建设施工准备期间监理方履行的零缺陷工作职责主要包括以下4项。

1.1 项目监理组织零缺陷组建和人员调派

1.1.1 项目监理组织零缺陷组建

根据所开展生态修复工程项目建设施工的特点与要求，结合项目零缺陷建设管理模式、要求以及监理合同约定，进行项目监理现场组织机构的零缺陷组建。对于生态修复工程项目，通常是按项目设置监理部、监理分部，其组成人员主要由总监理工程师和监理部负责人、监理工程师、监理员等组成；对于开发建设项目水土保持工程建设项目，监理现场机构的设置应与主体工程管理方式、机构设置相配套。应设置总监办、区段（或标段）监理分部、监理组等组织机构。监理现场组织机构的确定与工程的点状、面状、线状分布以及工程项目的施工作业形式、活动特点与内容等密切相关。项目建设中应根据具体情况，以管理操作方便、决策程序快捷、有效进行设置。

1.1.2 监理项目组织人员与零缺陷工作制度

根据生态修复工程项目零缺陷建设特点与要求，选择合适的各层次人员，并对监理组织工作人员的职责分别进行明确，一般一个项目应配置以下人员：总监理工程师、副总监理工程师（或技术负责人）、分部负责人、专业监理工程师、监理员、文控员、HSE（Health Safe Environment，即安全、健康、环境），或安全监理工程师以及其他人员。对于配置的各类人员应制定其工作岗位职责及其工作制度，以明确责任，并做到制度、职责、图表上墙。项目现场监理组织机构的零缺陷工作制度及上墙图表主要内容如下。

（1）工作制度。监理部工作管理制度，监理人员（总监理工程师、副总监理工程师、监理工程师、监理员）岗位职责，监理部职责，监理人员工作守则，监理工程师职业道德与素质要求，其他文控、资料管理等人员岗位职责。

（2）上墙图表。监理部组织机构框图，建设组织机构网络图，生态修复工程项目建设施工平面布置图，进度控制图，项目控制流程图等。

1.1.3　监理现场人员岗前培训

监理现场人员的岗前培训，主要是指对上岗前的监理工作方法、程序要求以及 HSE 管理培训，学习、了解、掌握与生态项目建设有关的规范、标准及法律法规、项目设计文件及其相关技术要求等，明确监理合同约定的责权利。使项目监理部所有人员熟悉了解该生态修复工程项目建设情况，尽早适应该项目的零缺陷监理控制工作。

1.1.4　监理项目现场机构进驻

按照合同、建设单位的要求，组织监理人员进驻施工现场，安排现场监理组织机构办公场所，购置必要的办公设备、检测仪器，完成项目监理部组织机构的零缺陷建设。

1.2　编制监理零缺陷规划

（1）由总监理工程师主持，项目监理人员参加，掌握有关技术资料，熟悉现场情况。

（2）在熟悉合同、技术设计文件资料基础上，组织监理工程师及其相关人员编制监理规划。监理规划应明确工程监理范围、工作制度、方法，目标控制（质量、进度、投资、安全）方法、内容和要求以及合同、信息管理的相关要求。在控制方法上应具有预控性和针对性。

（3）监理规划编制完成后，经总监理工程师、技术负责人审查后，由总监理工程师批准，并约定时间送交建设单位。

1.3　监理零缺陷工作交底以及设计交底、交桩会议

1.3.1　主持召开项目建设施工零缺陷交底、交桩会议

（1）监理机构进场后，应由建设单位组织协调，设计、施工企业参加，召开监理交底工作会议，对生态监理现场工作的内容、方法、程序要求等进行明确，并形成会议纪要。

（2）由建设单位组织或者建设单位委托监理单位组织设计交底会和现场交桩会议。

设计交底会议：应召集承建各方都必须参加，主要由设计代表对工程项目设计意图、内容、技术、施工技艺及有关要求向承建各方进行说明，同时解答施工企业提出一些设计疑问。建设单位代表对工程施工、监理的一些要求进行说明。

现场交桩会议：主要由设计代表对生态工程项目建设设计在现场的布设、施工技术工艺要求、结构尺寸等进行现场说明和定位。

1.3.2　形成会议纪要

在召开生态修复工程项目建设施工中，应形成和编写设计交底、现场交桩会议纪要。其会议

纪要应包括以下6项内容。

（1）生态修复工程项目建设详细情况。

（2）生态修复工程项目建设施工交底、交桩情况，主要包括位置（桩号）、范围、布设、测量控制点、工程量等内容。

（3）设计方对工程施工技术要求、注意事项等的说明。

（4）建设方对生态修复工程项目建设施工的有关要求。

（5）交底、交桩中存在的问题及其处理意见。

（6）生态修复工程项目建设施工中涉及的其他未尽事宜。

1.4 编制监理零缺陷实施细则

监理零缺陷实施细则应在监理零缺陷规划的基础上，结合生态修复工程项目建设零缺陷施工的专业特点，由现场专业监理工程师主持编写，并经总监理工程师批准后实施。监理零缺陷实施细则在内容上应明确监理控制的目标、关键、特殊工序、重点部位等控制措施，在方法上既要突出预控性，又要有针对性。

2 项目建设施工准备期零缺陷监理审查的内容

在生态修复工程项目零缺陷建设施工准备期间，监理现场机构必须按照生态修复工程项目建设施工监理合同约定、有关施工作业的技术规范要求以及建设单位授权，对施工企业所采取的施工准备情况进行细致和系统的零缺陷审查，其审查工作内容主要包括以下6项。

2.1 施工材料与设备的零缺陷审查

施工材料与设备主要包括原材料、成品及半成品、机械设备数量等，监理工程师应对其规格、性能进行细致审查。施工企业对进场材料应按不同批次向监理部报送《材料、构配件、设备报审表》及其有关证明文件，接受监理工程师的监督复检。

2.2 施工企业质量保证体系的零缺陷审查

（1）组织机构审查。监理工程师应对施工企业派驻现场主要管理人员，技工的管理能力、健康状况、专业资格证件等进行核查。

（2）质量保证体系审查。监理工程师应对施工企业现场组织机构的人员安排与职责、质量检验检测制度、质量手册、质量控制程序网络等进行核查。

2.3 施工安全、环保措施的零缺陷审查

（1）审查安全管理制度，施工安全保障体系和管理机构，安全防护教育培训等情况。

（2）审查环境保护措施，主要审查原材料是否有定点堆放场所、有无对项目区及周边植被与环境的保护措施，工程弃渣、弃土等生产生活垃圾有无定点堆放地，有无临时防护措施以及施工作业后的恢复措施方案。

2.4　审核、签发零缺陷施工图纸

生态修复工程项目建设施工图纸经监理机构审核、确认后，交付施工企业施工。施工企业只有照此施工作业，监理工程师才予以验收、计量与支付进度工程款。

监理机构零缺陷审查施工图纸时应把握以下 3 个方面的工作内容。

（1）有无设计单位正式签章。

（2）有无违背项目建设原则和内容的问题。

（3）设计施工图纸本身有无错误或矛盾之处。

2.5　施工作业实施方案的零缺陷审查

施工企业编制的施工作业实施方案是项目零缺陷施工的主要技术依据和指导性文件．监理工程师应着重从以下 6 个方面对施工作业实施方案进行零缺陷审查。

（1）技术措施审查。主要审查施工作业的技术路线、工艺、方法是否符合设计和有关规范要求，以及施工技术难题的处理途径。

（2）质量保证措施审查。主要审查施工组织保证措施、质量检测设施、规章制度、质量保证文件是否满足项目建设质量要求。

（3）进度计划安排审查。主要审查施工进度计划是否科学合理，是否符合合同工期要求。

（4）投资保证措施审查。主要审查资金是否有保障，资金安排是否合理。

（5）安全生产措施审查。重点审查有无安全组织机构、人员、安全施工制度与应急预案等。

（6）组织协调措施审查。主要审查有无组织管理、不可预见事件处理的协调措施。

2.6　提交报审表

施工企业项目部申请生态修复工程项目建设施工开工，应向监理单位提交的报审表有以下 4 项：

（1）施工作业实施方案报审表。

（2）施工材料、构配件、机械设备报审表。

（3）开工报审表。

（4）开工报告。

以上表格由施工企业填写，报监理机构审批。若建设单位有要求时，应报建设单位审批。

3　项目建设施工开工前的监理质量零缺陷控制

3.1　协助建设单位完善施工单位进场前的零缺陷准备工作

（1）开工项目施工图纸和文件供应。建设单位在工程开工前应向施工单位提供已有与本工程有关的水文和地质勘测资料，以及应由建设单位提供的所有图纸。

（2）测量基准点移交。建设单位（或监理机构）应该按照合同规定期限内，向施工单位提供测量高程基准点、基准线和水准点以及书面资料等。

（3）施工用地及其场内必要交通条件。为了使施工企业能尽早进入施工现场开始作业，建设单位应按合同规定，事先完善征地、移民地前期工作，并且解决施工现场占有权及通道。

（4）首次工程预付款支付。工程预付款是在项目施工合同签订后，由建设单位按照合同约定，在正式开工前预先支付给施工企业的一笔款项，主要供施工企业进行施工准备使用。

（5）施工合同中约定应由建设单位提供的道路、供电、供水等条件。监理单位应协助建设单位做好施工现场的“四通一平”工作，即通水、通电、道路、通信和场地平整。

3.2 监理零缺陷审查施工企业已具备的开工条件

开工前夕，施工单位应按合同要求零缺陷准备工程施工所需人员、设备与材料，并在开工前15d提交开工申请报告和各项送审材料。监理工程师进驻后就应着手对施工企业的开工准备进行调查，并在第一次工地会议以前审查完毕，提出审查意见。监理单位对施工单位开工准备工作的零缺陷审查包括以下6个方面。

（1）施工企业管理机机构与人员审查。施工企业应向监理单位呈报其施工现场组织管理机构及主要岗位人员名单和他们的主要资历，监理单位应予以认真审查。

（2）施工企业工地试验及其试验、检测设备的检查。开工前，必须要求施工企业建立工地试验室，并配置必要的试验和检测设备以及合格试验检测技术人员。

（3）对原始高程基准点、基准线和参考标高的复核工程放线审查。施工企业对监理单位给定的原始基准点、基准线和参考标高进行复核，并将复核结果上报监理单位进行审查。在获得批准后，施工企业对工程进行准确的放线，并对所施工工程项目的位置、标高、尺寸及其正确性负责。施工企业还应提供与上述责任有关的一切必要设备和劳务。

（4）施工机械设备检查。施工企业在开工前应提交施工机具、设备进场计划，这一计划应与施工进度计划相适应。监理单位应根据计划对进场施工机具设备的类型、型号、性能、数量进行核查，并对这些设备机具的实际状况进行检查，对不符合要求的机具、机械要通知施工企业立即进行更换或补充。

（5）原材料、成品、半成品检查。对用于生态修复工程项目建设施工的原材料，应检查其规格、性能是否符合设计要求，应检查其是否有出厂说明书、合格证或检验鉴定说明。

（6）质量保证体系审查。为确保生态修复工程项目建设质量，施工企业应充分发挥内部各岗位的特定质量职能，建立施工企业现场施工质量保证体系。监理单位应从质量保证体系和人员、质量保证手册、质量保证体系图、质量信息反馈系统等4个方面审查施工企业的质量保证体系。

4 施工作业实施方案与技术措施的监理零缺陷审查

4.1 施工作业实施方案的零缺陷审查

4.1.1 施工作业实施方案零缺陷审查内容

生态修复工程项目建设内容多、工序繁杂，施工企业在组织管理现场施工作业时，必须对造林种草小区、治沟骨干坝、拦渣坝、拦渣堤、斜坡防护、基本农田、沟头防护工程、塘库（涝池）、坡面排水系统、崩岗治理工程、封育治理等每一单项工程措施，制定更为具体的施工作业设计，详细计划和说明如何实施该单项措施的施工，并保证其施工质量。施工企业应将所制定的施工作业实施方案及时报送监理工程师审查。

监理审查重点应主要包括以下 8 个方面的工作内容。

（1）生态修复工程项目建设施工合同文件、施工设计文件、有关协议等文件是否齐全。

（2）施工范围、地点及与其相对应工程是否与设计图纸相一致。

（3）施工技术工艺方法与施工方案技术是否可行，对工程质量是否有保证。

（4）施工机械的性能与数量等能否满足施工进度和质量的要求。

（5）质量控制点的设置是否正确，其检验的方法、频率、标准是否符合相关技术规范要求。

（6）技术保证措施是否切实可行。

（7）季节安排与进度安排是否合理可行。

（8）计量方法是否符合合同规定。

4.1.2　施工作业实施方案审查后的整改

监理单位在对施工企业提交的施工作业实施方案进行仔细审核后，提出意见和建议，并用书面形式答复施工企业是否批准施工作业实施方案，是否需要修改。如果需要修改，施工企业应对施工作业实施方案进行修改后提出新的施工作业实施方案，再次提交监理单位审核，直至批准为止。施工作业实施方案获得批准后，施工企业就应当严格遵照批准的施工作业实施方案和技术措施组织实施作业。施工企业应对其编制的施工作业实施方案的完备性负责，监理单位对施工方案的批准，不解除施工企业对此方案应负的责任。

4.2　施工技术措施的零缺陷审查

4.2.1　施工技术措施零缺陷审查内容

在生态修复工程项目建设设计中，为保证工程施工质量，施工企业应制定具体的技术措施，监理工程师对其技术措施监理时，应从以下 3 个方面进行审查。

（1）技术组织措施审查：审查工程师、助理工程师、技术员及技工等的人员数量配置。

（2）保证工程质量措施审查：审查内容为有关建筑材料的质量标准、检验制度、使用要求，主要工种的技术质量标准和检验评定方法，对可能出现技术和质量问题的改进办法和措施。

（3）安全保证措施审查：审查内容为有关安全操作设施、安全操作规程、安全制度等。

4.2.2　施工技术措施审查后的整改

监理工程师在对施工企业提交的施工作业实施方案和技术措施进行仔细审查后提出意见和建议，并采取书面形式答复施工企业，是否需要修改。在施工实施方案和技术措施获得批准后，施工企业就应该严格遵照批准的施工作业实施方案与技术措施去落实组织管理。

4.3　施工作业实施方案与技术措施的零缺陷检查处置

在施工现场中，监理工程师有权随时随地对已批准的施工作业实施方案和技术措施的实施情况进行零缺陷检查，若发现施工企业有背离之处，监理工程师以口头形式或书面形式指出并要求予以立即改正。如果施工企业坚持不予改正，监理工程师有权发布暂停施工令。

5　施工图的监理零缺陷审查与发放

5.1　施工图的零缺陷审查

审查施工图是监理、设计和施工3方面单位进行工程质量零缺陷控制的一种重要而有效的手段，也是监理工程师熟悉图纸，了解生态修复工程项目建设施工特点、设计意图和关键部位的工程质量要求，减少差错的重要监理零缺陷工作方法。审查施工图可以采用监理单位主持，设计单位讲解设计意图，建设单位和施工单位共同参加的会审方式，也可由监理工程师进行审查。审查时应特别注意以下8个问题。

（1）图纸是否符合设计文件和建设单位上级主管部门批文的要求。

（2）设计目标和质量要求是否满足设计任务书的质量目标。

（3）设计图纸与说明书是否齐全。

（4）施工图中的各项技术工序、工艺要求是否切合实际。

（5）设计图纸的平面图、剖面图之间是否矛盾，几何尺寸、平面位置、标高等是否一致。

（6）基础处理工序技术方法是否合理。

（7）细部结构及预埋件等隐蔽工程是否表示清楚，有无钢筋明细表。

（8）施工安全文明措施、取土场的布设是否合理。

5.2　施工图发放

经审查施工图，确认其准确无误后，即由监理工程师签字，作为“工程师图纸”下达给施工企业。施工企业应严格认真按照“工程师图纸”进行施工。施工图发送和接收应手续齐全。监理单位应建立图纸和技术文件发送记录表，以供备查。施工企业在收到监理工程师核准发布的施工图纸后，应建立其收文档案。并检查核实是否是正式“工程师图纸”，并对施工图进行检查和研究，结果可根据可能出现的以下4种情况分别进行处置。

（1）图纸正确无误的情况处置。施工企业应立即按照施工图组织作业实施，安排劳力、机具、设备、材料、技术与施工队伍力量进行施工作业。

（2）施工图存在疑惑的处置。若发现图纸中有不清楚之处或可疑的线条、结构、尺寸等，或有矛盾的地方，施工企业应向监理工程师提出“澄清要求”，待这些问题澄清以后，再进行施工。施工企业应填写“澄清要求”表格，内容应说明澄清要求的编号、名称、有关图件的名称、编号、要求澄清的问题、要求答复日期等，附上有关图纸的局部复印件，并圈出有疑问的部位，由施工企业负责人签字后送交监理工程师。监理工程师在收到“澄清要求”后，应立即与设计单位联系，及时对“澄清要求”予以答复。

（3）可对施工图适当修改的处置。根据施工现场的特殊条件、施工企业的技术力量、设备和经验，认为对图纸中的某些方面可以在不改变原设计图纸和技术文件的前提下，进行一些技术修改，使施工作业技艺方法更为简便，结构更为完善，可提出“技术修改”要求。“技术修改”可直接由监理工程师处理，并将其处理结果以书面通知设计单位。

（4）施工图变更情况的处置。如果发现施工图与现场地质、地形等具体条件有较大差别，难以按原施工图施工，可进行设计变更，其变更程序按照有关规范执行。

6 施工材料质量监理的零缺陷控制

6.1 植物措施材料质量的零缺陷控制方法

6.1.1 植物措施材料质量的零缺陷控制检查办法

植物措施材料质量的控制主要是对造林种草使用的苗木、种子质量进行零缺陷控制。监理单位对各种类型生态防护林草施工所用种子苗木，要求施工企业尽可能调运当地苗木或气候条件相近地区的苗木，苗木等级、苗龄、苗高与地径等必须符合设计、规范等有关标准要求。在苗木出圃前，应由监理工程师或当地有关专业部门对苗木质量进行测定，并出具检验合格证书。苗木出圃起运至施工场地，监理工程师或施工技术人员应及时苗木根系和干枝梢进行抽样检查，检查合格的苗木方能用于造林作业。

6.1.2 林草种子检验合格证检查

育苗、直播造林种草所用种子，应有当地种子检验部门出具的合格证。在造林种草播种前，应进行纯度测定和发芽率试验，符合设计和有关标准要求，监理工程师签发合格证，再进行播种。

6.2 工程措施材料质量的零缺陷控制方法

6.2.1 反映工程措施材料质量的文件检查

生态修复工程措施使用的建筑材料有水泥、砂石料、钢筋、防水材料和各种沙障材料等，成品主要有混凝土预埋件（涵管、盖板等）。按照国家规定，建筑材料、预制件的供应商应对所供应产品的质量负责。供应的产品必须达到国家有关法规、技术标准和购销合同规定的质量要求，要求有产品检验合格证、说明书及有关技术资料。

6.2.2 施工材料质量现场检查方法

原材料和成品到场后，施工企业应对到场材料和产品，按照有关规范和要求进行检查验收，填写建筑材料报验单，详细说明材料来源、产地、规格、用途及施工企业的试验情况等。报验单填好后，连同材料出厂质量保证书和检验资质单位的试验报告，一并报送监理单位审核。监理单位应审核施工企业提交的材料质量保证资料和材料试验报告，经确认签证后方可用于施工作业。

6.2.3 施工材料的抽检复查试验方法

监理单位在收到施工企业的报验单后，应及时进行抽检复查试验，然后在施工企业送来的报验单上签发证明，证明所有报验材料的取样、试验，是否符合规程要求，可不可以进场在指定工程部位使用。将此报验单留一份作为监理存档，另一份交还施工企业存档备查。

6.2.4 施工材料的现场试验方法

监理单位应建立材料使用检验质量控制制度，材料在正式用于施工之前，施工企业应组织现场试验，并编写试验报告。现场试验合格，试验报告及资料经监理单位审核确认后，这批材料才能正式用于施工作业。同时，监理单位还应充分了解材料的性能、质量标准、适用范围和对施工的要求。使用前应详细核对，以防用错或使用了不适当的材料。

6.2.5 重要部位材料核检要点

对于重要部位和重要结构所使用的材料，在使用前应仔细核对和认证材料的规格、品种、型号、性能是否符合生态修复工程项目建设特点和施工技艺要求。

6.2.6 施工材料质量控制要点

在对材料质量控制中，监理人应重视下列6方面的质量控制要点。

（1）对于混凝土、砂浆、防水材料等，应进行试配，严格控制配合比。

（2）对于钢筋混凝土构件及预应力混凝土构件，应按有关规定进行抽样检验。

（3）对预制加工厂生产的成品、半成品，应由厂家提供出厂合格证，必要时还应抽样检验。

（4）对于新材料、新构件，要经过权威单位进行技术鉴定合格后，才能在工程中正式使用。

（5）凡标志不清或怀疑质量有问题的材料，对质量保证资料有怀疑或与合同规定不符的材料，均应进行抽样检验。

（6）储存期超过3个月的过期水泥或受潮、结块的水泥应重新检验其标号，并不得在建设工程项目重要部位使用。

第二节 项目建设施工开工条件的零缺陷监理

1 项目建设施工作业实施方案的监理零缺陷审查

1.1 审查施工作业实施方案程序

（1）施工企业编制上报的施工相关文件。监理单位应询问、督促施工企业项目部按时编制完成生态修复工程项目建设施工作业实施方案、生态修复工程项目建设施工技术与管理文件报审表。其格式见表4-1。

（2）监理公司组织审查核实与审定施工相关文件。总监理工程师组织专业监理工程师审查上述2类文件，提出审查意见后，由总监理工程师审定批准。需要修改时由总监理工程师签发书面意见，退回施工承包单位修改完善后再报审，总监理工程师重新审定。

（3）技术难度大、质量标准高生态修复工程项目建设施工文件的审查程序。对规模大、技艺复杂、工序繁多与施工质量要求高的生态工程项目，项目监理部应将施工作业实施方案报送监理公司技术负责人审查，其审查意见由总监理工程师签发。

（4）已审定施工文件的报送。对已审定的施工作业实施方案由项目监理部报送建设单位。

（5）施工承包单位应严格按审定的施工作业实施方案组织施工。施工承包企业在实施过程如需变动其内容，仍应报经总监理工程师审核同意。

表 4-1　生态修复工程项目建设施工技术与管理文件报审表

工程名称		编号	
项目地点		日期	

现报上关于＿＿＿＿＿＿＿＿＿＿工程项目建设施工技术管理文件，请予以审定

序号	类别	编制人	份数	页数
1				
2				
3				
4				

编制单位名称：

技术负责人

技术负责人（签字）经办人（签字）：

施工企业审核意见：

□有/□无　附页

施工承包单位名称：　　审核人（签字）：　　审核日期：

监理单位审核意见：

审定结论：□同意　□修改后再报　□重新编制

监理单位名称：　　总监理工程师（签字）：　　日期：

注：本表由施工承包单位填报，一式 3 份，建设单位、监理单位、施工单位各存档 1 份。

1.2　审查施工作业实施方案的零缺陷内容

（1）施工总平面布置图是否合理、适用。

（2）项目部技管人员配置是否健全，其职能部门工作职责是否清晰、就位。

（3）施工承包单位对生态修复工程项目建设设计意图、技术与管理要求及工程特点的理解和表述是否符合设计要求。

（4）施工作业实施方案是否符合建设合同要求，以及施工部署合理性、施工方案可行性。

（5）工程质量保证措施体系的针对性，特别是在冬季、雨季施工作业时的技术与管理措施是否科学、合理可行。

（6）工程进度总体计划编制是否符合项目建设施工合同要求，进度计划是否保证施工的连续性与均衡性，以及劳力、材料、设备等的组织供应与进度计划的协调性。

（7）审查施工承包单位的质量、技术、质量、材料供应等施工管理保证体系是否健全。

（8）安全、文明，环保等施工管理保证措施是否符合规定。

（9）监理工程师认为应该审核的其他相关施工技术与管理内容。

2　项目建设施工图与设计交底的零缺陷审查

2.1　项目建设施工图的零缺陷审查

2.1.1　审查施工图在施工现场零缺陷监理中的作用

（1）审图对控制工程项目零缺陷施工质量的作用。监理工程师除按常规从几何尺寸、标高、平面位置等方面对施工图纸进行审阅外，还要完成以下 4 个方面的零缺陷监理工作内容。

①通过审图对工程项目有了初步了解，对工程施工工序及各分部、分项施工难易程度做到心中有数，据此全面合理地选择和设置质量控制点，并在监理规划、监理细则及监理旁站工作方案中加以体现，以保证在以后的具体监理工作实施中加以重点、有序、有效控制，避免或尽量减少质量问题的产生。

②通过审图发现图纸中是否有不利施工之处，并视具体情况或与施工单位进行研讨，对施工方法、施工工艺等加以改进，以确保施工质量；或与设计单位进行探讨，提出监理建议，看是否实行设计变更或对局部加以修改。

③看施工图纸中是否采用了新材料，是否需要运用新技术、新工艺；如有新材料，则请设计单位提出设计要求，介绍材料性能，以确保新材料采用成功；如选用新工艺、新技术，则应与施工单位探讨施工技术上的适用性，以及是否具备相应的施工能力，并请设计单位进行设计交底，介绍相关技术要求，以便能够确保其合理应用。

④应了解施工图纸中要求采用的标准、规程、规定及施工标准图集、图册等，并请设计单位指导参建单位做好相关准备工作。

（2）审图对控制工程项目零缺陷施工进度的作用。

①应通过审图并结合地质勘测报告及现场查勘，搞清楚项目区域地质地貌等生态环境条件对施工作业的具体要求，了解土质、地下水位、乡土植物等情况，协助施工单位完善和确定施工作业实施方案。

②通过审图了解生态工程项目建设施工所用材料和设备，尤其是特殊材料或新材料，特殊设备或新设备的选用情况，并据此向设计单位深入了解上述材料、设备的性能指标以及能否替换等情况，及时建议建设单位或提醒施工单位，以免因材料、设备供应不及时而造成工程延期或延误。

③通过审图了解设计图纸对施工新工艺、新方法的采用情况，收集相关信息，督促施工单位及早采取相应措施，避免因此导致不必要的工期拖延。

（3）审图对控制工程项目建设投资的作用。

①通过审图确定施工图纸中是否存在不合理之处，如植物措施与配套工程措施的选用、协调配合、工艺流程等是否合理，劳力、机械设备的配备是否重复或多置等，并提出监理意见，以降低生态修复工程项目建设施工造价。

②详细查看新材料、新工艺、新技术采用上是否会造成工程费用不必要的增加，若有增加则应通过与施工方、建设方、设计方协商加以解决。

2.1.2　项目建设施工图零缺陷审查的步骤与内容

（1）施工图零缺陷审查的步骤。

①熟悉施工图内容。应着重熟悉以下 2 方面的内容：核对所有设计施工图纸，清点无误后，依次识读；参与技术交底，解决图纸中的疑难问题，直至完全掌握设计图纸内容。

②了解预算所涵盖的范围。根据项目建设施工预算编制说明，了解预算包括的工程项目建设内容；例如，植物与工程措施、配套设施、水源与浇灌管线、道路以及会审图纸后的设计变更等相关内容。

③弄清编制预算采用的单位工程估价表。任何单位估价表或预算定额都有其特定的适用范围。为此，应根据项目建设施工性质，搜集并熟悉相应单价、定额资料，特别是市场材料单价和取费标准等变动情况。

④选择适宜的审查方法。由于生态修复工程项目建设施工规模、繁简程度不同，施工企业情况也不同，所编制工程预算繁简程度与质量也不尽相同，因此需要针对具体情况选择对应的审查方法进行审核。

⑤通过综合审查调整预算。经过综合整理审查，若发现存在差错，需要进行增加或校减的预算定额，经过与编制单位逐项核实、协商统一意见后，修正原施工图预算，汇总校减量。

（2）施工图零缺陷审查的方法及监理工程师审查工作内容。

①施工图零缺陷审查方法。应选择采取以下 6 种方法实施施工图零缺陷审查。

逐项审查法：也称为全面审查法，是指按定额顺序或施工顺序，对各分项工程中的工程项目逐项全面详细审查的一种方法。其优点是全面、细致，审查质量高，效果显著；缺点是工作量大、时间较长。这种方法适用于一些工程量较小、工艺比较简单的生态工程项目。

标准预算审查法：是指对利用标准图纸或通用图纸施工的生态工程项目，先集中力量编制标准预算，以此为标准来审查工程预算的一种方法。按标准设计图纸或通用图纸施工的生态工程项目，通常其结构组成与技艺做法相同，只是根据现场施工条件、自然环境条件的不同，仅对局部进行改变。凡属这样的生态工程项目，以标准预算为准，对局部修改部分单独审查即可，不需逐一详细审查。该方法的优点是时间短，效果优，易定案，其缺点是适用范围小，仅适用于采用标准图纸的生态工程建设项目。

分组计算审查法：是指把预算中有关项目按类别划分成若干组，利用同组中的一组数据审查分项工程量的一种方法。这种方法首先将若干分部分项工程按相邻且有一定内在联系的项目进行编组，利用同组分项工程间具有相同或相近计算基数的关系，审查一个分项工程数量，由此判断同组中其他几个分项工程的准确程度。该方法特点是审查速度快、工作量小。

对比审查法：是指当工程条件相同时，用已完工程的预算或未完工但已经过审查修正的工程预算，对比审查拟建同类工程工程预算的一种方法。

筛选法：是指能较快发现问题的一种方法。各种类生态工程项目建设面积和高度虽然不同，但其各分部分项工程的单位建设面积指标变化却不大，将这样的分部分项工程加以汇集、优选，找出其单位建设面积工程量、单价、用工的基本数值，归纳为工程量、价格、用工 3 个单方基本指标，并注明基本指标的适用范围。这些基本指标用来筛分各分部分项工程，对不符合条件的应进行详细审查，若审查对象的预算标准与基本指标的标准不符，就应对其进行调整。筛选法的优点是简单易懂、便于掌握、审查速度快、便于发现问题；但对问题出现的原因尚需继续审查。该方法适用于审查含有建筑工程或不具备全面审查条件的生态工程建设项目。

重点审查法：是指抓住生态工程项目建设预算中的重点进行审核的方法。审查重点一般是工程量较大或者造价较高的各种类生态工程建设项目、补充定额、计取的各项费用（计取基础、取费标准）等。重点审查法优点是重点突出、审查时间短、效果显著。

②监理工程师零缺陷审查施工图内容。对施工图的下述5项内容应进行零缺陷审查。

核查施工图：核查施工图上所绘制施工范围、面积、工序、材料规格等是否详实。

检查建设（发包）单位对本工程项目的批准文件是否齐全：开工报告、苗木籽种等特殊资材调运报检手续是否齐全，临时性的用水、用电及筑路规划方案是否报审。

检查设计图：查看其是否有出图章；建设施工范围是否符合建设（发包）单位的要求。

对各专业图纸进行审查：了解设计意图，熟悉施工图，发现其中可能存在的问题，在设计技术交底中提出修改、完善补充意见。

综合复核总平面图并在会审图纸时提出修改意见：对各专业施工图纸进行汇总，并在总平面图上综合复核，核查发现的问题应在图纸会审时提出。

2.2 项目建设设计交底的零缺陷审查

2.2.1 施工单位设计交底的零缺陷工作内容

（1）生态修复工程项目建设设计的主导思想，生态防护功能和目标的技术构思，使用的设计规范，生态修复工程项目建设总体平面布局与竖向设计要求等。

（2）对生态修复工程项目建设施工使用的有关工程措施材料、构配件、设备、苗木、花草、种子的规格要求，以及施工中应特别注意的事项等。

（3）设计单位对由建设、施工承包、监理单位三方提出的关于施工图意见和建议的答复。

（4）设计单位与建设单位要求施工承包单位在施工技术与管理中应注意的事项。

（5）与会各方应赴施工现场确认工程项目施工用地面积、现状及应注意保护的内容。

（6）在设计交底会上确认的设计变更应由建设、设计、施工承包单位与监理单位会签。

2.2.2 监理工程师参与设计交底的零缺陷工作内容

（1）组织由建设、施工、设计单位等参加的设计交底及设计图纸会审。

（2）核查在施工图中发现的错、漏、碰、缺等问题，在图纸会审中提出，由设计单位解决；认真书写设计交底和图纸会审纪要，并经建设、设计、施工单位三方签字确认。

第三节 项目施工材料进场的零缺陷监理简述

纳入生态修复工程项目建设施工材料进场零缺陷监理的材料分为两大类：一类是植物措施材

料，有苗木、种子、肥料（指农家肥、化肥类）、水、土壤、支撑木、塑料膜等；另一类是配套工程措施材料，主要有砂、石料、水泥、钢筋、混凝土预制件等。对于承包施工单位准备进场的施工材料，监理工程师应在生态修复工程项目建设施工总监理工程师领导下，依据项目监理实施细则及其有关规定，在现场按批件逐一进行零缺陷检查、验收。

1　施工原材料及预制构件进场零缺陷检查内容

监理方人员对施工进场原材料及预制构件等进行零缺陷进场检查的5项内容如下。

（1）原材料、苗木、种子、预制构件等的质量、规格及其技术文件等。

（2）原材料、苗木、种子、半成品、预制构件的检（试）验报告及保管储备条件。

（3）现场计量工具的运行状况。

（4）抽样检验试件的制作、验证情况。

（5）苗木、种子的抽检验证情况。

2　施工原材料及其预制构件等进场后的零缺陷检验要求

监理方人员对施工进场原材料及其他预制构件等进行进场后的零缺陷检验的要求如下。

（1）施工作业所耗用原材料、苗木、种子、预制构配件的采购与供给必须保证质量，满足规范、标准、工序技艺要求和项目建设需要。

（2）进入现场的工程措施建筑原材料、构配件等的检测实行见证取样及送检制度；苗木、种子、肥料、农药、土壤、水等的检测实行取样抽检，各方人员在取样单上均应签章。

（3）施工所需建筑原材料、苗木、种子、构配件等在工程项目建设上的使用，必须有监理工程师进行签字认可。

（4）施工建筑原材料、构配件以及农药、化肥等应具有技术文件，包括合格证（必须有该产品所规定各项指标和实际指标）、产品说明书、技术参数、有关试验报告、产品认证证明；苗木、种子的技术文件应包括合格证、苗木标签（应注明产地、品名及其规格标准等）、检疫证（外地调运苗）、种子的发芽率、纯净度及其试验证明文件等。

（5）施工建筑材料复试验报告单应注明代表批量、使用部位，以及施工技术负责人、监理员签署的使用意见等。

（6）施工现场所用计量工具必须定期检定及其记录，并应有计量器具使用记录。

（7）施工建筑材料、苗木、种子、构配件等质量实行谁采购谁负责。在附有合格证同时应附采购各单位的公章、采购人签章。

（8）施工建筑材料、苗木、种子、构配件等材料，应按规范、标准要求合理堆放、保管，并有进场情况、保管、使用、防火、防湿（水）、防盗等记录。

第四节 植物施工材料进场的零缺陷监理

1 苗木进场零缺陷监理的工作内容

1.1 苗木进场零缺陷质量标准

1.1.1 裸根苗质量标准

必须使用《主要造林树种苗木质量分级（GB 6000—1999）》规定的Ⅰ、Ⅱ级苗木。生态造林绿化美化必须选用产自种子园、优良种源基地的种子培育的，符合《主要造林树种苗木质量分级（GB 6000—1999）》规定的Ⅱ级苗木以及优良无性系苗木。未制定国家标准的树种，各地可选用品种优良、植株健壮、根系发达的苗木。农田防护林、护路林和公益绿化林，应实行良种壮苗，选用良种健壮大苗造林。

1.1.2 容器苗质量标准

容器苗造林应执行《容器育苗技术（LY 1000—1991）》的规定。

1.2 苗木进场零缺陷质量监理

1.2.1 苗木进场零缺陷质量监理检验程序与方法

（1）苗木检验要求。用于生态修复工程项目建设施工的苗木必须有质量检验证书、标签、检疫证书等证明文件。施工前，施工单位应将施工作业所用苗木的名称、数量以及质量证明文件等报监理工程师审查确认。

①种苗质量检验合格证。出圃苗木，必须具有当地林业种苗检验检疫部门检验检疫出具的种苗质量检验合格证。质量合格证书是证明苗木质量合格与否最基本的证明文件，也是监理工程师检查确认苗木的基本依据。因此，施工单位必须要求苗木供货商提供。种苗质量检验合格证书一般格式见表 4-2。

表 4-2 造林种苗质量检验合格证

编号 ________
树种 ________ 苗木种类 ________ 苗龄 ________
批号 ________ 数量 ________ 其中：Ⅰ级 ________ Ⅱ级 ________
起苗日期 ________ 包装日期 ________ 发苗日期 ________
苗木检疫记录 ________
种子（条、根、穗）来源 ________
发 苗 单 位 ________
受检单位（章）检验人：________
森林经营种苗站（章）
检验日期： 年 月 日

②苗木标签。出圃调运造林苗木，苗木经营商必须统一印制挂带的苗木标签，苗木标签表式见表 4-3。

表 4-3　造林种苗标签

树种（品种）：________　产地：__________________　数量（株）：________

苗　　型：________　地径：________　苗高：________

主　根　长：________　大于 5cm 一级侧根数量：__________________

苗木质量等级：________　起苗日期：________　检疫编号：________

生 产 证 号：________　经营证号：________　联系电话：________

发 苗 单 位____

检 验 员：

签发时间：

经营单位：　（盖章）

③苗木检疫证。对于由异地调购买入的苗木，必须持有当地林业种苗检疫部门经检查检疫合格后的病虫害检疫证书。

（2）苗木质量抽检。生态修复工程项目建设施工造林苗木在进入施工现场前，监理工程师应单独或与施工单位项目部技术人员一同对苗木进行抽检，检验合格后方可用于项目栽植作业。苗木应按批检验，苗木检验允许范围，同一批苗木中低于该等级的苗木数量不得超过 5%。苗木检测的方法要求如下：

①苗木质量抽样检验规则。对育苗地起苗后的苗木质量检测要在一个苗批内进行，采取随机抽样的方法，按表 4-4 的规则进行抽样。取样时，成捆苗木先抽样捆，再在每一个样捆内各抽 5 株，不成捆苗木直接抽取样株。

表 4-4　苗木检测抽样数量

苗木株数	检测株数	苗木株数	检测株数
500~1000	50	50001~100000	350
1001~10000	100	100001~500000	500
10001~50000	250	500001 以上	750

②苗木质量检测规定。应按照以下 5 项要求进行检测：第一，地径用游标卡尺测量，如测量部位出现膨大或干形不圆，则测量其上部苗干起始正常处，读数精确到 0.05mm。第二，苗高检测用钢卷尺或直尺测量，自地径沿苗干量至顶芽基部，读数精确到 1cm；根系长度用钢卷尺或直尺测量，自地径处量至根端，读数精确到 1cm。第三，根幅用钢卷尺或直尺测量，以地径为中心量取其侧根幅度，如 2 个方向根幅相差较大，应垂直交叉测量 2 次，取其平均值，读数精确到 1cm。第四，侧根数量的检测是长于 5cm 的一级侧根条数；综合控制条件检测除苗木新根生长数量（简称 TNR）指标外利用感官检测。第五，苗木检测工作应在背阴避风处进行，以防止根系失水风干。

1.2.2　苗木进场零缺陷质量监理检测内容

（1）木本苗进场质量监理。

①苗木质量检验技术要求。将运至工地苗木的种类、规格、数量和质量分别调查统计制表。

核对进场苗木的树种或栽培变种（品种）的中文植物名称与拉丁学名，做到名副其实。进场苗木应满足生长健壮、树叶繁茂、冠形完整、色泽正常、根系发达、无病虫害、无机械损伤、无冻害等基本质量要求。苗木质量规格见表 4-5、表 4-6。所调运进场苗木在出圃前应经过移植培育；5 年生以下苗移植培育至少 1 次；5 年生以上（含 5 年生）苗移植培育应在 2 次以上。野生苗和异地引种驯化苗定植前应经苗圃养护培育 1 至数年，以便适应当地自然环境，在生长发育正常后才能出圃用于生态造林。

表 4-5 裸根苗木质量规格

苗木规格（cm）	苗木质量规格（cm）	
	应留侧根幅度	应留直根长度
苗高<30	12	15
苗高 31~100	17	20
苗高 101~150	20	20
胸径 3. 1~4. 0	35~40	25~30
胸径 4. 1~5. 0	45~50	35~40
胸径 5. 1~6. 0	50~60	40~50
胸径 6. 1~8. 0	70~80	45~55
胸径 8. 1~10. 0	85~100	55~65
胸径 10. 1~12. 0	100~120	65~75

表 4-6 带土球苗木质量规格

苗木高度（cm）	土球质量规格（cm）	
	横径	纵径
<100	30	20
101~200	40~50	30~40
201~300	50~70	40~60
301~400	70950	60~80
401~500	90~110	80~90

②各类苗木的质量规格标准。分为乔木类、灌木类、藤本类等 5 类苗木检测质量规格。

乔木类造林常用苗木规格质量标准：见表 4-7。

乔木类苗木主要规格质量要求是：具主轴的应有主干枝，干径应在 3. 0cm 以上。

阔叶乔木类苗木质量以干径、树高、苗龄、分枝点高、冠径和移植次数为规定指标；针叶乔木类苗木质量以树高、苗龄、冠径和移植次数为规定指标。

用于交通线造林乔木类苗木的主要质量规定指标为：阔叶乔木类应具主枝 3~5 枝，干径不小于 4. 0cm，分枝点高 1. 5~2. 5m；针叶乔木应具主轴，有主梢。

表 4-7 乔木类常见苗木主要规格质量标准

苗类	树种	苗高（m）	干径（cm）	苗龄（a）	冠径（m）	分枝点高（m）	移植次数（次）
常绿针叶乔木	南洋杉	2.5~3	—	6~7	1.0	—	2
	冷杉	1.5~2	—	7	0.8	—	2
	雪松	2.5~3	—	6~7	1.5	—	2
	柳杉	2.5~3	—	5~6	1.5	—	2
	云杉	1.5~2	—	7	0.8	—	2
	侧柏	2~2.5	—	5~7	1.0	—	2
	罗汉松	2~2.5	—	6~7	1.0	—	2
	油松	1.5~2	—	8	1.0	—	3
	白皮松	1.5~2	—	6~10	1.0	—	2
	湿地松	2~2.5	—	3~4	1.5	—	2
	马尾松	2~2.5	—	4~5	1.5	—	2
	黑松	2~2.5	—	6	1.5	—	2
	华山松	1.5~2	—	7~8	1.5	—	3
	圆柏	2.5~3	—	7	0.8	—	3
	龙柏	2~2.5	—	5~8	0.8	—	2
	铅笔柏	2.5~3	—	6~10	0.6	—	3
	榧树	1.5~2	—	5~8	0.6	—	2
落叶针叶乔木	水松	3.0~3.5	—	4~5	1.0	—	2
	水杉	3.0~3.5	—	4~5	1.0	—	2
	金钱松	3.0~3.5	—	6~8	1.2	—	2
	池杉	3.0~3.5	—	4~5	1.0	—	2
	落羽杉	3.0~3.5	—	4~5	1.0	—	2
常绿阔叶乔木	羊蹄甲	2.5~3	3~4	4~5	1.2	—	2
	榕树	2.5~3	4~6	5~6	1.0	—	2
	黄桷树	3~3.5	5~8	5	1.5	—	2
	女贞	2~2.5	3~4	4~5	1.2	—	1
	广玉兰	3.0	3~4	4~5	1.5	—	2
	白兰花	3~3.5	5~6	5~7	1.0	—	1
	杧果	3~3.5	5~6	5	1.5	—	2
	香樟	2.5~3	3~4	4~5	1.2	—	2
	蚊母树	2	3~4	5	0.5	—	3
	桂花	1.5~2	3~4	4~5	1.5	—	2
	山茶花	1.5~2	3~4	5~6	1.5	—	2
	石楠	1.5~2	3~4	5	1.0	—	2
	枇杷	2~2.5	3~4	3~4	5~6	—	2

（续）

苗类	树种	苗高（m）	干径（cm）	苗龄（a）	冠径（m）	分枝点高（m）	移植次数（次）
落叶阔叶乔木	银杏	2.5~3	2	15~20	1.5	2.0	3
	绒毛白蜡	4~6	4~5	6~7	0.8	5.0	2
	悬铃木	2~2.5	5~7	4~5	1.5	3.0	2
	毛白杨	6	4~5	4	0.8	2.5	1
	臭椿	2~2.5	3~4	3~4	0.8	2.5	1
	三角枫	2.5	2.5	8	0.8	2.0	2
	元宝枫	2.5	3	5	0.8	2.0	
	刺槐	6	3~4	6	0.8	2.0	2
	合欢	5	3~4	6	0.8	2.5	2
	栾树	4	5	6	0.8	2.5	2
	七叶树	3	3.5~4	4~5	0.8	2.5	3
	槐树	4	5~6	8	0.8	2.5	2
	无患子	3~3.5	3~4	5~6	1.0	3.0	1
	泡桐	2~2.5	3~4	2~3	0.8	2.5	1
	枫杨	2~2.5	3~4	3~4	0.8	2.5	1
	梧桐	2~2.5	3~4	4~5	0.8	2.0	2
	鹅掌楸	3~4	3~4	4~6	0.8	2.5	2
	木棉	3.5	5~8	5	0.8	2.5	2
	垂柳	2.5~3	4~5	2~3	0.8	2.5	2
	枫香	3~3.5	3~4	4~5	0.8	2.5	2
	榆树	3~4	3~4	3~4	1.5	2	2
	榔榆	3~4	3~4	6	1.5	2	3
	朴树	3~4	3~4	5~6	1.5	2	2
	乌桕	3~4	3~4	6	2	2	2
	楝树	3~4	3~4	4~5	2	2	2
	杜仲	4~5	3~4	6~8	2	2	3
	麻栎	3~4	3~4	5~6	2	2	2
	重阳木	3~4	3~4	5~6	2	2	2
	梓树	3~4	3~4	5~6	2	2	2
	白玉兰	2~2.5	2~3	4~5	0.8	0.8	1
	紫叶李	1.5~2	1~2	3~4	0.8	0.4	2
	樱花	2~2.5	1~2	3~4	1	0.8	2
	鸡爪槭	1.5	1~2	4	0.8	1.5	2
	西府海棠	3	1~2	4	1.0	0.4	2
	大花紫薇	1.5~2	1~2	3~4	0.8	1.0	1
	石榴	1.5~2	1~2	3~4	0.8	0.4~0.5	2

（续）

苗类	树种	苗高（m）	干径（cm）	苗龄（a）	冠径（m）	分枝点高（m）	移植次数（次）
落叶阔叶乔木	碧桃	1.5~2	1~2	3~4	1.0	0.4~0.5	1
	丝棉木	2.5	2	4	1.5	0.8~1	1
	垂枝榆	2.5	4	7	1.5	2.5~3	2
	龙爪槐	2.5	4	10	1.5	2.5~3	3
	毛刺槐	2.5	4	3	1.5	1.5~2	1

灌木类常用苗木的主要规格质量标准：

灌木类苗木质量标准应以苗龄、灌径、主枝数、灌高或主条长度为规定检测指标。

从生型灌木类苗木质量指标要求是：灌丛丰满、主侧枝分布均匀、主枝数不少于 5 支，灌高应有 3 支以上的主枝达到规定的标准要求。

匍匐型灌木类苗木质量指标要求是：应有 3 支以上主枝达到规定标准长度。

蔓生型灌木苗木质量指标要求是：分枝均匀、主条数在 5 支以上，主条径≥1cm。

单干型灌木苗木质量标准要求是：具主干、分枝均匀、基径≥2cm。

藤木类常用苗木的主要规格质量标准：

藤木类苗木质量标准应以苗龄、分枝数、主蔓径和移植次数为规定检测指标。

小藤木类苗木质量标准的要求是：分枝数不少于 2 支，主蔓径应≥0.3cm。

大藤木类苗木质量标准要求是：分枝数不少于 3 支，主蔓径应≥1cm。

竹类常用苗木的主要规格质量标准见表 4-8。

表 4-8　竹类造林常用苗木主要规格质量标准

竹类	树种	苗龄（年）	母竹分枝数（支）	竹鞭长（cm）	竹鞭个数（个）	竹鞭芽眼数（个）
散生竹	紫竹	2~3	2~3	>0.3	>2	>
	毛竹	2~3	2~3	>0.3	>2	>2
	方竹	2~3	2~3	>0.3	>2	>2
	淡竹	2~3	2~3	>0.3	>2	>2
丛生竹	佛肚竹	2~3	1~2	>0.3	—	2
	凤凰竹	2~3	1~2	>0.3	—	2
	粉箪竹	2~3	1~2	>0.3	—	2
	撑篙竹	2~3	1~2	>0.3	—	2
	黄金间碧玉竹	3	2~3	>0.3	—	2
混生竹	倭竹	2~3	2~3	>0.3	—	>1
	苦竹	2~3	2~3	>0.3	—	>1
	阔叶箬竹	2~3	2~3	>0.3	—	>1

竹类苗木质量以苗龄、母竹分枝数、竹鞭长、竹鞭个数和竹鞭芽眼数为规定指标。

母竹为 2~4 年生苗龄，竹鞭芽眼 2 个以上，竹秆截干保留 3~5 盘叶以上。

无性繁殖竹苗应具 2~3 年生苗龄；播种竹苗应具 3 年生以上苗龄。

散生竹类苗木质量要求：大中型竹苗具有竹秆 1~2 支；小型竹苗具有竹秆 3 支以上。

丛生竹类苗木质量要求；每丛竹具有竹秆 3 支以上。

混生竹类苗木质量要求：每丛竹具有竹秆 2 支以上。

棕榈类等造林特种苗木规格质量标准见表 4-9。

表 4-9 棕榈类等特种苗木的主要规格质量标准

类型	树种	苗高（m）	灌高（m）	苗龄（a）	基径（cm）	冠径（m）	蓬径（m）	移植次数（次）
乔木型	棕榈	0.6~0.8	—	7~8	6~8	1	—	2
	椰子	1.5~2	—	4~5	15~20	1	—	2
	王棕	1~2	—	5~6	6~10	1	—	2
	假槟榔	1~1.5	—	4~5	6~10	1	—	2
	长叶刺葵	0.8~1.0	—	4~6	6~8	1	—	2
	油棕	0.8~1.0	—	4~5	6~10	1	—	2
	蒲葵	0.6~0.8	—	8~10	10~12	1	—	2
	鱼尾葵	1.0~1.5	—	4~6	6~8	1	—	2
灌木型	棕竹	—	0.6~0.8	5~6	—	—	0.6	2
	散尾葵	—	0.8~1	4~6	—	—	0.8	2

棕榈类特种苗木的主要质量标准以苗高、干径、冠径和移植次数为质量检测规定指标。

③检测苗木质量方法。按以下 7 种方法进行检测：第一，测量苗木胸径、基径等直径时使用游标卡尺，读数精确到 0.1cm。测量苗高、灌高、分枝点高或着叶点高、冠径和蓬径等长度时使用钢卷尺、皮尺或木制直尺，读数精确到 1.0cm。第二，测量苗木干（胸）径当主干断面畸形时，测取最大值和最小值直径的平均值。测量苗木基径当基部膨胀或变形时，从其基部近上方正常处测取。第三，测量乔木苗高从基部地表面到正常枝最上端顶芽之间的垂直高度，不计徒长枝。对棕榈类等特种苗木的苗高从最高着叶点处测量其主干高度。第四，测量灌高时，应取每丛 3 支以上主枝高度的平均值。第五，测量冠径和蓬径，应取苗冠（灌蓬）垂直投影面上最大值和最小值直径的平均值，最大值与最小值的比值应小于 1.5。第六，检验苗木苗龄和移植次数，应以出圃前苗木档案记录为准。第七，要对苗木外观色泽、是否有机械损伤等进行检测。

④检测苗木质量规则。对苗木质量的检测应执行以下 5 项规则：第一，对进场苗木规格质量检验时，需施工方提供苗木的树种、苗龄、移植次数等历史档案记录。第二，对珍贵、大规格苗木和有特殊规格质量要求的苗木要逐株进行检验。第三，成批（捆）的苗木按批（捆）量的 10%随机抽样进行质量检验。第四，同一批进场苗木应统一进行一次性检验。第五，同一批苗木质量检验的允许范围为 2%；成批苗木数量检验允许误差为±5%，见表 4-10 和表 4-11。

表 4-10 苗木质量检验允许不合格值测定

同批量数（株）	允许值（株）	同批量数（株）	允许值（株）
1000	20	50	1
500	10	25	0
100	2		

根据检验结果判定进场苗木合格与否。当检验工作有误差或其他方面不符合有关标准规定必须进行复验时，要以复验结果为准。

表 4-11　苗木数量检验允许误差值测定

同批量数（株）	允许值（株）	同批量数（株）	允许值（株）
5000	±25	200	±1
1000	±5	100	0
400	±2		

⑤进场苗木标志。应详细检测苗木以下 3 项标志的规定内容：第一，进场的苗木应有明显标志（标志的形式和颜色可由各地自行规定）。第二，标志牌上印注内容：苗木名称、产地、起苗日期、批号、数量、植物检验证号和发苗单位。第三，标志牌挂设应以苗木品种和包装件数为单位。

⑥假植与贮存。对已进场苗木要重点检查和督促施工单位完善苗木的假植与贮存管理。

造林苗木运至工地应及时进行假植。当苗木于秋季起苗待翌年春季栽植时，应进行越冬性假植或贮存处理。

1.3　造林苗木的零缺陷管理

用于生态修复工程项目零缺陷建设施工的苗木，对其起苗、包装、运输、储藏等技术，应执行《主要造林树种苗木质量分级（GB 6000—1999）》《容器育苗技术（LY 1000—1991）》等各项零缺陷技术规范的规定。

2　种子进场的零缺陷监理

2.1　种子质量的零缺陷要求

生态修复工程项目建设造林绿化种子主要分为林木种子与草籽。林木种子的零缺陷质量应达到《林木种子质量分级（GB 7908—1999）》规定的合格种子Ⅱ级以上标准，应子粒饱满、无病虫害。草籽的零缺陷质量应达到国家标准规定的合格种子 Ⅲ 级以上标准。

2.2　种子质量控制的零缺陷工作内容

对于施工单位报验进场的草籽、苗木种子，监理工程师应按照设计、有关技术规范标准等要求进行零缺陷检查。监理方控制种子质量的零缺陷主要要求内容如下。

2.2.1　种子的零缺陷检查检测

（1）种子零缺陷报验。施工单位进场用于工程项目的苗木种子、草籽等，都必须按要求向监理工程师进行报验，报验时应附种子质量合格证、标签及试验报告等零缺陷文件。经监理工程师审查合格后，方可用于生态工程项目施工作业。

（2）无证种子零缺陷处置办法。凡施工单位进场的无质量合格证、标签等技术文件的种子，应视为不合格种子，禁止用于生态修复工程项目施工作业。

（3）种子零缺陷检测试验。种子用于生态修复工程项目建设施工前，必须进行检测试验。

检测试验应由监理工程师进行见证取样，并报送有相应资质的单位对其进行检验。种子检测的2项零缺陷内容如下。

①种子零缺陷检测内容。苗木种子检测内容：净度、千粒重、发芽率（或生活力、优良度）、发芽势、含水量、病虫害感染程度等；草籽检测内容：净度、饱满度、生活力、发芽率、含水量等指标。

②种子零缺陷检测方法。林木种子质量的检验应按《林木种子检验规程（GB 2772—1999）》的规定进行；草籽应严格遵照国家颁布的《牧草种子检验规程（GB/T 2930. 1~2930. 11—2001）》和国际种子检验协会的《种子检验规程》进行。

（4）种子试验审签。种子检测试验报告应由施工单位负责人审定并签署意见，监理工程师进行确认。试验报告应注明本批试验材料使用的工程部位。

（5）种子试验未达标处置。对于试验结果达不到设计标准的种子严禁用于项目施工作业。

（6）外省份调入种子检疫要求。对于从外省份调运入的种子，必须持有当地植物检疫部门出具的检疫证书。

2.2.2 种子储存条件的零缺陷规定要求

对种子储存的要求：一是保证种子的生活力；二要保证种子寿命，确保种用年限；三是严格控制种子的生理代谢，高度保存种子的活力、纯度与净度。种子的储存条件一般如下。

（1）对用于施工的种子，应保存在通风干燥的环境中，避免阴湿，勿使种子发霉。

（2）不同品种，应分类存放，并标签注明，避免种子混杂，品系不纯。

（3）存放期中，应加强管理，妥善防治虫害、鼠害。

第五节 工程措施施工材料进场的零缺陷监理

1 砂、石骨料进场的零缺陷监理工作内容

1.1 砂、石骨料进场零缺陷监理的基本要求

（1）砂、石骨料进场零缺陷监理程序。凡是施工单位进场用于生态修复工程项目建设施工的砂、石骨料，必须有合格证或试验报告，并经监理工程师审查确认后方可用于施工作业。

（2）试验报告的零缺陷内容。试验报告的零缺陷内容包括委托单位、样品编号、工程项目名称、产地、代表批量、检测条件、检测依据、检测项目、检测结果、检测结论等。

（3）检测项目。对其开展零缺陷检测的项目包括颗粒级配、含泥量、泥块含量、碎（卵）石含量，石料强度、软化系数与比重等内容。

（4）增加零缺陷检测的范围。对于重要生态修复工程项目建设或有特殊要求工程项目工序的施工作业，应根据要求增加监理方的零缺陷检测项目。

1.2　砂、石骨料进场后贮存条件的零缺陷要求

砂石料应按品种、规格分别堆放，不得混杂。在其卸料及存储时，应采取相应措施，使砂、石颗粒级配均匀，保持干净，严禁混入煅烧过的白云石和石灰块。

2　水泥进场的零缺陷监理工作内容

2.1　水泥进场监理的零缺陷基本要求

（1）水泥进场监理的零缺陷要求。水泥生产厂家必须具有生产资质和生产许可证。运至施工工地的每个批号的水泥，均须有产品出厂合格证、出厂日期和厂家的质量检验报告单（28d 强度可补报）。水泥进场后均必须作复试进行检验。

（2）施工企业应对水泥规范进行零缺陷自检。施工单位必须按规定进行零缺陷自检试验。按同厂家、同品质、同编号、同生产日期，每 200~400t 为 1 批（不足 200t 按 1 批对待）验收，每批至少取样 1 次，做强度（3d、28d）、安定性、凝结时间和细度试验。

（3）不合格水泥的监理处置办法。监理工程师若发现有与规范要求不符合的水泥，必须要求施工单位从工地运出。当对水泥质量有怀疑，或袋装储运时间超过 3 个月、散装水泥超过 6 个月时，使用前应重新检验，并按检验、试验结果使用，必要时还应进行化学分析。

（4）水泥复试抗压强度不符合标准时。若降低标号使用，应由企业负责人签署意见方有效。

2.2　水泥出厂合格证、试验报告的内容

（1）水泥出厂合格证应包括的内容。生产厂家名称、出厂日期、品种、标号、编号、化学成分及含量、烧矢量、细度、凝结时间、安定性、强度。水泥厂出厂时应有 3d（或 7d）强度指标及各项试验结果，28d 强度应在水泥出厂之日起 32d 内补报。

（2）水泥试验报告内容。生态修复工程项目建设名称、委托日期、试验编号、水泥品种、生产厂家、出厂日期、代表批量、成型（破型）日期、使用单位及检验数据结果。水泥实验检查项目包括：水泥标号、凝结时间、体积稳定性，必要时还应增加稠度、细度、比热、水化热等项目。

2.3　水泥的储放条件

水泥应按品种、标号、进场时间、质量状态，分别存储在专用仓库。袋装水泥存放地点应干燥、通风，地面有架空垫板，以防止潮湿，有防雨措施，并定期检查和倒垛，防止硬结，垛高不得超过标准规定。

3　钢筋进场的零缺陷监理工作内容

3.1　钢筋进场监理的零缺陷基本要求

（1）钢筋进场零缺陷监理内容。用于生态修复工程项目建设施工的钢材必须具有出厂合格

证、出厂日期和厂家的质量报告单，进场后必须进行机械性能复试，合格后方可用于生态修复工程项目施工；螺纹钢是实施产品生产许可证的钢筋产品，凡无许可证不得进场使用。

（2）钢筋使用前的零缺陷试验。钢筋在施工使用前，须按同品质、同一截面尺寸、同等级、同生产厂家，每 60t 为 1 批进行零缺陷检验，不足 60t 按 1 批对待，每批至少取样 1 次，做拉力和冷弯强度试验。

（3）据钢筋试验结果监理零缺陷处置办法。钢筋的试验报告如有 1 项不符合要求，应取双倍试样做全项试验；试验结果仍有 1 项不符合要求时，则该批钢筋为不合格，不得使用。

（4）钢筋试验报告的零缺陷审署意见。施工前应经工程技术负责人审定并签署零缺陷使用意见，并应注明使用的生态修复工程项目施工技艺部位及数量。

（5）钢筋焊接工艺的监理零缺陷审查与检查。钢筋的焊接方法应符合有关规范要求，并经监理工程师审查批准后方可实施。对使用不同品种、钢筋型号、直径的钢筋之间焊接，均需至少进行 1 组焊接强度试验（3 根）和进行焊接缝外观检查。

（6）钢筋代换规定与监理零缺陷审批。钢筋的代换必须符合合同文件、有关规程规范和技术标准，并经监理工程师审查批准后方可进行作业。

（7）对未注明钢号钢筋的监理零缺陷处置办法。钢号不明的钢筋，经试验合格后方可使用，但不能用于承重结构的重要部位。对钢号不明的钢筋进行试验，其抽样组数不得少于 6 组。

（8）钢筋调直和清除污锈的零缺陷规定。对于钢筋调直和清除污锈的零缺陷规定，应符合下列 2 项零缺陷监理要求。

①钢筋表面应洁净，使用前应将表面的油漆、漆污、锈皮、鳞锈等清除干净。

②钢筋应平直，无局部弯折和表面裂纹。

3.2 钢筋出厂合格证、试验报告的零缺陷内容

（1）合格证内容。所对应出示的钢筋合格证，必须标明生产厂家、生产许可证印章、合格证编号、出厂日期、钢种、级别、重量、机械性能、化学成分。

（2）试验报告内容。试验报告的内容应有工程名称、项目施工使用部位、代表批量、品种、规格、直径、实测尺寸、生产厂家、委托单位、委托日期、试验时间、试验编号、力学机械性能试验结果、检测单位印章等。

3.3 钢筋储存条件的零缺陷监理内容

钢筋存放时，不得损坏标注，应按品种、级别、规格、质量状态分别堆放；堆放场地要用垫木垫起，并有防雨、防潮措施，避免锈蚀或油污，远离酸、碱等腐蚀物。

4 预制构配件进场的零缺陷监理工作内容

4.1 预制构配件进场监理的零缺陷基本要求

预制构配件进场监理的零缺陷基本要求是，应符合生态修复工程项目建设设计及规范要求，生产厂家应具有生产资质和生产许可证，运至施工工地每批需有产品出厂合格证、出厂日期和厂

家的质量检验报告单。其合格证的内容包括生产单位、生产日期、编号、使用工程、使用部位、构件名称、型号、数量、主筋品种规格、结构性能、混凝土强度（设计、出厂、实际），其中出厂强度随构件进场时出具在合格证上，实际强度（28d）应在构件出厂后 32d 内补齐。

4.2　预制构配件储放条件的零缺陷监理内容

（1）场地应平整结实，并具有排水措施，堆放构件时应使构件与地面之间有一定距离。

（2）应根据构件的刚度及受力情况，确定构件平放或立放，并应保持稳定。

（3）叠堆放的构件，吊环应向上，标志应向外；其堆垛高度应根据构件与垫木的承载能力及堆垛的稳定性确定；各层垫木的位置应在一条垂直线上。

（4）用靠放架立放的构件，必须对称靠放和调运，其倾斜角度应保持大于 80°，构件上部宜用木块隔开。

5　监理计量器具运行情况的零缺陷检验

（1）计量器具监理与检验。施工现场必须设置计量器具，对各种原材料如砂、石、水泥、钢材、苗木、种子等实施监理检验均应配备计量器具，并按有关规定进行计量的零缺陷使用和规范保养。

（2）计量器具名录。生态修复工程项目建设施工现场必须配置的计量器具包括计量称、钢尺、皮尺、测温仪、计时表等。

（3）计量器具的零缺陷校核检查。每一工作班正式称量前，都应对其计量器具设备进行无缺陷的零点校核。

（4）计量器具的零缺陷鉴定检查。计量器具应定期鉴定；经大修、中修或迁至新地点后，也应重新进行零缺陷鉴定。

第五章
生态修复工程项目
造林苗木种子调运的零缺陷检疫

第一节
造林绿化苗木种子调运的零缺陷检疫管理适用法律法规条款

1 《中华人民共和国森林法》第三章中的森林保护相关法规条款

第二十二条 各级林业主管部门负责组织森林病虫害防治工作。林业主管部门负责规定林木种苗的检疫对象，划定疫区和保护区，对林木种苗进行检疫。

2 苗木种子调运零缺陷检疫管理的重要法规条款

2.1 《中华人民共和国森林法实施条例》第三章森林保护的相关法规条款

第十九条 县级以上人民政府林业主管部门应当根据森林病虫害测报中心和测报点对测报对象的调查和监测情况，定期发布长期、中期、短期森林病虫害预报，并及时提出防治方案。

森林经营者应当选用良种，营造混交林，实行科学育林，提高防御森林病虫害的能力。

发生森林病虫害时，有关部门、森林经营者应当采取综合防治措施，及时进行除治。

发生严重森林病虫害时，当地人民政府应当采取紧急除治措施，防止蔓延，消除隐患。

第二十条 国务院林业主管部门负责确定全国林木种苗检疫对象。省、自治区、直辖市人民政府林业主管部门根据本地区的需要，可以确定本省、自治区、直辖市的林木种苗补充检疫对象，报国务院林业主管部门备案。

2.2 《中华人民共和国植物检疫条例》

1983 年 1 月 3 日国务院发布。1992 年 5 月 13 日根据《国务院关于修改〈植物检疫条例〉的决定》修订发布。

第一条　为了防止危害植物的危险性病、虫、杂草传播蔓延，保护农业、林业生产安全，制定本条例。

第二条　国务院农业主管部门、林业主管部门主管全国的植物检疫工作，各自治区、直辖市农业主管部门、林业主管部门主管本地区的植物检疫工作。

第三条　县级以上地方各级农业主管部门、林业主管部门所属的植物检疫机构，负责执行国家的植物检疫任务。

植物检疫人员进入车站、机场、港口、仓库以及其他有关场所执行植物检疫任务，应穿着检疫制服和佩戴检疫标志。

第四条　凡局部地区发生的危险性大、能随植物及其产品传播的病、虫、杂草，应定为植物检疫对象。农业、林业植物检疫对象和应施检疫的植物、植物产品名单，由国务院农业主管部门、林业主管部门制定。各省、自治区、直辖市农业主管部门、林业主管部门可以根据本地区的需要，制定本省、自治区、直辖市的补充名单，并报国务院农业主管部门、林业主管部门备案。

第五条　局部地区发生植物检疫对象的，应划为疫区，采取封锁、消灭措施，防止植物检疫对象传出；发生地区已比较普遍的，则应将未发生地区划为保护区，防止植物检疫对象传入。

疫区应根据植物检疫对象的传播情况、当地的地理环境、交通状况以及采取封锁、消灭措施的需要来划定，其范围应严格控制。

在发生疫情的地区，植物检疫机构可以派人参加当地的道路联合检查站或者木材检查站；发生特大疫情时，经省、自治区、直辖市人民政府批准，可以设立植物检疫检查站，开展植物检疫工作。

第六条　疫区和保护区的划定，由省、自治区、直辖市农业主管部门、林业主管部门提出，报省、自治区、直辖市人民政府批准，并报国务院农业主管部门、林业主管部门备案。

疫区和保护区的范围涉及两省、自治区、直辖市以上的，由有关省、自治区、直辖市农业主管部门、林业主管部门共同提出，报国务院农业主管部门、林业主管部门批准后划定。

疫区、保护区的改变和撤销的程序，与划定时同。

第七条　调运植物和植物产品，属于下列情况的，必须经过检疫：

（一）列入应施检疫的植物、植物产品名单的，运出发生疫情的县级行政区域之前，必须经过检疫；

（二）凡种子、苗木和其他繁殖材料，不论是否列入应施检疫的植物、植物产品名单和运往何地，在调运之前，都必须经过检疫。

第八条　按照本条例第七条的规定必须检疫的植物和植物产品，经检疫未发现植物检疫对象的，发给植物检疫证书。发现有植物检疫对象、但能彻底消毒处理的，托运人应按植物检疫机构的要求，在指定地点做消毒处理，经检查合格后发给植物检疫证书；无法消毒处理的，应停止调运。

植物检疫证书的格式由国务院农业主管部门、林业主管部门制定。

对可能被植物检疫对象污染的包装材料、运载工具、场地、仓库等，也应实施检疫。如已被污染，托运人应按植物检疫机构的要求处理。

因实施检疫需要的车船停留、货物搬运、开拆、取样、储存、消毒处理等费用，由托运人负责。

第九条　按照本条例第七条的规定必须检疫的植物和植物产品，交通运输部门和邮政部门一律凭植物检疫证书承运或收寄。植物检疫证书应随货运寄。具体办法由国务院农业主管部门、林业主管部门会同铁道、交通、民航、邮政部门制定。

第十条 省、自治区、直辖市间调运本条例第七条规定必须经过检疫的植物和植物产品的，调入单位必须事先征得所在地的省、自治区、直辖市植物检疫机构同意，并向调出单位提出检疫要求；调出单位必须根据该检疫要求向所在地的省、自治区、直辖市植物检疫机构申请检疫。对调入的植物和植物产品，调入单位所在地的省、自治区、直辖市的植物检疫机构应当查验检疫证书，必要时可以复检。

省、自治区、直辖市内调运植物和植物产品的检疫办法，由省、自治区、直辖市人民政府规定。

第十一条 种子、苗木和其他繁殖材料的繁育单位，必须有计划地建立无植物检疫对象的种苗繁育基地、母树林基地。试验、推广的种子、苗木和其他繁殖材料，不得带有植物检疫对象。植物检疫机构应实施产地检疫。

第十二条 从国外引进种子、苗木，引进单位应当向所在地的省、自治区、直辖市植物检疫机构提出申请，办理检疫审批手续。但是，国务院有关部门所属的在京单位从国外引进种子、苗木，应当向国务院农业主管部门、林业主管部门所属的植物检疫机构提出申请，办理检疫审批手续。具体办法由国务院农业主管部门、林业主管部门制定。

从国外引进、可能潜伏有危险性病、虫的种子、苗木和其他繁殖材料，必须隔离试种，植物检疫机构应进行调查、观察和检疫，证明确实不带危险性病、虫的，方可分散种植。

第十三条 农林院校和试验研究单位对植物检疫对象的研究，不得在检疫对象的非疫区进行。因教学、科研确需在非疫区进行时，属于国务院农业主管部门、林业主管部门批准，属于省、自治区、直辖市规定的植物检疫对象须经省、自治区、直辖市农业主管部门、林业主管部门批准，并应采取严密措施防止扩散。

第十四条 植物检疫机构对于新发现的检疫对象和其他危险性病、虫、杂草，必须及时查清情况，立即报告省、自治区、直辖市农业主管部门、林业主管部门，采取措施，彻底消灭，并报告国务院农业主管部门、林业主管部门。

第十五条 疫情由国务院农业主管部门、林业主管部门发布。

第十六条 按照本条例第五条第一款和第十四条的规定，进行疫情调查和采取消灭措施所需的紧急防治费和补助费，由省、自治区、直辖市在每年的植物保护费、森林保护费或者国营农场生产费中安排。特大疫情的防治费，国家酌情给予补助。

第十七条 在植物检疫工作中做出显著成绩的单位和个人，由人民政府给予奖励。

第十八条 有下列行为之一的，植物检疫机构应当责令纠正，可以处以罚款；造成损失的，应当负责赔偿；构成犯罪的，由司法机构依法追究刑事责任：

（一）未依照本条例规定办理植物检疫证书或者在报检过程中弄虚作假的；

（二）伪造、涂改、买卖、转让植物检疫单证、印章、标志、封识的；

（三）未依照本条例规定调运、隔离试种或者生产应施检疫的植物、植物产品的；

（四）违反本条例规定，擅自开拆植物、植物产品包装，调换植物、植物产品，或者擅自改变植物、植物产品的规定用途的；

（五）违反本条例规定，引起疫情扩散的。

有前款第（一）、（二）、（三）、（四）项所列情形之一，尚不构成犯罪的植物检疫机构可以没收非法所得。

对违反本条例规定调运的植物和植物产品，植物检疫机构有权予以封存、没收、销毁或者责令改变用途。销毁所需费用由责任人承担。

第十九条　植物检疫人员在植物检疫工作中，交通运输部门和邮政部门有关工作人员在植物、植物产品的运输、邮寄工作中，徇私舞弊、玩忽职守的，由其所在单位或者上报主管机关给予行政处分；构成犯罪的，由司法机关依法追究刑事责任。

第二十条　当事人对植物检疫机构的行政处罚决定不服的，可以自接到处罚决定通知书之日起十五日内，向作出行政处罚决定的植物检疫机构的上级机构申请复议；对复议决定不服的，可以自接到复议决定书之日起十五日内向人民法院提起诉讼。当事人逾期不申请复议或者不起诉又不履行行政处罚决定的，植物检疫机构可以申请人民法院强制执行或者依法强制执行。

第二十一条　植物检疫机构执行检疫任务可以收取检疫费，具体办法由国务院农业主管部门、林业主管部门制定。

第二十二条　进出口植物的检疫，按照《中华人民共和国进出境动植物检疫法》的规定执行。

第二十三条　本条例的实施细则由国务院农业主管部门、林业主管部门制定。各省、自治区、直辖市可根据本条例及其实施细则，结合当地具体情况，制定实施办法。

第二十四条　本条例自发布之日起施行。国务院批准，农业部一九五七年十二月四日发布的《国内植物检疫试行办法》同时废止。

2.3　《中华人民共和国森林病虫害防治条例》的相关规章

第一条　为有效防治森林病虫害，保护森林资源，促进林业发展，维护自然生态平衡，根据《中华人民共和国森林法》有关规定，制定本条例。

第二条　本条例所称森林病虫害防治，是指对森林、林木、林木种苗及木材、竹材的病害和虫害的预防和除治。

第三条　森林病虫害防治实行“预防为主，综合治理”的方针。

第四条　森林病虫害防治实行“谁经营，谁防治”的责任制度。

地方各级人民政府应当制定措施和制度，加强对森林病虫害防治工作的领导。

第五条　国务院林业主管部门主管全国森林病虫害防治工作。县级以上地方各级人民政府林业主管部门主管本行政区域内的森林病虫害防治工作，其所属的森林病虫害防治机构负责森林病虫害防治的具体组织工作。区、乡林业工作站负责组织本区、乡的森林病虫害防治工作。

第七条　森林经营单位和个人在森林的经营活动中应当遵守下列规定：

（一）植树造林应当适地适树，提倡营造混交林，合理搭配树种，依照国家规定选用林木良种；造林设计方案必须有森林病虫害防治措施；

（二）禁止使用带有危险性病虫害的林木种苗进行育苗或者造林；

（三）对幼龄林和中龄林应当及时进行抚育管理，清除已经感染病虫害的林木；

（四）有计划地实行封山育林，改变纯林生态环境；

（五）及时清理火烧迹地，伐除受害严重的过火林木；

（六）采伐后的林木应当及时运出伐区并清理现场。

第八条 各级人民政府林业主管部门应当有计划地组织建立无检疫对象的林木种苗基地。各级森林病虫害防治机构应当依法对林木种苗和木材、竹材进行产地和调运检疫；发现新传入的危险性病虫害，应当及时采取严密封锁、扑灭措施，不得将危险性病虫害传出。

各口岸动植物检疫机构，应当按照国家有关进出境动植物检疫的法律规定，加强进境林木种苗和木材、竹材的检疫工作，防止境外森林病虫害传入。

第二十二条 有下列行为之一的，责令限期除治、赔偿损失，可以并处一百元至二千元的罚款：

（一）用带有危险性病虫害的林木种苗进行育苗或者造林的；

（二）发生森林病虫害不除治或者除治不力，造成森林病虫害蔓延成灾的；

（三）隐瞒或者虚报森林病虫害情况，造成森林病虫害蔓延成灾的。

第二十三条 违反植物检疫法规调运林木种苗或者木材的，除依照植物检疫法规处罚外，并可处五十元至二千元的罚款。

2.4 《中华人民共和国植物检疫条例实施细则（林业部分）》的相关规章

第一条 根据《植物检疫条例》的规定，制定本细则。

第二条 林业部主管全国森林植物检疫（以下简称森检）工作。县级以上地方林业主管部门主管本地区的森检工作。

县级以上地方林业主管部门应当建立健全森检机构，由其负责执行本地区的森检任务。

国有林业局所属的森检机构负责执行本单位的森检任务，但是，须经省级以上林业主管部门确认。

第三条 森检员应当由具有林业专业，森保专业助理工程师以上技术职称的人员或者中等专业学校毕业、连续从事森保工作两年以上的技术员担任。

森检员应当经过省级以上林业主管部门举办的森检培训班培训并取得成绩合格证书，由省、自治区、直辖市林业主管部门批准，发给《森林植物检疫员证》。

森检员执行森检任务时，必须穿着森检制服、佩带森检标志和出示《森林植物检疫证》。

第五条 森检人员在执行森检任务时有权行使下列职权：

（一）进入车站、机场、港口、仓库和森林植物及其产品的生产、经营、存放等场所，依照规定实施现场检疫或者复检、查验植物检疫证书和进行疫情监测调查；

（二）依法监督有关单位或者个人进行消毒处理、除害处理、隔离试种和采取封锁、消灭等措施；

（三）依法查阅、摘录或者复制与森检工作有关的资料，收集证据。

第六条 应施检疫的森林植物及其产品，包括以下三个方面：

（一）林木种子、苗木和其他繁殖材料；

（二）乔木、灌木、竹类、花卉和其他森林植物；

（三）木材、竹材、药材、果品、盆景和其他林产品。

第七条　确定森检对象及补充森检对象，按照《森林植物检疫对象确定管理办法》的规定办理。补充森检对象名单应当报林业部备案，同时通报有关省、自治区、直辖市林业主管部门。

第八条　疫区、保护区应当按照有关规定划定、改变或者撤销，并采取严格的封锁、消灭等措施，防止森检对象传出或者传入。

在发生疫情的地区，森检机构可以派人参加当地的道路联合检查站或者木材检查站；发生特大疫情时，经省、自治区、直辖市人民政府批准可以设立森检检查站，开展森检工作。

第九条　地方各级森检机构应当每隔三至五年进行一次森检对象普查。

省级林业主管部门所属的森检机构编制森检对象分布至县的资料，报林业部备案；县级林业主管部门所属的森检机构编制森检对象分布至乡的资料，报上一级森检机构备查。

危险性森林病、虫疫情数据由林业部指定的单位编制印发。

第十条　属于森检对象、国外新传入或者国内突发危险性森林病、虫的特大疫情由林业部发布；其他疫情由林业部授权的单位公布。

第十四条　应施检疫的森林植物及其产品运出发生疫情的县级行政区域之前以及调运林木种子、苗木和其他繁殖材料必须经过检疫，取得《植物检疫证书》。

《植物检疫证书》由省、自治区、直辖市森检机构按规定格式统一印制。

《植物检疫证书》按一车（即同一运输工具）一证核发。

第十五条　省际间调运应施检疫的森林植物及其产品，调入单位必须事先征的所在地的省、自治区、直辖市森检机构同意并向调出单位提出检疫要求；调出单位必须根据该检疫要求向所在地的省、自治区、直辖市森检机构或其委托的单位申请检疫。对调入的应施检疫的森林植物及其产品，调入单位所在地的省、自治区、直辖市的森检机构应当查验检疫证书，必要时可以复检。

检疫要求应当根据森检对象、补充森检对象分布资料和危险性森林病、虫疫情数据提出。

第十七条　调运检疫时，森检机构应当按照《国内森林植物检疫技术规程》的规定受理报检和实施检疫，根据当地疫情普查资料、产地检疫合格证和现场检疫检验、室内检疫结果，确认是否带有森检对象、补充森检对象或者检疫要求中提出的危险性森林病、虫。对检疫合格的，发给《植物检疫证书》；对发现森检对象、补充森检对象或者危险性森林病、虫的，发给《检疫处理通知单》，责令托运人在指定地点进行除害处理，合格后发给《植物检疫证书》；对无法进行彻底除害处理的，应当停止调运，责令改变用途、控制使用或者就地销毁。

第十八条　森检机构从受理调运检疫申请之日起，应当于十五日内实施检疫并核发检疫单证。情况特殊的经省、自治区、直辖市林业主管部门批准，可以延长十五日。

第十九条　调运检疫时，森检机构对可能被森检对象、补充森检对象或者检疫要求中的危险性森林病、虫污染的包装材料、运载工具、场地、仓库等也应实施检疫。如已被污染，托运人应按森检机构的要求进行除害处理。

因实施检疫发生的车船停留、货物搬运、开拆、取样、储存、消毒处理等费用，由托运人承担。复检时发现森检对象、补充森检对象或者检疫要求中的危险性森林病、虫的，除害处理费用由收货人承担。

第二十条　调运应施检疫的森林植物及其产品时，《植物检疫证书》（正本）应当交给交通运输部门或者邮政部门随货运寄，由收货人保存备查。

第二十一条 未取得《植物检疫证书》调运应施检疫的森林植物及其产品的，森检机构应当进行补检，在调运途中被发现的，向托运人收取补检费；在调入地被发现的，向收货人收取补检费。

第三十条 有下列行为之一的，森检机构应当责令纠正，可以处以50元至2000元罚款；造成损失的，应当责令赔偿；构成犯罪的，由司法机关依法追究刑事责任：

（一）未依照规定办理《植物检疫证书》或者在报检过程中弄虚作假的；

（二）伪造、涂改、买卖、转让植物检疫单证、印章、标志、封识的；

（三）未依照规定调运、隔离试种或者生产应施检疫的森林植物及其产品的；

（四）违反规定，擅自开拆森林植物及其产品的包装，调换森林植物及其产品，或者擅自改变森林植物及其产品的规定用途的；

（五）违反规定，引起疫情扩散的。

有前款第（一）、（二）、（三）、（四）项所列情形之一尚不构成犯罪的，森检机构可以没收非法所得。

对违反规定调运的森林植物及其产品，森检机构有权予以封存、没收、销毁或者责令改变用途。销毁所需费用由责任人承担。

第三十二条 当事人对森检机构的行政处罚决定不服的，可以自接到处罚通知书之日起十五日内，向作出行政处罚决定的森检机构的上级机构申请复议；对复议决定不服的，可以自接到复议决定书之日起十五日内向人民法院提起诉讼，当事人逾期不申请复议或者不起诉又不履行行政处罚决定的，森检机构可以申请人民法院强制执行或者依法强制执行。

第二节 造林苗木种子调出的零缺陷检疫管理流程及其技术规程

1 苗木种子调出的零缺陷检疫管理流程

1.1 调出报检

省（自治区、直辖市）内需调运的森林植物及其产品，可直接向县级林业植物检疫部门报检；向省（自治区、直辖市）外调运森林植物及产品，在报检同时，需出示调入地县级林业植物检疫部门开具的“植物检疫要求书”。

1.2 受理与检疫

根据当地疫情普查状况资料、产地检疫合格证、现场检疫与室内检疫，确定受检对象是否携带有检疫性有害生物。

1.3　出具检疫证书

根据检疫后的实际情况出具检疫证书，如合格则签发《植物检疫证书》；不合格发给《检疫处理通知单》，必须再经除害处理，再检疫，直至合格再签发《植物检疫证书》。

苗木、种子调出检疫管理流程如图 5-1。

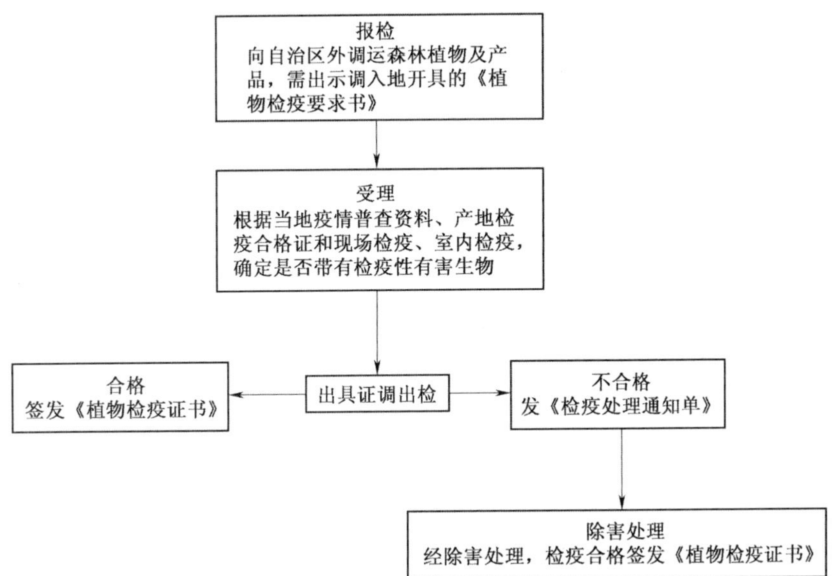

图 **5-1**　苗木调出检疫管理流程

2　苗木种子调出的零缺陷检疫管理技术规程

2.1　受理报检

苗木、种子调出的零缺陷检疫管理分为受理报检内容与交验邮包 2 项技术规程。

2.1.1　受理报检内容

检疫机构应受理、审核《森林植物检疫报检单》和调入省的《森林植物检疫要求书》，并根据报检单分析疫情，明确检验要求，准备检疫工具，确定现场检疫时间（15d 内），并以书面形式通知报检人。

2.1.2　邮包受理

邮包寄件人在报检时，要同时交验邮包接受检疫检查。

2.2　现场零缺陷检查

应按照以下 7 项检查项目进行细致、认真的零缺陷检疫管理检查。

2.2.1　现场检疫管理的零缺陷检查规定

在受理苗木、种子现场检疫管理检查过程中，除按规定可直接签发《植物检疫证书》的外，对其他受检对象均需要经过现场零缺陷检查。

2.2.2 现场零缺陷检疫检查项目

对照《森林植物检疫报检单》，在现场严格核对森林植物及其产品名称、数量和来源，查看报检单与调运应检物是否相符。

2.2.3 现场零缺陷检疫管理检查内容

其现场零缺陷检疫管理检查的具体内容包括：森林植物及其产品的表层、包装物外部、填充物、堆放场所、运载工具和铺垫材料等是否带有检疫对象或其他危险性病、虫。

2.2.4 现场零缺陷检疫管理检查办法的规定

按照森林植物及其产品种类和数量，抽取一定数量的样品进行现场检验。抽样以“批”为单位进行。这里的“批”是指来自同一地区、同一日期、使用同一运输工具、同一品名的森林植物及其产品。

（1）种子、果实（干、鲜果）。按一批货物总数或总件数抽取，抽样数量为0.5%~5%。

（2）苗木（含试管苗）、块根、块茎、鳞茎、球茎、砧木、插条、接穗、花卉等繁殖材料。按一批货物总件数抽取，抽样数量为1%~5%。

（3）生药材。按一批货物总件数抽取，抽样数量为0.5%~5%。

（4）原木、锯材、竹材、藤及其制品（含半成品）和进境的森林植物及其产品的调运。按一批货物总数或总件数抽取，抽样数0.5%~10%。

（5）散装种子、果实、苗木（含试管苗）、块根、块茎、鳞茎、球茎、生药材等。按货物总量的0.5%~5%抽查。种子、果实、生药材少于1kg，苗木（含试管苗）、块根、块茎、鳞茎、球茎、砧木、插条、接穗少于20株，应逐个全部检查。

（6）其他森林植物及其产品可参照上述各类办理。按照上述比例抽样检查的最低数量不得少于5件，不足5件应逐件检查。

（7）现场检验的样品规定。是确定一批货物是否带有检疫对象和其他危险性病、虫的重依据，怀疑带有检疫对象或其他危险性病、虫时，抽样数量应不得低于上述规定的上限。

2.2.5 现场零缺陷检疫管理检查抽样方法

应按照以下2种方法进行零缺陷检疫管理抽样检查。

（1）现场检查散装的种子、果实、苗木（含试管苗）、块根、块茎、鳞茎、球茎、花卉、中药材等时，应按照抽样比例，从报检森林植物及其产品中分层取样，直到取完规定的样品数量为止。

（2）现场检查原木、锯材、竹材、藤等时，应按抽样比例，视疫情发生情况从棱垛表层、分层进行抽样检查。

2.2.6 现场零缺陷检验方法规定

应按照以下4种方法对待检对象进行现场零缺陷检疫检查。

（1）种子、果实外部零缺陷检验。将抽取的种实样品倒入事先准备的容器内，用肉眼和借助放大镜直接观察种实外部有无伤害情况，把异常种子、果实拣出，放在白纸上剖粒检查果肉、果核和经过不同规格筛，对筛选出的虫体、虫卵、病粒、菌核等做初步鉴定。

（2）苗木零缺陷检验。将抽取的苗木（含试管苗）、砧木、插条、接穗、块根、块茎、鳞茎、球茎等检验样品，放在一块1m×1m的白布（或塑料布）上，逐株（根）检查，详细观察根、茎、叶、芽、花等各个部位，做有无变形、变色、溃疡、枯死、虫瘿、虫孔、蛀屑、虫粪等初步鉴定。

（3）枝干、原木、锯材、竹材、藤及其制品（含半成品）的零缺陷检验。现场仔细检查枝干、原木、锯材、竹材、藤等外表及裂缝处有无溃疡、肿瘤、流脂、变色、虫体、卵囊、虫孔、虫粪、蛀屑等，并做做初步鉴定。

（4）中药材、果品、野生及栽培菌类的零缺陷检验。用肉眼、借助放大镜直接观察其表面有无斑点、虫孔、虫粪等危害症状，并剖开检查内部，确定病虫种类、数量，做初步鉴定。

2.2.7　室内零缺陷检验

当现场检查不能做出可靠鉴定时，需再抽取一定量样品，连同现场检疫时发现的可疑病、虫一并做室内检验。2 种室内零缺陷检疫管理检验方法如下。

（1）害虫检验。按 4 个步骤进行害虫检疫检查。

①对混杂在种子间的害虫，采用回旋筛检验。对隐藏在种子内的害虫，可采用剖粒、比重、染色和软 X 射线透视、药物染色等方法进行检查。

②对隐蔽在叶部、干部、茎部害虫的检验。使用刀、锯或其他工具剖开被害部位和可疑部位进行检查。剖开时应注意保持虫体完整。

③借助解剖镜、显微镜等仪器设备进行细致检验。参照已定名的昆虫标本、有关图谱、资料等进行识别鉴定。

④后续再鉴定检验。对现场一时鉴定不出的害虫，可采取人工饲养方法，养至成虫期鉴定或结合观察各虫态特征及其生物学特性，作出准确鉴定。必要时送请有关专家鉴定。

（2）病害检验。可按 4 个步骤进行病害检疫检查。

①病原真菌检验：第一步，采集一定数量症状典型的病害和寄主标本；第二步，观察病害的危害病状、病症特点及对寄主影响特征；第三步，用徒手切片或石蜡切片等方法，借助显微镜观察病原真菌形态特征；第四步，采用组织分离法与孢子稀释法分离致病真菌，必要时可进行生理生化测定及病原接种，以此来识别鉴定；第五步，记载病原真菌特点、培养性状。

②病原细菌检验。应按以下 5 种方法对病原细菌进行检验。

观察寄主症状：查看是否具有典型细菌性病害的溢菌现象、是否有菌脓，并用显微镜检查病组织，观察病健交界是否有大量细菌游出，初步确定是否为细菌病害。

采用稀释分离法：从病组织中分离培养病原细菌，并通过稀释或划线法获得纯培养菌株。

采用柯赫氏法：为进一步鉴定病原细菌的致病性，利用植物过敏反应快速筛选致病性细菌。

比较：从接种植物病组织中再分离获得细菌，并与原病株上分离获得细菌比较。

确定种类：根据细菌形态、特征、菌株生理生化特点、致病性等确定其种类。

③寄生线虫检验。应按照以下 3 种方法对寄生线虫进行检验。

直接采取获得新鲜病变的组织、器官或根围土壤。

采用贝尔曼法、浅盘法分离线虫，如果是非转移型线虫，则可直接用手剥离。

分离后直接检查，需保存或用显微镜观察的线虫用固定液固定。

④病毒检验。应采取以下 3 个步骤对病毒进行检验。

通过田间调查、症状观察、初步确定是否为病毒病害。

采集病毒样品，并用摩擦接种观察接种后症状表现及变化是否与感病植物一致。

用电镜观察病毒形态和进行细胞病理解剖，或用血清学、聚合酶链式反应等技术进行鉴定。

2.3 检疫管理的零缺陷处理

按照以下 2 项零缺陷检疫管理检验方法进行处理。

2.3.1 实行 3 项处理办法

对受检森林植物及其产品，经现场检查、检验，发现带有检疫对象或其他危险性病虫：①检疫机构应签发《检疫处理通知单》，责令受检单位（个人）按规定进行除害处理。②对目前尚无办法除害处理的森林植物及其产品，应责令改变用途或控制使用。③采取上述 2 种措施均无效时，应予监督彻底销毁。销毁货物总值超过 1 万元人民币时，必须报经省级森检机构批准。

2.3.2 除害处理

对受检森林植物及其产品的包装材料、填充物、堆放场所、运输工具、装载容器、铺垫材料等，经检验发现疫情时，责令受检单位（个人）按照森检机构的要求进行严格除害处理。

2.4 签发证书的零缺陷管理程序

2.4.1 发证对象

凡已列入《应施检疫的森林植物及其产品名单》的森林植物及其产品，必须在取得《植物检疫证书》后方可调运。《植物检疫证书》按一批（同一地区、同一日期、使用同一运输工具、同一品名的森林植物及其产品）一证开具，货证同行。

2.4.2 签发证书

在签发《植物检疫证书》之前，要认真评定是否合格，评定依据是：国家林业主管部门发布的《森林植物检疫对象名单》，省、自治区、直辖市的林业主管部门发布的补充森检对象名单，调入省、自治区、直辖市提出的检疫要求和国家林业局指定单位编制的疫情数据。

2.4.3 签证管理

应按照以下 4 种情形给予签发植物检疫证书。

（1）根据查核结果签证。对从无检疫对象发生县调出的森林植物及其产品，经查核后签发《植物检疫证书》；凭有效期内《产地检疫合格证》或中转换证签发《植物检疫证书》。

（2）根据现场检验结果签证。适用经现场检查可确定合格的森林植物及其产品。

（3）根据室内检验结果签证。适用必须通过室内检验才能确定合格的森林植物及其产品。

（4）根据除害处理结果签证。适用经现场检查或室内检验不合格，但经除害处理后合格的森林植物及其产品。

2.4.4 转运签证管理

省际间属二次或因中转更换运输工具调运同一批次的森林植物及其产品，存放时间在 1 个月以内，凭森检机构已签发的有效《植物检疫证书》换签新证；但如果转运地疫情严重、可能染疫的，应再次实施检疫，合格后签发《植物检疫证书》。

第三节 苗木种子调入的零缺陷检疫管理流程及其技术规程

1 苗木种子调入的零缺陷复检流程

1.1 入口零缺陷管理检查

森检员 2~3 人，着装到经审批合法的检查站、生态修复建设造林种草地入口、造林地或贮苗场、贮木场等森林植物及其产品贮存、堆积地，与当地相关部门、单位取得联系后，说明来意，出示检疫员证和植物检疫执法证，对从外地调入的植物及其产品进行零缺陷管理检查检验。

1.2 零缺陷检查项目

核实所检查的对象是否有检疫证书，货证是否相符，是否经本地同意调入。

1.3 零缺陷检查内容

经过详细检查，如货证相符，则进入细致检查，查看受检森林植物及其产品货物是否带有危险性、检疫性病虫害。经过逐项检查后符合要求，通知被检查单位、个人，其苗木、种子等货物可以用于施工生产、经营。如果发现货物未带有检疫证，或携带有危险性、检疫性病虫害，森检人员要对货主或承运人进行询问并做笔录，同时对所检查对象做现场勘验并记录，封存被检样品和标本，留存影像资料。

1.4 作出零缺陷处罚决定

通过检查发现其货物携带有危险性、检疫性病虫害，并根据询问笔录和勘验记录，依据植物检疫条例，进入行政管理处罚程序，并及时做出处理决定。处罚决定有 4 种情形：①除害处理；②没收，改变用途；③销毁；④处以罚金。

2 苗木种子调入的零缺陷检疫技术规程

2.1 跨省调入的零缺陷检疫管理要求

省际间调运苗木、种子森林植物及其产品，调入单位应事先向当地森检机构取得《森林植物检疫要求书》，并交给调出单位。

2.2 调入检疫的零缺陷管理程序

对调入的森林植物及产品，调入单位或个人所在地的省、直辖市、自治区或其委托的森检机构应当查验《植物检疫证书》，必要时可以进行复检。

（1）复检处理办法。复检时发现检疫对象和其他危险性病、虫时，应立即下达《检疫处理通知单》，及时采取相应的防范疫情扩散措施，严格监督、指导收货人进行除害处理，并将有关情况通告调出地省级森检机构。受委托森检机构发现检疫对象和其他危险性病、虫时，应及时报告本省森检机构。

（2）复检记录规定。复检时发现检疫对象和其他危险性病、虫时，必须做详细的复检情况记录，并保存抽检样品和标本。请专家鉴定的，需请专家出具书面鉴定材料。

（3）经省人民政府批准的木材检查站、森检检查站，对过往检查站的应施检疫森林植物及其产品，必须查验其《植物检疫证书》；对无《植物检疫证书》的苗木等货物，必须到当地森检机构进行补检，经检疫合格，补发《植物检疫证书》后方准调运，并按《林业行政处罚程序规定》予以处罚。

第四节 苗木种子调运的零缺陷检疫行政处罚管理程序

对于违反森林植物及其产品调运检疫管理规定者，要进行处罚，其程序如图 5-2。

1 受 理

当发现调运苗木违反法律法规与调运检疫管理程序时，应以相关法律法规为准绳，对其作出行政处罚管理决定。检疫人员受理案件后，要及时、认真地填写《林业行政处罚案件登记表》，并做立案准备。

2 立 案

对认为需要给予林业行政处罚的案件，在 7 日内予以立案；对认为不需要给予行政处罚的，则不予立案。

3 调查取证

立案后，要进行现场调查取证，收集书证、物证、人证、视听材料、当事人与证人陈述等证据，填写勘验笔录、现场询问笔录等。

4 简易程序

案情简单，且完全属于自己管辖范围，可按简易程序进行当场处罚，并填写《林业行政处罚当场处罚笔录》，同时开具《林业行政处罚当场处罚决定书》。最后上报所属林业行政主管部门备案。

5 一般程序

案情较为复杂，要按一般程序办理；首先填写《林业行政处罚询问笔录》和《林业行政处

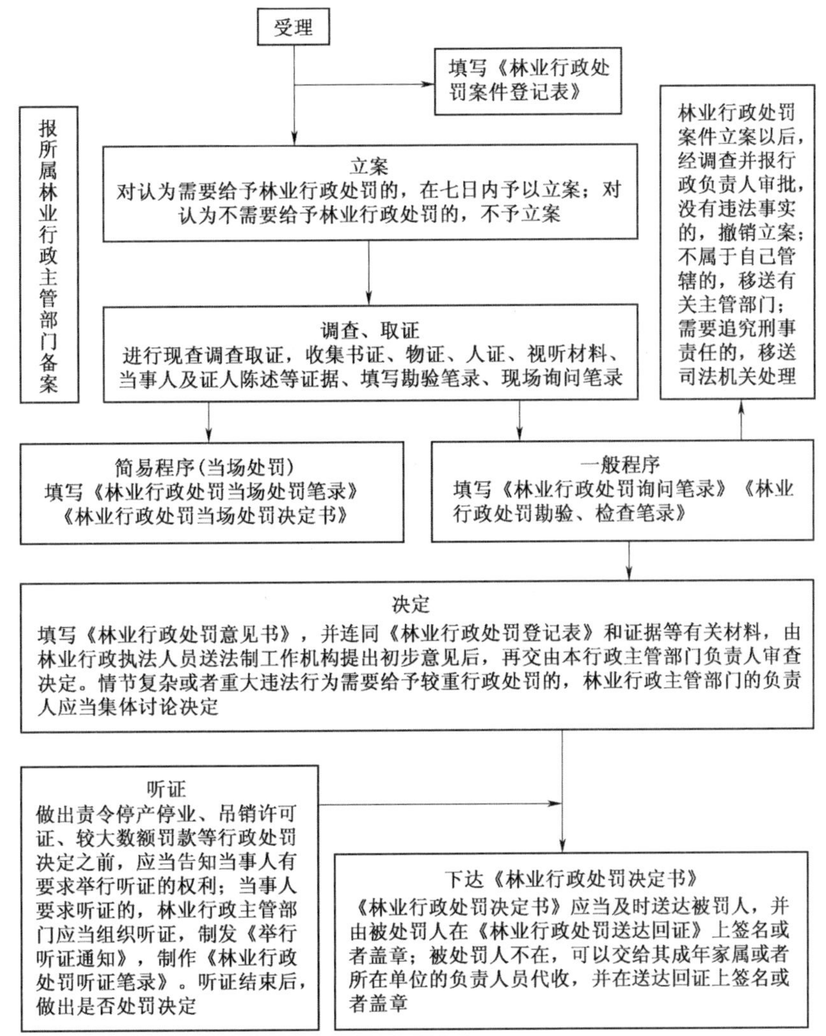

图 **5-2**　苗木调运检疫过程中的林业行政处罚管理流程

罚勘验、检查笔录》，然后立案。林业行政处罚案件立案以后，经调查并报行政负责人审批，没有违法事实则撤销立案；不属于自己职责权限范围管辖的，要移送有关主管部门；需要追究刑事责任的，则移送司法机关处理。

6　处罚决定

按一般程序，对于符合进行行政处罚的单位和个人，首选要进行听证，即对其作出责令停产停业、吊销许可证、处予较大数额罚款等处罚决定前，应当告知当事人有要求举行听证的权利；当事人要求听证，林业行政主管部门应当组织听证，并制发《举行听证通知》单、制作《林业行政处罚听证笔录》。听证结束后，作出是否处罚的决定。然后填写《林业行政处罚意见书》，连同《林业行政处罚登记表》和证据等有关材料，由林业行政执法人员送法制工作机构提出初步意见后，再交由本行政主管部门负责人审查决定。情节复杂、或者重大违法行为需要给予较重行政处罚的，林业行政主管部门负责人应当集体讨论决定。

7 下达《林业行政处罚决定书》

应将《林业行政处罚决定书》及时送达被处罚人，并由被处罚人在《林业行政处罚送达回证》上签名或者盖章；被处罚人不在，可以交给其所在单位负责人员或家属代收，并在送达回证上签名或者盖章。

第五节 苗木种子调运检疫管理的零缺陷收费标准

1 苗木种子调运检疫管理的零缺陷收费依据

苗木、种子等森林植物调运检疫管理零缺陷收费的依据是《国家物价局、财政部关于发布中央管理的林业系统行政事业性收费项目及标准的通知（价费字［1992］196号)》。

2 苗木种子调运检疫管理的零缺陷收费标准

表5-1列出了苗木、种子等森林植物调运检疫管理零缺陷收费的标准。

表5-1 苗木种子等森林植物及其产品调运检疫管理零缺陷收费标准

种类	调运检疫		
	免费限量	收费起点额	按货值百分点（%）
苗木、花卉观赏苗及其他繁殖材料	造林苗木及其繁殖材料10株，根茎、花卉及其繁殖材料2株	0.5元/株	0.80
造林植物种子	大粒种子300g、中粒种子100g、小粒种子50g	0.5元/kg	0.20
木材	—	1.00元/m^3	0.20
药材	1000g	1.00元/kg	0.50
果品	2500g	1.00元/kg	0.10
盆景	2盆	1.00元/盆	1.00

参 考 文 献

1 汪中求．细节决定成败［M］．北京：新华出版社，2004.

2 李远清，华孝清．领导实用数学［M］．合肥：安徽人民出版社，1988.

3 刘义平．园林工程施工组织管理［M］．北京：中国建筑工业出版社，2009.

4 康世勇．园林工程施工技术与管理手册［M］．北京：化学工业出版社，2011.

5 国家建设部．建设工程项目管理规范［M］．北京：中国建筑工业出版社，2006.

6 郑大勇．园林工程监理员一本通［M］．武汉：华中科技大学出版社，2008.

7 张东林，王泽民．园林绿化工程施工技术［M］．北京：中国建筑工业出版社，2008.

8 贺训珍．园林工程施工员一本通［M］．北京：中国建材工业出版社，2008.

9 龙雅宜．园林植物栽培手册［M］．北京：中国林业出版社，2004.

10 陈俊愉，刘师汉，等．园林花卉［M］．上海：上海科学技术出版社，1980.

11 孙时轩．林木育苗技术［M］．北京：金盾出版社，2009.

12 孙可群，张应麟，龙雅宜，等．花卉及观赏树木栽培手册［M］．北京：中国林业出版社，1985.

13 吴立威．园林工程施工组织与管理［M］．北京：机械工业出版社，2008.

14 吴发明．生产物料供应与管理操作手册［M］．北京：人民邮电出版社，2008.

15 叶怀祥．建筑工程项目经理一本通［M］．北京：中国建材工业出版社，2014.

16 姚小风．生产管理职位工作手册［M］．北京：人民邮电出版社，2009.

17 林立．建筑工程项目管理［M］．北京：中国建材工业出版社，2009.

18 梁伊任．园林建设工程［M］．北京：中国城市出版社，2000.

19 廖正环．道路施工组织与管理［M］．北京：人民交通出版社，1990.

20 王辉忠．园林工程概预算［M］．北京：中国农业大学出版社，2008.

21 张先治，陈友邦．财务分析［M］．大连：东北财经大学出版社，2007.

22 王庆成．财务管理［M］．北京：经济科学出版社，1995.

23 王瑞祥．现代企业班组建设与管理［M］．北京：科学出版社，2007.

24 刘邦治．管理学原理［M］．上海：立信会计出版社，2008.

25 毕结礼．企业班组长培训教材基础篇［M］．北京：海洋出版社，2005.

26 李敏，周琳洁．园林绿化建设施工组织与质量安全管理［M］．北京：中国建筑工业出版社，2008.

27 刘静，胡雨村．水土保持工程材料与施工［M］．北京：中国林业出版社，2014.

28 施工现场管理标准制度编委会．施工现场管理标准制度［M］．北京：地震出版社，2007.

29 忠实．用制度管人按规章办事［M］．北京：石油工业出版社，2010.

30 水利部水土保持监测中心．水土保持工程建设监理理论与实务［M］．北京：中国水利水电出版社，2008.

31 李同庆．园林工程施工监理［M］．武汉：华中科技大学出版社，2012.

32 刘朝霞．鄂尔多斯林业有害生物防治实务全书［M］．北京：中国农业科学技术出版社，2012.

33 姚庆渭．实用林业词典［M］．北京：中国林业出版社，1988.